U0184786

中国气候与生态环境演变评估报告

秦大河　总主编

丁永建　翟盘茂　宋连春　姜克隽　副总主编

中国科学院科技服务网络计划项目："中国气候与环境演变：2021"（KFJ-STS-ZDTP-052）

中国气象局气候变化专项："中国气候与生态环境演变"

联合资助

中国气候与生态环境演变：2021

第二卷（上）

领域和行业影响、脆弱性与适应

丁永建　罗　勇
宋连春　吴绍洪　主编

张建云　主审

科学出版社

北　京

内 容 简 介

本书主要针对气候变化对中国重点领域与主要行业的影响进行评估，重点聚焦在气候变化对水资源、冰冻圈、陆地生态系统、海洋生态系统以及农业、旅游、交通、能源和制造业、人居环境、人群健康和重大工程等的影响、脆弱性与适应方面。根据已有文献和研究的程度，有些影响具有较高的确定性，如气候变化对水资源、冰冻圈以及农业、旅游、交通、能源和制造业等的影响直接且显著，而有些影响不确定性仍然较大，如海洋生态系统、人群健康和重大工程等，需要在不断研究中深化科学认识，在丰富科学积累中辨析影响程度。

本书是气候变化对中国影响的全面、系统性总结，为感兴趣了解气候变化影响的各行业人员提供了便捷方式，可供各行业人员参考。

审图号：GS (2021) 4892 号

图书在版编目（CIP）数据

中国气候与生态环境演变. 2021 第二卷 上 领域和行业影响、脆弱性与适应/丁永建等主编. —北京：科学出版社，2021.9

（中国气候与生态环境演变评估报告/秦大河总主编）

ISBN 978-7-03-069781-3

Ⅰ.①中… Ⅱ.①丁… Ⅲ.①气候变化－中国 ②生态环境－中国
Ⅳ.①P468.2 ②X321.2

中国版本图书馆CIP数据核字（2021）第187561号

责任编辑：朱 丽 郭允允 赵 晶 / 责任校对：何艳萍
责任印制：肖 兴 / 封面设计：蓝正设计

科学出版社 出版
北京东黄城根北街 16 号
邮政编码：100717
http://www.sciencep.com

北京九天鸿程印刷有限责任公司 印刷
科学出版社发行 各地新华书店经销
*
2021年 9 月第 一 版 开本：787 × 1092 1/16
2021年 9 月第一次印刷 印张：30 1/2
字数：720 000

定价：328.00元
（如有印装质量问题，我社负责调换）

丛书编委会

本卷编写组

组　　长： 丁永建

副 组 长： 罗　勇　宋连春　吴绍洪　张建云

成　　员： （按姓氏汉语拼音排序）

高　荣　高清竹　高庆先　宫　鹏　黄　耀　黄存瑞　姜　彤　居　辉

康世昌　李　迅　李永祺　林而达　刘起勇　龙丽娟　潘学标　孙　松

王根绪　王国复　王国庆　吴建国　吴青柏　许建初　严登华　于贵瑞

郑　艳　朱　蓉

技术支持： 黄建斌

总序一

气候变化及其影响的研究已成为国际关注的热点。以联合国政府间气候变化专门委员会（IPCC）为代表的全球气候变化评估结果，已成为国际社会认识气候变化过程、判识影响程度、寻求减缓途径的重要科学依据。气候变化不仅仅是气候自身的变化，而且是气候系统五大圈层，即大气圈、水圈、冰冻圈、生物圈和岩石圈（陆地表层圈层）整体的变化，因此其对人类生存环境与可持续发展影响巨大，与社会经济、政治外交和国家安全息息相关。

从科学的角度来看，气候变化研究就是要认识规律、揭示机理、阐明影响机制，为人类适应和减缓气候变化提供科学依据。但由于气候系统的复杂性，气候变化涉及自然和社会科学的方方面面，研究者从各自的学科、视角开展研究，每年均有大量有关气候系统变化的最新成果发表。尤其是近 10 年来，发表的有关气候变化的最新成果大量增加，在气候变化影响方面的研究进展更令人瞩目。面对复杂的气候系统及爆炸性增长的文献信息，如何在大量的文献中总结出气候系统变化的规律性成果，凝练出重大共识性结论，指导气候变化适应与减缓，是各国、各界关注的科学问题。基于上述原因，由联合国发起，世界气象组织 (WMO) 和联合国环境规划署 (UNEP) 组织实施的 IPCC 对全球气候变化的评估报告引起了高度关注。IPCC 的科学结论与工作模式也得到了普遍认同。

中国地处东亚、延至内陆腹地，不仅受季风气候和西风系统的双重影响，而且受青藏高原、西伯利亚等区域天气、气候系统的影响，北极海冰、欧亚积雪等也对中国天气、气候影响巨大。在与全球气候变化一致的大背景下，中国气候变化也表现出显著的区域差异性。同时，在全球气候变化影响下，中国极端天气气候事件频发，带来的灾害损失不断增多。针对中国实际情况，参照 IPCC 的工作模式，以大量已有中国气候与环境变化的研究成果为依托，结合最新发展动态，借鉴国际研究规范，组织有关自然科学、社会科学等多学科力量，结合国家构建和谐社会和实施“一带一路”倡议的实际需求，对气候系统变化中我国所面临的生态与环境问题、区域脆弱性与适宜性及其对区域社会经济发展的影响和保障程度等方面进行综合评估，形成科学依据充分、具有权威性，并与国际接轨的高水平评估报告，其在科学上具有重要意义。

中国科学院对气候变化研究高度重视，与中国气象局联合组织了多次中国气候变化评估工作。此次在中国科学院和中国气象局的共同资助下，由秦大河院士牵头实施的“中国气候与生态环境演变：2021”评估研究，组织国内上百名相关领域的骨干专家，历时3年完成了《中国气候与生态环境演变：2021（第一卷 科学基础）》、《中国气候与生态环境演变：2021（第二卷上 领域和行业影响、脆弱性与适应）》、《中国气候与生态环境演变：2021（第二卷下 区域影响、脆弱性与适应）》、《中国气候与生态环境演变：2021（第三卷 减缓）》及《中国气候与生态环境演变：2021（综合卷）》（中、英文版）等评估报告，系统地评估了中国过去及未来气候与生态变化事实、带来的各种影响、应采取的适应和减缓对策。在当前中国提出碳中和重大宣示的背景下，这一报告的出版不仅对认识气候变化具有重要的科学意义，也对各行各业制定相应的碳中和政策具有积极的参考价值，同时也可作为全面检阅中国气候变化研究科学水平的重要标尺。在此，我对参与这次评估工作的广大科技人员表示衷心的感谢！期待中国气候与生态环境变化研究以此为契机，在未来的研究中更上一层楼。

中国科学院院长、中国科学院院士

2021年6月30日

总序二

近百年来，全球气候变暖已是不争的事实。2020 年全球气候系统变暖趋势进一步加剧，全球平均温度较工业化前水平（1850~1900 年平均值）高出约 1.2℃，是有记录以来的三个最暖年之一。世界经济论坛 2021 年发布《全球风险报告》，连续五年把极端天气、气候变化减缓与适应措施失败列为未来十年出现频率最多和影响程度最大的环境风险。国际社会已深刻认识到应对气候变化是当前全球面临的最严峻挑战，采取积极措施应对气候变化已成为各国的共同意愿和紧迫需求。我国天气气候复杂多变，是全球气候变化的敏感区，气候变化导致极端天气气候事件趋多趋强，气象灾害损失增多，气候风险加大，对粮食安全、水资源安全、生态安全、环境安全、能源安全、重大工程安全、经济安全等领域均产生严重威胁。

2020 年 9 月，国家主席习近平在第七十五届联合国大会一般性辩论上郑重宣布，我国将力争于 2030 年前实现碳达峰、2060 年前实现碳中和，这是中国基于推动构建人类命运共同体的责任担当和实现可持续发展的内在要求做出的重大战略决策。2021 年 4 月，习近平主席在领导人气候峰会上提出了“六个坚持”，强烈呼吁面对全球环境治理前所未有的困难，国际社会要以前所未有的雄心和行动，勇于担当，勠力同心，共同构建人与自然生命共同体。这不但展示了我国极力推动全球可持续发展的责任担当，也为全球实现绿色可持续发展提供了切实可行的中国方案。

中国气象局作为 IPCC 评估报告的国内牵头单位，是专业从事气候和气候变化研究、业务和服务的机构，曾先后两次联合中国科学院组织实施了“中国气候与环境演变”评估。本轮评估组织了国内多部门近 200 位自然和社会科学领域的相关专家，围绕“生态文明”“一带一路”“粤港澳大湾区”“长江经济带”“雄安新区”等国家建设，综合分析评估了气候系统变化的基本事实，区域气候环境的脆弱性及气候变化应对等，归纳和提出了我国科学家的最新研究成果和观点，从现有科学认知水平上加强了应对气候变化形势分析和研判，同时进一步厘清了应对气候生态环境变化的科学任务。

我国气象部门立足定位和职责，充分发挥了在气候变化科学、影响评估和决策支撑上的优势，为国家应对气候变化提供了全链条科学支撑。可以预见，未来十年将是社会转型发展和科技变革的十年。科学应对气候变化，有效降低不同时间尺度气候变化所引发的潜在风险，需要在国家国土空间规划和建设中充分考虑气候变化因素，推动开展基于自然的解决方案，通过主动适应气候变化减少气候风险；需要高度重视气候变化对我国不同区域、不同生态环境的影响，加强对气候变化背景下环境污染、生态系统退化、生物多样性减少、资源环境与生态恶化等问题的监测和评估，加快研发相应的风险评估技术和防御技术，建立气候变化风险早期监测预警评估系统。

“十四五”开局之年出版本报告具有十分重要的意义，对碳中和目标下的防灾减灾救灾、应对气候变化和生态文明建设具有重要的参考价值。中国气象局愿与社会各界同仁携起手来，为实现我国经济社会发展的既定战略目标砥砺奋进、开拓创新，为全人类福祉和中华民族的伟大复兴做出应有的贡献。

刘国东

中国气象局党组书记、局长

2021 年 4 月 26 日

总序三

当前，气候变化已经成为国际广泛关注的话题，从科学家到企业家、从政府首脑到普通大众，气候变化问题犹如持续上升的温度，成为国际重大热点议题。对气候变化问题的广泛关注，源自工业革命以来人类大量排放温室气体造成气候系统快速变暖、并由此引发的一系列让人类猝不及防的严重后果。气候系统涉及大气圈、水圈、冰冻圈、生物圈和岩石圈五大圈层，各圈层之间既相互依存又相互作用，因此，气候变化的内在机制十分复杂。气候变化研究还涉及自然和人文的方方面面，自然科学和社会科学各领域科学家从不同方向和不同视角开展着广泛的研究。如何把握现阶段海量研究文献中对气候变化研究的整体认识水平和研究程度，深入理解气候变化及其影响机制，趋利避害地适应气候变化影响，有效减缓气候变化，开展气候变化科学评估成为重要手段。

国际上以 IPCC 为代表开展的全球气候变化评估，不仅是理解全球气候变化的权威科学，而且也是国际社会制定应对全球气候变化政策的科学依据。在此基础上，以发达国家为主的区域（欧盟）和国家（美国、加拿大、澳大利亚等）的评估，为制定区域 / 国家的气候政策起到了重要科学支撑作用。中国气候与环境评估起始于 2000 年中国科学院西部行动计划重大项目“西部生态环境演变规律与水土资源可持续利用研究”，在此项目中设置了“中国西部环境演变评估”课题，对西部气候和环境变化进行了系统评估，于 2002 年完成了《中国西部环境演变评估》报告（三卷及综合卷），该报告为西部大开发国家战略实施起到了较好作用，也引起科学界广泛好评。在此基础上，2003 年由中国科学院、中国气象局和科技部联合组织实施了第一次全国性的“中国气候与环境演变”评估工作，出版了《中国气候与环境演变》（上、下卷）评估报告，该报告为随后的国家气候变化评估报告奠定了科学认识基础。基于第一次全国评估的成功经验，2008 年由中国科学院和中国气象局联合组织实施了“中国气候与环境演变：2012”评估研究，出版了一套系列评估专著，即《中国气候与环境演变：2012（第一卷　科学基础）》《中国气候与环境演变：2012（第二卷　影响与脆弱性）》《中国气候与环境演变：2012（第三卷　减缓与适应）》和由上述三卷核心结论提炼而成的《中国气候与环境演变：2012（综合卷）》。这也是既参照国际评估范式，又结合中国实际，从科学基础、影响与脆弱性、适应与减缓三方面开展的系统性科学评估工作。

时至今日，距第二次全国评估报告过去已近十年。十年来，不仅针对中国气候与环境变化的研究有了快速发展，而且气候变化与环境科学和国际形势也发生了巨大变化。基于科学研究新认识、依据国家发展新情况、结合国际新形势，再次开展全国气候与环境变化评估就成了迫切的任务。为此，中国科学院和中国气象局联合，于2018年启动了“中国气候与生态环境演变：2021”评估工作。本次评估共组织国内17个部门、45个单位近200位自然和社会科学领域的相关专家，针对气候变化的事实、影响与脆弱性、适应与减缓等三方面开展了系统的科学评估，完成了《中国气候与生态环境演变：2021（第一卷 科学基础）》《中国气候与生态环境演变：2021（第二卷上 领域和行业的影响、脆弱性与适应）》《中国气候与生态环境演变：2021（第二卷下 区域影响、脆弱性与适应）》《中国气候与生态环境演变：2021（第三卷 减缓）》《中国气候与生态环境演变：2021（综合卷）》（中、英文版）等系列评估报告。评估报告出版之际，我对各位参与本次评估的广大科技人员表示由衷的感谢！

中国气候与生态环境演变评估工作走过了近20年历程，这20年也是中国社会经济快速发展、科技实力整体大幅提升的阶段，从评估中也深切地感受到中国科学研究的快速进步。在第一次全国气候与环境评估时，科学基础部分的研究文献占绝大多数，而有关影响与脆弱性及适应与减缓方面的文献少之又少，以至于在对这些方面的评估中，只能借鉴国际文献对国外的相关评估结果，定性指出中国可能存在的相应问题。由于文献所限第一次全国气候评估报告只出版了上、下两卷，上卷为科学基础，下卷为影响、适应与减缓，且下卷篇幅只有上卷的三分之二。到2008年开展第二次全国气候与环境评估时，这一情况已有改观，发表的相关文献足以支撑分别完成影响与脆弱性、适应与减缓的评估工作，且关注点已经开始向影响和适应方面转移。本次评估发生了根本性变化，有关影响、脆弱性、适应与减缓研究的文献已经大量增加，评估重心已经转向重视影响和适应。本次评估报告的第二卷分上、下两部分出版，上部分是针对领域和行业的影响、脆弱性与适应评估，下部分是针对重点区域的影响、脆弱性与适应评估，由此可见一斑。对气候和生态环境变化引发的影响、带来的脆弱性以及如何适应，这也是各国关注的重点。从中国评估气候与生态环境变化评估成果来看，反映出中国科学家近20年所做出的努力和所取得的丰硕成果。中国已经向世界郑重宣布，努力争取2060年前实现碳中和，中国科学家也正为此开展广泛研究。相信在下次评估时，碳中和将会成为重点内容之一。

回想近三年的评估工作，为组织好一支近200人，来自不同部门和不同领域，既有从事自然科学、又有从事社会科学研究的队伍高效地开展气候和生态变化的系统评估，共召开了 8 次全体主笔会议、3 次全体作者会议，各卷还分别多次召开卷、章作者会议，在充分交流、讨论及三次内审的基础上，数易其稿，并邀请上百位专家进行了评审，提出了 1000 多条修改建议。针对评审意见，又对各章进行了修改和意见答复，形成了部门送审稿，并送国家十余个部门进行了部门审稿，共收到部门修改意见 683 条，在此基础上，最终形成了出版稿。

参加报告评审的部门有科技部、工业和信息化部、自然资源部、生态环境部、住房和城乡建设部、交通运输部、农业农村部、文化和旅游部、国家卫生健康委员会、中国科学院、中国社会科学院、国家能源局、国家林业和草原局等；参加报告第一卷评审的专家有蔡榕硕、陈文、陈正洪、胡永云、马柱国、宋金明、王斌、王开存、王守荣、许小峰、严中伟、余锦华、翟惟东、赵传峰、赵宗慈、周顺武、朱江等；参加报告第二卷评审的专家有陈大可、陈海山、崔鹏、崔雪峰、方修琦、封国林、李双成、刘鸿雁、刘晓东、任福民、王浩、王乃昂、王忠静、许吟隆、杨晓光、张强、郑大玮等；参加报告第三卷评审的专家有卞勇、陈邵锋、崔宜筠、邓祥征、冯金磊、耿涌、黄全胜、康艳兵、李国庆、李俊峰、牛桂敏、乔岳、苏晓晖、王遥、徐鹤、余莎、张树伟、赵胜川、周楠、周冯琦等；参加报告综合卷评审的专家有卞勇、蔡榕硕、巢清尘、陈活泼、陈邵锋、邓祥征、方创琳、葛全胜、耿涌、黄建平、李俊峰、李庆祥、孙颖、王颖、王金南、王守荣、许小峰、张树伟、赵胜川、赵宗慈、郑大玮等。在此对各部门和各位专家的认真评审、建设性的意见和建议表示真诚的感谢！

评估报告的完成来之不易，在此对秘书组高效的组织工作表达感谢！特别对全面负责本次评估报告秘书组成员王生霞、魏超、王文华、闫宇平、徐新武、王荣、王世金，以及各卷技术支持余荣和周蓝月（第一卷）、黄建斌（第二卷上）、魏超（第二卷下）、刘影影和朱磊（第三卷）、王生霞（综合卷）表达诚挚谢意，他们为协调各卷工作、组织评估会议、联络评估专家、汇集评审意见、沟通出版事宜等方面做出了很大努力，给予了巨大的付出，为确保本次评估顺利完成做出了重要贡献。

由于评估涉及自然和社会广泛领域，评估工作难免存在不当之处，在报告即将出版之际，怀着惴惴不安的心情，殷切期待着广大读者的批评指正。

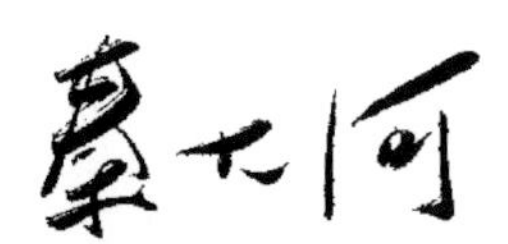

中国科学院院士

2021 年 4 月 20 日

前　言

气候变化的影响已经涉及自然环境的广泛领域、渗透到社会经济的方方面面。随着气候变暖的持续，一些领域和行业的影响已经十分明显，另一些领域和行业的影响正在显现，气候变化的影响不再是危言耸听的空谈，而是实实在在的现实。面对气候变化带来的已知和未知的影响，如何科学认识、有的放矢适应，是人类面临的重大问题。气候系统是十分复杂的系统，气候系统变化带来的一系列影响是更加复杂的问题。面对复杂的气候变化过程带来的一系列复杂的影响，不同领域的科学家从不同视角开展了广泛的研究，为认识气候变化的影响提供了重要的科学依据。若在众多的研究中凝聚气候变化影响的科学共识，开展气候变化影响的综合评估就成为重要途径，本书就是针对气候变化对中国的影响开展的系统性评估研究。

此次在中国科学院和中国气象局的共同资助下，由秦大河院士牵头实施的“中国气候与生态环境演变：2021”评估研究，组织了国内近200名相关领域的骨干队伍，历时3年完成了《中国气候与生态环境演变：2021（第一卷　科学基础》《中国气候与生态环境演变：2021（第二卷上　领域和行业影响、脆弱性与适应）》《中国气候与生态环境演变：2021（第二卷下　区域影响、脆弱性与适应）》《中国气候与生态环境演变：2021（第三卷　减缓）》《中国气候与生态环境演变：2021（综合卷）》（中、英文版）等评估报告。本书为第二卷（上），主要评估对象是领域和行业影响、脆弱性与适应。本次评估中，重点聚焦在气候变化对水资源、冰冻圈、陆地生态系统、海洋生态系统以及农业、旅游、交通、能源和制造业、人居环境、人群健康和重大工程等的影响、脆弱性与适应方面。根据已有文献和研究的程度，有些影响具有较高的确定性，如气候变化对水资源、冰冻圈以及农业、旅游、交通、能源和制造业等的影响直接且显著，而有些影响不确定性仍然较大，如海洋生态系统、人群健康和重大工程等，需要在不断研究中深化科学认识，在丰富科学积累中辨析影响程度。

参加本书评估工作的有来自中国科学院、中国气象局、教育部、水利部、生态环境部、农业农村部、国家卫生健康委员会及中国社会科学院等部委所属的38个科研院所共70多名科研人员。本书由丁永建、罗勇、宋连春和吴绍洪任主编，张建云为主审。黄建斌为技术支持，负责本书的协调、组织、沟通和技术支持工作。第 1 章为总论，罗勇、吴绍洪为主要作者协调人，林而达编审，丁永建、李宁、宁理科、王生霞、殷杰、张继权为主要作者；第 2 章为水资源，王国庆、严登华为主要作者协调人，张建云编审，许月萍、刘艳丽、鲁帆、杨勤丽为主要作者；第 3 章为冰冻圈，康世昌、王根绪为主要作者协调人，丁永建编审，陈仁升、王世金、王晓明、李志军、牛富俊为主要作者；第 4 章为陆地生态系统，于贵瑞、吴建国为主要作者协调人，黄耀编审，韩永伟、牛书丽、周旭辉、崔雪锋为主要作者；第 5 章为海洋生态系统，孙松、龙丽娟为主要作者协调人，李永祺编审，黄小平、黄晖、李新正、孙晓霞为主要作者；第 6 章为农业，潘学标、高清竹为主要作者协调人，居辉编审，段居琦、胡国铮、何建强、刘玉洁为主要作者；第 7 章为旅游、交通、能源和制造业，朱蓉、许建初为主要作者协调人，姜彤编审，占明锦、徐雨晴、刘昌义、李卫江为主要作者，翟文、胡睿为贡献作者；第 8 章为人居环境，高庆先、郑艳为主要作者协调人，李迅编审，杜吴鹏、李惠民、张宇泉为主要作者；第 9 章为人群健康，黄存瑞、刘起勇为主要作者协调人，宫鹏编审，马文军、谈建国、杜尧东、阚海东为主要作者；第 10 章为重大工程，吴青柏、王国复为主要作者协调人，高荣编审，冯起、陈鲜艳、金君良、朱雅娟为主要作者，李宗省、李国玉为贡献作者。

本书分别由有关部门和专家进行了评审，参加评审的部门有科技部、工业和信息化部、自然资源部、生态环境部、住房和城乡建设部、交通运输部、农业农村部、文化和旅游部、国家卫生健康委员会、中国科学院、中国社会科学院、国家能源局、国家林业和草原局等；参加评审的专家有陈大可、陈海山、崔鹏、崔雪峰、方修琦、封国林、李双成、刘鸿雁、刘晓东、任福民、王浩、王乃昂、王忠静、许吟隆、杨晓光、张强、郑大玮等。有关部门和各位评审专家对本书完成提出了许多具有建设性的意见，各章作者根据评审意见也进行了认真修改。正是有了这些评审意见和修改建议，才使得本书的质量得到提升和保证。在此，对参加评审的有关部门和各位评审专家表示衷心感谢！

光阴似箭，瞬间 3 年已逝。在本次评估过程中，来自不同部门、不同单位、不同领域的专家辛勤耕耘，共同研讨，反复修改，付出了巨大努力，在此对各位专家的辛勤工作和无私贡献表示衷心感谢。对为本书承担繁重秘书及技术支持服务的黄建斌博士的杰出工作表示由衷感谢！对各章秘书及技术支持工作者表示感谢！在评估报告即将出版之际，特别对全面负责本次评估报告秘书及技术支持的王生霞博士表达诚挚谢意，她为协调各卷工作、组织评估会议、联络评估专家、汇集评审意见、沟通出版事宜等付出很多，才确保了本次评估顺利完成。

由于时间有限，疏漏与不妥之处在所难免，恳请广大读者批评指正。

丁永建　中国科学院西北生态环境资源研究院研究员
罗勇　清华大学教授
宋连春　中国气象局国家气候中心研究员
吴绍洪　中国科学院地理科学与资源研究所研究员
2021 年 4 月 5 日

目　录

总序一

总序二

总序三

前言

第 1 章　总论　1

1.1　引言　2

1.1.1　气候变化影响、脆弱性与适应研究进展　2

1.1.2　IPCC AR5 以来气候变化影响相关国内外动态　5

1.2　气候变化影响、脆弱性与适应的新认知　8

1.2.1　气候变化风险构成　8

1.2.2　气候变化危险性　9

1.2.3　气候变化脆弱性和暴露度　9

1.2.4　气候变化风险管理　10

1.2.5　气候变化适应、能力与成本　11

1.2.6　气候变化适应、减缓的措施及协同性　15

1.2.7　气候变化伦理与公平　17

1.2.8　气候变化与可持续发展　18

1.2.9　对气候变化风险和利益的认识　20

1.3　气候变化影响、脆弱性与适应评估的主要领域与区域　21

1.3.1　主要领域　21

1.3.2　主要区域　26

1.4　本卷结构　35

参考文献　36

第 2 章　水资源 **45**

2.1　引言 46

2.2　对水资源的影响 46

2.2.1　水资源变化及其归因 47

2.2.2　预估未来气候变化对水资源的影响 52

2.3　对需水的影响 54

2.3.1　气候变化对我国各行业用水的影响 54

2.3.2　未来气候变化下我国各流域需水变化趋势 57

2.4　对洪涝和干旱的影响 58

2.4.1　洪涝 58

2.4.2　干旱 62

2.5　水质水环境 64

2.6　气候变化下水资源风险与脆弱性 67

2.6.1　水资源脆弱性的变化 67

2.6.2　水资源脆弱性变化的原因 68

2.6.3　未来气候变化影响下中国的水资源风险和脆弱性 71

2.7　适应措施和策略 73

2.7.1　总体进展 73

2.7.2　典型案例 75

2.7.3　未来展望 78

2.8　主要结论和知识差距 80

2.8.1　主要结论 80

2.8.2　知识差距 80

参考文献 81

第 3 章　冰冻圈 **91**

3.1　引言 92

3.2　冰冻圈变化对河川径流的影响 93

3.2.1　冰冻圈变化对河川径流的影响现状 93

3.2.2　冰冻圈变化对河川径流的影响预估 96

3.3 冰冻圈变化对生态系统及其碳循环的影响 101
3.3.1 冰冻圈变化对陆地生态系统的影响 101
3.3.2 冰冻圈变化对陆地生态系统碳 / 氮循环的影响 104
3.3.3 冰冻圈消融释放污染物对生态系统的影响 108
3.3.4 冰冻圈变化对陆地生态系统的影响预估 109

3.4 冰冻圈变化的灾害风险 111
3.4.1 中国冰冻圈灾害类型 111
3.4.2 陆地冰冻圈变化的灾害风险 113
3.4.3 海洋冰冻圈变化的灾害风险 115
3.4.4 大气冰冻圈变化的灾害风险 117

3.5 冰冻圈变化对社会经济发展的影响与适应对策 118
3.5.1 冰冻圈变化对社会经济系统的影响基本框架 119
3.5.2 冰冻圈不同要素变化对社会经济系统的影响 120
3.5.3 适应冰冻圈变化的社会经济发展策略 124

3.6 主要结论和认知差距 128

参考文献 129

第 4 章 陆地生态系统 137

4.1 引言 138

4.2 气候变化对植被与土地覆被格局的影响 139
4.2.1 未来气候变化对物候与植被地理分布格局的影响 139
4.2.2 未来气候变化下土地利用与土地覆被变化 141

4.3 气候变化对生态系统结构和功能的影响 142
4.3.1 对生态系统组分与结构的影响 142
4.3.2 对生态系统过程及功能的影响 143
4.3.3 生态系统的脆弱性 145

4.4 气候变化下生态系统服务、功能退化和灾害风险 146
4.4.1 气候变化与生态系统服务供给的可持续性 146
4.4.2 生态系统功能退化及风险 147
4.4.3 极端气候事件造成的生态灾害和风险 149

4.5 气候变化对生物多样性的影响及脆弱性与风险评估 151
4.5.1 气候变化对生物多样性的影响 151
4.5.2 未来气候变化背景下生物多样性的脆弱性 153
4.5.3 物种濒危灭绝的潜在风险与评估 156

4.6 应对气候变化的生态系统适应途径和对策 157
4.6.1 应对气候变化的生态系统适应途径 157
4.6.2 现有应对气候变化的策略及其有效性 157
4.6.3 提升应对气候变化的策略及措施 163
4.6.4 适应与减缓气候变化的生态系统途径联系 165

4.7 主要结论和认知差距 165
4.7.1 主要结论 165
4.7.2 认知差距 166

参考文献 169

第 5 章 海洋生态系统 183

5.1 引言 184

5.2 气候变化对海洋浮游生物的影响 184
5.2.1 气候变化对海洋浮游植物的影响 184
5.2.2 气候变化对海洋浮游动物的影响 187

5.3 气候变化对海洋底栖生物的影响 190
5.3.1 气候变化对海洋底栖生物种类、数量和分布格局的影响 190
5.3.2 气候变化对海洋底栖生物优势种的影响 192
5.3.3 气候变化对海洋底栖生物功能群的影响 194

5.4 气候变化对海洋生产力的影响 194
5.4.1 气候变化对初级生产力的影响 194
5.4.2 气候变化对海洋生物资源的影响 196

5.5 气候变化对珊瑚礁、红树林、海草床等典型海洋生态系统的影响与脆弱性 197
5.5.1 珊瑚礁生态系统 197

5.5.2 红树林生态系统 200
5.5.3 海草床生态系统 203

5.6 气候变化对海洋生态系统健康的影响 206
5.6.1 海水升温、低氧和酸化对海洋生态系统的影响 206
5.6.2 气候变化导致海洋生态系统结构与功能转变 208
5.6.3 气候变化影响海洋有害生物的暴发与分布 208

5.7 我国典型海洋生态系统对气候变化的适应以及应对措施 213

5.8 主要结论和认识差距 214

参考文献 215

第 6 章 农业 227

6.1 引言 228

6.2 农业气候和环境变化 229
6.2.1 农业气候资源变化 229
6.2.2 农业生产环境因素变化 236

6.3 气候变化对粮食作物生产的影响与脆弱性评估 242
6.3.1 水稻 242
6.3.2 小麦 245
6.3.3 玉米 246
6.3.4 马铃薯 248
6.3.5 其他粮食作物 249

6.4 气候变化对经济作物生产的影响与脆弱性评估 249
6.4.1 棉花 249
6.4.2 油料作物 251
6.4.3 糖料作物 252
6.4.4 经济果蔬 253

6.5 气候变化对养殖业生产的影响与脆弱性评估 254
6.5.1 草地畜牧业 254
6.5.2 农区养殖业的脆弱性和适应途径 256
6.5.3 渔业 256

6.6 农业适应气候变化途径与适应方案 257
6.6.1 适应途径及适应能力 257
6.6.2 适应气候变化的阈值与有序性方案 261
6.6.3 适应实例及经验 262
6.7 结论与认知差距 263
6.7.1 结论 263
6.7.2 认知差距 264
参考文献 265
第 7 章 旅游、交通、能源和制造业 279
7.1 引言 280
7.2 旅游 280
7.2.1 极端天气气候事件对旅游的影响 280
7.2.2 气候变化对旅游气候舒适度的影响 281
7.2.3 气候变化对时令旅游的影响 282
7.2.4 气候变化对饮食文化的影响 283
7.3 交通 284
7.3.1 气候变化对交通业的影响 284
7.3.2 交通系统应对气候变化脆弱性评估 286
7.4 能源 287
7.4.1 对可再生能源资源的影响 288
7.4.2 对能源需求的影响 292
7.4.3 电力系统脆弱性 296
7.5 制造业 297
7.5.1 气候变化对制造业经济增长的影响 298
7.5.2 气候变化对制造业经济损失影响 298
7.5.3 气候政策对制造业经济的制约影响 299
7.6 适应措施 300
7.6.1 旅游业的适应措施 300
7.6.2 交通业的适应措施 301
7.6.3 能源业应对气候变化的适应措施 302

7.6.4 制造业应对气候变化的适应措施 303

7.7 主要结论和认知差距 303

参考文献 305

第 8 章 人居环境 311

8.1 引言 313

8.2 气候变化对人居环境的主要影响 314

8.2.1 气候变化下的城镇化进程 314

8.2.2 气候变化与人居环境的交互影响机制 315

8.2.3 气候变化对人居环境的影响 316

8.3 城市人居环境的关键领域与适应途径 321

8.3.1 城市人居环境与气候变化风险 321

8.3.2 城市人居环境的重点适应领域 322

8.3.3 提升城市人居环境适应性的政策与实践 327

8.4 农村人居环境的气候变化风险、影响、脆弱性与适应 332

8.4.1 农村人居环境的基本特征 332

8.4.2 农村人居环境的气候变化风险、影响与脆弱性 333

8.4.3 气候变化背景下农村人居环境的适应需求及途径 337

8.5 未来气候变化对我国人居环境影响、风险与适应 343

8.5.1 影响人居环境的未来气候变化风险特征 343

8.5.2 对人居环境的可能影响 344

8.5.3 人居环境改善与提高的适应选择 346

8.6 主要结论和认识差距 348

8.6.1 主要结论 348

8.6.2 认识差距 349

参考文献 350

第 9 章 人群健康 363

9.1 引言 364

9.2 气候变化对人群健康的影响 365

9.2.1 气温升高与气温变率 365
9.2.2 极端天气气候事件 368
9.2.3 气候变化与空气质量 373
9.2.4 气候变化对传染性疾病的影响 376
9.2.5 气候变化对非传染性疾病的影响 382
9.2.6 气候变化对职业人群健康和劳动生产率的影响 384

9.3 气候变化影响人群健康的脆弱性 386
9.3.1 健康脆弱性的人群差异 387
9.3.2 健康脆弱性的地区差异 389

9.4 应对气候变化健康风险的适应策略 391
9.4.1 保护人群健康的政策与行动 391
9.4.2 气候变化健康风险治理的主要挑战 393
9.4.3 建设具有气候恢复力的卫生系统 394

9.5 应对气候变化行动的健康协同效益 395
9.5.1 优化能源结构的健康协同效益 396
9.5.2 治理城市交通的健康协同效益 397
9.5.3 改善农业生产的健康协同效益 398

9.6 主要结论与认知差距 398
9.6.1 主要结论 398
9.6.2 认知差距 399

参考文献 400

第10章 重大工程 413

10.1 引言 414

10.2 水利工程 414
10.2.1 三峡工程 415
10.2.2 南水北调工程 418
10.2.3 长江口整治工程 421

10.3 冻土区工程 425
10.3.1 青藏铁路工程 425
10.3.2 青藏直流联网工程 427

10.3.3 中俄原油管道工程 429

10.4 生态修复工程 430

10.4.1 三江源 431

10.4.2 祁连山 433

10.4.3 塔里木河流域 437

10.5 林业工程 440

10.5.1 三北防护林工程 441

10.5.2 退耕还林还草工程 442

10.6 主要结论和认知差距 447

10.6.1 主要结论 447

10.6.2 认知差距 449

参考文献 449

第1章 总　论

主要作者协调人：罗　勇、吴绍洪
编　　　　审：林而达
主　要　作　者：丁永建、李　宁、宁理科、王生霞、殷　杰、张继权

■ 执行摘要

本章简要介绍自联合国政府间气候变化专门委员会（IPCC）AR4（AR4 即第四次评估报告，以此类推）以来国际科学界有关影响、脆弱性与适应方面的核心结论以及近年来国际社会的相关动态。通过系统分析近年来观测到的气候变化影响，越来越多的证据表明，近几十年大量的影响归因于气候变化，其分析的时空尺度更广，评估范围覆盖整个地球系统；该领域研究更加关注气候变化对生态系统、人类生存与安全的影响评估。特别是适应性的综合评估。本章还识别出气候变化影响、脆弱性与适应性评估的主要领域与区域，并从中凝练出中国在气候变化影响、脆弱性与适应方面的主要关注点。

1.1 引 言

1.1.1 气候变化影响、脆弱性与适应研究进展

自 IPCC 第二工作组（WGⅡ）发布 AR4 以来，与气候变化影响、脆弱性与适应相关的科学、技术和社会经济文献知识库规模剧增。文献增加有助于对更宽泛的主题和部门做出全面评估，其中关于人类系统、适应和海洋的覆盖面得到了扩展。IPCC AR5 整理自 AR4 以来的 36000 多篇科学文献，系统分析了近年来观测到的气候变化影响，越来越多的证据表明，近几十年大量更多的影响归因于气候变化，其分析的时空尺度更广，评估范围覆盖整个地球系统；更加关注气候变化对生态系统、人类生存与安全的影响评估，特别是适应性的综合评估。其新增了许多脆弱性评估、适应途径及区域评估内容，评估方法除了继续采用排放情景特别报告（SRES）和典型浓度路径（RCPs）情景外，推出了新的气候变化共享社会经济路径（SSPs）情景，以代表不同社会经济情景的矩阵用于气候模式、影响评估和减缓适应等方面（曹丽格和姜彤，2011）。其归纳总结了气候变化影响、脆弱性与适应方面的重要结论，其中九条是针对已经观测到的气候变化影响、脆弱性和暴露度评估后的核心结论，七条是针对目前气候变化适应方面的重要结论，三条是针对不同区域、部门、关键领域的未来气候变化风险和适应的结论，两条是针对未来风险管理和气候变化恢复能力的重要结论，四条是针对适应决策环境方面的建议。

许多观测资料证明，目前已观测到的气候变化对自然系统的影响是最强、最全面的，对人类系统的一些影响也已归因为气候变化，气候变化作用有主次之分，但能够与其他影响区别开（图 1-1）。对人类系统的影响受气候变量变化和社会经济因素影响往往呈地理异质化。

据现有资料，气候变化的“级联”（cascade）影响现在可以归因于从物理气候到中间系统再到人类的证据链（图 1-2）。某些情况下，导致级联的气候变化与人类驱动因素有关，但另一些情况下，人们对无法观测到的、导致级联影响的气候变化的成因进行评估。

目前，气候变化已经并将持续影响自然系统、生态系统和社会系统的方方面面，未来不同领域、部门和行业的气候变化风险更大，降低风险主要通过降低暴露度、减小脆弱性、提高适应能力实现，但适应气候变化的工作任重而道远。

在气候变化适应方面，人类社会一直在适应和应对气候变化和极端事件，取得了不同程度的成功。人类对观测到的和预估的气候变化影响，不同部门、不同层面都在积累适应经验。在未来几十年及 21 世纪下半叶以后，据已有资料，对跨部门、跨地区如何受到不同气候变化强度和速率及社会经济选择影响进行了研究，并评估了其针对未来风险，通过适应来降低影响和管理风险的机遇。归纳气候变化相关风险的应对措施概况如下（图 1-3）。

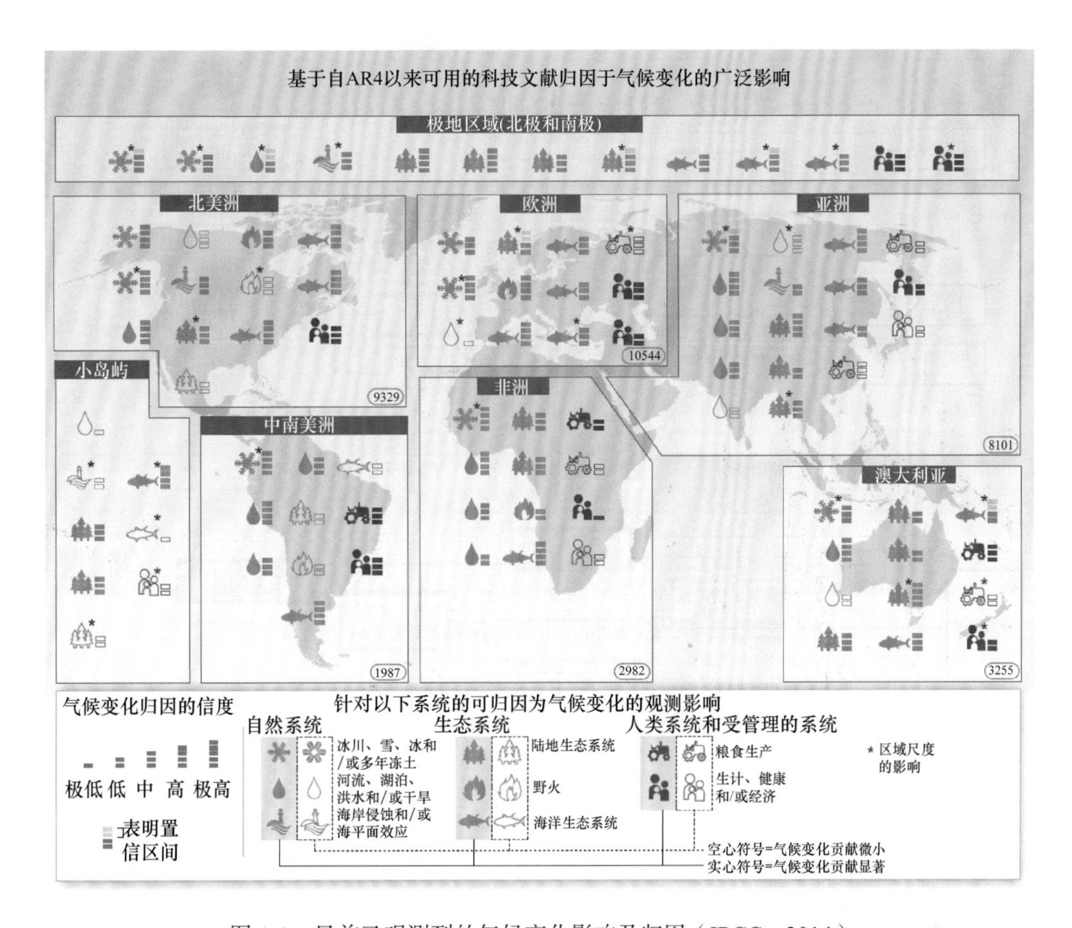

图 1-1 目前已观测到的气候变化影响及归因（IPCC，2014）

根据 IPCC AR4 之后的科学文献，现在能够将近几十年大量更多的影响归因于气候变化。归因需要对气候变化的作用拿出明确的科学证据。图中没有增加归因于气候变化的影响不表明此类影响没有出现。支持归因影响的文献反映了知识库在不断扩大，但是很多地区，系统和过程的有关文献目前仍然非常有限，这彰显了在数据和研究方面存在空白。符号表示归因影响的类别、气候变化对观测到的影响的相对作用（主要或次要）和归因的信度。每一个符号表示第二工作组报告的表 SPM.A1 中的一个或多个条目，其是按照区域尺度的相关影响分组的。椭圆圈内的数字表示 2001~2010 年关于该地区气候变化文献的总数，依据是 Scopus 目录数据库中在标题、摘要或关键词中提到的具体国家的英文出版物（截至 2011 年 7 月）。这些数字反映了各区域现有关于气候变化科学文献的总体情况；它们不能反映每个地区支持气候变化影响归因的出版物数量。用于归因评估文献的挑选遵循了 IPCC 第二工作组报告中的第 18 章确定 的科学证据标准。关于极地地区和小岛屿的研究并入邻近的大洲研究。归因分析考虑的出版物源于 IPCC 第二工作组 AR5 中评估过的更多文献。对归因影响的描述可参见第二工作组报告的表 SPM. A1

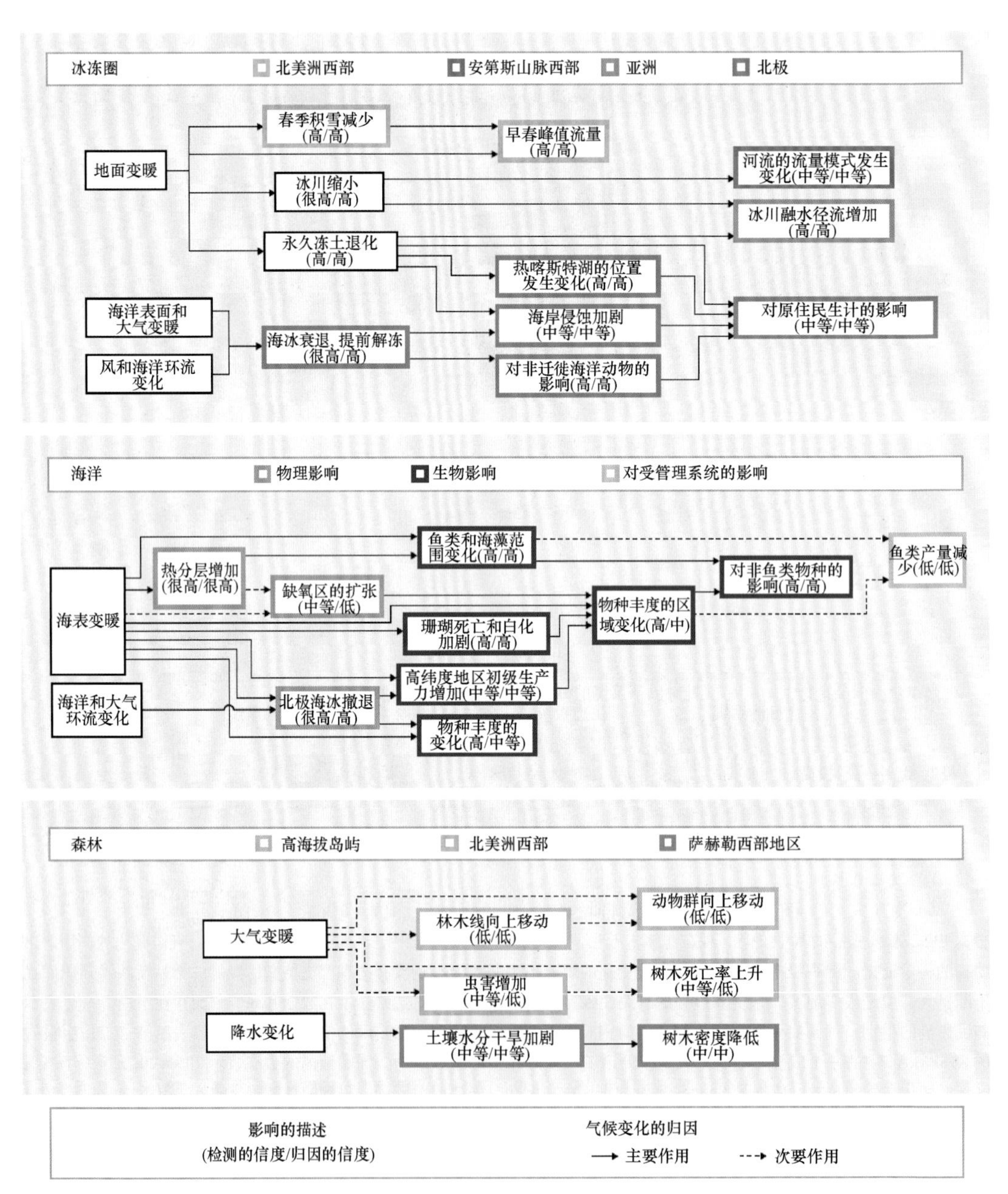

图 1-2　气候变化对一些重要系统的级联影响（IPCC，2014）

括号里的文字表示检测到的气候变化影响的信度和观测到的影响归因为气候变化的信度。气候变化的作用可以是主要作用（实线箭头）或次要作用（虚线箭头）。初步证据表明海洋酸化与海洋变暖在对人类系统的影响方面有着相似的趋势

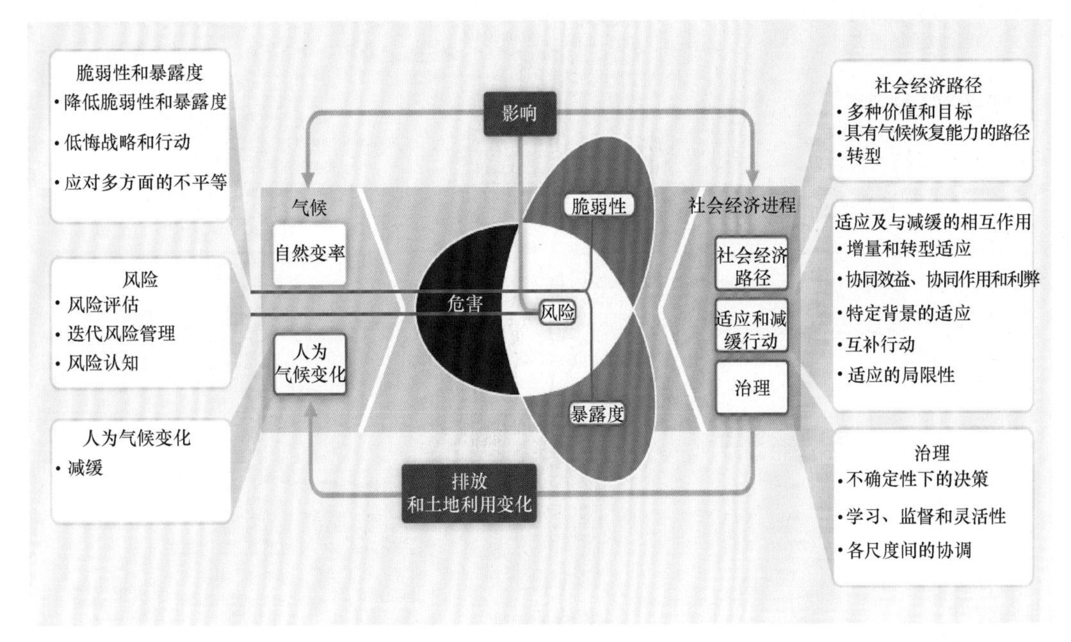

图 1-3 管理气候变化风险解决方案概况图（IPCC，2014）
结合 WGII AR5 的核心概念，说明在管理气候变化相关风险方面的交叠切入点方法及关键考虑因素。WGII AR5 的核心概念：与气候变化相关的风险来自气候相关危害与人类和自然系统的暴露度和脆弱性相互作用，气候系统的变化（左蓝色背景部分）及包括适应和减缓在内的社会经济进程的变化（右）是危害、暴露度和脆弱性的驱动因子

气候影响产生的风险是气候相关危害与人类和自然系统的暴露度和脆弱性相互作用的结果。气候变暖及其他变化的速率和程度不断增加与海洋酸化叠加导致灾害性、普遍性及某些情况下不可逆转的风险。未来的气候变化将放大现存与气候相关的风险并同时产生新的风险。而确定关键风险以影响的高概率、不可逆、持续脆弱性、暴露度和有效降低风险的潜力为基础。各地区的代表性关键风险及减轻风险的潜力评估结果如图 1-4 所示。

1.1.2 IPCC AR5 以来气候变化影响相关国内外动态

1. IPCC AR5 以来国际社会应对气候变化新动态

IPCC AR5（报告启动）以来国际社会对重大气候变化政策所持的态度迥异，并采取了不同的行动，如 2017 年 6 月美国宣布退出《巴黎协定》、2017 年 11 月中国发行人民币种的气候债券等（图 1-5）。

此外，国际社会纷纷制定、发布应对气候变化的主要行动纲要（图 1-6），如 2012 年 1 月英国发布的《英国气候变化风险评估报告》、2018 年 4 月中国气象局发布的《中国气候变化蓝皮书》、2018 年 11 月美国发布的《第四次国家气候变化评估报告》等。

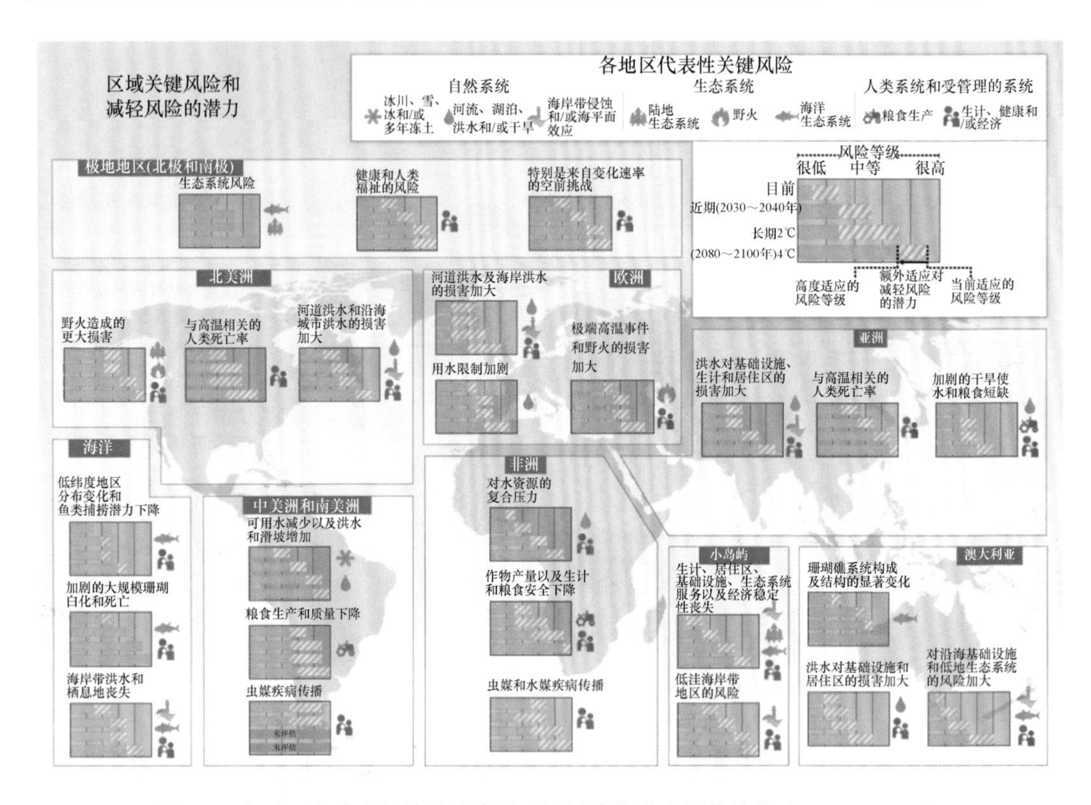

图 1-4 各地区的代表性关键风险及减轻风险的潜力评估结果（IPCC，2014）

各地区的代表性关键风险（对关键风险的确定是基于专家判断，其利用了下列具体标准：影响的程度大、概率高或不可逆性；影响的时效性；促成风险的持续脆弱性或暴露度；或通过适应或减缓减轻风险的潜力有限），包括通过适应和减缓降低风险的潜力以及适应的极限。各关键风险被评定为：很低、低、中等、高或很高。风险等级被分为三个时段表述；目前、近期（此处为 2030~2040 年）和长期（此处为 2080~2100 年）。近期，在所有不同排放情景下，预估的全球平均温度上升幅度没有显著的差异。对于长期而言，列出了未来两种可能的风险等级（全球平均温度上升高于工业化前水平 2℃和 4℃）。图中标示出目前沿用的适应方案以及假定使用目前或未来的高级适应方案情况下各时段的风险等级。风险等级未必具有可比性，尤其是区域间的风险等级

2. IPCC AR6 评估报告展望

IPCC AR6 在前面五次评估报告的基础上，根据新的气候变化动态和形势，结合海洋与冰冻圈对区域气候变化强烈的反馈作用，不仅影响区域气候，还直接影响人类社会和经济发展，其新增加了《气候变化中的海洋和冰冻圈特别报告》、《IPCC 全球 1.5℃温升特别报告》和《气候变化与土地特别报告》。其中，《IPCC 全球 1.5℃温升特别报告》已于 2018 年 10 月发布。

2018 年 7 月 23~28 日，IPCC AR6《气候变化中的海洋和冰冻圈特别报告》（SROCC）领衔作者会在兰州召开，来自 35 个国家的 117 位科学家参会。SROCC 将根据若干政府提议，评估有关物理科学基础的最新科学知识及气候变化对海洋、沿海、极地、山地生态系统和依赖它们的人类社区的影响，还将评估海洋和冰冻圈的脆弱性和适应能力，介绍实现气候适应性发展路径的方案。

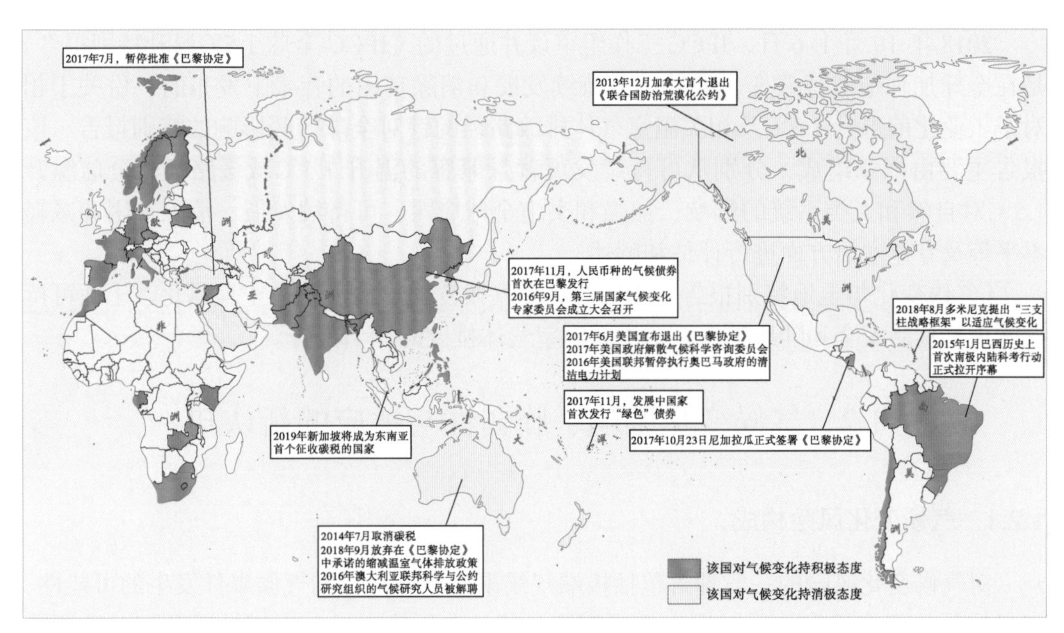

图 1-5　IPCC AR5 以来各国对重大气候变化政策采取的行动和所持的态度

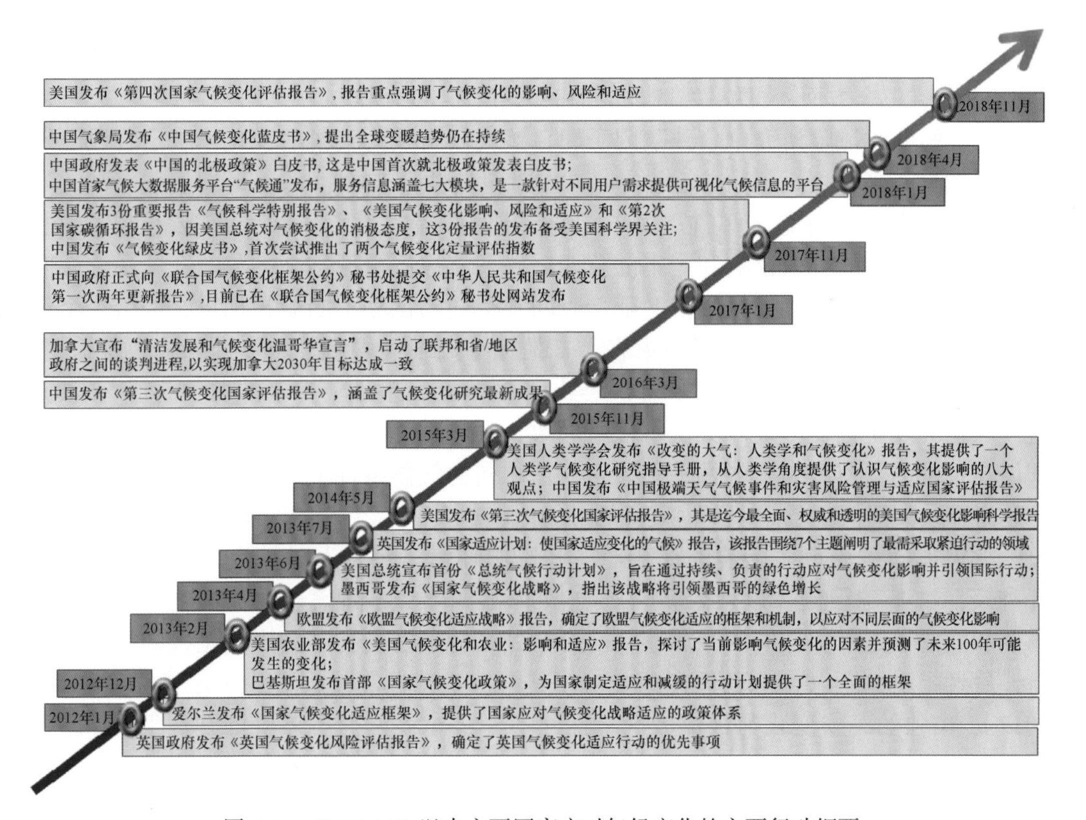

图 1-6　IPCC AR5 以来主要国家应对气候变化的主要行动纲要

2018 年 10 月 1~6 日，IPCC 工作组审议并通过的《IPCC 全球 1.5℃温升特别报告》是在全球加强应对气候变化威胁、可持续发展和消除贫困的背景下发布的一份关于相对于工业化前温升 1.5℃及相关温室气体排放路径的针对全球变暖影响的特别报告。该报告主要由六章组成，分别从可持续发展背景兼容的温升 1.5℃减缓路径、全球温升 1.5℃对自然和人类系统的影响、加强和实施全球应对、可持续发展、消除贫困和减轻不平等及专业术语方面进行评估和阐述。

《气候变化与土地特别报告》主要是针对气候变化、沙漠化、土地退化、土地可持续管理、食品安全和陆地生态系统中的温室气体排放的评估报告。

1.2 气候变化影响、脆弱性与适应的新认知

1.2.1 气候变化风险构成

对气候变化风险的一般理解包括极端气候事件、未来不利气候事件发生的可能性、气候变化的可能损失、可能损失的概率等，其具有不确定性、损害性以及相对性等特征（吴绍洪等，2011）。气候变化风险的发生、发展和管理涉及自然生态系统及社会经济系统的多个方面，只有从整体、系统性的角度出发，才能全面认识和理解气候变化风险的发生和发展规律。如图 1-3 所示，气候变化风险构成包括两个维度（致险因子和承灾体）、三个方面（可能性、脆弱性和暴露度）（高信度）。

在气候变化风险研究中，致险因子即自然气候与人为气候的变化，决定着风险发生的可能性（高信度）。气候变化风险源主要包括两个方面：一是平均气候状况（气温、降水趋势），属于渐变事件；由于气候变化的缓慢性，其不利后果需要很长时间才能显现，其潜在的巨大影响和产生的长期后果可能被严重低估。多数的气候系统性风险均属于渐进性风险，气候影响会随着时间和空间的推移不断累积加重，经历一个量变到质变，从而导致风险爆发为灾害。二是极端天气气候事件（热带气旋、风暴潮、极端降水、河流洪水、热浪与寒潮、干旱），属于突发事件。从事件发生的特点来看，这类风险的发生往往由极端天气事件所导致，其与系统的致灾阈值密切相关。而致灾阈值与系统的暴露度和脆弱性关系紧密，在相同的气候条件下，系统的暴露度或脆弱性越高，致灾阈值就越低，发生灾害的可能性就越大。

承灾体即遭受负面影响的社会经济和资源环境，包括人员、生计、环境服务和各种资源、基础设施，以及经济、社会或文化资产等（高信度）（Jones，2004）。暴露度和脆弱性是承灾体的两个属性，前者指处在有可能受到不利影响位置的承灾体数量，后者指受到不利影响的倾向或趋势，其常以敏感性和易损性为表征指标（IPCC，2012）。单独的气候变化与极端天气事件并不一定导致灾害，必须与脆弱性和暴露程度有交集之后才可能产生风险。承灾体的发展规模和模式不仅决定着暴露度和脆弱性（承受极端事件的能力），还对人为的气候变化幅度与速率有直接作用（Cotton and Pielke，2007；Lamb and Rao，2015；Schaller et al.，2016）。

1.2.2 气候变化危险性

对于气候变化的理解主要有两种。IPCC（2007）对气候变化的定义是“无论基于自然变化抑或是人类活动所引致的任何气候变化”。气候学界将气候变化定义为“自然和/或人为因素影响引起的全球或局域的气候平均状态统计学意义上的显著改变”（任国玉，2007）。另外一种理解是《联合国气候变化框架公约》将气候变化定义为“经过相当一段时间的观察，在自然气候变化之外由人类活动直接或间接地改变全球大气组成所导致的气候变化”（任国玉等，2008）。总的来说，气候变化是指在全球范围内，气候平均状态统计学意义上的巨大改变或者持续较长一段时间的气候变动。

危险性评价起源于管理毒理学，其目的是确定化学物及环境对人类的生命健康或生态环境造成的影响。随着科学的发展，危险性评价成为风险评价的核心部分（董俊，2013）。气候变化可能引起死亡，自然灾害危险性评价主要从自然灾害发生的可能性、随机性及不确定性等角度进行研究评价，近年来，中国出现了气候变化引起的几百年来历史上最热的天气，厄尔尼诺现象也频繁发生。1901~2018年，中国地表年平均气温呈显著上升趋势，2018年中国属异常偏暖年份。有学者预测（曹晓岑，2016），气候变化可能造成的影响和危害有：总体上我国的变暖趋势冬季将强于夏季；北方和西部的温暖地区以及沿海地区降水量将会增加，长江、黄河等流域的洪水暴发频率会更高；东南沿海地区台风和暴雨也将更为频繁；春季和初夏许多地区干旱加剧，干热风频繁，土壤蒸发量上升。

全球气候系统非常复杂，影响气候变化的因素非常多，对于气候变化趋势，在科学认识上还存在不确定性，特别是对于不同区域气候的变化趋势及其具体影响和危害，还无法做出比较准确的判断。但从风险评价角度而言，气候变化是人类面临的一种巨大环境风险。

1.2.3 气候变化脆弱性和暴露度

1. 脆弱性

脆弱性也称为易损性，是承灾体内在的一种特性，这种特性是承灾体受到自然灾害时自身应对、抵御和恢复能力的特性，可以分为自然脆弱（易损）性和社会脆弱（易损）性。“脆弱性”最初来源于拉丁文“vulnerare”，原意为“伤害”，来自流行病学领域，现今这一专业术语的应用已经跨入了自然科学领域，广泛出现在自然灾害学、环境管理、公共卫生、可持续发展、生态安全、气候变化等领域的研究中（Berrouet et al.，2018；Gibb，2018；Pavageau et al.，2018；杨飞等，2019）。国内外学者对脆弱性研究的认识有较为明显的阶段性和渐进性特征，21世纪后，对脆弱性的认识和定义更是相应地进行了自然因子和人文因子的集合（梁恒谦等，2015；彭建等，2014；王岩等，2013；靳毅和蒙吉军，2011）。脆弱性的研究遍及多学科，其概念涉及多维度，并无法给出明确的定义。目前，国内外比较权威的是IPCC报告中的脆弱性的定义，即

“系统易受或没有能力应对气候变化的扰动，包括变率和极端事件而产生不利影响的程度，是气候分异特征、变化幅度和速率以及系统敏感性和适应能力的函数”（IPCC，2007）。

2. 暴露度

暴露度是脆弱性的组成部分之一。承灾体的暴露是特定灾害事件发生时的影响范围和承灾体分布在空间上的交集，仅当存在这种交集时，一个致灾因子才能构成一种风险。暴露度是指系统受到外部扰动的程度，与扰动的强度、频率和持续的时间等相关（别得进等，2015；Georgesabeyie，1989；苏桂武和高庆华，2003；Costache，2017；Turner et al.，2003）。暴露度经常与脆弱性混淆。暴露度是决定风险的必要不充分条件，暴露度大不一定脆弱性高。研究认为（杨飞等，2019；庞泽源等，2014），脆弱性是承灾体的本身属性，不论灾害是否发生都存在；而暴露度主要是指承灾体在灾害中暴露的数量及价值量，与承灾体的脆弱性不存在关联，因此暴露度与脆弱性二者共同构成了承灾体的易损性。暴露度并非一成不变，其会随时间和空间尺度而变化，并明显受到经济、社会、文化等因素的影响。不平衡的发展过程可导致高暴露度的产生，因此，国家应采取相应的气候变化适应战略，提高国家管理灾害风险的能力，并重视暴露度的时空动态变化。

总体来说，脆弱性和暴露度是动态的，应从气候变化的角度，分析其带来的脆弱性、暴露度及相关的灾害风险的改变。中国经济迅速发展所带来的变化已经影响到极端天气气候事件的脆弱性和暴露度的变化趋势。因为无法完全消除各种风险，所以灾害风险管理和气候变化适应的重点是减少脆弱性和暴露度，并提高对各种潜在极端事件不利影响的恢复能力（高信度）。

1.2.4 气候变化风险管理

气候变化已成为灾害风险管理与可持续发展的主要挑战（郑艳，2016），其将增加灾害性天气事件的发生频率，从而加剧灾害风险，特别是巨灾风险（潘东华等，2019）。而风险不仅来自气候变化本身，同时也来自人类社会发展和治理过程。一方面，不合理的发展规划将加剧气候变化风险的暴露度和脆弱性，导致风险放大效应；另一方面，不同发展水平的国家面对已经发生的气候变化普遍缺乏防范意识。因此，人类社会需要考虑未来各种气候变化风险，并通过适应和减缓措施，减少气候变化的影响并进行风险管理（Elijido-Ten and Clarkson，2017）。

气候变化风险管理是依据风险评估的结果，结合各种经济、社会及其他因素对风险进行管理决策并采取相应控制措施的过程，最大限度地降低气候变化可能导致的损失，是适应气候变化的关键问题（Angela et al.，2018；James et al.，2019）。如图 1-7 所示，气候变化导致极端天气事件的频率和强度均有所增加，对自然生态系统以及社会经济系统的影响加剧，至于能否构成灾害，在很大程度上取决于其脆弱性和暴露度，其会为对气候变化（尤其是极端事件）有着较高敏感性的人口、经济及生态环境等带来巨大风险。因此，气候变化适应和灾害风险管理的重点应是从调整承灾体的发展规模和模式入手，减小脆弱性和暴露度，通过减缓人为气候变化来降低过高增温、降水异常和极端事件发生的可能性，同时增强承灾体的气候变化适应能力和恢复能力，从而促进社会和经济的可持续发展。

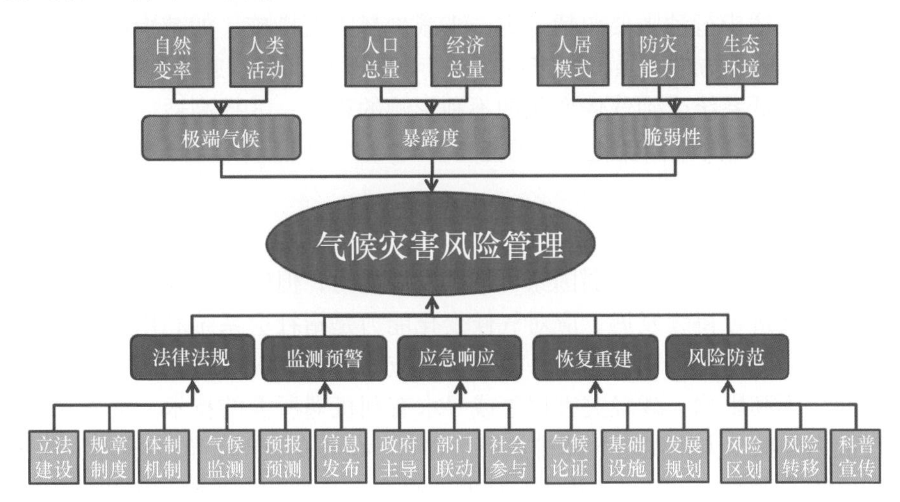

图 1-7 气候灾害风险管理体系

1.2.5 气候变化适应、能力与成本

1. 气候变化适应

适应是人类社会面临气候变化不利影响和关键风险的主动行为（高信度）。关于适应的研究过去关注成本效益分析、优化和效率方法（葛全胜等，2009；马姗姗，2011；黄焕平等，2013），现在逐渐扩展到制定多维度评估，包括将风险和不确定维度整合到更广阔的政策和道德框架，以便评估各类利弊和局限性（史兴民，2016；严登才和施国庆，2017；许端阳等，2018）。一方面，各管理层面的适应规划和实施取决于对社会价值观、目标和风险的认识（任志艳，2015），通过个人到政府各层面开展互补性行动可加强适应的规划和实施（杨东峰等，2018；陈思宇，2019）；另一方面，很多相互影响的限制因素会阻碍适应的规划和实施，如财力人力管理有限、价值观及适应性工作展开不足等（张亮等，2019），同时更大的气候变化速率和幅度有可能超过适应极限（段居琦等，2014）。

适应需要迭代风险管理（高信度）。适应是指个人、地方、区域及国家各级采取的行动，以减少当今气候变化带来的风险，并为未来可能发生的其他变化带来的影响做准备（Wuebbles et al.，2017）。适应涉及两个时间尺度：适应当前的变化及为未来的变化做准备。传统上，决策者在假设当前和未来的气候与最近的过去相似的情况下制定适应计划（Milly et al.，2008），随着气候模式与近期历史记录的偏差不断变大，依赖过去的假设不再可靠。为了应对上述挑战，迭代风险管理成为实现人类社会主动适应的有效决策方式之一，可以提供应对气候适应挑战的全面框架和流程集（Berrang-Ford et al.，2015；Wigand et al.，2017）。该框架包括以下步骤：预测、识别、评估和确定当前和未来的气候风险和脆弱性；选择恰当措施和进行资源分配以减少气候变化风险；实行动态监测和调整操作，同时不断更迭风险的评估。

降低风险的适应行动主要包括三类：①减少暴露度措施，如减少适应不良导致可能受到气候影响的地方的人员和资产的存在（李彤玥，2017；赵春黎等，2018）；②降低脆弱性，即降低系统受到气候变化的不利影响的程度；③提高适应能力，提高人类和自然系统应对预期的气候变化影响的能力。

2. 气候变化适应能力

气候变化的不利影响会削弱国家可持续发展能力，但通过提高适应能力，可有效降低脆弱性，促进可持续发展。应对气候变化能力是指社会系统利用技术、资源、资金等应对不利后果的条件和技术，一般包括适应能力和减缓能力。适应能力是采取有效措施，减少不利影响，减轻灾害损失或寻求有利机遇所需的技术、资源和机构的总和。减缓能力是减少人为温室气体排放或增强自然碳汇的能力，包括技能、胜任能力、适合性和熟练程度等，其取决于技术、体制、财富、公平性、基础设施和信息。

适应和适应能力重点关注四个核心问题：一是研究适应的对象，包括气候状态及其时空尺度的变化和极端事件等；二是研究适应的主体，即研究自然生态系统、人类系统及相关支撑系统的范畴和特征，评估其在气候变化背景下的风险和脆弱性；三是分析适应的行为，适应行为的实质就是趋利避害，可以是对不利影响和脆弱性的响应，也可以是对气候条件和气候资源的合理利用，其中人类系统对气候变化的主动适应尤为重要；四是评价适应的效果，需制定相应的评价原则和指标体系，研究和发展合适的评估方法，科学评价适应政策或措施的生态、社会、经济效益和效果。

风险预期能力、响应能力和恢复能力同属适应能力范畴。风险预期能力是社会系统对未来不利事件发生频率和强度及其可能影响的认知和应对能力，是适应气候变化和降低灾害风险的必然要求。响应能力是社会系统在极端事件发生后的反应和应对能力，是风险管理和防灾减灾体系建设的重要内容。恢复能力是人类社会或自然系统预防、承受和适应不利影响，并从中恢复的能力，以确保其关键结构和基本功能得到有效保护、恢复或改善，其可细分为工程恢复能力、社会恢复能力、生态恢复能力以及社会－生态综合恢复能力等。

驱动力和障碍是相辅相成的两个能力因素，它们可以在一定条件下相互转化。通过采取措施增强社会和生态系统的应变、应对和适应等能力，可以降低脆弱性，减少灾害损失。驱动力因素包括许多方面，如综合的经济发展，城市化，信息技术进步，对人权的关注，农业技能的提升，国际机制的加强，保险的广泛利用，社会结构的改变，社团或组织的优化，生活、健康条件和福祉的改善，中央和地方规划、规章的制定，决策和机制框架的完善，自然灾害预警和防护体系的建立，有效的管理和财力的增加等。这些要素的加强，则是由于能力提升的驱动；若这些要素有所削弱，则成为能力提升的障碍。长期、反复的响应和应对自然灾害会导致财力和物力等严重亏损，形成诸多能力建设的障碍。此外，环境、社会、经济以及交叉领域暴露度和脆弱性的增减，也会驱动或阻碍能力的提升。

3. 气候安全

气候安全是指人类社会的生存与发展不受气候系统变化威胁的状态。作为一种全新的非传统安全，它与防灾减灾、应对气候变化和生态文明建设等密切相关，是粮食安全、水资源安全、生态安全及国家安全体系中其他安全的重要保障。

作为一种新的非传统安全，气候安全既是国家安全体系和经济社会可持续发展战略的重要组成部分，也是其重要的基本保障，需要在战略层面上高度重视。气候变化以及极端事件和灾害趋多趋强，对中国经济社会发展产生了重大影响，对国家经济安全、粮食安全、水资源安全、生态安全、环境安全、能源安全、重大工程安全以及国土安全等传统和非传统安全构成了严重威胁，对国家安全提出了更为严峻的挑战。气候安全事关资源节约型、环境友好型社会建设，事关防灾减灾、保护人民生命财产安全，事关科学应对气候变化和生态文明建设，因此，需要从长远战略高度上重视气候安全问题。

建设生态文明和实现可持续发展是中华民族伟大复兴的必由之路。在全球气候变化背景下，以强度大、范围广、影响深为特征的高温、强降水和干旱等极端天气气候事件呈趋多趋强的态势，天气气候灾害风险加大，给中国可持续发展进程带来一系列不利影响。推动以有效防御和减轻各种灾害为目的的灾害风险管理，是中国适应气候变化的内在要求，是建设生态文明和可持续发展的本质要求，也是气候安全的重要保障。

气候变化引发的国家安全问题作为非传统安全的新议题，正在日益引起国际社会和各国政府的重视。气候变化和天气气候灾害对水安全、粮食安全、生态安全、健康安全、能源安全、交通安全、城镇运行安全以及人民生命财产安全构成严重威胁。气候安全对中国的潜在影响主要表现在以下几个方面：①气候变化引发的天气气候灾害会削弱中国多年发展积累的成果，对国民的生命财产和生活质量产生严重影响，影响社会和地区稳定；②极端和长期气候变化所引发的海平面上升、荒漠化和水土流失、生态承载力退化、环境污染加剧等问题，将影响国家发展的自然环境和物质基础，使可持续发展目标受到影响；③气候变化引发的天气气候灾害风险对重大国防和战略性工程的负面影响正在凸显，气候变化可能导致水资源争夺和跨国移民潮，引发中国与邻国之间的争端和冲突，未来海平面上升引发的海洋边界变化、地区冲突有可能影响全球资源和能源格局，威胁中国领土主权及海洋权益。

气候安全是国家安全体系和经济社会可持续发展战略的重要组成部分，是生态文明建设和实现中国梦的基本保障，是推进国家治理体系和治理能力现代化的重要内容，应根据国家应对气候变化战略，确定中长期气候安全目标（高信度）。气候变化及由此带来的极端天气气候事件和灾害已成为全球可持续发展的重要威胁。中国是受气候变化影响最大的国家之一，适应和减缓气候变化、减轻天气气候灾害风险，是保障国家经济社会发展和人民生活的基本选择。应当高度重视气候变化对国家安全的影响，将灾害风险管理、适应和减缓气候变化置于国家安全体系框架下统筹考虑。

4. 气候变化适应成本

适应成本是规划、筹备、推动和实施适应措施的成本，包括各种过渡成本（高信度）。EEA（2007）认为，适应成本至少包括三方面的内容："执行特定适应措施的直接成本、提高受影响系统适应能力的一般成本，以及与适应对策激发的调整过程相关的过渡成本"。经济合作与发展组织（OECD）强调适应成本是"与基准情景相比，气候变化情景下选择的一系列应对工程和项目的成本"。

在适应政策实施过程中，针对备选的适应对策展开评估是关键一环，其中成本效益比较的经济分析是最为直观有效的方法之一（中等信度）。通过估算某一特定适应投资的各种经济成本及非经济成本，并与不采取适应措施的结果进行比较，如果净收益大于0，则该适应措施是符合成本效益的，可以实施；反之则不可（潘家华和郑艳，2010）。成本效益的产生基于两个方面的变化（陈春阳，2016）：气候和适应方案的变化。如表1-1所示，通常进行的成本效益比较为气候变化发生情况下，采取扩展的适应方案所产生的额外的适应成本（IC）和适应效益（IB），产生的净收益（NB）大于0，则可实施适应方案，反之则不可。

表 1-1　适应的成本效益评估原理

方案	当前的气候状态 C0	变化后的气候状态 C1
当前的适应方案 A0	基准情景（A0C0）：气候和适应均变化	情景（A0C1）：气候发生变化，适应方案未变
扩展的适应方案 A1	情景（A1C0）：当前气候状态下，采取扩展的适应方案	情景（A1C1）：气候发生变化的情景下，采取扩展的适应方案

适应成本主要由两个动机驱动：国际层面的政策决策评估总体适应需求及项目部门气候风险管理信息需求（高信度）。2006年以来全球层面的适应成本评估正在迅速增加（Agrawala and Fankhauser，2008），而部门层次的适应成本研究也十分广泛。海岸带保护相关的适应成本是最受关注的热点问题之一（Nicholls，2007；Nicholls and Tol，2006），农业部门的适应研究虽然多，但是更关注适应战略的收益而非成本（Holst et al.，2013）；相比而言，水资源、能源、基础设施、旅游和公共健康部门适应成本的相关研究较少（王兵，2016；邵腾，2018；Zhou et al.，2018），也零散得多。总体来看，除了海岸带保护，其他部门的研究尚无法支持全球或区域有关适应成本的定量结论。因此，如果要准确估算全球气候变化的适应成本，有必要大力推动各部门的适应成本研究。

5. 气候变化恢复力

恢复力（resilience）是指某社会－生态系统处理灾害性事件或趋势或扰动，并做出响应或进行重组，从而保持其必要功能、定位及结构，并保持其适应、学习和转型能力。恢复力具有以下含义：一是能够从变化和不利影响中反弹的能力，二是对于困难情景的预防、响应及恢复的能力。恢复力最早在心理病理学的研究中被提出，用来描述承受压力的系统恢复和回到初始状态的能力，后来又被引入力学、生态学、社会学等多个学科领域中（李丽，2017；陈伟等，2018；陈德亮等，2019）。伴随着全球气候变化影响的日渐深入，恢复力这一概念也被逐步应用到气候变化领域中，用来描述社区、组织和个人的行为反应。恢复力主要是针对系统自身而言，气候变化、灾害、市场波动等均可被看作是来自外界的扰动。系统对扰动的响应是检验系统恢复能力高低的根据。

恢复力的研究存在多领域重叠（高信度）。由于气候变化与灾害联系紧密，因此恢复力在这两个领域中存在许多重叠之处，且各领域恢复能力的概念相互重叠，尤其是对恢复能力和脆弱性、应变力等概念的理解和应用彼此交叉混淆，难以区分（谢立安等，2017）。在气候变化研究领域，人们更侧重对脆弱性的研究（王春雨等，2019；杨飞等，2019），并将恢复力视为应变力的一部分[图1-8（a）]（Adger，2006；Birkmann，2006），有些人则将应变力作为脆弱性的重要部分[图1-8（b）]（Ian et al.，2002），有些学者（Gallopín，2006；Turner et al.，2003）则将应变力嵌套在恢复力之中，并将后者嵌套在脆弱性之中[图1-8（c）]。在灾害研究领域，人们更重视恢复力的研究，并将灾前防御、灾期救援和灾后重建等一系列防灾减灾措施作为增强恢复力的重要组成部分。Manyena（2006）认为，恢复力可以作为防灾减灾措施的结果，因而可视为减少脆弱性的途径[图1-8（d）]；更多学者将恢复力视为动态的过程，其中包含了系统对灾害的应变力建设[图1-8（e）]。Cutter等（2008）则将恢复力与脆弱性定义为两个部分重叠的独立概念[图1-8（f）]。由于恢复力定义种类繁多并且被许多学科所共享，因此要有一个统一的定义非常困难。

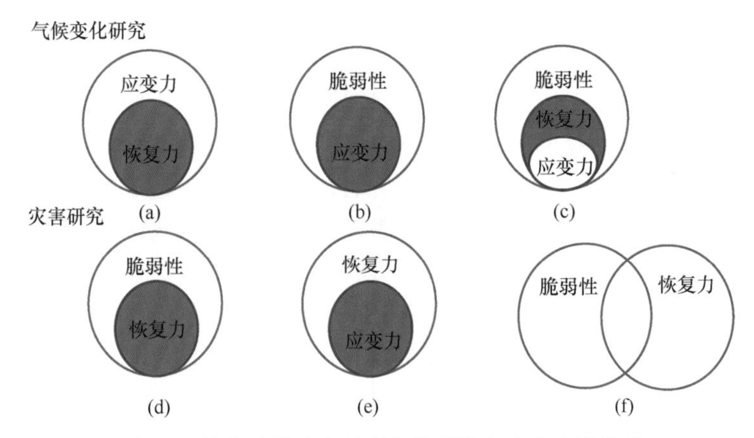

图1-8　恢复力的定义及其与脆弱性和应变力的关系

恢复力的评估方法多样（高信度）。恢复力的定量表达方式可以分为三类：①指数法；②评分法；③工具（包括模型）法。因此，在评估恢复力时，在不同的区域内、不同的条件下，需要根据当地的社会结构和灾害管理系统的特征形成一个最合适的定义，选择合适的特征指标来进行评估。

1.2.6　气候变化适应、减缓的措施及协同性

应对全球气候变化压力的“减缓”与“适应”策略，二者联系密切但差异显著

（高信度）。减缓是一种人为干扰，以减少能源消耗或者温室气体排放；适应是在自然或人类系统中，为应对实际或预期的气候变化或它们的影响所做的一种调整（IPCC，2007）。从宏观战略视野中，减缓与适应之间联系密切，既是减少气候变化影响的必需策略，也是实现可持续发展的重要组成部分，二者缺一不可（Shaw et al.，2007）。就微观行动层面而言，减缓与适应之间差异显著。减缓是针对影响气候变化的长期因素，通过减少大气中温室气体排放、气溶胶等的浓度来应对气候变化；适应是针对气候变化产生的即期风险，尤其是面对气候变化产生的无法避免的突发性灾害，通过提高人类和自然系统的适应能力来应对气候变化。

减缓与适应之间以及不同适应响应之间存在显著的协同效益、协同作用和权衡取舍（高信度）。减缓和适应气候变化影响存在区域内和区域间的相互影响，尤其在水、能源、土地利用和生物多样性等之间的交叉点（朱永昶，2017；宋蕾，2018）。适应与减缓及其共生效益和不良作用之间存在密切联系，而可持续发展是气候政策的总体背景。规划者和决策者应综合考虑适应和减缓，以谋求与可持续发展的协同效应（IPCC，2014）。一方面，发达国家依托于雄厚的经济、科技、政策支撑，偏重实施以减缓为主、适应为辅的应对策略；另一方面，发展中国家由于经济、科技的落后，且更容易受到气候变化的影响，倾向于采取以适应为主、减缓为辅的行动策略。

应对气候变化的适应与减缓策略可从国家层面整合协调机制出发，提出引导地方规划行动的基本原则（中等信度）。国家层面应对气候变化宏观战略需遵循可持续发展的长远目标，在维护正当发展权益的同时，履行应对气候变化的国际承诺。地方行动则立足于整体利益原则，明确“共同但有区别”及“责权对等”，同时行动抉择应遵循三个基本原则：①适应优先原则，在地方处于有可能遭受气候灾害的境遇之下，应确认适应气候变化的优先地位，再考虑减缓性行动；②最大收益原则，即以最小代价，获得最大减排和适应效果；③补偿行为原则，在发展与气候保护之间冲突难以避免时，考虑环境补偿行为，最大限度地抵消地方发展活动所造成的负面影响。

气候变化风险对中国提出了严峻的挑战，适应和减缓成为一种必需的选择。适应是自然或人类系统在实际或预期的气候演变刺激下做出的一种调整反应。其目的分别是增强适应能力、减小脆弱性和开发潜在的发展机会，短期目标是减小气候风险、增强适应能力，长期目标应当与可持续发展目标相一致（潘家华和郑艳，2010）。在减少和管理气候变化风险上，适应和减缓在不同时间尺度上发挥着不同的作用。在短时间尺度上，适应的效果更显著，而减缓在长时间尺度上产生更显著的作用，并且很大程度上决定了气候变化风险（张晓华和祁悦，2014）。

气候变化风险的存在是现实的，其影响是多方面的，各个领域和地区都存在不利和有利影响，但多以不利影响为主。为了使生态、社会和环境和谐发展，需要积极采取相应的对策来适应气候变化风险。气候变化风险虽是目前研究的热点，引起众多学者和管理者高度关注，但尚属于研究的初期。并且，气候变化风险是自然因子行为机理、社会经济与资源环境的承受能力以及政策与管理机制的交汇，使得气候变化风险具有高度的复杂性，并且存在着很大的不确定性，需要逐步深入研究（吴绍洪等，2018）。目前研究仍集中在气候变化的适应、减缓与对策方面，很少从气候变化风险的角度提出相关措施。

适应与减缓是应对气候变化的两个层面。气候变化的适应是人们针对现实的或预期的气候变化或其影响而做出适当的应对调整之策，以最大限度地合理利用气候资源并降低甚至消除气候风险，从而趋利避害的过程。气候变化的减缓是指采取措施减慢、减小全球气温上升的速率和幅度。人为造成的气候变化主要是排放温室气体导致的，因而气候变化减缓更多是指温室气体的减排。

从适应和减缓的关系上看，它们之间可以在不同程度上相互促进，在不同层面上相互转化。二者都需要在可持续发展框架下，在加强区域间、行业间多层面、全方位合作的基础上，结合发展经济、消除贫困、实现经济社会可持续发展的共同目标，采取协调一致的行动。然而，适应和减缓有时也会相互制约、相互阻碍，而且，相对减缓而言，适应具有更高的现实性、紧迫性和局地性。因此，包括灾害风险管理在内的适应和减缓需要统筹考虑诸多自然和经济社会因素，并选取协同的策略和行动。

适应气候变化涉及经济社会乃至于国际政治诸多方面。由于气候变化已经对自然和人类系统产生了许多负面影响，未来的影响在某些层面上可能会高于预期，而且气候变化问题还与环境影响、经济发展、社会公平等问题交织在一起，提高了应对的复杂性。为此，及早采取适应行动不但可以降低成本，提高效果，而且还有助于保障人类社会和生态系统的持续性发展。采取有效的适应策略，是增强应对气候变化以及极端事件和灾害风险的能力、实现经济社会可持续发展的必然要求。气候变化及其影响的长期性决定了必须长期坚持适应与减缓并重的方针。

1.2.7 气候变化伦理与公平

1. 气候变化与伦理

气候变化已经并将持续影响人类的生活，人类应对气候变化涉及国际秩序领域里的公平、历史责任、利益分配等诸多问题。由此，气候变化问题就不再单单是一个自然科学问题，而是关乎人与人之间、国与国之间、人类与自然之间的伦理学问题（吕相娟，2015）。

第一，人类活动对气候变化产生影响是伴随着工业革命开始的，而导致气候变化的温室气体的排放最早也来自发达国家，但造成的危害后果却由更多贫穷的国家和地区来承受，各个国家和地区是地球上的平等主体，显然这些都是不公平的。因此，发达国家必须为自己的行为埋单，而这又涉及诸多的伦理学命题。第二，大气是流动的物质形态，那么气候变化就具有全球性。因此，应对气候变化必须是全球范围内统一行动。即使为了本国公民的利益，也需要主动承担起应有的责任。第三，伦理所调节的就是社会关系，规范的就是人们的行为。气候变化问题主要是不合理人类活动造成的不良后果（空间上的）。既然如此，解决这些问题的行动都应在伦理学的视野范围之内，气候变化问题则成为一个伦理学命题。只有兼顾代际公平与群体间公平的全球系统均衡应对，才能真正实现可持续发展。

2. 气候变化与公平

第一，代际公平。生存与发展问题和公平与正义问题，在气候变化系统中都具有（时间上的）垂直和水平的两层含义。第二，群体间公平。对生存与发展问题的不同时间尺度解读，引发了两类公平与正义的排序问题。一种观点认为，南北半球之间正义的满足应当服从，至少不应危害代际间正义的实现。另一种观点则认为，当代的生存和发展问题更为急迫（Steger et al.，2004）。第三，全球系统均衡和可持续发展。气候变化谈判的主要矛盾在于发达国家与发展中国家的责任分担问题，也就是富裕国家与贫穷国家的公平与正义问题。

1.2.8 气候变化与可持续发展

可持续发展既能满足当代人的需要，又不对后代人满足其生存能力构成危害。新型社会发展模式，在持续的一段时间内，能够使个人和团体实现愿望和充分发挥潜能（王书治等，2005）。可持续发展是一个过程，而不是终点，其目的是使单独的人类个体和群体在一段延续的时间内，改善他们实现愿望、发挥潜力的机会，并同时保持经济、社会和环境系统的活力。可持续发展的元素包括社会、经济和环境三方面的尺度。发展、公平和可持续是未来可持续发展应对气候变化影响的必不可少的元素。

作为世界上最大的发展中国家，中国把生态文明建设与可持续发展作为基本国策。对内，中国信守减排承诺，做好节能减排工作。中国坚持节约资源和保护环境的基本国策，走出了一条符合中国国情的经济发展、社会进步与应对气候变化多赢的可持续发展之路。对外，中国履行国际责任，推动全球应对气候变化合作。中国愿认真履行《巴黎协定》有关责任，落实《巴黎协定》确定的一系列机制安排。中国还将推动建立"一带一路"绿色发展国际联盟，通过共建"一带一路"，落实联合国《2030 年可持续发展议程》，为沿线国家带来绿色发展。适应气候变化与可持续发展也是重要的内容，因此气候行动正逐渐被认为是可持续发展必不可少的一个组成部分，其有利于长期的公平和环境整合（Eriksen and Brown，2011）。可持续气候适应策略不仅有助于地方实践，也能够协调社区中当地的主要差异和存在分歧的利益。

社会性与气候变化的关系已经成为近年来国际化的主流趋势，随着 IPCC AR5 的发布，气候变化对不同性别群体的影响受到越来越多的关注。近十年来，逐渐有部分政府间和国际组织开始关注和研究气候变化的社会性别研究。《性别与气候变化》《性别平等与适应》《性别与气候变化资源指南》《性别与气候变化培训》等报告陆续发布，标志着政府间和国际组织在国际层面上对性别与气候变化的研究、建设和发展的逐步重视（尹仑，2014；孙大江和赵群，2016；张肖阳，2018）。与此同时，调查研究证实中国对气候变化和气象灾害认知存在广泛的社会性别差异（艾婉秀等，2018）。当今在全球，社会性别主流化在气候变化和减少灾害风险方面取得了一定进展：2009 年，《兵库行动框架》向联合国国际减灾战略提交的 62 个国家报告中，有 52 个报告提出了减灾中的社会性别问题和妇女发挥的重要作用，凸显了国际社会和各国政府社会性别主流化认识和能力的提高。虽然性别间的脆弱性在不同地域间存在差异性，但这种差异可以通过外界手段进行干预，或者说，更重要的是通过女性的自我调整，加大在获取和控制自然资源上的优势，使干旱、贫困地区女性的社会管理模式更具广适性。全面应对气候变化，要求对女性在脆弱性、敏感性及适应力方面所付出的努力做出更加合理的分配，将气候变化的影响与适应性的社会性别分析，尤其是妇女灾害适应力视为发展计划的一个重要维度，而不只是气候变化影响过后的再响应。

这种国际趋势、价值观和良好做法，对于我国应对气候变化、推进性别平等和履行国际责任具有积极的意义。

生计与贫困是 IPCC AR5 新增加的一个章节。IPCC AR4 中，将贫困作为生产脆弱性的几个非气候因素之一和有效适应的一个严重障碍，或在论述非洲特殊贫困问题时，也涉及气候、贫困问题，但未做出系统的评估。IPCC AR5 指出，全球地表平均温度升高了 0.85℃（1880~2012 年），平均海平面升高了 0.19 m（1901~2010 年），低温极端事件减少、高温极端事件增多以及许多区域强降水事件在未来增多（至 2100 年），气候变化还将导致低收入、中等收入甚至高收入国家出现新的贫困人口（张存杰等，2014），若全球平均温度升高 4℃（较工业革命以前），将加剧人类和社会生态系统广泛的、严重的和不可逆影响的风险（李莹等，2014），尤其对广大发展中国家的影响异常显著，因为那里人们的生计基础、生产实践、生存策略乃至日常生活都离不开生态系统和环境资源，但又缺乏必要的财政支持与技术能力来应对不断增加的气候风险（Skoufias et al.，2011）。气候变化在恶化目前的贫困和生计问题，加剧不平等性，给社区和个体带来新的脆弱性和新的机会。贫困人口之所以贫困都有它不同的原因。

2015 年 9 月 25 日，联合国正式发布了 17 项可持续发展目标（the sustainable development goals，SDGs），即《2030 年可持续发展议程》。其中，目标 2 明确提出“消除饥饿，实现粮食安全，改善营养状况和促进可持续农业”。2016 年 9 月中国发布的《中国落实 2030 年可持续发展议程国别方案》旨在实现与《2030 年可持续发展议程》的有效对接。2017 年习近平总书记在党的十九大报告中明确提出，确保国家粮食安全，把中国人的饭碗牢牢端在自己手中。粮食安全是国家生存和发展的重要基石，是保障国家安全不可或缺的组成部分。以气候趋暖性、气候波动性、气候极端性和气候治理复杂性为主要特征的气候变化过程，增加了农业资源分布的不均衡性、粮食增产的不稳定性、粮食生产的高风险性以及粮食安全的不确定性，对粮食生产、消费、流通和贸易全产业链构成威胁，国家粮食安全正面临着气候变化带来的严峻挑战。农业生产区域的转移将会对粮食的种类、价格、贸易等带来较大影响，进一步对整个物流系统及人体健康造成影响（葛全胜等，2009；张雪艳等，2015），而气候变化对粮食系统的影响是广泛的、复杂的，存在时空上的异质性（刘立涛等，2018）。概括而言，气候变化则主要通过温度、降水、极端天气直接或间接地对粮食安全的 4 个维度，即足量供应、稳定供应、可支付和营养健康产生影响（Wheeler and Braun，2013；Schmidhuber and Tubiello，2007）。

1.2.9 对气候变化风险和利益的认识

公众对气候变化风险和利益的认识不仅会受到科学家研究结论和媒体传播（包括政府机构、企业、非营利机构等发布的观点）的影响，更易受到个人价值观以及相关经验和感受的影响，且不同发展水平的国家面对已经发生的气候变化普遍缺乏防范意识。因此，公众的判断是各种因素共同作用的结果（Moser 和赖晨希，2013）。

1. 对气候变化风险的认识

对气候变化风险的认识是指个体对存在于日常生活中气候变化风险的客观认识和主观感受，主要包括气候变化风险事件认识、风险源认识、风险后果认识以及风险责任认识四个方面。由此可见，风险的出现是客观的，但风险认识的产生却是主观的（童张梦子，2017；彭黎明和彭莹辉，2012；张慧等，2013）。

基于气候变化风险的认识受到各种因素的影响和制约，相关研究主要探究个体特征（年龄、收入、性别、职业、文化程度、宗教信仰等）、主观价值（个人情感、生活经验、专家信任、环境价值观等）和社会环境因素（政府政策、企业行为、媒体传播、民间环保组织行为等）等对个人气候变化风险认识的影响情况。例如，就气候变化风险感知程度而言，男性高于女性；在城镇，男性的环保意识和环保行为意愿低于女性；而在农村，男性比女性更愿意调整生活方式来应对气候变化（艾婉秀等，2018）。在社会环境因素方面，公信力越强的媒体对公众气候变化风险感知的影响越大（万凌云，2018）。

基于相关文献分析可得到，在认识深化的进程中，中国的应对行动大致可以划分为五个阶段，具体为灾害防范、科学参与、权益维护、发展协同和贡献引领。随着针对气候变化风险认识的发展，中国应对气候变化的战略抉择与转型也从防范性的被动参与转向迎战性的积极行动，其成为生态文明建设的有效手段（潘家华和张莹，2018）。

2. 对气候变化利益的认识

气候变化是典型的全球性问题，需要全球治理进行解决。但自从《京都议定书》为发达国家设定约束性温室气体减排指标开始，气候变化就不再是单纯的环境问题，甚至不是普通的政治问题，而是具有深远影响的国际战略问题（蒋振西，2015）。相比于气候变化风险的研究，气候变化利益的研究少之又少。气候变化利益是客观存在的，人体对气候变化利益的认识决定于主观认知，其与个体职业、受教育程度和收入等相关。

目前国内研究主要集中在国际气候合作与应对气候变化对国家、经济和科技发展的利益方面。康晓和许丹（2011）在气候变化全球治理的利益研究中发现，应对气候变化威胁的低碳经济发展将为实体经济带来巨大市场效益。一是气候变化治理带来了新能源产能的迅速扩张（如新能源中较具代表性的太阳能和风能）；二是产能增长必然以投资增长为基础；三是低碳经济发展还将为金融部门带来重要机遇，应对全球变暖的低碳技术成本较高，所以金融机构提供的融资服务就成为低碳产业发展的重要环节。因此，应对气候变化的全球治理确实蕴涵着巨大的绝对收益，既包括治理气候变化本身带来的生态收益，也包括因治理而促进技术革新带来的经济收益。

1.3 气候变化影响、脆弱性与适应评估的主要领域与区域

本书拟针对以下领域和区域进行气候变化影响、脆弱性与适应评估。

1.3.1 主要领域

1. 陆地生态系统

气候变化改变陆地生态系统习性。变暖使春季物候期普遍提前，植被带谱发生纬向和垂直向变化。物种迁移促使新物种结构形成。气候暖干化加剧干旱半干旱区荒漠化，使草原趋于干旱化、荒漠化，高寒草地物种结构往深根系发展。降水格局的改变间接影响生物多样性，并决定未来荒漠化走向。未来升温促进蒸散发，从而将加剧干旱半干旱区盐渍化。生态系统碳循环对增温的响应差异明显。增温促进氮磷循环，干旱则相反。气候变暖加速蒸散发，同时降雨格局改变，使生态系统的洪涝、干旱风险增加，并与大气二氧化碳浓度升高共同调节碳循环。但太阳辐射与风速减弱使蒸散发降低，CO_2 浓度增大也可提高植物水分利用效率。

气候变化增加生态系统风险。高温、热浪、干旱、洪涝等极端气候事件，以及伴随的火灾、病虫害等，严重制约中国生态系统服务。气候变化使中国湿地面临退化风险和海平面上升威胁，使湖泊面临富营养化和藻类暴发风险，还可通过增加人类用水，加剧淡水资源短缺。气候变化导致野生种质资源大量丧失，并通过选择作用改变种质资源性状。未来栽培、养殖物种的分布范围将部分丧失，濒危物种将面临更大风险。外来生物入侵将加剧，特别是适应高温物种。

气候变化对生态系统稳定性影响过程十分复杂。且存在争议。中国针对上述负面状况，已采取系列生态建设和实施保护措施，需要适应与减缓同步进行。

2. 海洋生态系统

气候变暖下中国近海升温影响海洋生态系统物种、结构和功能，其与富营养化共同促使暖水性浮游植物增多、北扩，有害藻华问题加剧。暖水性浮游动物、鱼类的分布亦发生北扩。北方海域的底栖生物的密度、分布和群落结构发生变化。海水暖化和酸化通过微生物影响微食物环的结构和过程。食物链各级对气候变化敏感性不同，因此结构和功能可能改变。近海浮游植物中暖水性及微微型物种占比上升。渤海一些多毛类成底栖优势种。黄海小型水母优势种显著变化。东海底栖优势种出现耐污种。黄、东海底栖动物中食碎屑者比例下降。南海北部海域优势种中螺类减少。海水升温使珊

瑚白化事件多发，使珊瑚礁和红树林往高纬移动。春、夏季升温分别提高、降低海草床生产力。海水酸化降低珊瑚钙化速率、提高海草生产力。大气 CO_2 浓度升高促进红树林生长。未来海平面上升使珊瑚礁易遭侵蚀，并迫使红树林向陆地、海草往浅水区迁移。

海水层化加剧，使盐分向表层输送减少，影响海洋生态系统生产力，导致微生物向大气的碳通量减少，向海底的碳通量增加。海表变暖分别使东、南海叶绿素 *a* 的浓度升高和下降。海洋酸化通过提高无机碳浓度促进初级生产力提高，并通过影响浮游动物改变次级生产力。贝类受海水暖化和酸化的消极影响，鱼类资源直接或间接受影响。近岸海域低氧现象增多，与海水层化和富营养化有关。

3. 冰冻圈变化的影响与适应

全球变暖使中国冰川减少、萎缩，降低其径流调节作用。积雪融水径流量微弱减少，融雪径流期提前；冻土退化，扩大地下水库容，有效调节流域径流年内分配。中国冰川融水径流比重总体降低。受降水增多和冰冻圈变化影响，冰冻圈区径流总体增加，但在青藏东北部因降水减少和人类活动而下降，在东北的人类密集区因人类活动而减少。除塔里木盆地外，新疆未来冰川水资源将整体下降。温升情景下，中国冰川融水先增后减，温升 2℃的拐点已经或即将出现。

增温使冻土退化，风险上升。冰川融化带来有机碳释放，未来部分多年冻土有机碳将分解和释放。气候暖湿化使高寒湿地扩张，减弱 CH_4 释放。气候变暖提高冻土土壤生物固氮效率、降低土壤氮输出，从而增加土壤氮库。融雪提前或冻土活动层增厚等趋于增加。中国冰冻圈海拔高，重金属污染物易于沉降。冰川融化将封存的重金属污染物释放。冰冻圈灾害可按触发因子或致灾事件划分，其风险构成包括冰冻圈事件、暴露度和脆弱性。全球变暖导致中国冰冻圈灾害趋频趋强，应从风险管控、政策调控、科研提升三方面适应冰冻圈变化影响。

4. 水资源

气候变化影响水资源时空格局。蒸散发因温升而增加，高于降水变化，导致中国大部分地区地表水资源量减少。中国降雨结构发生变化，小、中型降雨事件减少，极端降雨事件和干旱天数显著增加。东南部平均径流显著上升，中部地区平均径流显著下降。“南涝北旱”格局可能加剧。气温升高将增加人类用水的蒸散发，增加各行业和生活生态需水。

气候变化增加旱涝极端事件风险。近 30 年来，南方典型洪涝风险区和中小流域的极端洪涝事件增多增强，大城市和特大型城市暴雨内涝事件增加。未来中国极端降水增加、海平面上升、冰川消融等将可能使洪涝等极端事件增多增强。近年来，中国旱灾损失总体偏小，局部较大。伴随气候变暖，我国干旱事件未来将呈增加趋势。温升可能引起湖泊富营养化、恶化水质。城市化热岛效应不仅使得暴雨概率增高，而且其下垫面渗水差、汇流速度快，会增加洪涝风险。海绵城市建设对缓解城市内涝有一定效果。

积极适应可降低负面影响。近年来，中国加大了水资源节保、水利设施建设的力度，使水资源脆弱性得到下降，以西南、西北、华北和东南沿海地区最明显。但随着气候变化加剧，未来水资源脆弱性可能上升。未来适应思路需继续朝主动、科学、协同、链条适应转变。

5. 农业

气候变化影响我国农业结构，使各地种植业、畜牧业、林业、渔业生产比例发生变化。气候变化下，中国太阳直接辐射和日照时数均减少，积温和积温作物生长期日数增加，生长季降水只在干旱区增加，对作物产量和品质产生影响。气候变化对粮食和经济作物产生影响，主要表现为种植范围扩大（北移、上移）和复种指数提高，物候和品质的变化则具有区域和种类间差异，同时人类活动影响巨大。因降水量波动，大部草地生产力在 21 世纪初期提高。草地承载力随之上升，但仍超载。气候变暖有利于放牧牲畜减轻越冬掉膘，但气候暖干化草地对畜牧业生产总体上弊大于利。气候变化对农区舍饲家畜养殖业的影响深远，利弊交织，冷应激总体减轻，热应激有所加重。但水资源的不稳定影响养殖规模，水温升高和水体富营养化加大了缺氧窒息泛塘死鱼的风险。

未来需要形成技术清单，建立集成体系，协调不同部门以形成有序适应。极端气候事件增加对农业带来负面影响。目前已采取多种适应措施，但技术薄弱分散。对干旱适应能力最弱的地区为黄河，珠江对干旱的适应能力最强。

若不采取适应措施，未来粮食产量的变化将呈下降趋势。不管是否考虑 CO_2 施肥效应，中国主要粮食作物产量（玉米、水稻、小麦）的变化均呈显著下降趋势（图 1-9）。不考虑 CO_2 时，粮食作物产量在 21 世纪 20 年代下降 4.09%，50 年代的收益率变化率超过 –10%，90 年代收益率变化率为 –20%。考虑 CO_2 的影响时，70 年代以前，粮食作物产量变化主要是正的，但变化幅度逐渐减小，粮食作物产量在 80 年代下降了 2%。若采取正确的适应措施，近期部分地区主要粮食作物仍有一定的增产潜力。

6. 旅游、交通、能源关键行业

气候变化导致极端气候事件直接影响到旅游业中生态系统自然韵律、旅游心理。旅游业是应对与适应气候变化的重要领域，旅游者形成的社会网络与知识体系是研究气候变化的重要线索，也是气候变化知识普及教育的重要阵地。天气气候条件通过直接和间接两种方式对交通运输安全产生重要的影响，有时甚至是决定性的影响。交通系统应对气候变化脆弱性评估的研究工作还非常有限，已有研究也大多停留在理论研究层面。交通系统的暴露度和脆弱性持续增加，为了持续增强交通领域应对气候变化能力，需从技术、管理和政策等方面采取相应的适应性预防措施。随着气候变暖，采暖能源需求将下降，制冷能源需求将上升。气候变化和极端天气气候事件影响能源系统的供给和运输安全。中国年平均地面风速和总辐射量趋于减少，可能导致可再生能

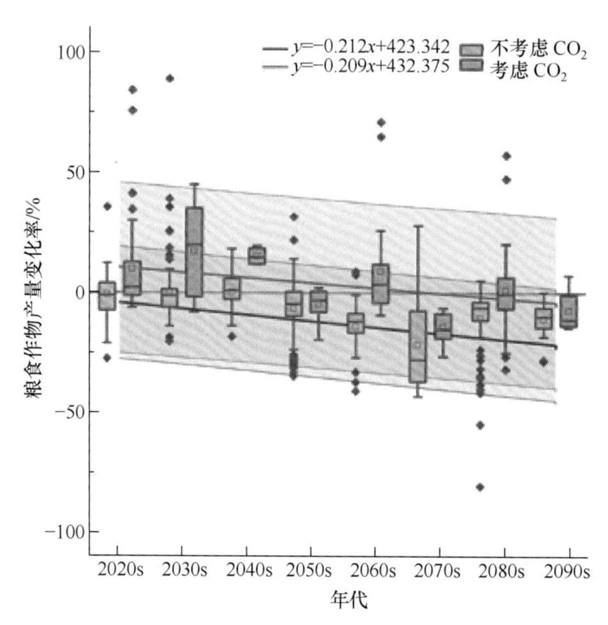

图 1-9 气候变化对中国主要粮食作物产量影响的时间变化趋势
2020s 代表 21 世纪 20 年代，余同

源供给发生较大波动，影响能源供给安全。气候干化地区的水力发电受到制约，但西部高原降水与融雪增加地区的水力发电资源继续增加。气温升高将增大火力发电的冷却用水，通常也会导致制造业产出的减少。其作用机制可以表现为两个方面：其一，气温升高会降低制造业生产效率；其二，气温升高会增加制造业生产要素再配置的成本。由于全球产业经济和市场的高度关联性，极端天气气候事件的局部影响可能扩散到广泛的外部空间，造成间接的、系统性的经济损失和风险。

7. 人居环境

气候变化引起人居环境剧烈变化的严峻态势危及可持续发展。在气候变化不断加剧的背景下，气象灾害已经成为制约城市人居环境的重要因素。气候变化、人类活动和城市化进程的加速使得城市气象灾害愈加突出，出现城市“热岛、雨岛、干岛、静风岛、浑浊岛”等局地气候变化，使内涝、高温、雾霾等发生频率增加，造成各种异常城市气候特征，对城市正常运行和市民生活带来不利影响，已经成为影响城市人居环境舒适性的重要因素。在城镇化背景下，我国农村能源消费结构正在从传统的非商品能源消费模式过渡到商品能源消费模式。城镇化、工业化使农村许多地方出现了环境恶化、留乡人口结构失衡、土地利用效率降低的问题。这些问题使这些地区所受气候变化风险、脆弱性均相应增加。未来气候变化包括高温热浪多发、海平面持续上升等，会对人居环境的影响日益严重。气候变化引发的极端天气气候事件会改变气候舒适性，并直接对人群身体和心理产生负面影响。气候变化对农村地区的主要影响表现在对淡水供应、粮食安全和农业收入的影响。此外，气候变化可能降低建筑热环境的舒适度。提升城市的宜居性，亟须主动适应气候变化，增强可持续发展能力，推进海绵城市及气候适应型城市建设。

8. 人群健康

气候变化严重威胁人类的生命与健康。气候变化导致的地表平均温度升高、降水规律改变，以及极端天气气候事件发生频率和强度增加，正在对人群健康产生广泛影响。其广泛影响包括高温、低温和温度变异对人群发病和死亡的影响；气候变化及极端天气气候事件对传染病、职业健康与劳动生产率、精神心理卫生、人群营养状况以及其他慢性非传染性疾病的影响。按照目前的居室环境调整和卫生防护水平，在RCP2.6和RCP4.5情景下，中国未来总中暑人数将是先逐渐增加，到2040~2050年开始下降，到21世纪末，预估平均每年的总中暑人数分别为3000人和9000人；在RCP8.5情景下，中国未来总中暑人数将会持续增加，2100年达到历史最高值，接近7万人。

气候变化通过与空气质量、花粉等过敏原产生交互作用影响人群健康。我国开展的气候变化健康脆弱性研究主要集中在高温、热浪和洪水等天气因素上，其健康脆弱性与当地的暴露水平、敏感性和适应能力密切相关，且具有一定的空间异质性，中东部沿海地区和中西部地区热脆弱性高于其他地区；农村地区的健康脆弱性普遍高于城市地区。气候变暖还导致媒传疾病的扩散，如过去登革热基本上只在热带发生，气候变暖后由于传播虫媒伊蚊适生范围扩大和北移，近年来我国广州和台南也先后发生疫情。血吸虫疫区也有向北移动的趋势。为了保护人群健康，中国制定了一系列应对气候变化健康风险的政策和措施，提出适应气候变化的卫生工作框架。公共卫生系统之外的应对措施也能够通过减少空气污染等产生巨大的健康共益效应。气候变化的健康应对仍存在许多方面的制约因素。学界需要加强研究，以充分理解气候变化影响人群健康风险、医疗卫生系统的基础设施和功能的机制，以及如何将气候变化适应纳入卫生部门的发展规划等。

9. 重大工程

气候变化引起水资源分配时空不均匀性、生态环境改变，对重大水利工程将会产生重要影响。气候变化引起的长江上游径流的丰枯变化和强降水事件发生频率的增加可能影响三峡工程的安全运行，三峡水库对区域气候的影响非常小。气候变化可能加剧水资源分配时空不均匀性，对南水北调中线水源区水量产生不利影响；气候变化影响下，西线调水区生态与环境面临严重风险；调水工程产生的能源效益对于减缓气候变化有重要意义，调水可能增加沿线湖泊的洪涝风险。长江口深水航道维护态势总体可控，且趋向于好；长江入海流量总体上呈减少趋势；长江口门内生态环境脆弱性最高，生态环境脆弱性从口门内向口门外呈显著的降低趋势，近几年长江口海域生态环境脆弱性明显好转。冻土退化显著地诱发了大量的冻融灾害，对冻土工程产生较大的影响。目前，青藏公路沿线多年冻土融化诱发的热融边坡灾害主要集中在五道梁到风火山区的高含冰量冻土区；气候和工程热扰动导致青藏铁路路桥过渡段发生了显著的沉降变形；工程技术措施中采用的块石结构路基可以适应未来气温升高 2.0℃所带来的影响。气候变化引起的次生地质灾害等可能引起油气管线的安全隐患。我国实施了大量的生态修复工程，取得了生态、经济和社会效益（陈鲜艳等，2015）。

生态工程在一定程度上减少了气候变化带来的负面影响。2000 年以来，北方降水增多导致三北防护林地区植被生态质量持续好转，北方草原生态恶化的局面有所改变。这一趋势将在未来 30~60 年得到延续，利于巩固和扩大三北防护林和草原生态建设成果，缩短生态恢复的时间。但气候增暖会增加森林和草原火灾及病虫害的发生范围和频率（李泽椿，2015）。三江源生态保护和建设一期工程使该区的气候由工程实施前（1975~2004 年）的暖干化趋势转为工程期（2004~2012 年）明显的暖湿化趋势。工程期的气温变暖导致植被返青期提前、冰川冻土融水增多，同时降水增加，对植被生长起到了促进作用，使得荒漠化进程减缓，荒漠面积减少，水体面积增加，十分有利于区域生态的恢复，工程期草地产草量相比工程实施前提高 30.31%（张良侠等，2014；邵全琴等，2016）。对于未来的风险评估的研究不多见。

1.3.2 主要区域

1. 东北地区[①]

东北三省地形以平原和山地为主，是全国重要的粮食生产基地。其农作物以一年一熟为主，2017 年东北三省粮食产量占全国粮食产量的 19.2%，粮食商品量占全国的 1/3，其对保证全国粮食安全具有举足轻重的作用。松嫩平原和三江平原耕地面积占全区耕地面积的 80% 以上，耕地连片，适宜实施机械化作业和其他农田建设措施。东北三省始终坚持粮食生产不动摇，玉米产量和出口量分别占全国的 1/3 和 1/2，东北三省已成为全国最大的商品大米产区。

气候变化对东北地区农业系统的影响主要体现在降水减少、热量增加、低温冷害减轻、病虫害加剧等方面（表 1-2）。

表 1-2　气候变化对东北地区农业系统的影响

影响因素	降水	日照	热量	旱涝	低温冷害	病虫害
低温冷害减轻					冯喜媛等，2013 张卫建等，2012 高晓容等，2012	
病虫害加剧				杨贵羽等，2014 卢洪健等，2015 孙滨峰等，2015		霍治国等，2012 顾娟，2016
热量增加 / 升高			张丽敏等，2018 赵俊芳等，2015			
降水减少 / 降低	张丽敏等，2018	张丽敏等，2018				

① 本书中东北地区指东北三省。

东北地区湿地面积 753.57 万 hm^2，占全国湿地面积的 14.1%。基于风险分析的结果表明，在未来气候情景模式下，东北地区湿地面临着一定的风险，高风险主要分布在三江平原湿地区、大兴安岭北部和中部湿地区、松嫩平原北部湿地区及长白山湿地区（吕宪国等，2018）。

气候变暖改善了交通与出行条件，使工程与建筑施工期也得以延长，“猫冬期缩短”，有利于活跃区域经济。

2. 黄土高原

黄土高原是我国乃至世界上水土流失最严重和生态环境最脆弱的地区之一，也是我国水土保持和生态建设的重点区域。黄土高原是中国气候变化最脆弱的农业地区之一。在黄土高原，对气候敏感的旱地农业活动是主要的经济活动，现有 1 亿多人口生活工作在农业地区，农业用地包括园地、林地和草地，占了总土地面积的 75%。《全国生态保护与建设规划（2013—2020 年）》将“黄土高原 – 川滇生态屏障”纳入我国以“两屏三带一区多点”为骨架的国家生态安全屏障。同时，该区也是我国干旱半干旱区农牧业发展的典型区域和我国最重要的能源与化工基地。

黄土高原年均气温上升且增温速率高于全球平均水平，降水呈整体波动且略有下降趋势，气候整体呈现暖干化趋势。黄土高原土地利用和土地覆被下垫面的变化削弱了土壤侵蚀，减少了水土流失和河川径流量，大幅度降低了河道泥沙输移量。黄土高原气候与环境的变化为黄土高原农业发展和生态环境改善提供了历史机遇与挑战，有必要提出相应的措施以应对气候变化带来的影响，向实现美丽黄土高原目标方向挺进。

在全球气候变化背景下，黄土高原人类活动对下垫面土地利用类型产生影响，使土地覆盖程度显著增加。气候和人类活动的双重影响会改变地表生物量、物候、流域水分循环过程和数量配比。例如，气候和人类活动对黄河中游主要支流年径流量变化的影响程度配比的平均值约为 3 ∶ 7，表明气候变化对流域产流量减少的贡献约为 30%。

黄土高原土地利用变化和退耕还林（草）工程的实施，促进了生态系统的恢复，影响了土壤碳循环和碳储量。而土壤碳循环和碳储量的改变，又进一步影响植被生产力和生态系统的结构和功能。

黄土高原区是中国陆地对气候变化最敏感、最脆弱的地区之一（林而达和王京华，1994），干旱导致作物绝产的概率最高（Chen et al.，2018）。小麦和玉米是主要的作物，分别占了耕地面积的 35% 和 30%，土豆、荞麦、其他作物还占了耕地面积的很大份额，过高的种植业占比，增加了产业和农业对气候变化暴露风险、敏感性和脆弱性的概率（谢立勇等，2014）。农业生产对降水的依赖程度很高，在过去的几十年中，西北黄土高原的气候变化明显，气温上升了 0.6℃，降水下降了 3mm/10a，此外，极端事件，如干旱更加频繁。最脆弱市（县、区）（49 个）及高暴露度和敏感性、低适应能力的市（县、区）（42 个）占到了 33%，集中在黄土高原中部东北 – 西南带上。暖干化趋势和极端气候事件频率增加与黄土高原生态环境的脆弱性和敏感性叠加极大地增加了该地区社会经济和粮食生产的脆弱性。

气候波动对黄土高原区粮食生产的消极影响是显著的，产量波动和减产的风险是极高的（程琨等，2011）。1981~2006年黄土高原的玉米、小麦和豆类产量对生长期温度增长的负响应最显著，玉米表现得最脆弱；粮食生产损失平均为10.9%，其中损失最大的三类作物是玉米、豆类和小麦。作为黄土高原地区的主要粮食作物，以干旱为主的气象灾害发生频率的增加使马铃薯种植的脆弱性和风险显著增加（姚玉璧等，2013；杨封科等，2015），部分地区适种区面积减少（王鹤龄等，2017）。

此外，作为全国第一大苹果主产区，黄土高原苹果生产同样面临极端气候频率、霜冻和热害增加的风险。极端气候事件频率增高加剧了苹果花期霜冻灾害的风险（屈振江等，2013）；另外，高温日数增加使果树受高温影响的概率增大（李星敏等，2011），增温导致苹果花期提前（彭颖姝等，2018），其在增加高温热害的同时，也会增加低温危害的风险，如2018年4月上旬的一场霜冻造成主产区陕西的苹果减产40%。

总体来看，未来黄土高原气候及生态环境演变的总趋势表现如下：①在气候方面，有暖干化发展趋势，部分地区极端降雨频率增加。②在生态环境方面，土地利用结构将进一步调整，其中坡耕地面积将呈下降趋势，林地和草地面积呈增加趋势。退化植被将进一步恢复，植被盖度呈增加趋势。水土流失面积和土壤侵蚀强度呈降低趋势。③在社会经济方面，农村人口下降，城镇人口增加。社会经济不断提高，人均收入增加，人民对“三生”（生产、生活和生态）空间改善的要求越来越高。

3. 西北干旱区

西北干旱区具有重要的战略地位，该区域自然资源丰富，有较大的开发潜力，是国家西部开发的重点区域，也是中原丝绸之路的起点。

气候变暖导致农业气象灾害的强度、频率和时空特征发生变化，干旱、高温、干热风等气象灾害的频率增加，强度增大，危害加重，作物病虫害增加。

在全球气候变暖背景下，以山区降水和冰雪融水补给为基础的水资源系统更为脆弱，人类活动强烈改变着流域的自然水循环过程。塔里木河流域主要由冰川融雪和冰川供给，虽然降水量的增加和冰川融化的增加在不久的将来保持了原始地区的充足径流，但从长远来看，该地区的水资源仍面临严重的问题。在阿克苏河流域，到2099年冰川面积将下降32%~90%，预计在21世纪的前几十年，冰川融化将进一步增加或保持在较高水平，但随后由于冰川范围的减少径流将减少（Duethmann et al.，2015）。塔里木河源流会经历更温暖和更干燥的气候，可能在未来一段时期，地表水资源量仍将处在高位状态波动，但沙尘暴明显减少。无霜期延长和近期水资源量的增加有利于扩大绿洲种植面积和提高棉花、瓜果、番茄等区域特色优势作物的产量。未来在全球1.5℃温升下，预估石羊河流域年径流量集合平均减少约8%，未来在全球1.5℃和2.0℃温升下，预估疏勒河流域年径流量集合平均分别增加10%和11%（Wang et al.，2017）。未来气候变化将增加平水期和枯水期流量，但不会明显改变丰水期流量，枯水和丰水的频率会增加，流量变率会降低（Zhang et al.，2015）。预估2021~2050年黑河流域上游气候可能会更温暖湿润，夏季降水增加最多，全流域融雪、径流、蒸散量也会增加（Zhang et al.，2015）。未来在全球1.5℃和2.0℃温升下，预估黑河流域年径流量集合平均分别减少约 3% 和 4%，径流减少月的减少幅度大于径流增加月的增加幅度（Wang et al.，2017）。

西北干旱区水资源高风险区域增加 24%，严重风险区减少 60%。未来 30 年，西北干旱区河西走廊内陆河水资源风险均为极高风险，吐哈盆地小河和塔里木河流域源流区水资源风险均为高风险，天山北麓诸河和昆仑山北麓小河水资源风险均为中高风险，阿尔泰山南麓诸河以及羌塘高原内陆区水资源风险均为低风险，内蒙古高原内陆河水资源风险仍为高风险。

柴达木盆地和中亚细亚内陆河区水资源风险增加较为明显，但水资源风险等级仍为中高风险以上。内蒙古高原内陆河在未来 30 年水资源风险先增后减，在 21 世纪 20 年代增加 28.13%，水资源风险等级由中风险增加至中高风险，30 年代水资源脆弱性减少 6.60%，水资源风险又降低至中低风险，40 年代水资源脆弱性增加 5.31%，但水资源风险等级不变。青海湖水系和阿勒泰山南麓诸河水资源风险稍微降低，水资源风险等级均降低至中低风险（Xia et al.，2016）。

4. 青藏高原

青藏高原气候变化的突出特征是变暖和变湿。青藏高原的水循环正在加强，这是水体对气候变暖和变湿的响应。青藏高原生态系统总体趋好是环境变化的重要特征。青藏高原冻土退化和沙漠化加剧是陆表环境恶化的主要特征。

青藏高原灾害风险趋于增加。青藏高原环境变化和人类活动引起的灾害风险主要是滑坡、泥石流、山洪、堰塞湖、积雪、森林火灾等，具有突发性、季节性、准周期性、群发性、地带性等特点。在气候变暖和人类活动加强的背景下，青藏高原自然灾害将趋于活跃，特别是冰湖溃决灾害增多，冰川泥石流趋于活跃，特大灾害发生频率增加，巨灾发生概率增大，潜在灾害风险进一步增加。

受气候变暖影响，过去 50 余年青藏高原极端气温（极端高温、极端低温）和极端降水事件发生频率呈现不同程度的上升趋势（吴国雄等，2013；杜军等，2013；崔鹏等，2014），且在未来的 100 年，青藏高原的气温和降水将呈现持续增加的基本趋势。气候变化造成了一系列极端天气事件，极大地增加了滑坡、泥石流、冰湖溃决的发生频率，同时青藏高原多年冻土区上限温度也在逐渐升高，受此影响，青藏高原地区地质灾害风险进一步增加。

在青藏高原升温的背景下，雨热同期的条件组合有利于大规模滑坡、泥石流和溃决洪水的形成，并增大其衍生为灾害链造成重大损失的风险（崔鹏等，2014）。此外，在全球变暖背景下，青藏高原大部分高山区的冰川面积和体积有明显的减少趋势（辛惠娟等，2013；张其兵等，2016；段克勤等，2017）。在气候变暖和人类活动加强的背景下，青藏高原自然灾害将趋于活跃，特别是冰湖溃决灾害增多，冰川泥石流趋于活跃，特大灾害发生频率增加，潜在灾害风险进一步增加（孙美平等，2014；陈德亮等，2015）。

青藏高原典型河谷频繁的风沙活动往往会给当地生态环境与生产建设带来很多不利影响（You et al.，2010）。第一，污染大气环境。第二，危害农牧业生产和水利设施

（常春平和原立峰，2010）。第三，冬春季节经常出现大风天气，风沙活动强度大，造成能见度大幅降低，严重威胁交通安全（张克存等，2010）。在全球气候变化情景下，青藏高原大多数河谷年平均风速总体呈下降趋势，这对河谷风沙活动有一定的抑制作用（Hu et al.，2015；Zhang C L et al.，2018）。另外，河谷地区干旱程度的加剧在一定程度上又促进了河谷风沙活动（Shen et al.，2012；Hu et al.，2015）。因此，该区域河谷风沙活动风险具有较大的不确定性。

在全球气候变暖的背景下，新型复合型地质灾害（如冰崩）极有可能成为人类面临的新常态。特别是在青藏高原地区，冰崩灾害事件严重威胁"亚洲水塔"的命运和"第三极"的生态安全（Immerzeel et al.，2010；胡文涛等，2018）。

气候变暖造成的冰川运动加快也可能对拟建设中的大型工程形成巨大的威胁。受气温上升影响，位于巴玉水电站（雅鲁藏布江中游桑日—加查峡谷段）上游的石冰川（由岩块等松散物质构成的类冰川状态的堆积体）发生蠕动，其中 5 条石冰川发生了前缘垮塌现象。石冰川的加速运动可能引起泥石流等大型灾害，对水电站的建设与后续安全运行造成影响（许君利等，2018）。

由气候变化引起的气温升高和降水增多是青藏高原地区多年冻土退化、冻土温度升高、活动层厚度增大、地下冰融化的主要原因（孟超等，2018）。冻土的退化显著地加速了青藏公路、铁路路基的不均匀下沉速率，对道路安全运行造成极大的威胁（彭惠等，2015；汪双杰等，2015）。

气温升高和降水增多有利于河谷农业的开发和高原草地植被的恢复。

5. 京津冀地区

京津冀地区包含北京、天津两个直辖市和河北省，位于我国东部沿海地区，属于温带半湿润半干旱大陆性季风气候，地处季风的北边缘，特殊的地理位置和地形造成该地区气候敏感、生态脆弱。依据《京津冀协同发展规划纲要》，到 2035 年，京津冀世界级城市群的架构和区域一体化格局基本形成，其成为具有较强国际竞争力和影响力的重要区域，在引领和支撑全国经济社会发展中发挥更大作用。未来京津冀协同发展面临强降水及高温热浪等极端事件、干旱及水资源短缺、大气污染等气候生态环境问题。

1961 年以来，海河流域水资源总量、地表水资源量平均每 10 年分别减少 25.7 亿 m^3 和 24.6 亿 m^3，导致华北地区水资源供需矛盾突出。未来水资源供需矛盾仍将是华北地区可持续发展的制约因素，雄安新区内涝和水安全风险高（中等信度）。京津冀地区超大城市热岛效应显著，造成大雨以上降水向城区和下风方移动，$PM_{2.5}$ 浓度整体呈上升趋势，对社会、经济、健康、安全等方面的威胁日益加剧，对城市运行和规划造成重大的影响，到 2050 年京津冀地区高强度极端暖事件发生风险增加近 3 倍，高强度极端降水事件发生风险增加近 2 倍（中等信度）。2015 年区域湿地面积较 20 世纪 80 年代末减少了 20%，人类活动是影响湿地变化的主要因素，城市扩张和农业发展是侵占湿地的主要表现形式，京津冀地区生态修复和生态建设工程使生态环境不断改善、区域发展环境不断优化（高信度）。近期（2040 年前）和中期

（2041~2070年）京津冀地区气候的暖湿化有利于促进植被恢复和生长，有利于生态环境建设（极可能）。

京津冀城市发展面临的主要气候风险如下：其一，气候暖干化和人类用水增加严重加剧了京津冀地区水资源的供需矛盾，京津冀城市群的建设和发展将面临水资源短缺的严重问题。其二，最高气温的天数有明显增多的趋势，而发生持续性高温事件的区域及强度都有明显的增加或增强，趋多增强的城市群极端高温事件将给城市安全运行带来更大风险。其三，中国沿海地区高潮位呈显著上升趋势，风暴潮灾害的次数、强度和发生时间跨度均有一定程度的增加，其引起的海平面上升将显著缩短极值水位的重现期，加重京津冀沿海地区的风险。

对于雄安新区建设而言，在当前华北地区气候暖干化和社会经济发展所引起人类活动加剧的背景下，资源承载力与经济发展的矛盾日益突出，如何实现人类与自然和谐相处并促进区域经济的可持续发展，是雄安新区建设中所必须考虑的问题。首先，雄安新区建设面临的水资源安全问题及风险。其次，雄安新区建设地位于九河下梢，面临洪涝等水旱灾害风险问题。另外，雄安新区及周边地区受到整个区域的传输影响，大气污染风险较高。

京津冀地区气候变暖、降水减少，对区域生态环境产生了巨大影响。近20年来，京津冀地区广泛开展山水林田湖草生态修复，持续开展三北防护林、京津风沙源治理等生态建设工程，生态环境不断改善，有效应对了气候变化。未来北方地区存在的暖湿化气候变化趋势有利于促进森林植被恢复和生长，巩固和扩大了三北防护林建设的成果和效益（李泽椿，2015）。

6. 长江三角洲地区

气候变化和海平面上升导致长江三角洲（简称长三角）地区灾害问题越发严重。受气候变化和海平面上升影响，长江入海径流量减小和海洋动力条件增强共同作用，海水入侵的频率和强度增加，在今后几十年内海岸淤涨趋势将减缓，高脆弱性岸段的海岸侵蚀将加剧，将对沿海地区的生产、生活、建设等造成显著影响。快速城市化和全球变暖的综合效应导致极端高温热浪事件的频率、强度和持续时间增加，对人体健康产生影响，特别是夏季户外作业人员和老年人口更易受高温灾害的影响。此外，气候变化将可能导致未来影响长三角地区的台风风暴潮和降雨强度显著增加，而海平面上升将抬高洪水位，进一步加大极端洪涝灾害发生的频率，对长三角沿海地区人民的生命财产安全造成严重威胁。

气候变化对长三角地区生态环境的影响利弊共存、弊大于利。气候变暖导致的海水水温升高会促进藻类繁殖、恶化水质，还会对鱼类的生长、繁殖有不同程度的负面影响，从而破坏长江口及附近海域海洋生态环境，进一步降低物种多样性和减少渔业资源。由于气候变暖，尤其是秋季光温条件的改善，长三角不少地区的晚稻由籼稻改成对光温条件要求更高的粳稻，改进了晚稻种植品种，体现了气候变化对农业生产有利的一面；此外，气温变化将使长三角地区农业病虫害呈现加重趋势，气温升高、降雨增多有利于害虫暴发，加重植物病原菌引起的病虫害流行。近年来，长三角地区江河湖泊水网普遍受到不同程度的污染，而在气候增温的影响下，蓝藻更易大规模暴发，从而进一步恶化河湖水质，严重威胁长三角地区水生生态和供水安全。气候变化还影响着长三角地区生态系统多样性，特别是气候变暖、降雨增多、水分增多，对植被的生长有一定的促进作用，长三角地区生物量总量显著增加。此外，气候变化也为各类外来有害生物的入侵和生态适应创造了适宜的条件，外来入侵种因适应环境而疯狂蔓延，改变了滨海生物栖息环境，滩涂的生物多样性受到了严重威胁。

7. 长江中上游地区

气候变化对当前和未来水文气象要素的影响。受气候变化影响，长江流域水文气象要素统计特征呈较明显的变异性，极端天气事件频现，洪旱灾害频发，对长江上游人民的生命财产安全和自然资源的合理开发利用造成重大影响。近 50 年的气象资料显示，在气候变化背景下，长江上游年平均气温呈现上升的趋势，特别是冬季气温的升高对年平均气温的上升起了主要作用；长江上游降水充沛的地区降水量有所下降，降水少的地区降水量有所上升，降水量越大的地区下降趋势越明显，降水量越小的地区上升趋势越明显；长江上游地区干旱趋势最为严重的地区为东部地区，中部地区呈现变湿趋势。在未来气候变化情景下，流域气温上升的区域一致性以及降水变化的空间差异性（特别是长江源区）势必会对流域的水资源产生影响。地势较高的区域（特别是长江源区）气温增加较明显，气温的升高不仅增加蒸散发，也能增强冰川融水对长江流域地表水资源的补给。

气候变化对长江中上游地区生态环境的影响。在全球气候变化背景下，长江上游降水量可能增加，极端降水事件频繁出现，将显著增加长江上游坡地（特别是四川盆地丘陵区）土壤侵蚀风险，并可能诱发山洪、泥石流、崩塌、滑坡等地质灾害；气候干旱和上游来水补给减少，导致长江中游地区湿地面积萎缩和减少，湿地植被退化，湿地生态功能进一步减弱，湿地生物多样性显著降低；长江上游地区作为我国重要的水能基地，建成的梯级水库群改变了长江中上游干支流河流水系的天然径流量，使得气候变化背景下该区域河流和水库生态系统本身更具敏感性和脆弱性。与此同时，气候变化导致长江沿岸部分干支流以及水体交换能力较弱的湖泊水库污染严重，特别是城市江段存在明显的岸边污染带，部分支流出现水华，部分湖泊富营养化严重；此外，气候变化带来的降水和干旱的变化，必将对河岸生态系统的结构造成重要影响。随着降水减少，河岸带干旱时间延长，河岸植被的结构将发生改变，许多干旱的木本植物将会在河岸带生长，河岸生态系统将向旱生方向转化，结果将使得河岸植被景观格局发生改变。气候变暖有利于农作物提高复种指数和产量，亚热带经济作物与果树种植有北扩的趋势，但高温伏旱也有加重的趋势。

8. 粤港澳大湾区

气候变化造成粤港澳大湾区自然灾害的频率与强度增大。随着全球变暖的影响，粤港澳大湾区在未来降水量会增加，并且极端降水事件的频率与强度会随着气候变化的影响而进一步增大，局地洪涝灾害风险加剧。气候变化还将导致珠江流域来水径流量变化，加剧大湾区部分城市（如香港和深圳）水质性缺水问题，给粤港澳大湾区城市的水资源开发利用和跨界调水带来新的更大的挑战。由于气候变暖，海平面上升幅度和台风风暴潮灾害的强度呈增加趋势，进一步增大了大湾区洪涝灾害发生的频率和强度。此外，气候变化引发的极端气候事件还可能使海岸侵蚀、咸水入侵、山体滑坡等次生自然灾害事件进一步增多，并严重影响区域内城市正常运转和居民生命财产安全。

气候变化导致的极端天气事件对人群健康产生负面影响。气候变化对人类健康产生最直接的影响是极端高温产生的热效应，而气候变暖带来极端天气的频繁发生，使得夏季高温热浪的发生频率增加尤为明显，同时，形成高温热浪的静稳天气，也是导致城市热岛最大化的天气条件。粤港澳大湾区的超级城市群加剧了热浪的影响和造成的风险，未来的气候变化情景表明这一效应将变得更加频繁、广泛。随着全球气候变化，夏季高温日数会明显增多，高温热浪频率和强度将随之增加。特别是高温伴随的高湿度和高浓度空气污染事件增加，进一步加剧了夏季极端高温对人体健康的影响和危害，同时导致病原性传染病传播和复苏，影响病媒传播疾病媒介和中间宿主的地区分布和数量，如登革热、疟疾等都与该地区的气候变量呈正相关（高信度）。冬季枯水期降水减少和海平面上升加剧了珠江咸潮上溯的风险，严重威胁粤港澳大湾区居民的饮用水安全。

9. 台湾和福建

气候变化和地理位置加大了台湾和福建极端天气的灾害影响。福建地处我国东南沿海，是台风灾害较严重的省份之一。尽管福建位于台湾岛西面，台湾岛形成其天然屏障，但台湾岛和台湾海峡特殊的地形及其狭管效应，通常会使福建沿海地区出现两次台风增水峰，使台风暴潮的灾害历时增长、灾情加重。总体而言，台风对社会经济系统的影响由沿海区域向内陆递减，东部沿海地区是受灾严重的区域，特别是闽东北和闽南地区。20世纪90年代末以来，福建气候环境加速变暖，导致海平面上升、台风强度增加，不但造成滨海土地（尤其是湿地）的永久淹没，而且引发咸潮入侵、海岸侵蚀和风暴潮，尤其是抬高了风暴潮的基础水位，在很大程度上增大了海岸洪水的频率和强度，而海平面上升和风暴潮的叠加效应也明显增加了生态系统服务价值的暴露程度和城市物理系统的灾害损失。此外，气候变化导致强降雨频次显著增多，受季风和台风的共同影响，降水年内有两个汛期，即前汛期降水和台风汛期降水的强度增大，发生城市内涝和流域洪水的可能性加大，灾害风险日趋凸显。

气候变化影响着两岸地区流域水文变化。降水是流域径流的主要来源，降水的变化可以影响到流域的直接径流，进而影响到流域水文情势。气候变化是引起流域水环境变化的一个重要因素，气候变化引发全球气温上升、降雨模式变化，并影响区域的水循环，河流水量与水质也随之改变。就水文环境而言，蒸散量的变化是引起水文环境变化的一个不可忽视的因素。对流域潜在蒸散量的估算，有助于进一步理解气候变化对流域水文环境的影响，其对于流域水资源的管理和利用及生态环境的保护具有重要意义。在雨季受到台风等极端天气的影响，两岸沿海地区的降水会出现增加进而引起洪涝灾害的发生，对周边生态造成破坏，而内陆地区受到全球气候变化的影响较大，因此出现干旱的可能性增大，尤其在目前全球变暖、高温热浪频发的背景下，极端情况出现得更为频繁。

10. 云贵高原

云贵高原整体呈变暖趋势，极端气候与极端事件频发。云贵高原季节与年均最高气温和最低气温均有明显上升，极端高温更为频繁。以滇东为首，干旱在季节和年际上均有所加剧。云贵高原属干旱多发区，受气候变化影响，干旱平均强度和持续时间上升，连续干旱日显著增加，贵州东部以夏秋高温伏旱为主，高原大部以冬春干旱为主，2009~2010 年发生了波及西南五省（区、市）的百年一遇特大干旱。云贵高原春夏两季极端干旱频发，而降水量呈下降趋势，连续降雨减少，且季节性分异明显。气温与降水的显著变化直接导致可用水资源减少。人为因素对土地覆盖和植被的改变增加了地区的干旱脆弱性，加大了西南林区的火灾风险，将严重影响当地社会、经济与环境生活。强降雨事件的危害也不容忽视。西南低涡将产生强暴雨天气，进而诱发泥石流灾害。除强降雨事件和连续降水增加的直接诱因外，快速扩展的山路系统改变了土地下垫面结构，大大增加了滑坡和泥石流等灾害风险，增加了居民和水资源脆弱性。

地表与地下水资源污染严重，水土流失与荒漠化持续加剧。云贵高原岩溶区分布广泛，地表水流失严重，水资源主要留存于地下。但岩溶地区水文地质条件复杂，目前地下水开发利用程度低，气候变化加剧了区域水文灾害严重程度。该地区水体交换迅速，除降水量减少造成水资源补给量不足之外，人类活动也严重影响到当地的水质环境。硝化作用与化肥施用导致地下水中硝酸盐浓度上升，采矿、冶炼等相关产业加剧了地下水重金属污染，水质问题严重危害流域内居民的身体健康。石漠化面积持续增长，相当一部分地区土壤已流失殆尽甚至无土可流。石漠化生态退化严重，土壤环境恶劣，修复难度大，植被自然恢复时间明显延长。1989 年后，随着森林面积的增长，水土流失面积得到遏制。

生物多样性衰减严重，生态系统稳定性遭受极大威胁，跨境生态安全面临挑战。云南地区生物入侵现象严重，数十种外来物种入侵并定殖与此。云南、广西等地处于生物入侵高发的低纬度地区，易受到南亚高风险生物入侵的影响，并且在气候变化背景下，入侵物种将呈现出明显的由低海拔向高海拔扩张的趋势，云贵高原生物入侵风险加剧。气候变化对入侵物种更有利，使天敌逃逸，提高入侵植物繁殖速度，危害当地生态系统稳定性。气候变化使迁飞害虫越冬分布区扩大，种群规模增加，农害加剧。此外，阶梯开发和建坝对鱼类有负面影响，间接导致生物入侵，拆坝后鱼类呈现快速增长。水体污染也对鱼类产生严重威胁。随着全球化进程推进，中国与周边国家合作日渐频繁，跨境生态安全日渐加剧，如水资源污染与生态系统稳定性问题已引起广泛关注，在气候变化的背景下，跨境风险的评估与预测依然艰巨，应结合地区特点针对主要问题进行合理规划和调控。

11.“一带一路”

“一带一路”沿线地区是生态环境敏感区和气候变湿变暖区，这种暖湿化对“一带一路”沿线地区人类生产与生活活动产生了或强或弱的不确定性影响，加大了“一带一路”地区经济社会发展的风险和脆弱性，表现为：扩大了人口外移与气候移民规模，减缓了经济增长速度，加大了城镇化与城市群发育风险及旅游业发展的脆弱性；增加了城市防洪排涝压力、碳排放压力与城市公共健康威胁，诱发了粮食安全、水安全、能源安全、航运安全风险和金融精算的不确定性；增加了基础设施建设运行成本和金融保险违约机会，降低了互联互通效率；加大了大国战略博弈、国家间地缘政治摩擦与民族间冲突的可能性。“一带一路”建设过程中，需要坚持趋利避害并举、适应和减缓并重原则，科学评判气候变化和生态环境演变对“一带一路”建设的影响，有效提出适应策略。

在地区社会经济层面，“一带一路”沿线地区人口密度大，经济发展水平低，资源环境绩效低于世界平均水平50%；城镇化进程进入快速成长阶段，城镇化水平落后于世界平均水平5%；未来经济发展速度快于世界平均水平2%，对全球经济贡献提升10%。

在气候变化层面，气温上升与降水增加引发的变暖变湿趋势明显，直接影响了河湖面积及径流量；印度洋季风与洋流存在的“丝绸之路”模式对欧亚大陆气候影响较大，远程连接机制明显；此外，气候突变与极端天气事件明显增加的可能性加大。

在生态环境演变层面，“一带一路”沿线地区是生态环境敏感区，生态环境条件对“一带一路”建设有重要影响；“一带一路”沿线地区生态系统复杂多样，未来自然灾害风险凸显；“一带一路”沿线空气环境质量有好转的可能性，$PM_{2.5}$浓度呈现出由东南亚地区向中亚、西亚及欧洲逐渐降低的态势；“一带一路”沿线多数国家面临水资源安全、生态环境及灾害风险挑战。

气候变化与生态环境演变对“一带一路”沿线地区的影响与脆弱性主要体现在以下方面：①气候变化及局部生态环境恶化导致了“一带一路”沿线地区一直处于人口外流状态，气候脆弱性大的沿海国家更易受到气候变化影响而发生大规模人口迁移，尤其南亚与西亚的高温热浪将更加频繁。②气候变化可能加快“一带一路”沿线地区城市化进程，城市群和特大城市可能成为遭受气候变化影响的高风险区；此外，气候变化引发的海平面上升、风暴潮、盐水入侵对沿海城市的影响风险加大，可能会对海上丝绸之路的港口建设和航线通畅造成较大影响。③加大了传统能源生产与传输的脆弱性，加大了“一带一路”沿线地区港口设施营建成本及风险，加大了交通运输设施建设及运营成本，但同时可能降低互联互通风险。④气候变化改变了“一带一路”沿线地区粮食生产空间格局，加剧了粮食生产的波动性，加大了区域和全球粮食安全风险。

1.4 本卷结构

本卷重点评估近几年来气候变化与生态环境演变的影响、脆弱性和适应能力，共

22章内容。其中，第1章总论统领本卷，以IPCC AR5为基础和背景，给出本卷结构和评估重点，最后一章呼应本卷各章，进行宏观总结、概括气候变化影响、脆弱性与适应。本卷针对中国气候与生态环境演变的影响、脆弱性与适应评估，从两部分进行总结，第一部分从行业和领域方面评估：主要就气候变化对水资源，冰冻圈，陆地生态系统，海洋生态系统，农业，旅游、交通、能源和制造业，人居环境，人群健康和重大工程方面的影响、脆弱性与适应进行评估；第二部分融合了传统的中国地理区域划分和近年来的研究热点区域划分进行评估：主要就11个区域（东北地区、京津冀地区、长三角地区、长江中上游地区、粤港澳大湾区、海峡两岸（台湾和福建）、西北干旱区、黄土高原、青藏高原、云贵高原、“一带一路”）进行评估。

■ 参考文献

艾婉秀，王长科，吕明辉，等. 2018. 中国公众对气候变化和气象灾害认知的社会性别差异. 气候变化研究进展，14（3）：318-324.

别得进，朱秀芳，赵安周，等. 2015. 农业旱灾脆弱性研究综述. 北京师范大学学报（自然科学版），51（S1）：62-69.

曹丹，白林燕，冯建中，等. 2018. 东北三省水稻种植面积时空变化监测与分析. 江苏农业科学，46（10）：260-265.

曹丽格，姜彤. 2011. IPCC AR5气候变化影响、适应和脆弱性评估报告展望. 气候变化研究进展，7（2）：142.

曹晓岑. 2016. 气候变化对我国不同建筑气候区建筑节能气象参数及能耗的影响. 兰州：兰州大学.

常春平，原立峰.2010. 拉萨河下游河谷区风沙灾害现状、成因及发展趋势探讨. 水土保持研究，17（1）:122-126.

陈春阳. 2016. 关于适应气候变化的成本效益评估框架研究. 资源节约与环保，（7）：141-144.

陈德亮，秦大河，效存德，等. 2019. 气候恢复力及其在极端天气气候灾害管理中的应用. 气候变化研究进展，15（2）：167-177.

陈德亮，徐柏青，姚檀栋，等. 2015. 青藏高原环境变化科学评估：过去、现在与未来. 科学通报，60（32）：3025-3035.

陈思宇. 2019. 论将适应气候变化的要求纳入建设项目环境影响评价制度. 重庆理工大学学报（社会科学），33（4）：27-37.

陈伟，杨飞，王卷乐，等. 2018. 冰雪冻灾干扰下的亚热带森林生态系统恢复力综合定量评价——以湖南省道县为例. 林业科学，54（6）：1-8.

陈鲜艳，梅梅，丁一汇，等. 2015. 气候变化对我国若干重大工程的影响. 气候变化研究进展，11（5）：337-342.

陈宜瑜，丁永建，佘之祥，等. 2005. 中国气候与环境演变评估（Ⅱ）：气候与环境变化的影响与适应、减缓对策. 气候变化研究进展，1（2）：51-57.

程琨，潘根兴，李恋卿，等.2011. 中国稻作与旱作生产的气象减产风险评价. 农业环境科学学报，30

（9）:1764-1771.
崔鹏，陈容，向灵芝，等 . 2014. 气候变暖背景下青藏高原山地灾害及其风险分析 . 气候变化研究进展，10（2）：103-109.
董俊 . 2013. 甘肃省高速公路突发自然灾害危险性评价与控制对策研究 . 西安：长安大学 .
杜军，路红亚，建军 . 2013. 1961—2010 年西藏极端气温事件的时空变化 . 地理学报，68（9）：1269-1280.
段居琦，徐新武，高清竹 . 2014. IPCC 第五次评估报告关于适应气候变化与可持续发展的新认知 . 气候变化研究进展，10（3）：197-202.
段克勤，姚檀栋，石培宏，等 . 2017. 青藏高原东部冰川平衡线高度的模拟及预测 . 中国科学：地球科学，47（1）：104-113.
冯喜媛，郭春明，陈长胜，等 . 2013. 基于气象模型分析东北三省近 50 年水稻孕穗期障碍型低温冷害时空变化特征 . 中国农业气象，34（4）：462-467.
高晓容，王春乙，张继权 . 2012. 气候变暖对东北玉米低温冷害分布规律的影响 . 生态学报，32（7）：2110-2118.
葛全胜，曲建升，曾静静，等 . 2009. 国际气候变化适应战略与态势分析 . 气候变化研究进展，5（6）：369-375.
顾娟 . 2016. 浅谈气候变化对我国农业气象灾害及病虫害的影响 . 农业科技与信息，（28）：65-66.
胡文涛，姚檀栋，余武生，等 . 2018. 高亚洲地区冰崩灾害的研究进展 . 冰川冻土，40（6）：1141-1152.
黄焕平，马世铭，林而达，等 . 2013. 不同稻麦种植模式适应气候变化的效益比较分析 . 气候变化研究进展，9（2）：132-138.
霍治国，李茂松，王丽，等 . 2012. 气候变暖对中国农作物病虫害的影响 . 中国农业科学，45（10）：1926-1934.
蒋振西 . 2015. “全球治理”的中国视角 . 和平与发展，（2）：1-14.
靳毅，蒙吉军 . 2011. 生态脆弱性评价与预测研究进展 . 生态学杂志，30（11）：2646-2652.
康晓，许丹 . 2011. 绝对收益与相对收益视角下的气候变化全球治理 . 外交评论（外交学院学报），28（1）：107-121.
李丽 . 2017. 冰雪冻灾干扰下森林生态系统恢复力的定量评价 . 西安：西安科技大学 .
李彤玥 . 2017. 基于“暴露—敏感—适应”的城市脆弱性空间研究——以兰州市为例 . 经济地理，37（3）：86-95.
李星敏，柏秦凤，朱琳 . 2011. 气候变化对陕西苹果生长适宜性影响 . 应用气象学报，22（2）：241-248.
李莹，高歌，宋连春 . 2014. IPCC 第五次评估报告对气候变化风险及风险管理的新认知 . 气候变化研究进展，10（4）：260-267.
李泽椿 . 2015. 要加强气候变化对生态保护工程影响的科学研究 . 中国气象报，2015-6-17（1）.
梁恒谦，夏保成，刘德林 . 2015. 自然灾害脆弱性研究综述 . 华北地震科学，33（1）：11-18.
林而达，王京华 .1994. 我国农业对全球变暖的敏感性和脆弱性 . 农村生态环境，（1）：1-5.
刘立涛，刘晓洁，伦飞，等 . 2018. 全球气候变化下的中国粮食安全问题研究 . 自然资源学报，33(6)：

927-939.
卢洪健，莫兴国，孟德娟，等 . 2015. 气候变化背景下东北地区气象干旱的时空演变特征 . 地理科学，35（8）：1051-1059.
吕宪国，邹元春，王毅勇，等 . 2018. 气候变化影响与风险 – 气候变化对湿地影响与风险研究 . 北京：科学出版社 .
吕相娟 . 2015. 气候变化的伦理学研究 . 曲阜：曲阜师范大学 .
马姗姗 . 2011. 气候变化背景下宁夏北移冬小麦气候适应性与成本效益分析 . 北京：中国农业科学院 .
孟超，韩龙武，赵相卿，等 . 2018. 气温持续升高对青藏铁路运输安全的影响研究 . 中国安全科学学报，28（2）：1-5.
潘东华，贾慧聪，贺原惠子 . 2019. 自然灾害风险制图研究进展与展望 . 地理空间，17（7）：6-10.
潘家华，张莹 . 2018. 中国应对气候变化的战略进程与角色转型：从防范“黑天鹅”灾害到迎战“灰犀牛”风险 . 中国人口 • 资源与环境，28（10）：4-11.
潘家华，郑艳 . 2010. 适应气候变化的分析框架及政策涵义 . 中国人口 • 资源与环境，20（10）：1-5.
庞泽源，董姝娜，张继权，等 . 2014. 基于 CERES-Maize 模型的吉林西部玉米干旱脆弱性评价与区划 . 中国生态农业学报，22（6）：705-712.
彭惠，马巍，穆彦虎，等 . 2015. 青藏公路普通填土路基长期变形特征与路基病害调查分析 . 岩土力学，36（7）：2049-2056.
彭建，刘焱序，潘雅婧，等 . 2014. 基于景观格局—过程的城市自然灾害生态风险研究：回顾与展望 . 地球科学进展，29（10）：1186-1196.
彭黎明，彭莹辉 . 2012. 广州城市居民气候变化风险认知分析 . 阅江学刊，4（4）：40-47.
彭颖姝，高捍东，苑兆和 . 2018. 全球气候变化对温带果树的影响 . 中国农业科技导报，20（7）：1-10.
屈振江，刘瑞芳，郭兆夏，等 . 2013. 陕西省苹果花期冻害风险评估及预测技术研究 . 自然灾害学报，22（1）：219-225.
任国玉 . 2007. 气候变化与中国水资源 . 北京：气象出版社 .
任国玉，姜彤，李维京，等 . 2008. 气候变化对中国水资源情势影响综合分析 . 水科学进展，19（6）：772-778.
任志艳 . 2015. 关中地区气候变化适应方略与可持续发展模式选择 . 西安：陕西师范大学 .
邵全琴，樊江文，刘纪远，等 . 2016. 三江源生态保护和建设一期工程生态成效评估 . 地理学报，71（1）：3-20.
邵腾 . 2018. 东北严寒地区乡村民居节能优化研究 . 哈尔滨：哈尔滨工业大学 .
史兴民 . 2016. 公众对气候变化的感知与适应行为研究进展 . 水土保持通报，36（6）：258-264，271.
宋蕾 . 2018. 气候政策创新的演变：气候减缓、适应和可持续发展的包容性发展路径 . 社会科学，（3）：29-40.
苏桂武，高庆华 . 2003. 自然灾害风险的分析要素 . 地学前缘，10（特刊）：272-279.
孙滨峰，赵红，王效科 . 2015. 基于标准化降水蒸发指数（SPEI）的东北干旱时空特征 . 生态环境学报，24（1）：22-28.
孙大江，赵群 . 2016. 气候变化影响与适应性社会性别分析 . 北京：社会科学文献出版社 .
孙美平，刘时银，姚晓军，等 . 2014. 2013 年西藏嘉黎县“7.5”冰湖溃决洪水成因及潜在危害 . 冰川冻土，36（1）：158-165.
童张梦子 . 2017. 气候变化风险认知、心理距离对亲环境行为的影响 . 芜湖：安徽师范大学 .
万凌云 . 2018. 媒体来源与信息平衡性对气候变化风险认知的影响：基于实验的研究 . 杭州：浙江大学 .
汪双杰，王佐，袁堃，等 . 2015. 青藏公路多年冻土地区公路工程地质研究回顾与展望 . 中国公路学报，28（12）：1-8.
王兵 . 2016. 可再生能源系统风险评估方法及其应用研究 . 北京：北京理工大学 .
王春雨，王军邦，孙晓芳，等 . 2019. 孟印缅地区农田生产力脆弱性变化及气候影响机制——基于1982—2015 年 GIMMS3g 植被指数 . 生态学报，39（21）：7793-7804.
王鹤龄，张强，王润元，等 . 2015. 增温和降水变化对西北半干旱区春小麦产量和品质的影响 . 应用生态学报，26（1）：67-75.
王鹤龄，张强，王润元，等 . 2017. 气候变化对甘肃省农业气候资源和主要作物栽培格局的影响 . 生态学报，37（18）：6099-6110.
王书治，陈宇斌，周学文 . 2005. 气候变化与可持续发展之间的关系 . 山西气象，（3）：8-9，32.
王岩，方创琳，张蔷 . 2013. 城市脆弱性研究评述与展望 . 地理科学进展，32（5）：755-768.
吴国雄，段安民，张雪芹，等 . 2013. 青藏高原极端天气气候变化及其环境效应 . 自然杂志，35（3）：167-171.
吴绍洪，高江波，邓浩宇，等 . 2018. 气候变化风险及其定量评估方法 . 地理科学进展，37（1）：28-35.
吴绍洪，潘韬，贺山峰 . 2011. 气候变化风险研究的初步探讨 . 气候变化研究进展，7（5）：363-368.
谢立安，管长龙，谭骏，等 . 2017. 海洋与气象防灾减灾体系中社区恢复力的评估与应用 . 气象科技进展，7（4）：23-37.
谢立勇，李悦，钱凤魁，等 . 2014. 粮食生产系统对气候变化的响应：敏感性与脆弱性 . 中国人口•资源与环境，24（5）：25-30.
辛惠娟，何元庆，张涛，等 . 2013. 青藏高原东南缘丽江玉龙雪山气候变化特征及其对冰川变化的影响 . 地球科学进展，28（11）：1257-1268.
许端阳，王子玉，丁雪，等 . 2018. 促进适应气候变化科技创新的政策环境研究 . 科技管理研究，38（2）：14-18.
许君利，刘时银，王建 . 2018. 西藏桑日县巴玉水电站上游石冰川分布特征 . 冰川冻土，40（6）：1207-1215.
严登才，施国庆 . 2017. 人口迁移与适应气候变化：西方争议与中国实践 . 成都理工大学学报（社会科学版），25（1）：69-76.
杨东峰，刘正莹，殷成志 . 2018. 应对全球气候变化的地方规划行动——减缓与适应的权衡抉择 . 城市规划，42（1）：35-42，59.
杨飞，马超，方华军 . 2019. 脆弱性研究进展：从理论研究到综合实践 . 生态学报，39（2）：441-453.
杨封科，何宝林，高世铭 . 2015. 气候变化对甘肃省粮食生产的影响研究进展 . 应用生态学报，26(3)：930-938.
杨贵羽，韩冬梅，陈一鸣 . 2014.1950—2010 年东北地区旱涝演变特征分析 . 中国水利，243（5）：45-

48.
姚玉璧，王瑞君，王润元，等.2013. 黄土高原半湿润区玉米生长发育及产量形成对气候变化的响应. 资源科学，35（11）：2273-2280.
尹仑. 2014. 气候变化的社会性别研究理论与发展. 云南民族大学学报（哲学社会科学版），31（6）：73-77.
张存杰，黄大鹏，刘昌义，等. 2014. 第五次评估报告气候变化对人类福祉影响的新认知. 气候变化研究进展，10（4）：246-250.
张慧，徐富明，李彬，等. 2013. 基于气候变化的风险认知. 心理科学进展，21（9）：1677-1685.
张克存，牛清河，屈建军，等. 2010. 青藏铁路沱沱河路段风沙危害特征及其动力环境分析. 中国沙漠，30（5）：1006-1011.
张丽敏，张淑杰，郭海，等. 2018. 东北春玉米适宜生长期农业气候资源变化及其影响分析. 江西农业学报，30（2）：93-99.
张良侠，樊江文，邵全琴，等. 2014. 生态工程前后三江源草地产草量与载畜压力的变化分析. 草地学报，23（5）：114-123.
张亮，魏彦强，周强，等. 2019. 农户对气候变化的适应能力评价及限制因子：基于青藏高原典型农业区调查数据. 草业科学，36（4）：1177-1188.
张其兵，康世昌，张国帅. 2016. 念青唐古拉山脉西段雪线高度变化遥感观测. 地理科学，36（12）：1937-1944.
张卫建，陈金，徐志宇，等. 2012. 东北稻作系统对气候变暖的实际响应与适应. 中国农业科学，45（7）：1265-1273.
张肖阳. 2018.《性别行动计划》：联合国应对气候变化新策略. 中国妇女报，2018-12-11（5）.
张晓华，祁悦. 2014. 应对气候变化国际谈判现状与展望. 中国能源，36（11）：30-33.
张雪艳，何霄嘉，孙傅，等. 2015. 中国适应气候变化政策评价. 中国人口·资源与环境，25（9）：8-12.
赵春黎，严岩，陆咏晴，等. 2018. 基于暴露度–恢复力–敏感度的城市适应气候变化能力评估与特征分析. 生态学报，38（9）：3238-3247.
赵俊芳，穆佳，郭建平. 2015. 近 50 年东北地区≥ 10℃农业热量资源对气候变化的响应. 自然灾害学报，24（3）：190-198.
郑艳. 2016. 城市决策管理者对适应气候变化规划的认知研究——以上海市为例. 气候变化研究进展，12（2）：118-123.
朱永昶. 2017. 土地规模化经营对农业减缓和适应气候变化的影响研究. 北京：中国农业科学院.
Moser S，赖晨希. 2013. 气候变化传播：历史、挑战、进程和发展方向. 东岳论丛，34（10）：17-25.
Adger W N. 2006. Vulnerability. Global Environmental Change，16（3）：268-281.
Agrawala S，Fankhauser S. 2008. Economic Aspects of Adaptation to Climate Change：Costs，Benefits and Policy Instruments. Paris：Organisation for Economic Co-operation and Development.
Angela C，Jeremy C，John H，et al. 2018. Enhancing the practical utility of risk assessments in climate change adaptation. Sustainability，10（5）：1399-1411.
Berrang-Ford L，Pearce T，Ford J D. 2015. Systematic review approaches for climate change adaptation

research. Regional Environmental Change，15（5）：755-769.

Berrouet L M，Machado J，Villegas-Palacio C. 2018. Vulnerability of socio-ecological systems：a conceptual framework. Ecological Indicators，84（1）：632-647.

Birkmann J. 2006. Measuring Vulnerability to Natural Hazards：towards Disaster Resilient Societies. Tokyo：United Nations University Press.

Cai J L，Varis O，Yin H. 2017. China's water resources vulnerability：a spatio-temporal analysis during 2003-2013. Journal of Cleaner Production，142（4）：2901-2910.

Chen R，Wang G，Yang Y，et al. 2018. Effects of cryospheric change on alpine hydrology：combining a model with observations in the upper reaches of the Hei River，China. Journal of Geophysical Research：Atmospheres，123（7）：3414-3442.

Costache A. 2017. Conceptual delimitations between resilience, vulnerability and adaptive capacity to extreme events and global change. Annals of Valahia University of Targoviste Geographical Series，17(2)：198-205.

Cotton W R，Pielke R A. 2007. Human Impacts on Weather and Climate. Cambrige：Cambridge University Press.

Cutter S L，Barnes L，Berry M，et al. 2008. A place-based model for understanding community resilience to natural disasters. Global Environmental Change，18（4）：598-606.

Duethmann D，Bolch T，Farinotti D，et al. 2015. Attribution of streamflow trends in snow and glacier melt-dominated catchments of the Tarim River, Central Asia. Water Resources Research, 51（6）：4727-4750.

EEA. 2007. Climate Change：the Cost of Inaction and the Cost of Adaptation. Copenhagen：European Environment Agency.

Elijido-Ten E O，Clarkson P. 2019. Going beyond climate change risk management：insights from the world's largest most sustainable corporations. Journal of Business Ethics，157（4）：1067-1089.

Eriksen S，Brown K. 2011. Sustainable adaptation to climate change. Climate and Development，3（1）：3-6.

Fatorić S，Seekamp E. 2017. A measurement framework to increase transparency in historic preservation decision-making under changing climate conditions. Journal of Cultural Heritage，30：168-179.

Field C B，Barros V R，Mach K J，et al. 2014. Climate Change 2014：Technical Summary. Cambridge：Cambridge University Press.

Gallopín. 2006. Linkages between vulnerability，resilience，and adaptive capacity. Global Environmental Change，16（3）：293-303.

Gao X，Ye B S，Zhang S Q，et al. 2010. Glacier runoff variation and its influence on river runoff during 1961-2006 in the Tarim River Basin，China. Science in China，53（6）：880-891.

Georgesabeyie D E. 1989. Race，ethnicity，and the spatial dynamic: Toward a realistic study of black crime，crime victimization，and criminal justice processing of blacks. Social Justice，16；35-54.

Gibb C. 2018. A critical analysis of vulnerability. International Journal of Disaster Risk Reduction，28：327-334.

Holst R，Yu X，Grun C. 2013. Climate change，risk and grain yields in China. Journal of Integrative Agriculture，12（7）：1279-1291.

Hu G，Dong Z，Lu J，et al. 2015. The developmental trend and influencing factors of aeolian desertification in the Zoige Basin，eastern Qinghai-Tibet Plateau. Aeolian Research，19：275-281.

Ian B，Saleemul H，Bo L，et al. 2002. From impacts assessment to adaptation priorities：the shaping of adapation policy. Climate Policy，2（2）：145-159.

Immerzeel W W，van Beek L P H，Bierkens M F P. 2010. Climate change will affect the asian water towers. Science，328（5984）：1382-1385.

IPCC. 2007. Climate Change 2007：Impacts，Adaptation and Vulnerability Contribution of Working Group 2 to the Fourth Assessment Report of the Intergovernmental Panel on Climate Change. Cambridge：Cambridge University Press.

IPCC. 2012. Managing the Risks of Extreme Events and Disasters to Advance Climate Change Adaptation：A Special Report of Working Groups I and II of the Intergovernmental Panel on Climate Change. Cambridge：Cambridge University Press.

IPCC. 2014. Climate Change 2014：Impacts，Adaptation，and Vulnerability. Cambridge：Cambridge University Press.

James H，Jon H，Todd R，et al. 2019. Climate risk management and rural poverty reduction. Agricultural Systems，（172）：28-46.

Jones R. 2004. When do POETS become dangerous//Manning M，Petit M，Easterling D，et al. IPCC Workshop on Describing Scientific Uncertainties in Climate Change to Support Analysis of Risk and of Options. Maynooth：National University of Ireland：73-75.

Kan H，Chen R，Tong S. 2012. Ambient air pollution，climate change，and population health in China. Environment International，42：10-19.

Lamb W F，Rao N D. 2015. Human development in a climate constrained world：what the past says about the future. Global Environmental Change，33：14-22.

Liu Z，Abderson B，Yan K，et al. 2017. Global and regional changes in exposure to extreme heat and the relative contributions of climate and population change. Scientific Reports，（7）：43909.

Luo Y，Arnold J，Liu S，et al. 2013. Inclusion of glacier processes for distributed hydrological modeling at basin scale with application to a watershed in Tianshan Mountains，northwest China. Journal of Hydrology，477：72-85.

Manyena S B. 2006. The concept of resilience revisited. Disasters，30（4）：434-450.

Milly P C D，Betancourt J，Falkenmark M，et al. 2008. Stationarity is dead：whither water management? Science，319（5863）：573-574.

Nicholls R J. 2007. Adaptation Options for Coastal Areas and Infrastructure：an Analysis for 2030. Report to the UNFCCC. Southampton：University of Southampton.

Nicholls R J，Tol R S J. 2006. Impacts and responses to sea-level rise：a global analysis of the SRES scenarios over the twenty-first century. Philosophical Transactions of the Royal Society A：Mathematical，Physical and Engineering Sciences，364（1841）：1073-1095.

O'Brien K，Leichenko R，Kelkar U，et al. 2004. Mapping vulnerability to multiple stressors：climate change and globalization in India. Global Environmental Change，14（4）：303-313.

O'Connor R E，Bord R J，Fisher A. 1999. Risk perceptions，general environmental beliefs，and willingness to address climate change. Risk Analysis，19（3）：461-471.

Pavageau C，Locatelli B，Sonwa D，et al. 2018. What drives the vulnerability of rural communities to climate variability? Consensus and diverging views in the Congo Basin. Climate and Development，10（1）：49-60.

Schaller N，Kay A L，Lamb R，et al. 2016. Human influence on climate in the 2014 southern England winter floods and their impacts. Nature Climate Change，6（6）：627-634.

Schmidhuber J，Tubiello F N. 2007. Global food security under climate change. Proceedings of the National Academy of Sciences of the United States of America，104（50）：19703-19708.

Sharifi A. 2016. A critical review of selected tools for assessing community resilience. Ecological Indicators，69：629-647.

Shaw R，Colley M，Connell R. 2007. Climate Change Adaptation by Design：a Guide for Sustainable Communities. London：Town and Country Planning Association.

Shen W，Li H，Sun M，et al. 2012. Dynamics of aeolian sandy land in the Yarlung Zangbo river basin of Tibet，China from 1975 to 2008. Global and Planetary Change，86：37-44.

Skoufias E，Rabassa M，Olivieri S. 2011. The Poverty Impacts of Climate Change：a Review of the Evidence. Washington DC：World Bank.

Steger U，Achterberg W，Blok K，et al. 2004. Sustainable Development and Innovation in the Energy Sector. Berlin：Springer.

Su B，Huang J，Fischer T，et al. 2018. Drought losses in China might double between the 1.5℃ and 2.0℃ warming. Proceedings of the National Academy of Sciences，115（42）：10600-10605.

Sun J，Wang H，Yuan W，et al. 2010. Spatial-temporal features of intense snowfall events in China and their possible change. Journal of Geophysical Research：Atmospheres，115：D16110.

Sun Z Y，Zhang J Q，Yan D H，et al. 2015. The impact of irrigation water supply rate on agricultural drought disaster risk：a case about maize based on EPIC in Baicheng City，China. Natural Hazards，（78）：23-40.

Turner B L I，Kasperson R E，Matson P A，et al. 2003. A framework for vulnerability analysis in sustainability science. Proceedings of the National Academy of Sciences，100（14）：8074-8079.

Wang S P，Ding Y J，Jiang F Q，et al. 2017. Defining indices for the extreme snowfall events and analyzing their trends in Northern Xinjiang，China. Journal of the Meteorological Society of Japan，95（5）：287-299.

Wheeler T，Braun J V. 2013. Climate change impacts on global food security. Science，341：508-513.

Wigand C，Ardito T，Chaffee C，et al. 2017. A climate change adaptation strategy for management of coastal marsh systems. Estuaries and Coasts，40（3）：682-693.

Wuebbles D J，Easterling D R，Hayhoe K，et al. 2017. Our globally changing climate//Climate Science Special Report：a Sustained Assessment Activity of the U.S. Global Change Research Program：35-72.

Xia J，Ning L，Wang Q，et al. 2016. Vulnerability of and risk to water resources in arid and semi-arid regions of West China under a scenario of climate change. Climatic Change，144：549-563.

Xu D Y，Song A L，Li D J，et al. 2019. Assessing the relative role of climate change and human activities in desertification of North China from 1981 to 2010. Frontiers of Earth Science，13（1）：43-54.

Xu M，Wu H，Kang S. 2018. Impacts of climate change on the discharge and glacier mass balance of the different glacierized watersheds in the Tianshan Mountains，Central Asia. Hydrological Processes，32（1）：126-145.

You Q，Kang S，Pepin N，et al. 2010. Relationship between temperature trend magnitude，elevation and mean temperature in the Tibetan Plateau from homogenized surface stations and reanalysis data. Global and Planetary Change，71（1/2）：124-133.

Zhang C L，Li Q，Shen Y P，et al. 2018. Monitoring of aeolian desertification on the Qinghai-Tibet Plateau from the 1970s to 2015 using Landsat images. Science of the Total Environment，619：1648-1659.

Zhang G，Yao T，Chen W，et al. 2019. Regional differences of lake evolution across China during 1960s—2015 and its natural and anthropogenic causes. Remote Sensing of Environment，221：386-404.

Zhang S Q，Gao X，Ye B S，et al. 2012. A modified monthly degree-day model for evaluating glacier runoff changes in China. Part II：application. Hydrological Processes，26（11）：1697-1706.

Zhang S Q，Gao X，Zhang X W，et al. 2015. Glacial runoff likely reached peak in the mountainous areas of the Shiyang river basin，China. Journal of Mountain Science，12（2）：382-395.

Zhang Z H，Deng S F，Zhao Q D，et al. 2019. Projected glacier meltwater and river run-off changes in the upper reach of the Shule river basin，north-eastern edge of the Tibetan Plateau. Hydrological Processes，33（7）：1059-1074.

Zhang Z Q，Wu Q B，Xun X Y，et al. 2018. Climate change and the distribution of frozen soil in 1980—2010 in northern northeast China. Quaternary International，467：230-241.

Zhao Q D，Ding Y J，Wang J，et al. 2019. Projecting climate change impacts on hydrological processes on the Tibetan Plateau with model calibration against the glacier inventory data and observed streamflow. Journal of Hydrology，573：60-81.

Zhou Q Q，Leng G Y，Huang M Y. 2018. Impacts of future climate change on urban flood volumes in Hohhot in northern China：benefits of climate change mitigation and adaptations. Hydrology and Earth System Sciences，22（1）：305-316.

第2章 水 资 源

主要作者协调人：王国庆、严登华
编　　　　审：张建云
主　要　作　者：许月萍、刘艳丽、鲁　帆、杨勤丽

▪ 执行摘要

20世纪80年代以来，长江、西北内陆河地表水资源量总体呈增加趋势，海河、黄河等流域表现为减少趋势。工业需水稳中有增，农作物灌溉需水总体平稳略增。主要江河水质在2009年以来有转好趋势，排污总量减少是水质好转的重要因素之一。全球变暖背景下，中国极端水文事件存在增多趋势，由于降水量增多，中国水资源脆弱性近些年整体有所改善。水利工程使得水资源安全保障能力得到一定提升，水生态文明建设取得初步成效。2020~2050年中国水资源可能正常略少（中等信度），但变异性增大，同时区域变化格局存在差异；2030年综合用水高峰期水资源需求为7000亿~8000亿 m^3；气候变暖将可能导致城市洪涝灾害风险和强度增加，区域干旱风险增大，未来粮食主产区水资源供需矛盾将更为突出（中等信度）；未来气候变化的影响可能导致全国水资源脆弱性增加。未来水利适应气候变化应强化主动适应与协同适应相结合、科学适应与链条适应相衔接。

2.1 引　　言

水资源是基础性自然资源，是生态环境的控制性因素，同时又是战略性经济资源，是一个国家综合国力的有机组成部分。进入 21 世纪以来，水资源问题正日益影响或制约着全球的环境与经济发展。水资源变化是多种环境变化综合影响的结果。其中，气候变化（包括气候自然变异和温室气体浓度增加引起的气候变化）是导致水资源变化的直接因素之一，特别是温度和降水等要素的变化对水资源的影响是最直接和显著的；非气候的环境变化主要是水利工程、城市化以及水土保持等引起的土地利用和下垫面条件的变化，以及经济社会发展导致的区域对需水、用水和耗水变化的影响。这些非气候的环境变化影响在本章中统称为人类社会经济活动的影响。目前，探讨气候变化和人类社会经济活动影响下的水资源及其相关科学问题，成为全球共同关注和各国政府的重要议题之一。

中国地处东亚季风区，水资源空间分布的不均匀性、年内的高度集中性以及年际间较大的变异性是我国水资源系统的主要特征。随着人口增加和社会经济的快速发展，人类社会经济活动的作用不断加强，从而将加剧我国水资源的供需矛盾和水资源系统的脆弱性。在全球变暖的大背景下，气候变化将可能进一步影响我国区域水资源的变化。

2012 年出版的《中国气候与环境演变：2012》第二卷第四章“陆地水文与水资源”重点分析了中国主要河流和地区的年、月径流以及径流极值变化的趋势，探讨了气候变化和人类社会经济活动因素对径流变化的影响，以及径流变化对湖泊和水环境等方面的影响，在此基础上预估了未来气候变化对区域水资源的可能影响，提出了适应对策的初步建议。

针对变化环境下中国水资源问题出现的新情势以及未来全球变化下的可能趋势，本章针对的评估要素包括：水资源、需水、洪涝和干旱水质水环境；基于 IPCC AR5 之后的参考文献，综合评估过去水资源要素的变化以及未来气候变化对不同要素的可能影响，其中，对于过去变化的评估，不仅评估要素的演变态势，而且分析变化的原因。在上述影响评估的基础上，揭示现状条件下水资源系统脆弱性的变化及原因，综合分析水资源系统在未来气候变化影响下的风险和脆弱性；通过对过去水利工程适应气候变化的效果评估，提出水利行业适应气候变化的策略，以及区域适应气候变化的措施和技术。最后，提出目前研究中存在的知识差距。

2.2 对水资源的影响

气候变化可通过大气环流加剧全球或区域水循环过程，引起降水、蒸发、径流、土壤水等水文要素的变化，改变水资源时空分配格局，进而影响水资源利用和水安全态势（张建云等，2014）。气候变化对水资源的影响已成为全球变化研究和国际水科学研究的重要课题。

中国是全球气候变化的敏感区和影响显著区（中国气象局，2018）。1951~2017

年，中国地表增温速率（平均0.24℃/10a）高于同期全球平均水平，北方增温速率大于南方，西部地区大于东部，其中青藏地区增温速率最大（中国气象局，2018）。1961~2018年，中国平均年降水量呈微弱的增加趋势，极端强降水事件呈增多趋势；21世纪初以来，华北、华南和西北地区的平均年降水量波动上升，西北、东北和华东地区的降水量年际波动幅度增大（中国气象局，2019）。然而，中国水资源相对贫乏，人均水资源量不足2200m^3，仅为世界平均水平的28%；且中国水资源空间分布不均，北方和西北地区水资源短缺问题突出。因此，气候变化对水资源的影响已成为我国可持续发展面临的重大战略问题。

2.2.1 水资源变化及其归因

中国水资源总量自2000~2018年呈现非显著性增加趋势（图2-1）。就中国十大水资源区而言，中国松花江、长江、珠江、东南诸河和西北诸河水资源区地表水资源量在1956~2018年总体呈现增加趋势，辽河、海河、黄河、淮河和西南诸河流域则表现为减少趋势（中国气象局，2019）。对于不同时段，区域水资源增加或减少的幅度亦不相同（表2-1）。例如，长江区1980~2000年和2001~2018年地表水资源相对1956~1979年分别增加了7.1%和0.1%；黄河区1980~2000年和2001~2018年地表水资源相对1956~1979年分别减少了9.3%和14.0%（张建云等，2020）。由中国七大江河的10个重点控制水文站1956~2018年实测径流资料（图2-2）及其演变诊断结果（表2-2）可见，除长江流域的大通水文站实测径流量略微上升外，其余水文站径流量均呈减少趋势（其中珠江的梧州水文站、淮河的吴家渡水文站径流量减少趋势不显著，而其他水文站呈显著性减少趋势）（张建云等，2020）。1980~2000年梧州、大通、哈尔滨水文站径流量较1956~1979年有所增加，其余均有所下降；2001年之后仅大通水文站径流量有少许增加，其余均有所下降，其中，北方河流减少幅度超过25%，海河流域减幅高达80%以上（王乐扬等，2020）。除年际变化特征外，主要水文站点实测径流量亦具有季节变化特征。例如，黄河流域的花园口水文站，其四季径流（除春季外）呈

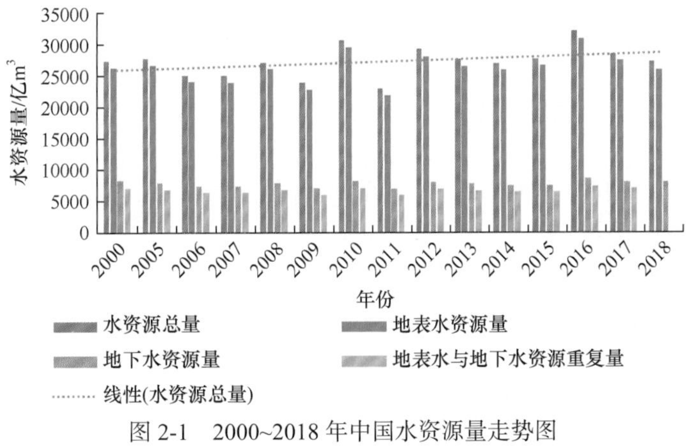

图2-1 2000~2018年中国水资源量走势图

据《中国统计年鉴2018》数据整理

显著减少趋势；海河流域的石匣里、观台水文站四季径流均下降显著；而梧州和大通水文站仅冬季径流下降趋势显著；铁岭水文站径流显著减少出现在夏季和秋季；松花江的哈尔滨水文站则在春季和秋季呈现径流显著减少的趋势。

表 2-1 中国十大水资源区 1980~2000 年和 2001~2018 年地表水资源较 1956~1979 年的变化（张建云等，2020）

序号	水资源分区	水资源分区面积 /km²	地表水资源变化 /%	
			1980~2000 年	2001~2018 年
Ⅰ	松花江区	934802	12.0	3.7
Ⅱ	辽河区	314146	–8.0	–16.1
Ⅲ	海河区	320041	–33.2	–47.9
Ⅳ	黄河区	795043	–9.3	–14.0
Ⅴ	淮河区	330009	–11.5	–1.9
Ⅵ	长江区	1782715	7.1	0.1
Ⅶ	东南诸河区	244574	8.4	7.0
Ⅷ	珠江区	578974	2.6	3.0
Ⅸ	西南诸河区	844114	–1.0	–4.0
Ⅹ	西北诸河区	3362261	2.5	13.9

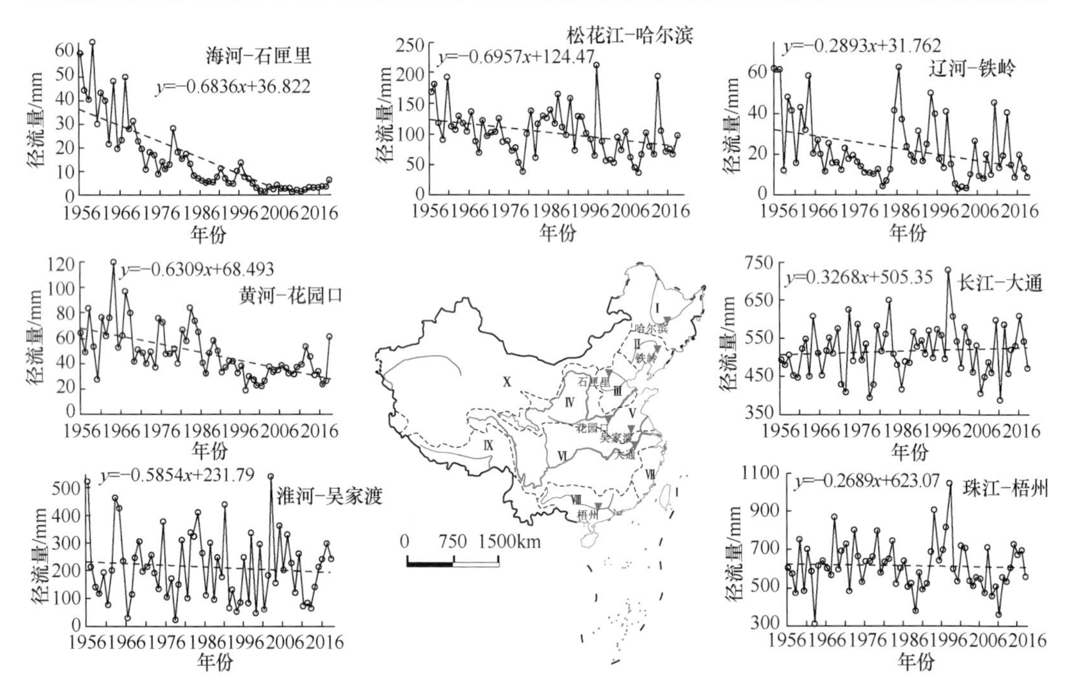

图 2-2 中国七大江河重点控制水文站 1956~2018 年实测年径流量变化趋势（张建云等，2020）

表 2-2　中国七大江河重点控制水文站 1956~2018 年实测年径流量演变趋势诊断

（改编自张建云等，2020）

河流	水文站	控制面积 / km²	倾向率 / （mm/a）	M-K 值				
				年	春	夏	秋	冬
珠江	梧州	327006	–0.269	–0.48	0.59	–1.47	–0.74	3.02*
淮河	吴家渡	121330	–0.585	–0.61	–0.74	–0.91	–0.28	0.99
长江	宜昌	1005501	–0.385	–1.05	2.69*	–1.54	–2.88*	4.78*
长江	大通	1705383	0.327	0.69	0.79	0.20	–1.28	5.02*
黄河	唐乃亥	121972	–0.177	–0.77	–0.90	–0.50	–0.74	0.55
黄河	花园口	730036	–0.631	–5.13*	–1.73	–3.87*	–5.32*	–2.17*
海河	石匣里	23627	–0.684	–8.46*	–8.69*	–7.18*	–6.52*	–8.70*
海河	观台	17800	–1.768	–5.29*	–4.82*	–4.29*	–4.91*	–6.20*
辽河	铁岭	120764	–0.289	–2.89*	0.82	–3.28*	–2.97*	1.71
松花江	哈尔滨	389769	–0.696	–3.11*	–2.76*	–1.64	–3.55*	–1.24

* 代表在 95% 置信水平下显著。

流域水资源变化主要归因于气候变化和人类社会经济活动两大类。其中，气候变化主要指气温、降水等气候要素的改变；人类社会经济活动主要包括城市扩张、土地利用变化、水利工程建设、水土保持、抽取地下水等。从全国省份尺度来看，虽然气候变化和人类社会经济活动对中国 31 个省份 2004~2016 年水资源的影响存在空间差异，但是对于中国大多数地区，人类社会经济活动导致水资源减少，气候变化使水资源增加（Zhang et al.，2019）。其中，中国东南部是受人类社会经济活动影响最大的区域，人类社会经济活动致使其水资源减少约 50mm（Zhang et al.，2019）。

从流域尺度来看，基于全国 372 个水文站 1960~2000 年实测月径流资料和 41 个水文站 2001~2014 年实测年径流资料进行分析，结果显示，气候变化对中国南方河流和西北诸河水资源的变化具有重大影响。人类社会经济活动是中国北方河流（如松花江下游、海河、辽河中游、黄河大部分河段）水资源变化的主导因子（Liu et al.，2017）。在 41 个水文站中，有 22 个水文站径流量变化的主要影响因子从气候变化转变成人类社会经济活动，这意味着近年来人类社会经济活动对径流变化的影响有所增强（Liu et al.，2017）。

中国西北部地处干旱半干旱气候水文区，更容易面临水资源短缺和脆弱性问题，因此气候变化对西北诸河径流的影响备受关注。该地区自 1961 年以来气候呈现湿暖变化趋势，冬季变暖最为明显，夏季降水增加最多。变暖趋势最明显的地区包括柴达木盆地、伊犁河谷和塔城。降水量的增加趋势从东南到西北变得越来越明显，而新疆北部的增加量最大（Wang and Qin，2017）。四条内陆河（塔里木河、黑河、疏勒河和石羊河）1957~2010 年气象水文数据显示，流域内平均气温和降水均呈上升趋势，其上升幅度以疏勒河最大（气温增幅为 0.35℃/10a，降水增幅为 12.7mm/10a），黑河和石羊河次之（Li et al.，2013）。石羊河径流呈减少趋势，源头径流减少归因于降水减少，中下游径流减少主要由人类社会经济活动造成；其他三条河流径流均有所增加，主要归因于融雪径流增多和降水增加（Wang and Qin，2017）。在塔里木河流域气温与径流呈显著正相关；在黑河和石羊河流域降水与径流呈显著正相关；在疏勒河流域气温和降水均与径流呈显著正相关（Li et al.，2013）。黑河流域上游 1995~2014 年，气候呈现转湿暖趋势，降水和径流均呈增加趋势；土地利用变化以草地增加、耕地减少为特征，导致径流减少，其是径流变化的次要驱动因素（Zhang et al.，2016）。塔里木河流域 1957~2009 年径流变化趋势呈现空间差异：其河流源区（阿克苏河、叶尔羌河、和田河）径流显著增加，而干流径流持续显著减少（Xu et al.，2013）。其中，源区径流增加主要归因于气候变化（Meng et al.，2016），如气温升高、降水增加和潜在蒸散发减少对阿克苏河 1994~2010 年径流增加（相对于 1960~1993 年）的影响占比分别为 45%、22% 和 27%（Li et al.，2016）；而干流径流减少则主要归因于农业灌溉用水、大量的水利工程等（Xu et al.，2013）。更长时间序列资料（1960~2015 年）显示，塔里木河流域降水呈增加趋势（0.61mm/a），潜在蒸散发呈显著减少趋势（–2.99mm/a），径流呈轻微减少趋势（–0.15mm/a）（Xue et al.，2017）。在天山山区（阿克苏河、开都河及乌鲁木齐河 3 个典型流域），气候变化驱动下冰川和积雪的变化导致该区域近半个多世纪以来径流量增加，其中阿克苏河增幅最大（达 $0.4 \times 10^8 m^3/a$）。但自 20 世纪 90 年代中期以来，3 个流域的径流量均呈减少趋势，其与流域内冰川面积减少、厚度变薄及平衡线海拔升高的关系密切（邓海军和陈亚宁，2018；Li et al.，2016）。洮河上游 1956~2014 年气温显著上升（0.26℃/10a），降水增加但不显著（0.9mm/10a），径流减少 29.3%（Cheng et al.，2019）。1987 年以前，降水是影响径流的主要因子（二者相关系数达 0.73）；1988~2014 年，气温升高及人类社会经济活动均导致了径流减少（Cheng et al.，2019）。新疆地区气候湿暖趋势将驱动冰川融化和流域径流增加，其中气温比降水更占主导作用，而北疆较南疆水资源变化对降水更为敏感（Luo et al.，2019）。

黄淮海地区是支撑我国粮食生产和经济发展的重点区域，气候变化对该区域水资源的影响对国家水安全、国民经济发展意义重大。2000 年以来黄河流域气温明显升高、降雨减少、实际蒸发量增大，地表径流明显减少，且下游比上游更显著（夏军等，2014）。然而，工业及农业灌溉用水规模持续增加，流域水资源供需矛盾日益尖锐（夏军等，2014）。黄河流域 1961~2015 年旱情监测分析结果表明，黄河流域的干旱呈显著增加趋势，其中兰州至河口镇地区干旱化趋势最为明显；2003~2015 年对应的标准化降水蒸散指数（SPEI）均值为 –0.21；干旱频率从大到小依次为夏季 > 春季 > 秋季 > 冬季；干旱强度从大到小依次为夏季 > 春季 > 冬季 > 秋季（王飞等，2018）。在黄河的最大支流渭河流域，气候变化和人类社会经济活动对 1970~1989 年径流减少的贡献分别为 41% 和 59%，而 1990~2010 年，人类社会经济活动对径流减少的贡献增加至 63%（Wu et al.，2017；Chang et al.，2015）。根据不同时间尺度的标准化径流指数（SRI）评估气候变化和人类社会经济活动对渭河流域水文干旱的影响（Zou et al.，2018），结果显示，在较短的时间尺度上，人类社会经济活动对水文干旱的影响强于气候变化；但在更长的时间尺度上，气候变化被认为是主导因素。淮河流域在 1980~2014

年气温升高（0.293℃/10a）、降水减少（西部增加、东部减少），但水库调蓄是该流域水资源减少的重要原因（Zhang et al.，2011）。海河流域地表径流在1980~2010年呈减少趋势，气候变化和土地利用变化对山区径流减少（1998年前后对比）的贡献分别占30.5%~67.1%和23.9%~69.5%（Li et al.，2018）。气候变化对海河径流的影响随时间发生改变，如气候变化对1978~1997年海河上游径流减少的影响达65%，而对1998~2012年径流减少的影响占比降至49%（Wan et al.，2020）。

南方诸河水资源也受到气候变化和人类社会经济活动不同程度的影响，径流变化的主要驱动因子也存在空间和时间差异。长江流域上游地区土地利用变化导致径流减少，而流域其他地区土地利用变化导致径流增加（徐苏，2017）。长江流域径流对降水变化的响应较气温变化更为敏感，前者为后者的3倍（Xiao et al.，2018）。安徽省清流河流域1985~2012年实测年径流较1960~1984年增加了16.05%，气候变化和人类社会经济活动对该径流变化的贡献分别为95.36%和4.64%（Yang et al.，2019a）。东江流域1960~2005年，人类社会经济活动对其上、中、下游径流变化的影响分别为39%、13%和77%。在整个东江流域，人类社会经济活动和气候变化对其径流变化的贡献分别为42%和58%（Zhou et al.，2018）。西江流域1947~2007年径流减少，气候变化对其影响占比为56%（朱颖洁等，2010）。

三江源地区地处青藏高原腹地，被誉为“中华水塔”。三江源地区29个气象站1961~2014年实测气象资料显示，1961~2014年年降水量呈显著增加趋势（$P<0.1$），年均降水量从东南到西北呈减少趋势，气温呈上升趋势（Shi et al.，2016）。三江源地区1960~2009年实测年径流资料显示，黄河源区和澜沧江源区年均径流总体下降（Mao et al.，2016；汤秋鸿等，2019），长江源区1957~2013年实测年径流呈现增加趋势（0.33mm/a）。1957~2016年长江源区的径流系数增加了2.9%，主要受降水、蒸散发和日照时数的影响；而同期黄河源区的径流系数减少了3.2%，主要归因于降水、蒸散发和气温等要素（Chu et al.，2019）。气候变化和人类社会经济活动对黄河源区径流减少的贡献分别为42.9%和57.1%（Chu et al.，2019）。并且，越接近黄河源区，气候变化的贡献越大；越接近黄河中游，人类社会经济活动的贡献越大（Wang et al.，2019）。黄河源区20世纪90年代径流减少主要受降水的影响；21世纪初，蒸散发对径流减少的影响更强。气候变化和人类社会经济活动对长江源区径流变化的贡献分别为90.9%和9.1%（Chu et al.，2019）。相关分析表明，在暖季（5~10月），降水对长江源区径流变化的影响占主导地位，而在冷季（11月至次年4月），温度占主导地位（Du et al.，2017）。

整体而言，在气候变化和日益剧烈的人类社会经济活动的影响下，中国主要江河流域的水资源较20世纪50~80年代发生了较大变化。气候变化和人类社会经济活动对流域径流变化的贡献因地域和研究时段不同而存在差异（表2-3）（宋晓猛等，2013；Liu et al.，2017；Wang et al.，2016；Yang et al.，2019b）。为了更好地进行水资源可持续利用和综合管理，需要对流域水资源演变规律及归因量化进行具体且动态的分析。

表 2-3 中国十大江河流域 1980~2014 年（分为 1980~2000 年和 2001~2014 年两段）径流量相对 1960~1979 年变化及归因分析结果（改编自 Liu et al., 2017）

流域	时段	径流变化量 /mm	CC/%	CH/%	NC	NH
珠江流域	1980~2000 年	1.2	40.6	59.4	36	26
	2001~2014 年	–65.9	92	8	5	2
长江流域	1980~2000 年	49.5	78.7	21.3	65	40
	2001~2014 年	–29.4	39.1	60.9	5	8
东南诸河	1980~2000 年	87.7	84.2	15.8	11	2
	2001~2014 年	65.7	15.2	84.8	1	5
西南诸河	1980~2000 年	–13.3	29.6	70.4	8	14
	2001~2014 年	—	—	—	—	—
淮河流域	1980~2000 年	–73.7	22.7	77.3	6	9
	2001~2014 年	–16	67.8	32.2	2	1
海河流域	1980~2000 年	–47.4	33.8	66.2	3	19
	2001~2014 年	—	—	—	—	—
黄河流域	1980~2000 年	–27.3	30.3	69.7	10	28
	2001~2014 年	–27.5	16.9	83.1	0	9
辽河流域	1980~2000 年	–15.3	24.7	75.3	8	17
	2001~2014 年	2.9	41.1	58.9	0	1
松花江流域	1980~2000 年	14.1	76.9	23.1	33	19
	2001~2014 年	3.8	68.4	31.6	1	0
西北诸河	1980~2000 年	3.2	65.7	34.3	12	6
	2001~2014 年	9.2	72.2	27.8	1	0
中国	1980~2000 年	8.9	71	29	192	180
	2001~2014 年	–23.4	53.5	46.5	15	26

注：CC 代表气候变化对径流变化的贡献；CH 代表人类社会经济活动对径流变化的贡献；NC 代表以气候变化为主导因子的水文站数量；NH 代表以人类社会经济活动为主导因子的水文站数量；—代表无数据。

2.2.2 预估未来气候变化对水资源的影响

未来气候变化将进一步影响我国水资源的时空分布特征，加剧中国“南涝北旱”的水资源分布格局，使得区域洪旱灾害更为突出（Wang et al., 2013）。

在流域尺度上，气候变化对径流的影响存在时间和空间差异。长江上游流域 21 世纪年均流量、季节性高流量和日最大流量相对基准期（1981~2010 年）在四种 RCP 排放情景（RCP2.6、RCP4.5、RCP6.0、RCP8.5）下均将有不同程度的增加，百年一遇的洪水将增加（Su et al., 2017）。长江流域平均气温在 RCP4.5 和 RCP8.5 情景下将分别于 2048 年和 2040 年升高 2℃，预计平均降水量将略有增加，不同全球气候模式之间存在较大差异，尤其是在旱季（Yu et al.，2018）。未来气候变化将导致长江干流水文站（寸滩、宜昌和大通）的未来年均径流量略有增加，特别是 21 世纪末（表 2-4），极端水文事件（如洪水和干旱）显著增加。未来 5 年、10 年、15 年和 30 年一遇的洪水将呈增加趋势。

表 2-4　长江流域三个干流水文站在 RCP4.5 和 RCP8.5 情景下 2010~2039 年、2040~2069 年、2070~2099 年年均径流变化率（改编自 Yu et al.，2018）

水文站	指标	RCP4.5			RCP8.5		
		2010~2039 年	2040~2069 年	2070~2099 年	2010~2039 年	2040~2069 年	2070~2099 年
寸滩水文站	最大值	6.47	8.21	16.45	2.79	9.95	14.87
	90%	3.67	7.85	12.52	3.05	7.54	11.58
	75%	1.83	6.22	10.58	1.68	5.68	9.21
	50%	−1.06	6.42	11.31	2.11	6.12	10.36
	25%	−4.31	1.46	5.81	−2.17	−1.20	1.14
	10%	−4.47	−0.75	3.51	−3.41	−4.17	−2.96
	最小值	−4.34	−0.77	3.48	−4.02	−5.61	−5.50
	均值	1.74	6.66	11.24	2.09	5.95	9.77
	标准差	6.22	10.26	15.01	4.77	9.93	14.53
宜昌水文站	最大值	6.94	9.22	16.96	3.08	10.54	15.64
	90%	3.7	7.66	12.2	2.87	7.31	11.53
	75%	1.62	5.81	10.55	1.56	5.52	9.1
	50%	−0.90	5.24	10.54	0.86	4.79	8.7
	25%	−5.59	−0.70	4.14	−3.70	−3.65	−1.97
	10%	−5.49	−2.39	2.18	−4.80	−6.30	−5.52
	最小值	−4.57	−1.09	3.54	−4.36	−6.40	−6.70
	均值	1.28	6.03	10.84	1.6	5.33	9.08
	标准差	6.39	10.27	14.95	4.84	10.29	14.96
大通水文站	最大值	−1.79	4.77	8.87	−2.94	3.64	4.19
	90%	4.46	9.12	14.19	2.78	8.21	12.85
	75%	3.66	8.4	13.64	2.11	7.26	11.64
	50%	−0.88	3.11	8.03	−2.18	0.05	2.42
	25%	−6.19	−3.26	1.19	−6.44	−9.08	−9.60
	10%	−7.17	−4.98	−0.61	−7.22	−11.36	−12.48
	最小值	−3.71	−1.56	1.67	−4.05	−8.26	−9.44
	均值	1.07	5.34	10.27	−0.20	3.13	6.16
	标准差	9.13	14.82	19.93	7.26	15.24	20.89

注：表中数据是径流量增加或减少的百分比。

黄淮海地区 2021~2050 年的水资源总量在 RCP2.6 情景下相对基准期（1961~1990 年）预计将减少 1.3%，其中河南、河北、山东和江苏北部的水资源量减少，黄河中上游和淮河上游水资源量增加；在 RCP4.5 情景下，大部分黄淮海地区的水资源量预计将增加，相对基准期平均增加 1%；在 RCP8.5 情景下，黄淮海地区的水资源量平均将减少 2.3%，减少区域集中在淮河流域、海河流域的中南部、黄河流域的中下游（Wang and Zhang，2015）。

珠江流域过去（1960~2015 年）和未来（2016~2100 年）帕默尔干旱指数（PDSI）的时空变化评估结果显示，在 RCP2.6、RCP4.5、RCP8.5 三种情景下流域大部分地区干旱的严重程度和变异性预计会在 21 世纪增加，尤其是流域的中西部（广西西部和黔南地区的干旱严重程度增幅最大）。在季节性尺度上，珠江流域大部分地区夏季干旱严重程度将增加，但干旱严重程度增幅最大的在冬季。预计流域未来干旱事件的数量将减少，但持续时间和严重程度将增加，这主要归因于潜在蒸散发的增加。珠江流域的灌溉项目和农业生产可能在未来（2020~2100 年）面临严重的干旱威胁（Wang et al.，2018）。

黑河流域作为典型的干旱区内陆河流域，预计在 2015~2024 年气候变化将使黑河上游水资源增加，比土地利用变化对水资源的影响更大（Zhang et al.，2016）。

从全国典型十大流域未来水资源预估结果来看，干旱半干旱地区水资源对气候变化的响应较湿润半湿润地区更敏感。预计 2011~2050 年中国大部分地区地表水资源将减少，尤其是海河流域和长江流域中部。预计 2011~2030 年和 2031~2050 年，中国北方地表水资源将减少 12%~13%，南方地表水资源将减少 7%~10%，北方水资源减少量高于南方（Yuan et al.，2016）。

基于 CMIP5 的 20 个全球气候模型（GCM）气候数据驱动耦合度因子冰川消融模块的可变下渗能力（variable infiltration capacity）模型，预估三江源未来径流的变化趋势。预估结果显示，在 RCP2.6、RCP4.5 和 RCP8.5 情景下，相对于基准期（1971~2000 年），黄河、长江、澜沧江源区的年径流在近期（2011~2040 年）将呈稳定或微弱增加的态势，而在远期（2041~2070 年）将分别增加 10.7%~21.4%、2%~5%、4.8%~8.7%（Su et al.，2016）。各源区径流增加主要是降雨径流增加所致，冰川融水径流的作用有限（Zhao et al.，2019）。

应该说明的是，未来气候变化对水资源的影响评估存在较多的不确定性，主要体现在数据输入、气候模式、降尺度方法、评估模型等方面（Kundzewicz et al.，2018）。为了更好地评估结果的不确定性，推荐使用集合或多模型概率方法（Kundzewicz et al.，2018）。

2.3 对需水的影响

2.3.1 气候变化对我国各行业用水的影响

IPCC AR5 第一工作组报告决策者摘要结果表明，未来全球气候变暖仍将持续，21 世纪末全球平均地表温度在 1986~2005 年的基础上将升高 0.3~4.8℃（秦大河等，2014）。近 50 年来，在以气温升高为主要标志的气候变化影响下，我国降水的时空分布发生了一定的改变，且极端气候事件发生的概率亦呈现增加趋势。气温的升高和降水的变化不仅直接影响流域的产水量，同时对经济社会和生态环境用水需水量有显著的影响，其中气温的升高将导致农业、工业、生活和生态需水的蒸散发增加，而降水量增减和时空分布特征的变化都会改变植被的有效降水利用量，从而影响农业和生态需水。

现阶段，我国工业化越来越发达，但是随之而来的就是对于水资源大幅增加的需求量，这就导致诸多区域水资源问题日渐突出，水资源的浪费在很大程度上破坏了生态环境。同时，气候变化也随着工业化进程的发展愈加明显。2020 年工业用水为 1030 亿 m^3，如果不进行严格的水资源管理，随着工业化的推进，工业用水还可能会有一定的增加。气候变化对于工业需水的影响可以分为直接影响和间接影响两类：一是直接影响中以气温对占工业用水 60% 的冷却水的影响最为显著。气候升高会使进入冷却系统的原水水温升高（以地表水为水源的更为明显），另外冷却塔等周边的气温升高将使温差减小，这两者都将降低冷却效率，增大工业冷却需水量。以火电行业为例的初步研究表明，气温每升高 1℃将导致冷却水需水量增加 1%~2%，并且这种影响在缺水的北方地区更为显著。二是气候变化还会通过影响工业产品需求量，间接影响工业用水总量。例如，夏季气温的升高会导致空调、冰箱等的用电量增加，而冬季气温升高会减少供暖所需的煤、天然气等工业产品的需求量，这些都会影响工业的总需水量（王建华和杨志勇，2010）。气候变化对工业用水的影响表现在工业生产的各个环节，但这种影响很大部分不是直接的影响，而是间接的影响。工业用水中冷却水占 60%~70% 的份额，冷却水受气温变化影响，在火电、化工、钢铁、造纸、制药等重工业行业尤甚（梁振东，2016）。工业冷却水在冷却生产设备和产品过程中，通过循环冷却系统使水与机组之间进行热量交换，从而造成的水分损耗是工业用水最主要的耗水方式。在工业耗水的计算中，气温作为其中的一个计算参数，对工业耗水产生重要影响。研究表明，我国工业需水总量达到高峰值时将比现状（2000 年）新增 700 亿 m^3，并在 2030 年前后全国工业总用水量接近“零增长”。从区域看，水资源紧缺的北方地区工业需水将在 2030 年前后相继稳定，而南方丰水流域和西部地区工业需水则持续增长（王浩等，2004）。

气候变化对工业用水量的影响主要是政策的原因，我国是温室气体排放大国，工业是应对气候变化的重要领域，控制工业领域温室气体排放，发展绿色低碳工业，既是我国应对气候变化的必然要求，也是中国工业可持续发展的必然选择。就我国来说，随着全球气候变暖，CO_2 的排放量必须减少，全国温室气体排放量设置一个绝对上限值。从短期来说，资源禀赋和能源结构决定了我国工业领域的能源消费以煤炭为主，CO_2 排放量较高，这种状况在短期内难以改变，工业用水量是由工业布局决定的，所以短期内，工业用水量的变化还是会以稳中有增的形式发展。

农业是我国最大的用水部门，其主体部分灌溉用水对气候变化十分敏感。气候变化对于农业灌溉需水的影响主要体现在宏观和微观两个层面：在宏观层面上，由于降水、气温等气象因子直接影响作物的生长，气候变化对农业生产的整体布局及其区域分布会产生一定的影响；在微观层面上，CO_2 的施肥效应、气温和降水的变化等将影响作物的灌溉需水量，改变灌溉定额。由于宏观上的农业布局更多地受国民经济区域布局等宏观政策的控制，一般气候变化对农业需水的影响主要考虑其对灌溉定额的影响。灌溉定额是作物灌溉需水量与有效降水利用量的差值，在诸多气象因子中，降水和气温是影响农业灌溉定额的两个最直接的气象因子：一方面，气温是影响植物生长期的关键因素之一，气温升高将导致春季物候期提前，秋季物候期推迟，作物生长期延长，从而增加作物需水量。IPCC AR5 指出，在北半球，特别是在高纬度地区，生长期在过去的 40 年中每 10 年增长 1~4 天。另一方面，气温升高将增加作物蒸散量，从而增加作物需水量，而同时降水的数量及时间分配直接影响作物可利用的有效降水。

以水稻为例（王卫光等，2013），过去 50 年，间歇灌溉和淹水灌溉模式下水稻耗水量呈现显著上升趋势，而水稻灌溉需水量和产量都呈现下降趋势；未来气候情景（HadCM3）下，间歇灌溉和淹水灌溉模式下水稻耗水量在未来 3 个时期（21 世纪 20 年代、50 年代和 80 年代）均呈现不同程度的增加；耗水量的显著增加和降水量的减少导致未来 3 个时期水稻灌溉需水量的明显增加；对黑河流域的小麦等典型作物需水量受气候变化的影响进行的研究表明，小麦全生育期作物需水量呈非线性增加，即气温平均升高 1℃，生育期开始时间提前 2 天、生育期缩短 2 天、需水量增加约 1. 4mm（韩冬梅等，2016）。研究表明，气温的升高会增加马铃薯的需水量，且不同地区需水量的增幅不尽相同，气候变暖对寒冷地区马铃薯需水量的影响更加显著（郭伟等，2014）。

中国小麦需水量对气候变化普遍比较敏感，21 世纪 20 年代（2020~2029 年）小麦需水量相比基准期（1961~2010 年）整体呈现增加趋势。华北和西北地区是小麦需水量的重度和极度敏感区，东北地区以及云贵高原地带是小麦需水量的轻度敏感区（雒新萍和夏军，2015）。不同温室气体排放情景下小麦需水量的敏感性分布存在空间差异，RCP8.5 高排放情景下的小麦需水量敏感性区域比 RCP4.5 排放情景下明显扩大，轻度和中度敏感区域扩大尤为明显。这表明，未来气候变暖将使中国华北、西北和东北地区的农业水资源供需矛盾更加突出，发展节水农业成为缓解国家和地区未来水资源紧张局势的必要途径。通过人为因素可以在一定程度上缓解气候变化对农业用水带来的负面影响（吴普特和赵西宁，2010）。根据对北京市近 20 年农业用水变化分析，气候对农业用水影响的贡献率为 17.1%（黄晶等，2009）。过去 50 年气候变化使得东北、内蒙古农作物种植面积增加，农作物蓝水需水量上升（蔡超等，2014）。

华北地区主要作物需水量在温度升高 1~4℃的情况下，若种植结构不变，华北地区净灌溉水量增加 21.9 亿 ~276.1 亿 m^3（刘晓英和林而达，2004）。在滦河山区开展的典型研究表明，不考虑种植结构改变，在气温升高 1℃、降水增加 3% 的情况下，农业需水量将增加 2.7%。气温分别升高 1℃、2℃、3℃，黄淮海地区小麦多年平均需水量分别增加 16.56~58.34mm、32.99~115.38mm 和 49.1~174.41mm，玉米多年平均需水增量分别为 15.17~47.12mm、30.51~93.61mm 和 44.33~139.27mm（王朋，2014），将造成黄淮海地区水资源更为紧张。

生活需水主要由经济水平、气候、水源与水量、生活习惯等决定。对典型城镇生活用水量调查表明，扣除人口流动较大的春节前后时段，生活用水呈现出冬季少、夏季多的现象，其具有较强的季节性特征。生活用水的这种季节分布与气温的季节分布具有较好的一致性，反映了气温对生活需水的影响。随着气温的升高，生活用水中洗涤、卫生、饮用等用水会随之增加。同时我国生活用水定额与气温分布也有较好的一致性，气温较高的南方地区生活用水定额明显高于北方地区，也反映了生活需水与气温间的正相关关系。这种关系表明气温升高将会导致生活用水量的增加。对国内外典型城市的初步研究的成果表明，气温每升高 1℃，生活用水量增加 1.0% 左右（王建华和杨志勇，2010）。对北京市的研究表明，未来 20 世纪 30 年代北京市生活需水量在保持现状、经济发展、南水北调、综合发展四种情景下均呈上升趋势（秦欢欢等，2018）。对极度缺水的乌鲁木齐市的研究表明，若年平均气温上升 1.0℃，人均年生活用水量将增加 12.807m^3（窦燕，2015）。

生态需水包括水生生态需求和坡面生态需水两种类型，气温升高将增加河湖水面蒸发，提高水生生态系统的活性，从而造成生态用水需求的增加。气候变化对坡面生态需水的影响与农业类似，在宏观上气候变化将改变自然生态的区域分布，同时在微观上也将直接影响生态需水量。以滦河山区为例，对气候变化对生态需水的影响进行了典型情景分析，主要考虑植被生态需水和湿地湖泊生态需水，结果表明，相对于历史状况，在气温升高 1℃、降水增加 3% 的情况下，生态需水量仍将增加 3.0%（王建华和杨志勇，2010）。

2.3.2 未来气候变化下我国各流域需水变化趋势

近年来，伴随全球气候变化，加之我国近 40 年以来经济社会深刻变化，黄河流域产生了一系列生态环境问题，如黄河水质恶化、旱地植被退化、多年冻土减少、河流断流、湿地萎缩等。对流域内生态环境治理与保护成为当今黄河流域管理的主要内容，生态问题的产生并不全部是人为因素造成的，流域内气候变化也对环境造成影响。气候变化下，总体水资源减少与生态需水增加之间的矛盾使这些生态问题日益凸显（Sun et al.，2018；Zhang et al.，2018；雷雨，2018）。海河口、滦河口及漳卫新河口最低生态环境需水年度总量分别为 5.97 亿 m^3、6.81 亿 m^3 和 4.96 亿 m^3。近 20 多年来，海河口及漳卫新河口实际年均径流量已不能满足生态系统最基本的要求，河口生态环境基本特征已基本消失，生态环境发生了不可自然恢复的退化（孙涛等，2004）。长江流域植被恢复，生态耗水量总体呈现增大趋势，气候变化和生态保护均起到了一定的作用（Qu et al.，2018）。枯水年（75% 降水频率下）、平水年（50% 降水频率下）和丰水年（25% 降水频率下），嫩江流域湿地适宜生态需水量分别为 169.343 亿 m^3、118.696 亿 m^3 和 70.284 亿 m^3（董李勤，2013）。选取 CMIP5 全球气候模式，对 RCP2.6、RCP4.5 和 RCP8.5 三种排放情景下湿地生态需水量进行预测得出，到 2100 年嫩江流域湿地生态需水量分别达到 121.223 亿 m^3、147.337 亿 m^3 和 132.659 亿 m^3。针对北京市重要水系之一的拒马河流域的研究表明，河道内年生态需水量为 4.11×10^8~7.42×10^8 m^3，2018~2030 年拒马河河道内径流量难以满足河道内生态需水量的需求；但是 2031~2060 年河道内径流量基本能满足河道内生态需水量的需求；2018~2060 年，一年中只有秋季的河道内径流量可以满足河道内的生态需水量的要求（平凡等，2017）。在湿地生态需水量研究方面，在 HadCM3、CCSRNIES、CSRIO-Mk2 和 CDCM1 四种气候情景下，到 2060 年沼泽湿地耗水量将增加 14.0%~17.8%，扎龙湿地生态需水状况也会更加严峻

（Wang et al.，2006）。

随着工业化、城镇化深入发展，水资源需求将在较长一段时期内持续增长，加之全球气候变化影响，水资源供需矛盾将更加尖锐，特别是中国北方水资源面临的形势将更为严峻。北方部分地区水资源量减少明显，以黄河、淮河、海河和辽河区最为显著，4个水资源一级区合计河川径流量减少18%、水资源总量减少13%。其中，海河区河川径流量减少40.8%、水资源总量减少24.8%；黄河区河川径流量减少12.9%、水资源总量减少7.7%；淮河区山东半岛河川径流量减少52%、水资源总量减少32%（张建云等，2013）。可以预见的是，随着全球气候变化，未来气温进一步升高，我国的农业、工业、生活和生态用水需求量都会有一定幅度的增加，将对我国本已严峻的水资源情势造成更为不利的影响，特别是我国严重缺水的华北和西北等地区表现得更为显著。有预测表明，我国2030年综合用水量增幅区间为861亿~1800亿m^3（吴芳等，2017）。因此，在今后应对气候变化的水资源战略中，不仅要进一步深入研究气候变化对水资源的影响，同时还要关注气候变化对用水需求的作用，并在水资源管理中切实考虑这种作用。

2.4 对洪涝和干旱的影响

2.4.1 洪涝

我国按照“兴利与除害相结合”的方针，坚持不懈地开展大规模水利工程建设，对大江、大河、大湖进行了全面和系统的治理，战胜了多次特大洪水和严重干旱，为经济社会发展提供了有力支撑。目前，我国大江大河主要河段基本具备了防御中华人民共和国成立以来发生的最大洪水的能力，中小河流具备防御一般洪水的能力。中华人民共和国成立之前江河泛滥、洪涝肆虐的落后局面已得到彻底扭转。中国洪涝有明显的高频期、低频期的阶段性年代际特性。近30年来，南方典型洪涝风险区和中小流域极端洪涝事件的频次和强度总体呈现增加、增强态势，大城市和特大型城市暴雨内涝事件也呈增加趋势（刘志雨和夏军，2016）。2012年以来，全球气候变暖导致的极端天气气候事件不断增多，青藏高原“暖湿化”加剧，山洪灾害、城市内涝、台风灾害、冰雪灾害等事件频繁发生，但由于防汛能力不断提高，我国洪涝灾害总体偏轻，全国因洪涝受灾人口、死亡人口、农作物受灾面积、倒塌房屋、直接经济损失占当年GDP的百分比等主要洪涝灾害指标均比2000~2011年的平均值有明显降低，因灾死亡人数大大减少，防洪除涝的重点转到中小河流治理、山洪灾害防治、城市内涝灾害防治、台风灾害防治等方面。

1. 山洪灾害死亡人数占比高

山区强降雨历时短、成灾快，山洪灾害是当前我国自然灾害中造成人员伤亡和经济损失的主要灾种之一。近年来，我国先后发生过2012年甘肃岷县“5·10”山洪泥石流、2012年四川宁南县“6·28”山洪泥石流、2012年京津冀“7·21”特大暴雨、2013

年7月四川都江堰特大型高位山体滑坡、2013年8月中旬东北暴雨山洪、2014年7月上旬云南山洪泥石流等重大山洪灾害事件。2012~2017年，全国中小河流洪水和山洪灾害死亡人口所占比例较高，占洪涝灾害死亡总人数的百分比约70%。与20世纪90年代相比，该比例提高了20%以上。其中，2013年，强降雨引发局地山洪灾害致560人死亡，仅都江堰市7月9日山洪引发的山体滑坡就造成45人死亡、116人失踪；辽宁省抚顺等地8月中旬暴雨和山洪造成77人死亡、87人失踪。总体而言，大多数中小河流还不具备防御较大洪水的能力，山洪灾害防治成为汛期关注的焦点。

2. 城市洪涝灾害发生次数多

近年来，我国大城市极端降水事件频发，许多大中城市均出现了短历时、强降雨造成的严重城市内涝，不仅对人民的生产和生活产生了重大影响，而且给人民的生命财产造成严重损失。2012年，全国184座城市进水受淹或发生内涝。京津冀“7·21”特大暴雨使北京市形成积水点426处，其中中心城区道路积水点有63处，京港澳高速公路北京段一度中断。2013年，243座城市进水受淹或发生严重内涝，直接经济损失3155.74亿元。2016年，全国192座城市进水受淹或发生内涝，直接经济损失3643.26亿元。2017年，全国共有104座县级以上城市进水受淹或发生内涝，共造成218.72万人受灾，直接经济损失165.68亿元。广州、南京、长沙等城市受灾严重。同20世纪相比，我国城市下垫面变化，不透水面积增加，湖泊面积萎缩，加之城市人口和财富高度聚集，使得城市洪涝风险和损失增加。我国沿海地区海平面上升趋势明显，导致河口水位抬高、潮流顶托作用加强，沿海城市河道排水不畅，泄洪和排涝难度加大，加重了台风暴潮致灾影响。

3. 台风灾害影响范围广

我国沿海地区经济发达，人口集中，受台风影响较大，洪涝灾害损失严重。2012年台风登陆时间集中，一个月时间内6个台风7次登陆，带来长历时、大范围、高强度的降水过程，直接经济损失648.75亿元。201311号强台风“尤特”、201319号强台风“天兔”、201323号强台风“菲特”等造成的直接经济损失高达1082.32亿元，约占全年洪涝灾害直接经济损失的1/3。强台风“菲特”登陆造成浙江省余姚市主城区70%以上地区受淹，交通瘫痪，停水停电，通信中断，大部分住宅小区一层及以下进水。201713号强台风“天鸽”登陆期间，受降雨及天文大潮影响，广东沿海6个潮位站最高潮位超历史纪录。21世纪以来，西太平洋生成台风的平均最大强度呈下降趋势，但是我国台风平均登陆强度有逐渐增大的趋势（康斌，2016）。2012年以来我国台风致灾的年均直接经济损失是2001~2011年数据的2倍以上。

4. 西部冰雪灾害凸显

中国西部冰川主要分布在青藏高原和西北地区，是长江、黄河、澜沧江、雅鲁藏布江、怒江、塔里木河、伊犁河等大江大河的源头，是众多江河重要的补给水源。同时，该区域也是全球气候变化的敏感地区，过去50年年平均气温显著升高，升温速率约为0.3℃/10a，高于同期全球和中国平均增温幅度。20世纪50年代以来，全球变暖导致中国西部的冰川面积总体萎缩，青藏高原多年冻土面积减少，湖泊面积增加，年径流量呈增加趋势，“亚洲水塔”失衡伴随灾害频发。据统计，近50年来，喜马拉雅山地区已有20余次较大的冰碛湖溃决灾害事件发生，其中3/4发生在我国西藏境内（姚晓军等，2014）。2016年7月西藏阿里地区阿汝冰川发生冰崩，塌方体达6亿m^3，造成人员严重伤亡和财产损失。2018年10月西藏米林县发生大规模冰川泥石流灾害，致灾原因是冰川上部较高位置发生冰崩，快速运动的冰崩体强烈铲刮、侵蚀冰川下游的冰碛物，以及沿沟堆积的坡残积物，直到进入雅鲁藏布江堆积形成堵江坝和堰塞湖（刘传正等，2019）。新疆叶尔羌河等流域近年来气温不断升高，降水有增加的趋势，冰湖溃决性洪水在近期有活跃的趋势，极端气候事件发生频率增加，流域年径流量和洪水洪峰量增加，未来洪水发生频率有可能进一步增加，因此实施融雪型洪水灾害综合防治显得非常迫切。

5. 未来趋势预估

在RCP2.6、RCP4.5、RCP8.5三种典型浓度路径情景下，中国区域平均温度将持续上升，年均温度增幅总体上从东南向西北逐渐变大，北方地区增温幅度大于南方地区，青藏高原地区、新疆北部及东北部分地区增温较为明显（丁一汇和杜祥琬，2016）。在当前的气候模式下，预估未来不同升温阈值下极端降水强度的变化具有较大的不确定性，且这种不确定性随升温阈值的升高而增大。但多数模式对中国几乎所有分区的预估结果均显示出一致的变化趋势，即中国地区极端降水的强度在未来以增加为主要变化特征。在全球气候变暖、城镇化快速发展的背景下，未来中国部分地区强降水、洪涝等极端事件有可能增加增强，极端水旱灾害将呈增加态势，从而加大洪灾风险和防汛调度指挥难度，并对经济社会可持续发展带来不利影响（He et al.，2017）。

现行水资源规划、设计洪水和重大调水工程规划设计与管理若不考虑气候变化的影响，将存在较大风险。2021~2050年多模式预估淮河上游洪水与蚌埠市城市暴雨遭遇的概率将比基准期（1971~2000年）增大46%~79%（陆桂华等，2015）。依据RCP2.6、RCP4.5、RCP8.5三种典型浓度路径情景下气候模式的预估结果综合判断，气候变化将导致淮河流域2021~2050年水资源总体增加，王家坝水文站和蚌埠水文站断面洪水事件发生的可能性增大。未来气候变化下，淮河上游王家坝水文站断面20年一遇洪峰流量值较基准期（1970~2000年）增加23.3%~29.9%，20年一遇的最大日平均流量和最大30天洪量总体也呈增加趋势，分别平均增加19%和16%，其结果将导致蓄滞洪区运用频次增加，洪水淹没风险增加（夏军和石卫，2016；金君良等，2017）。基准期及未来情景下淮河王家坝水文站和蚌埠水文站断面年最大日流量的频率曲线如图2-3所示。

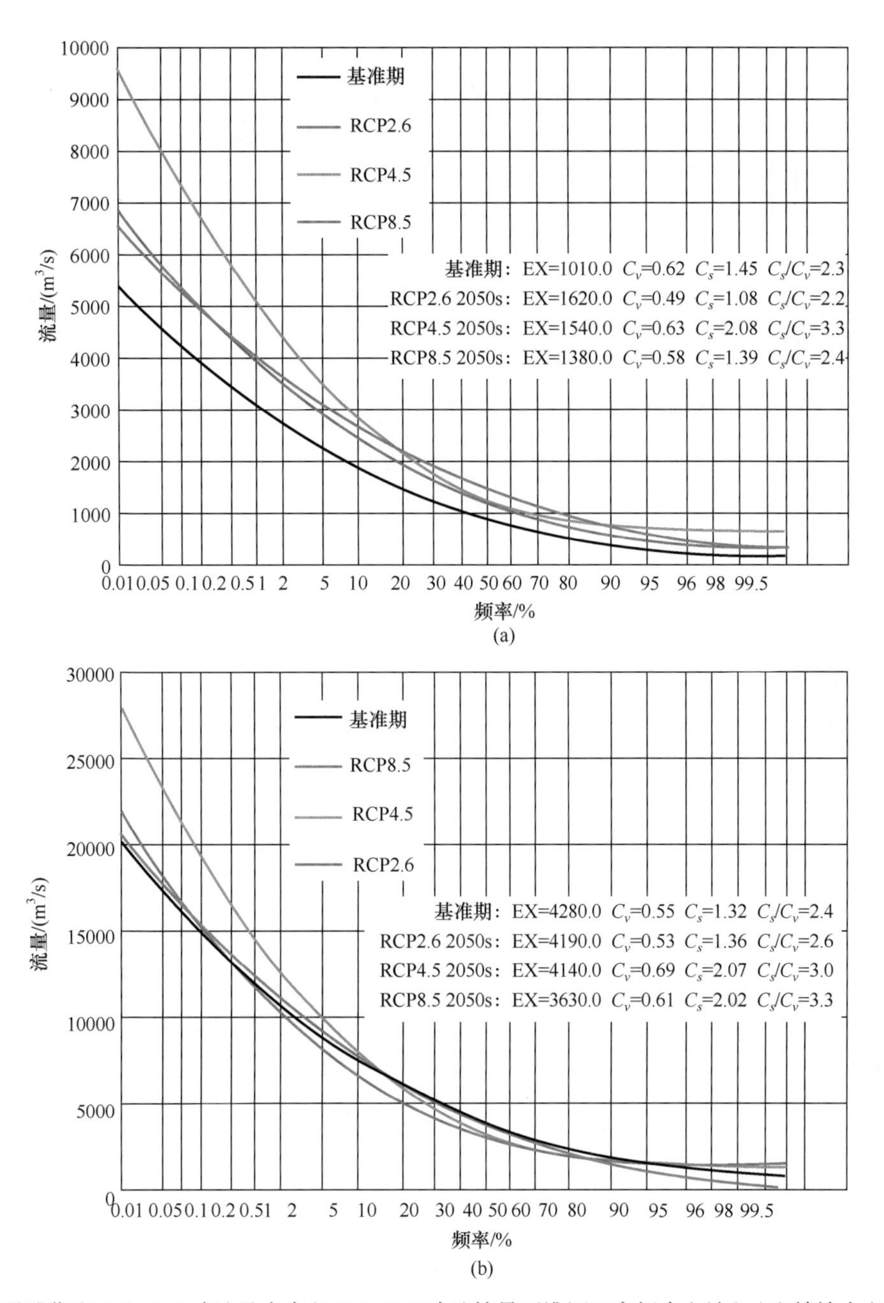

图2-3 基准期（1961~1990年）及未来（2021~2050年）情景下淮河王家坝水文站（a）和蚌埠水文站（b）断面年最大日流量的频率曲线（金君良等，2017）

EX为多年平均值，C_s为变差系数，C_v为偏差系数

RCP2.6、RCP4.5和RCP8.5三种情景下，未来气候变暖可能使得珠江流域飞来峡水库以上区域降水时空分布不均性加大，汛期降雨可能呈增加趋势，同一重现期洪水的洪峰值可能增加，同样量级的洪峰重现期缩短，可能增大水库防洪安全风险（黄国如等，2015）。不同情景下飞来峡水库入库洪峰流量和洪量相对于基准期的平均变化见

表 2-5。在 RCP6.0 情景下，21 世纪 20 年代初至 21 世纪中叶澜沧江流域年均水资源量有较大可能增加。流域未来时期洪峰流量、洪量增加的可能性较大，极端洪水频次、强度有较大可能增加（王书霞等，2019）。全球变化导致西北干旱区极端水文事件和洪、旱灾害增加。伴随全球变暖，山区冰川加速退缩，冰雪水储量呈减少态势，部分河流出现冰川消融拐点，冰川变化已经对水资源量及年内分配产生重要影响（陈亚宁，2015）。全疆极端洪水呈区域性加重趋势，尤其是南疆区域极端洪水明显加剧。天山主要河流极端洪水变化与区域增温以及天山山区极端降水事件增多等有密切关系（毛炜峄等，2012）。

表 2-5 不同情景下未来时期（21 世纪 20 年代初至 21 世纪中叶）飞来峡水库入库洪峰流量和洪量相对于基准期（1970~2000 年）的变化（黄国如等，2015）

洪水指标	重现期 100 年			重现期 50 年			重现期 20 年		
	RCP2.6	RCP4.5	RCP8.5	RCP2.6	RCP4.5	RCP8.5	RCP2.6	RCP4.5	RCP8.5
洪峰流量	4.88	6.08	2.07	3.49	4.51	0.91	3.26	4.05	0.98
7 日洪量	0.47	0.84	−3.22	−0.35	0.26	−3.45	−1.52	−0.58	−3.77
15 日洪量	−1.32	1.69	−3.30	−1.67	0.89	−3.29	−2.18	−0.27	−3.31

沿海地区和青藏高原是全球气候变化的敏感区和脆弱区。未来海平面将继续上升，高潮位增加，暴雨、强风暴潮等极端事件发生的频次和强度增加，由于下游水位顶托，管网和泵站的排水能力将会被削弱，原有设计标准的防洪能力将明显降低，城市排水的难度将进一步加大，我国城市洪涝灾害的风险和强度将呈上升趋势。全球气候模式的模拟结果表明，未来青藏高原区域的变暖幅度也高于中国其他地区，未来夏季持续升温将引起源区冰川的进一步消融，冰湖溃决、冰崩、融雪型洪水等灾害的发生频率有可能进一步增加。许多地方现状防洪工程整体上标准低，抗洪能力差，洪灾损失严重，防洪压力大，需引起高度重视，提前制定科学监测体系，编制气候变化风险应急预案。此外，对于中小河流上的水电工程，由于设计年代已久，缺乏水文资料，原设计存在安全上的不确定性，在极端降雨情况下，大坝漫顶甚至溃坝的风险增加。

2.4.2 干旱

2012~2017 年，全国旱灾损失总体偏轻，局部较重，全国作物因旱受灾面积、成灾面积、绝收面积、粮食损失、经济作物损失、饮水困难人口及饮水困难大牲畜数量均低于多年平均值和 2000~2011 年的平均值。2012 年，湖北中北部地区遭受春夏秋连旱，旱情持续时间长达半年之久，北部重旱区 8 月中旬旱情高峰期受旱面积达 $314.67\times10^3\text{hm}^2$，占本地区在田作物的四至七成。2016 年发生在北方的夏伏旱导致黑龙江、内蒙古、甘肃三省（自治区）作物因旱受灾面积 $6723.7\times10^3\text{hm}^2$、粮食损失 130.94 亿 kg，分别占全国总数的 68.1% 和 68.7%。2017 年旱灾的直接经济损失占当年 GDP 的比值为 2000 年以来最低。水文干旱及其引起的城市干旱和生态干旱日益受到社会各界关注。

1. 城市干旱

2012年春季，云南一些地区由于连续3年重复受旱，水利工程蓄水不足，砚山、双柏、沾益等县城供水紧张。湖北广水、大悟、枣阳、应城、云梦等地区42万城镇居民用水受到不同程度影响，其中广水、大悟用水受影响持续一年多。黑龙江七台河城市供水水源桃山水库来水持续偏少，2012年8月中旬蓄水量接近死库容，城市供水受到影响。为缓解天津南部干旱缺水问题，保障2013年天津东亚运动会用水需求，实施了2011~2012年度引黄济津应急调水。2011年天津、河北缺水。2014年6~8月，河南平顶山水源地白龟山水库水位长时间低于死水位，严重威胁到城区100多万人的供水安全，许昌、南阳、洛阳、郑州、三门峡等城市也出现供水紧张局面。山东胶东半岛自2014年以来降水连续偏少，青岛、烟台、威海、潍坊四市蓄水严重不足。大中型水库蓄水量较常年同期少五成，城市供水紧张。2015年，大连主要水源地碧流河水库及英那河水库来水量比常年同期少五至七成，导致蓄水严重不足，城市供水紧张。2016年8月~2017年2月，宁夏固原地区无有效降水日数达178天，水库蓄水严重不足，导致隆德、泾源等县城供水紧张。

2. 生态干旱

2011年10月，河北白洋淀水位距干淀水位仅0.3m，衡水湖、大浪淀等水库上游基本无来水，生态干旱形势严峻，实施了引黄入冀应急调水缓解生态干旱。2012年初，太湖水位持续走低，周边地区春节期间供水安全受到威胁；7月中下旬，受持续晴热高温少雨天气影响，太湖水面蓝藻聚集情况加重，直接影响饮用水质量；10月，太湖流域降水严重偏少，月降水量较常年同期偏少55%，太湖水位持续下降并跌至多年平均水位以下，流域周边冬春季节供水受到影响。2012年初、7月下旬至8月初、10月中旬至年末实施了3次引江济太调水。太湖周边地区用水、太湖及河网水体流动得到保证，流域生态环境未受到大的影响。2015年1~3月，山东南四湖蓄水量仅为常年同期的一半，水量亏缺导致湖面缩小、水质下降，湖区及周边生态环境受到影响，生物多样性受到严重威胁。

3. 未来趋势预估

随着全球气候变化以及经济社会发展带来的用水需求增加，高温热浪天数显著增加，未来我国干旱缺水将呈现出发生频率增加、受旱范围扩大、影响领域扩展、灾害损失加重等变化趋势。例如，21世纪中后期，由于气候显著变暖而降水变化不稳定，我国将面临广泛的干旱化趋势，其中干旱频次、持续时间和强度都呈显著上升趋势，如图2-4所示（莫兴国等，2018）。中国东部季风区未来30年（2020~2050年）极端干旱呈现波动上升态势，由此将加大未来30年中国水资源供需矛盾和水资源脆弱性，尤其华北、东北粮食主产区农业水资源需水压力将增加（夏军和石卫，2016）。未来气候变化情景下海河流域水资源很可能会进一步减少，华北粮食主产区水资源供需矛盾可能会因气候变化而更为突出，加强节水型社会建设、水利工程建设以及充分利用非传统水源是该地区未来适应气候变化的核心工作（王国庆等，2014）。东北大部分地区1961~2010年干旱程度显著加剧、范围有明显扩大的趋势，其中南部和中部辽河流域是干旱严重区。气候变化情景下，未来干旱高发区存在北移趋势（卢洪健等，2015）。除传统的农业干旱和农村饮水困难外，城市干旱、生态干旱的风险将继续增加，应得到足够重视。

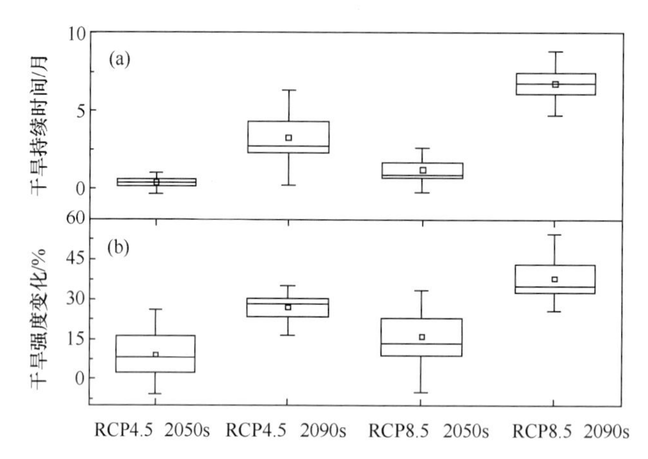

图 2-4 中国 21 世纪干旱持续时间（a）和强度（b）的相对变化（基准阶段：1961~2005 年）（莫兴国等，2018）

2.5 水质水环境

水环境恶化问题日益严重且难以解决，已成为我国地表水环境污染治理面临的严峻挑战之一。水环境污染来源主要分为点源和非点源污染两种，随着点源污染逐步得到控制，非点源污染成为引起河湖富营养化问题的主要因素。河湖水环境的变化主要受人类排污的影响，气候变化影响了水文循环的各个要素和循环方式，水作为污染物的主要运输载体和溶剂，水文循环过程的改变将直接影响水环境中污染物的来源和迁移转化行为，进而影响水环境质量。气候变化对水环境的影响机理极为复杂，是一个多阶影响过程，其中既有人类经济活动，如点源排污、农业面源污染的直接影响，又有温度增加和降水变化加剧水环境污染的间接影响（Crossman et al.，2013；刘梅，2015；张永勇等，2017）。

依据地表水水域环境功能和保护目标，水质级别（water grades）按功能高低依次划分为：Ⅰ、Ⅱ、Ⅲ、Ⅳ、Ⅴ和劣Ⅴ，共6类。其中，Ⅰ～Ⅲ类水质经过处理后可以直接饮用，Ⅲ类以下水质恶劣，不能作为饮用水源。不同水质河长占比（不同水质河长与当年评价总河长的比例）直接说明了河流的水质状况，Ⅰ～Ⅲ类占比越大说明河流水质越好；相反，Ⅲ类以下水质占比越大说明水质越差（肖东玲和杨小浩，2015）。图 2-5 给出了 1997~2017 年中国江河不同水质级别河长占比的变化情况。由图 2-5 可以看出：① 2009 年之前，Ⅰ ~ Ⅲ类水质河长占比在 60% 上下波动，表现较为稳定，2009 年之后则呈现持续增加趋势。②Ⅳ ~ Ⅴ类水质河长占比在 2009 年之前没有明显变化趋势，在 2010 年之后出现减少趋势。③劣Ⅴ类水质河长占比呈现先增加后减小的趋势，在 2004~2007 年达到最大值（约 21%）。④Ⅰ ~ Ⅲ类水质河长占比在 2017 年达到 80%，劣Ⅴ类水质河长占比仅不到 10%。图 2-5 总体说明我国江河水质在 2010 年以来有转好趋势（王乐扬等，2019）。

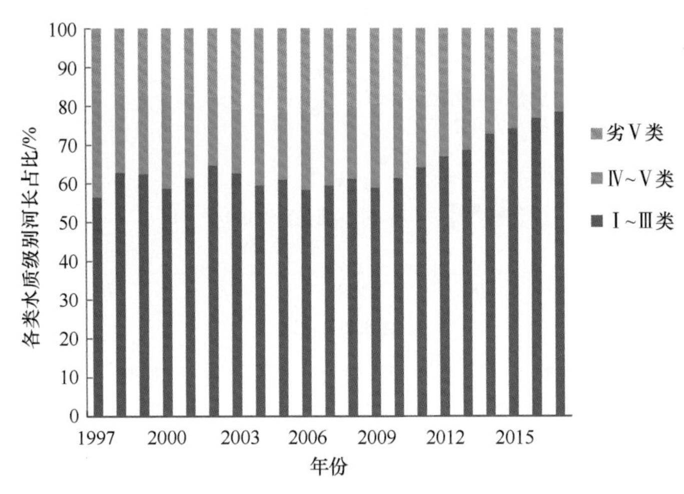

图 2-5　1997~2017 年中国江河不同水质级别河长占比的变化情况（王乐扬等，2019）

河流水质变化是污染物排放、河流气候水文条件等多种因素综合的产物，就某些局部河段而言，由于人类活动和水文条件的差异，河流水质变化具有较大的不同。2011~2015 年，黄河甘肃段多条支流的水质均有明显好转（赵凯歌等，2018）；珠江干流 2008~2015 年水质综合污染指数呈显著下降趋势，水质显著好转（单凤霞和刘珩，2017）；渭河支流浐河口近些年水质污染严重，有机物和富营养化是水质恶化的主要原因（杜麦等，2017）。

1997~2017 年，全国平均降水量为 643.6mm，总体呈现略微增加的趋势，平均线性增加率为 1.67mm/a；最近 10 年，降水量变异幅度较大，范围为 550~750mm，同时，增加的幅度也更为明显。由图 2-6 可以看出，随着降水量的增加，Ⅰ ~ Ⅲ类水质河长占比增加，Ⅳ ~ Ⅴ类和劣Ⅴ类水质河长占比减少。统计结果表明，近 20 年来我国污水排放量呈现先增长后减少的趋势，在 2011 年污水排放达到峰值。尽管降水量较多的年份河流水质相对较好，近些年排污总量的减少也是我国江河水质好转的另一重要因素。

湖泊水库是我国重要的水体，湖泊水库水质变化严重影响区域供水安全。东平湖近 23 年的年均气温呈上升趋势，年降水量呈显著下降趋势，水体总氮和总磷与年降水量呈显著正相关，总氮和总磷浓度显著降低（王丹等，2016）。于桥水库 1992~2011 年 20 年间的气候要素在各季节的变化有可能对水库总磷和溶解氧浓度造成潜在影响，春季气温升高降低了水库总磷浓度（张晨等，2016）。此外，气候变化引起新安江水库水体叶绿素浓度上升，水体富营养化加重（盛海燕等，2015）；对气候变化较为敏感的一些藏区湖泊还出现了矿化程度高、氯离子浓度升高等水质恶化问题（周洪华等，2014；李承鼎等，2016）。

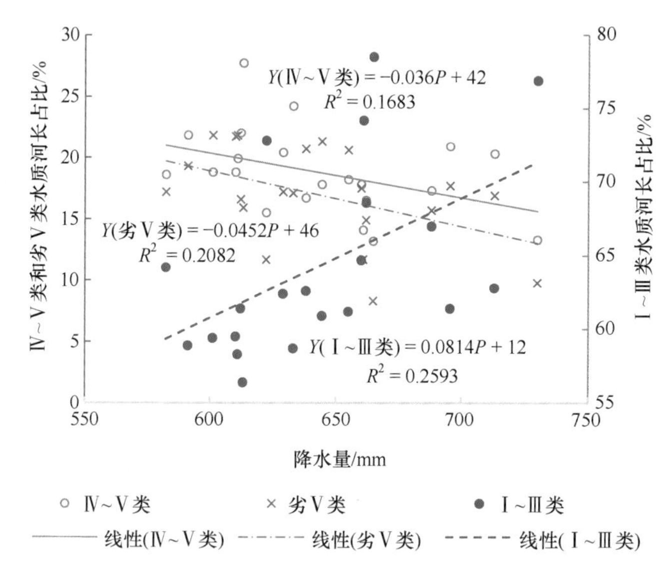

图 2-6 不同水质级别河长占比与相应年份降水量之间的相关关系（王乐扬等，2019）

未来气候变化对流域水文情势、非点源污染和污染负荷产生一定影响。在未来气温升高、降雨增加（气温增加 2.2℃，降水量增加 7%）的共同作用下，21 世纪中叶渭河陕西段径流量将可能增加 11.9%，流域年均总氮负荷增加 20.9%、总磷负荷增加 13.3%（刘吉开等，2018）。气温升高、降水微弱增加情景将导致我国东部长乐江流域营养物总氮和总磷负荷量呈微弱增加趋势，且在不同的气候变化情景下，年内径流和营养物负荷变化情况存在较大差异（刘梅和吕军，2015）。在降雨减少、温度升高的情景下，淮河和大凌河入河污染负荷减少，水体污染负荷降解速率加快，出口断面污染负荷减少（张永勇等，2017；于保慧，2015）。气温变化对密云水库流域径流和水质负荷影响不是很明显，总氮和总磷负荷随降水和径流增加而增大，在降雨增加 20% 的情况下，总氮和总磷负荷分别增加约 70.8% 和 78.3%，且年内非点源污染负荷主要集中在汛期（耿润哲等，2015）。

湖泊和水库水环境变化主要受进入水体污染物、水文水动力和气象条件的影响，气候变化通过改变水文气象条件而改变水体水环境状况。气候变暖还会对水体中浮游植物生长、反硝化过程和氨氮的矿化作用产生影响，进而改变水体的自净能力（张质明等，2017）。气候变化下一些气象条件的改变还会改变水库水体环境，如水库中春季风扰动、冬季降水及全年太阳辐射均会导致悬浮物（SS）质量浓度升高，而 SS 的吸附性及再悬浮作用又会导致总磷质量浓度的升高（果有娜和张晨，2018）。潘家口水库在不同的 RCP 情景下，气候变暖加快了藻类的生长，从而提早了叶绿素浓度峰值出现的时间（徐婉珍，2015）。

2.6 气候变化下水资源风险与脆弱性

水资源脆弱性是受到气候变化、极端事件、人类活动等因素影响后，其正常的结构和功能受到损害并难以恢复到原有状态的倾向或趋势。2003~2013 年中国水资源脆弱性改善显著，水资源脆弱性呈现下降趋势，目前中国水资源脆弱性空间分布存在显著差异，南部地区和北部地区基本为中低脆弱性，中部地区基本为高脆弱性。至 21 世纪 30 年代，未来气候变化将对中国水资源的脆弱性产生明显的影响，水资源脆弱性整体上升，中脆弱性及以上区域面积将明显扩大，极端脆弱性区域面积也将进一步扩大。未来中国经济的飞速发展和城市化进程的加剧，都将提高中国对水资源的需求量，并将更容易引发水危机，进而增加水资源安全风险。

2.6.1 水资源脆弱性的变化

目前，中国水资源的脆弱性空间分布存在显著差异，其范围覆盖低脆弱性到极端脆弱性。水资源脆弱性是受到气候变化、极端事件、人类活动等因素影响后，水资源正常的结构和功能受到损害并难以恢复到原有状态的倾向或趋势（夏军等，2012）。2013 年，中国水资源脆弱性空间分布具有很大的差异，除了宁夏回族自治区的水资源为极端脆弱性之外，西北地区和东北地区的水资源脆弱性基本为低脆弱性和中脆弱性，其中黑龙江省、吉林省和内蒙古自治区为低脆弱性，新疆维吾尔自治区、青海省和辽宁省为中脆弱性，甘肃省和陕西省为中高脆弱性（Wan et al.，2014）。然而，华东地区和华北地区水资源脆弱性呈现严重的两极分布（Cai et al.，2017；陈俊旭等，2018）。其中，7 个省份和城市的水资源呈现高脆弱性，包括河北省、河南省、江苏省、上海市、山西省、天津市和北京市；山东省和安徽省为中高脆弱性；另外福建省、浙江省和台湾省均呈现低脆弱性（Li et al.，2017）。西南地区、华中地区和华南地区的水资源基本处于低脆弱性，其中四川省、云南省、广西壮族自治区、广东省、香港特别行政区、澳门特别行政区、江西省和海南省为低脆弱性；贵州省、湖南省、湖北省和重庆市的水资源为中低脆弱性；西藏地区为中高脆弱性（Xia et al.，2012）。

自 2003~2013 年，中国水资源脆弱性改善显著，水资源脆弱性呈现明显的下降趋势（Cai et al.，2017）。在区域尺度上，西南地区、西北地区、华北地区和东南沿海地区的下降趋势最为显著（Wan et al.，2015）。在省份尺度上，大多数省份的水资源脆弱性与整个国家呈现相同的下降趋势，其中 20 个省份的水资源脆弱性变化显著。水资源脆弱性下降趋势最大的省份包括甘肃省、四川省、天津市、北京市、浙江省、广东省、海南省和香港特别行政区、澳门特别行政区；水资源脆弱性下降趋势较小的省份主要包括青海省、宁夏回族自治区、重庆市、云南省、贵州省、福建省、江西省、江苏省、山西省和河北省。此外，河南省的水资源脆弱性是整个中国唯一呈现上升趋势的省份。除以上省份外，其他省份水资源脆弱性不存在明显变化（Cai et al.，2017）。

2.6.2 水资源脆弱性变化的原因

本节主要从气候变化对降雨、径流和干旱灾害的影响，城市化进程对水文过程的影响和政策对水资源脆弱性的影响等几个方面阐述水资源脆弱性变化的原因。

1. 气候变化对降雨的影响

气候变化对中国降雨的影响显著，在某种程度上改变了中国的降雨结构。1960~2013 年，中国不同等级的降雨事件发生频率变化显著，小型降雨事件（0.1mm/d ≤ P<10mm/d）和中型降雨事件（10mm/d≤P<25mm/d）发生频率显著下降，极端降雨事件（P ≥ 50mm/d）则显著上升。在区域尺度上，不同区域降雨事件变化特征存在明显差异，与自身气候条件呈现一定的相关性（Ma et al.，2015；Wu et al.，2016）。小型降雨事件发生频率的变化规律与气候条件十分相关，全国降水量自东南向西北递减，小型降雨事件自东南向西北递增。小型降雨事件发生频率上升最显著的地区主要分布于西北地区（Yang et al.，2017）；发生频率下降最显著的地区主要分布于华北地区、华中地区、华东地区和华南地区；西南地区呈现两极分布，西藏地区明显上升，但云南省明显下降。中型降雨事件发生频率变化规律与小型降雨事件相似，西北地区上升最快，并向东南方向递减，下降幅度最大的地区主要分布于云贵川一带。强降雨事件（25mm/d ≤ P<50mm/d）在全国范围发生频率的变化规律不如小中型降雨事件明朗，不同区域强降雨事件发生频率均存在上升幅度较大的区块，如东北地区黑龙江省西北部是全国强降雨事件涨幅最显著的地区，但辽宁省强降雨事件发生频率存在下降趋势。极端降雨事件（P ≥ 50mm/d）仅发生在中国东南部地区，除少量省市极端降雨事件发生频率下降外，其他地区均存在不同程度的上升。极端降雨事件发生频率上升最大的地区主要分布于华东地区和华中地区，尤其是浙江省东北部、上海市和福建省西南部增幅达到 40.0%，华东和华中地区其他区域增幅变化从 0%~30.0%（Zhang et al.，2017；Xu et al.，2013）。另有陕西省南部极端降雨事件增幅达到 40.0%，但是该省其他区域极端降雨事件发生频率明显下降，类似情况同样存在于云南省和四川省，西南地区其他区域和华南地区存在小幅度上升（Shi et al.，2015）。1960~2013 年，西北地区除了陕西省南部外，其他区域极端降雨事件发生频率明显下降。华北地区极端降雨事件发生频率上升主要发生在京津冀地区，其他区域小幅度上升。东北地区辽宁和吉林两省发生频率均上升，辽宁省上升幅度较小，吉林省上升幅度略大。全国除了新疆维吾尔自治区外，其他地区干旱天数都呈现不同幅度的上升，其变化规律与小中型降雨事件相似，自东南向西北方向递减。干旱天数上升幅度最大的地区主要分布于东南部，包括华东地区、华中地区、华南地区和西南地区。华北地区和东北地区干旱天数上升幅度较小，西北地区除新疆维吾尔自治区外的其他区域同样呈现小幅度上升。

因此，气候变化对降雨的影响总体呈现为，小型降雨事件和中型降雨事件发生频率下降，极端降雨事件发生频率上升，这将会导致极端洪水事件发生更为频繁，从而致使水资源风险和脆弱性上升。

2. 气候变化对径流的影响

气候变化对中国的径流影响显著。1951~2008 年，全国平均径流变化呈现较大的空间差异性，东南部平均径流显著上升，中部地区平均径流显著下降，西北和东北部地区略有下降，西南地区不同省份之间平均径流变化趋势差异较大（Li et al.，2017）。全国极端洪峰径流变化的空间分布与平均径流相似。极端洪峰径流上升幅度最显著的地区主要位于华中地区、华东地区和华南地区（Chen et al.，2014；Zhang et al.，2014）；极端洪峰径流呈现下降趋势的地区主要位于西北地区和华北地区，降幅最显著的地区为山西省、陕西省、甘肃省南部和河北省西南部（Dong et al.，2014；Yin et al.，2017）。1951~2008 年，东北地区和西南地区径流变化空间差异性很大，极端洪峰径流上升和下降在两个地区同时出现，如东北地区黑龙江省东部极端洪峰径流明显下降，而黑龙江省西北部极端洪峰径流明显上升。相似地，西南地区四川省中部极端洪峰径流呈现明显的下降趋势，但是西藏自治区东南部极端洪峰径流呈现明显的上升趋势，对比非常明显（Li et al.，2017）。湿润地区极端降雨呈现明显的上升趋势，干旱半干旱地区极端降雨呈现明显的下降趋势。

因此，气候变化对径流的影响总体呈现为，华中地区、华东地区和华南地区极端洪峰径流显著上升，西北地区和华北地区极端洪峰径流呈现下降趋势，但是全国范围呈现一定的上升趋势，这将会致使水资源风险和脆弱性上升。

3. 气候变化对干旱灾害的影响

气候变化对中国干旱灾害发生频率影响显著，全国干旱灾害发生频率变化呈现明显的空间差异性（Ayantobo et al.，2017；Xu et al.，2015）。1961~2013 年，干旱灾害发生频率增加最大的地区主要位于华北地区和西北地区。华东地区和华中地区是干旱灾害发生频率上升幅度最小的地区。东北、西南和华南三个地区自身空间差异大，东北地区中吉林西北部和辽宁南部干旱灾害发生频率明显上升，其余部分发生频率上升略小；西南地区发生频率上升幅度最大的地区为四川东南部和云南南部；华南地区海南干旱灾害发生频率上升幅度最大，广西、广东、香港和澳门上升幅度略小。但是，干旱灾害发生频率减小同时存在于部分省市（Yu et al.，2014）。华中地区干旱灾害发生频率下降最为明显，主要分布于江西中部、湖北东南部和湖南西北部。此外，西北地区某些省市同样存在干旱灾害发生频率减小的情况，其主要分布于新疆北部和青海南部地区。对于西南地区，干旱灾害发生频率减小的地区主要包括西藏中部、四川西南部。华东地区安徽东北部和华南地区广东东北部同样有一部分地区存在干旱灾害发生频率下降的情况。

因此，气候变化使中国干旱灾害发生频率微弱上升，这将会导致水资源短缺的概率呈现一定程度的上升，即提高了水资源风险和脆弱性。

4. 城市化进程对水文过程的影响

改革开放以来，中国经济快速发展，城市迅速扩张，导致城市降雨特征发生改变，进而影响洪水过程，对城市化的水文研究提出了全新的挑战（张建云等，2014）。改革开放以来，城镇化率快速上涨，已由1978年的17.9%上升至2018年的59.6%。城市扩张使得原本的耕地和天然植被被街道和功能性建筑所代替，下垫面属性发生巨大改变，不透水面积显著增加（张建云等，2016）。当强降雨发生时，城市下渗水量急剧减小，地表径流量增大，洪峰将明显增大。同时，城市化后流域的汇流速度明显加快，洪峰出现时间大幅提前，缩短了居民的逃生转移时间。此外，城市在热岛效应、凝结核增强效应和微地形阻障效应的影响下，城市出现暴雨的概率高于郊区。在以上三种效应增强的情况下，城市降水量增加5.0%以上。城市扩张改变了城市降雨特征，缩短了汇流时间，影响了洪水过程；总的来说，其已经对水文循环造成了非常重要的影响。传统的水文模拟方法、研究手段和洪水预报模型已经不适用于城市，因此对城市化的水文研究提出了全新的挑战（张建云等，2014）。

城市化进程影响了城市的水文过程，如下渗减少、洪峰上升、汇流时间缩短等，这都将间接影响水资源的风险和脆弱性。

5. 政策对水资源脆弱性的影响

2003~2013年，中国所有省份（除河南外）的水资源脆弱性呈现下降趋势或保持不变，与近年来国家对水资源管理的重视程度不断提高存在不可分割的关联。中国水资源综合管理已在国家第10、第11、第12和第13个五年计划中得到了明确体现。2012年，中国实施最严格的水资源管理，设立了三条红线，从政策上确保水安全和水环境保护。2016年，全面推行河长制，扩大水资源税改革试点。

国家战略政策的制定和有关行动的实施对降低水资源脆弱性产生了非常积极的影响。气候变化对中国降雨、径流和极端灾害的影响不可忽视，如华东地区极端降雨事件频率明显上升等。因此，气候变化影响下的中国水资源脆弱性原则上应呈现上升趋势，但是国家政策的有效实施使得水资源韧性增强、脆弱性下降。首先，南水北调工程投入使用，有效地缓解了北方地区天然的水资源短缺问题。其次，我国水利基础设施的完善，降低了水资源的浪费，有效地提高了水资源的利用率。同时，我国实施了最严格水资源管理政策，水资源污染得到有效控制，进而确保了水安全和水环境保护。此外，非工程措施的推进，如人们环保意识和节水意识的提升，同样对水资源保护、循环和高效利用起到了不可忽视的影响。同时，各级地方政府相关政策实施，如浙江推进的“五水共治”，治污水、防洪水、排涝水、保供水、抓节水五项，已取得了一定的成效。针对城市扩张造成的影响，2012年4月，在“2012低碳城市与区域发展科技论坛”中，“海绵城市”概念首次被提出。2015年3~4月，30个城市开展海绵城市建设试点。海绵城市建设将提升城市生态系统功能和减少城市洪涝灾害的发生，进而降低水资源脆弱性。近些年，韧性城市概念的提出和基于物联网的水库调度、极端灾害预警预报系统的研发和建设，都将提高水资源的韧性。

综上，气候变化影响了降雨、径流和干旱等，致使极端降雨事件、高水径流和干旱灾害发生频率呈现一定上升趋势，加上快速的城市化进程，上述影响因素均将促使水资源风险和脆弱性的上升。但是，近年来国家政策对于水资源报告和管理的加强，如水资源管理的三条红线、河长制、南水北调工程、水利基础设施的完善、“五水共治”和海绵城市等重要政策都对水资源的风险和脆弱性起到积极的作用。虽然气候变化影响下的中国水资源的风险和脆弱性原则上应该呈现上升趋势，但是国家诸多重要政策的有效实施使得水资源韧性增强、风险和脆弱性下降。

2.6.3 未来气候变化影响下中国的水资源风险和脆弱性

RCP2.6、RCP4.5 和 RCP8.5 排放情景下，未来气候变化影响下中国水资源风险和脆弱性发生了显著变化，至 21 世纪 30 年代，中国整体水资源脆弱性上升，中脆弱性及以上的区域面积将明显扩大，极端脆弱性区域面积也将进一步扩大（夏军等，2015，2016；Xia et al.，2017；Shi et al.，2017）。三种不同排放情景下，21 世纪 30 年代中国水资源脆弱性变化情况非常相似，仅个别省份的脆弱性存在差异，下文主要以 RCP4.5 排放情景进行具体分析。

在 RCP4.5 排放情景下，当前和未来气候变化影响下中国水资源脆弱性省份数量和百分比对比（图 2-7 和图 2-8）表明，不同脆弱性等级省份数量变化非常明显，低脆弱性省份数量从 14 个锐减为 0（41% 减至 0），中低脆弱性省份数量从 4 个减少至 3 个（12% 减至 9%），中脆弱性省份数量从 3 个增至 13 个（9% 增至 38%），极端脆弱性省份数量从 1 个增至 6 个（3% 增至 18%）；水资源不脆弱、中高脆弱性和高脆弱性的省份数量没有发生变化，但是地理位置发生了改变，区域面积显著扩大。相对于 RCP4.5 排放情景，RCP2.6 排放情景下内蒙古水资源脆弱性为高脆弱性；RCP8.5 排放情景下陕西和甘肃脆弱性仍为高脆弱性，但脆弱性指数比 RCP4.5 略高（夏军等，2015）。

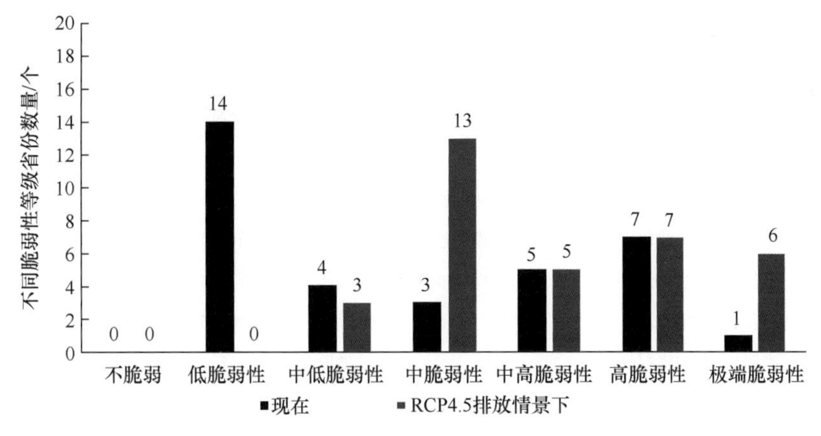

图 2-7 当前和气候变化（RCP4.5 排放情景）影响下 21 世纪 30 年代中国水资源脆弱性省份数量对比

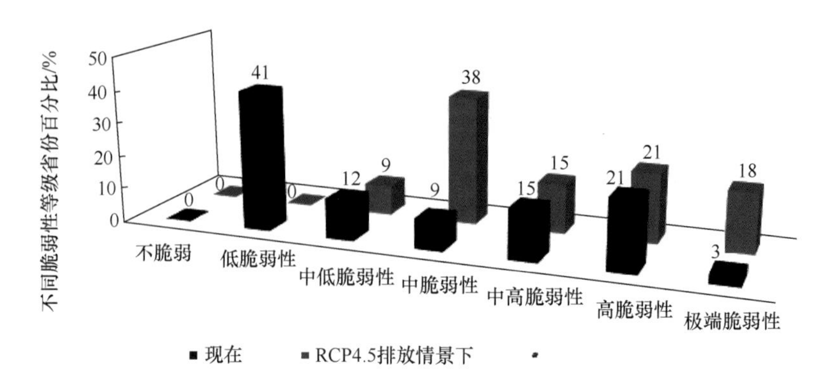

图 2-8　当前和气候变化（RCP4.5 排放情景）影响下 21 世纪 30 年代中国水资源脆弱性省份百分比

21 世纪 30 年代，水资源中高脆弱区主要集中在华北地区、东北地区、华东地区和西北地区。西北地区水资源脆弱性上升，主要是由于新疆的脆弱性从中脆弱性上升至极端脆弱性，甘肃和陕西的脆弱性从中高脆弱性上升至高脆弱性。黑龙江和吉林两省的水资源脆弱性从低脆弱性上升至中高脆弱性，这是东北地区脆弱性上升的主要原因。未来气候变化影响的华北地区水资源脆弱性最为严重，京津冀地区和山东为极端脆弱性，内蒙古从低脆弱性变为中高脆弱性。华东地区不同省份呈现明显的差别，安徽和江苏两省及上海水资源为高脆弱性，浙江和福建脆弱性有所上升，从低脆弱性上升至中脆弱性。台湾水资源脆弱性上升速率较为缓慢，仅从低脆弱性上升至中低脆弱性。华中地区水资源脆弱性有所上升，湖北上升较明显，从中低脆弱性上升为中高脆弱性，湖南和江西两省从中低脆弱性上升至中脆弱性。华南地区水资源脆弱性从低脆弱性上升为中脆弱性。西南地区除西藏地区外，其他省份的水资源脆弱性均上升。未来气候变化下四川、云南和台湾三省水资源脆弱性最低，水安全风险相对其他地区略小（Allan et al.，2013）。不同地区具体变化情况已总结至表 2-6。

表 2-6　RCP4.5 排放情景下 21 世纪 30 年代中国 7 个区域水资源脆弱性变化

区域	当前现状	未来变化	主要变化原因
东北地区	低脆弱性	中高脆弱性	黑龙江和吉林从低脆弱性上升为中高脆弱性
华北地区	中高脆弱性	高脆弱性	内蒙古从低脆弱性变为中高脆弱性，京津冀地区和山东变为极端脆弱性
华中地区	中低脆弱性	中脆弱性	湖北从中低脆弱性上升为中高脆弱性，湖南和江西从中低脆弱性上升为中脆弱性
华东地区	中脆弱性	中高脆弱性	安徽从中高脆弱性上升为高脆弱性，浙江和福建从低脆弱性上升为中脆弱性
华南地区	低脆弱性	中脆弱性	整个区域从低脆弱性上升为中脆弱性
西南地区	中低脆弱性	中脆弱性	除西藏地区外，其他省份脆弱性均上升
西北地区	中脆弱性	高脆弱性	新疆地区从中脆弱性上升为极端脆弱性

未来气候变化影响下水资源脆弱性空间分布仍与全国气候分布相关联，从东南向西北递增；虽然南方大部分地区水资源脆弱性相对北方地区低，但是从低脆弱性到中脆弱性的增幅仍不可忽视。南方地区经济发展快速、人口密集和城市建设等原因都将提高该地区的水资源需求量，需水量增加将对水资源产生更艰巨的压力，同时气候变化使极端灾害发生的频率、强度和广度增加，因此未来南方地区可能发生更多的水危

机，致使南方地区水资源风险和脆弱性上升。未来西北地区水资源脆弱性相对严重，与该地区本就不丰富的水资源存在必要关联。而且，高脆弱性地区水资源更易受气候变化的影响，对气候变化的适应性低（Shi et al.，2017）。此外，随着丝绸之路经济带和生态文明建设两大项目的建设发展，城市、工农业和生态需水量将会进一步增加，水资源风险将会进一步上升。未来气候变化影响下的京津冀地区水资源脆弱性将上升至极端脆弱性。由于河北工业发达，而且北京为中国政治和文化中心，多种因素促使该地区水资源的需求量上升，需水量上升对水资源产生更艰巨的压力，导致水资源风险上升。但是，京津冀地区年降水量小，自身水资源匮乏，其在一定程度上依靠外来水源，如南水北调工程的补给。未来政府必将采取适应性措施降低水资源风险和脆弱性，加强水资源利用的有效管理，建立综合水资源管理体系，建设节水型社会，加强工业和城市生活节水工作。节水型社会的建设必将促进水资源统一管理和改善水资源的利用率，从而进一步提升可持续发展的能力（Shi et al.，2017）。

2.7 适应措施和策略

2.7.1 总体进展

中国政府以生态文明思想为指引，认真贯彻执行“节水优先、空间均衡、系统治理、两手发力”的治水方针，统筹考虑治水和治山治林治田治草的关系，把节约用水作为水资源开发、利用、保护、配置、调度的前提，水资源节约保护力度不断加大，水利基础设施加快建设，三峡工程综合效益显著发挥，南水北调工程运行平稳，水利行业适应和应对气候变化能力建设进一步加强，主要进展如下。

1. 水资源安全保障能力得到一定提升

长江三峡、黄河小浪底、淮河临淮岗、嫩江尼尔基、广西百色等一大批控制性水利枢纽工程相继建成并投入使用，主要江河的调控能力明显增强。我国启动了太湖流域、松花江干流、辽河干流、新安江、乌江等59条跨省江河流域水量分配工作，统筹配置流域生活、生产和生态用水；兴建了大量蓄水、引水、提水工程，特别是南水北调工程将构成我国水资源“四横三纵、南北调配、东西互济”的格局，提高了我国水资源调控能力（仲志余等，2018）。截至2018年底，东线连续5个年度圆满完成调水任务，中线已不间断安全供水1480余天，东中线累计调水220多亿m^3，北京、天津、石家庄等40多座大中城市供水保证率有效提高，直接受益人口超过1亿人。172项节水供水重大水利工程已开工133项，23项已基本完工并发挥效益。在农村水利建设方面，加快实施农村饮水安全巩固提升，受益人口7800多万人，农村自来水普及率达到81%。

2. 旱涝灾害风险防控水平得到一定提高

全国及各省区的抗旱规划编制完成，构建了与经济社会发展相适应的抗旱减灾体系，全面提升了我国抗旱减灾的整体能力和综合管理水平。《全国山洪灾害防治规划》编制完成，在山洪灾害重点防治区建立以监测、通信、预报、预警等非工程措施为主并与工程措施相结合的防灾减灾体系，在山洪灾害一般防治区初步建立以非工程措施为主的防灾减灾体系，最大限度地减少人员伤亡和财产损失。全国山洪灾害防治项目建设分批实施，主要内容包括山洪灾害调查评价、非工程措施建设和重点山洪沟（山区河道）防洪治理。2013~2016 年，实施了全国山洪灾害调查评价项目，为中国山洪灾害防治县的预警预报和工程治理提供了数据支撑（郭良等，2017）。目前，我国已建成 2000 多个山洪灾害监测预警平台，初步建立了适合我国国情的山洪灾害监测预警系统和群测群防体系，初步实现了“监测精准、预警及时、反应迅速、转移快捷、避险有效”的目标，防灾减灾效益凸显，年均因山洪灾害死亡人数较项目实施前减少 60% 以上。

3. 水生态文明建设取得一定成效

我国已基本完成 105 个水生态文明城市建设试点工作，第二批 59 个试点已有 49 个完成验收。试点建设取得了一系列显著成效，水生态环境质量持续改善，民生水利取得突破性进展，最严格水资源管理制度全面落实，长效机制建设和模式探索成效凸显，示范带动作用明显，城市水安全保障能力全面提升（张建云，2017）。实施黄河、黑河、塔里木河、汉江等流域水量统一调度，黄河干流实现连续 19 年不断流，黑河下游东居延海连续 14 年不干涸，长江上游水电工程联合调度步入规范化轨道，连续 13 次成功实施了珠江流域枯水期水量调度。南水北调中线完成首次生态补水。2018 年 4 月 13 日 ~ 6 月 30 日，累计向河北、河南、天津等省市生态补水 8.65 亿 m^3，其中向河南补水 4.67 亿 m^3、河北补水 3.51 亿 m^3、天津补水 0.47 亿 m^3。2018 年 9 月，水利部和河北省政府联合启动华北地下水超采综合治理河湖地下水回补试点，利用南水北调中线工程向河北滹沱河、滏阳河、南拒马河三条重点试点河段实施补水，目前已累计补水 5 亿 m^3，形成水面约 40km^2，使三条河流重现生机。

4. 水利适应气候变化科技支撑作用得以发挥

科技部、水利部等国家有关部门先后组织实施了“气候变化对我国东部季风区陆地水循环与水资源安全的影响及适应对策”“气候变化对黄淮海地区水循环的影响机理和水资源安全评估”“气候变化对西北干旱区水循环影响机理与水资源安全研究”“气候变化对我国水安全影响及对策研究”等重大科技项目，开展了有关应对气候变化对水的影响等方面的科学研究和重大问题论证。国家自然科学基金委员会 2015 年起设立“西南河流源区径流变化和适应性利用”重大研究计划，该计划以雅鲁藏布江、澜沧江、怒江、长江源区、黄河源区等西南河流源区为对象，拟解决不同水源的径流对气候变化的响应机理、径流变化下生源物质迁移转化规律及径流适应性利用三个核心科学问题。中国工程院组织实施了“气候变化对我国重大工程的影响与对策研究”和“气候变化对中国沿海城市工程的影响和适应对策”项目，开展了应对气候变化对水科学和水工程影响等方面的技术咨询和服务。针对新疆融雪型洪水发生频次增多、洪峰流量增大等问题，有关部门组织研究提出了《新疆融雪型洪水灾害综合防治示范工程实施方案（叶尔羌河流域）》建议稿，提出在气候变化条件下，冰雪洪水持续增加，需要通过在流域上游建设山区控制性水库调洪，削减洪峰流量，提高河段整体防洪能力，从而为推进新疆融雪型洪水灾害综合防治工作提供技术支撑。

2.7.2 典型案例

近年来，我国在气候变化影响显著区域为保障供水安全和应对极端水文气象事件，有针对性地专门开展了水利领域适应气候变化的多项工作，采取了一系列政策和措施，取得了积极成效。

1. 沿海地区

1980~2016年，中国沿海海平面上升速率为3.2mm/a，高于同期全球平均水平。近年来，由于海平面上升、枯水期持续干旱少雨、上游来水偏枯等因素的共同影响，珠江口、长江口等区域咸潮上溯加剧，气候变化严重威胁三角洲地区大城市的供水安全，从而影响到整个流域水电工程的运行调度。为保障澳门、珠海等城市供水安全，国家防汛抗旱总指挥部于2005年1月首次从西江上游的天生桥、岩滩等水利枢纽向下游珠三角地区应急调水，加大水电站下泄流量，有效地抑制了咸潮，确保了澳门、珠海等地的饮水安全、经济发展和社会稳定。2011年6月，国家防汛抗旱总指挥部正式批复了《珠江枯水期水量调度预案》并印发执行。迄今为止，水利部珠江水利委员会连续13次成功实施了珠江流域枯水期水量调度（张文明和徐爽，2018）。2014年2月，受长江枯水期低水位和潮汐现象的共同影响，长江口遭遇历时23天咸潮期，其为上海陈行水库建成以来最严重的咸潮入侵。咸潮上溯导致陈行水库、青草沙水库取水口氯化物浓度持续超过250mg/L，最高达到近3000mg/L，使200万居民供水受到威胁。2014年2月，在长江口咸潮入侵、上海供水紧张的情况下，我国紧急调度三峡水库加大下泄流量也取得了较好的社会效果（毛兴华，2016）。我国需要从水源地布局、水资源管理和长江流域水量统一调度等方面综合应对咸潮入侵的影响。

2. 西南地区

近年来，我国相继发生了2009~2010年西南五省（区、市）冬春连旱、2010年长江中下游和西南部分地区伏秋旱、2011年长江中下游春夏连旱、2011年西南地区伏秋旱、2011~2012年西南地区冬春连旱、2012年湖北部分地区春夏秋连旱、2013年南方大范围严重伏旱、2019年东南六省严重伏秋旱等特大旱情。随着全球气候变化以及经济社会发展带来的用水需求增加，我国南方部分地区干旱缺水明显呈现出发生频率增加、受旱范围扩大、影响领域扩展、灾害损失加重等变化趋势，其中以西南地区为最。西南大旱也暴露出我国抗旱水源工程不足、水资源调蓄能力较低、水利基础设施建设相对滞后的问题。面对空前的人饮解困压力，西南五省（区、市）通过采取水库供水、应急调水、打井取水、拉水送水等各项应急措施解决了2010年旱情高峰时2000多万人的因旱饮水困难，西南特大旱情直接推动了我国抗旱基础工作的开展。我国完成了《全国抗旱规划》及省级抗旱规划的编制，各地加强了抗旱立法工作。2010年枯期，云南水力发电能力不到常年的20%，全省缺电率在20%以上，在部分地区各时段超过30%（赵荐芳，2013）。为确保电网安全运行和电力有序供应，中国政府积极采取措施降低缺电对社会经济的影响。主要措施包括：一是加大电煤供应的协调和保障力度，提高火电发电量的比重；二是加强省间余缺调剂，实现电力资源更大范围内优化配置；三是采取调用已建成机组应急发电、推迟机组检修等措施，增加用电高峰期的供应能力；四是加强有序用电管理，严格限制不合理用电。为充分发挥水电工程的综合效益，云南省出台了《关于加强大中型水电站水资源综合利用的决定》，编制了《云南省大中型水电站水资源综合利用专项规划》，在引导电力企业注重水能资源开发利用的同时，充分兼顾周边地区城市和农业供水。该规划实施36个电站的44个水资源综合利用项目，总供水量30.4亿m^3。

3. 长江流域

长江是中国第一大河流，也是水旱灾害频繁发生的流域之一。近年来，长江上游水电工程联合调度步入规范化轨道，极大地提升了全球气候变化背景下长江流域应对极端水文气象事件的能力（马建华，2012）。2009年，为应对长江中下游及洞庭湖、鄱阳湖等地旱情，水利部长江水利委员会首次对长江上游大型水利水电工程实施枯水期水量统一调度。同时，水利部组织湖南、江西两省制定了长江支流湘江和赣江的枯水期应急水量调度实施方案，通过加强支流水电工程调度，确保了沿岸城市供水安全。2009年以来，长江上游水库群累计为中下游补水超过2000亿m^3，有效地缓解了中下游枯水形势。2010年、2012年汛期，三峡工程均遭遇入库洪峰流量超70000 m^3/s的洪水，通过水库群联合调度，有效地降低了长江中下游荆江河段洪峰水位。2016年7月，长江上中游水库群通过联合调度共拦蓄洪水227亿m^3，确保了长江干堤和重要基础设施安全①。2019年，长江流域40座控制性水库、46处蓄滞洪区、10座重点大型排涝泵站、4座引调水工程等在内的100座水工程纳入联合调度范围，旨在保障防洪安全、供水安全和水生态安全。

4. 海绵城市建设

中国政府近年来启动了海绵城市建设项目，目的是统筹发挥自然生态功能和人工干预功能，充分发挥建筑、道路和绿地、水系等生态系统对雨水的吸纳、蓄渗和缓释作用，有效控制雨水径流，实现自然积存、自然渗透、自然净化的城市发展方式，这样有利于修复城市水生态、涵养水资源、增强城市防涝能力、扩大公共产品有效投资、提高新型城镇化质量、促进人与自然和谐发展。该理念把基于自然的解决方案和传统灰色基础设施相结合，通过优化水的渗透、保留、储存、净化和排水，努力保留城市

① http://www.cjw.gov.cn/xwzx/zjyw/23974.html.

径流，实现雨水再利用（李辉等，2019）。

2014 年住房和城乡建设部印发《海绵城市建设技术指南——低影响开发雨水系统构建（试行）》后，2015 年 8 月水利部印发《水利部关于推进海绵城市建设水利工作的指导意见》，提出要充分发挥水利在海绵城市建设中的重要作用。2015 年和 2016 年，财政部、住房和城乡建设部、水利部分两批确定了 30 个试点城市，通过试点建设，在区域性片区探索落实海绵城市建设理念，形成一套可复制、可推广的做法、经验、机制和建设模式。从 2015 年第一批国家海绵城市试点开始到 2018 年年初，全国范围内已经有超过 370 个城市开展了海绵城市规划的相关工作。国家级海绵城市试点达到了 30 个，其他如江苏、浙江等十多个已经开展了海绵城市省级试点的省份也选出了将近 90 个省级试点城市。为积极主动推进城市适应气候变化行动，根据《国家适应气候变化战略》，2016 年国家编制了《城市适应气候变化行动方案》，确定了呼和浩特、大连等 28 个地区作为气候适应型城市建设试点。解决城市应对内涝、干旱缺水等问题，保障城市水安全是试点的重要目标之一，推进海绵城市建设、全面建设节水型城市、建设科学合理的城市防洪排涝体系是其中的重要内容。

海绵城市建设明显提升了我国城市的排水防涝能力，有效地缓解了城市内涝灾害。例如，2016 年 7 月 20 日，北京出现特大暴雨，雨量和 2012 年“7 · 21”特大暴雨基本持平，甚至更多。但是，北京按照海绵城市建设理念对环路的近 70 座下凹式立交桥区进行了改造，综合采取渗、滞、蓄、排等措施，提升了桥区的排水防涝能力，今年城市内经过改造的立交桥区没有再出现内涝积水。四川遂宁通过对阜丰巷老旧小区进行“海绵化”改造，使小区内涝积水点得到有效控制。以往，一下雨小区就淹水没腰的情况得到改观，百姓雨期出行不再受水害影响。陕西西咸新区在沣西新城试点区域实施海绵城市建设后，有效地缓解了城市内涝。在同样的降雨条件下，沣西新城无明显内涝，而对面的沣东新城则出现大面积内涝，形成了鲜明对比。

5. 节水农业

2012 年，国务院印发了《国家农业节水纲要（2012—2020 年）》，把节水灌溉作为经济社会可持续发展的一项重大战略任务。农业节水也是有效应对气候变化、提高我国抗旱和水资源保障能力的一项重要适应策略。全国各地因地制宜抓节水。东北地区推进节水增粮，发展高效节水灌溉；西北地区合理控制灌溉规模，大力推广滴灌、喷灌等高效节水技术；华北地区压采地下水，发展低压管灌、喷灌和水肥一体化；南方地区以渠道防渗为主，经济作物种植区因地制宜推广高效节水灌溉技术，提高化肥、农药利用效率。近年来，我国疏通田间“毛细血管”，小农水重点县建设达到 2450 个，基本覆盖主要农牧业县，并向易旱山丘区、集中连片贫困区倾斜。全面实施灌区田间终端设施配套、“五小水利”工程、山丘区集雨节灌、河塘清淤整治等工程建设，初步形成了大中小微并举的农田水利工程体系。同时，积极推进品种节水和农艺节水，推进农业水价改革，增强农民节水意识。自《国家农业节水纲要（2012—2020 年）》实施以来，全国新增高效节水灌溉面积超过1亿亩[①]，高效节水灌溉面积超过3亿亩。2012~2018年，全国农田灌溉水有效利用系数从0.516提高到0.554，耕地实际灌溉亩均用水量由404m^{3}减少到365m^3，农业用水由3902.5亿m^{3}减少到3693.1亿m^3。在保障国家粮食安全的同时，农业灌溉用水总量实现了零增长。

国家发展和改革委员会、水利部于2019年4月印发了《国家节水行动方案》。到2022年，农田灌溉水有效利用系数将提高到0.56以上。到2035年，将形成健全的节水政策法规体系和标准体系、完善的市场调节机制、先进的技术支撑体系，节水护水惜水成为全社会自觉的行动。该方案从大力推进节水灌溉、优化调整作物种植结构、推广畜牧渔业节水方式、加快推进农村生活节水等方面提出了农业节水增效的重点行动。

6. 人工影响天气

人工影响天气对于开发空中云水资源、应对气候变化和水资源短缺问题具有极其重要的战略意义和现实意义。目前，人工影响天气已从单一的防灾减灾向趋利避害、改善生态环境等方面转型拓展，其成为国家重要生态保护区域、重要水源地等保障生态治理和水源补给的重要举措。三江源地区人工增雨工程自2006年起实施建设，取得了良好的效益。作业影响区域的湖泊湿地面积扩大，水源涵养功能逐步恢复。2006~2016年，三江源地区人工增雨共增加降水量551.73亿m^3。黄河上游的唐乃亥水文站和长江源区的直门达水文站来水量分别增加20.0%、36.2%，黄河上游水库蓄水量显著增加，2006~2016年共增加黄河径流量80.38亿m^3，直接经济效益28.29亿元；从2003年开始，北京市气象部门连续开展密云、官厅水库及汇水区增雨工作，在延庆、海淀、平谷、昌平、密云等区县布设作业站点，并实施飞机增雨作业。2007~2016年，每年通过大规模飞机增雨和地面火箭、高炮增雨作业，累计增加两库流域降水量6767万m^3。

2.7.3 未来展望

我国的自然地理和气候特征决定了水旱灾害将长期存在，并伴有突发性、反常性、不确定性等特点。与之相比，水利工程体系仍存在一些突出问题和薄弱环节，必须通过“水利工程补短板”，进一步提升我国水旱灾害的防御能力。我国人多水少，水资源时空分布不均，目前经济社会发展布局与水资源配置格局还不协调，应对气候变化能力相对较弱。总体而言，尽管我国水利领域适应气候变化工作取得了一些成绩，但基础能力仍待提高，相关研究基础相对薄弱，适应工作保障体系尚未形成，基础设施建设不能满足适应要求，敏感脆弱区域的适应能力有待提升，缺乏相应的监控和评估机制。下一步，应依据我国治水主要矛盾的深刻变化，加快转变治水思路和方式，通过对水利工程补短板、水利行业强监管，进一步提高水利行业适应气候变化的能力和水平。总体而言，水利领域适应气候变化的思路还应继续转变。

① 1亩≈666.7m^2。

（1）主动适应。目前水安全保障的很多工作和措施对策还停留在被动应对层面，没有完全从被动应对向主动适应转变，在水资源规划、防洪规划、流域综合规划等相关规划和重大工程建设中还没有充分考虑气候变化因素，要防患于未然，将适应气候变化纳入相关规划中，做好前瞻性布局。要构建韧性的基础设施群和生命线工程，提升防灾和恢复能力。建设气候适应型社会，通过循环利用提升能效、水效，减少排放，改善生态。要深入分析应对气候变化重大目标、重大工程、重大项目对经济社会发展及水资源利用的系统性风险和影响，建立健全气候变化敏感区域陆地水循环与水资源演变的监测预警体系。

（2）科学适应。不同区域逐步采取了一些适应气候变化的措施，但并非完全是有计划的适应，需要加强有序、定量适应的研究。强化水利领域适应科学基础研究，既能防范气候变化引起的灾害风险，又能有效利用气候变化带来的积极影响，趋利避害并抓。要深入分析不同排放情景对气候的影响及能源、经济发展、生活方式、生态保护等的要求，系统研究绿色低碳发展模式下水利领域的适应方案。对于气候变化影响的敏感地区，关于水文极值平稳性的假设可能已经不适用于未来的水利水电工程设计，洪水重现期、洪水风险、工程可靠度等概念都需要在非平稳的框架下进行计算（林凯荣等，2012；鲁帆等，2017；Lin et al.，2017；Lan et al.，2018）。对于已经投入运行的水利水电工程，应该分析水文极值是否受气候变化和人类活动的影响而存在变化趋势，利用非平稳极值统计模型评估工程的全生命周期风险和可靠度，提高水文模型在变化环境下的预测能力对于保障工程的安全运行和高效调度具有重要意义。

（3）协同适应。气候变化涉及不同地区和不同流域，需要多方协同，联合研发。要坚持以问题为导向，推进“综合集成”，增强领域间的协同和区域间的联动；要将制度、市场、技术手段有机结合起来，实现自然－社会－经济“整体有序”的适应气候变化愿景。将水利领域气候变化适应工作纳入长江经济带、京津冀协同发展及雄安新区建设、粤港澳大湾区发展、“一带一路”倡议等重大发展战略中，明确适应路线图和适应方案，加快形成陆地生态系统与人类社会发展相和谐、与气候变化相适应的大格局。

（4）链条适应。目前，我国水利领域适应气候变化的工作还较为零散，很多关键技术亟待突破。要围绕“气候预测预估—气候脆弱性和风险评估—适应技术研发与示范”主线，开展全链条创新，重点开展适应基础与共性技术、生态环境系统适应机理与关键支撑技术、社会经济系统适应机理与关键支撑技术、基础设施及重大工程适应关键技术与示范、重点区域关键技术集成与示范、适应气候变化政策模拟与管理技术六大方向的技术研究。鼓励跨行业、跨领域、跨学科的联合科学研究和适应技术开发，趋利避害，实现“有序应对、整体最优、长期受益”目标，全面提升水利领域适应气候变化的科技支撑能力。

2.8 主要结论和知识差距

2.8.1 主要结论

在全球变暖背景下，1960 年以来，长江、珠江、东南诸河和西北内陆河流域地表水资源量总体呈现略微增加趋势；海河、黄河、淮河和西南诸河流域则表现为减少趋势；气候变化和人类活动对流域径流变化的贡献因地域和研究时段不同而存在差异。未来几十年，中国水资源以总体正常略微偏少为主，但变异性增加。

工业需水占全国总用水量的 24.1%，农业是最大的用水部门，全球变暖将导致工业需水量稳中有增，农业需水量也出现增多趋势，考虑到水资源综合管理的影响，未来全国需水量以持平略增为主，综合用水高峰期可能发生在 2030 年前后，需水量将达到 7000 亿 ~8000 亿 m^3。

我国江河水质在最近 10 年有转好趋势，降水量较多的年份中国河流水质相对较好，近些年排污总量的减少也是我国江河水质转好的重要因素，未来气温变化对流域径流和水质负荷的影响不是很明显，但总氮和总磷负荷随降水和径流增加而增大，水质恶化风险可能增大。

西北和东北地区基本为中脆弱性和低脆弱性；华北和华东地区脆弱性增大，表现为中高脆弱性；西南、华中和华南地区基本为中低脆弱性和低脆弱性。中国的水资源脆弱性近 10 年呈现下降趋势，其中 20 多个省份呈现下降趋势，其他省份无明显变化（除河南上升外）。气候变化对未来中国水资源脆弱性影响显著，全国水资源脆弱性整体呈现上升趋势。气候变化影响下全国中脆弱性及以上的区域面积将明显扩大，极端脆弱性区域面积也将进一步扩大。

水利工程使得水资源安全保障能力得到一定提升，水生态文明建设取得初步成效；未来水利适应气候变化应强化主动适应与协同适应相结合，科学适应与链条适应相衔接。

2.8.2 知识差距

水资源是受气候变化影响最直接和最为敏感的领域，近几十年来，无论在研究方法还是在研究成果方面，与气候变化相关的水资源领域都取得了长足的进步。然而，区域水文循环是一个受多要素驱动的复杂过程，在水资源领域气候变化研究在以下方面尚存在知识差距。

（1）区域水文循环受气候要素和植被下垫面条件差异影响显著，IPCC AR5 表明，目前气候变化对水资源的影响大多缺乏考虑气候驱动植被变化的水文效应，已有的径流对环境变化的响应研究大多区分量化整个流域在较长时段内（一个或数个年代）年均径流对气候与下垫面变化的响应，而径流响应的时空演化性和尺度效应则考虑较少。因此，结合环境要素的多源时空数据，研究不同时空尺度上径流对气候与下垫面协同演变的动态响应关系是目前存在的知识差距。

（2）区域生态过程、河流水文过程、水利工程运行调度过程相互作用、彼此影响，目前气候变化对多种过程的影响大多单独研究而缺乏气候变化驱动下多过程相互之间的关联性研究，基于复杂环境下河流水文生态等多过程的气候变化响应机理及综合评价方法是目前研究的薄弱环节。“开展气候－水文－生态耦合模拟”，加强气候、水、能源、农业之间的联系，综合评估气候和水文变化对社会经济和生态环境的影响，以弥补国内模拟研究和影响评估的不足。

（3）气候变化对水资源影响的研究大多仍集中在流域径流平均态的影响研究方面，尽管目前已有气候变化对水文极端事件的响应、对水质的影响、对农业灌溉的影响，以及对供水系统的可靠性、恢复性和脆弱性的影响等方面的研究，但这些方面的研究相对较为薄弱，对气候变化不确定性及风险评估的研究不足，致使气候变化水资源风险研究成果缺乏对流域未来水资源持续利用的实际指导意义。

（4）随着现代观测技术的快速发展，多源数据的利用为开展气候变化研究提供了重要的数据基础，但我国在全国和区域层面开展水循环观测专项方面的研究还有待加强。同时，人工智能技术的发展为科学家对气候变化与区域水文循环机理揭示提供了新的视角和方法。基于多源数据和深度学习技术的水资源对气候变化响应研究可以充分反映水资源系统内部结构的时间变异性和依赖性，同时又能反映气候与下垫面时空演变对径流的影响，这也是变化环境下，特别是气候变化驱动下水科学与深度学习交叉研究的重要内容。

▪ 参考文献

蔡超，任华堂，夏建新 . 2014. 气候变化下我国主要农作物需水变化 . 水资源与水工程学报，25（1）：71-75.

陈俊旭，赵红玲，赵志芳，等 . 2018. 水资源脆弱性评估 RESC 模型及其在东部季风区的应用 . 应用基础与工程科学学报，26（5）：940-953.

陈衍，王保栋，辛明 . 2018. 气候变化及人类活动对长江入海径流的影响分析 . 人民长江，49（16）：36-40.

陈亚宁 . 2015. 气候变化对西北干旱区水循环影响机理与水资源安全研究 . 中国基础科学，（2）：1018.

代稳，吕殿青，李景保，等 . 2016. 气候变化和人类活动对长江中游径流量变化影响分析 . 冰川冻土，38（2）：488-497.

邓海军，陈亚宁 . 2018. 中亚天山山区冰雪变化及其对区域水资源的影响 . 地理学报，73（7）：1309-1323.

丁一汇，杜祥琬 . 2016. 气候变化对我国重大工程的影响与对策研究 . 北京：科学出版社 .

董李勤 . 2013. 气候变化对嫩江流域湿地水文水资源的影响及适应对策 . 长春：中国科学院研究生院（东北地理与农业生态研究所）.

窦燕 . 2015. 经济发展和气候变化与乌鲁木齐市生活用水关联度分析 . 水利科技与经济，（6）：1-3.

杜麦，陈小威，王颖 . 2017. 基于多元统计分析的浐灞河水质污染特征研究 . 华北水利水电大学学报：

自然科学版，(6)：88-92.
耿润哲，张鹏飞，庞树江，等 . 2015. 不同气候模式对密云水库流域非点源污染负荷的影响 . 农业工程学报，31（22）：240-249.
郭良，张晓蕾，刘荣华，等 . 2017. 全国山洪灾害调查评价成果及规律初探 . 地球信息科学学报，19（12）：1548-1556.
郭伟，阳伏林，张荣，等. 2014. 晋西北地区马铃薯生态需水量对气候变化的响应. 干旱气象，32（4）：516-520.
果有娜，张晨 . 2018. 气象因素作用下于桥水库悬浮物对总磷的影响 . 水资源保护，34（6）：75-79.
韩冬梅，高宇，许新宜 . 2016. 未来气候变化对黑河流域作物需水影响分析 . 水利水电技术，47（4）：140-144.
黄国如，武传号，刘志雨，等 . 2015. 气候变化情景下北江飞来峡水库极端入库洪水预估 . 水科学进展，26（1）：10-19.
黄晶，宋振伟，陈阜，等 . 2009. 北京市近 20 年农业用水变化趋势及其影响因素 . 中国农业大学学报，14（5）：103-108.
金君良，何健，贺瑞敏，等 . 2017. 气候变化对淮河流域水资源及极端洪水事件的影响 . 地理科学，37（8）：1226-1233.
康斌 . 2016. 我国台风灾害统计分析 . 中国防汛抗旱，26（2）：36-40.
雷雨 . 2018. 气候变化对黄河流域生态环境影响及生态需水研究 . 水利科技与经济，24（8）：35-41.
李承鼎，康世昌，刘勇勤，等 . 2016. 西藏湖泊水体中主要离子分布特征及其对区域气候变化的响应 . 湖泊科学，28（4）：21-26.
李辉，李娜，程晓陶，等 . 2019. 海绵城市建设的挑战与发展机遇 . 中国水利，14：26-28.
梁振东 . 2016. 气候变化下的区域用水量影响研究 . 扬州：扬州大学 .
林凯荣，何艳虎，陈晓宏 . 2012. 气候变化及人类活动对东江流域径流影响的贡献分解研究 . 水利学报，43（11）：11-17.
刘波，陈刘强，周森，等 . 2018. 长江上游重庆段径流变化归因分析 . 长江流域资源与环境，(6)：18-21.
刘传正，吕杰堂，童立强，等 . 2019. 雅鲁藏布江色东普沟崩滑 – 碎屑流堵江灾害初步研究 . 中国地质，46（2）：219-234.
刘吉开，万甜，程文，等 . 2018. 未来气候情境下渭河流域陕西段非点源污染负荷响应 . 水土保持通报，38（4）：88-92.
刘梅 . 2015. 我国东部地区气候变化模拟预测与典型流域水文水质响应研究 . 杭州：浙江大学 .
刘梅，吕军 . 2015. 我国东部河流水文水质对气候变化响应的研究 . 环境科学学报，35（1）：108-117.
刘晓英，林而达 . 2004. 气候变化对华北地区主要作物需水量的影响 . 水利学报，35（2）：77-82.
刘志雨，夏军 . 2016. 气候变化对中国洪涝灾害风险的影响 . 自然杂志，38（3）：182-188.
卢洪健，莫兴国，孟德娟，等 . 2015. 气候变化背景下东北地区气象干旱的时空演变特征 . 地理科学，35（8）：31-35.
鲁帆，肖伟华，严登华，等 . 2017. 非平稳时间序列极值统计模型及其在气候 – 水文变化研究中的应用综述 . 水利学报，48（4）：379-389.

陆桂华，张亚洲，肖恒，等 . 2015. 气候变化背景下蚌埠市暴雨与淮河上游洪水遭遇概率分析 . 气候变化研究进展，11（1）：31-37.
雒新萍，夏军 . 2015. 气候变化背景下中国小麦需水量的敏感性研究 . 气候变化研究进展，11（1）：38-43.
吕乐婷，彭秋志，廖剑宇，等 . 2013. 近 50 年东江流域降雨径流变化趋势研究 . 资源科学，35（3）：514-520.
马建华 . 2012. 长江流域控制性水库统一调度管理若干问题思考 . 冰川冻土，43（9）：1-7.
毛炜峄，樊静，沈永平，等 . 2012. 近 50a 来新疆区域与天山典型流域极端洪水变化特征及其对气候变化的响应 . 冰川冻土，34（5）：1037-1046.
毛兴华 . 2016. 2014 年长江口咸潮入侵分析及对策 . 水文，36（2）：73-77.
莫兴国，胡实，卢洪健，等 . 2018. GCM 预测情景下中国 21 世纪干旱演变趋势分析 . 自然资源学报，33（7）：1244-1256.
平凡，刘强，于海阁，等 . 2017. BNU-ESM-RCP4.5 情景下 2018 ~ 2060 年拒马河河道内生态需水量和麦穗鱼栖息地面积模拟研究 . 湿地科学，（2）：116-120.
秦大河，丁永建，穆穆，等 . 2012. 中国气候与环境演变：2012（第二卷 影响与脆弱性）. 北京：气象出版社 .
秦大河，Stocker T，259 名作者和 TSU（驻伯尔尼和北京）. 2014. IPCC 第五次评估报告第一工作组报告的亮点结论 . 气候变化研究进展，10（1）：1-6.
秦欢欢，赖冬蓉，万卫，等 . 2018. 基于系统动力学的北京市需水量预测及缺水分析 . 科学技术与工程，18（21）：175-182.
单凤霞，刘珩 . 2017. 珠江干流（2008—2015 年）水质变化趋势与驱动力分析 . 广东水利水电，（6）：7-10.
盛海燕，吴志旭，刘明亮，等 . 2015. 新安江水库近 10 年水质演变趋势及与水文气象因子的相关分析 . 环境科学学报，（1）：118-127.
宋晓猛，张建云，占车生，等 . 2013. 气候变化和人类活动对水文循环影响研究进展 . 水利学报，（7）：27-38.
孙涛，杨志峰，刘静玲 . 2004. 海河流域典型河口生态环境需水量 . 生态学报，24（12）：2707-2715.
汤秋鸿，兰措，苏凤阁，等 . 2019. 青藏高原河川径流变化及其影响研究进展 . 科学通报，64（27）：2807-2821.
王丹，陈永金，燕东芝 . 2016. 近 23 a 气候变化对东平湖水位及 TN、TP 的影响 . 人民黄河，38（8）：23-26.
王飞，王宗敏，杨海波，等 . 2018. 基于 SPEI 的黄河流域干旱时空格局研究 . 中国科学：地球科学，48（9）：1169-1183.
王国庆，金君良，鲍振鑫，等 . 2014. 气候变化对华北粮食主产区水资源的影响及适应对策 . 中国生态农业学报，22（8）：898-903.
王浩，汪党献，倪红珍，等 . 2004. 中国工业发展对水资源的需求 . 水利学报，35（4）：109-113.
王建华，杨志勇 . 2010. 气候变化将对用水需求带来影响 . 中国水利，（1）：5.
王乐扬，李清洲，杜付然，等 . 2019. 近 20 年中国河流水质变化特征及原因 . 华北水利水电大学学报：

自然科学版，(3)：84-88.
王乐扬，李清洲，王金星，等. 2020. 变化环境下近60年来中国北方江河实测径流量演变特征. 华北水利水电大学学报：自然科学版，41（2）：36-42.
王朋. 2014. 气候变化对黄淮海地区农业需水影响研究. 郑州：华北水利水电大学.
王书霞，张利平，李意，等. 2019. 气候变化情景下澜沧江流域极端洪水事件研究. 气候变化研究进展，15（1）：23-32.
王卫光，孙风朝，彭世彰，等. 2013. 水稻灌溉需水量对气候变化响应的模拟. 农业工程学报，(14)：6-10.
吴芳，张新锋，崔雪锋. 2017. 中国水资源利用特征及未来趋势分析. 长江科学院院报，24（1）：30-39.
吴普特，赵西宁. 2010. 气候变化对中国农业用水和粮食生产的影响. 农业工程学报，26（2）：1-6.
夏军，刘春蓁，刘志雨，等. 2016. 气候变化对中国东部季风区水循环及水资源影响与适应对策. 自然杂志，38（3）：167-176.
夏军，雒新萍，曹建廷，等. 2015. 气候变化对中国东部季风区水资源脆弱性的影响评价. 气候变化研究进展，11（1）：8-14.
夏军，彭少明，王超，等. 2014. 气候变化对黄河水资源的影响及其适应性管理. 人民黄河，36（10）：1-4.
夏军，石卫. 2016. 变化环境下中国水安全问题研究与展望. 水利学报，47（3）：292-301.
夏军，翁建武，陈俊旭，等. 2012. 多尺度水资源脆弱性评价研究. 应用基础与工程科学学报，20(1)：1-14.
肖东玲，杨小浩. 2015. 水质污染与水环境保护对策研究. 资源节约与环保，(7):147，152.
徐苏. 2017. 近35年长江流域土地利用时空变化特征及其径流效应. 郑州：郑州大学.
徐婉珍. 2015. 基于EFDC的潘家口水库富营养化模拟. 安徽农业科学，43(34): 115-118，290.
姚晓军，刘时银，孙美平，等. 2014. 20世纪以来西藏冰湖溃决灾害事件梳理. 自然资源学报，29（8）：1377-1390.
于保慧. 2015. 气候变化模式对大凌河流域水质影响的定量分析. 东北水利水电，33（9）：30-32.
张晨，刘汉安，高学平，等. 2016. 气候变化对于桥水库总磷与溶解氧的潜在影响分析. 环境科学，37（8）：2932-2939.
张建云. 2017. 总结试点经验深入推进水生态文明建设. 中国水利，21：26.
张建云，贺瑞敏，齐晶，等. 2013. 关于中国北方水资源问题的再认识. 水科学进展，24（3）：303-310.
张建云，宋晓猛，王国庆，等. 2014. 变化环境下城市水文学的发展与挑战 I. 城市水文效应. 水科学进展，25（4）：594-605.
张建云，王国庆. 2014. 河川径流变化及归因定量识别. 北京：科学出版社.
张建云，王国庆，金君良，等. 2020. 1956—2018年中国江河径流演变及其变化特征. 水科学进展，31（2）：153-161.
张建云，王银堂，贺瑞敏，等. 2016. 中国城市洪涝问题及成因分析. 水科学进展，27（4）：485-491.
张文明，徐爽. 2018. 珠江流域统一调度管理及2017年调度实践回顾. 中国防汛抗旱，4：23-26.

张永勇，花瑞祥，夏瑞 . 2017. 气候变化对淮河流域水量水质影响分析 . 自然资源学报，(1)：116-128.
张质明，王晓燕，马文林，等 . 2017. 未来气候变暖对北运河通州段自净过程的影响 . 中国环境科学，37(2)：730-739.
赵荐芳 . 2013. 云南省电力能源应对旱灾风险的能力评价与对策探讨 . 中国农村水利水电，3：90-93.
赵凯歌，张正煜，赵玉龙 . 2018. 黄河甘肃段“十二五”期间水质变化趋势分析 . 甘肃科技纵横，(12)：16-18，67.
中国气象局 . 2018. 中国气候变化蓝皮书(2018). 北京：气象出版社 .
中国气象局 . 2019. 中国气候变化蓝皮书(2019). 北京：气象出版社 .
仲志余，刘国强，吴泽宇 . 2018. 南水北调中线工程水量调度实践及分析 . 南水北调与水利科技，16(1)：95-99，143.
周洪华，李卫红，陈亚宁，等 . 2014. 博斯腾湖水盐动态变化(1951—2011 年)及对气候变化的响应 . 湖泊科学，(1)：55-65.
朱颖洁，郭纯青，黄夏坤 . 2010. 气候变化和人类活动影响下西江梧州站降水径流演变研究 . 水文，30(3)：50-55.
Ali R O，Heryansyaha A，Nawaz N. 2018. Impact of climate change on water resources in Huai River Basin，China. International Journal of Engineering & Technology，7(4)：2225-2230.
Allan C，Xia J，Pahl-Wostl C. 2013. Climate change and water security：challenges for adaptive water management. Current Opinion in Environmental Sustainability，5(6)：625-632.
Ayantobo O O，Li Y，Song S，et al. 2017. Spatial comparability of drought characteristics and related return periods in mainland China over 1961—2013. Journal of hydrology，550：549-567.
Cai J，Varis O，Yin H. 2017. China's water resources vulnerability：a spatio-temporal analysis during 2003—2013. Journal of Cleaner Production，142：2901-2910.
Chang J，Wang Y，Istanbulluoglu E，et al. 2015. Impact of climate change and human activities on runoff in the Weihe River Basin，China. Quaternary International，380：169-179.
Chen J，Wu X，Finlayson B L，et al. 2014. Variability and trend in the hydrology of the Yangtze River，China：annual precipitation and runoff. Journal of Hydrology，513：403-412.
Cheng L，Ma L，Yang M，et al. 2019. Changes of temperature and precipitation and their impacts on runoff in the upper Taohe River in northwest China from 1956 to 2014. Environmental Earth Sciences，78(14)：423.
Chu H，Wei J，Qiu J，et al. 2019. Identification of the impact of climate change and human activities on rainfall-runoff relationship variation in the Three-River Headwaters region. Ecological Indicators，106：105516.
Crossman J，Futter M N，Oni S K，et al. 2013. Impacts of climate change on hydrology and water quality：future proofing management strategies in the Lake Simcoe watershed，Canada. Journal of Great Lakes Research，39(1)：19-32.
Dong W，Cui B，Liu Z，et al. 2014. Relative effects of human activities and climate change on the river runoff in an arid basin in northwest China. Hydrological Processes，28(18)：4854-4864.
Du Y，Berndtsson R，An D，et al. 2017. Hydrologic response of climate change in the source region of the

Yangtze River，based on water balance analysis. Water，9（2）：115.

He Y，Lin K，Tang G，et al. 2017. Quantifying the changing properties of climate extremes in Guangdong Province using individual and integrated climate indices. International Journal of Climatology，37（2）：781-792.

Kundzewicz Z W，Krysanova V，Benestad R E，et al. 2018. Uncertainty in climate change impacts on water resources. Environmental Science & Policy，79：1-8.

Lan T，Lin K R，Liu Y Z，et al. 2018. A clustering preprocessing framework for the subannual calibration of a hydrological model considering climate-land surface variations. Water Resources Research，54（10）：34-52.

Leng G Y，Tang Q H，Huang M Y，et al. 2015. Projected changes in mean and interannual variability of surface water over continental China. Science China Earth Sciences，58（5）：739-754.

Li B，Chen Y，Xiong H. 2016. Quantitatively evaluating the effects of climate factors on runoff change for Aksu River in northwestern China. Theoretical and Applied Climatology，123（12）：97-105.

Li M，Ma Z，Lv M. 2017. Variability of modeled runoff over China and its links to climate change. Climatic Change，144（3）：433-445.

Li R，Zheng H，Huang B，et al. 2018. Dynamic impacts of climate and land-use changes on surface runoff in the mountainous region of the Haihe River Basin，China. Advances in Meteorology，2018：1-10.

Li Z，Chen Y N，Li W H，et al. 2013. Plausible impact of climate change on water resources in the arid region of Northwest China. Fresenius Environmental Bulletin，22（9a）：2789-2797.

Lin K R，Lin Y Q，Xu Y M，et al. 2017. Inter- and intra- annual environmental flow alteration and its implication in the Pearl River Delta，South China. Journal of Hydro-environment Research，15：27-40.

Liu J，Zhang Q，Singh V P，et al. 2017. Contribution of multiple climatic variables and human activities to streamflow changes across China. Journal of Hydrology，545：145-162.

Luo M，Liu T，Meng F，et al. 2019. Identifying climate change impacts on water resources in Xinjiang，China. Science of the Total Environment，676：613-626.

Ma S，Zhou T，Dai A，et al. 2015. Observed changes in the distributions of daily precipitation frequency and amount over China from 1960 to 2013. Journal of Climate，28（17）：6960-6978.

Mao T，Wang G，Zhang T. 2016. Impacts of climatic change on hydrological regime in the Three-River Headwaters region，China，1960—2009. Water Resources Management，30（1）：115-131.

Meng F，Liu T，Huang Y，et al. 2016. Quantitative detection and attribution of runoff variations in the Aksu River Basin. Water，8（8）：338.

Piao S，Ciais P，Huang Y，et al. 2010. The impacts of climate change on water resources and agriculture in China. Nature，467（7311）：43.

Qin J，Liu Y，Chang Y，et al. 2016. Regional runoff variation and its response to climate change and human activities in Northwest China. Environmental Earth Sciences，75（20）：1366.

Qu S，Wang L，Lin A，et al. 2018. What drives the vegetation restoration in Yangtze River basin，China：climate change or anthropogenic factors? Ecological Indicators，90：438-450.

Shi H，Li T，Wei J，et al. 2016. Spatial and temporal characteristics of precipitation over the Three-River

Headwaters region during 1961—2014. Journal of Hydrology：Regional Studies，6：52-65.
Shi P，Wu M，Qu S，et al. 2015. Spatial distribution and temporal trends in precipitation concentration indices for the Southwest China. Water Resources Management，29（11）：3941-3955.
Shi W，Xia J，Gippel C J，et al. 2017. Influence of disaster risk，exposure and water quality on vulnerability of surface water resources under a changing climate in the Haihe River basin. Water International，42（4）：462-485.
Su B，Huang J，Zeng X，et al. 2017. Impacts of climate change on streamflow in the upper Yangtze River basin. Climatic Change，141（3）：533-546.
Su F，Zhang L，Ou T，et al. 2016. Hydrological response to future climate changes for the major upstream river basins in the Tibetan Plateau. Global and Planetary Change，136：82-95.
Sun S K，Li C，Wu P T，et al. 2018. Evaluation of agricultural water demand under future climate change scenarios in the Loess Plateau of Northern Shaanxi，China. Ecological Indicators，84：811-819.
Wan L，Xia J，Bu H M，et al. 2014. Sensitivity and vulnerability of water resources in the arid Shiyang River Basin of Northwest China. Journal of Arid Land，6（6）：656-667.
Wan L，Xia J，Hong S，et al. 2015. Decadal climate variability and vulnerability of water resources in arid regions of Northwest China. Environmental Earth Sciences，73（10）：6539-6552.
Wan S，Zhang J，Wang G，et al. 2020. Evaluation of changes in streamflow and the underlying causes: a perspective of an upstream catchment in Haihe River basin, China. Journal of Water and Climate Change，11(1)：241-257.
Wang G Q，Yan X L，Zhang J Y，et al. 2013. Detecting evolution trends in the recorded runoffs from the major rivers in China during 1950—2010. Journal of Water and Climate Change，4（3）：252-264.
Wang G Q，Zhang J Y. 2015. Variation of water resources in the Huang-huai-hai areas and adaptive strategies to climate change. Quaternary International，380-381：180-186.
Wang G Q，Zhang J Y，Jin J L，et al. 2017. Impacts of climate change on water resources in the Yellow River basin and identification of global adaptation strategies. Mitigation and Adaptation Strategies for Global Change，22（1）：67-83.
Wang G Q，Zhang J Y，Yang Q L. 2016. Attribution of runoff change for the Xinshui River catchment on the Loess Plateau of China in a changing environment. Water，8（6）：267.
Wang H，Xu S G，Sun L S. 2006. Effects of climatic change on evapotranspiration in Zhalong Wetland . Northeast China. Chinese Geographical Science，16（3）：265-269.
Wang Y J，Qin D H. 2017. Influence of climate change and human activity on water resources in arid region of Northwest China: an overview. Advances in Climate Change Research，8（4）：268-278.
Wang Y Q，Yuan Z，Xu J J，et al. 2019. Research on the attribution identification of source runoff variation in the Yellow River Source Region based on water and energy balance model .IOP Conference Series: Earth and Environmental Science，34：012122.
Wang Z，Zhong R，Lai C，et al. 2018. Climate change enhances the severity and variability of drought in the Pearl River Basin in South China in the 21st century. Agricultural and Forest Meteorology，249：149-162.

Wu H S，Liu D F，Chang J X，et al. 2017. Impacts of climate change and human activities on runoff in Weihe Basin based on Budyko hypothesis. IOP Conference Series：Earth and Environmental Science，82：1-10.

Wu Y，Wu S Y，Wen J，et al. 2016. Changing characteristics of precipitation in China during 1960—2012. International Journal of Climatology，36（3）：1387-1402.

Xia J，Ning L，Wang Q，et al. 2017. Vulnerability of and risk to water resources in arid and semi-arid regions of West China under a scenario of climate change. Climatic Change，144（3）：549-563.

Xia J，Qiu B，Li Y. 2012. Water resources vulnerability and adaptive management in the Huang，Huai and Hai river basins of China. Water International，37（5）：523-536.

Xiao Z，Shi P，Jiang P，et al. 2018. The spatiotemporal variations of runoff in the Yangtze River basin under climate change . Advances in Meteorology，（1）：1-14.

Xu C，Chen Y，Chen Y，et al. 2013. Responses of surface runoff to climate change and human activities in the arid region of Central Asia：a case study in the Tarim River Basin，China. Environmental Management，51（4）：926-938.

Xu K，Yang D，Yang H，et al. 2015. Spatio-temporal variation of drought in China during 1961—2012：a climatic perspective. Journal of Hydrology，526：253-264.

Xu Y P，Zhang X，Ran Q，et al. 2013. Impact of climate change on hydrology of upper reaches of Qiantang River Basin，East China. Journal of Hydrology，483：51-60.

Xue L，Yang F，Yang C，et al. 2017. Identification of potential impacts of climate change and anthropogenic activities on streamflow alterations in the Tarim River Basin，China. Scientific Reports，7（1）：8254.

Yang L E，Chan F K S，Scheffran J. 2018. Climate change，water management and stakeholder analysis in the Dongjiang River basin in South China. International Journal of Water Resources Development，34（2）：166-191.

Yang P，Xia J，Zhang Y，et al. 2017. Temporal and spatial variations of precipitation in Northwest China during 1960—2013. Atmospheric Research，183：283-295.

Yang Q，Luo S，Wu H，et al. 2019a. Attribution analysis for runoff change on multiple scales in a humid subtropical basin dominated by forest，East China. Forests，10（2）：184.

Yang Q，Zhang H，Wang G，et al. 2019b. Dynamic runoff simulation in a changing environment：a data stream approach. Environmental Modelling & Software，112：157-165.

Yin J，He F，Xiong Y J，et al. 2017. Effects of land use/land cover and climate changes on surface runoff in a semi-humid and semi-arid transition zone in northwest China. Hydrology and Earth System Sciences，21（1）：183-196.

Yu M，Li Q，Hayes M J，et al. 2014. Are droughts becoming more frequent or severe in China based on the standardized precipitation evapotranspiration index：1951—2010? International Journal of Climatology，34（3）：545-558.

Yu Z，Gu H，Wang J，et al. 2018. Effect of projected climate change on the hydrological regime of the Yangtze River Basin，China. Stochastic Environmental Research and Risk Assessment，32（1）：1-16.

Yuan Z, Yan D, Yang Z, et al. 2016. Projection of surface water resources in the context of climate change in typical regions of China. Hydrological Sciences Journal, 62 (2): 1-11.

Zhang E, Yin X A, Xu Z, et al. 2018. Bottom-up quantification of inter-basin water transfer vulnerability to climate change. Ecological Indicators, 92: 195-206.

Zhang L, Nan Z, Xu Y, et al. 2016. Hydrological impacts of land use change and climate variability in the headwater region of the Heihe River Basin, Northwest China. PLoS One, 11 (6): e0158394.

Zhang Q, Zheng Y, Singh V P, et al. 2017. Summer extreme precipitation in eastern China: mechanisms and impacts. Journal of Geophysical Research: Atmospheres, 122 (5): 2766-2778.

Zhang X, Dong Q, Costa V, et al. 2019. A hierarchical Bayesian model for decomposing the impacts of human activities and climate change on water resources in China. Science of the Total Environment, 665: 836-847.

Zhang X, Xu Y P, Fu G. 2014. Uncertainties in SWAT extreme flow simulation under climate change. Journal of Hydrology, 515: 205-222.

Zhang Y, Shao Q, Xia J, et al. 2011. Changes of flow regimes and precipitation in Huai River Basin in the last half century. Hydrological Processes, 25 (2): 246-257.

Zhao A, Zhu X, Liu X, et al. 2016. Impacts of land use change and climate variability on green and blue water resources in the Weihe River Basin of northwest China. Catena, 137: 318-327.

Zhao Q, Ding Y, Wang J, et al. 2019. Projecting climate change impacts on hydrological processes on the Tibetan Plateau with model calibration against the glacier inventory data and observed streamflow. Journal of Hydrology, 573: 60-81.

Zhou Y, Lai C, Wang Z, et al. 2018. Quantitative evaluation of the impact of climate change and human activity on runoff change in the Dongjiang River basin, China. Water, 10 (5): 571.

Zhuang X W, Li Y P, Nie S, et al. 2018. Analyzing climate change impacts on water resources under uncertainty using an integrated simulation-optimization approach. Journal of Hydrology, 556: 523-538.

Zou L, Xia J, She D. 2018. Analysis of impacts of climate change and human activities on hydrological drought: a case study in the Wei River Basin, China. Water Resources Management, 32 (4): 1421-1438.

第3章 冰 冻 圈

主要作者协调人：康世昌、王根绪
编　　　　审：丁永建
主 要 作 者：陈仁升、王世金、王晓明、李志军、牛富俊

▪ 执行摘要

通过近60年对中国冰冻圈影响与适应的分析和预估，全面评估了冰冻圈变化对河川径流和生态系统的影响，系统阐述了冰冻圈变化引起的灾害风险及其对经济社会发展的影响与适应对策。20世纪60年代~21世纪10年代，冰冻圈变化导致以小冰川为主的流域融水量“先增后减”的拐点已经出现；积雪消融期提前并缩短，改变了流域径流的年内分布；未来冰冻圈水资源“调丰补枯”作用将减弱，并增加干旱和洪涝风险（高信度）。20世纪80年代~21世纪10年代，青藏高原冰冻圈变化导致大部分植被春季物候期提前；多年冻土退化在一定阈限内有利于植被覆盖度和生产力的提高。冰川消融释放的污染物对下游生态环境造成潜在影响（中等信度）。冰冻圈快速变化导致冰崩、冰川跃动、冰湖溃决及小规模雪灾发生频率增加，海冰对抗冰能力低或耐疲劳性差的工程设施有破坏风险。未来亟须从政策层面、规划管控和认知提升等方面制定适应冰冻圈变化的经济社会发展策略。

3.1 引　言

冰冻圈是气候系统中变化最敏感、反馈最直接的圈层。在全球变暖背景下，冰冻圈快速变化及其与生物圈、水圈、大气圈、岩石圈之间的相互作用日趋加剧，并对水文水资源、生态系统、人类社会经济可持续发展带来广泛而深刻的影响。

IPCC AR5《IPCC 全球 1.5℃温升特别报告》和《气候变化中的海洋与冰冻圈特别报告》均明确指出，气候变暖已导致全球冰冻圈要素加速退缩。冰川、海冰和积雪变化改变全球反照率和能量平衡；冻土退化导致碳释放进而加速气候变暖；在全球许多区域，冰冻圈消融正在改变区域内水文系统，影响当地水资源量和水质；冰冻圈要素的快速退缩对北极海岸大面积崩塌后退产生重要影响；半干旱地区和以冰川融水为补给的区域，受到冰湖溃决、冰川泥石流、冰川跃动、雪冰融水洪水、滑坡等一系列冰冻圈灾害的威胁；模拟预估显示，冰盖的损失可能会导致大规模、不可逆的海平面上升；冰川（冰盖）、多年冻土、淡水和海洋条件发生改变，使极地地区淡水资源、陆地和海洋生态系统面临风险，高山区物种栖息地、数量、物候和繁殖能力等也深受其影响；多年冻土退化导致陆路运输设施、建筑物等基础设施被损毁，海冰消融给北极沿海居民带来更多暴风雨侵袭的风险（IPCC，2013，2014a，2014b，2018，2019）。冰冻圈的这些变化正在或即将给全球生态和社会经济系统带来巨大威胁。

我国已完成的三次气候与环境演变科学评估报告中也重点评估了冰冻圈分量中冰川、冻土、积雪、海河湖冰变化对水文、生态、环境、工程的影响并提出了适应性对策（李培基，2002；丁永建和潘家华，2005；刘时银和赵林，2012）。越来越多的证据表明，从 20 世纪 70 年代开始，全球持续变暖，其影响范围和程度不断增加，特别是由此引起的冰冻圈灾害在频率、强度和损失情况上都有增加趋势（Kintisch and Kerr，2007；Hallegatte et al.，2011；Rheinberger，2013）。我国冰冻圈的快速变化对区域社会经济系统产生了广泛而深刻的负面影响，主要体现在对冰雪旅游业、寒区畜牧业、干旱区绿洲农业、冰冻圈灾害承灾区、寒区重大工程、海岸和海岛国家安全、极地栖息地等系统的综合影响（王世金等，2018）。鉴于中国冰冻圈区域的区位劣势及其较为落后的经济水平，其应对冰冻圈变化的能力极为有限。目前，适应仍然是应对冰冻圈变化的主要途径（Kane and Shogren，2000；Smit and Pilifosova，2001；Grothmann and Patt，2005）。冰冻圈变化对社会经济系统的综合影响分析是适应冰冻圈快速变化的基础，其适应性管理战略则是减轻冰冻圈快速变化的不利影响、降低自然和社会经济系统损失，进而减缓其不利影响的最终目标（丁永建和秦大河，2009）。

本次评估以 2012 年以来发表的文献为基础，重点评估中国冰冻圈变化对水文水资源、生态系统及碳循环的综合影响程度。同时，系统梳理中国冰冻圈灾害类型、灾害影响的时空尺度及其空间分布特征，分析我国冰冻圈灾害高风险区的综合影响及未来态势，提出中国冰冻圈变化影响的宏观适应性管理策略，明确认知差距和不足。

3.2 冰冻圈变化对河川径流的影响

中国冰冻圈是中国及周边国家重要大江、大河的发源地，更是“一带一路”干旱内陆河流域的水塔。在全球变暖背景下，冰冻圈快速变化对中国特别是西部地区的水文过程与河川径流具有较大的影响。

3.2.1 冰冻圈变化对河川径流的影响现状

1. 冰川融水径流的变化

中国1961~2006年平均冰川融水量为$629.56 \times 10^8 m^3$（内流水系39.9%，外流水系60.1%），冰川融水量占西部地表水资源量的12.2%，约为全国河川径流量的2.3%。受冰川退缩影响，中国冰川融水自20世纪60年代以来呈逐步增加的趋势，60年代、70年代、80年代、90年代和2001~2006年中国冰川融水分别为$517.8 \times 10^8 m^3$、$590.9 \times 10^8 m^3$、$615.2 \times 10^8 m^3$、$695.5 \times 10^8 m^3$和$794.7 \times 10^8 m^3$。2000年之后是46年来冰川融水径流量最大的时期，平均融水径流量达$794.7 \times 10^8 m^3$（Zhang et al.，2012；丁永建等，2017a），相对于60年代增加了约50%。

中国冰冻圈主要河流一级流域中塔里木盆地冰川融水补给率高达54.5%，柴达木盆地和河西走廊内陆河区域分别为21.6%和21.1%，准噶尔盆地约10%，伊犁河流域9.1%（丁永建等，2017a），其他流域冰川补给率较小，最小的为黄河源，仅为0.5%。但受降水量、流域径流量增加的影响，过去56年以来主要冰冻圈流域的冰川融水径流比重变化不大，部分流域在2010年以后呈现减小趋势。

2. 冻土退化的影响

冻土退化影响了冰冻圈流域的产流、入渗和蒸散发过程以及流域的地下水系统，已导致中国冰冻圈主要流域冬季径流量增加、最大月径流量减少、干季（11月至次年4月）/湿季（5~10月）径流量比例增大等年内径流过程线趋于平缓等现象，特别是在多年冻土分布地区（图3-1）（陈仁升等，2019）。

中国冰冻圈33个流域多年冻土覆盖率与径流的统计结果表明，在多年冻土覆盖率低于40%的流域，冬季径流变化率与多年冻土覆盖率成反比；流域多年冻土覆盖率大于40%时，冬季径流变化率与多年冻土覆盖率基本无关。在多年冻土覆盖率高于约60%时，冬季径流比重基本稳定，而在多年冻土覆盖率相对较小的流域，随多年冻土覆盖率的增加，冬季退水系数变化率减小。最大最小月径流变化率与流域多年冻土覆盖率基本成正比（图3-1），即随多年冻土覆盖率的减少，流域年内径流过程线趋于平缓（Wang et al.，2018）。

总之，冻土退化尚未对多年冻土覆盖率较高流域的产汇流过程产生明显影响，但已经改变了中国西部多数冰冻圈流域的产汇流过程。

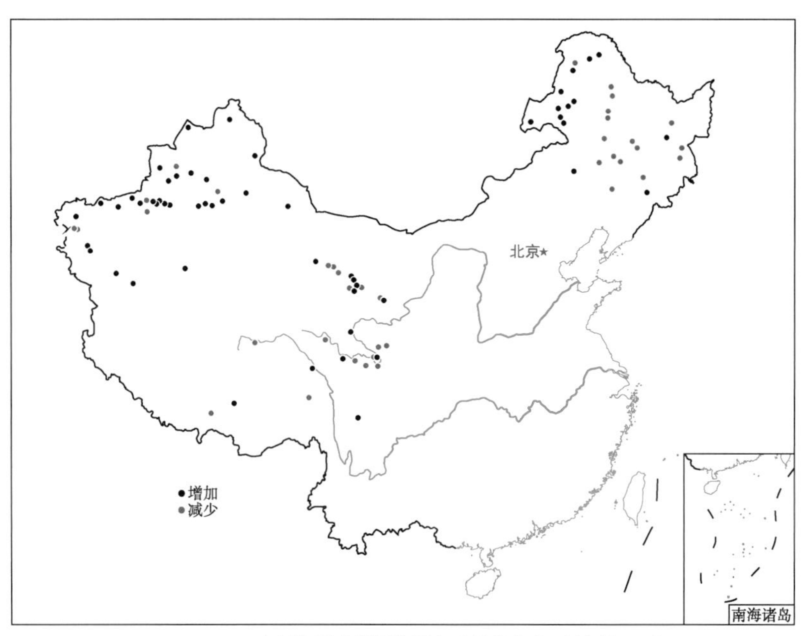

(a) 中国主要冰冻圈流域冬季径流变化(建站到2014年)

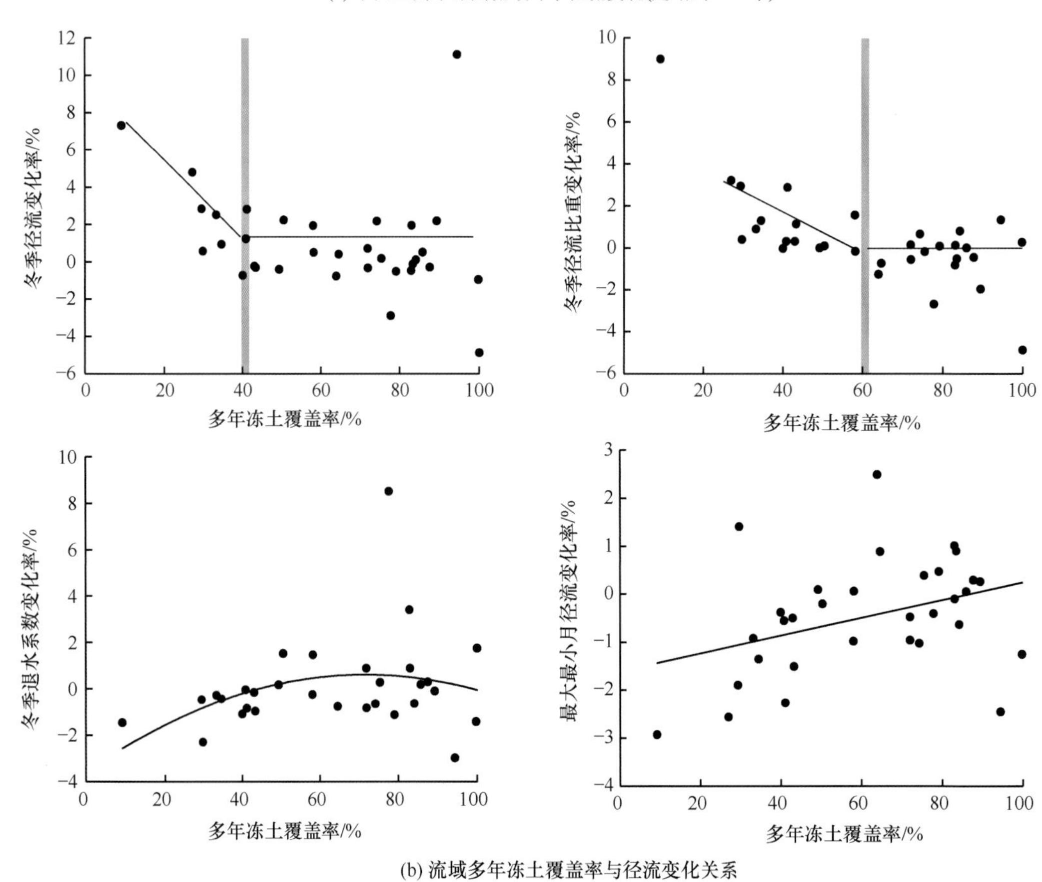

(b) 流域多年冻土覆盖率与径流变化关系

图 3-1 冻土变化对中国主要冰冻圈流域径流的影响（Wang et al.，2018）

3. 融雪径流的变化

1960~2012 年，融雪径流量在青藏高原呈现减少趋势，但新疆和东北地区总体呈现增加趋势，其中天山南坡、祁连山西段、长江源区以及长白山区融雪增加明显（图 3-2）。中国西部流域融雪径流期提前，使融雪早期（3~5 月）融雪径流量增加明显，6~9 月融雪径流量明显减少，这种现象在长江源区尤为明显。融雪径流量的变化改变了径流量的年内分配，特别是积雪补给率高的流域，如天山北坡的克兰河流域，流域最大径流量月已由 6 月提前到 5 月，相应最大月径流量也增加了 15%，4~6 月融雪径流量占总径流量的比例由 60% 增加到近 70%（丁永建等，2020）。

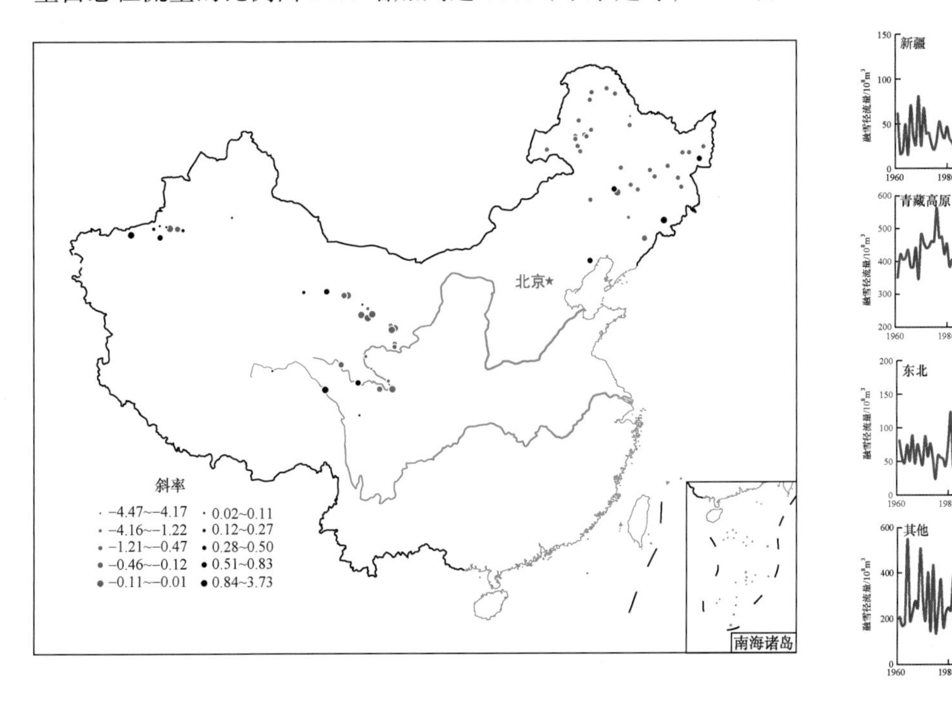

图 3-2 中国冰冻圈流域融雪径流变化趋势及幅度（Liu et al.，2019）

4. 冰冻圈和气候变化对西部流域总径流量的影响

1964~2014 年，受降水量增多和冰冻圈变化综合影响，中国冰冻圈区域的河川径流总体呈现增加趋势。在西部冰冻圈地区，径流呈增加和减少趋势的流域具有明显的分区，分界线大约为河西走廊黑河双树寺水库—青海湖东部—黄河唐乃亥水文站一线；该线以西的山区河川径流基本呈增加趋势，以东则径流总体呈减少趋势（图 3-3）；其基本反映了季风和西风多年来对西部冰冻圈流域河川径流的影响差异。降水量增加、冰冻圈加速消融是径流增加的主要原因，降水量减少及人类活动增加则是分界线以东地区径流减少的主要因素。

在东北冰冻圈区，黑龙江和松花江源区过去 1964~2014 年径流总体呈现增加趋势，其他人类活动较为密集地区的径流则主要为减少趋势，人类活动增加是这些地区径流减少的主要原因（丁永建等，2017b）。

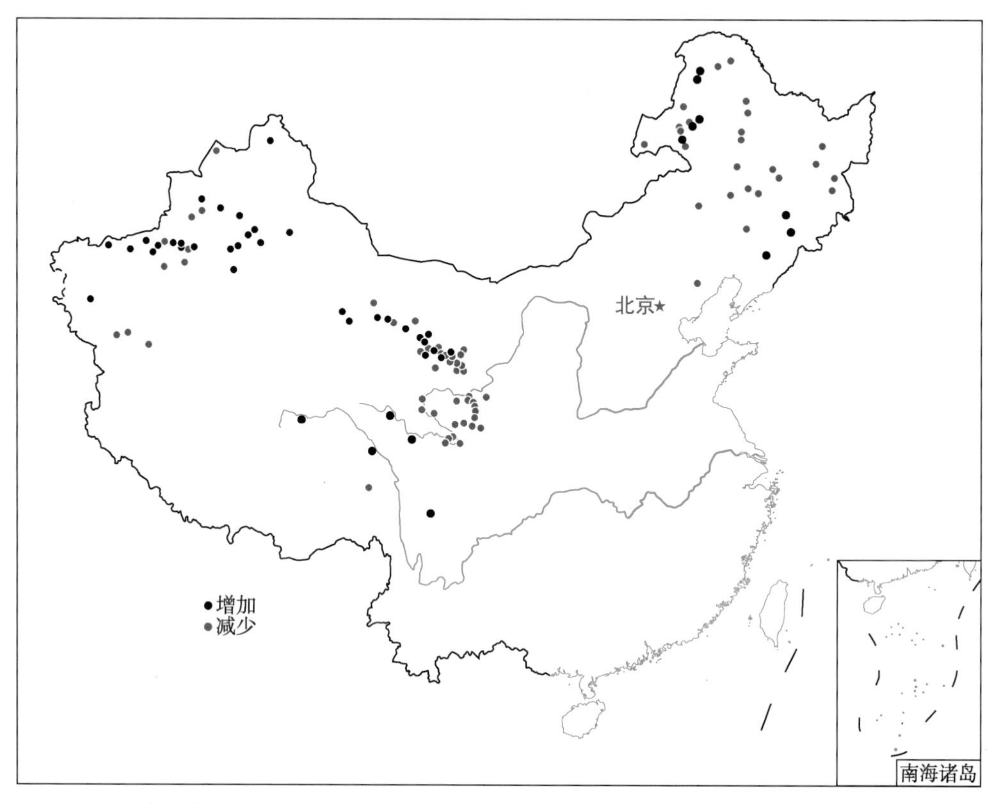

图 3-3 中国冰冻圈主要河流 1964~2014 年径流量变化趋势（丁永建等，2017b，2020）

3.2.2 冰冻圈变化对河川径流的影响预估

1. 主要流域冰川融水的可能变化

基于 CMIP5 中较为适合中国西部的 5 个模式（CSIRO-Mk3.6.0、HadGEM2-ES、MIROC5、MIROC-ESM 和 MIROC-ESM-CHEM）的平均结果，驱动 VIC-CAS（Zhao et al.，2015）水文模型发现，到 21 世纪 90 年代，在 RCP2.6 和 RCP4.5 情景下，中国冰川融水减少明显，其中祁连山区相对于 1971~2010 年减少 80% 以上，青藏高原东部和南部地区减少 50%~90%（Zhao et al.，2019），天山地区减少 30%~50%（图 3-4）。该结果得到第二次冰川编目大量冰川面积数据的独立验证，并在水文模型、度日因子、不确定性等方面与国内外相关研究结果进行了对比分析和讨论（Zhao et al.，2019），具有高信度。

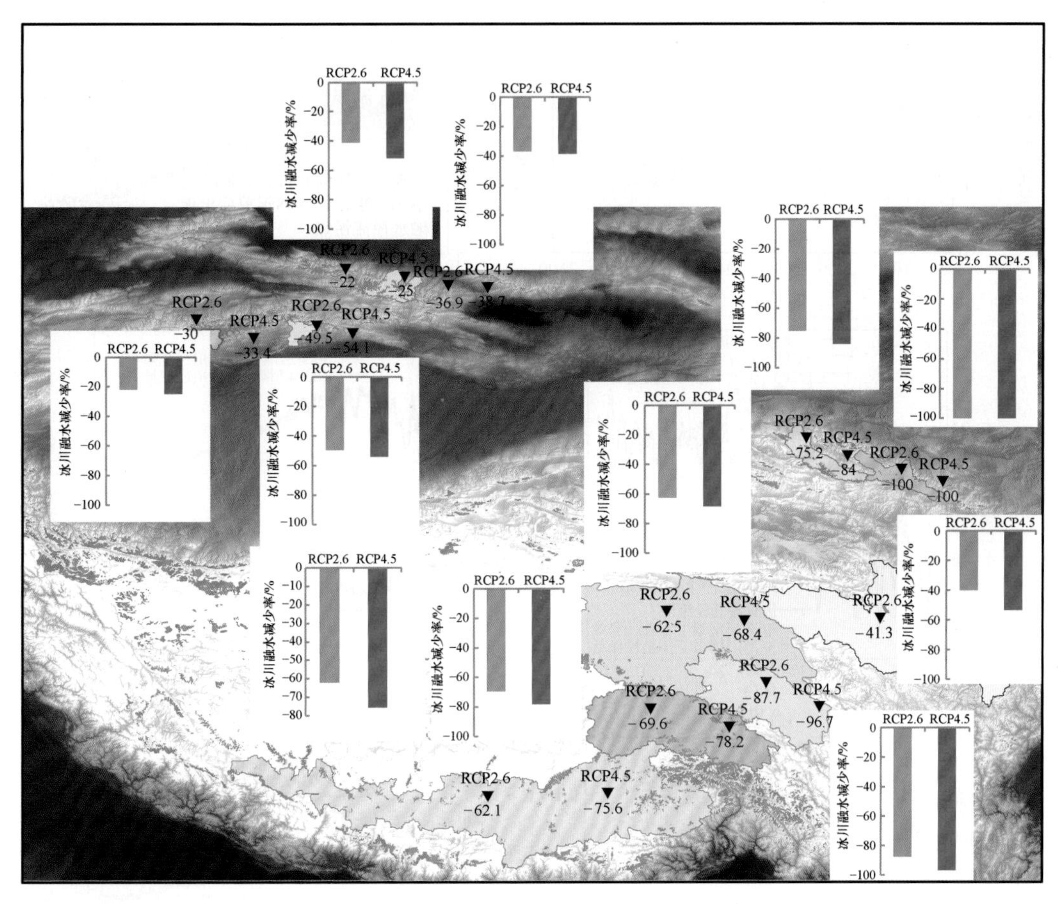

图 3-4 中国西部主要流域冰川径流的未来变化（21 世纪 90 年代相对于 1971~2010 年）

[据 Zhao 等（2015）绘制]

冰川面积比率较高的流域如祁连山疏勒河、长江源以及天山地区的河流，未来冰川径流随气温升高总体呈现先增后减的趋势。冰川融水“先增后减”拐点的出现时间主要与流域冰川的大小及面积有关。从单条冰川看，我国多数小型冰川的融水径流量很可能已经出现了拐点，如祁连山宁缠河 3 号冰川 [图 3-5（b）]；而面积相对较大的冰川很可能在最近出现径流峰值，如祁连山七一冰川 [图 3-5（a）]。在流域尺度上：①冰川覆盖率低、以小冰川为主的流域，冰川融水“先增后减”的拐点已经出现，如受东亚季风影响较大的河西走廊石羊河流域、西风带天山北坡的玛纳斯河和呼图壁河流域以及青藏高原的怒江源、黄河源和澜沧江源；②部分流域在未来 10~20 年会出现冰川融水拐点，如天山南坡的库车河和木扎特河、祁连山黑河和疏勒河以及青藏高原的长江源等；③具有大型冰川的流域，冰川融水拐点出现较晚或到 21 世纪末融水径流呈增加趋势，如天山南坡的阿克苏河流域，融水拐点出现在 2050 年以后的概率大于 60%（图 3-5）。在山系尺度上，以小型冰川为主的祁连山区，冰川融水径流量很可能已经于 2000 年左右达到峰值，目前冰川融水径流量已经呈现减少趋势，而昆仑山东部则可能在 2040 年左右才达到融水径流量峰值（图 3-5）。

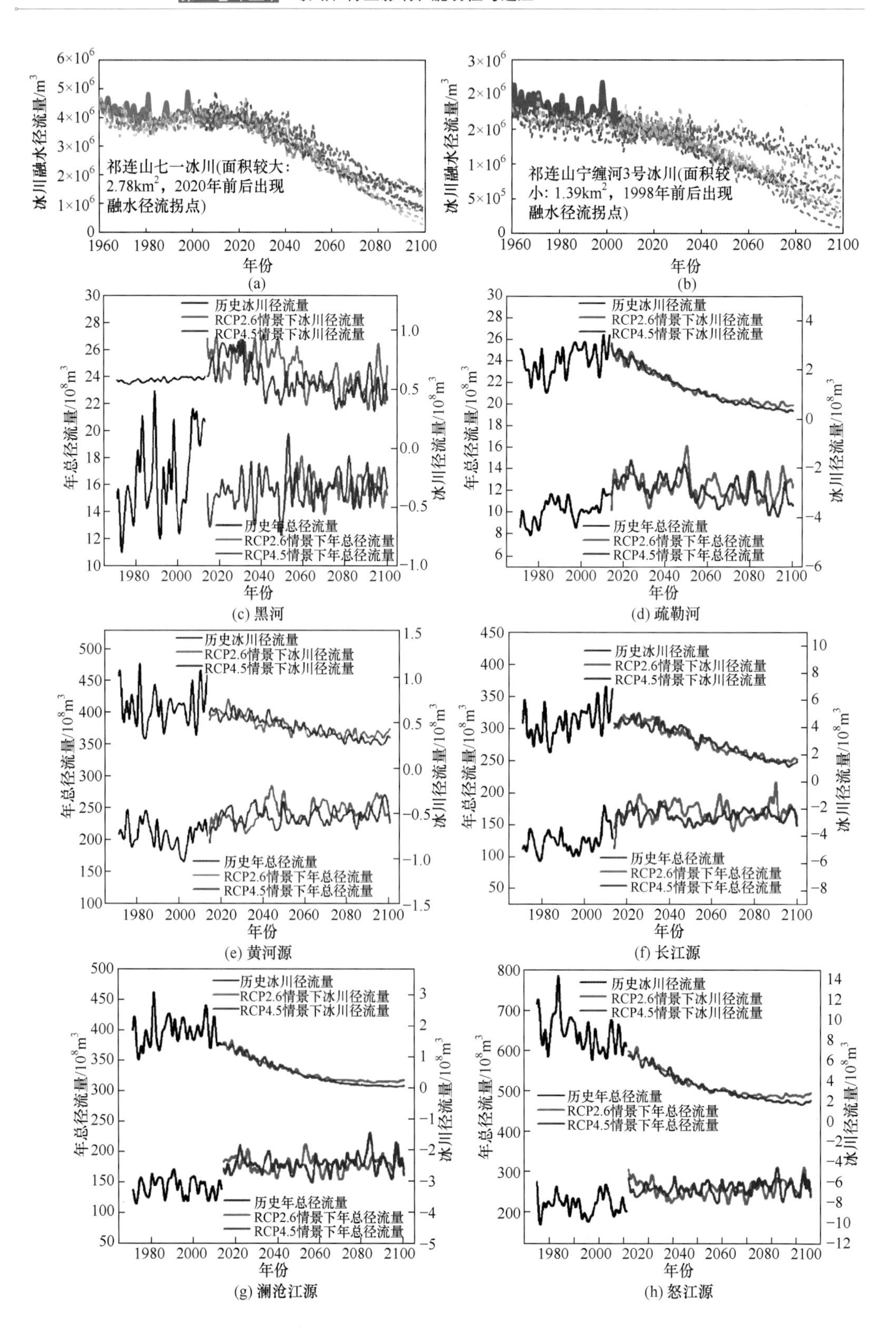
冰川融水径流量/m^3
祁连山七一冰川(面积较大：2.78km^2，2020年前后出现融水径流拐点)
年份
(a)
祁连山宁缠河3号冰川(面积较小：1.39km^2，1998年前后出现融水径流拐点)
年份
(b)
年总径流量/10^{8}m^3
冰川径流量/10^{8}m^3
历史冰川径流量
RCP2.6情景下冰川径流量
RCP4.5情景下冰川径流量
历史年总径流量
RCP2.6情景下年总径流量
RCP4.5情景下年总径流量
年份
(c) 黑河
(d) 疏勒河
(e) 黄河源
(f) 长江源
(g) 澜沧江源
(h) 怒江源

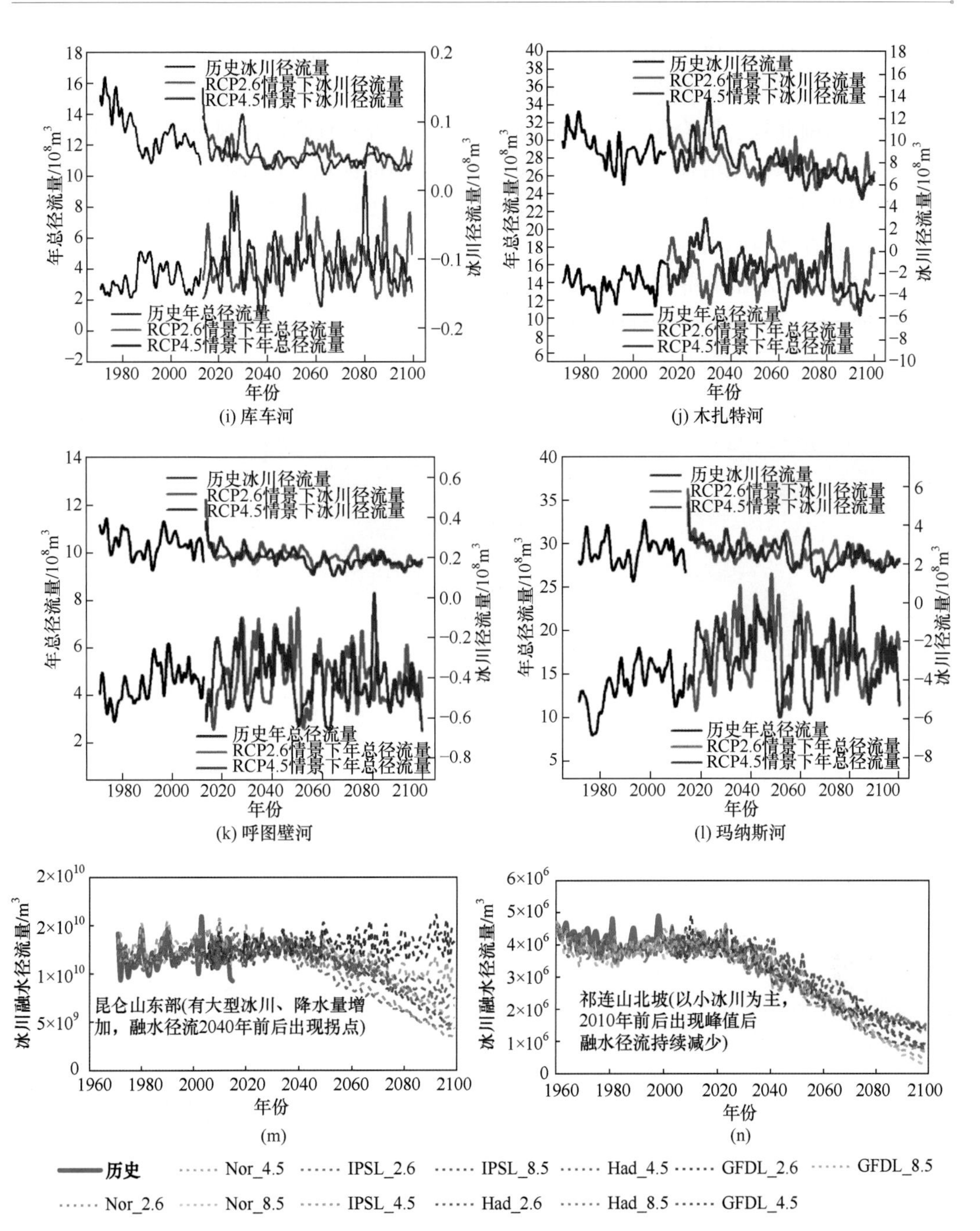

图3-5 典型冰川、流域及山系冰川融水径流量的可能变化[据Zhao等(2015)和陈仁升等(2019)绘制]

图例中Nor指NorESM1-M，IPSL指IPSL-CM5A-LR，Had指HadGEM2-ES，GFDL指GFDL-ESM2M

2. 气候和冰冻圈变化对中国西部主要流域未来径流的影响

在RCP2.6和RCP4.5情景下，到21世纪90年代，受气候和冰冻圈共同影响，中国西部冰冻圈主要径流的变化存在一定区域性特征：①祁连山石羊河流域以东、江河源区未来径流减少主要是由降水量减少、蒸散发量增加引起的；②黑河流域高海拔区，降水量增加的影响基本和蒸散发增加、冰川融水径流量减少的影响相当，径流基本稳定；③天山南北坡、昆仑山北坡、疏勒河等冰川覆盖率较高的西风带地区，受降水量增加影响，未来径流增加 10%~40%；④青藏高原南部流域等高原季风影响区，未来降水量增幅相对较小、冰川覆盖率低，未来径流量的变化幅度在 –10%~10%，以微量增加为主；⑤青藏高原东部主要流域未来径流量增幅在 20%~30%（图 3-6）。径流量增加的主要原因是降水量的增加。

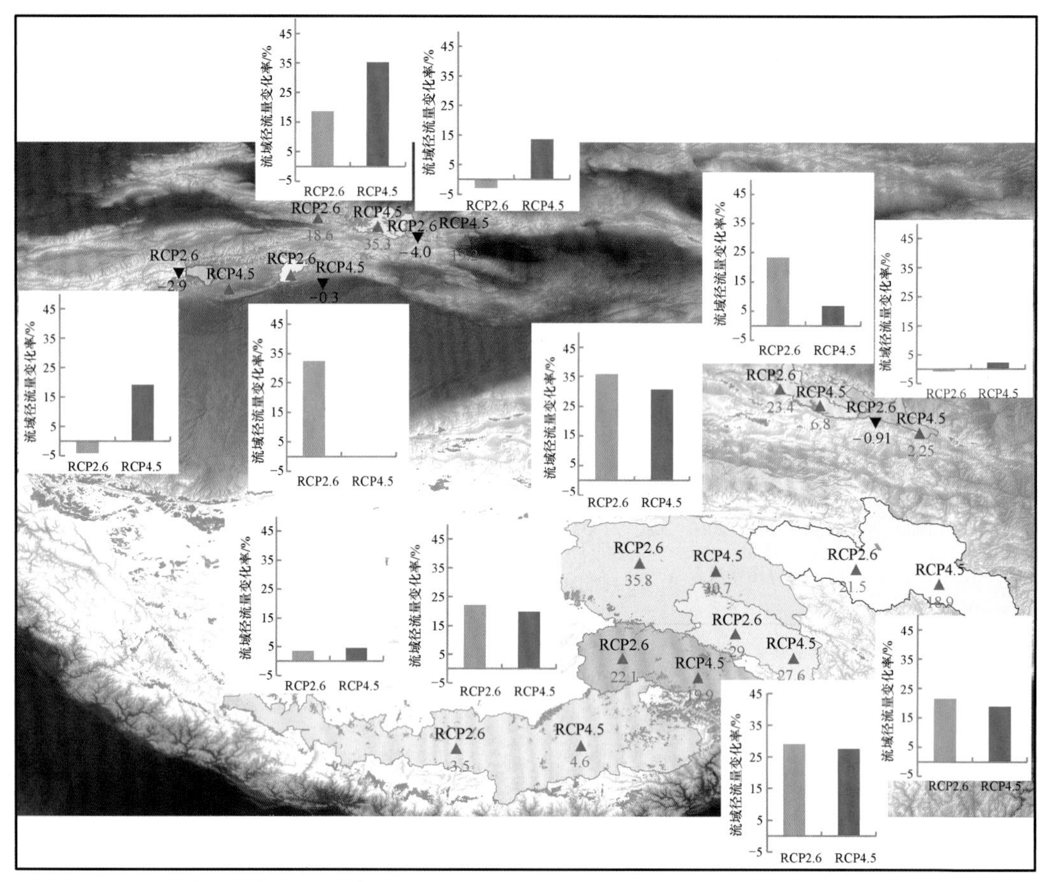

图 3-6 中国西部主要流域未来径流的变化（21 世纪 90 年代相对于 1971~2010 年）

[据 Zhao 等（2015）绘制]

在 RCP4.5 情景下，在全球平均温升 2℃的 2045 年前后，受冰川加速消融及降水增加的共同影响，中国西北干旱区主要流域的径流量将达到峰值，之后由于冰川径流的减少，流域径流量呈现减少趋势；到 21 世纪 90 年代，相对于 2045 年前后，径流量减少 10%~30%，部分流域可达 50% 以上。尽管到 21 世纪 90 年代的流域径流量比 1960~2000 年多 10%~20%，但这主要是降水量增加造成的，而未来降水的变化还存在较大的不确定性。全球温升 2℃以后，流域冰川稳定径流的作用减弱或消失，将会导致一些小型河流和过去以冰川融水为主的河流断流，河川径流丰枯变化明显，局地性洪旱灾害加剧，在枯水季节或年份将可能出现区域性水危机。在大多数冰川消失以后，一旦降水量减少、气候变干，西北干旱区将会出现区域性的长期水危机。因此，低于 RCP4.5 排放情景发展且将全球气温控制在 2℃温升以内，是保障西北干旱区河川径流稳定的关键。

3.3 冰冻圈变化对生态系统及其碳循环的影响

3.3.1 冰冻圈变化对陆地生态系统的影响

1. 冰冻圈变化对陆地生态系统物候的影响

在冰冻圈作用区，植物物候变化是诊断生态系统对冰冻圈变化敏感性的重要指标，如北极地区大部分植物群落花期提前且表现出缩短的趋势（Prevéy et al.，2019）。在我国青藏高原植被物候变化较为复杂，尽管其春季物候在过去几十年的持续变化有一定争议，但通过遥感数据反演，结合定位观测试验结果，有较大可信度的结论是：在一定程度上，较高的冬季和春季增温与持续增加的降水对青藏高原大部分植物物种的起叶和初花期具有一定的促进作用，即春季物候变化的大概率事件是提前的（高信度），平均每 10 年提前 3.7 天（图 3-7）（Shen et al.，2015）。模拟增温实验结果也表明，气候变暖使得高寒草甸大部分优势植物物种的开花物候均显著提前，其中早春开花植物如矮生嵩草（*Kobresia humilis*）和糙喙薹草（*Carex scabrirostris*）的提前幅度要明显大于仲夏开花植物如草地早熟禾（*Poa pratensis*）和异针茅（*Stipa aliena*）等（Wang et al.，2014）。1982 年以来，青藏高原高寒植物物候的动态变化过程几乎与北方温带草原和泰加林带物候变化相一致，表现出明显的时间维度上的一致性，表明气候变化引起的冻土活动层融化和积雪融化时间提前、活动层冻结时间缩短是促使春季物候提前的主要驱动因素。在空间上，青藏高原南部雅鲁藏布江流域物候变化与其他地区不同，大量证据支持春季物候延迟。青藏高原植物物候变化与气温升高，特别是夜间增温有关，地表冻土层季节融化过程变化和青藏高原不同地区降水增加等对其也有重要贡献（Shen et al.，2015；王欣等，2018）。未来，在冰冻圈变化作用下，需要加强不同高寒物

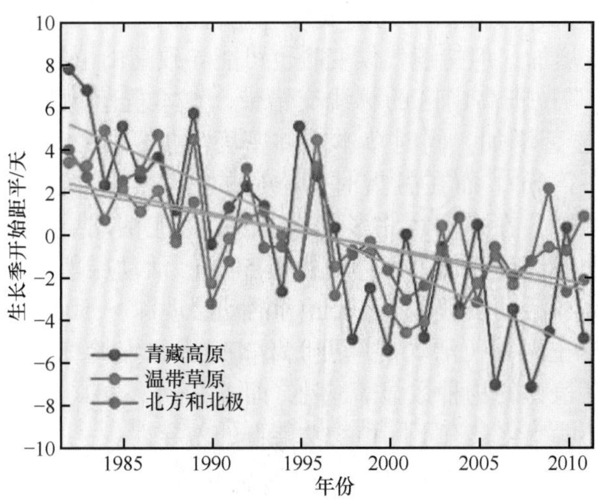

图 3-7 青藏高原寒区植物物候变化及其时空分布格局（Shen et al.，2015）

种物候对气候响应的样地观测，还应将不同来源的数据进行有效融合与同化，而不是单纯依靠遥感数据来判断，还应将冻融过程的影响与积雪和降水格局变化的影响结合起来，以便进一步明晰冰冻圈陆地植被物候的动态响应及其驱动机制。

2. 冰冻圈变化对陆地生态系统分布格局的影响

冰冻圈作用区是全球植被格局变化的关键区域，以乔木和灌木扩张、林线和灌丛线的移动最为明显，由此导致归一化植被指数（NDVI）也发生较大变化。在我国东北多年冻土区，1982~2015 年植被生长季平均 NDVI 呈增加趋势，表现出 80.6% 的区域显著增加，7.7% 的区域显著减少。不同类型多年冻土区的植被 NDVI 增加强度不同，依次为连续多年冻土区 > 不连续多年冻土区 > 稀疏岛状多年冻土区 > 季节冻土区，以连续多年冻土区 NDVI 的增加幅度最大（郭金停等，2016）。在整个青藏高原，植被 NDVI 在 1982~2015 年呈现较为显著的递增趋势（Shen et al.，2015；Lin et al.，2019），但同时也存在 NDVI 减少的区域。三江源区在 2001~2016 年，同期 NDVI 显著增加的区域占 46%，而显著退化的区域也占 23%。在多年冻土区，高寒草甸和高寒草原的多年平均 NDVI 最大值（NDVI_mean）随着土壤水分含量的增加而不断增大；随着多年冻土退化和土壤水分含量的增加，高寒草甸和高寒草原的 NDVI_mean 均持续增大。高寒草原的植被生长显著变好的区域主要分布在亚稳定和过渡型多年冻土区以及季节冻土区，土壤水分含量为 0.10~0.25m^3/m^3。植被生长显著变差区域主要分布在稳定和亚稳定多年冻土区以及季节冻土区，土壤水分含量为 0.05~0.15m^3/m^3（Wang et al.，2016）。

总结已有相关植被分布格局与 NDVI 反映的覆盖度变化研究结果，可以认为，在相对稳定的连续多年冻土区，高寒植被 NDVI 整体增加明显，增加幅度也较大（高信度）；在不连续多年冻土区，植被 NDVI 增加与减少并存，但以增加为主导（高信度）；在岛状和不连续多年冻土区边缘地带，则以退化的区域居多；在季节冻土区，植被 NDVI 变化趋势则完全取决于降水变化（高信度）。

3. 冰冻圈变化对物种多样性与生产力的影响

山区积雪分布格局以及融雪时间的变化可能对山地物种多样性起到重要的调节作用，即使物种丰富度增加，但持续气候变暖也可能导致高山植物区系的萎缩（Niittynen et al.，2018）。在喜马拉雅高山区的林线交错带，草本群落物种丰富度和多样性随着融雪时间的提前而显著增加，同时草本个体密度增加，如在融雪时间提前的区域草本个体数为 82~626 个 /m^2，而在融雪时间推后的区域，草本个体数为 69~288 个 /m^2（Niittynen et al.，2018）。在中国东北多年冻土区，冻土活动层埋深对物种丰富度和多样性指数的影响并非单调性降低，总体规律是 50cm< 活动层埋深≤ 150cm 时物种丰富度和多样性指数较高，活动层埋深≤ 50cm 和活动层埋深 >150cm 时物种丰富度和多样性指数较低。随着冻土融深（活动层厚度）增加，大兴安岭冻土区地面芽植物的物种数显著增大，高位芽植物的物种数显著减小（郭金停等，2016），表明多年冻土区植物物种多样性随冻土环境变化具有不同植物功能群的差异性。

青藏高原的净初级生产力（NPP）自 1979 年以来以 2.25 Tg C/a[①]的速度显著增加，

① $1Tg=10^{12}g$。

多年冻土区 NPP 的增长率明显高于季节性冻土区 [图 3-8（a）]；降水、CO_2 浓度和土地利用变化分别贡献了 NPP 增量的 63.3%、16.7% 和 9.5%，降水变化是不同类型高寒草地 NPP 变化的主导因素；温度增加引起自养呼吸的增幅高于总初级生产力（GPP），因而温度对 NPP 变化的贡献较弱；同时，高寒草甸地区温度对 NPP 和自养呼吸（AR）变化的贡献明显大于高寒草原地区，且多年冻土区高寒草甸的 NPP 和 AR 对温度的敏感性高于其他草地类型（Lin et al.，2019）。在增温模拟控制试验中也证明了上述结论。在多年冻土区和季节冻土区，植被地上净初级生产力（ANPP）随着降水量的增加递增 [图 3-8（b）]，降水量是驱动该区域 ANPP 变化的主要驱动力；多年冻土区的存在与否影响着增温对 ANPP 变化影响程度，即增温增加了多年冻土区 ANPP，降低了季节冻土区的 ANPP，表明多年冻土区 NPP 对气候变暖更加敏感，且增幅高于季节冻土区（中等信度）。在温度增加情景下，土壤水分的相对变化以及当年干旱条件的交互也是影响 ANPP 变化的重要因素。在未来持续变暖条件下，水分的获取是影响生产力变化的重要因子（高信度）。

青藏高原多个模拟增温控制实验结果表明，增温对物种多样性的影响受年均温的驱动，即年均温越低的区域，物种多样性丧失约剧烈；增温降低了多年冻土区和季节冻土区的物种多样性，但是多年冻土区物种丧失受温度升高影响更剧烈 [图 3-8（c）]。

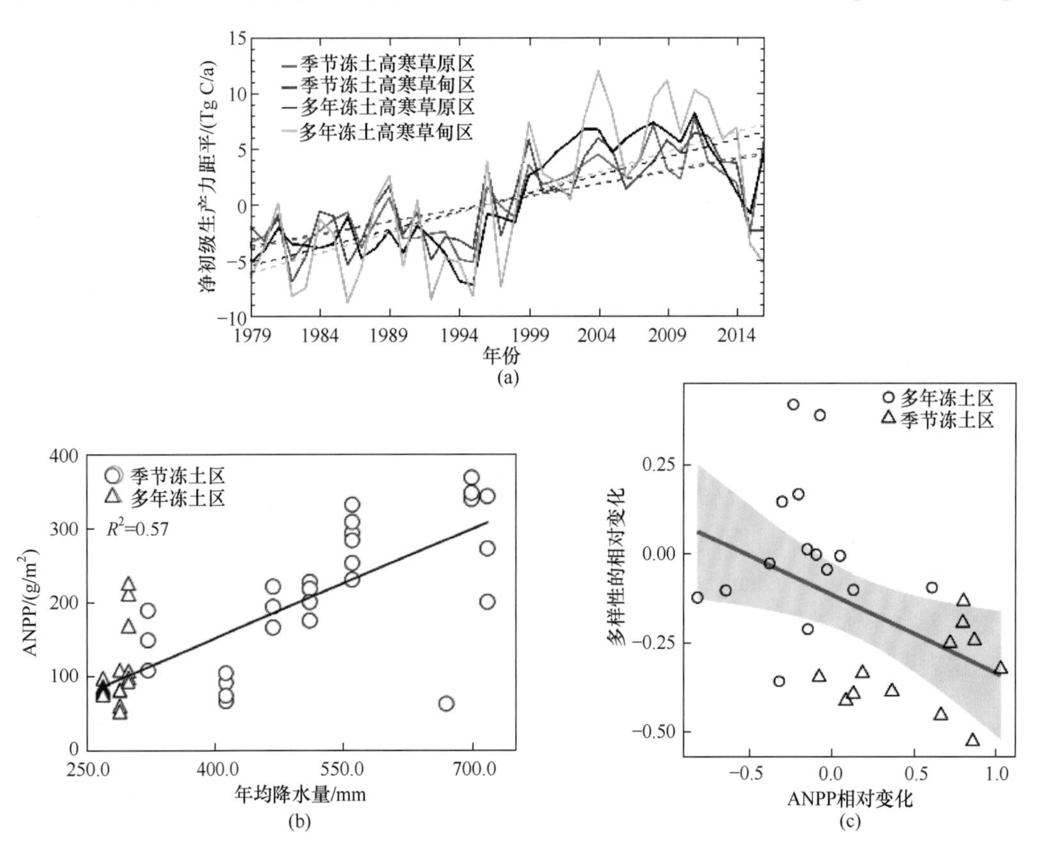

图 3-8 冰冻圈变化对高寒草地生态系统 NPP 的影响及其驱动因素
（Lin et al.，2019；王根绪和宜树华，2019）

增温引起的物种丧失可能是植被返青期提前或者衰萎推迟妨碍了高寒植物正常的季节更替，从而导致冷害，甚至引起植物体内碳水化合物和可以导致冻害的资源的相互转化，进而导致物种丧失。

总体上气候变暖导致积雪融化提前，从而有利于增加高寒植物物种多样性，其也是促进春季物候提前的重要因素。在多年冻土区，气候变暖在促进植物生产力增大的同时，植物物种多样性出现减少的趋势，且冻土温度越低，物种多样性减少越明显。气候变化下冻土退化对植被生产力的促进作用主要受土壤水分条件制约；因而，在不稳定多年冻土区以及季节冻土区，降水而非温度是决定植被生产力变化的首要因素（高信度）。

3.3.2 冰冻圈变化对陆地生态系统碳 / 氮循环的影响

1. 多年冻土有机碳的形成与分布特征

多年冻土区面积仅占北半球陆地总面积的 24%，但多年冻土区的土壤有机碳（SOC）储量是目前大气中碳储量的 2 倍（Hugelius et al.，2014）。就目前的认知而言，陆地多年冻土中已知的碳库储量高达 1330~1580Pg[①]，其中超过 800Pg 的碳冻结在多年冻土中，并未参与到全球碳循环中（Koven et al.，2013）。青藏高原高寒草地 2m 深度土壤有机碳储量约为 27.9Pg，而在 2~25m 深度的有机碳储量约为 132Pg（Mu et al.，2015）。2015 年多年冻土碳网络[②]认为到 21 世纪末（2095 年前后），5%~15% 多年冻土区土壤有机碳将会分解释放（Schuur et al.，2015）。如果取其中间值 10% 计算，则意味着将有 1300 亿 ~1600 亿 t 碳会进入大气中。由此，多年冻土区土壤有机碳对气候变化具有重要影响，但 5%~15% 这一较大的变化区间也说明了对其分解的认识存在很大不确定性。

多年冻土区活动层大部分土壤有机碳来源于植被输入，其具有较短的周转时间，而冻土碳的分解性能很可能决定于其埋藏时间和速率。通过 ^{14}C 测年，发现在 5 m 深度处的土壤有机碳年代约为 7000 年，因此青藏高原多年冻土区土壤有机碳是在过去数千年甚至万年时间内随着多年冻土的发育而初步积累下来的（Mu et al.，2014）。一般而言，未分解的有机质可以通过冻扰作用保存到冻土中，经历反复冻融循环的冻土层有机碳则可能比活动层有机碳更难分解。此外，冻土活动层和冻结层间显著的物理化学及生物学性质差异，可能使其面对不同的水热条件具有不同的响应，其土壤碳排放的影响机制可能不同（Chang et al.，2017）。尽管活动层和冻结层土壤有机碳的稳定性碳同位素差异不大，但是水溶性有机碳和有机碳的稳定性碳同位素值随着深度增加而增大，这表明在青藏高原多年冻土区随着深度增加，土壤有机碳的活性组分被微生物分解的程度较高（Song et al.，2018）。多年冻土层上限附近的水溶性有机碳含量较高，其稳定性同位素值较低，说明其具有很强的微生物分解潜力，从而在冻土退化过程中可能更容易释放。

---

① 1Pg=10^{15}g。
② www.permafrostcarbon.org

2. 多年冻土区土壤有机碳稳定性

在活动层中，表层土壤的碳释放速率较高；在多年冻土层中，有机碳分解释放速率则与深度关系不明显，深层土壤有机碳的分解速率还会高于上层土壤。虽然土壤有机碳的分解速率与温度呈正相关，但是多年冻土层土壤温度为负温时的增温（如从 –3℃增温到 –2℃时）对碳释放增幅的影响大于正温条件下的增温（如从 2℃增温到 3℃），而温度在 0℃时碳释放的速率则有一个低谷。无论是活动层还是冻土层，土壤碳排放的温度敏感性（Q_{10}）一般都大于 2.0，但存在较大的生态类型和区域的差异性。同样是高寒草甸，祁连山区多年冻土区高寒草甸土壤有机碳排放的 Q_{10} 在 6.0 以上，活动层土壤的 Q_{10} 变化在 6.0~23.0；在高原腹地的长江河源区，则一般在 2.0~5.0。东北大兴安岭泰加林带，活动层土壤碳排放的 Q_{10} 介于 5.2~21.0。对于活动层土壤而言，负温（冻结状态）下的温度敏感性 Q_{10} 比正温（融化状态）更高；对于冻土层而言，融化状态（正温）的 Q_{10} 更大（Mu et al.，2016；Zhang et al.，2017；Song et al.，2018）。这些研究发现表明，多年冻土土壤有机碳对气候变化的稳定性既存在不同生态类型和土壤质地的差异性，也存在活动层土壤和下部冻结层土壤间的明显分异，总体上土壤由冻结向融化转换时土壤的碳释放速率较大。

冻土有机碳对环境变化的敏感性与稳定性是理解冻土碳释放规律和潜力的关键。青藏高原多年冻土区的还原性铁固定的有机碳在表层 30cm 的比例为 0.9%~59.5%，其固定的碳占全部碳库的 19.5% ± 12.3%[图 3-9（a）]。从化学机制角度来看，青藏高原多年冻土区有机碳库的 20% 与还原性铁结合在一起，其微生物很难分解利用，属于惰性碳库（Mu et al.，2016）。在增温条件下，一般表土 10cm 内全土、黏粉粒和团聚体的土壤有机碳 $\delta^{13}C$ 值变化很小，但在下层 20~50cm 土层中三者的 $\delta^{13}C$ 值出现较明显的减小 [图 3-9（b）]，同时 C ：N 也显著降低 [图 3-9（c）]。这说明在冻融作用下，以及在不断加强的活动层冻扰作用和增加的植被碳输入等的共同作用下，多年冻土区土壤有机碳 ^{13}C 组成的剖面分布存在不断调整的过程（Chang et al.，2017）。实验室增温培养结果也得到了相似的现象，表土（0~10cm）土壤的 Q_{10} 显著高于深层（30~50cm）土壤，这与深层土较低的微生物活性和较强的团聚体保护作用有关，其中微生物量是调控深层土活性炭 Q_{10} 的主要因素，而慢性碳的 Q_{10} 则与团聚体的保护作用密切相关（Qin et al.，2019）。归纳起来，上述在 2012 年以后发现的新现象表明，在全球变暖背景下，青藏高原多年冻土区土壤有机碳库具有两方面的稳定维持机制（高信度）：一是伴随植被碳输入增加和活动层冻扰作用加强，上部有机碳向深部迁移，以减缓其温度的敏感性，其成为深部土壤有机碳稳定的一个重要机制；二是青藏高原冻土有机碳具有较为突出的还原性铁铝络合固定的化学稳定性，其成为青藏高原多年冻土土壤碳库在气候变化下维持稳定的重要途径。

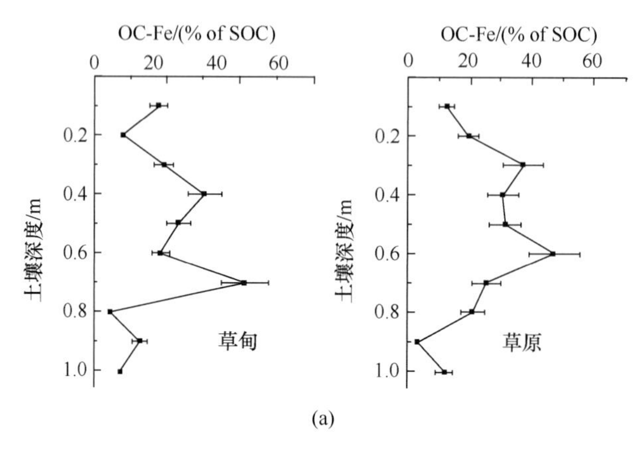

(a)

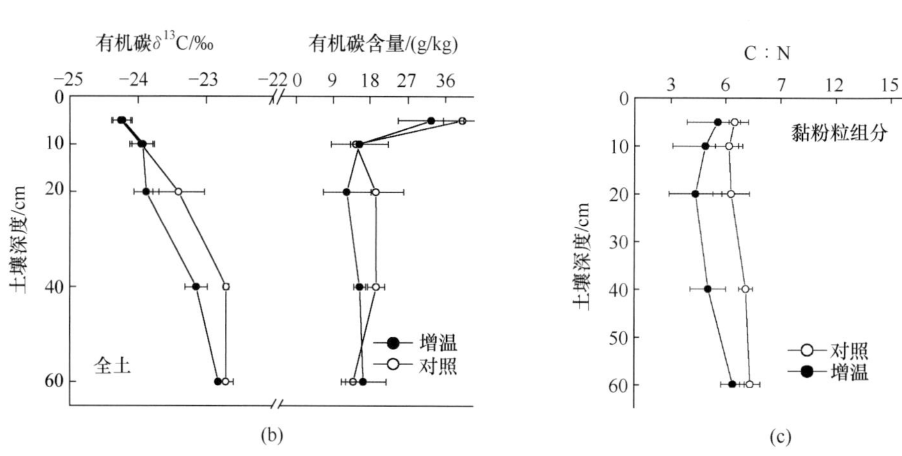

(b) (c)

图 3-9 冻土有机碳赋存的稳定性形成的还原性铁铝络合（a）以及冻扰迁移（b）（c）机制（Chang et al.，2017）

3. 冰冻圈变化对碳排放的影响

青藏高原多年冻土区高寒草甸土壤呼吸排放中，非生长季（完全冻结期、冻融前期）占全年总排放量的 20.1%~32.2%；高寒沼泽草甸土壤呼吸在非生长季占 26.3%。因此，多年冻土区高寒草地生态系统土壤的年度呼吸排放中，整个非生长季占比达到 25% 以上。这些结果表明，非生长季土壤碳排放量在整个生态系统碳排放估算中占有重要地位（Zhang T et al.，2015；Qin et al.，2015）。在不同季节，增温对非生长季呼吸的增强程度远远高于生长季。因此，气候变暖导致冻土融化期提前和冻结期缩短，非生长季土壤碳排放响应强烈，将显著增大高寒草地生态系统的碳排放强度。

冻土地温升高对高寒草地生态系统呼吸的影响较大，土壤温度可以解释 76% 的生态系统碳排放变化；活动层土壤融化天数也与生态系统呼吸关系密切，表层土壤（40cm 深度以内）融化时间可以解释生态系统呼吸变化量的 68%~79%（Zhang et al.，2017）。高寒草甸生态系统呼吸的土壤温度敏感性在生长季后期达到最高，表明生态系统呼吸对活动层土壤冻结过程更加敏感。地形条件对土壤呼吸速率具有较大影响，如大兴安岭多年冻土区坡地通气良好的土壤、较高的温度以及较高的植被生产力均有利于维持较高的土壤呼吸速率。而冻土发育较好的洼地则维持着较慢的碳周转，较低的土壤呼吸速率使其土壤碳被大量储存。青藏高原冻融作用形成的微地形内 CH_4 吸收和排放并存，然而，气候暖湿化影响下的高寒湿地扩张极大地影响着 CH_4 释放，这打破了高原的 CH_4 平衡，使得该地区整体变为一个弱的 CH_4 源（Wei and Wang，2017）。综上所述，冻土地温增加和活动层融化提前，通过较大幅度增加非生长季土壤碳排放而加强高寒生态系统的碳释放速率。地形因素对冻土变化的高寒生态系统碳释放效应具有明显的影响，特别是低洼湿地扩张导致 CH_4 释放增强而改变区域碳平衡。

冰川（冰盖）作为独特的生态系统，保存了不同来源的有机碳并在冰川融化时将其重新释放，在碳循环中具有重要意义。全球冰川的有机碳储量为 6Pg，其中溶解态有机碳储量为（4.48 ± 2.79）Pg，这些溶解态有机碳中有 93% 储存在南极冰盖，5% 储存在格陵兰冰盖，2% 储存在山地冰川（Hood et al.，2015）。山地冰川储存的有机碳量较小，但随着冰川快速退缩，冰川融水输出的溶解态有机碳量比格陵兰和南极冰盖的要大。冰川融水释放的溶解态有机碳约 13% 是由冰川的物质损失造成的，而且这种物质损失在不断加剧。冰川融化释放到环境中的溶解态有机碳会对气候变暖起到一定的正反馈效应。相应的颗粒态有机碳较为稳定，冰川融化的输出只改变其保存地点而对气候反馈不明显。据估计，目前每年通过青藏高原冰川融水输出的溶解态有机碳约为 10.15Gg[①]（Li C et al.，2016）。高原冰川融水中溶解态有机碳储量存在“北高南低”的空间分布特征。同时，每年青藏高原冰川区通过干湿沉降接收的溶解态有机碳约为 5.59Gg。所以，目前青藏高原冰川处于碳的损失状态，这与冰川退缩的特征一致。

冰川输出的溶解态有机碳在向河流下游传输的过程中容易被分解生成 CO_2，最终返回大气。青藏高原的冰川表层冰，其溶解态有机碳的年龄距今为 749~2350 年（Spencer et al.，2014）。冰川的消融使得这些被固定在冰川中几百年甚至数万年的老碳会转化为 CO_2，从而参与到现代碳循环中。冰川中溶解态有机碳在一个月内至少有 46% 的溶解态有机碳被分解（Yan et al.，2016）。假定在溶解态有机碳向下游传输的过程中，有 46% 的部分转化为 CO_2，那么青藏高原冰川输出的约 4.67Gg 的溶解态有机碳会被分解，这一数值约为阿尔卑斯山冰川融水的 24 倍。

4. 冰冻圈变化对生态系统碳氮平衡的影响

在青藏高原多年冻土区，气候持续变暖和冻土退化虽然促进生态系统呼吸，但增加高寒草甸对 CH_4 的吸收，且没有发现土壤碳储量显著降低。在祁连山高寒草甸区，增温在部分年份甚至促进了土壤碳的增加；而在高原腹地的长江源区，连续 7 年增温实验发现，高寒草甸整个剖面内土壤全土和团聚体有机碳库变化不大，但黏粉粒碳库显著增加。同时，大气氮沉降倾向于削弱增温对生态系统呼吸的作用，而且氮沉降在气候变暖的情景下还显著增加生态系统对 CH_4 的吸收，因此确认氮沉降有利于促进高寒草甸生态系统在气候变暖下的碳汇。此外，冻土地温升高促进高寒草甸生态系统地

① $1Gg=10^9g$。

上和地下生物量显著增加，也促进土壤碳密度微弱增加，同时高寒草地也表现为弱的碳汇（Zhang et al.，2017）。因此，可以认为过去气候变暖和冻土退化并没有显著促进青藏高原多年冻土区高寒草甸的碳损失。

气候变暖提高了冻土土壤生物固氮效率、使土壤氮输出降低或氮循环过程减弱，从而增加了土壤氮库。在冻扰作用下，氮向土壤深部迁移并对高寒草甸土壤氮汇产生显著促进作用。另外，植物和微生物在增温下对 NH_4^+ 以及 NO_3^- 吸收增加（表现为生物量大幅提高），土壤 NH_4^+ 和 NO_3^- 含量或供给降低，土壤硝化和反硝化作用由于其反应物减少而减弱，这与增温作用下多年冻土区土壤 N_2O（硝化和反硝化产物）排放并未显著增加相一致。冻土退化减少了土壤水分含量，可能进一步限制了土壤的反硝化作用。上述几方面作用的结果共同促进了土壤碳汇功能（Chang et al.，2017）。

3.3.3 冰冻圈消融释放污染物对生态系统的影响

1. 冰川消融对新型持久性有机污染物的释放及影响

我国西部冰川区不仅是水资源的重要组成部分和存在形式，亦是人类活动释放大气污染物的“储存库”，它将当今和历史时期跨境传输大气污染物大量封存在冰川区（Grannas et al.，2013）。全球变暖加速冰川消融，与此同时，存储在冰川中的污染物也会随冰川径流向下游输送。以青藏高原纳木错流域为例，其南部冰川径流曲嘎切在冰川消融强盛期，下游洪峰流量晚于中游，导致流域尺度上全氟烷基酸（PFAAs）通量在冰川融化结束时显著升高（Chen et al.，2019）。PFAAs 释放动力学受到复杂因素的影响（如土壤及植物吸附），其可能阻碍污染物的释放过程。此外，PFAAs 的传输主要受冰川消融强度控制，冰川中 PFAAs 的释放是径流中 PFAAs 的重要来源。纳木错流域冰川径流中 ΣPFAAs 浓度显著高于非冰川径流，且冰川径流中的全氟丁烷羧酸（PFBAs）比重显著偏高。与此同时，大量冰川融水汇入纳木错南岸，湖水 PFAAs 浓度明显偏高，冰川消融释放的 PFAAs 可以直接影响冰川融水补给湖水中 PFAAs 浓度；此外，南岸湖水 PFBAs 的组成显著高于北岸，冰川径流中高浓度 PFBAs 的输入，可能是导致该现象的直接原因。总之，冰川融水的输入增加了纳木错湖水中 PFAAs 的荷载，冰川消融已经成为其下游湖泊中有机污染物的二次源。纳木错冰川融水的贡献占 PFAAs 总输入量的 27.07%。气候变暖导致青藏高原地区湖泊不断扩张，冰川消融和降水是该地区湖泊扩张的主要来源，而冰川中较高浓度的 PFAAs 意味着全球变暖背景下冰川消融将会对本地生态环境产生更大的影响（Chen et al.，2019）。

2. 冰川消融对重金属的释放及影响

我国西部冰川快速退缩势必将冰川封存的重金属污染物“二次释放”（Bogdal et al.，2009；Schmid et al.，2011；Huang et al.，2014；Zhang Q et al.，2015），从而对下游生态环境产生负面影响（Milner et al.，2017）。以汞污染物为例，过去 40 年间冰川融水向下游直接释放的汞约为 2.5t（Zhang Q et al.，2015）。在青藏高原冰川径流中，汞浓度与流量具有较一致的变化趋势，受“二次释放”的影响十分明显（Sun et al.，2017）。以青藏高原内陆扎当冰川为例，冰川年输出汞污染物量以及冰川径流年输出汞污染物量分别为 8.76g 和 157.85g，远小于北极及亚北极地区冰川作用区河流汞输出量（Sun et al.，2016，2017）。但是，冰川融水径流在向下游运移过程中通过水动力条件对流域侵蚀释放的汞较多。曲嘎切流域径流汞输出通量 [2.74 μg/($m^2 \cdot a$)] 高于北极地区，表明我国山地冰川对区域汞输出和循环的影响更为突出（Sun et al.，2017）。山地冰川径流是下游地区人类赖以生存的重要水资源，汞污染物“二次释放”高峰期与冰川径流丰水期（受补给区水资源利用的旺盛期）具有高度同期性（Sun et al.，2018）。同时，汞在我国山地冰川区的湖泊、湿地和农田草场等生态系统中甲基化和积累可能更为显著。山地冰川径流中汞污染物在下游湿地的甲基化速率显著提升，增强了对下游补给生态系统中的汞污染风险（Sun et al.，2018）。青藏高原雅鲁藏布江等河流中野生鱼体中汞污染物（主要是甲基汞）发生显著的富集作用，这与冰川加速消融致使大量汞污染物“二次释放”进入下游生态系统密切相关（Zhang et al.，2014）。由此，冰冻圈变化释放汞对下游生态环境已产生潜在的影响。

在青藏高原东北部老虎沟冰川区，冰川表面融水中金属元素的空间分布存在明显的差异，大部分元素在冰川末端的浓度高于海拔较高的部位（Dong et al.，2017）。冰川融水中主要元素为 Ba、Sr 和 Cr，富集因子（EFs）较高的元素为 Sb、Ni、Mo 和 Zn，其中部分微量元素（Sc、Cu、Rb）浓度随冰雪融化速度的加快呈上升趋势。在青藏高原冬克玛底冰川流域，水文（如融水的变化过程和流量）和物理化学（如吸附、降水、过饱和）控制着冰川下游的微量元素浓度（Li X et al.，2016）；下游某些金属和非金属（如 Cr、Cu 和 Sb）的浓度和通量的增加将带来潜在的环境影响，如 Fe 的最高浓度超过美国国家环境保护局的参考值，Al、Zn 和 Pb 接近或与量级阈值相同。由此，在气候变暖和冰川快速消融背景之下，冰川释放重金属元素亦对冰冻圈地区化学剥蚀、生物地球化学循环等过程产生重要影响（Brown and Fuge，1998；Jones et al.，1999）。

3.3.4 冰冻圈变化对陆地生态系统的影响预估

利用双向 Stefan 算法与 DOS-TEM 模型耦合发展的新一代陆地生态学模型（terrestrial ecology model，TEM），预估了未来气候升温 1℃、2℃和 3℃情景下青藏高原寒区生态系统格局与碳库的响应变化趋势（图 3-10）（王根绪和宜树华，2019）。在升温 1℃或者 2℃的情景下，植被碳储量（VEGC）、NPP 和异养呼吸（RH）在多年冻土区将有所增加，但在过渡带和季节冻土区出现下降。最大冻结深度（MUT）将广泛增大，其中在季节冻土区大幅度增加，在多年冻土区增加幅度较小。高寒草地生态系统土壤有机碳（SOC）和净生态系统生产力（NEP）都随升温幅度增加而明显减少，其中在多年冻土和季节冻土过渡带减少幅度最大。气候变暖可在一定程度上增加生态系统植被生物量碳库，减少土壤有机碳库，并促使区域 NEP 递减。多年冻土地区植被生物量随气候变暖而增加具有普遍性，但存在较大的空间差异性，其与冻土环境以及活动层土壤水分供给能力有关。生态系统碳库稳定性及其源汇变化一直是争论的焦点，可以明确一点是植物生物量碳库将趋于增加，而土壤碳库不确定性较大，不同地区有不同表现，青藏高原高寒草地生态系统土壤碳库将趋于减少。

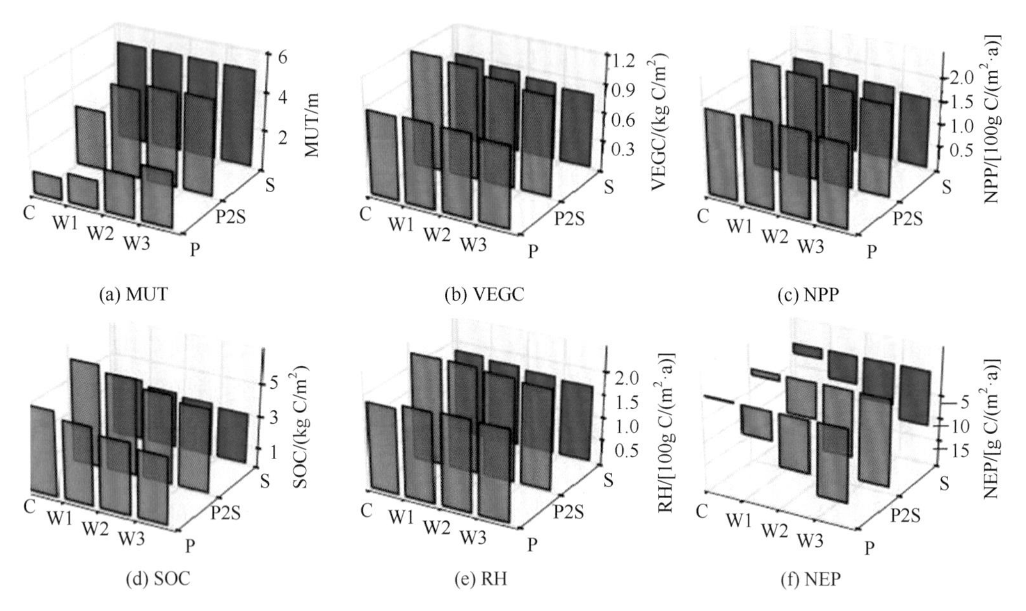

图 3-10 基于修正的 DOS-TEM 模型的青藏高原高寒草地生态系统生产力、碳库随气候变化情景的演化趋势（王根绪和宜树华，2019）

C 表示控制实验结果；W1、W2、W3 分别表示升温 1℃、2℃和 3℃；P、S、P2S 分别代表多年冻土、季节冻土、多年冻土转为季节冻土

生态系统对气候变暖的响应在青藏高原上存在空间差异，其受到不同降水和多年冻土退化阶段的影响。如图 3-11 所示（王根绪和宜树华，2019），青藏高原中北部多年冻土区活动层增加较小，植被生物量碳库、NPP 以及 NEP 等均呈现不显著增加趋势。在青藏高原西北部喀喇昆仑山一带，冻土活动层较显著增加，植被 NPP、NEP 以及 SOC 也显著增加。在青藏高原南部和东部季节冻土区，冻结深度的较大幅度递减（或最大融化深度增大）导致 VEGC、NPP 和土壤 SOC 显著减少。气候变化下维持冻土环境的稳定将有助于增强生态系统应对气候变化的生态功能维持能力。

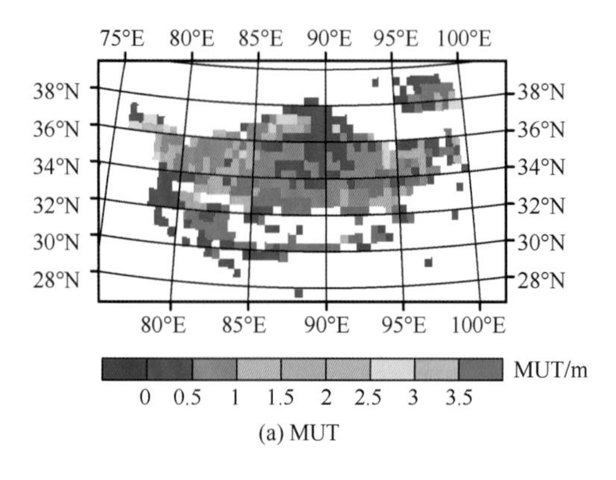

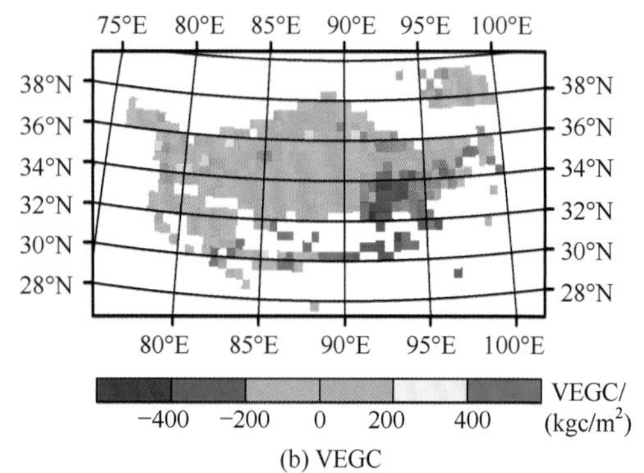

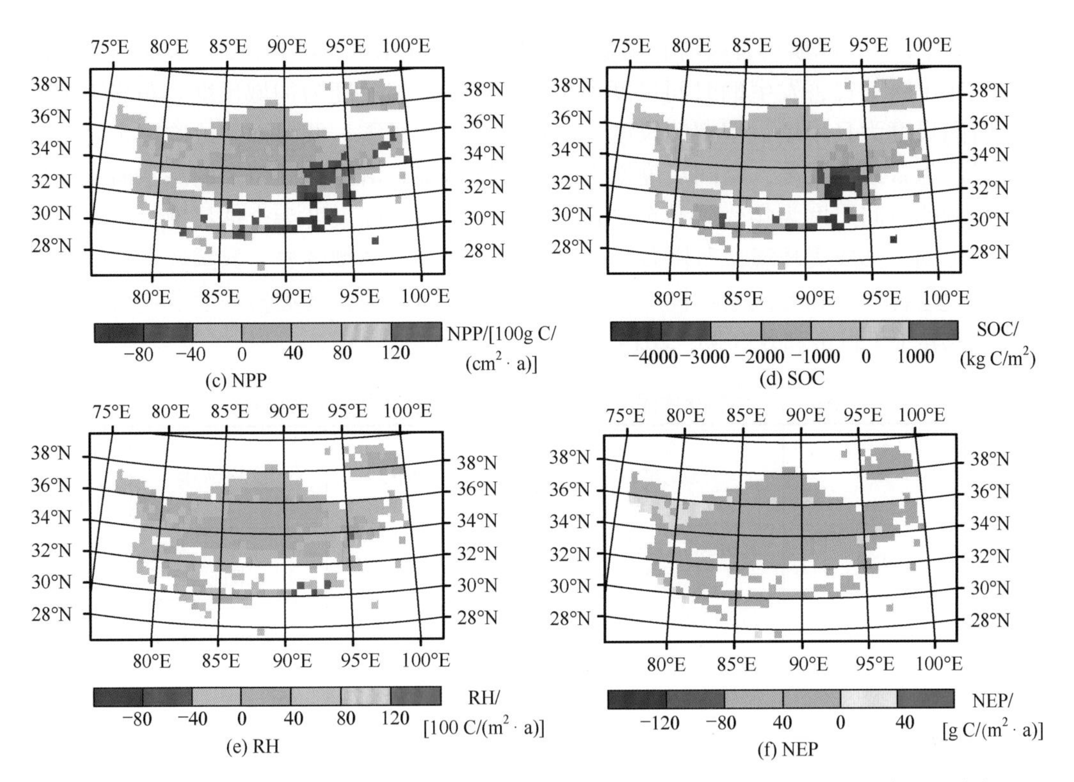

图 3-11 未来气候变化（升温 3℃）情景下青藏高原高寒草地生态系统生产力和碳库空间分布格局变化（王根绪和宜树华，2019）

3.4 冰冻圈变化的灾害风险

在气候变暖和经济快速发展的背景下，中国冰冻圈变化加速，冰冻圈变化影响区暴露要素持续增加。由于冰冻圈区防灾减灾能力较弱，冰冻圈快速变化无疑会诱发诸类冰冻圈灾害的频繁发生，并严重影响着承灾区生命、财产安全，以及交通运输、基础设施、农牧业、冰雪旅游发展乃至国防安全。

3.4.1 中国冰冻圈灾害类型

冰冻圈灾害是冰冻圈变化对人类和人类赖以生存的环境造成破坏性的事件，其灾害的形成不仅要有冰冻圈环境变化作为诱因，而且要有人、财产、资源、环境、基础设施等作为承受灾害的客体。冰冻圈灾害由物理过程、事件规模和发生概率组成，其中，灾害危险程度主要由时间、规模和发生概率决定，而其发生概率通常以灾害事件频率和重现期表征。按冰冻圈类型，冰冻圈灾害可分为陆地冰冻圈灾害、海洋冰冻圈灾害和大气冰冻圈灾害（表 3-1）。冰冻圈区域区位交通不便，经济较为落后，防灾救灾能力有限，使得冰冻圈灾害正日益威胁着当地居民的人身和财产安全。冰冻圈灾害分布与冰冻圈范围基本一致，但也与经济社会暴露要素息息相关。冰冻圈发育时空尺度不一，孕灾环境各异，因而冰冻圈不同类型灾害的发生、影响也存在一定时空规模尺度。其中，雪/冰崩具有瞬时和局地性，且多发生在山区。冰川洪水/泥石流、冰湖溃决、冰川跃动灾害发生的时间尺度为小时尺度、空间尺度为沟域尺度。霜冻灾害发生的时间尺度为日尺度，但空间尺度为区域尺度。暴风雪、低温雨雪冰冻灾害发生的时间尺度为日或月尺度，空间尺度以大区域尺度居多。由冰冻圈引发的海平面上升的灾害影响的时间尺度为年代际乃至更长时间尺度，而空间尺度为全球尺度。冰冻圈灾害类型不同，其成灾环境、范围各异，其承灾体范围与类型各异，暴露要素空间分布不同，其危害程度和方式也不同。同一承灾体，不同灾种，其灾损程度及灾后恢复存在明显差异（王世金和效存德，2019）。

表 3-1 中国冰冻圈灾害类型、主要影响区及其分灾种特征

主类	亚类	致灾事件	主要影响区	主要承灾体	时间尺度（分钟至百年）
陆地冰冻圈灾害	雪崩	大规模积雪（块体）滑动或降落	喜马拉雅山、天山	高山旅游者、基础设施	分钟
	风吹雪	积雪区局地大风引起的天气事件	中国天山、阿尔泰山、东北地区	道路、运输	日
	冰崩	大规模冰体滑动或降落	喜马拉雅山	居民、基础设施	分钟
	冰川跃动	冰川底碛变形及其与冰下水文过程相互作用形成的冰川快速移动	喀喇昆仑山、帕米尔高原	居民、草场、基础设施	小时
	冰湖溃决	冰崩、持续降水、管涌等引起的溃坝（冰碛坝）洪水	喜马拉雅山、念青唐古拉山中东段	公路、桥梁基础设施、耕地、下游居民	小时
	冰川洪水/泥石流	冰川融化所形成的洪水（或伴随强降雨、火山喷发而形成）	喀喇昆仑山、天山、念青唐古拉山中东段	道路、桥梁、电站、基础设施	小时
	积雪洪水	积雪融化所形成的春汛	中亚干旱区	耕地、下游居民	日
	冻融灾害	强烈的冻融作用	青藏高原、中国东北地区	路网、管网、线网、建筑等设施	年
	牧区雪灾	较大范围积雪，较长积雪日数，且牲畜饲料不足所导致的死亡事件	阿勒泰地区、内蒙古中东部、锡林郭勒盟、三江源牧区	农牧业和城市	日
	冰凌/凌汛	冰凌堵塞河道，壅高上游水位；解冻时，下游水位上升，形成凌汛	黄河宁蒙山东段及松花江、嫩江中上游等	水利水电、航运	月
	水资源短缺	冰川水资源供给不足引发的水危机	西北干旱区	干旱区绿洲、农业系统	十年
海洋冰冻圈灾害	海冰灾害	海冰生消作用、浮冰移动	中国环渤海区域、黄海北部	港口、港湾设施，近海岸水产养殖	日
	海平面上升	冰川消融导致的海平面上升	近海岸地区	基础设施、旅游业、渔业等	百年

续表

主类	亚类	致灾事件	主要影响区	主要承灾体	时间尺度（分钟至百年）
大气冰冻圈灾害	暴风雪（含冰暴）	短期极端降雪事件	中国东北地区、青藏高原、阿尔泰山地区、内蒙古	交通、运输、房屋、草地畜牧业	日
	雨雪冰冻	雨雪冰冻天气在承灾体上的结冰现象	中国中东部	建筑、交通、电通、农林业	日
	冰雹	中小冰粒（冰雹胚胎）与过冷水滴相遇后的快速而密集降落	青藏高原	农作物、林果业、瓜蔬业	分钟
	霜冻	秋冬季节气温骤降，水汽在物体上直接凝华	北方地区春秋季，华南冬季	农作物、瓜蔬业	日

注：火山－冰川泥流、地震－冰崩灾害、冻融－岩崩灾害、冰雪泥石流－堰塞湖（堵江）灾害、冰崩－滑坡－堵江等一些低频和次生冰冻圈灾害从略。因中国无冰山和海岸多年冻土分布，故缺少冰山灾害、海岸冻融侵蚀两个灾种。

3.4.2 陆地冰冻圈变化的灾害风险

冰冻圈对气候系统变化极为敏感，气候变化是冰冻圈灾害发生、形成的重要驱动力。冰冻圈的快速变化增大了冰冻圈致灾事件发生的概率。陆地冰冻圈灾害包括积雪灾害、冰川灾害、冻土灾害、河湖冰灾害等。随着气候变化引起的冬季积雪量的增加、温度的升高，雪崩、风吹雪、融雪洪水灾害强度将增强，而气候变暖将直接导致冰川的加速消融，融水量增大，冰川融水径流的增加将进一步增加冰川洪水 / 泥石流灾害的发生频率。

近几十年来，欧亚大陆和北极地区多年平均（最大）积雪深度总体呈增加趋势。欧亚大陆极端降雪阈值在东部沿海地区、俄罗斯西部地区和青藏高原地区较大。已有研究通过重建长时间序列（150 年）雪崩发生频率发现，冬季和初春的温暖气温确实有利于形成湿润雪，进而导致湿雪崩发生频率增加（高信度）。在喜马拉雅山西段雪崩发生频率与气候变暖的关系上，冬季和初春的升温有利于形成湿润雪，进而导致湿雪崩发生频率增加，很有可能对一些地区（人类压力不断增加的地区），尤其是亚高山陡坡地区产生重大影响（Ballesteros-Cánovas et al.，2018）。风吹雪灾害主要集中在 11 月或 12 月。北疆阿尔泰和天山地区是我国风雪流出现频繁和危害最严重的地区之一。冰川跃动是冰川末端在保持了较长时间相对稳定后，在短时间内突然出现的异常快速前进的现象。冰川跃动通常表现为以 10 倍或以上高于正常冰川运动速度的冰体快速运动，并导致冰川冰舌部分快速前进，但是引起大范围的冰崩很少见。2015 年以来，中国冰川跃动灾害事件的发生频率明显增大。2015 年 5 月在新疆帕米尔高原的公格尔九别峰发生冰川跃动灾害，此次冰崩没有造成人员伤亡，但周边 10km^2 草场、上百头牲畜被掩埋。2016 年 7 月和 9 月，西藏阿里地区日土县阿汝错两条冰川在三个月内先后跃动而导致大面积冰崩，不仅掩埋了大面积草场和牲畜，而且第一次冰崩还造成了 9 名当地牧民死亡（胡文涛等，2018）。2016 年 10 月，青海阿尼玛卿山西坡青龙沟的一条冰川也因跃动而崩塌，造成新修道路、桥梁被破坏和大面积草场被掩埋，这次冰崩是该条冰川在 2000 年以来发生的第三次冰崩。未来，中国出现冰川跃动事件的概率将可能增加（中等信度）。

冰湖溃决洪水 / 泥石流灾害是冰湖坝体突然溃决，大量水体突然释放且衍生洪水 / 泥石流的事件，它是世界范围内普遍存在的冰冻圈灾害。全球已有记录冰湖溃决事件达 1348 次，冰湖溃决灾害至少导致中国 715 人死亡（Carrivick and Tweed，2016）。20 世纪 30 年代中国有记录以来，31 个冰碛湖发生 40 次冰湖溃决事件，并形成不同程度的灾损，每 10 年平均发生 5.13 次，即频率达到了两年 1 次，冰湖溃决事件总体上呈显著增加态势。在 40 次冰湖溃决灾害中，24 次发生在喜马拉雅山区、15 次发生在念青唐古拉山区、1 次发生在唐古拉山区。其中，近 60% 冰湖溃决灾害事件发生在喜马拉雅山东南坡亚热带山地季风气候区，以及海洋性与大陆性冰川分布交汇区（Wang et al.，2015；王世金和汪宙峰，2017）。未来几十年喜马拉雅山有冰川消退后冰湖数量增加、未来冰湖溃决的潜在风险（Linsbauer et al.，2016）。2018 年，中国经历了 1961 年以来最热的一个夏天。7~8 月，位于喀喇昆仑山高海拔无人区的克亚吉尔冰川堰塞湖发生溃决，3500 万 m^3 的融雪性洪水沿克勒青河倾泻而下，致使下游的叶尔羌河水位迅速上涨，超过库鲁克栏杆水文站警戒水位。未来全球持续变暖，高频次的冰湖溃决事件将可能发生（Harrison et al.，2018）（高信度）。

冻土灾害主要是指土体在冻结和融化过程中，土（岩）因温度变化、水分迁移导致的热力学稳定性变化所引起的特殊地质灾害（秦大河，2018）。冻土变化将增加人类活动对其变化产生负面影响的应对费用（Romanovsky et al.，2010；Raynolds et al.，2014）。在中国，冻土灾害主要波及青藏高原、东北地区、新疆多年冻土区的路网、管网和线网工程等基础设施。例如，青藏高原公路隧道、路桥围岩的冻胀破裂渗水及其失稳，新疆地下输油管线的冻裂等事件均造成巨大的经济损失。中国东北大庆地区 110kV 龙任线、220kV 奇让线和二火线等输电线路的多个塔位的地基土冻胀使基础失稳而发生倒塔和倒杆事故。对于青藏高原多年冻土年平均地温分别为 –0.5~0℃、–1~ –0.5℃的极不稳定和不稳定地带而言，特别是在高含冰量地段，多年冻土退化乃至消失，将会极大地引起路基下沉、桥基失稳（徐晓明等，2017）。多年冻土快速退化意味着多年冻土区各类工程建筑防灾减灾费用将增加。对于青藏铁路而言，气温升高致使多年冻土厚度减薄、地下冰融化，进而直接影响和威胁青藏铁路路基、桥涵、大中型桥梁地基、旱桥等稳定性（高信度）。我国青藏公路病害率也达到 33%，我国东北大小兴安岭地区牙林线与嫩林线工程病害率均超过 30%。青藏铁路格拉段是寒区内最年轻的一条重大工程线路。为应对气候变化，该线路在设计阶段就充分考虑了气候变暖带来的不利影响。为此，该线路采用了全新的设计方法和技术措施，以消除、减少冰冻圈变化带来的不利影响（程国栋等，2006；Lai et al.，2014）。

牧区雪灾是指主要依赖自然放牧的牧区，降雪过大、雪深过厚、持续时间过长，缺乏饲草料储备，从而引发牲畜死亡所形成的灾害。内蒙古雪灾主要发生在巴彦淖尔、乌兰察布、锡林郭勒盟、鄂尔多斯和通辽的北部一带，发生频率在 30% 以上。新疆因各地气候、地理差异较大，雪灾出现频率差别也大，阿尔泰山区、准噶尔西部山区、北疆沿天山一带和南疆西部山区的冬季牧场和春秋牧场，雪灾频率高达50%~70%，其他地区在30%以下。阿勒泰和富蕴两地雪灾频率高达70%。在过去的50多年（1961~2015年）间，记录的青藏高原雪灾规模以上雪灾事件436起（以牲畜死亡60万只及以上作为大规模损失的标准，以死亡60万只以下作为小规模损失的标准），近些年大规模灾害频次在减少，而小规模灾害频次在增加，雪灾牲畜损失有逐渐增加的趋势（Wei et al.，2017；Wang S et al.，2019）。

凌汛是冰凌对水流产生阻挡而引起江河水位明显上涨的水文现象。冬季，我国30° N以北和青藏高原的江河上都存在不同程度的冰情，有些江河还会发生较严重的凌汛。凌汛主要受气温、水温、流量与河道形态等几方面因素的影响，其多发生在冬季的封河期和春季的开河期，可在河道形成冰塞、冰坝等，并造成灾害隐患。最长冰期为6.5个月，最短冰期为2个月；初冰期最早为10月（新疆个别站点为9月），最晚为12月；封冻日期最早为11月，最晚为1月；最早的解冻日期为2月，最晚则为5月；冰厚随纬度升高而增厚。凌汛多集中分布在我国北方地区的黄河流域、东北各河流和新疆地区。黄河凌汛主要集中在上游宁蒙河段、中游河曲河段和黄河下游河段，其中在上游宁蒙河段和黄河下游河南、山东河段较为常见。东北地区容易发生冰凌洪水的河流主要集中在46° N以北的黑龙江中上游河段、松花江依兰以下河段以及嫩江上游河段。新疆地区地势由三山两盆构成，大部分河道为内陆河，由山区流向盆地，冬季的冰凌洪水主要是山区河段大量流凌在弯曲、峡谷段堵塞所致（苏腾等，2016；魏军等，2017）。未来，中国冰凌灾害发生概率的年际变化依然较小（中等信度）。

总体上，因隧道技术、公路防护措施的革新，公路雪崩、风吹雪灾害发生概率明显降低。在全球气候变暖的背景下，冰崩、冰川跃动事件及其衍生灾害的发生概率可能会更加频繁。自20世纪30年代以来，冰湖溃决灾害发生频率呈增加趋势。伴随着冰湖的扩张，高频次的冰湖溃决事件将可能发生。冻土灾害的发生与多年冻土退化息息相关，未来各类工程维护成本将呈增加态势。1961~2015年，青藏高原牧区大规模雪灾频次在减小，小规模频次在增加，且累计灾损呈逐渐增加趋势。我国北方冬春季冰凌凌汛灾害多集中在黄河流域、东北诸河流域和新疆地区，在年际尺度上，冰凌凌汛灾害频次变化较小。

3.4.3 海洋冰冻圈变化的灾害风险

海洋冰冻圈变化的灾害主要是指海冰消长、海平面上升等事件引发的灾害。中国渤海和黄海北部，由于受寒潮影响，每年冬季都有结冰现象，并常引发海冰灾害。每次冰封或严重的冰情都会造成不同程度的损失。我国海冰主要分布在渤海和黄海北部［图3-12（a）］。环渤海经济带的发展决定了渤海和黄海北部在国民经济中的地位，围绕着资源开发利用和输运，渤海和黄海北部拥有一批重大工程和基础设施，以及水产等产业布局（刘雪琴，2018）［图3-12（b）］。

图 3-12 渤海海冰分布（a）及部分石油平台（b）（刘雪琴，2018）

海冰灾害影响主要涉及对捕捞和养殖业的影响、对港口和航道的影响、对海上石油开发的影响和融冰后产生的次生灾害影响，这些危害进而还会波及海洋导航、交通运输（煤炭、石油运输）和其他海事活动。然而，海冰灾害的发生不能准确的预测，而且发生频率较低，因而较大的海冰冰情一般会造成巨大损失。渤海及黄海北部沿岸海域的最高风险区域主要分布在辽东湾底部和西岸、渤海湾的沧州海域以及黄海北部的丹东海域，总体呈现出北高南低的分布特征。海上（渤海）最高风险区域主要为辽东湾北部和渤海湾西部，前者主要是与冰情（危险性）级别最高有关，后者则主要是承灾体（石油平台密集度）级别高所致（袁本坤等，2016）。其中，近 10 年来，环渤海地区渔业经济不断发展，海水养殖产业增长迅速，但产业结构不合理，第一产业比重偏大，专业人员比重较小，且养殖种类中扇贝海参养殖产量大对低温等灾害抵抗力较弱。因此，渔业作为承灾体的脆弱性日益增大。渔业成为受海冰灾影响最大的产业，占到了损失的 90% 以上（武浩等，2016）。1963~2016 年，我国渤海与黄海北部自 11 月中下旬由北往南开始结冰，各海区冰情存在较大差异。受气候变暖的影响，海冰冰情总体有降低的趋势，同时我国海冰冰情呈现约 10 年的准周期性特征，且近年来极端天气气候事件的频次和强度不断增加，海冰灾害造成的影响进一步加重，2010 年以来由海冰灾害造成的直接经济损失高达 77 亿元，其中辽宁、山东两省受海冰灾害影响较为严重（左常圣等，2019）。

全球变暖意味着渤海海冰分布面积和厚度均有减小。但是突发性的气温剧降又能够使得渤海海冰范围突增，主要河流入海口周围因海水盐度低、冰点较高，冰情较重。随着气候变暖，渤海沿岸固定冰比例减小，流冰比例增加。海冰厚度也因冬季负积温的增加而减小，相应的各种海冰力学强度值随冰温的升高而降低。以往渤海海冰工程中因考虑海冰运动速度较大，抗冰结构物以冰层破碎的极限荷载为设计依据。工程海冰设计参数也侧重于以沿岸观测的固定冰数据为依据。随着渤海海冰固定冰比例的减小和工程结构物向远离海岸发展，流冰参数将引入冰工程设计中，特别是动力撞击的设计理念在一些有海岸或者防波堤遮护的工程区域给予考虑（李志军，2010）。从这种意义上讲，抗冰结构物的能力可以降低。但是海冰是国家Ⅱ

级保护野生鳍足类海洋哺乳动物斑海豹生存和繁衍后代不可缺少的载体，每年它们会被吸引到浮冰边缘地区进行觅食、交配、换毛。海冰面积的减少、工业噪声的增加，使得斑海豹不能在原有的冰面上产仔或停留休息，迫使斑海豹调整栖息或繁殖地，从而直接影响它们的洄游和捕食。已有研究成果表明，辽东湾斑海豹的数量和海冰分布面积直接相关（王诺和丁凯，2019）。因此，渤海辽东湾海冰面积减少、冰封期缩短使得这种濒危物种有加速消失的潜在危险。

预计未来全球10%左右的海岸城市平均高水位变化将超过海平面上升的10%左右（其中136座城市影响最为严重）（Lantuit et al.，2012）。目前，超过3亿人居住在低海拔沿海地区，每年遭受数百亿美元的损失。粗略估计，大约1.3%的全球人口暴露在百年一遇的洪水范围。随着海平面上升，其损害风险可能会显著增加，若不采取有效适应措施，到2100年末，其潜在损害可能达到全球国内生产总值的10%（Muis et al.，2016；Wahl et al.，2017；Moore et al.，2018）。在气候变暖背景下，中国沿海地区海平面也呈明显上升趋势。1980~2017年，中国沿海海平面呈波动上升趋势，上升速率为3.3 mm/a，高于全球平均水平。其中，黄河三角洲、莱州湾、长江三角洲、珠江三角洲和海南东部沿海，平均上升速率超过4 mm/a（中国气象局气候变化中心，2019）。海平面上升对我国沿海城市群密集的地带影响甚大，尤其是环渤海沿岸、珠江三角洲和长江三角洲三个区域是典型的海平面上升影响的脆弱区，沿海地区的发展应充分考虑海平面上升的影响（李响等，2016）。中国沿海地区经济的持续快速增长和快速城市化，导致内地人口大规模向海岸带迁移。随着沿海低地人口急增和城市化的加速，在海平面上升的背景下，台风、风暴潮等自然灾害对我国沿海低地人群的潜在威胁及可能造成的经济损失将愈加严重（高信度）。

1963~2016年，中国海冰灾害发生频次变化不大，但灾损呈增加趋势。其中，辽宁、山东两省受海冰灾害影响较为严重。1980~2017年，中国沿海海平面呈波动上升趋势，且高于全球平均水平，随着沿海低地人口急增和城市化的加速，潜在经济损失将呈增加趋势（高信度）。

3.4.4 大气冰冻圈变化的灾害风险

气候变暖或与大气环流减弱有相互联系。大气环流速度过快或过慢均会造成频发的自然灾害。其中，暴风雪灾害、霜冻灾害、雨雪冰冻灾害是其大气冰冻圈常见灾种。

暴风雪指一种风力强（≥ 15m/s）、持续时间不少于3h且空中有连续降雪或风吹雪，并导致能见度低（≤ 400m）的恶劣天气过程。以强风和低温为特征的暴风雪是人类居住地区最常见的雪灾。暴风雪发生时，常常风雪交加、气温陡降、能见度极低，城市道路局部积雪堆积，导致通行缓慢或中断、高速公路关闭、机场航班延误或取消。我国暴风雪主要分布在东北、内蒙古大兴安岭以西和阴山以北，祁连山、新疆部分山区、藏北高原至青南高原一带，川南高原西部等地区。暴风雪发生的时段一般集中在10月至次年4月。暴风雪发生地区和频率与降水分布有密切关系。在内蒙古，暴风雪灾害主要发生在内蒙古中部、东北部一带，发生频率在30%以上，其中以阴山地区雪灾最重、最频繁。在青海，暴风雪也主要集中在南部的海南、果洛、玉树、黄南和海西5个冬季降水较多的地区。在西藏，暴风雪主要集中在藏北唐古拉山附近的那曲地区和藏南的日喀则。近些年，随着经济社会的发展、基础设施的改善、灾害预报预警技术的提高、公众防灾减灾意识的提高，灾害损失大大减少，但一旦发生强暴风雪天气，仍然对交通运输、放牧牲畜、农业设施等构成较严重威胁，造成牲畜丢失、交通中断、蔬菜大棚坍塌等，因此有必要提高此类灾害天气的预报预警与服务水平，尽可能减免灾害损失。

霜冻发生范围广、危害作物种类多、造成经济损失大，在我国各地均有发生。我国霜冻出现日数分布的基本特征是由北往南逐渐减少。青藏高原、东北及新疆东北部、内蒙古出现霜冻日数最多，全年在180天以上，其中青海南部、西藏部分地区多达250~300天；华北中南部、黄淮、西北东部及新疆中西部为90~180天；长江中下游地区为30~90天；华南及云南、四川盆地等地一般不足30天；华南沿海及海南和台湾几乎无霜冻出现（杨虎和胡玉萍，2012）。2018年4月8日的霜冻波及整个华北和西北地区，造成大范围的花期霜冻自然灾害。以北方梨树为例，此时各地正值梨盛花期或落花期，霜冻致使我国西北和华北大部分梨园遭受重创，发生霜冻严重的梨园减产为60%~80%，一部分梨园（如山西、甘肃、新疆、河北、陕西等地）甚至出现绝产，使北方梨产业蒙受了巨大经济损失（张建光等，2018）。同时，陕西苹果和黄淮地区小麦受霜冻灾害影响的损失也很大。

雨雪冰冻天气的发生常以低温、高湿、风速小为主要特征，灾害的发生也可以由多次连续降雨/雪天气过程累积造成，其受灾范围更为广泛，受灾更为严重。2008年，中国低温雨雪冰冻灾害造成全国19个省（自治区、直辖市）和新疆生产建设兵团发生不同程度的灾害。此次灾害造成107人死亡，直接经济损失达1111亿元。2016年1月20~25日，中国南方再一次发生低温雨雪冰冻灾害且创下我国降雪最南的纪录（南宁、广州遭遇雨夹雪天气）。两次冰冻雨雪过程均发生在交通、电力、煤炭等物资运输的重要通道和人口密集区，过程强度之大，影响范围之广，均属于历史同期同类灾害之最。1961年以来，中国极端低温事件频次呈减少趋势，全国性冰冻、霜冻、寒潮日数持续下降，大气冰冻圈灾害灾损总体减少，但中国东北地区北部、新疆、青藏高原东部平均强降雪量和强降雪日数均呈明显增加趋势，以及区域性、阶段性低温冰冻雨雪事件时有发生（毛淑君和李栋梁，2015）。

随着全球变暖，在日和季节尺度上，大部分陆地区域的极端暖事件将增多，极端冷事件将减少。到21世纪末，模式预估的北半球春季积雪范围的平均值在RCP2.6情景下将减少7%，在RCP8.5情景下将减少25%（IPCC，2013）。在RCP4.5和RCP8.5情景下，到21世纪中叶，中国日最低气温最低值分别比1986~2005年升高1.7℃和2.2℃，霜冻日数分别减少13天和16天，冰冻日数分别减少10天和12天（秦大河，2015）。尽管低温事件呈减少趋势，但未来依然不容忽视阶段性低温雨雪冰冻事件的重大影响（高信度）。

3.5 冰冻圈变化对社会经济发展的影响与适应对策

冰冻圈变化具有致灾和致利双重效应。一方面，冰冻圈变化导致灾害发生，对社会经济的发展产生负面影响；另一方面，冰冻圈作为一种资源，通过不同的功能服务于社会经济发展。本节将从冰冻圈灾害和冰冻圈资源两个方面评估冰冻圈变化对社会经济发展的影响与适应对策。

3.5.1 冰冻圈变化对社会经济系统的影响基本框架

冰冻圈变化对社会经济系统具有显著的正面（致利）影响和负面（致灾）影响，正面影响主要来源于冰冻圈为人类社会提供了巨大的服务功能，负面影响则主要来自冰冻圈变化使社会经济系统产生的风险。冰冻圈变化的正负影响如图 3-13 所示（Wang X et al.，2019；效存德等，2019）。冰冻圈作为一种资源，具有供给、调节、文化和支持等功能，通过直接或间接的资源输出，服务于社会经济系统。同时，在气候变暖背景下，以退缩为主要特征的冰冻圈变化将导致冰冻圈功能的衰退甚至丧失，造成冰冻圈服务能力下降。另外，冰冻圈变化的不确定性将导致冰冻圈失稳和不确定性增强，进而增加冰冻圈灾害发生的频率和强度，这将更大程度地使冰冻圈对社会经济系统产生负面影响。冰冻圈对社会经济系统的影响和适应分析就是为了最大化冰冻圈资源服务于社会经济系统的能力，同时最小化社会经济系统由于冰冻圈变化所面临的相关风险。

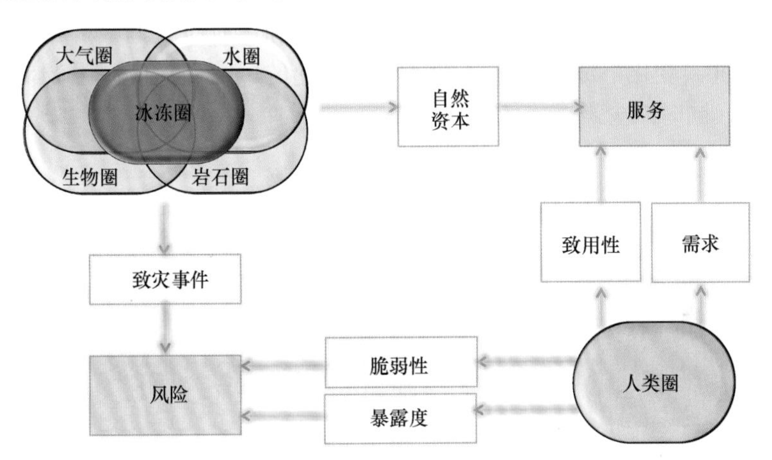

图 3-13 冰冻圈的致灾和致利影响（Wang X et al.，2019；效存德等，2019）

冰冻圈的致利影响，即冰冻圈的服务功能，主要强调冰冻圈的正面效应。冰冻圈的功能类型分为四大类，即供给、调节、文化和支持（效存德等，2019）（图 3-14），即通过不同途径服务于社会经济发展和环境保护。冰冻圈的变化，一方面会带来致灾因素的变化，同时也会使冰冻圈资源和功能发生改变，从而对冰冻圈服务造成影响，最终导致经济、社会和环境的综合风险（图 3-15）。

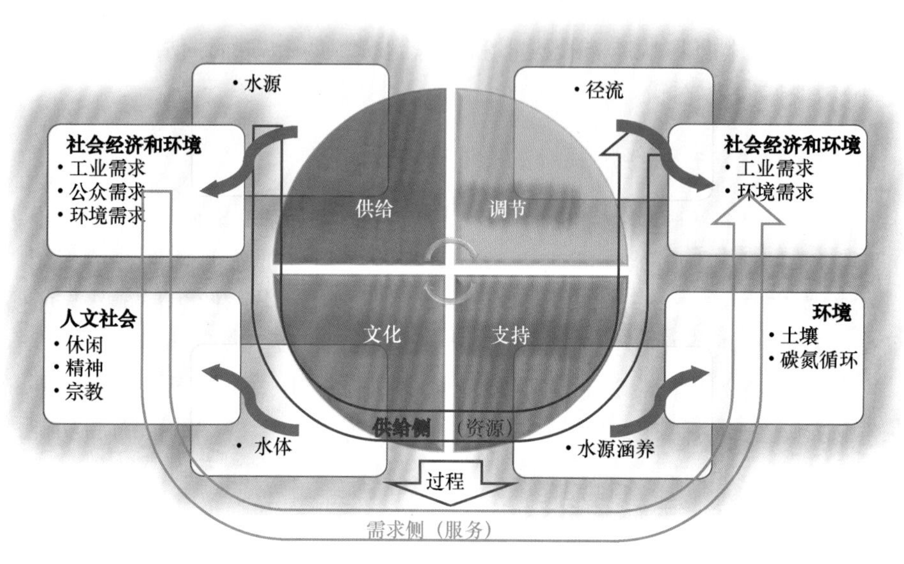

图 3-14　冰冻圈的功能类型

有效抑制气候及冰冻圈变化引起的经济、社会和环境的综合风险，必须从导致风险的关键要素着手。气候变化下冰冻圈的致灾影响和适应应强调减少致灾因子、脆弱性和暴露度；气候变化下冰冻圈服务功能变化引起的风险和适应应强调促进自然资本利用的效用性，同时减少需求或依赖性。

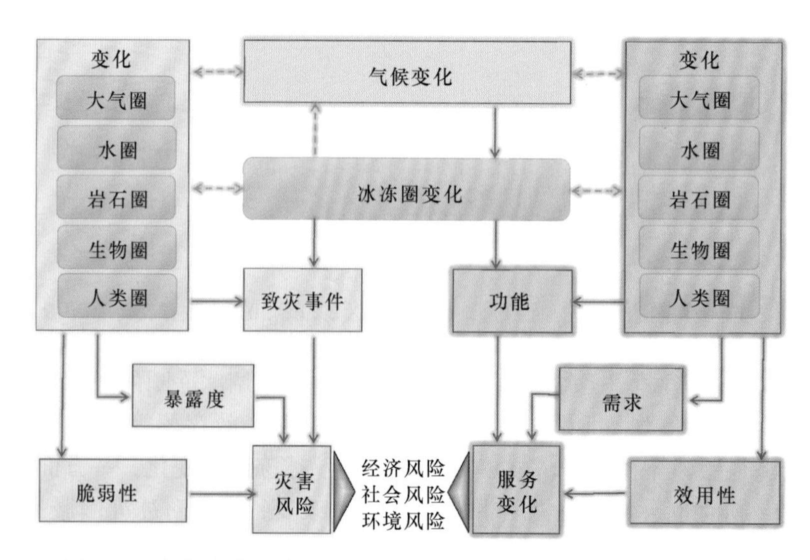

图 3-15　气候变化下冰冻圈变化的综合风险（Wang X et al.，2019）

3.5.2　冰冻圈不同要素变化对社会经济系统的影响

冰冻圈变化对社会经济系统的影响主要体现在两个方面：一方面，冰冻圈变化通过灾害（如水文水资源）直接影响区域社会经济发展，具体体现在冰冻圈变化引起的冰雪旅游业、干旱区绿洲农业、寒区畜牧业等方面的损失，这些过程伴随着更多温室气体排放，进而对全球产生影响；另一方面，冰冻圈本身通过气候调节、环境效应间接为人类福祉提供服务，同时其变化也会带来新的农业发展机会。从长期来看，冰冻圈变化的影响有利有弊，但总体上弊大于利（高信度）（杨建平等，2019）。

系统脆弱性通常是指系统受冰冻圈变化不利影响的难易程度，有研究认为这种脆弱性是系统对冰冻圈变化影响的暴露度、敏感性及其适应能力的函数（杨建平和张廷军，2010）。Wang X 等（2019）认为，脆弱性是描述系统本身对冰冻圈变化响应的特征。IPCC AR5 将脆弱性定义为系统“受到不利影响的倾向和趋势”（IPCC，2014a），具体表现为诸如人员、生计、环境服务、基础设施，以及更为广义的经济、社会和文化系统暴露于冰冻圈变化状态下，其因脆弱性而产生的不利影响。总体而言，未来冰冻圈变化对社会经济系统的负面影响会越来越显著（高信度）。本节以对冰冻圈变化敏感的社会经济系统为主要评估对象，分析气候变化背景下的冰冻圈变化对社会经济系统的综合影响。

1. 冰雪资源对社会经济系统的影响

冰雪旅游被认为是应对气候变化最为脆弱的产业，一个重要的原因是全球气候变化背景下，以冰雪资源为基础的冰冻圈服务正在逐步丧失（高信度）。冰雪资源不仅是重要的自然景观，同时也是冰冻圈相关旅游产业的基础。当前我国以冰冻圈为主题的旅游正经历着快速发展，尤其是 2022 年北京冬奥会极大地推动了冰冻圈旅游市场的发展（王世金等，2017）。以滑雪产业为例，滑雪产业以积雪资源为依托，中国积雪日数较高的区域位于高纬度高海拔稳定积雪区，包括中国东北、新疆北部、唐古拉山和巴颜喀拉山地区（王世金等，2017），但我国滑雪场大多位于降水量不足 400 mm 的区域。在全球气温升高的背景下，以积雪资源为依托的滑雪场将面临天然积雪资源减少（稳定积雪日减少、降雪量减少）、蒸发升华速率加快的威胁，这将进一步导致造雪成本增加、维持运营及滑雪消费成本增加等问题。以目前冰冻圈的快速变化趋势，未来冰冻圈景观质量和美感将明显下降，一些景观甚至会消失，进而波及以冰冻圈要素为主要观景物的旅游目的地游客数量和经济效益，从而对以冰冻圈旅游资源为依托的地方经济和福祉产生重大影响。

2. 冰雪融水和冻土退化对社会经济系统的影响

冰冻圈作为“固态水库”是我国山区河流的重要补给来源，其高山冰雪融水不仅为下游提供了生态水源，也是当地绿洲农业和居民生产生活赖以生存和发展的重要水源和经济命脉。中国西北部冰冻圈是该区域河流的重要补给源，对河川径流具有天然的调节作用。全球变暖导致冰雪加速消融（高信度）（杨针娘，1987；丁永建等，2017a），冰冻圈融水资源在我国西北河川径流量所占比例增加明显，但同时未来水资源可持续稳定供给面临的风险也在增加，尤其是考虑到未来我国西北社会经济发展对水资源需求的快速增加（高信度）。地处西北干旱区的新疆，稳定积雪范围达 $56.8\times10^4\mathrm{km}^2$，高山流域产流占地表径流的 80% 以上，其中冰川和积雪融水径流占总径流的比例达 45% 以上。“高山

冰川 – 积雪 – 山前绿洲 – 尾闾湖泊”构成了干旱区典型的流域绿洲生态系统。冰冻圈变化直接波及山前绿洲及其下游生态系统和环境。以中国塔里木河流域为例，流域各支流出山径流总量中冰川径流为 $133.4 \times 10^8 m^3$，占流域出山径流总量的 38.5%，其是下游水资源的重要补给。随着冰冻圈快速退缩，冰川和积雪消融速率加快，未来其变化将会显著影响干旱区水资源供给量。同时，冰冻圈作为固体水库以“削峰填谷”的形式调节径流的丰枯变化，这对于干旱区绿洲水资源利用十分重要。持续稳定的水资源供给对实现 2030 年 SDGs 具有重要意义。然而，在当前全球气候变化背景下，不稳定的冰川融水补给以及削弱的水源涵养和径流调节功能导致社会经济系统不稳定性因素增加。这些不稳定因素会影响到整个中下游的社会经济发展（高信度）。

冻土退化会引起草地或湿地生态系统退化，进而波及草地畜牧业的可持续发展（中等信度）。例如，畜牧业生产是青藏高原的主要生产活动，占高原土地面积一半以上的草地资源是维持高原畜牧业生产的物质基础。以内蒙古草原、青藏高原及东北地区的四大草地生态系统为例，多年冻土区土壤活动层特殊的水热交换是维持生态系统稳定的关键所在，多年冻土退化极有可能破坏生态系统结构及其稳定性（中等信度）。多年冻土及其孕育的高寒沼泽湿地和高寒草甸生态系统具有显著的水源涵养功能，是稳定江河源区水循环与河川径流的重要因素。然而，过去 30 年，青藏高原多年冻土退化严重，形成了较好的排水条件，土壤水分下渗，导致表土干燥，并使土壤结构、组分发生变化，植被多样性发生改变（中等信度）。青藏高原冻融侵蚀、风蚀严重，土地沙化加剧，进而影响草地生态系统。青藏高原高寒生态系统退化具体表现在高寒草甸覆盖度和生产力的下降，草场载畜能力降低，最终影响寒区畜牧业发展。另外，青藏高原冰川快速融化也加剧了高原湖面的扩张，掩埋大片草场，致使当地牲畜冬瘦、春死情况加剧。

3. 冰冻圈气候调节作用对社会经济系统的影响

冰川和积雪表面的高反照率是冰冻圈气候调节服务最为显著的特征。地球表面有大范围的冰雪覆盖，导致地球上每年到达地面的太阳辐射能大约有 30% 消耗于冰冻圈中，冰雪致冷影响形成重要的气候调节功能。研究表明，冰冻圈灾害发生的频率和强度与区域气温有很强的相关性（高信度）。例如，2008/2009 年和 2010/2011 年冬春之交西伯利亚高压异常，中国北方达到 27 年来最低温度；2016 年中国南方沿海地区出现“超级”寒潮。此外，北极冰冻圈变化在导致当地气候异常的同时，其溢出效应也使半球尺度上不同季节气候出现“紊乱”（效存德等，2019）。诸如此类的冰冻圈气候调节严重影响着区域社会经济发展，尤其在西北农牧区，致使当地牲畜食物短缺，迫使牧民搬迁，严重影响牧区畜牧业发展。此外，通过经济物理集成模型分析，结果显示，冰川消融会对全球经济产生损害，进而对社会价值产生明显影响（Nordhaus，2019）。

4. 冰冻圈景观文化对社会经济系统的影响

冰冻圈景观文化对社会经济系统的影响逐渐受到国内外关注，但是对其的研究仍然停留在定性描述，缺乏定量研究。冰冻圈各要素是重要的自然景观和生态系统的组成部分。例如，它会给高山旅游提供地质景观和其他别致景观。冰冻圈快速变化显著影响着冰冻圈景观类型的多样性，当前主要集中在对冰冻圈服务的文化旅游研究上，在青藏高原许多景观特征（诸如雪峰）都被赋予了精神价值和文化内涵，且被认为是不同神灵和精神的物质表现，形成了山地居民对其特有的理解和崇拜。因为敬畏雪峰神山，当地居民形成了“天人合一”的环保意识。冰雪文化景观的快速消融对当地居民精神世界产生了严重影响。当然，冰雪景观的快速消融及对山地文化价值的影响分析则有助于激励普通公众建立环境保护意识，以支持减缓气候变化的决策（王世金等，2017）。

5. 冰冻圈服务对可持续发展的推进作用

联合国提出的17个SDGs涵盖了社会－经济－生态的各个方面，但就如何实施缺乏系统性措施，在冰冻圈领域里更缺乏其对可持续发展中作用的认知。Wang X等（2019）首次在冰冻圈服务框架的基础上，建立了各服务类型与可持续发展169个具体目标、244个具体指标间的相互关系，从而归纳出冰冻圈以其特有的服务形式，与17个可持续发展目标之间存在着特定且密切程度不同的相互关系（图3-16）（Wang X et al.，2019）。可以认为，冰冻圈服务是实现冰冻圈可持续发展必不可少的重要基础（高信度）。

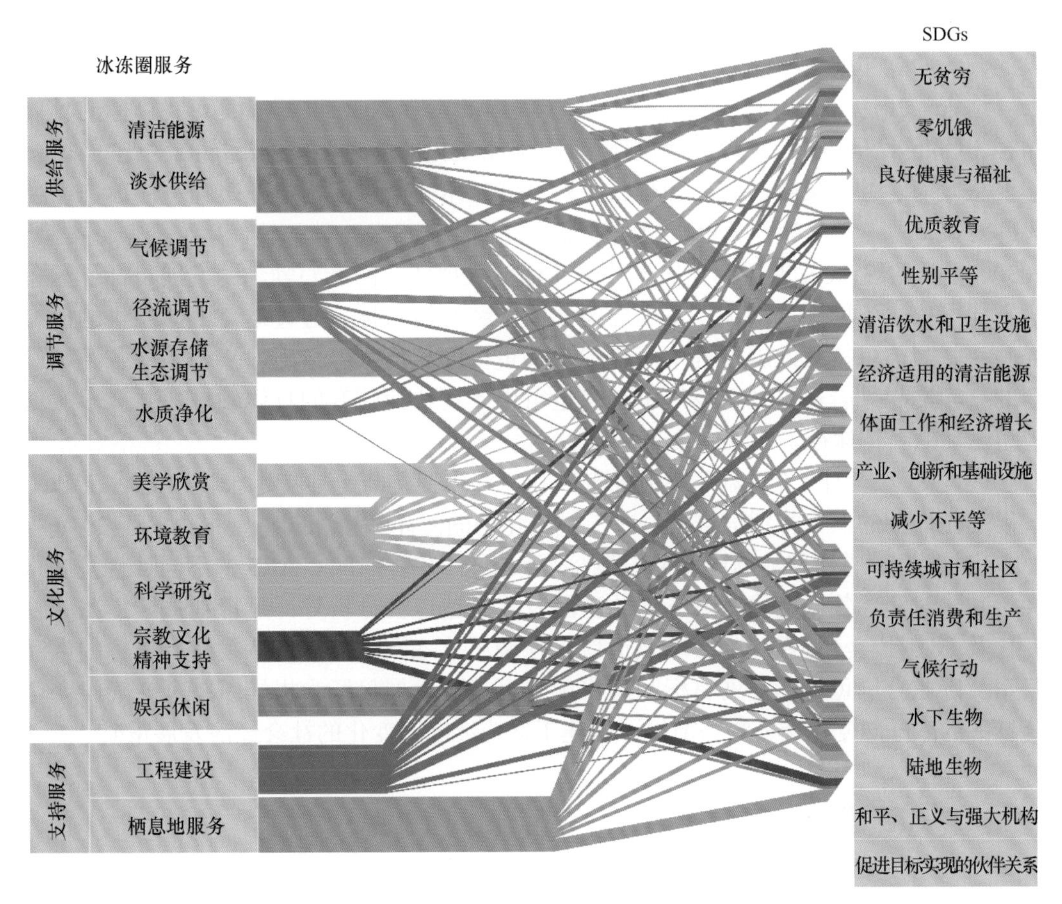

图3-16 冰冻圈服务和可持续发展目标的关系（Wang X et al.，2019）

3.5.3 适应冰冻圈变化的社会经济发展策略

从冰冻圈变化对社会经济系统影响的框架（Wang X et al.，2019）可以发现，建立适应冰冻圈变化的基本方法可以从冰冻圈服务和风险两方面的关键要素着手。在社会经济发展中，适应冰冻圈变化、建立有效的可持续发展路径实际上可归结为充分发挥冰冻圈变化的致利作用，同时减少致害影响。目前的研究主要集中在如何减少冰冻圈变化所引起的负面影响，采用的方法可以定性归纳为政策层面、规划管控和认知提升。冰冻圈变化及其对生态和社会经济的影响与适应研究是集自然科学、社会科学、遥感、地理信息系统等学科和技术为一体的多学科研究。目前对于中国冰冻圈变化适应的系统研究远远比冰冻圈变化影响研究欠缺，而冰冻圈变化适应策略将是维持依赖于冰冻圈资源的社会经济和生态系统可持续发展的最关键所在。

1. 政府政策层面

冰冻圈消融引起的部分功能、服务衰退以及风险增加可以通过政策、资金和技术去弥补，如冰冻圈存量减少导致的径流调节功能减弱可以通过大坝等水利基础设施建设实现水资源调控，另一部分服务则具有明显的不可替代性，如冰冻圈高反照率对气候的调节功能和服务等。

结合《2019年全球可持续发展报告》提出的实现2030年可持续发展目标的具体路径（United Nations，2019），增强应对冰冻圈变化的能力，减弱冰冻圈变化的灾害，需要从政府、社会集资、集体和个人、科学和技术4个层面构建减缓和适应冰冻圈变化的对策，重点关注哪部分可以通过政策、资金和技术来弥补和替代冰冻圈服务类型。2030年全球可持续发展目标提出了“不让任何人掉队”的雄心勃勃的发展目标，涵盖了不同国家、不同发展水平、各个层面的可持续发展目标。通过结合不同学科的已有经验，就当前可持续发展过程中面临的一些重要问题提供了指南，强调了将各领域最新的科学成果结合进可持续发展中，确定可以实现快速转变的具体领域，并寻求实现转型驱动的具体途径。

继《IPCC全球1.5℃温升特别报告》和《气候变化与土地特别报告》之后，IPCC气候变化评估的三个特别报告之一《气候变化中的海洋和冰冻圈特别报告》于2019年9月正式发布，首次将冰冻圈服务的概念写入报告，结合IPCC AR5的不同社会发展路径，其除对全球气候变化背景下的冰冻圈变化及适应性分析外，还特别强调了冰冻圈变化及其对社会经济系统的影响及适应，强调了冰冻圈服务与可持续发展目标的广泛联系。以联合国可持续发展目标和国家优先可持续发展目标为指导，以全球气候变化背景下的冰冻圈变化及影响为前提，构建了适应冰冻圈变化的社会经济发展策略。

知识窗

干旱区冰冻圈水资源管理

随着冰冻圈退缩，水资源量和调节作用将发生改变，水库因其在调节区域用水以及减缓水资源灾害方面发挥的重要作用而在干旱区冰冻圈水资源管理中受到越来越多的关注。以流域为单元的水资源管理强调通过水库来实现全流域的统一调水。例如，作为“固态水库”，冰川和积雪融水对叶尔羌河流域的7条主要河流年径流量起着补偿调节作用，使其径流量年际变化平稳。未来温升将导致河源区冰川的进一步消融，冰冻圈径流调节服务功能在经历了上升阶段后将会不断降低。同时，冰雪融水资源的消融季将提前，导致农业用水高峰期可用水资源量不足，出现“卡脖子”旱情。为调节当地用水需求并减轻灾害程度，可通过流域上游两座大型山区水库（包括阿尔塔什水利枢纽工程和下坂地水利枢纽工程）、16个平原水库的联合调度，遵循“丰蓄枯补”的原则，确保全流域的径流调节，协调区域防洪、灌溉、发电和生态补水，同时提高汛限水位，拦蓄洪水，从而有效控制冰冻圈融水引发的一系列灾害。

水资源承载力研究也是西北干旱绿洲研究中最主要的部分。靠冰冻圈融水补给的径流的增加主要来源于冰冻圈过度消融引起的冰川物质损失。随着冰冻圈融水拐点的相继出现，流域冰雪融水补给量将会发生不可逆的减少，“开源”和“节流”是实现未来水资源供需平衡的两个主要方面。例如，通过人工增雪增加冰冻圈水资源存量，保证夏季消融期下游的融水供给。此外，最严格的水资源管理制度是实现区域水安全以及“社会－经济－生态”用水优化配置的重要制度保障。提高水资源利用效率是“水－生态－经济”系统可持续发展的关键，有助于承载更大规模的绿洲面积（程国栋，2009；Deng et al.，2006）。21世纪初，先后在西北内陆河地区实施的分水政策是干旱区水资源管理的重要举措。在水利基础设施建设的基础上，在下游生态需水关键期进行水量调配，实现冰冻圈融水的高效利用。“水－生态－经济”系统下的种植业结构调整可看作是对经济效益追求及水资源限制的反馈，调整农业种植业结构以实现和冰雪融水高峰期的季节性匹配。例如，在河西走廊黑河中游地区，传统的小麦种植被以玉米为主的作物取代，推迟了农业用水的高峰期，从结构上缓解了“卡脖子”旱情。

2. 冰冻圈灾害风险全过程管控

与风险共存，始终做到居安思危、防患于未然，实施灾害风险全过程控制与预防是各类灾害风险管控的基本点和出发点。鉴于此，各级政府需围绕“以人为本”“预防为主、避让与治理相结合”“源头”控制向“全过程”管理转变、“突出重点、分步实施、逐步推进”的指导思想，通过将非工程措施与工程措施相结合、政府主导与公众参与有机结合，利用“灾害风险预防、风险转移、风险承担、风险规避”方法，逐步建立和完善集“灾害预警预报、风险处置、防灾减灾、群测群防、应急救助和灾后恢复重建”于一体的冰冻圈灾害综合风险管控体系。同时，深入分析冰冻圈灾害成因机理，强化防灾减灾基础知识的社会宣传和普及，让承灾区居民知晓冰冻圈灾害险情和灾情信息，增强其防灾、避灾、减灾意识和自我保护能力，提高冰冻圈承灾区综合防灾减灾能力，最大限度地减小或规避潜在冰冻圈灾害灾损。

1）社会经济层面

从经济转型以及相关社会基金和福利方面入手分析。对于我国干旱地区，冰冻圈水资源是支撑社会生态经济的重要基础。除政府对水权水价的管理改革外，建立完善的水权交易市场对实现冰冻圈水资源的高效利用具有重要意义。我国西北干旱地区农业灌溉耗水量达到区域总用水量的80%以上，在明晰水权的基础上通过市场交易实现冰冻圈水资源由第一产业向第二、第三产业转移，促进水资源的高效利用。通过激励奖惩等措施促进冰冻圈水资源的高效利用，实现负责任的生产和消费，减少干旱地区社会经济发展的生态负担，降低温室气体排放，缓解全球气候变化对冰冻圈的影响。

慈善资金的支持对构建冰冻圈灾害防护体系、提高受冰冻圈影响区域的人类福祉起到重要作用。根据《慈善蓝皮书：中国慈善发展报告（2017）》，2010~2015年，超过12.4亿美元已经通过国际和国内基金会捐助给中国来支持与可持续发展目标相关的发展项目。中国扶贫基金会、阿里巴巴公益基金会、腾讯公益慈善基金会、三江源生态保护基金会、中国绿色碳汇基金会、中国生物多样性保护与绿色发展基金会、中华社会救助基金会等一大批政府和企业主导的基金会为应对气候变化、提高抵御冰冻圈灾害的能力提供了重要支持，有效地提升了受冰冻圈影响区域的人类福祉。

2）公众个人层面

从应对气候变化的认知和行动方面分析。气候变化是地球系统和人类活动共同作用的结果。为了更好地应对气候变化给冰冻圈带来的诸多风险，需要公众、国家和政府间共同行动和协作。作为普通公众，应全力支持并配合政府的气候变化应对措施，积极参与到应对气候变化的行动中。作为政府，除了积极制定相应的气候变化政策以外，还需要做好后续工作，切实保证应对行动的有效性。具体如下：

A. 认知提升

在全球气候变化背景下，对冰冻圈变化影响和适应的科学教育和科普是当前迫切需要实施的重要措施。全国环保宣传教育的普及和落实对于减缓冰冻圈变化具有举足轻重的作用。国家环保总局与教育部联合开展的1999年全国公众环境意识调查报告显示，公众掌握的环保知识越多，环境保护意识越强，环境道德水平越高，对生态环境事业的参与程度就越高。因此，在冰冻圈快速退缩并威胁生态系统和人类社会经济系统发展的今天，加强生态环境保护道德教育，提高全民环境保护意识，加强个体、家庭、社区对冰冻圈变化及其影响的感知和认识是应对冰冻圈变化带来的不确定性的重要举措。例如，通过学校教育、环境宣传，让人们意识到全球增温的负面影响是持续的，冰冻圈在其中发挥着重要的缓解作用，将加速向可持续发展的转变。政府和社会通过提供支持来加强促进正规的和非正式的高质量教育和公益学习。此外，提升对冰冻圈变化及其影响和应对措施的认知，可以通过新媒体的发展和挖掘以及大众传播来实现。例如，当前以冰冻圈变化和影响为主题的微信公众号推送的文章能够显著提高公众社会对冰冻圈的认知，进而影响个人决策。

B. 参与行动

个体参与在推动社会进步中发挥着重要作用。通过对冰冻圈变化认知的提升，加强公众社会责任感，促进个体实际参与并发挥其知识水平，采取行动来推动社会进步以应对冰冻圈变化带来的社会风险。一方面这种参与可以体现为个体自身行为的改变，另一方面也增强了个体在公众对话中的作用，提供了参与公共决策的机会和权利。这种参与可以建立起坚实的应对冰冻圈变化的基础认知和群体，同时确保政策自上而下的一致性和实效性，由此避免政策和个体行动之间的脱节，减少错误应对，有效降低冰冻圈变化的影响，也充分利用了变化给个体以及社会带来的机遇。例如，本土知识和基层管理工作经验在减少冰冻圈变化影响中起到极为积极的作用，将农业灌溉渠系管理权下放到农民手中，鼓励和扶持人们单独或基层集体贡献，调动公众积极性，实现农业灌溉基础设施的有效维护，形成适合当地的气候风险管理方案，提高抵御冰冻圈灾害风险的能力。

3）科学技术层面

科学技术是2030年可持续发展的核心议程。《2019年全球可持续发展报告》中强调从科学角度为全球可持续发展的状况提供指导，弥合知识与政策之间的鸿沟（United Nations，2019）。加强冰冻圈科学体系建设，推动多学科交叉，如冰冻圈科学、大气科学、水文学、生态学、灾害学等的交叉融合，同时加强自然科学和社会科学的衔接，深化冰冻圈变化的风险、脆弱性和适应研究，为冰冻圈变化机理、影响及应对措施提供基础。例如，在冰冻圈服务方面，可从供给（清洁能源、淡水供给）、调节（气候调节、径流调节、生态调节）、文化（美学欣赏、环境教育、宗教文化，娱乐休闲等）和支持（工程建设、栖息地）服务入手，开展冰冻圈资源－功能－服务变化的阈值分析、产业结构调整、功能区划等研究（Wang X et al.，2019；效存德等，2016），建立冰冻圈功能、服务研究方法体系，资源动态评估方法等。例如，IPCC评估报告中《气候变化中的海洋和冰冻圈特别报告》强调了建立冰冻圈服务和社会生态系统的广泛联系。与此同时，四年一度的《2019年全球可持续发展报告》强调建立具体的实施路径来实现2030年可持续发展目标。冰冻圈变化的适应是未来冰冻圈变化研究的主要方向，对实现2030年可持续发展目标具有重要意义。应对冰冻圈变化带来的风险，实现冰冻圈资源的高效利用需要建立事实依据，基于科学的评估，实现区域稳定的可持续发展。在技术层面上，如何将冰冻圈学科的知识体系和研究结果转化到实际应用中是需要重点关注的。

在此基础上，首先需要建立完善的冰冻圈学科体系，加大科研投入，开展冰冻圈变化实时精细化监测，完善冰冻圈变化的监测与定位系统，构建地－空一体监测体系，系统评估变化影响，提高预警、预报能力，为决策者和公众及时提供有效信息，建立及时有效的信息传递渠道。支持开放数据计划、充分利用科学和科学的潜力技术将需要大量研发经费。在此基础上建立大型模拟设施，模拟和预估未来冰冻圈变化趋势（丁永建和秦大河，2009；王世金等，2018）。同时结合实地情况，实现区域资源的高效利用和优化调控。对于生态脆弱地区，根据地区承载力适当降低人类活动的影响，做好牧区人口的适度聚集，提高劳动生产率，强化冰冻圈生态系统的正向干预。

3.6 主要结论和认知差距

在气候变暖背景下，过去几十年来，中国冰冻圈呈现出冰川快速退缩、多年冻土退化、积雪范围缩小、海冰冰情异常等变化，其影响区域水文水资源、生态系统、灾害程度和人类社会经济发展。通过对中国冰冻圈变化影响与适应的梳理，可以得到以下主要结论：

（1）冰冻圈变化对径流变化有重大影响；冰川融水量“先增后减”的拐点已经或即将出现，并与流域的冰川面积大小有关（高信度）；冻土退化已导致冰冻圈流域冬季径流量增加、夏季径流量减少、年内径流过程线变缓（高信度），该变化与流域多年冻土覆盖率有关；积雪消融期提前和缩短改变了以积雪融水为主的流域的年内径流过程线（高信度）。未来两种排放情景下（RCP2.6、RCP4.5），受气候和冰冻圈变化共同影响，中国西部流域径流量总体呈现增加趋势，但丰枯变化剧烈（高信度），降水量增加是主因；未来冰冻圈的水源和“调丰补枯”作用减弱甚至消失，全球2℃温升以内是西北干旱区水资源安全的基本保障。

（2）冰冻圈变化对陆地生态系统具有较大影响。青藏高原陆地生态系统变化是地表冻土层季节融化过程、积雪和降水格局变化等因素共同作用的结果。在气候变暖背景下，受土壤水分和有效降水差异的影响，高寒生态系统持续退化现象多发生在岛状多年冻土区和季节冻土区。多年冻土区大部分土壤有机碳随着多年冻土发育而初步积累，且深部水溶性有机碳含量较大，具有很强的微生物分解潜力。多年冻土退化在一定阈限范围内有利于促进植被覆盖度和生产力的提高。多年冻土区碳库在土壤温度为负温时的增温对碳释放增幅的影响大于正温条件下的增温，但多年冻土区冷生土壤碳库存在一定稳定维持机制。冰冻圈生态系统碳库的源汇变化取决于生态系统生物量碳库与土壤碳库的相对积累速率与增汇潜力。在未来气候持续变暖背景下，青藏高原高寒生态系统生物量碳库呈现小幅度递增态势，土壤有机碳库将小幅度递减，大部分区域总NEP将呈现小幅度递减趋势，但碳源趋势不显著。冰川的快速消融释放了早期储存的污染物，对下游生态系统带来潜在的风险。

（3）在气候变暖和冰冻圈快速变化影响下，近年来中国雪崩灾害、冰川跃动、牧区雪灾频率有所增加；海冰灾害尽管受灾范围较小，但灾损巨大；冰湖溃决灾害、冻土灾害、海平面上升灾害未来潜在影响巨大，需提前防范其风险；极端低温事件频次呈减少趋势，但仍需关注霜冻、雨雪冰冻天气事件的重大影响。

（4）冰冻圈变化具有致灾和致利的双重影响。早期冰冻圈对社会经济影响的研究侧重于致灾影响和适应策略。冰冻圈致灾影响基本已经形成了机理、影响和适应相对完善的研究范例。而冰冻圈的致利影响，即冰冻圈服务功能，是中国学者最新提出的全球领先的科学概念，旨在强调冰冻圈服务的社会经济过程。定量评估冰冻圈功能和服务对社会经济发展影响的途径和能力是准确评估冰冻圈致利影响的前提，也是气候变化背景下优化利用冰冻圈资源、更好地服务于社会经济可持续发展的先决条件。

目前冰冻圈变化研究仍存在认知上的不足，具体体现在以下几个方面：

（1）受限于冰冻圈观测数据稀少及认识水平，特别是对未来气候变化预估的不确定性，影响程度评估还存在一定的局限性。未来应进一步提升冰冻圈科学数据的获取能力，加深对冰冻圈科学及气候变化的认识，同时还需要探讨山区植被变化对流域径流量的影响，以及对人口、国家政策、区域规划以及经济发展变化的影响，加强对中国冰冻圈－水－人类活动耦合的研究。

（2）由于缺乏冰冻圈多因素综合作用的系统研究和足够的数据支持，对青藏高原以及东北等冰冻圈作用区植被物候响应气候变化的认识，以及对我国多年冻土区土壤碳的储量和碳分解速率的认识尚存在较大的不确定性。

（3）中国冰冻圈灾害研究力量相对薄弱，缺乏集成研究成果：①对冰崩、冰川跃动低频灾害成灾机理认识不足，其不足来源于观测数据的缺乏；②对风吹雪、雪崩、冰雹、冰川洪水 / 泥石流等低频灾种缺乏系统研究；③对牧区雪灾、冰湖溃决灾害、积雪洪水灾害成灾机理较为清楚，但防灾减灾工程措施落实不足；④对中国冰冻圈灾害综合风险评估缺乏集成研究；⑤对中国冰冻圈灾害影响缺乏未来预估，但其预估取决于冰冻圈变化、暴露要素变化的预估精度；⑥一些灾种发生频率较小、文献不足，报告中考虑较少。

（4）冰冻圈服务的相关研究还处于起步探索阶段，相关研究方法并不成熟。需要加强对系统的冰冻圈功能研究以及气候变化影响下冰冻圈功能变化的分析，从而更好地服务于冰冻圈影响区社会经济可持续发展。

■ 参考文献

陈仁升，张世强，阳勇，等 . 2019. 冰冻圈变化对中国西部寒区径流的影响 . 北京：科学出版社 .

程国栋 . 2009. 黑河流域水—生态—经济系统综合管理研究 . 北京：科学出版社 .

程国栋，孙志忠，牛富俊 . 2006. 冷却路基方法在青藏铁路上的应用 . 冰川冻土，28（6）：796-808.

丁永建，潘家华 . 2005. 气候与环境变化对生态和社会经济影响的利弊分析 // 秦大河，陈宜瑜，李学勇 . 中国气候与环境演变（下卷）：气候与环境变化的影响与适应、减缓对策 . 北京：科学出版社：92-159.

丁永建，秦大河 . 2009. 冰冻圈变化与全球变暖：我国面临的影响与挑战 . 中国基础科学：综述评述，3：4-10.

丁永建，张世强，陈仁升，等 . 2020. 冰冻圈水文学 . 北京：科学出版社 .

丁永建，张世强，陈仁升 . 2017a. 寒区水文导论 . 北京：科学出版社 .

丁永建，张世强，李新荣，等 . 2017b. 西北地区生态变化评估报告 . 北京：科学出版社 .

郭金停，韩风林，布仁仓，等 . 2016. 大兴安岭北坡多年冻土区植物群落分类及其物种多样性对冻土融深变化的响应 . 生态学报，36（21）：6834-6841.

胡文涛，姚檀栋，余武生，等 . 2018. 高亚洲地区冰崩灾害的研究进展 . 冰川冻土，40（6）：1141-1152.

李培基 . 2002. 冻土退化、冰雪灾害和山地灾害对西部发展的影响 // 王苏民，林而达，佘之祥 . 中国西部环境演变评估（第三卷）：环境演变对中国西部发展的影响与对策 . 北京：科学出版社：87-109.
李响，段晓峰，张增健，等 . 2016. 中国沿海地区海平面上升脆弱性区划 . 灾害学，31（4）：103-109.
李志军 . 2010. 渤海海冰灾害和人类活动之间的关系 . 海洋预报，27（1）：8-12.
刘时银，赵林 . 2012. 冰冻圈变化的影响 // 秦大河，董文杰，罗勇，等 . 中国气候与环境演变：2012（第二卷）：影响与脆弱性 . 北京：气象出版社：181-211.
刘雪琴 . 2018. 重大海洋灾害对沿海地区的经济影响评估研究 . 大连：国家海洋环境监测中心 .
毛淑君，李栋梁 . 2015. 基于气象要素的我国南方低温雨雪冰冻综合评估 . 冰川冻土，37（1）：14-26.
秦大河 . 2015. 中国极端天气气候事件和灾害风险管理与适应国家评估报告（精华版）. 北京：科学出版社 .
秦大河 . 2018. 冰冻圈科学概论（修订版）. 北京：科学出版社 .
苏腾，黄河清，周园园 . 2016. 黄河宁蒙河段水文 – 水温过程和河道形态变化对凌汛的影响 . 资源科学，38（5）：948-955.
王根绪，宜树华 . 2019. 冰冻圈变化的生态过程与碳循环影响 . 北京：科学出版社 .
王诺，丁凯 . 2019. 渤海海洋环境对斑海豹生存影响研究 . 海洋通报，38（2）：202-209.
王世金，丁永建，效存德 . 2018. 冰冻圈变化对经济社会系统的综合影响及其适应性管理策略 . 冰川冻土，40（5）：863-874.
王世金，汪宙峰 . 2017. 冰湖溃决灾害综合风险评估与管控：以中国喜马拉雅山区为例 . 北京：中国社会科学出版社 .
王世金，效存德 . 2019. 全球冰冻圈灾害高风险区：影响与态势 . 科学通报，64（9）：891-901.
王世金，徐新武，邓婕，等 . 2017. 中国滑雪旅游目的地空间格局、存在问题及其发展对策 . 冰川冻土，39（4）：902-909.
王欣，晋锐，杜培军，等 . 2018. 青藏高原地表冻融循环与植被返青期的变化趋势及其气候响应特征 . 遥感学报，22（3）：508-520.
魏军，刘晓岩，张兴红 . 2017. 2017—2018 年度黄河凌汛防御措施 . 中国防汛抗旱，6：1-8.
武浩，夏芸，许映军，等 . 2016. 2004 年以来中国渤海海冰灾害时空特征分析 . 自然灾害学报，25（5）：81-88.
效存德，苏勃，王晓明，等 . 2019. 冰冻圈功能及其服务衰退的级联风险 . 科学通报，64（19）：1975-1984.
效存德，王世金，秦大河 . 2016. 冰冻圈服务功能及其价值评估初探 . 气候变化研究进展，12（1）：45-52.
徐晓明，吴青柏，张中琼 . 2017. 青藏高原多年冻土活动层厚度对气候变化的响应 . 冰川冻土，39(1)：1-8.
杨虎，胡玉萍 . 2012. 霜冻灾害的研究 . 农业灾害研究，2（1）：54-61.
杨建平，丁永建，方一平 . 2019. 中国冰冻圈变化的适应研究：进展与展望 . 气候变化研究进展，15（2）：178-186.
杨建平，张廷军 . 2010. 我国冰冻圈及其变化的脆弱性与评估方法 . 冰川冻土，32（6）：1084-1096.

杨针娘 . 1987. 中国冰川水资源 . 资源科学，9（1）：46-55.

袁本坤，曹丛华，江崇波，等 . 2016. 我国海冰灾害风险评估和区划研究 . 灾害学，31（2）：42-46.

张建光，李英丽，张江红 . 2018. 关于北方梨树花期霜冻灾害若干问题的商榷 . 果树学报（增刊），35：39-42.

中国气象局气候变化中心 . 2019. 中国气候变化蓝皮书（2019）. 北京：中国气象局气候变化中心 .

左常圣，范文静，邓丽静，等 . 2019. 近 60 年渤黄海海冰灾害演变特征与经济损失浅析 . 海洋经济，9（2）：50-55.

Ballesteros-Cánovas J A，Trappmann D，Madrigal-González J，et al. 2018. Climate warming enhances snow avalanche risk in the western himalayas. Proceedings of the National Academy Sciences of the United States of America，115：201716913.

Bogdal C，Schmid P，Zennegg M，et al. 2009. Blast from the past：melting glaciers as a relevant source for persistent organic pollutants. Environmental Science & Technology，43：8173-8177.

Brown G H，Fuge R. 1998. Trace element chemistry and provenance in alpine glacial melt waters//Arehart G B，Hulston J R. Water-rock Interaction. Rotterdam：Balkema：297-300.

Carrivick J L，Tweed F S. 2016. A global assessment of the societal impacts of glacier outburst floods. Global Planet Change，144：1-16.

Chang R，Wang G，Yang Y，et al. 2017. Experimental warming increased soil nitrogen sink in the Tibetan permafrost. Journal of Geophysical Research：Biogeosciences，122：1870-1879.

Chen M，Wang C，Wang X，et al. 2019. Release of perfluoroalkyl substances from melting glacier of the Tibetan Plateau：insights into the impact of global warming on the cycling of emerging pollutants. Journal of Geophysical Research：Atmospheres，124（13）：7442-7456.

Deng X，Shan L，Zhang H，et al. 2006. Improving agricultural water use efficiency in arid and semiarid areas of China. Agricultural Water Management，80（1/3）：23-40.

Dong Z，Kang S，Qin D，et al. 2017. Temporal and diurnal analysis of trace elements in the Cryospheric water at remote Laohugou basin in northeast Tibetan Plateau. Chemosphere，171：386-398.

Grannas A M，Bogdal C，Hageman K J，et al. 2013. The role of the global cryosphere in the fate of organic contaminants. Atmospheric Chemistry and Physics，13：3271-3305.

Grothmann T，Patt A. 2005. Adaptive capacity and human cognition：the process of individual adaptation to climate change. Global Environmental Change，15：199-213.

Hallegatte S，Przyluski V，Vogt-Schilb A. 2011. Building world narrative for climate change impact，adaptation and vulnerability analyses. Nature Climate Change，1（3）：151-155.

Harrison S，Kargel J S，Huggel C，et al. 2018. Climate change and the global pattern of moraine-dammed glacial lake outburst floods. The Cryosphere，12：1195-1209.

Hood E，Battin T J，Fellman J，et al. 2015. Storage and release of organic carbon from glaciers and ice sheets. Nature Geoscience，8（2）：91-96.

Huang J，Kang S，Guo J，et al. 2014. Mercury distribution and variation on a high-elevation mountain glacier on the northern boundary of the Tibetan Plateau. Atmospheric Environment，96：27-36.

Hugelius G，Strauss J，Zubrzycki S，et al. 2014. Estimated stocks of circumpolar permafrost carbon with quantified uncertainty ranges and identified data gaps. Biogeosciences，11：6573-6593.

IPCC. 2013. Climate Change 2013：the Physical Science Basis. Contribution of Working Group I to the Fifth Assessment Report of the Intergovernmental Panel on Climate Change. Cambridge：Cambridge University Press.

IPCC. 2014a. Climate Change 2014：Impacts，Adaptation，& Vulnerability. Contribution of Working Group II to the Fifth Assessment Report of the Intergovernmental Panel on Climate Change. Cambridge：Cambridge University Press.

IPCC. 2014b. Climate Change 2014：Synthesis Report. Contribution of Working Group I，II，and III to the Fifth Assessment Report of the Intergovernmental Panel on Climate Change. Geneva，Switzerland：IPCC.

IPCC. 2018. Impacts of 1.5℃ Global Warming on Natural and Human Systems. IPCC Special Report on the Impacts of Global Warming of 1.5℃. Cambridge: Cambridge University.

IPCC. 2019. IPCC Special Report on the Ocean and Cryosphere in a Changing Climate. Cambridge: Cambridge University.

Jones I W，Munhoven G，Tranter M. 1999. Comparative fluxes of HCO_3 and Si from glaciated and non-glaciated terrain during the last deglaciation//Tranter M，Armstrong R，Brun E，et al.Interactions between the Cryosphere，Climate and Greenhouse Gases. Wallingford：IAHS Press：267-272.

Kane S M，Shogren J F. 2000. Linking adaptation and mitigation in climate change policy. Climate Change，45（1）：75-102.

Kintisch E，Kerr R A. 2007. Global warming，hotter than ever. Science，318（5858）：1846-1847.

Koven C D，Riley W J，Stern A. 2013. Analysis of permafrost thermal dynamics and response to climate change in the CMIP5 Earth System Models. Journal of Climate，26：1877-1900.

Lai Y，Pei W，Yu W. 2014. Calculation theories and analysis methods of thermodynamic stability of embankment engineering in cold regions. Chinese Science Bulletin，59（3）：261-272.

Lai Y，Wang Q，Niu F，et al. 2004. Three-dimensional nonlinear analysis for temperature characteristic of ventilated embankment in permafrost regions. Cold Regions Science and Technology，38（2）：165-184.

Lantuit H，Overduin P P，Couture N，et al. 2012. The arctic coastal dynamics database：a new classification scheme and statistics on Arctic permafrost coastlines. Estuaries Coasts，35：383-400.

Li C，Chen P，Kang S，et al. 2016. Carbonaceous matter deposition in the high glacial regions of the Tibetan Plateau. Atmospheric Environment，141：203-208.

Li X，He X，Kang S，et al. 2016. Diurnal dynamics of minor and trace elements in stream water draining Dongkemadi Glacier on the Tibetan Plateau and its environmental implications. Journal of Hydrology，541：1104-1118.

Lin S，Wang G，Feng J，et al. 2019. A carbon flux assessment driven by environmental factors over the Tibetan Plateau and various permafrost regions. Journal of Geophysical Research：Biogeosciences，124：1132-1147.

Linsbauer A，Frey H，Haeberli W，et al. 2016. Modelling glacier-bed overdeepenings and possible future lakes for the glaciers in the Himalaya - Karakoram region. Annals of Glaciology，57：119-130.

Liu X，Chen R，Liu J，et al. 2019. Effects of snow depth change on spring runoff in cryosphere areas of

China. Hydrological Sciences Journal，64（7）：789-797.

Milner A M，Khamis K，Battin T J，et al. 2017. Glacier shrinkage driving global changes in downstream systems. Proceedings of the National Academy of Sciences of the United States of America，114：9770-9778.

Moore J C，Gladstone R，Zwinger T，et al. 2018. Geoengineer polar glaciers to slow sea-level rise. Nature，555：303-305.

Mu C，Zhang T，Wu Q，et al. 2014. Stable carbon isotopes as indicators for permafrost carbon vulnerability in upper reach of Heihe River basin，northwestern China. Quaternary International，321：71-77.

Mu C，Zhang T，Wu Q，et al. 2015. Organic carbon pools in permafrost regions on the Qinghai-Xizang（Tibetan）Plateau. The Cryosphere，9：479-496.

Mu C，Zhang T，Zhang X，et al. 2016. Sensitivity of soil organic matter decomposition to temperature at different depths in permafrost regions on the northern Qinghai-Tibet Plateau. European Journal of Soil Science，37（6）：773-781.

Muis S，Verlaan M，Winsemius H C，et al. 2016. A global reanalysis of storm surges and extreme sea levels. Nature Communications，7：11969.

Niittynen P，Heikkinen R K，Luoto M. 2018. Snow cover is a neglected driver of Arctic biodiversity loss. Nature Climate Change，8（11）：997-1001.

Nordhaus W. 2019. Economics of the disintegration of the Greenland ice sheet. Proceedings of the National Academy of Sciences of the United States of America，116：12261-12269.

Prevéy J S，Rixen C，Rüger N，et al. 2019. Warming shortens flowering seasons of tundra plant communities. Nature Ecology & Evolution，3：45-52.

Qin S，Chen L，Fang K，et al. 2019. Temperature sensitivity of SOM decomposition governed by aggregate protection and microbial communities. Science Advances，5（7）：eaau1218.

Qin Y，Yi S，Chen J，et al. 2015. Responses of ecosystem respiration to short-term experimental warming in the alpine meadow ecosystem of a permafrost site on the Qinghai-Tibetan Plateau. Cold Regions Science and Technology，115：77-84.

Raynolds M K，Walker D A，Ambrosius K J，et al. 2014. Cumulative geoecological effects of 62 years of infrastructure and climate change in ice-rich permafrost landscapes，Prudhoe Bay Oilfield，Alaska. Global Change Biology，20：1211-1224.

Rheinberger C. 2013. Learning from the past：statistical performance measures for avalanche warming services. Natural Hazards，65（3）：1519-1533.

Romanovsky V，Smith S，Christiansen H. 2010. Permafrost thermal state in the polar Northern hemisphere during the international polar year 2007—2009：a synthesis. Permafrost and Periglacial Processes，21(2)：106-116.

Schmid P，Bogdal C，Blüthgen N，et al. 2011. The missing piece：sediment records in remote mountain lakes confirm glaciers being secondary sources of persistent organic. Pollutants. Environmental Science & Technology，45：203-208.

Schuur E A G，McGuire A D，Schadel C，et al. 2015. Climate change and the permafrost carbon feedback. Nature，520：171-179.

Shen M，Piao S，Jeong S J，et al. 2015. Evaporative cooling over the Tibetan Plateau induced by vegetation growth. Proceedings of the National Academy Sciences of the United States of America，112：9299-9304.

Smit B，Pilifosova O. 2001. Adaptation to climate change in the context of sustainable development and equity//McCarthy J J，Canziani O F，Leary N A. Climate Change 2001：Impacts，Adaptation and Vulnerability. Cambridge：Cambridge University Press：877-912.

Song X，Wang G，Hu Z，et al. 2018. Boreal forest soil CO_2 and CH_4 fluxes following fire and their responses to experimental warming and drying. Science of the Total Environment，644：862-872.

Spencer R G M，Guo W，Raymond P A，et al. 2014. Source and biolability of ancient dissolved organic matter in glacier and lake ecosystems on the Tibetan Plateau. Geochimica et Cosmochimica Acta，142：64-74.

Sun S，Kang S，Huang J，et al. 2016. Distribution and transportation of mercury from glacier to lake in the Qiangyong Glacier Basin，southern Tibetan Plateau，China. Journal of Environmental Sciences，44：213-223.

Sun X，Wang K，Kang S，et al. 2017. The role of melting alpine glaciers in mercury export and transport：an intensive sampling campaign in the Qugaqie Basin，inland Tibetan Plateau. Environmental Pollution，220：936-945.

Sun X，Zhang Q，Kang S，et al. 2018. Mercury speciation and distribution in a glacierized mountain environment and their relevance to environmental risks in the inland Tibetan Plateau. Science of the Total Environment，631-632：270-278.

United Nations.2019. Global Sustainable Development Report 2019：the Future is now-Science for Achieving Sus-tainable Development. New York：United Nation.

Wahl T，Haigh I D，Nicholls R J，et al. 2017. Understanding extreme sea levels for broad-scale coastal impact and adaptation analysis. Nature Communications，8：16075.

Wang G，Chen J，Wu F，et al. 2015. An integrated analysis of agricultural water-use efficiency：a case study in the Heihe River Basin in Northwest China. Physics and Chemistry of the Earth，Parts A/B/C，89-90：3-9.

Wang S，Meng F，Duan J，et al. 2014. Asymmetric sensitivity of first flowering date to warming and cooling in alpine plants. Ecology，95（12）：3387-3398.

Wang S，Zhou L，Wei Y. 2019. Integrated risk assessment of Snow Disaster（SD）over the Qinghai-Tibetan Plateau（QTP）. Geomatics Natural Hazards & Risk，10（1）：740-757.

Wang X，Chen R，Liu G，et al. 2018. Response of low flows under climate warming in high-altitude permafrost regions in western China. Hydrological Processes，33：66-75.

Wang X，Liu S，Zhang J. 2019. A new look at roles of the cryosphere in sustainable development. Advances in Climate Change Research，10（2）：124-131.

Wang X，Yi S，Wu Q，et al. 2016. The role of permafrost and soil water in distribution of alpine grassland

and its NDVI dynamics on the Qinghai-Tibetan Plateau. Global and Planetary Change，147：40-53.

Wei D，Wang X. 2017. Recent climatic changes and wetland expansion turned Tibet into a net CH_4 source. Climatic Change，144（4）：657-670.

Wei Y，Wang S，Fang Y，et al. 2017. Integrated assessment of the vulnerability of animal husbandry from SD perspective under climate change on the Qinghai-Tibetan Plateau. Global Planet Change，157：139-152.

Yan F，Kang S，Li C，et al. 2016. Concentration，sources and light absorption characteristics of dissolved organic carbon on a medium-sized valley glacier，northern Tibetan Plateau. The Cryosphere，10（6）：2611-2621.

Zhang Q，Kang S，Gabrielli P，et al. 2015. Vanishing high mountain glacial archives：challenges and perspectives. Environmental Science & Technology，49（16）：9499-9500.

Zhang Q，Pan K，Kang S，et al. 2014. Mercury in wild fish from high-altitude aquatic ecosystems in the Tibetan Plateau. Environmental Science & Technology，48（9）：5220-5228.

Zhang S，Ye B，Liu S，et al. 2012. A modified monthly degree-day model for evaluating glacier runoff changes in China. Part I：model development. Hydrological Processes，26（11）：1686-1696.

Zhang T，Wang G，Yang Y，et al. 2015. Non-growing season soil CO_2 flux and its contribution to annual soil CO_2 emissions in two typical grasslands in the permafrost region of the Qinghai-Tibet Plateau. European Journal of Soil Biology，71：1-8.

Zhang T，Wang G，Yang Y，et al. 2017. Grassland types and season-dependent response of ecosystem respiration to experimental warming in a permafrost region in the Tibetan Plateau. Agricultural and Forest Meteorology，247：271-279.

Zhao Q，Ding Y，Wang J，et al. 2019.Projecting climate change impacts on hydrological processes on the Tibetan Plateau with model calibration against the glacier inventory data and observed streamflow. Journal of Hydrology，573：60-81.

Zhao Q，Zhang S，Ding Y，et al. 2015. Modeling hydrologic response to climate change and shrinking glaciers in the highly glacierized Kunma Like River Catchment，Central Tian Shan. Journal of Hydrometeorology，16（6）：2383-2402.

第4章 陆地生态系统

主要作者协调人：于贵瑞、吴建国
编　　　审：黄　耀
主 要 作 者：韩永伟、牛书丽、周旭辉、崔雪锋

▪ 执行摘要

过去近百年的气候变化（特别是近50年来）已经影响到中国陆地生态系统各个方面（高信度）。物候期、植被分布及土地利用格局等发生改变，陆地生态系统生产力和碳汇等功能的变化已达到能被检测到的程度（中等信度）。气候变化加剧了水土流失、荒漠化、石漠化、森林火灾和病虫鼠害等，影响了生态系统服务（高信度）。许多动植物物种分布已经因气候变化而发生了改变（高信度），一些种质资源脆弱性已经显现（中等信度）。近百年来，陆地生态系统变化也与人类生产活动等的影响密切相关（高信度）。未来气候变化将继续影响中国陆地生态系统并带来不同程度的风险（中等信度）。在气候变化影响下，植被分布将进一步改变（中等信度），陆地生态系统结构和功能变化将加剧生态系统服务退化，生态灾害风险将增加（中等信度）。同时，未来气候变化将使生物多样性和种质资源丧失，物种濒危灭绝的风险增加（中等信度）。中国采取的生态系统保护、修复和资源可持续利用、野生动植物保护、有害生物防御、生态保护红线划定、生态功能区确定、自然保护地体系建立等在应对气候变化方面发挥了积极作用（高信度），但在未来应对气候变化风险方面的作用还并不明确，现有的科学研究对各种适应措施效果、条件限制及不良后果的认识还不足（中等信度）。

4.1 引　　言

陆地生态系统是陆地表面生物与环境因子相互作用的复杂系统，是人类赖以生存和维持社会经济可持续发展的重要物质基础。作为地球气候系统中的生物圈部分，陆地生态系统与气候要素和人类生产活动等密切相关。近百年来，气候变化对陆地生态系统结构和功能等已经产生了可辨识的影响，未来将会带来更大影响和风险。科学认识这些影响与风险，并提出系统的应对措施，对保障生态安全、促进社会经济的可持续发展等有重要意义。然而，由于陆地生态系统对气候变化响应和适应的滞后性、复杂性和长期性，评估气候变化对陆地生态系统影响与适应一直是 IPCC 历次评估报告的重点，也是我国气候变化影响与适应评估的重要内容之一。

IPCC 在 2014 年发布的《AR5 气候变化 2014：影响、适应和脆弱性——A 部分 全球和表明方面》的第四章“陆地与内陆水系统”中，对过去气候变化影响，生态系统的动态与恢复力，陆地和淡水生态系统对气候变化的脆弱性、适应及限制，新出现的问题和关键的不确定性等方面进行了评估。IPCC 在 2018 年发布的《IPCC 全球 1.5℃温升特别报告》中也涉及对陆地生态系统的大量评估内容，2019 年发布的《气候变化与土地特别报告》中涉及气候变化与土地退化和荒漠化及基于土地适应气候变化的相关内容，《气候变化中的海洋和冰冻圈特别报告》中涉及气候变化与山地生态系统的相关内容。

2012 年出版的《中国气候与环境演变：2012》第二卷第六章“陆地生态系统与生物多样性”主要对陆地生态系统及其与气候的关系、影响事实与预估、陆地生态系统脆弱性、气候变化对生物多样性影响、适应对策与选择、存在问题与解决途径方面进行了评估。2015 年出版的《第三次气候变化国家评估报告》第二部分第五章“气候变化对森林与其它自然生态系统影响与适应”主要评估范围为森林、草原、湿地等自然生态系统地带性分布、物候、生物多样性及其生产力对气候变化的响应，以及为确保生态系统可持续发展采取的对策与适应措施等。

本次评估的重点以 2011 年以来发表的文献为基础，重点评估气候变化对陆地生态系统地理格局、结构与组分、过程与功能及服务等方面的影响及脆弱性，评估气候变化下生态退化和灾害特征及对生物多样性影响与脆弱性的新认识，给出未来气候变化下生态风险及对生态系统适应方面的认识，提出综合气候变化路径及对策，明确知识差距与认识不足。本章包括气候变化对植被与土地覆被格局的影响，气候变化对生态系统结构和功能的影响，气候变化下生态系统服务、功能退化和灾害风险，气候变化对生物多样性的影响及脆弱性与风险评估，应对气候变化的生态系统适应途径和对策等内容（图 4-1）。

在评估中考虑气温、降水、CO_2 浓度升高、大气氮沉降等因素，在气候变化适应方面强调生态系统途径、人为适应对策。在评估中突出对过去气候变化影响与其他因素的交互作用、气候变化下风险特别是全球温升 1.5~2℃下中国陆地生态系统功能和生物多样性风险、适应气候变化与可持续发展目标、适应与减缓联系等方面的考虑（图 4-1）。

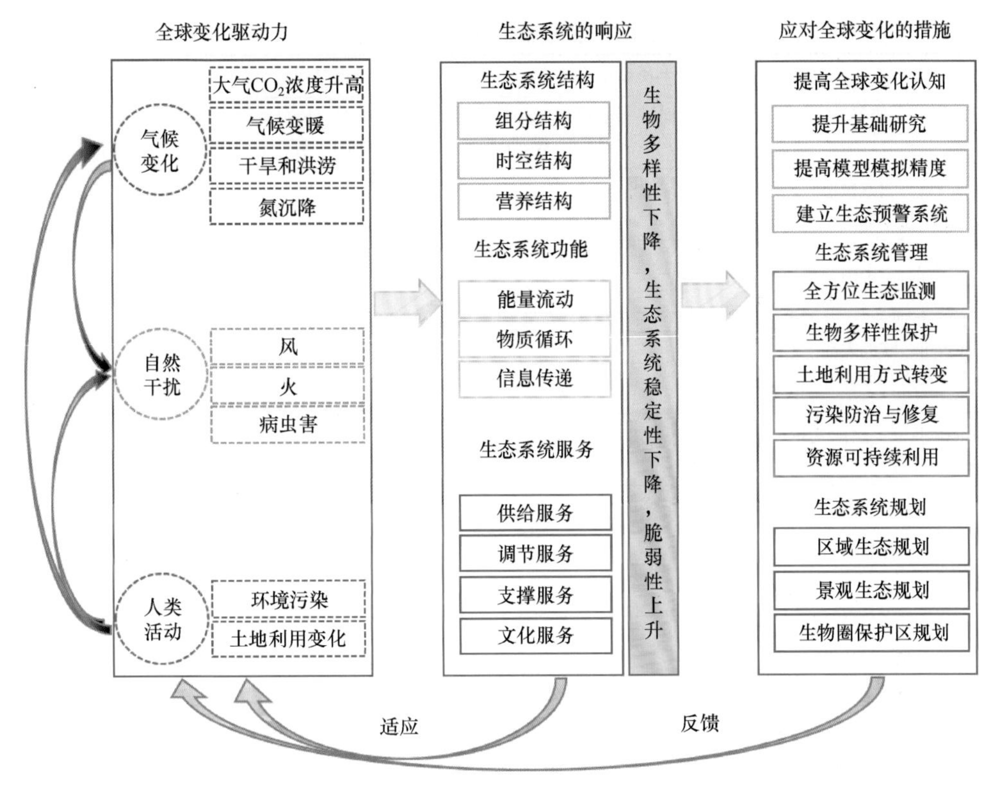

图 4-1　全球气候变化对中国陆地生态系统影响评估的逻辑框架

4.2　气候变化对植被与土地覆被格局的影响

4.2.1　未来气候变化对物候与植被地理分布格局的影响

1. 植被物候

大量观测证实，许多区域植被物候已经改变，包括物候生长季开始日期提前和生长季结束日期延迟等，并且这些变化与过去温度或降水变化密切相关。

不同气候情景下预估的物候将继续变化。在 RCP2.6、RCP4.5 和 RCP8.5 情景下，相对于 1985~2004 年，2080~2099 年北半球生长季开始日期将分别提前 4.3 天、11.3 天和 21.6 天（Xia et al.，2015）。对于中国，在 RCP2.6、RCP4.5、RCP6.0 和 RCP8.5 情景下，至 21 世纪末生长季结束日期将分别延迟 8 天、13.4 天、15.6 天和 24.2 天（Deng et al.，2018）。中国植被物候变化趋势与其他地区研究结果基本一致，皆显示生长季开始期提前、结束期推迟和长度延长，生长季开始时间对区域温度敏感性越大，其未来变化程度就越大（Xia et al.，2015）（表 4-1）。不同研究结果存在一定的差异，这可能与研究区、气候情景和基准期不同有关（He et al.，2018）。

表 4-1 植被物候预测结果统计表

参考文献	研究区	情景	生长季开始时间			生长季结束时间			生长季长度		
			基准期（年份）	预测期（年份）	提前天数 / 天	基准期（年份）	预测期（年份）	推迟天数 / 天	基准期（年份）	预测期（年份）	延长天数 / 天
Førland et al.，2004	北欧极地地区	与 SRES B1 相似	—	—	—	—	—	—	1961~2000	2050	21~28
Tian et al.，2014	中国	SRES A1B	—	—	—	—	—	—	1961~1990	2080	100
Ruosteenoja et al.，2016	欧洲大部分地区	RCP4.5 和 RCP8.5	—	—	—	—	—	—	1971~2000	2099	45~60
Ruosteenoja et al.，2011	芬兰	SRES A2 和 B1	—	—	—	—	—	—	1971~2000	2099	40~50
He et al.，2018	青藏高原	RCP2.6、RCP6.0 和 RCP8.5	—	—	—	—	—	—	1960~2014	2100	17~82
Xia et al.，2015	北半球	RCP2.6、RCP4.5 和 RCP8.5	1985~2004	2099	4.3~21.6	—	—	—	—	—	—
Xia et al.，2015	中国	RCP2.6、RCP4.5 和 RCP8.5	1985~2004	2099	10.7~37.5	—	—	—	—	—	—
Zhu et al.，2019	中国	RCP4.5 和 RCP8.5	1950~2005	2100	12.2~23.3	—	—	—	—	—	—
Deng et al.，2018	中国	RCP2.6、RCP4.5、RCP6.0 和 RCP8.5	—	—	—	1981~2010	2099	8~24.2	—	—	—

注：SRES 指排放情景特别报告。

2. 植被分布格局

全球气候变化正在改变着中国部分植被的分布格局，这些变化不仅受气候变化影响，也与生产活动等影响密切相关。

在气候变化影响下，中国植被带分布存在向高纬度和高海拔地区移动的趋势（Wilson et al.，2005）。在未来气候变化情景下，青藏高原植被活动增强，东部和中部植被活动减弱，而华北大部分地区植被可能会适应干旱环境，而南部许多地区水资源短缺将抑制植被活动（Gao et al.，2017），与此同时，中国高山冻原等分布范围将减少，北方和温带落叶林、温带常绿针叶林和热带森林带将北移，北方落叶林范围将减少，而热带落叶林范围将增加，沙漠、草原和草甸范围将减少，干旱型灌丛将消失，温带落叶阔叶林将北移（Zhao et al.，2017）；区域性气候变化可能使中国热带森林、温带森林、草原、干旱灌木林范围增加，但会使北方森林、沙漠和冻原面积减少，东部大多数植被，特别是北方森林和热带森林边界将向北移，青藏高原冻原海拔范围将上移（Zhao and Wu，2013）；在 21 世纪中叶前全球变暖达到 2℃、在 21 世纪最后 30 年全球变暖达 4℃情景下，中国南部沿海地区热带森林将向北扩张，亚热带森林向当前温带森林和农作物所在区域扩展，青藏高原高山植被将被北方和亚高山森林或灌木林所取代，东北地区的北方森林将萎缩，CO_2 浓度增加将促进木本植被代替草地植被，目前华北地区种植植被将进一步向北和向西延伸（Wang，2013）。气候增暖可能导致北方森林带北移（Wang et al.，2011），中国东北地区落叶阔叶林将取代混交林（Chan et al.，2016）。对于亚热带常绿阔叶林而言，气温升高 2℃，其将向北移动 3 个纬度或向高海拔移动，气温升高 4℃，其将向北移动 6 个纬度或向高海拔移动（Ni and Herzschuh，2011），在垂直方向上，2℃增温可使东北森林垂直带谱上移 300m 左右，在 CO_2 浓度倍增条件下，温带落叶阔叶林林线将升高 100~160m，而亚热带山地针叶林和热带阔叶林林线分别升高 150~350m 和 280~560m（贾庆宇等，2010）。另外，在未来气候情景下，青藏高原大多数地区树线及高寒草甸北移，以灌木为主的山地草原减少，沙漠边界将向南移，山地沙漠面积将增加，CO_2 浓度升高将导致高山生态系统分布改变（Ni and Herzschuh，2011）。使用群落地球系统模型 CESM 1.0.4（the community earth system model）模拟两种 CO_2 浓度（367ppm 和 734ppm）和相关气候条件下植被组成和生产力，CO_2 倍增与气候变化均对青藏高原温带和热带植物功能类型产生影响，但 CO_2 倍增导致 C4 草本植物和阔叶落叶灌木林盖度下降，而温升变化导致 C3 草本植物和北方针叶林盖度下降，东南部植被反应最为明显（Qiu and Liu，2016）。

近些年，局部地区农业活动对植被变化的影响已经超越了气候因素变化（李仕冀等，2016）。此外，火灾强度、持续时间和频率增加有利于草地扩张，但是会减少森林分布面积，这是因为后者在火灾后恢复期较长（Notaro，2008）。

4.2.2　未来气候变化下土地利用与土地覆被变化

土地利用与土地覆被受气候变化和人类活动的影响较大，同时土地利用方式的调整在减缓气候变化方面也有重要的作用（Schleussner et al.，2016）。过去中国的土地利用与土地覆被已经发生了明显改变。

土地覆被变化是涉及众多自然因素和社会经济因素的复杂事件。未来中国土地覆被变化的主要驱动力有气候变化、社会经济发展、城市化进程和国家生态环境保护宏观政策等。当前大多数研究主要在未来自然和社会经济因素变化的情景设定下，构建土地覆被变化和空间分布模拟模型，对未来中国土地覆被变化进行时间序列模拟，以及时空格局预测模拟研究。大多数研究显示，在不同气候变化情景和社会经济因素的影响下，中国未来 50~100 年城市建设用地呈现增长趋势，但在不同情景设定下，其增加速度很可能存在一定的差异，而未来耕地、林地、草地、湿地、荒漠和未利用土地等土地覆被类型的变化存在较大的不确定性（何春阳等，2004；闫丹等，2013；李婧等，2014；姜群鸥等，2015）。有研究通过将中国划分为4个生态区，在综合考虑社会经济和自然因素的前提下，利用系统动力学原理和方法，选取对土地利用变化影响最大的驱动因素，分区构建中国土地利用变化系统动力学模型，并模拟4种发展情景下2050年中国土地利用变化情况（田贺等，2017）。在不同情景下，土地利用变化差异较大，其中平稳发展情景较理想，生态用地保持良好，城市扩张较为合理；建设用地发展给予的压力以及气候条件恶化，使得4种情景下水域面积在2045年前呈现减少趋势；气温和降水对4个生态区的林地和草地影响程度不同，水域面积主要受到降水影响，而技术进步带来的粮食单产提高是影响耕地面积变化的重要因素（田贺等，2017）。气候对土地覆被变化具有方向性作用，在IPCC气候情景设定下，部分研究表明，到2099年中国耕地、草地、湿地、冰川等土地覆被类型减少，林地、建设用地和荒漠会增加（Yue et al.，2007；范泽孟等，2010）。在区域尺度上模拟显示，在不同气候情景下，城市建设用地多数呈现增加趋势，到2030年东北地区耕地、林地和草地呈现完全相反趋势（姜群鸥等，2015）；到2035年鄱阳湖区域耕地和城市建设用地的变化趋势也呈现相反趋势（闫丹等，2013）；西南地区的土地覆被在2070年以后也呈现相反趋势（李婧等，2014）。未来气候变化模拟的局限性和不确定性会直接影响中国土地覆被未来变化的不确定性。

设定全球气候变化、中国未来人口数量、经济发展、城市化进程和生态文明建设等社会经济因素情景，研究表明，到2020年中国城市建设用地、耕地、林地面积增加，草地面积减少（高志强和易维，2012）；也有研究显示，中国草地面积将保持稳定（孙晓芳等，2012）；到2030年耕地、草地面积减少，林地、城市建设用地和未利用地面积增加（张克锋等，2007）。到2050年中国城市建设用地将保持持续增长，在不同情景设定下，增长速度可能存在差异，而耕地、林地和草地面积变化受社会因素影响，未来变化不确定较大（何春阳等，2004；田贺等，2017）。到2099年，中国耕地和冰雪将持续减少，而林地、草地等自然植被会逐渐增加（Yue et al.，2007）。在国家大力推进生态文明建设，退耕还草还林、生态保护红线划定等宏观政策，以及国家主体功能区规划建设的背景下，在区域尺度上城市建设用地规划更加合理，扩张速率会进一步放缓，中国林地、草地等自然植被减少趋势得到控制，同时其增加速度将大于自然增长情景（朱康文等，2017）。在不同的情景设定下，未来中国城市建设用地均呈现持续增加的趋势，而耕地、林地、草地等自然植被变化存在较大不确定性。当前由于对土地覆被变化的驱动机制仍认识不清，未来气候变化的预估存在较大的不确定性，多数社会因子的未来变化难以量化，驱动机制的时空尺度差异等，因此对自然因素和社会因素的驱动力综合定量分析尚存在较大的难度，对中国未来土地覆被变化的趋势模拟仍具有较大的不确定性。

4.3 气候变化对生态系统结构和功能的影响

4.3.1 对生态系统组分与结构的影响

气候变化对中国陆地生态系统组分和结构的影响显著。长期的定位观测表明，在全球变暖的驱动下，近 160 年间，长白山的林线向上推进了 80m（Du et al.，2018）；林线对气候变暖的响应存在区域差异，过去 200 年来，虽然青藏高原的高山林线树木种群密度显著增加，但是其林线位置未发生显著变化（Liang et al.，2016）。这主要是气候变暖导致的生长季提前会引起生长季早期冻害事件显著增加，并在林外强烈光照下引发低温光抑制效应，最终限制冷杉幼苗在林线以上的定居存活，也表明生长季早期冻害事件是评估气候变暖下亚高山森林脆弱性的重要指标之一（Shen et al.，2018）。温度升高和降水变率增大会降低土壤水分，使常绿阔叶林乔木死亡率上升，小乔木和灌木丰富度增加，从而引起阔叶林群落的结构组分发生变化和演替（Zhou et al.，2013；邹顺等，2018）。增温还显著改变草原物种组成。青藏高原海北站长期的控制实验和地面监测表明，温度升高降低了高寒草地物种多样性和群落稳定性；在气候长期呈现暖干化趋势的背景下，高寒草地物种中，深根系禾草增加、浅根系莎草减少。整合分析进一步证实了这种改变在整个高原普遍存在（Liu et al.，2018；Ma et al.，2017）。氮沉降会导致草地生态系统物种丢失，降低群落生物多样性和物种非同步性，从而降低生态系统稳定性（Lan et al.，2015；Zhang et al.，2014，2016）。此外，氮沉降引起的土壤酸化会降低地下微生物群落的物种多样性和物种间的相互作用，从而降低群落稳定性和活性，削弱草原生态系统地上和地下组成成分之间的联系（Chen D M et al.，2015；Yao et al.，2014）。气候变化也影响荒漠生态系统的结构和功能，开放式隔室十年模拟变暖和降水减少试验表明，持续变暖加上降水减少将影响我国荒漠中的苔藓、地衣和蓝细菌群落，苔藓丰度、盖度和生物量减少将导致群落结构和功能改变，露水截流量减少将使荒漠生态系统中生物土壤结皮渗透和蒸发增加（Li et al.，2018）。

气候变化将使生物个体损失风险增加。在 IPCC SRES B2 情景下，中国生态系统主要建群种面临损失风险的区域将逐渐扩展（吴建国等，2009）。在近期增温 0.84℃到远期增温 2.74℃情景下，风险面积将由近期的 132.6km^2 增加至远期的 301.9km^2，占全国的面积由 13.8% 增加至 31.5%（石晓丽和史文娇，2017）。在近期，主要风险区集中在西北和华中地区等，而在中远期，青藏高原的风险远远大于其他地区，因此在未来气候变化下青藏高原很可能是中国生态系统多样性丧失最严重的区域。

4.3.2　对生态系统过程及功能的影响

气候变暖对陆地生态系统碳循环的影响显著。气候变暖在一定程度上会增强土壤中微生物的酶活性（Xue et al.，2016）、加速土壤有机质的分解（Bai et al.，2013）、促进有效氮、有效磷的释放和植物对养分的吸收，从而改变生态系统初级生产力。同时气候变暖会通过增强土壤呼吸，使储存于土壤中的有机碳以气体的形式大量释放，进而加剧未来气候变暖（Li et al.，2012；Munch et al.，2010）。最新研究显示，增温在导致土壤呼吸、凋落物生产及可溶性有机碳淋溶损失增加的同时也促进了植物碳库输入，这很可能抵消增温诱导的碳输出的增加，从而使得陆地生态系统表现为一个微弱的碳汇（Lu et al.，2013）。气候变暖还会对氮循环产生深刻影响。整合分析结果显示，增温会促进生态系统氮的矿化、硝化及反硝化作用，即增温加速生态系统氮循环，增加土壤和植物氮含量及利用效率（Bai et al.，2013）。

降水格局的变化（包括降水量和降雨频度的改变，以及暴雨和干旱事件增多等）对生态系统碳、氮水循环影响的不确定性较大。在生态系统碳循环方面，降水量增加会提高植被的初级生产力和生态系统呼吸（Heisler-White et al.，2008；Chen H P et al.，2013）。降雨频率和降雨时间间隔的变化也会对生态系统碳循环产生显著影响（谭向平和申卫军，2021）。基于遥感分析的结果表明，降水量及其季节分配格局的变化显著影响温带植被的生产力，并且这种影响会随不同植被类型而异（Hu Y T et al.，2018）。内蒙古半干旱草原碳循环和水循环过程对降雨的敏感性要高于对增雨的敏感性（Zhang et al.，2017）。降水季节分配的改变还会降低亚热带常绿阔叶林的蒸腾速率，影响植物的水分利用情况，深根系的树种获取水分和同化碳的能力将会被抑制，从而弱于浅根系的树种，这可能导致森林群落内不同物种优势度的转变（Hu Y T et al.，2018）。近 40 年来，中国广大的干旱半干旱地区的净初级生产力的年变化受到降水减少的负面影响，而 CO_2 的施肥效应能抵消负面影响使区域净初级生产力增加 14.9g C/（m^2 · a）（Fang et al.，2017）。此外，降水格局改变还会同时与放牧、增温、氮沉降等生物和非生物因子通过协同、拮抗和叠加的效应，共同调节陆地生态系统碳储量和土壤呼吸过程（Zhou et al.，2019）。

大气 CO_2 浓度上升显著影响生态系统碳、氮水循环，但其影响程度还存在很大不确定性。CO_2 浓度上升导致的“施肥效应”和植物水分利用效率的提高能够增加中国小麦和水稻的产量（Wang et al.，2019；刘超等，2018；张凯等，2018）。未来气候变化情景（RCP2.6、RCP4.5、RCP6.0 和 RCP8.5）预估表明，在气候变暖和大气 CO_2 浓度升高的作用下，中国华北平原小麦产量和水分利用效率均有升高的趋势（Rashid et al.，2019）。但是，在长期情况下，CO_2 浓度增加诱导的阳离子释放可促进阳离子损失，导致土壤酸化，对陆地生态系统的生产力产生负面影响（Liu et al.，2014）。大气 CO_2 浓度上升会显著增加植被碳库（Staddon et al.，2014），但其对土壤碳库的影响却存在不一致的结果。最新的研究指出，大气 CO_2 浓度上升会通过增加植物凋落物输入来增加土壤有机碳库；然而，在土壤碳输入增加的同时，CO_2 浓度上升也会刺激土壤呼吸，加速土壤碳库的周转，因此，土壤有机碳库有可能还会保持平衡状态（Fang et al.，2017；Wang et al.，2019）。大气 CO_2 浓度上升会增加植物的水分利用效率，减少土壤水分的蒸腾散失（Li Y R et al.，2015；Rashid et al.，2019）。

氮沉降显著改变了生物地球化学循环过程，尤其是碳、氮和磷三种元素的循环。尽管氮输入能促进植被生长，导致植被碳库增加，但氮沉降对生态系统碳汇的贡献大小还存在很大争议（Gu et al.，2015；Luo et al.，2019；Wang et al.，2017；Yan et al.，2018）。争议的原因主要是氮沉降对土壤碳储量的影响并不如对植被碳储量那么明显。与早期报道的氮沉降对温带森林生态系统碳汇作用并不明显不同，最近研究显示，氮沉降是形成中国温带森林碳汇的重要因素（Yu et al.，2014）。氮沉降对生态系统氮循环的显著影响主要表现在：提高植物和土壤中的氮含量，并促进土壤中 N_2O 的排放和土壤氮的淋溶等。整合分析的结果显示，氮素添加使植物地上氮库增加 44%，地下氮库增加 53%，凋落物氮库增加 24%，同时，使土壤 N_2O 排放增加 134%，无机氮的淋溶增加 461%（Niu et al.，2016）。与此同时，氮输入的增加改变了生态系统氮 – 磷化学计量关系，Liu 等（2013）发现，过去 30 年间中国陆地植物叶片中氮含量在显著增加，而磷含量没有明显变化趋势。由此可以推断，中国陆地植物叶片中氮磷比也在增加。Yang 等（2014）也指出，近 20 年来中国草地土壤氮磷比也在增加，而氮磷比的增加主要是土壤磷含量的降低导致的，这预示着氮沉降的增加可能加剧陆地植被生长的磷限制（Phoenix et al.，2010）。

4.3.3 生态系统的脆弱性

气候变化对生态系统稳定性的影响复杂而多面，比较确定的研究结论是 CO_2 浓度增加、全球变暖以及随之而来的降水格局改变都能通过改变生态系统组分、结构，从而对生物多样性及生态系统稳定性产生重要影响。目前，对于气候变化对地下生物多样性变化的影响，以及气候变化影响下地上和地下生物多样性的关系方面的认识还存在很大不确定性。这种不确定性很大程度上来源于地上、地上生物多样性对气候变化响应机制的差异，以及与植物、土壤等的复杂作用过程。在生产力和资源承载力方面，中国天山以南的暖温带荒漠生态系统、北方温带草原生态系统以及青藏高原西部的高寒草原生态系统更易受到气候变化的不利影响，呈现较低的稳定性；而大部分以森林为主的生态系统则不易受到气候变化的影响，生产力的稳定性较高，其中以常绿阔叶林和针叶林为主的生态系统生产力稳定性最强（苑全治等，2016）。在气候变化下，纯人工林的稳定性低，特别容易受到极端事件和病虫害影响，出现生产力低、地力衰退、生态效益差的问题（朱教君和张金鑫，2016；刘世荣等，2018）。在生态服务方面，据估算，2021~2050 年中国森林生态系统服务总价值，除了少数地区（新疆中部、内蒙古西部、甘肃西北部、西藏东南部以及中国东北和南方部分森林边缘地区）将降低外，其他地区均增加，且东部的增幅大于西部，南部大于北部，其中华南增幅最大（徐雨晴等，2018）。全球升温 1.5~2.0℃情景下，中国地表温度将会呈现一致性的增加趋势，地表温度的增加往往伴随着极端温度和极端降水的增加（翟盘茂等，2017）。陆地生态系统对气候变化和人类活动影响的敏感性强，对极端天气气候事件干扰的抵抗力和受到干扰之后的恢复力弱，在未来气候变化影响下生态系统稳定性将进一步降低（熊定鹏等，2016；周一敏等，2017）。

中国是世界上生态脆弱区分布面积最大、脆弱生态类型最多、生态脆弱性表现最明显的国家之一（孙康慧等，2019）。脆弱区生态系统对气候变化的响应特性十分复杂。以黄土高原生态脆弱区为例，20 世纪 70 年代以来，中国政府和有关部门开始在该区域开展“退耕还林还草工程”，进行了大规模的植被恢复与重建，随着工程的实施，黄土高原地区植被总盖度从 1999 年的 31.6% 提高到 2013 年的 59.6%，促使 2000~2008 年黄土高原地区生态系统固碳量增加了 96.1 Tg，相当于 2006 年全国碳排放的 6.4%（Feng et al.，2013；Chen Y P et al.，2015）。但是，植被增加也使土壤水分消耗增加，造成黄土高原人工林草地出现了“土壤干层”现象，如果继续扩大退耕还林还草的面积，土壤水分需求量将进一步增加，将导致黄土高原土壤水分亏缺，以及群落衰败和生态系统退化（Chen Y P et al.，2015）。在全球气候变化和人类活动的双重影响下，生态脆弱区的生态服务逐渐减弱，资源环境承载力下降，严重威胁着区域生态安全与可持续发展。但目前对于气候变化对生态脆弱区资源环境承载力的影响和评价，尤其是对生态系统突变转型的阈值的研究和评估具有很大的不确定性（于贵瑞等，2017；Hu Z M et al.，2018）。

4.4 气候变化下生态系统服务、功能退化和灾害风险

4.4.1 气候变化与生态系统服务供给的可持续性

1.气候变化对生态系统服务及可持续性的影响

生态系统服务是指人类能够从各种生态系统中获取的所有惠益，包括生态系统向人类社会所提供的供给服务、支持服务、调节服务以及文化服务等（Daily，1997）。气候变化显著影响中国生态系统服务功能。在水源涵养方面，过去几十年气候变化使中国陆地生态系统总体蒸散发减少，土壤水分和径流量加大，植被所受水分不足的不利影响总体上有所减弱，但在东北地区干旱的影响则可能加剧（Tao and Zhang，2011）。在未来中低碳排放（RCP4.5）背景下，中国水资源整体减少5%以内（秦大河，2018）。在水土保持方面，气候变化的影响具有较高的时空异质性。自1970年以来，青藏高原地区土壤侵蚀总体呈现先加剧后减轻的趋势，但黄土高原地区在2002~2008年的水土保持能力明显提升（陈德亮等，2015；Lü et al.，2012）。在碳固定方面，20世纪70年代以来，中国森林碳储量有明显的增加趋势，草地属于碳汇状态无显著变化，但农牧交错带的碳汇功能正在减弱（傅伯杰等，2012）。模型预测中国陆地生态系统在1981~2100年的固碳能力为0.12~0.20Gt/a，但从2040年开始，生态系统固碳潜力将会有所下降（Tao and Zhang，2011）。

在气候变化背景下，青藏高原生态系统的脆弱性减小，而亚热带地区森林脆弱性无明显变化（赵东升和吴绍洪，2013）。极端气候对生态系统功能的影响增加，如2013年7~8月中国长江中下游11个省市发生的百年一遇的干旱和高温热浪，导致该区域植被生产力下降40.5%左右，从而严重影响生态系统服务的稳定性与可持续性（Yuan et al.，2016）。

除气候变化因子外，生态系统长期以来还受到人为活动的强烈干扰，气候变化与人类活动对生态系统服务的影响往往相互交织，影响程度随生态系统类型的不同而存在差异。在青海共和盆地，人为因素（牲畜数量、耕地面积等）对沙漠化的贡献率为46.5%，远高于气候变化因素（降水量、大风日数）的贡献率（24.6%）（张登山，2000）。通过现有控制试验模拟未来气候变化和放牧对生态系统功能的影响发现，放牧对草原土壤碳库和碳排放的影响高于气候变化因子（Zhou et al.，2019）。

2. 气候变化对生态、环境和资源安全的影响及风险

气候变化将对中国生态服务安全与可持续发展构成极大威胁。以生态系统服务价值为例，在中低碳排放情景（RCP4.5）和高碳排放情景（RCP8.5）下，未来三十年中

国森林生态系统服务总价值将分别增加 15.7% 和 18.2%，且东部增幅大于西部，南部增幅大于北部；少数地区森林生态系统服务总价值下降，如新疆中部、内蒙古西部、甘肃西北部、西藏东南部东北和南方部分森林边缘地区（徐雨晴等，2018）；草地生态系统服务价值变化趋势与森林生态系统相似，分别增加 17.1% 和 17.6%，仅西藏北部及新疆中部小范围内表现为减少趋势（徐雨晴等，2017）。这可能会进一步加剧区域发展的不平衡性。

气候变化背景下极端气候事件频率、范围和强度可能增大，这将对生态系统服务、环境和资源安全构成严重的威胁。基于 CMIP5 多模型模拟结果表明，未来极端干旱事件频度显著增加，中国南方的干旱发生频率很可能显著上升（Wang and Chen，2014），而极端干旱事件的增加可能不利于生态系统碳汇的增加。2010 年中国西南地区的极端干旱事件导致该地区植被生产力减少了 0.052Pg C（Zhou G et al.，2018），而 2013 年发生在长江中下游九省二市的干旱事件导致 1.10Pg 碳汇损失，占中国生态系统年净碳汇的 39%~53%（Yuan et al.，2016）。未来东北地区发生火灾的频率、范围和强度还可能增大（Westerling et al.，2011），大兴安岭地区将面临更大火灾风险。当前中国森林火灾的碳排放在 10.2~11.3Tg C/a（王效科等，2001），未来排放强度将进一步增大，这严重威胁森林生态系统碳汇功能。

气候变化在不同时间和空间尺度上，从生态系统生产力、水土资源保持、碳汇功能等方面深刻影响生态系统服务功能，并显著改变生态系统的脆弱性及稳定性。未来气候变化背景下，中国生态系统服务功能可持续性将面临更严峻的挑战。

4.4.2 生态系统功能退化及风险

当前退化生态系统的面积已经占到全球总陆地面积的 30%，其威胁着 30 亿人的生存环境。全球每年应对生态系统功能退化的经济代价高达 3000 亿美元（Nkonya et al.，2016）。在未来气候情景下，生态系统功能退化，如荒漠化、水土流失、石漠化、盐渍化，将成为我们所面临的最大挑战之一。

1. 荒漠化

气候变化背景下，区域干旱少雨、植被破坏、大风吹蚀、流水侵蚀等因素造成土壤生产力下降或丧失而导致的荒漠化是生态系统退化的表现之一。2015 年第五次全国荒漠化和沙化监测结果显示，中国目前的荒漠化总面积约为 261 万 km^2，占国土面积的 27.2%，主要分布于新疆、内蒙古、西藏、甘肃、青海等北方和西北省区的干旱和半干旱地区（国家林业局，2015）。即使 2015 年巴黎气候大会所提出的将全球变暖控制目标限制在低于 1.5℃，但气候暖干化导致的水分胁迫加剧和强风引起的风力侵蚀仍将使荒漠化趋势加剧（赵宗慈等，2016）。降水格局在较大范围内决定了荒漠化走向，在 RCP4.5 情景下，西部区域的荒漠化趋势进一步加剧（郑景云等，2018）。以宁夏引黄灌溉区沙漠化风险预测为例，在 RCP2.6 情景下该地区无沙漠化风险土地面积最大，在 RCP4.5 情景下高风险沙漠化土地面积最大，在 RCP8.5 情景下各风险等级的沙漠化土地面积都在中间水平。在 RCP4.5 情景下，中国干旱区土地荒漠化面积在 2014~2099

年将增加，在 RCP8.5 和 RCP2.6 情景下，土地荒漠化面积将略有减少，改善和恶化面积将分别占 1.30% 和 74.51%（Liu et al.，2016）；与全球变暖 1.5℃（2020~2039 年）情景对比，在全球变暖 2.0℃（2040~2059 年）情景下，中国北方沙化土地面积将以每十年 27.04km^2 的速度增长；此后，沙化土地面积可能以 0.02 km^2 / a（2047~2100 年）的速度增加（Ma et al.，2018）。

2. 水土流失

受气候变化及人为因素的影响，雨水不能就地消纳、顺势下流、冲刷土壤，从而造成水土流失，其也是中国生态系统功能退化的主要表现之一。中国的水土流失分布广，约有 356 万 km^2，占国土面积的 37.2%；其中每年损失耕地 670km^2，以长江中上游和黄河中游地区为主，呈现由东向西递增的趋势，而在北方的干旱和半干旱地区发生范围较小（第宝锋等，2006）。土壤和水评价工具（soil and water assessment tool，SWAT）模型模拟结果显示，气温每升高 4℃，流域水土流失减少 2.3×10^4t；而气温不变，增加流域降水量则会增加水土流失（李云，2017）。

3. 石漠化

水土流失在某些区域还将因地表土壤损失导致基岩裸露，造成石漠化。2011 年的中国石漠化面积为 12 万 km^2，其中西南地区喀斯特地区的石漠化面积达 26.5%，是中国石漠化发生的主要区域（朱大运和熊康宁，2018）。在 IPCC SRES A1B 情景（燃料使用较为均衡的情景）下，中国西南地区气候整体呈暖干化趋势，由此带来的大面积干旱将加剧石漠化进程，如云南地区石漠化的面积就因持续干旱气候扩展了 6.8%（温庆忠等，2014）。

4. 盐渍化

气候变化引发的全球降水格局改变将引发区域土壤底层或地下水的盐分随毛管水上升到地表，在水分蒸发后导致土壤盐渍化。尤其是在中国西北干旱半干旱地区，土壤盐渍化成为该区域农业生产力和生态环境最重要的制约因素。在不同气候变化情景下，区域温度改变引发地表蒸散量的变化决定了某一区域土壤盐分聚集表层的速率。RCP2.6、RCP4.5、RCP8.5 情景下气候变化对小麦、玉米生育期及产量的影响不同是调控土壤盐分含量主要的因素（图 4-2）（陈玉洁等，2018）。随着全球暖化日益加剧，中低纬度区域的土壤盐渍化问题很可能日趋明显。例如，黄河三角洲的垦殖、农业区的不恰当灌溉，以及三峡大坝、南水北调等大型工程都在一定程度上提高了对应区域的盐渍化的风险（李俊翰和高明秀，2018）。同时，气候变暖也引起冻土退化。

在全球气候变化和人为因素的共同影响下，中国区域荒漠化、水土流失、石漠化及冻土退化等风险灾害将呈现上升趋势，严重威胁生态系统功能。

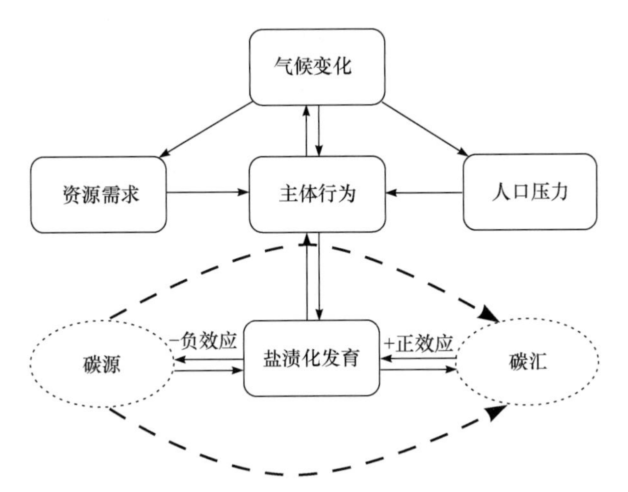

图4-2 全球变化框架下的土壤盐渍化（修改自李建国等，2012）

4.4.3 极端气候事件造成的生态灾害和风险

1. 过去气候变化及极端气候事件对生态系统服务供给的影响

生态系统服务对于地球生命系统的维系至关重要，研究者对生物圈服务价值的最保守估计为每年16万亿~64万亿美元（Costanza et al.，1997）。1964~2007年伴随气候变化所发生的极端事件已经对生态系统服务供给产生了严重的影响，仅干旱和热浪就使谷物收成减少了9%~10%（Lesk et al.，2016）。

气候变暖引发中国区域内各种极端事件（包括高温、热浪、干旱、洪涝、台风）的频率和强度显著增加。例如，1983~2006年热带气旋所造成的年平均死亡人数高达472人，直接经济损失达287亿元（Zhang et al.，2009）。近半个世纪以来，尤其是20世纪90年代后，中国年台风数量呈现显著上升趋势，1995~2000年台风造成的直接经济损失达33亿元（Zhang et al.，2011）。2008年中国南方的冻雨在造成129人死亡的同时，造成约1510亿元的经济损失。洪涝灾害发生面积也从20世纪50年代的7.40万km^2增加到21世纪初的11.2万km^2；1990~2000年中国自然灾害造成的超过1万亿元的损失中，70%来自洪涝灾害（施雅风和姜彤，2003）。2009年秋季到2010年春季中国西南地区所经历的严重干旱导致约2100万人饮水不足、经济损失近300亿美元（Yang et al.，2012）。

2. 气候变化对火灾与病虫害等的影响

气候变化在影响区域降水及温度的同时，还将改变火灾、病虫害等事件发生的频率及范围（Fleming et al.，2002）。整合全球火灾数据集以及环境变量的研究指出，未来短期内，在具有温暖气候的生物群落中火灾活动将发生较为一致的增加（Moritz et al.，2012）。对中国东北北方森林1965~2009年火灾发生情况模拟后得出，燃料水分和植被类型是影响雷击火灾空间格局的主要控制因素（Liu Z et al.，2012），而燃料水分的高低以及植被组成都受到气候变化的显著影响。

在病虫害方面，气候变化一方面通过影响植物的可用性、植物的质量以及多营养相互作用来影响生态系统病虫害的发生概率（Han et al.，2019）；另一方面，气候变化改变昆虫的生物物候、成虫形态、地理分布格局，从而影响病虫害的发生（Ge et al.，2015）。过去几十年，草原蝗虫、毛虫等虫害造成中国的草地养分退化、草质下降、产量降低等问题突出（Zhang et al.，2015）。尽管国家在不同层面针对火灾和病虫害采取了防控措施，但当前依然存在防控面积偏低、监测预警薄弱、科技支撑不足等问题（洪军等，2014）。

3. 未来气候变化下火灾及病虫害等暴发风险

极端气候事件与生态灾害和风险存在较强的关联性。通过22个全球气候模型和IPCC排放情景特别报告A1B情景下区域气候模型（RegCM3）的模拟指出，未来中国大部分地区的洪水事件预计将比目前洪水事件更频繁、强度更强、持续时间更长（Chen W et al.，2013）。21世纪末期，在RCP4.5和RCP8.5情景下，华南尤其西南地区发生极端降水的可能性最大，而发生持续1天的极端降水主要集中在长江中上游以及华北、东北地区；长江中下游及以南地区，尤其是沿海区域，更易发生持续2天及以上的极端降水（朱连华，2017）。在RCP4.5情景下，21世纪中国区域平均标准化降水蒸散发指数和土壤湿度均有减小趋势，与之对应的是短期和长期干旱发生次数增加以及湿润区面积减小。2016~2100年，1.5%~3.5%的陆地面积将从湿润区变成半干旱或半湿润区（刘珂和姜大膀，2015）。这些极端降水事件的增多增强加剧了水土流失等灾害发生，增加了生态系统功能退化风险。

在区域降水极端事件发生的同时，气候变化引发的区域暖干化对火灾及病虫害发生也将产生重要影响。当前和今后一段时期内，气候变化在使植物生长期延长，森林、草地可燃物分布格局及承载量发生显著变化的同时，也使森林火险期提前和延长，从而导致火险的等级提高（孙龙等，2014）。在RCP2.6、RCP4.5、RCP6.0和RCP8.5情景下，中国2021~2050年森林火灾可能性高和很高的区域分别将增加0.6%、5.5%、2.3%和3.5%，其中华北地区的增幅最为明显（Tian et al.，2016）。在更长时间尺度的不同情景下，2081~2100年中国东北和北方森林火灾总发生密度（每年中值0.36/1000km^2）将增加30%~230%（Liu Y et al.，2012）。

随着气候变暖的发生，现有昆虫（如油松毛虫）分布区也将从南向北迁移。不同气候情景（RCP2.6、RCP4.5、RCP6.0和RCP8.5）下的中国草地螟越冬区在21世纪50年代和70年代相对于当前都将有不同程度的扩大和北移（唐继洪等，2012）。此外，气温的变化也将缩短虫害发生的周期，增大虫害面积，从而增加防治和治理难度。

由全球变化引发的极端事件已经对中国生态系统服务造成了严重的影响，其影响力一方面取决于极端事件的强度和持续时间，另一方面则与承载体的暴露度和生态系统的脆弱性有关。

4.5　气候变化对生物多样性的影响及脆弱性与风险评估

4.5.1　气候变化对生物多样性的影响

1. 对野生动物多样性的影响

近几十年来，气候变化极大地影响了中国区域动物的分布和丰富度。气候变暖使昆虫分布区域扩大，向高海拔和高纬度地区扩张（孙玉诚等，2017）。中国区域发生分布范围改变的两栖类已达 80~100 种，绝大多数向西北部迁移（吴建国等，2017）。气候变化对两栖类的影响绝大多数是负面的，温度升高导致两栖类皮肤保水能力下降，亚成体存活率降低，成体繁殖能力降低（徐骁骁等，2018）。1963~2014 年增温导致的冰川消融使北鲵生存的湿地面积萎缩（袁亮等，2016）。

在爬行类中，气候变化导致的分布范围改变的物种有 100 多种，以向西、向北迁移为主（吴建国等，2017）。在鸟类中，分布范围改变的物种有 400~600 种，多数向北部迁移，部分向西部迁移，个别向多个方向迁移，并同时影响到留鸟和候鸟。在哺乳类中，分布范围改变的物种有 120~200 种，其中翼手目蝙蝠类动物分布范围变化较大（图 4-3）（吴建国等，2017）。2002~2010 年，不同啮齿动物优势种对温度和降雨响应不同，可能导致该类群动物多样性的改变（武晓东等，2017）。同时，大熊猫、雪豹、野骆驼、川金丝猴、藏野驴、鹅喉羚、岩羊、盘羊、狼、赤狐、雪豹、豺、猞猁等的适宜生境都受到气候变化的影响而不断萎缩（吴建国等，2017）。近 50 年来，气候变化对两栖类、爬行类、鸟类、哺乳类物种影响的贡献在 5% 左右（吴建国等，2017）。

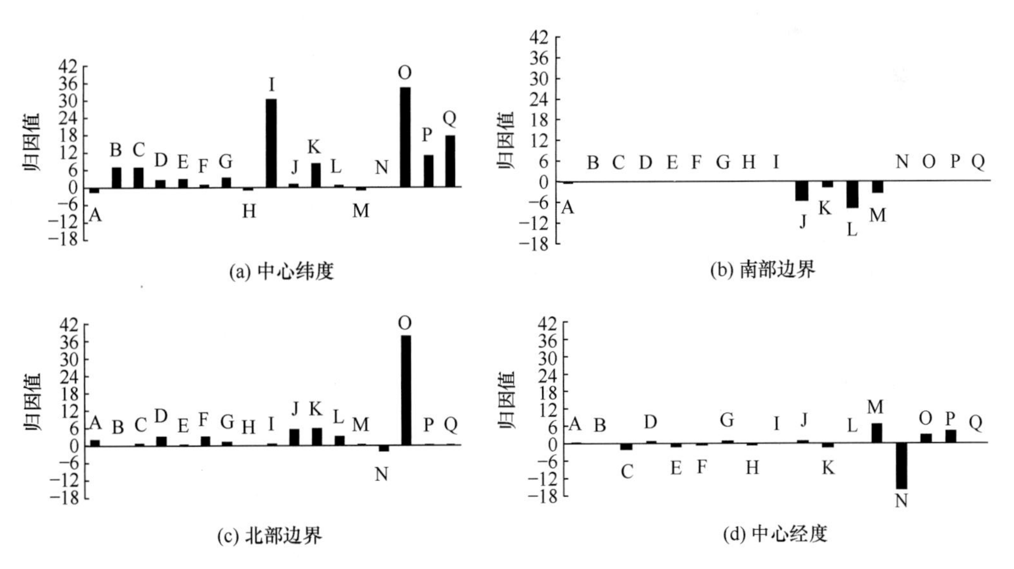

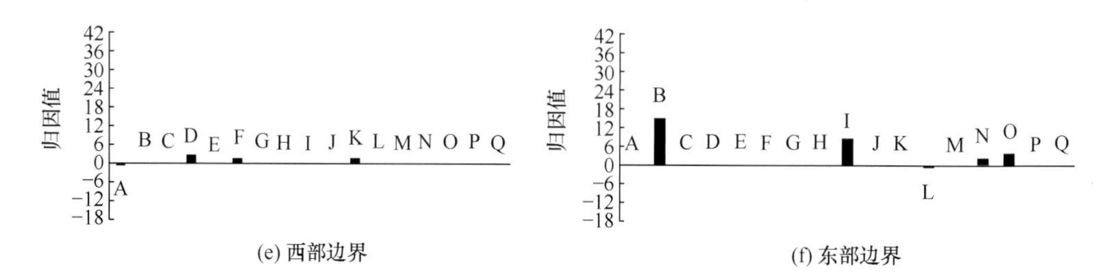

图 4-3 观察到的响应气候变化的蝙蝠分布在中心纬度、南部边界、北部边界、中心经度、西部边界、东部边界区域的归因值（Wu，2016）

A，棕果蝠（*Rousettus leschenaultii*）；B，马铁菊头蝠（*Rhinolophus ferrumequinum*）；C，菲菊头蝠（*Rhinolophus pusillus*）；D，大菊头蝠（*Rhinolophus luctus*）；E，贵州菊头蝠（*Rhinolophus rex*）；F，皮氏菊头蝠（*Rhinolophus pearsoni*）；G，双色蹄蝠（*Hipposideros bicolor*）；H，无尾蹄蝠（*Coelops frithi*）；I，东方蝙蝠（*Vespertilio sinensis*）；J，南蝠（*Ia io*）；K，扁颅蝠（*Tylonycteris pachypus*）；L，褐扁颅蝠（*Tylonycteris robustula*）；M，大耳蝠（*Plecotus auritus*）；N，小管鼻蝠（*Murina aurata*）；O，绯鼠耳蝠（*Myotis formosus*）；P，大足鼠耳蝠（*Myotis pilosus*）；Q，长尾鼠耳蝠（*Myotis frater*）。当归因值小于 1 但大于 0 时，蝙蝠分布范围的实际和预测的变化较小。当归因值大于 1 时，蝙蝠的分布范围变化可以明确归因为气候变化。当归因值小于或等于 0 时，蝙蝠的分布范围变化不能归因于气候变化

2. 对野生植物多样性的影响

气候变化对植物的分布范围也有显著影响，以向北迁移为主，如中东部地区 1983~2012 年有 80% 的木本植物分布范围北移，平均移动 3.37°（宋文静等，2016）。从各植物类群看，苔藓植物对气候变化的响应较为敏感，1951~2010 年，有 300~500 种发生了分布范围的改变，主要表现为向高纬度迁移（吴建国等，2017；何刚，2014）。蕨类植物分布范围广泛，分布范围受气候变化影响的比例较小，在中国 2456 种蕨类中，只有 20 多种发生了明显的分布范围改变，但某些分布于海拔 700~2100m 的珍稀蕨类受到较大的影响（吴建国等，2017；严岳鸿等，2011）。裸子植物中分布范围发生变化的有 10 多种（吴建国等，2017）。被子植物中分布范围发生变化的有 1000 多种，多数物种从热带向暖温带迁移，或向高海拔迁移（吴建国等，2017）。

气候变化对水生植物多样性也有较大影响，集中表现为温度升高使水体蓝藻暴发，从而影响其他水生植物的生存。温度升高导致蓝藻暴发平均 10 年将增加约 2%（黄国情等，2014）。太湖春季浮游植物群落由绿藻占优势向蓝藻占优势转变（李洪利，2013）。

总体上，近 50 年来，气候变化对植物多样性影响的贡献很可能在 0.1%~0.5%（吴建国等，2017）。

3. 对种质资源多样性的影响

种质资源是不可再生的宝贵财富。相似的气候条件会使种质获得部分相同的性状，并向子代遗传（霍宏亮等，2016）。中国不少地区生态环境发生了重大变化，许多野生种质资源急剧减少（董玉琛，1999）。受气候变化和人类活动的影响，物种趋于濒危（王楠，2014）。第二次畜禽遗传资源调查发现，15 个地方畜禽品种已消失、55 个处于

濒危状态、22 个濒临灭绝。中国植物种质资源破坏严重，面临灭绝危险的植物有 3000 余种（谷建田，1994）。1951~2010 年，栽培作物适宜种植范围和部分品种改变，一些野生近缘种分布发生改变。部分家养动物分布和栖息条件恶化。

4.5.2 未来气候变化背景下生物多样性的脆弱性

1. 物种多样性的脆弱性

在未来气候变化情景下，中国 91 种两栖类中分布范围丧失 40%~60% 的物种最多，为 18~29 种。115 种爬行类中分布范围丧失小于 20% 的数量最多，为 58~77 种，而丧失范围 60% 以上的物种有 4~8 种（吴建国等，2017）。另外，对中国 134 种两栖动物分析表明，在 RCP2.6、RCP4.5、RCP6.0 和 RCP8.5 情景下，两栖动物多样性将发生重大变化，大多数分布范围将丧失 20%，超过 90% 的物种合适的栖息地将向北部迁移，超过 95% 的物种向高海拔迁移，超过 75% 的物种向当前范围西部迁移（Duan et al.，2016）。114 种鸟类中分布范围丧失比例小于 40% 的最多，有 44~59 种，丧失达 60% 以上的只有 1~6 种（吴建国等，2017）。在 RCP2.6 情景下，到 21 世纪 80 年代，四川山鹧鸪适宜生境面积将减少 43.1%~52.4%；在 RCP8.5 情景下，将减少 80.8% ~91.7%（雷军成，2015）；在 RCP4.5 情景下，黑嘴松鸡在 2050 年其适宜分布区的总面积为 12.02 万 km^2，到 2070 年适宜分布区将缩小为 9.43 万 km^2（任月恒，2016）。在气候变化下，黑脸琵鹭主要越冬地 2080 年可能大幅度减少，越冬中心在 2020 年、2050 年和 2080 年向北迁移（Hu et al.，2010）。118 哺乳类中分布范围丧失比例小于 40% 的最多，为 33~70 种，丧失达 60% 以上的只有 4~9 种（吴建国等，2017）；阿尔泰山区哺乳动物分布范围平均丧失 50% 以上（物种丧失的目前分布范围比新获得的适宜范围高 15% 左右）（Ye et al.，2018）。一些物种分布向北、向西和向高海拔移动趋势较为明显，如中华穿山甲和藏酋猴的潜在生境将向北偏移，最适海拔高度将升高（金宇等，2014）；驼鹿潜在生境几何中心将先向西北移动，之后再向高纬度地区西南方向迁移（张微等，2016）。

在未来气候变化情景下，苔藓植物分布范围丧失 40% 以下的将有 19~37 种，丧失 40%~60% 的也有 24~34 种（吴建国等，2017）。相对于 2000 年，寒藓属植物潜在分布面积将减少 0.27%（刘艳和赵正武，2017）；2050 年和 2070 年，蔓藓属植物适生区面积略微减少，将是目前气候条件下的 94.48% 和 95.78%（刘艳，2016）。未来气候变化对蕨类植物的影响较小，109 种蕨类植物中大部分（55~61 种）分布范围的丧失小于 20%，丧失 20% 以上的有 11~27 种（吴建国等，2017）。109 种裸子植物中，分布范围丧失比例小于 40% 的有 33~49 种，丧失 40%~60% 的有 11~23 种（吴建国等，2017）。在 RCP4.5 和 RCP8.5 情景下，冷杉属植物的适宜生境面积将明显减少，且整体向北迁移（刘然等，2018）。气候变化将导致长苞铁杉总潜在适生区面积减少，特别是中高等级的适生区面积有不同程度的减少，分布范围总体向北移动，在 RCP8.5 情景下更加突出（谭雪等，2018）。在 IPCC SRES A2、A1B 和 B1 气候变化情景下，红松高度适宜区的南界与北界都向北移动，其面积有缩减的趋势，而低度适宜区的面积有增加的趋势（贾翔等，2017）。79 种被子植物中，分布范围丧失比例小于 40% 的有 33~44 种（吴建国等，2017）。温度升高将导致橡胶树适宜区向高纬度迁移，至 2081~2100 年其适宜区面积将明显减小（代云川，2017）。在 A1B、A2、B1 三种情景下，桃儿七在研究区低适宜生境中数量相对变化较小，先大幅减少后又缓慢增加，适宜生境平均海拔将逐渐升高，范围几何重心极有可能先向北移，然后再向西延伸至青藏高原内部较高海拔的山区（郭彦龙等，2014）。在 RCP 情景下（2061~2080 年），清香木在西南地区的分布范围向东扩张，主要分布在云贵高原与四川盆地结合地带的河谷，以及云贵高原与广西西部交界地带的河谷中，而当前的潜在分布区趋于消失，潜在适宜分布面积在中低浓度路径情景下均将减少约 33%，而在高浓度路径情景下有所增加（应凌霄等，2016）。在 RCP4.5 情景下，四川 128 个物种中大部分区域物种多样性呈增加趋势，特别是川西高原物种数量增加明显，物种适宜栖息地面积将发生改变，其中 58% 物种表现为增加趋势，42% 表现为减少趋势；不同物种栖息地变化程度有所差异，大部分物种将向高纬度、高海拔移动，所占比例分别为 54% 和 60%（刘勤等，2016）（表 4-2）。

表 4-2 气候变化对野生动植物多样性的影响与风险

<table>
<tr><th>类群</th><th>类</th><th>过去气候变化影响检测与归因</th><th>未来气候变化影响</th><th>风险</th></tr>
<tr><td rowspan="5">野生动物</td><td>鸟类</td><td>400~600 种分布范围改变；
多数向北迁移，部分向西迁移，个别向多个方向迁移；
东北、秦岭及内蒙古中东部的物种丰富度改变</td><td>向高纬度或高海拔迁移；
部分分布范围减少；
部分栖息地退化</td><td rowspan="4">分布范围大幅减少，栖息地退化；
面临较高濒危灭绝的风险物种有 5%~20%</td></tr>
<tr><td>兽类</td><td>100~200 种分布范围改变，其中蝙蝠类分布范围变化较大；
部分啮齿动物群落丰富度改变，部分栖息地退化</td><td>部分向西迁移，个别向多个方向迁移；
大部分分布范围缩小，近期也有分布范围扩大的物种</td></tr>
<tr><td>两栖类</td><td>80~100 种分布范围改变；
部分种类向西扩展；
生存的湿地面积萎缩，生长发育行为改变</td><td>部分向北迁移，个别向多个方向迁移；
远期分布范围缩小，近期有所扩大；
极端干旱等事件影响栖息地质量</td></tr>
<tr><td>爬行类</td><td>100 多种分布范围改变；
主要向北迁移，部分向西迁移</td><td>部分向高纬度迁移，个别向多个方向迁移；
分布范围缩小、破碎化，个别分布范围扩大</td></tr>
<tr><td>昆虫</td><td>部分昆虫分布范围北移；
害虫分布扩大，危害增加</td><td>部分向北部迁移，个别向多个方向迁移；
分布范围缩小，部分扩大</td><td>种群数量下降，栖息地减少，部分面临灭绝</td></tr>
</table>

续表

类群	类	过去气候变化影响检测与归因	未来气候变化影响	风险
野生植物	藻类	部分藻类生物量改变，危害增加	部分生物量改变，危害增加	气候变化将引起藻类暴发，范围扩大，危害增加
	苔藓植物	100 多种分布范围改变； 主要向北部迁移，部分向西部迁移	分布范围缩小，栖息地退化； 部分向西部迁移，个别向多个方向迁移	到 2050 年，面临较高濒危风险物种有 9%~34%
	蕨类植物	200 多种分布范围改变； 主要向北迁移，部分向西迁移； 部分栖息地消失	部分向高海拔和高纬度迁移，个别向多个方向迁移； 分布范围缩小，个别分布范围扩大	
	裸子植物	20 多种分布范围改变； 主要北迁移，部分向西迁移	部分向高海拔和西北及东北迁移，个别向多个方向迁移； 部分栖息地缩小、栖息地破碎化，个别扩大	
	被子植物	500~1000 种分布范围改变； 主要向北迁移，部分向西迁移； 部分从热带向暖温带或高海拔迁移； 部分栖息地退化，种群数量减少	多数向西部迁移，个别向多个方向迁移； 分布范围缩小，部分扩大； 西北和东北丰富度增加，东部和西南部分区域丰富度下降	

2. 种质资源的脆弱性

在气候变化情景下，105 个猪品种、100 个羊品种及 110 个鸡品种中，分布范围丧失小于 40% 的最多，均为 6~11 个品种（吴建国等，2017）。26 种栽培植物中，分布范围丧失小于 40% 的最多（为 6~11 种）。中华猕猴桃高适生区面积呈减少趋势，中心点向北移动（王茹琳等，2017）；大黄适生区总面积在 21 世纪将持续减少（周云等，2015）；人参适宜生境面积也将有一定程度缩小（赵泽芳等，2016）。在气候变化背景下，何首乌总适生区及低度适生区面积将大幅减少，中度适生区面积将保持相对稳定，而高度适生区面积将大幅增加，总适生区面积缩减（潘石玉等，2016）。21 世纪 50~70 年代，黄芪适生区面积逐渐减少，内蒙古东北部山区黄芪适生区分布最多，黄芪适生区总体向北移动（彭露茜和郭彦龙，2017）。在气候变化背景下，与近代分布区相比，在 21 世纪 20~80 年代，天葵适生区总面积均有不同程度的减少（许福生等，2018）。

此外，有些植物物种的分布面积将有所增加。冬虫夏草在 RCP2.6、RCP4.5 和 RCP8.5 情景下的分布格局变化不明显，但整体适生区面积却略有增加（袁峰，2015）。红花龙胆适生区将呈现先减少后增加的趋势。在 RCP 8.5 情景下，至 21 世纪 70 年代，红花龙胆在西南地区的适宜生境总面积将减小 15.0%，但在云南地区的适生区和高适生区面积将分别增加 32.8% 和 32.7%；同时西南地区红花龙胆主要分布区可能向西迁移，并向更高海拔扩张（沈涛等，2017）。从末次冰期冰盛期开始到未来 CCSM4（群落气候系统模型 4，the community climate system model 4）等 5 个气候情景下，扁蓿豆适生区总面积较间冰期变小，而最佳适生区面积增加，5 个气候情景的适生区面积和范围变化较小，受气候变化影响相对较弱（表 4-3）（武自念等，2018）。

表 4-3 气候变化对种质资源的影响与风险

类群	过去气候变化影响检测与归因	未来气候变化影响	风险
栽培植物及近源种	部分栽培植物品种丧失； 野生大豆、大麦、野生果树等分布范围缩小； 一些果树、粮食作物等种质资源因生境退化受到影响	栽培植物和经济作物的分布和生境，以及野生近源种的分布范围都将缩小，个别可能扩大	部分野生种质资源栖息地将丧失； 野生近源种将面临灭绝风险； 面临较高濒危风险的植物占 30% 以上
家养动物及近源种	部分品种退化； 栖息地条件改变； 水牛、牦牛等品种分布改变； 畜禽等家养动物分布受到不同程度影响	牛、鸡、羊、猪等品种分布范围改变； 部分分布范围缩小，个别分布范围扩大	部分野生种质资源栖息地丧失； 分布范围缩小，灭绝风险增加； 面临较高濒危风险的动物占 8%~13%

4.5.3 物种濒危灭绝的潜在风险与评估

以中国 2365 个县为调查单元，每个县以 1950~2000 年最大物种数量与 1997~2000 年最大物种数量差值反映该县丧失物种数量，以每个县丧失物种数量与最大物种数量比反映该县物种数量丧失比例，利用通用加性模型（generalized additive models，GAMs）分析每个县物种数量丧失比例与人口增加、温度和降水变化及物种丰富度的关系。分析结果表明，受气候变化和人类活动的影响，1950~2000 年，中国 252 种保护动物在 2365 个县平均丧失比例为 27.2%，其中哺乳类最为严重，丧失比例为 47.7%；其次为两栖和爬行类，丧失比例为 28.8%，鸟类丧失比例为 19.8%（He et al.，2018）。这方面研究还需要提高置信度。在未来气候变化影响下，到 2050 年，面临较高濒危风险的动物将有 5%~30%（吴建国等，2017）。中国 208 个特有和濒危物种中，135 个物种的适宜分布范围将减少 50% 以上（Li et al.，2013）。在 IPCC-CMIP5 情景下，大熊猫栖息地将丧失 52.9%~71.3%（Li R Q et al.，2015）；在 RCP8.5 情景下，适宜生境和主食竹气候适宜区在 2050 年将减少 25.7%，到 2070 年将减少 37.2%（晏婷婷等，2017），且大熊猫适宜生境将向更高海拔地区转移（李佳，2017）。川金丝猴适宜生境面积减少得更多，可能将达 51.22%（李佳，2017）。在 RCP2.6 和 RCP8.5 情景下，黑鹿适宜生境面积到 2050 年将分别减少 11.9% 和 36.9%，核心区域面积将分别减少 20.5% 和 55.2%（雷军成等，2016）。

据预估，2050 年面临较高濒危风险的野生植物占到评估植物数的 10%~20%（吴建国等，2017）。在温度上升情景下，蓑藓属和木灵藓属苔藓植物的适生面积将大幅度减少，到 2070 年有 38 个保护区均变得不利于木灵藓属植物生长（沈阳等，2015）。中国特有蕨类 1200 余种，主要分布在海拔 700~2100m（严岳鸿等，2011），气候变化可能会导致这些珍稀濒危蕨类植物消失。在增温增湿背景下，三江源濒危保护植物的分布将向西部和北部扩大；40 种濒危保护植物中，35 种的分布面积在未来有所增加、5 种减少，部分濒危植物栖息地面积扩大、濒危等级可能降低（武晓宇等，2018）。部分物种迁移速率不足以适应气候变化速率，可能会降低优势或被其他新的物种替代而灭绝（Wang et al.，2018）。另外，气候变化对不同物种影响及物种响应机制不同，有可能使生境变得更加不利并导致食物链的错位与断裂，从而进一步增加物种灭绝的风险。

4.6 应对气候变化的生态系统适应途径和对策

4.6.1 应对气候变化的生态系统适应途径

适应性指生态系统或生物个体通过改变自身形态、结构和生理生化特性，进而适应变化的环境（Alberdi et al.，2016）。在气候变化背景下，生态系统可以通过调整植物生理生态功能、组织器官的碳分配比例、群落结构组成和生态系统物质循环等途径适应生态环境的改变（Zhou X et al.，2018；Doughty et al.，2015）。但由于适应途径、物质循环过程、系统弹性和恢复力等方面的差异，生态系统对不同气候变化因子的适应性也呈现不同模式。在生理生态水平上，植物通常会通过调节自身生产力、器官间物质分配、养分吸收策略等途径适应气候变化。在水分和养分胁迫情况下，植物减少对地上的碳分配，将更多光合产物分配到地下根系以获取土壤中更多的资源（常宏等，2019）。在极端干旱环境，植物会关闭气孔，减少蒸腾带来的水分损失，从而维持自身的碳水平衡（Rowland et al.，2015）。植物也会通过改变养分利用效率和策略，进而适应环境胁迫（赵明，2018）。在群落水平上，生态系统通过改变植被群落结构、组成及特征来应对气候变化。在大气 CO_2 浓度增加和增温背景下，植物生产力上升，群落多样性升高，进而维持生态系统内部结构和物质循环的稳定性（曹路等，2016）。在氮沉降和干旱背景下，某些速生型和高耐旱型物种逐渐占优势，群落多样性下降（鲁显楷等，2008）。在草地生态系统中，由于 C4 植物光合速率显著高于 C3 植物，增温等气候变化因子会导致群落由 C3 主导的群落向 C4 主导的群落转变（Shi et al.，2018），但 C3 植物对 CO_2 施肥效应更加敏感，在温度不太高的情况下反而会更具竞争力；在湿地生态系统中，增温导致的干旱事件会增加土壤盐碱度，使耐盐碱植物比重提高（Gedan and Bertness，2010）。在生态系统物质循环方面，生态系统可能通过调控底物供应和能量流动维持生态系统的稳定性。在增温环境下，系统会加快土壤有机质周转以满足植物生长的需求，同时系统的反馈作用会增加植物凋落物的归还量、加速整个系统物质循环速率（Zhou X et al.，2018；Lu et al.，2013）。在干旱胁迫环境下，植物生长受限，凋落物归还量和分解速率降低，同时系统会降低土壤有机质分解速率以维持土壤碳库的稳定性（Zheng et al.，2016）。在氮沉降影响下，伴随氮有效性增加，通过提高土壤氮矿化速率、增加硝态氮淋溶损失，进而维持氮素平衡，防止高氮对土壤微生物的毒害（Lu et al.，2011）。同时，生态系统通过调控土壤底物有效性适应气候变化。植物生产力对 CO_2 倍增的响应会因试验后期土壤氮素的耗竭而削弱（Norby et al.，2010）；而土壤底物耗竭促使生态系统对气温上升有所适应（Schindl et al.，2012）。

4.6.2 现有应对气候变化的策略及其有效性

从 20 世纪 50 年代到现在，中国已实施了一系列生态保护的措施。20 世纪 90 年代，特别是 2007 年以来，中国也提出了一些适应气候变化的生态保护对策措施。

1. 现有生态保护措施应对气候变化的有效性

根据中国一系列生态保护措施的实施目的，可以把目前的生态保护措施分为法规与经济刺激调控人为活动，空间规划隔离调控人为活动，生态退化恢复与治理，灾害预警、防御与治理，生态工程建设和综合生态保护对策措施（表 4-4）。目前，中国生态保护相关措施使生态环境监管水平明显提高，重点区域生物多样性下降趋势得到遏制，自然保护区建设和监管水平显著提升。这些措施对适应过去与目前气候变化和生态保护都有一定的效果，对于国家和区域适应气候变化也具有积极的示范作用，但对适应未来气候变化影响的有效性却存在很大的不确定性（表 4-4）。

表 4-4 目前生态保护相关措施适应气候变化有效性定性评估

措施类型	措施内容	对生态保护有效性	适应过去与目前气候变化有效性	适应未来气候变化有效性
法规与经济刺激调控人为活动	制定与执行法律法规	防止人为破坏	减少人为破坏，间接对目前适应气候变化有积极意义	没有考虑未来气候变化影响与风险，未来气候变化影响下需要调整
	进行不同形式的生态补偿	促进生态保护，增加有利干扰	增加有利的人为干扰，促进保护，对适应气候变化有积极意义	没有考虑未来气候变化影响与风险，未来气候变化影响下需要完善
空间规划隔离调控人为活动	建立不同级别的自然保护区	空间严格隔离，减少人为的不利干扰，加强保护	严格限制不利的人为活动，促进保护，通过自然更新与适应恢复生态系统功能	没有考虑未来气候变化影响与风险，未来气候变化下部分功能将失效，存在一定生态风险，需要保护区调整响应对策
	区划重点生态功能区	生态功能空间区划隔离，减少人为的不利干扰，增加有利干扰	功能空间区划隔离，减少不利的人类活动，促进保护，对适应气候变化有一定的积极意义	没有考虑未来气候变化风险，未来气候变化影响下，功能隔离方法不一定有效
	执行生物多样性保护优先区规划	空间划分，非严格隔离，减少人为的不利干扰，增加有利干扰	减少人类活动，提高生物多样性保护，但没有考虑适应气候变化，部分对适应气候变化有利	未来气候变化风险高，优先区不一定有效，需要考虑气候变化影响进行调整
	划定生态保护红线，限制社会经济活动	空间区划隔离，减少人为的不利干扰，增加有利干扰	减少人类破坏，促进保护，对适应气候变化有一定的作用，主要防止人为破坏，对适应气候变化的效果有限	未来气候变化下风险高，需要根据气候变化影响增加适应气候变化的措施
	推行国家公园体制	空间严格隔离，减少人为的不利干扰，增加有利干扰	促进对生物多样性及生态功能保护，对目前适应气候变化有一定的积极作用	未来气候变化下可能面临新风险，目前措施可能需要调整
生态退化恢复与治理	荒漠化、水土流失、冻土退化、泥石流等退化恢复	退化后治理，恢复生态功能，增加有利干扰	有利于增加生态系统弹性，促进保护，促进适应，对适应目前气候变化有积极作用	未来气候变化影响下，可能会再次退化，需要考虑新的适应措施，进一步加强恢复与保护

续表

措施类型	措施内容	对生态保护有效性	适应过去与目前气候变化有效性	适应未来气候变化有效性
灾害预警、防御与治理	森林、草原火灾、泥石流、滑坡等生态灾害防御	防御自然干扰，包括极端天气事件、灾后治理、提高生态系统弹性	非常有利于增加生态系统的弹性，促进对目前气候变化的适应	未来有一定效果，但需要根据未来气候变化特征进行调整
生态工程建设	开展大型生态工程（如六大林业工程）	促进生态保护，增加生态系统弹性，有利于生态系统服务功能增加	促进保护，增加生态系统弹性，非常有利于促进适应气候变化	未来有一定适应气候变化效果，但是需要进行调整，需要增加适应措施
综合生态保护对策	生态环境的综合保护	综合措施，促进生态保护，减少包括人类活动和污染等对生态系统的破坏	促进生态系统保护，增加生态系统弹性，非常利于促进过去与目前气候变化适应	未来气候变化影响和风险高，需要增加气候变化适应措施

2. 法规与经济刺激调控人为活动

（1）法规建设：中国制定并实施了一系列生态保护相关法律法规，建立了森林资源管护制度，如《中华人民共和国环境保护法》《中华人民共和国森林法》《中华人民共和国草原法》《中华人民共和国水土保持法》《中华人民共和国自然保护区条例》等自然资源保护方面的法律和法规，以及《全国主体功能区规划》《防沙治沙法》《草原防火条例》《中华人民共和国抗旱条例》《森林防火条例》等相关法律法规。这些法律法规限制了不合理的人为活动，对生态保护起到积极作用，对适应气候变化有一定意义，但未来适应全球升温 1.5~2℃下是否有效并没有证据。

（2）生态补偿：1999 年以来，国家相继出台了天然林保护、生态公益林补偿、草原生态补偿政策，大幅度增加对林草植被保护的投入，抑制了不合理的人为活动，调动了保护林草植被的积极性。40 年来，中国在国家重点生态功能区转移支付、森林生态效益补偿、草原生态保护补助奖励、流域上下游横向生态补偿、矿山资源治理和生态恢复保证金制度等方面形成了较完善的制度，湿地、荒漠、海洋、耕地和土壤等生态补偿正在开展试点探索。按照《国务院办公厅关于健全生态保护补偿机制的意见》（国办发〔2016〕31 号）提出的健全生态补偿机制的总体要求和基本原则，依据产权理论和外部性内部化理论，达到党的十九大报告提出的“建立市场化、多元化生态补偿机制”的目标（李国平和刘生胜，2018）。生态补偿是激励农户参与退耕还林的有效措施，农户受偿意愿则是其参与退耕还林的真实心理预期的反映（皮泓漪等，2018）。生态补偿促进生态系统保护，对目前适应气候变化有一定作用，但对未来气候变化下是否有效还需要研究。

3. 空间规划隔离调控人为活动

（1）生态功能区：《全国主体功能区规划》、《全国生态功能区划》、《国家重点生态功能保护区规划纲要》和《全国生态脆弱区保护规划纲要》颁布实施，加强国家重点生态功能区保护和管理成为生态文明建设的战略任务。2010 年国务院印发的《全国主体功能区规划》中明确提出国家重点生态功能区应对气候变化的需要。《国家环境保护

"十二五"规划》提出，要强化生态功能区保护和建设，包括加强对大小兴安岭森林、长白山森林等25个国家重点生态功能区保护和管理。保护区域重要的生态功能对防止和减轻自然灾害、协调流域及区域生态保护与经济社会发展、保障国家和地方生态安全具有重要意义，对适应气候变化也具有一定意义。

（2）生态保护红线：2013年，党的十八届三中全会《中共中央关于全面深化改革若干重大问题的决定》划定生态保护红线，建立国土空间开发保护制度。2017年，中共中央办公厅、国务院办公厅联合印发的《关于划定并严守生态保护红线的若干意见》规定，生态保护红线是指在生态空间范围内具有特殊重要生态功能、必须强制性严格保护的区域，是保障和维护国家生态安全的底线和生命线。中共中央办公厅、国务院办公厅印发《生态环境损害赔偿制度改革方案》《关于划定并严守生态保护红线的若干意见》等。生态保护红线成为2015年《中华人民共和国环境保护法》的创新制度。中国以划定和实施生态保护红线为契机，明确央地环保分工，激活行业主管部门的环保职责，构建纵向畅通、横向协调的"大环保"行政机制（肖锋和贾倩倩，2016）。生态保护红线也是基于目前的生态状况来划分的，对适应未来气候变化具有一定的局限性。

（3）自然保护区：我国1956年建立第一个自然保护区，到2017年已经有463个国家级自然保护区。近些年，我国发布实施《中国生物多样性保护战略与行动计划》（2011—2030年），启动"联合国生物多样性十年中国行动（2011—2020）"。截至2017年底，全国共建立各种类型、不同级别的自然保护区2750个，总面积147.17万km^2。其中，自然保护区陆域面积142.70万km^2，占陆域国土面积的14.86%。截至2017年底，全国共建立国家级风景名胜区244处，总面积约10.66万km^2，约占陆域国土面积的1.11%。经过60多年的努力，我国已建立数量众多、类型丰富、功能多样的各级各类自然保护区，在保护生物多样性、保存自然遗产、改善生态环境质量和维护国家生态安全方面发挥了重要作用。这些保护区对减少人为不利活动、适应目前气候变化有积极意义，但对未来气候变化适应不一定有效。

（4）国家公园：2017年，福建、江西、贵州国家生态文明试验区建设顺利进行，积极推进三江源、东北虎豹、大熊猫、祁连山等国家公园体制试点，出台《建立国家公园体制总体方案》，启动实施生物多样性保护重大工程，建立440余个生物多样性观测样区，针对珍稀濒危、极小种群野生植物开展野外救护和繁殖工作（《2017中国生态环境状况公报》）。这些措施对生物多样性保护起到积极作用，但目前技术与政策没有考虑气候变化影响，在适应气候变化方面存在不足。

（5）综合的自然保护地体系：2019年6月，中共中央办公厅、国务院办公厅印发的《关于建立以国家公园为主体的自然保护地体系的指导意见》指出，到2020年，提出国家公园及各类自然保护地总体布局和发展规划，完成国家公园体制试点，设立一批国家公园，完成自然保护地勘界立标并与生态保护红线衔接，制定自然保护地内建设项目负面清单，构建统一的自然保护地分类分级管理体制。到2025年，健全国家公园体制，完成自然保护地整合归并优化，完善自然保护地体系的法律法规、管理和监督制度，提升自然生态空间承载力，初步建成以国家公园为主体的自然保护地体系。到2035年，显著提高自然保护地管理效能和生态产品供给能力，自然保护地规模和管理达到世界先进水平，全面建成中国特色自然保护地体系。自然保护地占陆域国土面积 18% 以上。将自然保护地按生态价值和保护强度高低依次分为国家公园、自然保护区、自然公园，要求确立国家公园在维护国家生态安全关键区域中的首要地位，确保国家公园在保护最珍贵、最重要生物多样性集中分布区中的主导地位，确定国家公园保护价值和生态功能在全国自然保护地体系中的主体地位。整合交叉重叠的自然保护地。以自然恢复为主，辅以必要的人工措施，分区分类开展受损自然生态系统修复。建设生态廊道、开展重要栖息地恢复和废弃地修复。加强野外保护站点、巡护路网、监测监控、应急救灾、森林草原防火、有害生物防治和疫源疫病防控等保护管理设施建设，利用高科技手段和现代化设备促进自然保育、巡护和监测的信息化、智能化。建立国家公园等自然保护地生态环境监测制度，制定相关技术标准，建设各类各级自然保护地“天空地一体化”监测网络体系，严格执法监督。这些措施对生物多样性保护起到积极作用，但在全球温升 1.5~2℃或更高温升情景下存在不足。

4. 灾害预警、防御与治理

中国积极防治各类生态灾害，包括对极端事件灾害、火灾、病虫害、地质灾害的防治。例如，2008 年南方发生的低温雨雪冰冻灾害采取的对策包括：在较近地区采取了清理与补植补造、清理与利用结合的措施，在较远地区采取了封山育林、不加以利用的措施，其分为清理、补植补造和幼中林抚育，加大乡土树种、抗逆性强树种所占比例，严格选育优质林木，改善林分结构，调整经营措施，充分利用灾后的林木个体，保留倒木，经过恢复，各项功能得到恢复、次生灾害得到控制（尹伟伦和翟明普，2010）。中国积极进行有害生物和病害控制、森林和草原火灾防治工作，在控制灾害发生、减少损失方面取得一定的效果（《2017 中国生态环境状况公报》）。总体上，这些措施对减少灾害影响有积极作用，但尚未考虑到未来全球气温升高 1.5~2℃或更高升温幅度后的生态风险。

5. 生态退化恢复与治理

中国积极防治生态退化。根据第一次全国水利普查：水土保持情况普查成果，中国土壤侵蚀总面积 294.9 万 km^2。第五次全国荒漠化和沙化监测结果显示，截至 2014 年，全国荒漠化土地面积 261.16 万 km^2，沙化土地面积 172.12 万 km^2。自 2004 年以来，全国荒漠化和沙化状况连续三个监测期“双缩减”，呈现整体遏制、持续缩减、功能增强、效果明显的良好态势（国家林业局，2015）。中国也积极开展石漠化治理，1999 年以来，国家在石漠化地区实施退耕还林还草工程，加大长江、珠江防护林等重点生态工程建设投入，防治速度明显加快，成效显著。2008 年国务院又批复了《岩溶地区石漠化综合治理规划大纲（2006—2015 年）》，有效地促进了植被保护（国家林业局，2015）。2017 年新增水土流失综合治理面积 5.9 万 km^2（《2017 中国生态环境状况公报》）。这些生态恢复与治理对生态保护、增加生态系统弹性起到一定作用，对适应目前气候变化有重要作用，但对适应未来气候变化有效性还认识不足。

6. 生态工程建设

中国开展了一系列的生态工程，包括三北防护林工程、退耕还林还草工程、京津风沙源治理工程等重大林业生态建设工程。1949年中国森林覆盖率仅为8.6%，到第七次全国森林资源清查，森林覆盖率达到约20%，森林面积增加，人工林面积为世界第一，近年来自然湿地面积减少的趋势有所减缓，草原面积减少、退化和沙化整体得到遏制，但局部扩张等（李世东等，2010）。2017年6省（区）开展第二批山水林田湖草生态保护修复工程试点，持续推进青海三江源区、岩溶石漠化区、京津风沙源区、祁连山等重点区域综合治理工程，继续推进新一轮退耕还林还草、重点防护林体系建设等重点生态工程，完成营造林面积约15.67万km^2。持续加强天然林保护，新纳入天然林保护政策范围的天然商品林面积近13.34万km^2。实施湿地保护与修复工程、中央财政湿地补贴项目300多个，恢复退化湿地200 km^2，退耕还湿约133km^2。《2016退耕还林工程生态效益监测国家报告》显示，截至2015年全国退耕还林工程涵养水源总物质量为385.23亿m^3/a，全国退耕还林工程固碳总物质量为4907.85万t/a，按2016年现价评估，退耕还林工程生物多样性保护总价值量为1802.44亿元/a，每年产生的生态效益总价值量为13824.49亿元/a。这些措施对过去适应气候变化有积极作用，但都没有考虑气候变化的影响，在未来在全球温升1.5~2℃或更高温升下，这些措施能否保证生态系统适应还存在很大不确定性。

7. 气候变化背景下应对措施的有效性

2007年发布的《中国应对气候变化国家方案》提出了一些生态系统适应气候变化对策,《国家环境保护“十二五”规划》《中国生物多样性保护战略与行动计划（2011—2030年）》《林业发展“十二五”规划》《应对气候变化林业行动计划》《林业应对气候变化“十二五”行动要点》，2016年通过的《中共中央关于制定国民经济和社会发展第十三个五年规划的建议》中，明确提出了要主动适应气候变化的工作。《国家应对气候变化规划（2014—2020年）》《“十三五”生态环境保护规划》《应对气候变化林业行动计划》《林业应对气候变化“十三五”行动要点》等都对适应气候变化进行了相关安排，都提出了生态保护适应气候变化的一些政策。这些措施对目前适应气候变化和保护生态环境起到重要作用，但由于对未来气候变化影响与风险的考虑不足，对适应未来气候变化有一定的局限性，因此需要进一步完善（表4-5）。

表4-5 已提出的生态保护方面适应气候变化措施的有效性定性评估

对策的来源	对策主要内容	过去与目前适应气候有效性	适应未来气候变化的有效性
《应对气候变化林业行动计划》	森林经营、保护与灾害防御、生态恢复	针对目前对气候变化影响的认识，宏观上对适应目前气候变化有效，实施效果有待评估	由于考虑未来气候变化不足，适应未来气候变化存在一定风险，需要完善
《气候变化国家评估报告》（第一至第三次）	生态保护，减少人为破坏，退牧还草、封育，实施草畜平衡等，促进适应能力增加	目前对气候变化影响的认识宏观上比较有效，更多是对策建议，没有实践的检验	对未来气候变化影响分析不充分，适应未来气候变化可能有效，但存在风险，需要进一步完善

续表

对策的来源	对策主要内容	过去与目前适应气候有效性	适应未来气候变化的有效性
《中国西部环境演变评估》《中国气候与环境演变：2012》	加强生态保护与建设，减少人为破坏，退牧还草、封育、实施草畜平衡等，增加适应能力	目前对气候变化影响的认识宏观上有效，具体适应气候变化措施的细节需要进行评估	提出的对策对未来适应评估不充分，对未来气候变化影响适应可能有效，但需要进一步完善
《适应气候变化战略研究报告》	建议加强生态保护，减少人为破坏，积极进行适应，增加能力建设	目前对气候变化影响的认识对适应目前气候变化有一定效果，但措施的实施细节方面缺乏实践的评估	对未来气候变化分析不够充分，对适应未来气候变化可能部分有效，但需要完善
《中国应对气候变化国家方案》	建议加快生态建设与保护，减少人为破坏，促进适应能力增加	针对目前对气候变化影响的认识，相应的一些对策建议宏观上有效，但对措施的具体细节缺少评估	对未来气候变化影响与风险考虑不够充分，对适应未来气候变化可能有一定效果，但需要进一步完善
《国家适应气候变化战略》	建议生态保护，特别是加强脆弱区和国家生态功能区保护，加强生态建设，减少人为破坏，促进适应能力增加	目前对气候变化影响的认识宏观上有效，对生态脆弱区和生态功能区适应有重要指导意义，具体细节需要进行设计与评估	对未来气候变化评估不够充分，具体实施有一定效果，但存在风险，需要完善
《中华人民共和国气候变化国家信息通报》(第一至第三次)	建议加强生态保护，减少人为破坏，增加适应气候能力、国际合作、履约能力	考虑目前对气候变化影响的认识，宏观上对适应目前气候变化有效，主要针对气候变化履约的内容，实践评估不足	对未来气候变化影响分析不足，一些措施对未来气候变化适应可能有效，需要完善细节
生态环境保护规划	建议生态保护，减少人为破坏，加强污染治理，增加部门协调	目前对气候变化影响的认识对适应气候变化有一定意义，宏观上有效，没有对细节进行评估	考虑未来气候变化影响与风险不足，部分措施可能有效，但存在风险，需要完善细节

4.6.3　提升应对气候变化的策略及措施

1. 生态系统保护和资源利用对策

加强生态系统保护和资源利用是适应气候变化的重要途径之一。在探讨不同气候变化情景下，在地圈 – 生物圈 – 大气圈的相互作用过程及生态系统功能、过程的时间和空间变化规律的基础上，在生态系统尺度上，找到应对未来气候变化的途径和方法。在农业和林业生态系统中应开展增汇技术集成，优化发展模式和技术体系（于贵瑞和于秀波，2013），同时，加强生态系统资源的保护、利用效率，如开发抗逆、高产、优质牧草新品种培育高新技术，发展基于景观与区域间大尺度划区的轮牧、休牧、舍饲组合技术（赵丹丹等，2017），筛选适应性强的抗逆、高产、优质的乡土牧草品种，开发基于区域水资源配置及气候波动的高效人工草地建植技术与草地灌溉技术，建立系统性的综合适应技术体系和适应措施，形成完善的技术推广体系（侯向阳等，2014），从而整体提升生态系统应对气候变化的能力。

2. 生物多样性保护对策

针对未来气候变化可能带来的风险，制定和完善潜在生物多样性保护应对预案是降低和解决生态风险灾害的重要途径，主要的措施包括政策制定和生态工程实施等。

（1）健全和加强多层次生物多样性保护政策的制定和落实。完善成熟的政策和法律制度是推进未来生物多样性的根本保障。针对未来气候变化带来的不同威胁，制定对应的保护措施，健全完善生物多样性适应气候变化组织机构与协调工作机制，是预防和降低生物多样性风险的首要前提。

（2）开发新的物种多样性保护技术。未来气候变化将会显著改变生物多样性的分布格局，同时造成很多重要物种的灭绝，这将对生态系统带来致命性灾害。因此，针对灭绝风险较大的物种，率先开发新的人工种群回归引种、保育、繁殖技术（如组织培养、染色体保护），建立和完善相关种子库和基因库，降低生物多样性灭绝风险。与此同时，控制与之伴随的有害生物危害，建立有害物种控制对策，最大限度地保护生物多样性。

（3）保护和恢复物种栖息地，加大生物多样性保护网络建立。针对不同情景下的气候变化带来的潜在威胁，提前调整和划分不同动、植物自然保护区的范围和功能区属性，建立国家层面的保护地网络体系，全面增强应对气候变化的能力。

（4）建立生物多样性保护灾害防御体系。未来气候变化带来的极端事件，如干旱、暴雨等发生的强度和频度将显著增加，将对陆地生态系统生物多样性保护工作带来严重挑战和较大的不确定性（刘安榕等，2018）。根据不同极端事件规律，建立全面的灾害防御体系是促进未来生物多样性保护的重要工作。

3. 生态灾害防御对策

加强气候变化下生态灾害的防御对策是降低气候变化不利影响的重要举措。首先，推进生态灾害预警体系、灾害控制技术建立及应用。针对气候变化对有害生物产生的影响，建立有害生物控制对策，包括建立监测预警体系、开发灾害控制技术、采取灾害治理和灾后恢复技术对策、增强生态系统应对灾害的弹性及能力。例如，针对气候变化带来的森林有害生物及其天敌活动与发生规律的改变，适当调整适宜防治期与天敌培育释放期。针对森林火灾危险区域划分，研究不同区域内相应的林火管理技术，最大限度地减小气候变暖诱发的森林火灾。其次，完善相关法律法规，保证政策落地。通过不同层级在法律层面最大限度地保证生态灾害防御措施的快速推进，同时完善相关配套基础设施及其他保障体系，增强生态系统抵御灾害风险的能力。

4. 退化生态恢复的对策

对于特定的生态功能区，开展气候变化带来的生态风险预警评估，根据等级区划结果采取生态工程防范措施，如对可能或已退化的草地和森林采取退牧还草、退耕还林等措施。近年来大力推行的三北防护林工程，在促进生态脆弱区的防风固沙方面发挥了重要作用，而这种促进作用未来将继续扩大（黄麟等，2018）。未来需要针对气候变化影响程度的加剧，加大退化生态系统恢复对策实施的力度。

4.6.4　适应与减缓气候变化的生态系统途径联系

适应能够在一定程度上降低气候变化影响的风险，但在变暖幅度较大时，其效果相对有限（秦大河，2018）。减缓是通过减少温室气体排放和增加碳汇等来缓解气候变化的行动和对策（杨东峰等，2018；McKibbin and Wilcoxen，2002）。增加生态系统碳汇被认为是重要的减缓方式。自 20 世纪 70 年代起，中国开始开展了植被恢复与重建工程，最有代表性的是三北防护林工程、退耕还林还草工程和京津风沙源治理工程。这些政策极大地提高了所在地区的植被覆盖度，甚至可能由“碳源”转变为“碳汇”。以退耕还林还草工程为例，随着该政策实施，黄土高原地区植被总覆盖度从 1999 年的 31.6% 提高到 2013 年的 59.6%（Chen Y P et al.，2015）。退耕还林还草是黄土高原地区生态系统碳汇增加的主要原因，2000~2008 年黄土高原地区生态系统固碳量增加了 96.1Tg，相当于 2006 年全国碳排放的 6.4%（Feng et al.，2013）。但是，迅速增加的植被也在不断消耗土壤水分，造成土壤干旱化，如黄土高原人工林草地出现了“土壤干层”现象（Chen Y P et al.，2015）。这反映出在利用生态系统进行气候变化减缓时需要同时考虑适应，并且适应与减缓要兼顾，对于特定区域而言，需要权衡不同选择。

4.7　主要结论和认知差距

4.7.1　主要结论

气候变化将对植被物候有明显影响，春季物候期将提前、秋季物候期将延迟，但时间变化却不同（中等信度）。气候变化对植被空间分布也有明显影响，森林、草原与草甸、荒漠和湿地植被分布变化明显（中等信度）。在过去气候变化和人类活动影响下，中国部分森林、草原与草甸、荒漠和湿地生态系统的组成已经发生改变，未来气候变化将继续产生影响（高信度）。过去气候变化使部分植物的生长和繁殖也发生了改变，未来气候变化下这些影响将继续，特别是极端事件对生态系统的结构和功能造成较大的不利影响（中等信度）。

中国的气候变化对生态系统的影响具有复杂的相互作用，即极大的空间异质性和高度的时间变异性。同时，生态系统对气候变化的响应具有动态、非线性特征，并体现出水热要素与植被活动多过程的交互作用和复杂的影响机制，也呈现出明显的区域分异和时间变化特征（高信度）。中国生态脆弱区（北方农牧交错带、南方农牧区、黄土高原脆弱区、西北干旱脆弱区、青藏高原生态脆弱区、西南岩溶山地石漠化脆弱区）对气候变化响应更敏感，其生态系统结构和功能更加不稳定（高信度）。

气候变化背景下的极端气候事件严重影响生态系统供给服务（中等信度）。同时，极端气候事件将加大火灾和病虫鼠害暴发的风险，华北地区森林火灾发生的可能性明显增加，害虫的分布区将从南向北迁移，灾害范围扩大（高信度）。未来气候变化将加剧中国生态系统服务功能的区域不平衡性，加快荒漠化及水土流失等生态系统退化的趋势，极端气候事件可导致生态灾害事件增多、生态系统脆弱性增加（高信度）。

在过去半个世纪里，许多动植物物种的分布范围整体上有向高纬度和高海拔迁移的趋势（中等信度）。在植物中，蕨类植物受到的影响较小，但部分珍稀蕨类可能面临灭绝风险。气候变化对水生生物的影响集中表现为加剧蓝藻暴发（中等信度）。气候变化对中国种质资源也产生了深远的影响，植物种质资源受威胁程度更大（中等信度）。在未来气候变化情景下，评估过的多数动植物分布范围减少的幅度低于40%，但也有少数将高达80%（中等信度），并且评估过的动植物整体分布将继续向高纬度和高海拔地区移动（中等信度）。另外，气候变化影响下的养殖动物和栽培植物等种质资源有继续丧失的危险，但也有少部分物种的分布区可能出现扩张（中等信度）。在未来气候变化影响下，评估过的中国濒危物种将面临极大的灭绝风险，一些特有物种的适宜生境将大幅度减小（中等信度）。

中国采取的生态保护措施在应对气候变化方面发挥了积极作用（高信度）。这些措施主要包括：生态系统保护和修复、资源可持续利用、野生动植物保护、有害生物防御、生态保护红线划定、生态功能区确定、自然保护地体系建立等。这些措施在未来应对气候变化风险方面的作用还并不明确，现有的科学研究对各种适应措施的效果、条件限制及不良后果的认识还非常不足（中等信度）。

未来陆地生态系统的持续利用和保护需要充分考虑气候变化影响与风险，需要加强生态系统资源的保护、利用效率，建立系统的综合适应技术体系，整体提升生态系统应对气候变化的能力。同时，健全和加强多层次生物多样性保护政策，开发新的物种多样性保护技术，保护和恢复物种栖息地，加大生物多样性保护网络建立，建立灾害防御体系。另外，需要加强气候变化下生态灾害的预警机制和退化生态系统的恢复与重建等。同时，在农业和林业系统中应开展增汇技术集成，优化发展模式和技术体系，进行适应和减缓的措施权衡。

4.7.2 认知差距

气候变化对陆地生态系统影响的识别和归因：中国生态系统和生物种类多，识别气候变化影响是十分复杂且困难的，近百年来气候变化对中国陆地生态系统影响的特征，特别是气候变化和人类活动对中国陆地生态系统影响的相对贡献，包括气候变化条件下食物链不同层级之间物种的相互关系等方面还认识不足。

对不同升温情景下的中国陆地生态系统的风险，生态系统自然适应气候变化的机制和能力，以及气候变化对物种多样性影响以及物质资源丧失的风险等方面的认识存在严重不足。

适应气候变化：对生态系统自然适应气候变化的过程，以及适应的程度还缺少相关认识，对生态系统适应的机制的认识还是有限的。对气候变化下物种进化与适应过程的认识也有限。此外，因为生态系统人为辅助适应气候变化与林业草原、生态环保、农业农村、水利、气象等相关部门适应工作交叉，不同部门采取适应措施可能存在顾此失彼的现象，目前对这些方面的认识不足，并且对不同适应措施的成本效益方面的认识也不足。更为突出的是，对陆地生态系统适应气候变化下社会经济因素与自然因素影响的复杂性，短期适应与长期有效，特别是温升1.5~2℃或更高温升情景下有效性方面的认识也非常有限。

适应的限制：尽管人们认识到陆地生态系统具有自然适应能力，人为可以辅助陆地生态系统适应气候变化，但是对如何通过人为措施防止生态系统崩溃、物种灭绝等危险的认识还非常欠缺。对基于土地管理来减缓气候变化对陆地生态系统影响、适应气候变化与可持续发展结合转型发展途径都还缺少认识。

适应的不良结果：陆地生态系统适应气候变化并不是孤立进行的，而是与各个部门采取的适应对策存在相互联系，对各个部门采取的适应对策可能相互制约，从而导致对策实施后会出现一些不良后果，但目前对这些方面的认识非常有限。

减缓政策及措施的交叉与权衡：目前虽然提出了要基于土地管理方式减缓气候变化选择（林业、农业、畜牧业、生物质能源、可再生能源），但是这些选择与陆地生态系统适应气候变化选择密切相关，对目前如何协调这些政策及措施间的相关性的认识也非常不足。

名词解释

生态系统服务：指对个人或整个社会具有货币或非货币价值的生态过程或功能，即人类直接或间接从生态系统得到的利益，主要包括向经济社会系统输入有用物质和能量、接受和转化来自经济社会系统的废弃物，以及直接向人类社会成员提供服务（如人们普遍享用洁净空气、水等舒适性资源）。与传统经济学意义上的服务（它实际上是一种购买和消费同时进行的商品）不同，生态系统服务只有一小部分能够进入市场被买卖，大多数生态系统服务是公共品或准公共品，无法进入市场。生态系统服务以长期服务流的形式出现，能带来这些服务的生态系统是自然资本。生态系统服务通常分为：①支持服务，如生产力或生物多样性维护；②供给服务，如食物、纤维或鱼类；③调节服务，如气候调节或碳固存；④文化服务，如旅游或精神和审美欣赏。

适应限制（adaptation limit 或 limitation of adaptation）：无法通过适应性行动确保参与者目标（或系统需求）免受不可承受的风险的阈值，或通过适应性行动无法确保参与者的目标（或系统需求）免受不可忍受的风险。其包括硬适应限制（hard adaptation limit），即无法采取适应措施来避免不可忍受的风险；软适应限制（soft adaptation limit），目前尚无可用的选项来通过适应措施来避免不可忍受的风险。与适应约束因素不同，适应约束因素是难以计划和实施适应行动或限制选择的因素。

不良适应（maladaptive outcomes，maladaptive actions，maladaptation）：可能导致现在或将来发生的与气候相关的不利后果的风险增加的行动，包括增加温室气体排放，增加气候变化下生态系统的脆弱性，损害生态系统服务与功能。不良适应通常是意料之外的后果。

基于生态系统的适应（ecosystem-based adaptation）：将生物多样性和生态系统服务的使用作为总体适应战略的一部分，以帮助人类适应气候变化的不利影响。基于生态系统的适应利用一系列机会来进行生态系统的可持续管理、保护和恢复，以提供使人类适应气候变化影响的服务。它的目的是在面对气候变化不利影响时，保持并增强抵御能力，减少生态系统和人类的脆弱性。基于生态系统的适应最适合纳入更广泛的适应和发展战略。

知识窗

适应（adaptation）

适应是指对实际或预期气候及其影响的调整过程。在人类系统中，适应力求减轻或避免伤害或利用有益机会。在某些自然系统中，人为干预可能有助于调整预期的气候及其影响。适应能力（adaptation capacity）：指系统、机构、人类和生物适应潜在损害，利用机会或对后果做出反应的能力。

自然适应或自主适应（autonomous adaptation）

经历气候及其影响而进行的适应，无须明确或自觉地计划解决气候变化问题，也称为自发适应。对生态系统的自主适应是指生态系统，包括其人类组成部分，在没有外部干预的情况下，为适应不断变化的环境而做出的调整。在人类系统中，其有时称为应付能力。自主适应能力是复原力的一部分，但二者并不完全是同义词。所有社会和生态系统都有一定的自主适应能力。至少就过去经历的变化而言，长期存在的生态系统具有很高的自主适应能力。比过去更快的环境变化或伴随其他压力的环境变化可能会超出系统先前的适应能力。在一个级别上进行适应，如通过群落中生物进行适应，可以在更高的组织级别（如生态系统）上赋予更大的适应力。在其基因和种群中基因的多样性所允许的范围内，生物体和生态系统的自主适应机制由生物体的生理、行为、物候或物理形式的变化，种群遗传组成的变化，以及通过迁入或迁出或当地灭绝的方式而改变群落组成。物种适应的潜力使预测气候变化对生态系统影响的能力变得复杂。物种个体适应能力增加了它们在不同气候条件下生存和繁衍的能力，可能导致灭绝的风险低于目前预测到的情况，但它还可能影响它们与其他物种的相互作用，从而导致生物群落的破坏。环境适应（acclimatization）：单个生物体在自然环境生存期内，一次或多次（如季节性）发生的功能或形态特征的变化。通过适应环境，个体可以在各种环境条件下存在。为了在实验室研究和野外研究之间清楚地区分，当在定义明确的实验环境中观察到的“适应”现象时，术语“适应”在生态生理学中用于表示相应的现象。术语（适应性）可塑性表示个体通过适应过程可以达到的表型变化的一般范围。进化适应（evolutionary adaptation）：对于种群或物种，遗传性状选择作用使功能特征会发生变化。进化适应的速率取决于选择强度、世代周期和杂交程度（与近交相对）。

人类辅助适应（human-assisted adaptation）

为在气候变化下提高目标生物、生态系统或社会生态系统的生存能力，在可接受的水平上起作用的有意干预也被称为“有计划适应”。本章更多地涉及生物和生态系统，同时承认人为因素在生态系统中的重要性。干预意味着一系列行动，包括确保存在适当的栖息地和传播途径，减少非气候压力源，以及物理移动生物体并将其存储和建立在新的地方。基于生态系统的适应提供了一种选择，该选择将对生物多样性和生态系统服务的利用整合到气候变化适应战略中，从而可以优化当地的共同利益，包括社区和碳管理，以及减少与不良适应有关的风险，其存在各种与人类协助适应有关的风险，尤其是在存在远非完美的预测能力的情况下。适应性管理（adaptive management）：管理资源时对不确定性和变化进行反复规划、实施和修改的策略，包括根据对结果的影响以及反馈效应和其他变量引起的系统变化的观察而调整方法。增量适应（incremental adaptation）：适应活动的主要目的是在给定的规模上保持系统或过程的本质和完整性。变革性适应（transformational adaptation）：适应气候及其影响而改变系统基本属性的适应。

参考文献

曹路，李春瑞，田青松，等 . 2016. 内蒙古荒漠草原植物遗传多样性对模拟增温处理的响应 . 生态学报，36：6909-6918.

常宏，杨洪国，赵广东，等 . 2019. 施氮和减水对中亚热带壳斗科三种幼树生物量及其分配的影响 . 生态学报，39（18）：6753-6761.

常燕，吕世华，罗斯琼，等 . 2016. CMIP5 耦合模式对青藏高原冻土变化的模拟和预估 . 高原气象，35：1157-1168.

陈德亮，徐柏青，姚檀栋，等 . 2015. 青藏高原环境变化科学评估：过去、现在与未来 . 科学通报，60（32）：3025-3035.

陈玉洁 , 陈国庆 , 王良 , 等 . 2018. 不同 RCP 情景下山东省小麦 , 玉米关键生育期的气候变化预估 . 山东农业科学 , 324(8):133-142.

陈滋月 . 2016. 气候变化情景模式对流域水土流失影响的定量分析 . 水利规划与设计，（6）：32-35.

成永生 . 2008. 我国喀斯特石漠化研究现状及未来趋势 . 地球与环境，36（4）：356-362.

程积民，万惠娥，胡相明，等 . 2006. 半干旱区封禁草地凋落物的积累与分解 . 生态学报，26：1207-1212.

程志刚，刘晓东 . 2008. 未来气候变暖情形下青藏高原多年冻土分布初探 . 地域研究与开发，27：80-85.

慈龙骏，杨晓晖，陈仲新 . 2002. 未来气候变化对中国荒漠化的潜在影响 . 地学前缘，9（2）：287- 294.

代云川 . 2017. 气候变暖背景下橡胶林适宜区的空间扩张及其对亚洲象栖息地的影响 . 昆明：云南师范大学 .

第宝锋，宁堆虎，鲁胜力 . 2006. 中国水土流失与贫困的关系分析 . 水土保持通报，26：67-72.

董芳，朱小山，王江新，等 . 2018. 气候变化耦合海洋污染的生态毒理学研究进展 . 科学通报，63：521-534.

董玉琛 . 1999. 我国作物种质资源研究的现状与展望 . 中国农业科技导报，2：36-40.

杜怀玉，赵军，师银芳，等 . 2018. 气候变化下中国潜在植被演替及其敏感性 . 生态学杂志，37（5）：1459-1466.

范泽孟，岳天祥，刘纪远，等 . 2010. 中国土地覆盖时空变化未来情景分析 . 地理学报，60（6）：941-952.

方精云，杨元合，马文红，等 . 2010. 中国草地生态系统碳库及其变化 . 中国科学：生命科学，7：566-576.

方一平，秦大河，丁永建 . 2009. 气候变化脆弱性及其国际研究进展 . 冰川冻土，31（3）：540-545.

傅伯杰，吕一河，高光耀 . 2012. 中国主要陆地生态系统服务与生态安全研究的重要进展 . 自然杂志，34（5）：261-272.

傅伯杰，田汉勤，陶福禄，等 . 2017. 全球变化对生态系统服务的影响 . 中国基础科学，19（6）：14-18.

高继卿，杨晓光，董朝阳，等 . 2015. 气候变化背景下中国北方干湿区降水资源变化特征分析 . 农业工程学报，31（12）：99-110.

高志强，和易维 . 2012. 基于 CLUE-S 和 Dinamica EGO 模型的土地利用变化及驱动力分析 . 农业工程学报，28（16）：208-216.

谷建田 . 1994. 中国植物种质资源保护：历史、现状与未来 . 科技导报，6：59-61.

郭柯，刘长成，董鸣 . 2011. 我国西南喀斯特植物生态适应性与石漠化治理 . 植物生态学报，35：991-999.

郭灵辉，郝成元，吴绍洪，等 . 2016. 21 世纪上半叶内蒙古草地植被净初级生产力变化趋势 . 应用生态学报，27（3）：803-814.

郭彦龙，卫海燕，路春燕，等 . 2014. 气候变化下桃儿七潜在地理分布的预测 . 植物生态学报，38（3）：249-261.

国家林业局 . 2015 . 中国荒漠化和沙化状况公报 . http://www.forestry.gov.cn/main/65/20151229/835177.html. [2020-03-24].

何春阳，史培军，李景刚，等 . 2004. 中国北方未来土地利用情景模拟 . 地理学报，59（4）：599-607.

何刚 . 2014. 高山生态系统苔藓植物对升温和氮沉降的生理响应 . 成都：四川师范大学 .

洪军，倪亦非，杜桂林，等 . 2014. 我国天然草原虫害危害现状与成因分析 . 草业科学，31：1374-1379.

侯向阳，丁勇，吴新宏，等 . 2014. 北方草原区气候变化影响与适应 . 北京：科学出版社 .

黄国情，吴时强，周杰，等 . 2014. 太湖蓝藻生境对气候变化的响应 . 水利水运工程学报，6：39-45.

黄麟，祝萍，肖桐，等 . 2018. 近 35 年三北防护林体系建设工程的防风固沙效应 . 地理科学，38（4）：600-609.

霍宏亮，马庆华，李京璟，等 . 2016. 中国榛属植物种质资源分布格局及其适生区气候评价 . 植物遗传资源学报，17（5）：801-808.

贾庆宇，王笑影，吕国红，等 . 2010. 气候变化对植被带影响研究进展 . 安徽农业科学，21：11305-11307.

贾翔，马芳芳，周旺明，等 . 2017. 气候变化对阔叶红松林潜在地理分布区的影响 . 生态学报，37(2)：464-473.

贾玉娟 . 2015. 气候变化情景模式下大洋河水土流失响应研究 . 黑龙江水利科技，6：24-27.

姜群鸥，谭蓓，薛筱婵，等 . 2015. 气候情景下典型开垦与退耕区耕地动态变化的定量模拟 . 农业工程学报，31（9）：271-280.
金宇，周可新，方颖，等 . 2014. 基于随机森林模型预估气候变化对动物物种潜在生境的影响 . 生态与农村环境学报，30（4）：416-422.
雷军成 . 2015. 气候变化情景下四川山鹧鸪适宜生境变化特征研究与保护关键区识别 . 南京：南京林业大学 .
雷军成，王莎，王军围，等 . 2016. 未来气候变化对我国特有濒危动物黑麂适宜生境的潜在影响 . 生物多样性，24（12）：1390-1399.
李丹璐 . 2018. 气候变化对宁夏引黄灌溉区沙漠化影响的风险评价研究 . 兰州：兰州大学 .
李国平，刘生胜 . 2018. 中国生态补偿 40 年：政策演进与理论逻辑 . 西安交通大学学报：社会科学版，38（6）：101-112.
李洪利 . 2013. 区域气候变化对太湖主要生态指标影响的分析和模拟研究 . 南京：南京信息工程大学 .
李佳 . 2017. 秦岭地区濒危物种对气候变化的响应及脆弱性评估 . 北京：中国林业科学研究院 .
李建国，濮励杰，朱明，等 . 2012. 土壤盐渍化研究现状及未来研究热点 . 地理学报，67：1233-1245.
李婧，范泽孟，岳天祥 . 2014. 中国西南地区土地覆盖情景的时空模拟 . 生态学报，34（12）：3266-3275.
李俊翰，高明秀 . 2018. 黄河三角洲滨海土壤盐渍化时空演化特征 . 土壤通报，49：1458-1465.
李世东，陈幸良，马凡强，等 . 2010. 新中国生态演变 60 年 . 北京：科学出版社 .
李仕冀，孙志刚，谈明洪，等 . 2016. 乡村人口迁出对生态脆弱地区植被覆被的影响——以内蒙古自治区为例 . 地理学报，70（10）：1622-1631.
李云 . 2017. 气候变化情景模式对流域水土流失影响的定量分析 . 建筑工程技术与设计，（1）：1162.
刘安榕，杨腾，徐炜，等 . 2018. 青藏高原高寒草地地下生物多样性：进展、问题与展望 . 生物多样性，26（9）：58-73.
刘超，胡正华，陈健，等 . 2018. 不同 CO_2 浓度升高水平对水稻光合特性的影响 . 生态环境学报，27（2）：246-254.
刘剑宇，张强，陈喜，等 . 2016. 气候变化和人类活动对中国地表水文过程影响定量研究 . 地理学报，71（11）：1875-1885.
刘珂，姜大膀 . 2015. RCP4.5 情景下中国未来干湿变化预估 . 大气科学，39（3）：489-502.
刘立涛，刘晓洁，伦飞，等 . 2018. 全球气候变化下的中国粮食安全问题研究 . 自然资源学报，33(6)：927-939.
刘勤，王玉宽，彭培好，等 . 2016. 气候变化下四川省物种的分布规律及迁移特征 . 山地学报，34（6）：716-723.
刘然，王春晶，何健，等 . 2018. 气候变化背景下中国冷杉属植物地理分布模拟分析 . 植物研究，38（1）：37-46.
刘世荣，杨予静，王晖 . 2018. 中国人工林经营发展战略与对策：从追求木材产量的单一目标经营转向提升生态系统服务质量和效益的多目标经营 . 生态学报，38（1）：1-10.
刘艳 . 2016. 气候变化下我国蔓藓属（*Meteorium*）适生分布的预测 . 华东师范大学学报（自然科学版），6：192-202.
刘艳，赵正武 . 2017. 基于最大熵模型模拟气候变化下中国两个沼泽藓类属的潜在分布 . 应用与环境生物学报，23（5）：792-799.
鲁显楷，莫江明，董少峰 . 2008. 氮沉降对森林生物多样性的影响 . 生态学报，28：5532-5548.
罗惦，柴林荣，常生华，等 . 2017. 我国青藏高原地区牦牛草地放牧系统管理及优化 . 草业科学，34（4）：881-891.
马帅，盛煜，曹伟，等 . 2017. 黄河源区多年冻土空间分布变化特征数值模拟 . 地理学报，72（9）：1621-1633.
潘石玉，朱志红，姚天华，等 . 2016. 气候变化背景下药用植物何首乌在中国适生区分布预测 . 西北农林科技大学学报（自然科学版），44（1）：192-198.
彭露茜，郭彦龙 . 2017. 中国黄芪地理分布和未来适生区预测 . 四川农业大学学报，35（1）：60-68.
皮泓漪，张萌雪，夏建新 . 2018. 基于农户受偿意愿的退耕还林生态补偿研究 . 生态与农村环境学报，34（10）：903-909.
秦大河 . 2018. 气候科学概论 . 北京：科学出版社 .
任月恒 . 2016. 基于时空尺度的东北地区黑嘴松鸡种群分布变化趋势研究 . 北京：北京林业大学 .
沈涛，张霁，申仕康，等 . 2017. 西南地区红花龙胆分布格局模拟与气候变化影响评价 . 应用生态学报，28（8）：2499-2508.
沈阳，于晶，郭水良 . 2015. 不同气候变化情境下中国木灵藓属和蓑藓属植物的潜在分布格局 . 生态学报，35（19）：6449-6459.
施雅风，姜彤 . 2003. 全球变暖、长江水灾与可能损失 . 地球科学进展，18：277-284.
石晓丽，史文娇 . 2017. 气候变化下中国植被群系建群种的物种多样性损失风险评价 . 生态经济，33：150-154.
宋文静，吴绍洪，陶泽兴，等 . 2016. 近 30 年中国中东部地区植物分布变化 . 地理研究，35（8）：1420-1432.
孙康慧，曾晓东，李芳 . 2019. 1980~2014 年中国生态脆弱区气候变化特征分析 . 气候与环境研究，24（4）：455-468.
孙龙，王千雪，魏书精，等 . 2014. 气候变化背景下我国森林火灾灾害的响应特征及展望 . 灾害学，29：12-17.
孙晓芳，岳天祥，范泽孟 . 2012. 中国土地利用空间格局动态变化模拟——以规划情景为例 . 生态学报，32（20）：6440-6451.
孙玉诚，郭慧娟，戈峰 . 2017. 昆虫对全球气候变化的响应与适应性 . 应用昆虫学报，54（4）：539-552.
谭向平，申卫军 . 2021. 降水变化和氮沉降影响森林叶根凋落物分解的进展 . 生态学报，41（2）：444-455.
谭雪，张林，张爱平，等 . 2018. 孑遗植物长苞铁杉（*Tsuga longibracteata*）分布格局对未来气候变化的响应 . 生态学报，38（24）：8934-8945.
唐继洪，罗礼智，江幸福，等 . 2012. 北半球 500hPa 高度场遥相关指数对我国草地螟成虫物候期与幼虫发生面积的影响 . 应用昆虫学报，49（1）：213-219.
田贺，梁迅，黎夏，等 . 2017. 基于 SD 模型的中国 2010—2050 年土地利用变化情景模拟 . 热带地理，37（4）：547-561.
王澄海，靳双龙，施红霞 . 2014. 未来 50 a 中国地区冻土面积分布变化 . 冰川冻土，36：1-8.

王楠 . 2014. 我国已建立优良基因战略储备 . 农家参谋，11：5.

王茹琳，李庆，何仕松，等 . 2017. 中华猕猴桃在中国潜在分布及其对气候变化响应的研究 . 中国生态农业学报，26（1）：27-37.

王涛 . 2004. 我国沙漠化研究的若干问题：4. 沙漠化的防治战略与途径 . 中国沙漠，24（2）：115-123.

王效科，冯宗炜，庄亚辉 . 2001. 中国森林火灾释放的 CO_2、CO 和 CH_4 研究 . 林业科学，37：90-95.

温庆忠，肖丰，罗娅妮 . 2014. 气候因素对云南石漠化治理的影响与对策 . 林业调查规划，39（5）：61-64.

吴建国，等 . 2017. 气候变化影响与风险——气候变化对生物多样性影响与风险研究 . 北京：科学出版社 .

吴建国，吕佳佳，艾丽 . 2009. 气候变化对生物多样性的影响：脆弱性和适应 . 生态环境学报，18：693-703.

吴建国，周巧富，李艳 . 2011. 中国生物多样性保护适应气候变化的对策 . 中国人口 · 资源与环境，21（3）：435-439.

武晓东，袁帅，付和平，等 . 2016. 不同干扰下阿拉善荒漠啮齿动物优势种对气候变化的响应 . 生态学报，36（6）：1765-1773.

武晓宇，董世魁，刘世梁，等 . 2018. 基于 MaxEnt 模型三江源区草地濒危保护植物热点区识别 . 生物多样性，26（2）：138-148.

武自念，侯向阳，任卫波，等 . 2018. 气候变化背景下我国扁蓿豆潜在适生区预测 . 草地学报，26（4）：898-906.

肖锋，贾倩倩 . 2016. 论我国生态保护红线制度的应然功能及其实现 . 中国地质大学学报（社会科学版），16（6）：34-45.

解伟，魏玮，崔琦 . 2019. 气候变化对中国主要粮食作物单产影响的文献计量 Meta 分析 . 中国人口 · 资源与环境，29（1）：79-85.

熊定鹏，赵广帅，武建双，等 . 2016. 羌塘高寒草地物种多样性与生态系统多功能关系格局 . 生态学报，36（11）：3362-3371.

徐丽，于贵瑞，何念鹏 . 2018. 1980s—2010s 中国陆地生态系统土壤碳储量的变化 . 地理学报，73（11）：2150-2167.

徐骁骁，赵文阁，刘鹏 . 2018. 环境温度对东北林蛙不同地理种群繁殖期体温和胚胎发育的影响 . 生态学报，38（8）：2965-2973.

徐雨晴，於琍，周波涛，等 . 2017. 气候变化背景下未来中国草地生态系统服务价值时空动态格局 . 生态环境学报，26：1649-1658.

徐雨晴，周波涛，於琍，等 . 2018. 气候变化背景下中国未来森林生态系统服务价值的时空特征 . 生态学报，38：1952-1963.

许端阳，李春蕾，庄大方，等 . 2011. 气候变化和人类活动在沙漠化过程中相对作用评价综述 . 地理学报，66（1）：68-76.

许福生，李文丽，樊凯，等 . 2018. 气候变化背景下天葵的适生区分布预测 . 陕西林业科技，46（1）：1-5.

闫丹，黄河清，潘理虎，等 . 2013. 多主体系统理论在鄱阳湖区土地利用时空变化过程研究中的应用 . 资源科学，10：2041-2051.

严岳鸿，何祖霞，苑虎，等 . 2011. 坡向差异对广东古兜山自然保护区蕨类植物多样性的生态影响 . 生物多样性，19（1）：41-47.

晏婷婷，冉江洪，赵晨皓，等 . 2017. 气候变化对邛崃山系大熊猫主食竹和栖息地分布的影响 . 生态学报，7（37）：219-226.

杨东峰，刘正莹，殷成志 . 2018. 应对全球气候变化的地方规划行动——减缓与适应的权衡抉择 . 城市规划，1：35-42.

杨建平，杨岁桥，李曼，等 . 2013. 中国冻土对气候变化的脆弱性 . 冰川冻土，35：1436-1445.

杨金虎，江志红，王鹏祥，等 . 2008. 中国年极端降水事件的时空分布特征 . 气候与环境研究，13：75-83.

叶永昌，周广胜，殷晓洁 . 2016. 1961—2010 年内蒙古草原植被分布和生产力变化——基于 MaxEnt 模型和综合模型的模拟分析 . 生态学报，36（15）：4718-4728.

尹伟伦，翟明普 . 2010. 南方低温雨雪冰冻的林业灾害与防治对策研究 . 北京：中国环境科学出版社 .

尹云鹤，吴绍洪，赵东升，等 . 2016. 过去 30 年气候变化对黄河源区水源涵养量的影响 . 地理研究，35（1）：49-57.

应凌霄，刘晔，陈绍田，等 . 2016. 气候变化情景下基于最大熵模型的中国西南地区清香木潜在分布格局模拟 . 生物多样性，24（4）：453-461.

于贵瑞，徐兴良，王秋凤，等 . 2017. 全球变化对生态脆弱区资源环境承载力的影响研究 . 中国基础科学，6：19-24.

于贵瑞，于秀波 . 2013. 中国生态系统研究网络与自然生态系统保护 . 中国科学院院刊，（2）：275-283.

袁峰 . 2015. 冬虫夏草居群谱系地理与适生区分布研究 . 昆明：云南大学 .

袁亮，吴烨，叶小芳，等 . 2016. 近 52a 区域气候变化对濒危物种新疆北鲵潜在影响分析 . 干旱区地理，1：58-66.

苑全治，刘映刚，陈力 . 2016. 气候变化下陆地生态系统的脆弱性研究进展 . 中国人口 • 资源与环境，26（5）：198-201.

翟盘茂，余荣，周佰铨，等 . 2017. 1.5℃增暖对全球和区域影响的研究进展 . 气候变化研究进展，13（5）：465-472.

张登山 . 2000. 青海共和盆地土地沙漠化影响因子的定量分析 . 中国沙漠，20（1）：59-62.

张凯，王润元，李巧珍，等 . 2018. CO_2 浓度增加对半干旱区春小麦生产和水分利用效率的影响 . 应用生态学报，29（9）：2959-2969.

张克锋，彭晋福，张定祥，等 . 2007. 基于城镇化水平和 GDP 情景下中国未来 30 年土地利用变化模拟 . 中国土地科学，2：58-64.

张立杰，刘鹄 . 2012. 祁连山林线区域青海云杉种群对气候变化的响应 . 林业科学，48（1）：18-21.

张微，姜哲，巩虎忠，等 . 2016. 气候变化对东北濒危动物驼鹿潜在生境的影响 . 生态学报，36（7）：1815-1823.

张雪才，崔晨风，蔡明科，等 . 2013. 气候变化对陕北黄土高原水土流失的影响 . 安徽农业科学，41：4532-4536.

赵丹丹，马红媛，杨焜，等 . 2017. 优质牧草水分利用效率提高技术研究综述 . 生态学杂志，36（8）：

2312-2320.
赵东升，吴绍洪 . 2013. 气候变化情景下中国自然生态系统脆弱性研究 . 地理学报，68（5）：602-610.
赵风君，舒立福 . 2007. 气候异常对森林火灾发生的影响研究 . 森林防火，92：21-23.
赵明 . 2018. 玉米高产高效协同优化及其精简定量栽培 //2018 中国特色作物栽培学发展研讨会论文集 . 北京：中国工程院农业学部，中国作物学会栽培专业委员会：35-44.
赵泽芳，卫海燕，郭彦龙，等 . 2016. 人参潜在地理分布以及气候变化对其影响预测 . 应用生态学报，27（11）：3607-3615.
赵宗慈，罗勇，江滢，等 . 2016. 近 50 年中国风速减小的可能原因 . 气象科技进展，3：106-109.
郑景云，方修琦，吴绍洪 . 2018. 中国自然地理学中的气候变化研究前沿进展 . 地理科学进展，1（37）：18.
周一敏，张昂，赵昕奕 . 2017. 未来气候变化情景下中国北方农牧交错带脆弱性评估 . 北京大学学报（自然科学版），53（6）：1099-1107.
周云，李延，王戌梅 . 2015. 气候变化背景下中药大黄原植物的适生区分布预测 . 中药材，38（3）：467-472.
朱大运，熊康宁 . 2018. 气候因子对我国喀斯特石漠化治理影响研究综述 . 江苏农业科学，46：19-23.
朱教君，张金鑫 . 2016. 关于人工林可持续经营的思考 . 科学，68（4）：37-40.
朱康文，雷波，李月臣，等 . 2017. 生态红线保护下的两江新区土地利用覆盖情景模拟及生态价值评估. 环境科学研究，30（11）：1801-1812.
朱连华 . 2017. 中国地区极端降水的统计建模及其未来概率预估 . 南京：南京信息工程大学 .
邹顺，周国逸，张倩媚，等 . 2018. 1992—2015 年鼎湖山季风常绿阔叶林群落结构动态 . 植物生态学报，42（4）：442-452.
Alberdi A，Aizpurua O，Bohmann K，et al. 2016. Do vertebrate gut metagenomes confer rapid ecological adaptation? Trends in Ecology and Evolution，31：689-699.
Bai E，Li S L，Xu W H，et al. 2013. A meta-analysis of experimental warming effects on terrestrial nitrogen pools and dynamics. New Phytologist，199（2）：441-451.
Bai M，Mo X G，Liu S X，et al. 2019. Contributions of climate change and vegetation greening to evapotranspiration trend in a typical hilly-gully basin on the Loess Plateau，China. Science of the Total Environment，657：325-339.
Chan D，Wu Q，Jiang G，et al. 2016. Projected shifts in Köppen climate zones over China and their temporal evolution in CMIP5 multi-model simulations. Advances in Atmospheric Sciences，33（3）：283-293.
Chen D M，Lan Z C，Hu S J，et al. 2015. Effects of nitrogen enrichment on belowground communities in grassland：relative role of soil nitrogen availability vs. soil acidification. Soil Biology and Biochemistry，89：99-108.
Chen H P，Sun J Q，Chen X L. 2013. Future changes of drought and flood events in China under a global warming scenario. Atmospheric and Oceanic Science Letters，6：8-13.
Chen W，Zheng X，Chen Q，et al. 2013. Effects of increasing precipitation and nitrogen deposition on CH_4 and N_2O fluxes and ecosystem respiration in a degraded steppe in Inner Mongolia，China. Geoderma，192：335-340.

Chen Y P，Wang K B，Lin Y S，et al. 2015. Balancing green and grain trade. Nature Geoscience，8：739-741.

Cheng L，Zhu J，Chen G，et al. 2010. Atmospheric CO_2 enrichment facilitates cation release from soil. Ecology Letters，13：284-291.

Costanza R，D'arge R，De Groot R，et al. 1997. The value of the world's ecosystem services and natural capital. Nature，387：253.

Daily G. 1997. Nature's services：societal dependence on natural ecosystems. Pacific Conservation Biology，6（2）：220-221.

Deng H，Yin Y，Wu S. 2018. Divergent responses of thermal growing degree-days and season to projected warming over China. International Journal of Climatology，38（15）：5605-5618.

Doughty C E，Metcalfe D，Girardin C，et al. 2015. Drought impact on forest carbon dynamics and fluxes in Amazonia. Nature，519：78.

Drake J E，Tjoelker M G，Aspinwall M J，et al. 2016. Does physiological acclimation to climate warming stabilize the ratio of canopy respiration to photosynthesis? New Phytologist，211：850-863.

Du H，Liu J，Li M，et al. 2018. Warming-induced upward migration of the alpine treeline in the Changbai Mountains，northeast China. Global Change Biology，24：1256-1266.

Duan R Y，Kong X Q，Huang M Y，et al. 2016. The potential effects of climate change on amphibian distribution，range fragmentation and turnover in China. PeerJ，4（10）：e2185.

Fang X，Zhang C，Wang Q，et al. 2017. Isolating and quantifying the effects of climate and N-induced biodiversity loss：evidence from a decade-long grassland experiment. Journal of Ecology，103：750-760.

Feng X M，Fu B J，Lu N，et al. 2013. How ecological restoration alters ecosystem services：an analysis of carbon sequestration in China's Loess Plateau. Scientific Reports，3：2846.

Fleming R A，Candau J N，Mcalpine R S. 2002. Landscape-scale analysis of interactions between insect defoliation and forest fire in central Canada. Climatic Change，55：251-272.

Førland E J，Skaugen T E，Benestad R E，et al. 2004. Variations in thermal growing，heating，and freezing indices in the Nordic Arctic，1900—2050. Arctic，Antarctic，and Alpine Research，36（3）：347-356.

Fu Z，Niu S L，Dukes J S. 2015. What have we learned from global change manipulative experiments in China? A meta-analysis. Scientific Reports，5：12344.

Gao J，Jiao K，Wu S，et al. 2017. Past and future effects of climate change on spatially heterogeneous vegetation activity in China. Earth's Future，5：679-692.

Ge Q，Wang H，Rutishauser T，et al. 2015. Phenological response to climate change in China：a meta-analysis. Global Change Biology，21：265-274.

Gedan K B，Bertness M D. 2009. Experimental warming causes rapid loss of plant diversity in New England salt marshes. Ecology Letters，12：842-848.

Gedan K B，Bertness M D. 2010. How will warming affect the salt marsh foundation species Spartina patens and its ecological role? Oecologia，164：479-487.

Gu F，Zhang Y，Huang M，et al. 2015. Nitrogen deposition and its effect on carbon storage in Chinese forests during 1981—2010. Atmospheric Environment，123：171-179.

Han P，Becker C，Sentis A，et al. 2019. Global change-driven modulation of bottom-up forces and cascading effects on biocontrol services. Current Opinion in Insect Science，35：27-33.

He J，Yan C，Holyoak M，et al. 2018. Quantifying the effects of climate and anthropogenic change on regional species loss in China. PLoS One，13：e0199735.

Heisler-White J L，Knapp A K，Kelly E F. 2008. Increasing precipitation event size increases aboveground net primary productivity in a semi-arid grassland. Oecologia，158（1）：129-140.

Hu J，Hu H，Jiang Z. 2010. The impacts of climate change on the wintering distribution of an endangered migratory bird. Oecologia，164（2）：555-565.

Hu Y T，Zhao P，Shen W J，et al. 2018. Responses of tree transpiration and growth to seasonal rainfall redistribution in a subtropical evergreen broad-leaved forest. Ecosystems，21：811-826.

Hu Z M，Guo Q，Li S G，et al. 2018. Shifts in the dynamics of productivity signal ecosystem state transitions at the biome-scale. Ecology Letters，21（10）：1457-1466.

IPCC. 2007. Climate Change 2007：Impacts，Adaptation and Vulnerability. Contribution of Working Group II to the Fourth Assessment Report of the Intergovernmental Panel on Climate Change. Cambridge：Cambridge University Press.

IPCC. 2013. Climate Change 2013：the Physical Science Basis. Contribution of Working Group I to the Fifth Assessment Report of the Intergovernmental Panel on Climate Change. Cambridge：Cambridge University Press.

Isbell F，Adler P R，Eisenhauer N，et al. 2017. Benefits of increasing plant diversity in sustainable agroecosystems. Journal of Ecology，105：871-879.

Jiang Z，Song J，Li L，et al. 2012. Extreme climate events in China：IPCC-AR4 model evaluation and projection. Climatic Change，110：385-401.

Keiblinger K M，Hall E K，Wanek W，et al. 2010. The effect of resource quantity and resource stoichiometry on microbial carbon-use-efficiency. FEMS Microbiology Ecology，73：430-440.

Kono Y，Ishida A，Saiki S T，et al. 2019. Initial hydraulic failure followed by late-stage carbon starvation leads to drought-induced death in the tree Trema orientalis. Communications Biology，2：8.

Kremer C T，Fey S B，Arellano A A，et al. 2018. Gradual plasticity alters population dynamics in variable environments：thermal acclimation in the green alga *Chlamydomonas reinhartdii*. Proceedings of the Royal Society B：Biological Sciences，285：20171942.

Lan Z C，Jenerette G D，Zhan S X. 2015. Testing the scaling effects and mechanisms of CO_2 Changes（1980—2014）on the net primary productivity in arid and semiarid China. Forests，8：60.

Lesk C，Rowhani P，Ramankutty N. 2016. Influence of extreme weather disasters on global crop production. Nature，529：84.

Li D，Niu S，Luo Y. 2012. Global patterns of the dynamics of soil carbon and nitrogen stocks following afforestation：a meta-analysis. New Phytologist，195（1）：172-181.

Li R Q，Xu M，Hang M，et al. 2015. Climate change threatens giant panda protection in the 21st century. Biological Conservation，182：93-101.

Li X H，Tian H D，Wang Y，et al. 2013. Vulnerability of 208 endemic or endangered species in China to the effects of climate change. Regional Environmental Change，13：843-852.

Li X R，Jia R L，Zhang Z S，et al. 2018. Hydrological response of biological soil crusts to global warming：a ten-year simulative study. Global Change Biology，24：4960-4971.

Li Y R, Liu J X, Chen G Y，et al. 2015. Water-use efficiency of four native trees under CO_2 enrichment and N addition in subtropical model forest ecosystems. Journal of Plant Ecology, 8（4）：411-419.

Liang E Y，Wang Y F，Piao S L，et al. 2016. Species interactions slow warming-induced upward shifts of treelines on the Tibetan Plateau. Proceedings of the National Academy of Sciences of the United States of America，113（16）：4380-4385.

Liu H L，Willems P，Bao A M. 2016. Effect of climate change on the vulnerability of a socio-ecological system in an arid area. Global and Planetary Change，137：1-9.

Liu H Y，Mi Z R，Lin L，et al. 2018. Shifting plant species composition in response to climate change stabilizes grassland primary production. Proceedings of the National Academy of Sciences of the United States of America，115（16）：4051-4056.

Liu X，Zhang Y，Han W，et al. 2013. Enhanced nitrogen deposition over China. Nature，494（7438）：459-462.

Liu Y，Chen S T，Hu Z H, et al. 2012. Effects of simulated warming on soil respiration in a cropland under winter wheat-soybean rotation. Environmental Science，33（12）：4205-4211.

Liu Y，Li M，Zheng J，et al. 2014. Short-term responses of microbial community and functioning to experimental CO_2 enrichment and warming in a Chinese paddy field. Soil Biology and Biochemistry，77：58-68.

Liu Z，Yang J，Chang Y，et al. 2012. Spatial patterns and drivers of fire occurrence and its future trend under climate change in a boreal forest of Northeast China. Global Change Biology，18：2041-2056.

Lu M，Yang Y，Luo Y，et al. 2011. Responses of ecosystem nitrogen cycle to nitrogen addition：a meta-analysis. New Phytologist，189：1040-1050.

Lu M，Zhou X，Yang Q，et al. 2013. Responses of ecosystem carbon cycle to experimental warming：a meta-analysis. Ecology，94：726-738.

Lü Y，Fu B，Feng X，et al. 2012. A policy-driven large scale ecological restoration：quantifying ecosystem services changes in the Loess Plateau of China. PLoS One，7（2）：e31782.

Luo X，Hou E，Zang X，et al. 2019. Effects of elevated atmospheric CO_2 and nitrogen deposition on leaf litter and soil carbon degrading enzyme activities in a Cd-contaminated environment: a mesocosm study. Science of the Total Environment，671：157-164.

Ma X C，Zhao H，Tao J，et al. 2018.Projections of actual evapotranspiration under the 1.5℃ and 2.0℃ global warming scenarios in sandy areas in northern China. Science of the Total Environment，645：1496-1508.

Ma Z Y，Liu H Y，Mi Z R，et al. 2017. Climate warming reduces the temporal stability of plant community biomass production. Nature Communications，8：15378.

McKibbin W，Wilcoxen P. 2002. The Role of Economics in Climate Change Policy. Journal of Economic Perspectives，16（2）：107.

Moritz M A，Parisien M A，Batllori E，et al. 2012. Climate change and disruptions to global fire activity. Ecosphere，3：1-22.

Munch J C，Graf W，Reichenstein M，et al. 2010. Sustained stimulation of soil respiration and CO_2 release from an agricultural soil after 10 years of experimental warming. Egu General Assembly，12（2）：10665.

Ni J，Herzschuh U. 2011. Simulating biome distribution on the Tibetan Plateau using a modified global vegetation model. Arctic，Antarctic，and Alpine Research，43（3）：429-441.

Niu S，Classen A，Dukes J，et al. 2016. Global patterns and substrate-based mechanisms of the terrestrial nitrogen cycle. Ecology Letters，19：697-709.

Nkonya E，Mirzabaev A，von Braun J. 2016. Economics of land degradation and improvement：an introduction and overview//Nkonya E，MirzabaevA，von Braun J. Economics of Land Degradation and Improvement-A Global Assessment for Sustainable Development. New York：Springer：1-14.

Norby R J，Warren J M，Iversen CM，et al. 2010. CO_2 enhancement of forest productivity constrained by limited nitrogen availability. Proceedings of the National Academy of Sciences，107：19368-19373.

Notaro M. 2008. Response of the mean global vegetation distribution to interannual climate variability. Climate Dynamics，30：845-854.

Phoenix G K，Booth R E，Leake J R，et al. 2010. Effects of enhanced nitrogen deposition and phosphorus limitation on nitrogen budgets of semi-natural grasslands. Global Change Biology，9（9）：1309-1321.

Qiu L，Liu X. 2016.Sensitivity analysis of modelled responses of vegetation dynamics on the Tibetan Plateau to doubled CO_2 and associated climate change. Theoretical and Applied Climatology，124（1/2）：229-239.

Rashid M A，Jabloun M，Andersen M N，et al. 2019. Climate change is expected to increase yield and water use efficiency of wheat in the North China Plain. Agricultural Water Management，222：193-203.

Rowland L，da Costa A C L，Galbraith D R，et al. 2015. Death from drought in tropical forests is triggered by hydraulics not carbon starvation. Nature，528：119.

Ruosteenoja K，Jylhä K，Kämäräinen M. 2016. Climate projections for Finland under the RCP forcing scenarios. Geophysica，51（1）：17-50.

Ruosteenoja K，Räisänen J，Pirinen P. 2011. Projected changes in thermal seasons and the growing season in Finland. International Journal of Climatology，31（10）：1473-1487.

Schindl B, Wunderlich S，Borken W，et al. 2012. Soil respiration under climate change: prolonged summer drought offsets soil warming effects. Global Change Biology，18（7）: 2270-2279.

Schlesinger W H，Dietze M C，Jackson R B，et al. 2016. Forest biogeochemistry in response to drought. Global Change Biology，22：2318-2328.

Schleussner C F，Rogelj J，Schaeffer M，et al. 2016. Science and policy characteristics of the paris agreement temperature goal. Nature Climate Change，6：827-835.

Schröter D，Cramer W，Leemans R，et al. 2005. Ecosystem service supply and vulnerability to global change in Europe. Science，310：1333-1337.

Shen W，Zhang L，Guo Y，et al. 2018. Causes for treeline stability under climate warming: Evidence from seed and seedling transplant experiments in southeast Tibet. Forest Ecology and Management，408: 45-53.

Shi Z，Lin Y，Wilcox K R，et al. 2018. Successional change in species composition alters climate sensitivity of grassland productivity. Global Change Biology，24：4993-5003.

Staddon P L，Reinsch S，Olsson P A，et al. 2014. A decade of free air CO_2 enrichment increased the carbon throughput in a grass-clover ecosystem but did not drastically change carbon allocation patterns. Functional Ecology，28（2）：538-545.

Su J，Li X，Li X，et al. 2013. Effects of additional N on herbaceous species of desertified steppe in arid regions of China：a four-year field study. Ecological Research，28（1）：21-28.

Sweerts B，Pfenninger S，Yang S，et al. 2019. Estimation of losses in solar energy production from air pollution in China since 1960 using surface radiation data. Nature Energy，4：657-663.

Tao F，Zhang Z. 2011. Dynamic response of terrestrial hydrological cycles and plant water stress to climate change in China. Journal of Hydrometeorology，12（3）：371-393.

Tian X，Dai X，Wang M，et al. 2016. Forest fire risk assessment for China under different climate scenarios. Chinese Journal of Applied Ecology，27（3）：769-776.

Tian Y，Wu J，Wang T，et al. 2014. Climate change and landscape fragmentation jeopardize the population viability of the Siberian tiger (*Panthera tigris altaica*). Landscape Ecology，29（4）：621-637.

Wang C，Zhou J，Liu J, et al. 2017. Responses of soil N-fixing bacteria communities to invasive species over a gradient of simulated nitrogen deposition. Ecological Engineering，98：32-39.

Wang H. 2013. A multi-model assessment of climate change impacts on the distribution and productivity of ecosystems in China. Regional Environmental Change，14（1）：133-144.

Wang H，Ni J，Prentice I C. 2011. Sensitivity of potential natural vegetation in China to projected changes in temperature，precipitation and atmospheric CO_2. Regional Environmental Change，11：715-727.

Wang J Q，Hasegawa T，Li L Q，et al. 2019. Changes in grain protein and amino acids composition of wheat and rice under short-term increased [CO_2] and temperature of canopy air in a paddy from East China. New Phytologist，222：726-734.

Wang L，Chen W. 2014. A CMIP5 multimodel projection of future temperature，precipitation，and climatological drought in China. International Journal of Climatology，34（6）：2059-2078.

Wang X，Kuang F，Tan K，et al. 2018. Population trends，threats，and conservation recommendations for waterbirds in China. Avian Research，9（1）：1-13.

Westerling A L，Bryant B P，Preisler H K，et al. 2011. Climate change and growth scenarios for California wildfire. Climatic Change，109：445-463.

Wilson R J，Gutiérrez D，Gutiérrez J，et al. 2005. Changes to the elevational limits and extent of species ranges associated with climate change. Ecology Letters，8：1138-1146.

Wu J. 2016. Detection and attribution of the effects of climate change on bat distributions over the last 50 years. Climatic Change，134（4）：681-696.

Wu J，Shi Y. 2016. Attribution index for changes in migratory bird distributions：the role of climate change over the past 50 years in China. Ecological Informatics，31：147-155.

Xia J，Niu S，Ciais P，et al. 2015. Joint control of terrestrial gross primary productivity by plant phenology and physiology. Proceedings of the National Academy of Sciences of the United States of America，112（9）：2788-2793.

Xue K，Yuan M M，Shi Z J，et al. 2016. Tundra soil carbon is vulnerable to rapid microbial decomposition under climate warming. Nature Climate Change，6：595-600.

Yan G，Xing Y，Wang J，et al. 2018. Sequestration of atmospheric CO_2 in boreal forest carbon pools in northeastern China: effects of nitrogen deposition. Agricultural and Forest Meteorology, 248: 70-81.

Yang J，Gong D，Wang W，et al. 2012. Extreme drought event of 2009/2010 over southwestern China. Meteorology and Atmospheric Physics，115：173-184.

Yang Y H，Li P，Ding J Z，et al. 2014. Increased topsoil carbon stock across China's forests. Global Change Biology，20：2687-2696.

Yao M J，Rui J P，Li J B，et al. 2014. Rate-specific responses of prokaryotic diversity and structure to nitrogen deposition in the Leymus chinensis steppe. Soil Biology and Biochemistry，79：81-90.

Ye X，Yu X，Yu C，et al. 2018. Impacts of future climate and land cover changes on threatened mammals in the semi-arid Chinese Altai Mountains. Science of the Total Environment，612：775-787.

Yu G R，Chen Z，Piao S L，et al. 2014. High carbon dioxide uptake by subtropical forest ecosystems in the East Asian monsoon region. Proceedings of the National Academy of Sciences of the United States of America，111（13）：4910-4915.

Yuan W，Cai W，Chen Y，et al. 2016. Severe summer heatwave and drought strongly reduced carbon uptake in Southern China. Scientific Reports，6（1）：18813.

Yuan Z Y，Chen H Y. 2015. Decoupling of nitrogen and phosphorus in terrestrial plants associated with global changes. Nature Climate Change，5（5）：465-469.

Yue T X，Fan Z M，Liu J Y. 2007. Scenarios of land cover in China. Global and Planetary Change，55（4）：317-342.

Zhang B，Zhou X，Zhou L，et al. 2015. A global synthesis of below-ground carbon responses to biotic disturbance：a meta-analysis. Global Ecology and Biogeography，24：126-138.

Zhang B W，Tan X R，Wang S S，et al. 2017. Asymmetric sensitivity of ecosystem carbon and water processes in response to precipitation change in a semi-arid steppe. Functional Ecology，31：1301-1311.

Zhang Q，Wu L，Liu Q. 2009. Tropical cyclone damages in China 1983—2006. Bulletin of the American Meteorological Society，90：489-496.

Zhang Q，Zhang W，Chen Y D，et al. 2011. Flood，drought and typhoon disasters during the last half-century in the Guangdong province，China. Natural Hazards，57：267-278.

Zhang Y H，Loreau L，Lu X T，et al. 2016. Nitrogen enrichment weakens ecosystem stability through decreased species asynchrony and population stability in a temperate grassland. Global Change Biology，22：1445-1455.

Zhang Y H，Lu X T，Isbell F，et al. 2014. Rapid plant species loss at high rates and at low frequency of N addition in temperate steppe. Global Change Biology，20：3520-3529.

Zhao D，Wu S. 2013. Responses of vegetation distribution to climate change in China. Theoretical and Applied Climatology，117（1/2）：15-28.

Zhao D，Wu S，Yin Y，et al. 2011.Vegetation distribution on Tibetan Plateau under climate change scenario. Regional Environmental Change，11（4）：905-915.

Zhao J, Du H Y, Shi Y F, et al. 2017. A GIS simulation of potential vegetation in China under different climate scenarios at the end of the 21st century. Contemporary Problems of Ecology, 10 (3): 315-325.

Zheng J Q, Guo R H, Li D S, et al. 2016. Effects of nitrogen deposition and drought on litter decomposition in a temperate forest. Journal of Beijing Forestry University, 38: 21-28.

Zhou G, Luo Q, Chen Y, et al. 2019. Effects of livestock grazing on grassland carbon storage and release override impacts associated with global climate change. Global Change Biology, 25 (3): 1119-1132.

Zhou G, Zhou X, Nie Y, et al. 2018. Drought-induced changes in root biomass largely result from altered root morphological traits: evidence from a synthesis of global field trials. Plant, Cell and Environment, 41: 2589-2599.

Zhou G Y, Peng C H, Li Y L, et al. 2013. A climate change-induced threat to the ecological resilience of a subtropical monsoon evergreen broad-leaved forest in Southern China. Global Change Biology, 19: 1197-1210.

Zhou L, Zhou X, Shao J, et al. 2016. Interactive effects of global change factors on soil respiration and its components: a meta-analysis. Global Change Biology, 22: 3157-3169.

Zhou X, Xu X, Zhou G, et al. 2018. Temperature sensitivity of soil organic carbon decomposition increased with mean carbon residence time: field incubation and data assimilation. Global Change Biology, 24: 810-822.

Zhou Z H, Wang C K, Luo Y Q. 2018. Response of soil microbial communities to altered precipitation: a global synthesis. Global Ecology and Biogeography, 27 (9): 1121-1136.

Zhu L, Meng J, Li F, et al. 2019. Predicting the patterns of change in spring onset and false springs in China during the twenty-first century. International Journal of Biometeorology, 63 (5): 591-606.

第5章 海洋生态系统

主要作者协调人：孙　松、龙丽娟
编　　　　审：李永祺
主 要 作 者：黄小平、黄　晖、李新正、孙晓霞

▪ 执行摘要

通过对近 20~30 年中国近海生态系统对全球气候变化的响应与适应的综合分析，综合评估了气候变化对中国近海生态系统产生的直接或间接影响。近岸海域和海湾的暖水性浮游植物数量和种类上升，甲藻占优势种的比例增加，其所形成的甲藻水华现象增多（高信度）。小型水母是浮游动物各个功能群中变化最为显著的类群，海洋浮游生态系统呈现“胶质化”现象与趋势（中等信度）。东海及邻近海域的净初级生产力有增加的趋势（高信度）。气候变化引起的海表面温度升高和长江、黄河等河流入海淡水径流量减少直接影响到近海渔业资源变动（高信度）。南海造礁珊瑚的热白化及其引发的死亡事件频率呈增加趋势，海洋酸化会降低我国造礁珊瑚群落整体的钙化速率，促使造礁珊瑚种类组成发生变化，耐受型的滨珊瑚丰度将会逐步占据主导，同时珊瑚礁的碳酸钙溶解速率增加使珊瑚礁出现负增长（高信度）。气温升高和海平面上升是影响我国红树林生态系统两个重要的气候因子，温度会造成红树林种类组成、多样性和分布格局发生变化，而海平面上升对红树林的影响在区域尺度上变异度较大（高信度）。由于夏季温跃层的加强，底层海水溶氧降低，对底栖生物和海水增养殖构成了较为严重的威胁，对区域海洋生态系统安全造成了较大的影响（高信度）。

5.1 引　言

海洋生态系统是海洋中生物群落及其环境相互作用所构成的自然系统，由海洋生物群落和海洋环境两大部分组成。气候变化对海洋的影响是IPCC AR5的重点之一。与前一次评估报告相比，IPCC AR5更全面地讨论了气候变化背景下海洋生态系统的变化和影响，以及相关的不确定性及对观察到的和预测的变化的可信度。IPCC AR5介绍了气候变化对海洋生态系统的影响以及人类社会对这些系统的使用的一般原则和过程。在应对气候变化方面，从分子到生物个体再到生态系统的不同生物组织层面进行了潜在功能机制上的评估。

根据IPCC AR5的结果，全球范围内许多海洋物种已改变了其分布范围、季节性活动、迁徙模式、丰度，以及物种间的相互作用（高信度）。由于未来海平面不断上升，海岸系统和低洼地区将越来越多地遭受不利影响，如淹没、沿海洪灾和海岸侵蚀（高信度），对珊瑚礁等生态系统产生影响。由于21世纪中期及之后预期的气候变化，全球海洋物种地理分布和敏感地区海洋生物多样性的减少会给渔业生产力和其他生态系统服务的可持续性带来挑战（高信度）。对于中到高排放情景（RCP4.5、RCP6.0和RCP8.5），海洋酸化会对海洋生态系统，特别是极地生态系统和珊瑚礁造成重大威胁，并对部分物种（从浮游植物到动物）的生理、行为和种群动态产生影响（中等至高信度）。气候变暖幅度的提高会增加严重的、普遍的和不可逆转的影响的可能性。通过限制气候变化的速率和幅度，可以降低气候变化影响的总体风险。国内在气候变化对近海生态系统的综合评估方面较为欠缺。

本次评估将在已有认识的基础上，重点对在气候变化影响下的中国近海生态系统所发生的显著变化进行评估。例如，在气候变暖的背景下，海洋生态系统的结构与功能是否发生变化，暖水性海洋生物是否向高纬度海区迁移，海洋生物的物候特征和生命过程的关键节点是否发生改变，珊瑚礁等海洋生态系统退化程度如何，对海洋生态系统的服务功能产生哪些影响等。本章主要通过对中国近海生态系统长期变化的分析，对全球气候变化的响应与适应性开展评估，明确当前的认知水平与差距，更好地应对气候变化给中国近海生态系统带来的风险与挑战。

5.2 气候变化对海洋浮游生物的影响

5.2.1 气候变化对海洋浮游植物的影响

1. 对浮游植物种类、数量和分布格局的影响

近几十年来，在全球气候变暖背景下，我国的胶州湾（孙晓霞等，2011）、台湾海峡（林更铭和杨清良，2011）和大亚湾（王友绍等，2004）等近岸海域和海湾的暖水性浮游植物数量和种类增加，并且存在时间延长（高信度）。胶州湾表层水温

1962~2008 年的年平均变率为 0.023℃（孙晓霞等，2011），为浮游植物暖水种的北扩创造了条件。

台湾海峡浮游植物平均细胞丰度 2006~2008 年比 1984~1985 年约增加了 3.7 倍，由 372.0×10^4cells/m^3 增加到 1738.8×10^4cells/m^3，种类组成中暖水种比例提高了 7.3%，由 45.9% 上升到 53.2%（林更铭和杨清良，2011）（中等信度）。

此外，浮游植物群落种类结构和数量变化直接与营养盐水平有关。近几十年我国沿海区域水体富营养化加剧，从而加剧了气候变化对近海浮游植物的影响。

2. 对浮游植物优势种的影响

随着气候变化，我国近海浮游植物的优势种组成发生变化。近 50 年来，长江口甲藻在优势种组成中的比例增加，出现了具齿原甲藻（*Prorocentrum dentatum*）、夜光藻（*Noctiluca scintillans*）和纺锤角藻（*Ceratium fusus*）等优势种；硅藻在优势种组成中的比例下降，部分物种，如角毛藻属（*Chaetoceros*）、尖刺伪菱形藻（*Pseudo-nitzschia pungens*）、菱形海线藻（*Thalassionema nitzschioides*）等虽有出现，但已经不再是优势种（章飞燕，2009）。

自 20 世纪 80 年代至今，胶州湾浮游植物优势种组成也发生了改变，小型链状硅藻和甲藻类优势种增多，如洛氏角毛藻（*Chaetoceros lorenzianus*）、密联角毛藻（*Chaetoceros densus*）、波状石丝藻（*Lithodesmium undulatum*）、叉角藻（*Ceratium furca*）和梭角藻（*Ceratium fusus*）等，早期的斯氏根管藻（*Rhizosolenia stolterforthii*）、翼根管藻印度变型（*Rhizosolenia alata* f. *indica*）、中华半管藻（*Hemiaulus sinensis*）等大型硅藻优势种不再占据优势（孙晓霞等，2011）。

相较于 1984~1985 年，2006~2008 年台湾海峡浮游植物主要优势种组成趋于简单和小型化，如小型硅藻柔弱伪菱形藻（*Pseudo-nitzschia delicatissima*）和细弱海链藻（*Thalassiosira subtilis*），其平均丰度和优势度显著提高（林更铭和杨清良，2011）。我国东南沿岸的厦门湾（Yan et al.，2016）和大亚湾（刘胜等，2006）种类组成的变化类似于台湾海峡，也出现浮游植物群落组成简单化、暖水种增加等现象（高信度）。

总体来看，由于浮游植物对其生境条件的高度敏感性，在全球气候变化的大背景下，其物种组成会有所反应。就我国海区而言，目前观测资料表明，各海域浮游植物优势种有小型化的趋势，并且物种组成中甲藻优势种的比例增加，其所形成的甲藻水华现象也增多（高信度）。

3. 对浮游植物功能群的影响

近年来，我国近海海域浮游植物的群落结构正在发生变化。栾青杉等（2018）基于渤海 1959~2015 年的浮游植物网采数据，研究了浮游植物群落结构的长期变化，发现优势种组成出现明显的格局转换：20 世纪以角毛藻属（*Chaetoceros*）和圆筛藻属（*Coscinodiscus*）等中心硅藻为主，进入 21 世纪后，具槽帕拉藻（*Paralia sulcata*）、海线藻（*Thalassionema nitzschioides*）以及甲藻中的夜光藻（*Noctiluca scintillans*）和角甲藻（*Ceratium hirundinella*）开始形成绝对优势。早期其他在渤海海域的相关研究也有类似的发现（郭术津等，2014；孙军等，2002），即渤海甲藻优势物种的数量在增加。孙晓霞等（2011）分析了胶州湾的浮游藻类组成，发现近年来甲藻数量明显上升（图5-1），甲藻 / 硅藻比上升，1981 年之后由原来的 0.21% 升高至 2001 年后的 0.33%。另外，在南黄海海域、东海以及长江口海域也发现了类似的现象，即 21 世纪以来，硅藻在浮游植物群落中的比例在下降，甲藻所占比例在上升（章飞燕，2009）。

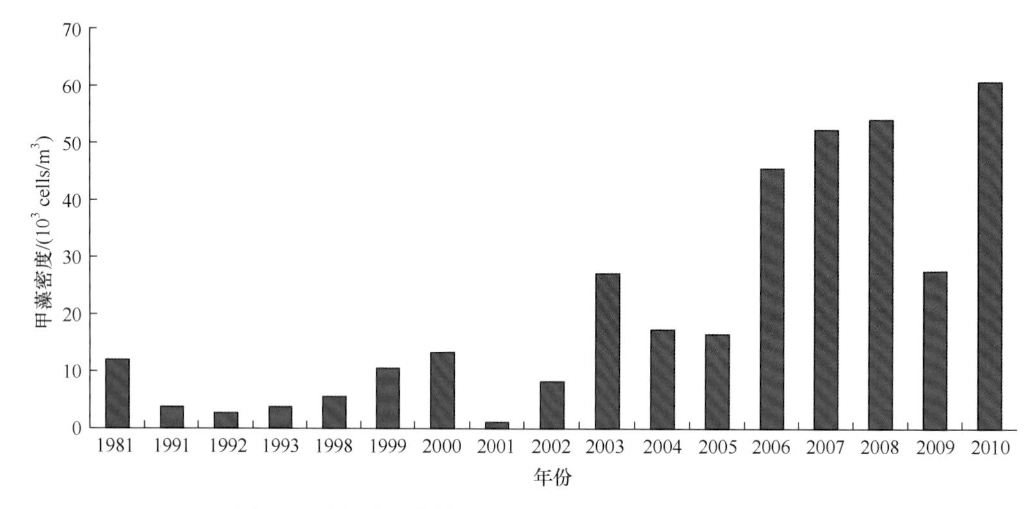

图 5-1　胶州湾甲藻数量的长期变化（孙晓霞等，2011）

另外，随着全球暖化的加剧，浮游植物暖水种的分布范围出现了北扩的现象。热带骨条藻（*Skeletonema tropicum*）是暖温带和亚热带种，从未出现在冬季水温低于 11℃的胶州湾中，研究发现它在胶州湾的数量逐年增加（Liu et al.，2012）。孙晓霞等（2011）研究了胶州湾 1980~2010 年 30 年间的网采浮游植物群落的变动，也发现波状石丝藻（*Lithodesmium undulatum*）等暖水性种类的数量在持续升高。暖温带物种出现和数量增加是胶州湾浮游植物群落对水温变暖的一种响应。林更铭和杨清良（2011）比较了 1984~1985 年和 2006~2008 年台湾海峡浮游植物的物种组成，发现暖水种的比例提高了 7.3%。

在气候变暖背景下，我国近海海域浮游植物的粒级组成也在发生变化。孙晓霞和孙松（2012）分析了 1990~2010 年胶州湾浮游植物的粒级组成，发现自 1998 年开始，冬季胶州湾小型浮游植物所占比例下降，微型浮游植物所占比例有所上升。林更铭和杨清良（2011）研究也发现，台湾海峡浮游植物主要优势种组成有趋于简单和小型化的趋势。

名词解释

小型浮游植物：指个体大小介于 20~200μm 的一类浮游植物，其种类数和生物量在近岸海域浮游植物中所占比例较高，是近岸海域及其他富营养化海域的浮游植物的主要类群。小型浮游植物的盛衰直接或间接地影响着整个海洋生态系统的生产力，并最终影响到渔业产量。

微型浮游植物：指个体大小介于 2~20μm 的一类浮游植物，其个体微小、生长快、数量大。

微微型浮游植物：是对海水中个体介于 0.2~2.0μm 的一类浮游植物的总称。这类生物在营养盐含量低的大洋海域占据非常重要的地位。

因此，在气候变暖背景下，中国近海区域特别是近岸海洋浮游植物群落结构正在发生明显的变化，甲藻优势物种的数量和细胞丰度在逐渐增加，硅藻在群落中的优势地位有所下降，而且这种变化有加剧的趋势；部分北方海区存在暖水性浮游植物物种北扩的现象，暖水种在总浮游植物群落中的比例有所增加；部分海区小型浮游植物所占比例降低，小粒径的浮游植物如微型浮游植物所占比例增加。在全球暖化背景下，海水升温会导致水体层化的加剧，导致上层海洋营养盐含量逐渐减少，这都会有利于甲藻和小粒径浮游植物在生存竞争中胜出。相对于硅藻，甲藻和小粒径浮游植物（微型浮游植物、微微型浮游植物）更偏好高温的环境，另外由于它们独特的生存策略，甲藻和小粒径的浮游植物相对于大粒径的硅藻更能适应低营养盐浓度的环境。

5.2.2　气候变化对海洋浮游动物的影响

1. 对浮游动物优势种的影响

浮游动物在海洋生态系统中起到承上启下的关键作用。根据时永强（2015）的研究结果，黄海 2006~2007 年小型水母优势种种类组成与 1959 年相比发生显著变化：以半球美螅水母（*Clytia hemisphaerica*）、四枝管水母（*Proboscidactyla flavicirrata*）和瓜水母（*Beroë cucumis*）等小型水母为优势种的时期显著延长，以五角水母（*Muggiaea atlantica*）为优势种的时期缩短；而嵊山秀氏水母（*Sugiura chengshanense*）、小介螅水母（*Hydractinia minima*）、细颈和平水母（*Eirene menoni*）等这些在 1959 年调查时为优势种的小型水母，在 2006~2007 年不再成为优势种。2006~2007 年新增如下优势种：八斑芮氏水母（*Rathkea octopunctata*）、真囊水母（*Euphysora bigelowi*）、锡兰和平水母（*Eirene ceylonensis*）等。

2. 对浮游动物功能群的影响

小型水母是胶质类浮游动物功能群中的重要组成部分，而胶质类浮游动物功能群是变化最为显著的浮游动物功能群，近 20 年来，海洋生态系统呈现“胶质化”现象与趋势（高信度）。

胶州湾作为我国近海的一个典型海湾，自 2000 年以来小型水母的数量呈现显著增多趋势。2001~2009 年与 1991~2000 年相比，小型水母的丰度增加了 5 倍，平均密度达到 15.2ind./m^3。小型水母功能群在 2000 年后出现暴发现象的频率与规模均较以往增多。2000 年后，小型水母优势种出现替换，暖水种球型侧腕水母（*Pleurobrachia globosa*）等成为季节性新优势种。小型水母功能群的增加与 30 余年来胶州湾海域水温升高以及盐度降低关系密切，对小型水母类的增多起到关键推动作用，人类活动（如富营养化、水产养殖以及沿岸建设等）也对水母暴发提供了有利条件（Sun et al., 2012）。在黄海海域，2006~2007 年小型水母丰度及出现频率均高于 1959 年，优势种种类出现替换，这在一定程度上与海区升温及营养盐浓度升高有关（时永强，2015）；2006~2007 年小型水母数量显著高于 1959 年。上述差别表现出季节差异，在春季尤甚，推测春季较高的海水温度可促进一些广温近岸物种提前进入繁殖状态，从而导致小型水母功能群在物种数量及丰度方面均出现增加（时永强，2015；孙松等，2012）。

名词解释

浮游动物功能群：浮游动物种类繁多、生活史及营养关系复杂，“浮游动物功能群”这个概念的引入对海洋生态系统动力学研究具有重要意义。通常将在海洋生态系统中生态地位相近、生态功能相似的浮游动物划分为相应的类群，如甲壳类功能群主要为鱼类等上层捕食者提供饵料，其数量增多对生态系统健康有利，而水母和箭虫等胶质类浮游动物会捕食其他的浮游动物，其数量增多会对海洋生态系统健康起到破坏作用。这些根据浮游动物功能不同而划分的类群称为浮游动物功能群。浮游动物功能群的划分，为了解全球气候变化和人类活动影响下海洋生态系统结构与功能变动、海洋生态动力学模式的建立、海洋生物资源变动模式和海洋生态系统健康评估等提供了有效方法。

浮游动物功能群丰度、生物量、时空分布出现显著变化，这些变化因海区、季节及不同浮游动物类群而异；小型水母类及被囊类多次出现暴发事件，部分暖水种北移（高信度）。

黄海各浮游动物功能群存在年际变动趋势：春季较暖年份，大型甲壳类和小型桡足类生物量较大，而较冷年份，毛颚类生物量较大；其中，大型桡足类生物量年际变化幅度较小。小型水母类和海樽类丰度一般较低，然而其在 2007 年出现爆发性增加，平均丰度比其他年份的最高平均丰度分别增加 4.8 倍与 88.5 倍。桡足类丰度增加可能与营养盐浓度升高以及鱼类过度捕捞有关，而胶质类生物剧增及剧烈波动主要与气候变化引起的部分海域升温及盐度降低趋势相关（时永强，2015）。与 1959 年相比，2009 年监测到北黄海新增两个暖水种浮游动物：肥胖箭虫（*Sagitta enflata*）与小齿海樽（*Doliolum denticulatum*）（杨青等，2012）。

胶州湾浮游动物功能群丰度呈现显著上升趋势（1977~2008 年）。2000 年之后，胶州湾浮游动物生物量达到 20 世纪 90 年代的 3.54 倍；浮游动物功能群的季节变化规律也发生了改变：由 20 世纪 90 年代夏季生物量和丰度最高的特征转变为 2000 年之后春季生物量及丰度最高、夏季次之的特征。小型水母类多次出现暴发现象（Sun et al., 2012）。结合胶州湾海域的气候变化特征以及环境因素长期变化特征，气候变化可能是引发胶州湾浮游动物功能群显著改变的一个重要因素（孙松等，2011）。

我国近海浮游动物功能群对大尺度气候强迫及气候跃变的响应呈现出优势种、功能群及海区差异，表现在丰度、分布及丰度高峰出现季节改变等方面（中等信度）。

中华哲水蚤（*Calanus sinicus*）是我国黄、东海的优势种，在海洋生态系统中起到承上启下的关键作用。太平洋十年涛动（Pacific decadal oscillation，PDO）指数及东亚冬季风（East Asian winter monsoon，EAWM）指数与东海中华哲水蚤的丰度及分布呈现相关关系。东海中华哲水蚤丰度与太平洋十年涛动指数基本呈现正相关关系。大尺度气候强迫可以通过影响水温变化来影响中华哲水蚤的分布范围，从而使其分布中心及分布范围南移，甚至到达台湾海峡（Molinero et al.，2016）。

东亚边缘海海域分别于 20 世纪 70 年代中期、80 年代末期以及 90 年代末期出现气候跃变。80 年代末气候跃变之后，我国东海、黄海水温出现升高趋势；90 年代末的气候跃变出现之后，我国东海北部出现水温降低趋势，而在黄海仍然保持升温趋势。总体看来，80 年代末之后，在我国黄海及东海北部，浮游动物平均丰度呈现增高趋势，而其季节变化呈现海区差异。70 年代中期至 80 年代末，黄海浮游动物平均丰度高峰出现于 6 月及 10 月，80 年代末至 90 年代末，表现为 10 月高峰减弱，而在 90 年代末之后，出现 10 月高峰增强及 6 月高峰减弱；东海的变化与黄海不同，70 年代中期至 80 年代末，浮游动物平均丰度高峰出现于 10 月，而 80 年代末至 90 年代末，平均丰度高峰为 4 月，至 90 年代末之后，平均丰度高峰转为 6 月（Jung et al.，2017）。

综上所述，我国近海浮游动物在气候变化背景下呈现较为显著的变化。小型水母类群是浮游动物各个功能群中变化最为显著的类群，近 20 年来，海洋浮游生态系统呈现“胶质化”现象与趋势，小型水母类及被囊类等胶质类生物多次出现暴发事件；部分暖水种浮游动物出现北移；发现我国近海浮游动物功能群在丰度、分布及丰度高峰出现季节改变等方面与大尺度气候强迫指数等具有较为密切的相关关系，其因浮游动物种类、功能群及海区不同而呈现正相关或负相关关系。

名词解释

海洋生态系统胶质化现象：近几十年来，全球海洋出现水母类及栉水母类等胶质类浮游生物增多现象，严重影响渔业生产、破坏海洋生态系统结构、威胁沿岸工业及旅游业发展。具体表现为，水母类生物出现的频次、持续时间、分布范围等均有增长及扩大现象，水母类生物的优势度提高，甚至“称霸”海洋生态系统，很多海域出现由原有的以鱼类为主导的海洋生态系统向以水母为主导的海洋生态系统转变，同时有渔业资源锐减、渔业生产损失严重、沿岸重点工业（如核电等）遭受安全生产及经济损失双重威胁。海洋生态学家将以上这种现象称为海洋生态系统胶质化现象。我国所在的东亚海域是海洋生态系统胶质化现象较为严重的海域之一。

5.3 气候变化对海洋底栖生物的影响

5.3.1 气候变化对海洋底栖生物种类、数量和分布格局的影响

随着气候变化，我国近海大型底栖动物四大类群（多毛类动物、甲壳动物、软体动物和棘皮动物）的物种数组成的长期变化不大，但多毛类动物的丰度在渤、黄、东海均出现增加的现象，其分布区也有增大的趋势。

名词解释

海洋底栖生物：指从潮间带到海底的表面和沉积物中营底栖生活的所有生物，又称水底生物。海洋底栖生物以海洋沉积物底内、底表以及水中物体（包括生物体和非生物体）为依托而生存。海洋底栖生物从潮间带到海洋深渊都有分布，是海洋生态系统中数量最多、生态关系最复杂的类群。

1. 渤海

根据渤海潮下带调查（1982年/1997~1998年/1997~1999年/2006~2007年）的物种数组成结果（李新正等，2012a；韩洁等，2001；胡颢琰等，2000；孙道元和刘银城，1991）可知，大型底栖动物四大类群（多毛类动物、甲壳动物、软体动物和棘皮动物）的物种数组成的长期变化不大，多毛类动物一直是物种数占比最大或次大的类群，棘皮动物一直是物种数占比较小的类群。由此可知，气候变化对渤海大型底栖动物四大类群物种数比例构成的影响并不明显（高信度）。

根据渤海潮下带调查（1982年/1997~1998年/1997~1999年/2006~2007年）的丰度结果（李新正等，2012a；韩洁等，2001；胡颢琰等，2000；孙道元和刘银城，1991）可知，大型底栖动物四大类群丰度的长期变化较为明显，多毛类动物逐渐成为丰度占比最大的类群，软体动物丰度占比也逐渐增大，而甲壳动物的丰度占比逐渐减小。由此可知，气候变化对渤海大型底栖动物四大类群丰度变化的影响较为明显（中等信度）。

渤海大型底栖生物出现了小型化现象（高信度）。20世纪80~90年代，渤海大型底栖生物群落中，个体较小的多毛类动物、双壳类动物等丰度显著增加，棘皮动物丰度减小（陈琳琳等，2016；Zhou et al.，2007）。

2. 黄海

根据黄海潮下带调查（1997~2000年/2006~2007年）的物种数组成结果（李新正等，2012b；唐启升，2006）可以看出，多毛类动物的物种数一直占据优势，另外软体动物物种数比例有所上升。

根据南黄海潮下带调查（1992 年 /2000 年 /2001 年 /2006~2007 年 /2011 年）的丰度调查结果（Li et al.，2014；李新正等，2012b；张均龙，2012；刘录三和李新正，2003）可以看出，大型底栖动物四大类群丰度的长期变化较为明显（低信度），多毛类动物一直是丰度占比最大的类群，且有进一步增加的趋势，甲壳动物的丰度占比逐渐下降。

气候变化对南黄海近海和远海大型底栖生物的丰度的长期变化趋势的影响不同（高信度）。1958~2014 年，多毛类动物的丰度在南黄海西部海区（深度≤ 40m）持续增加，而在东部深水区（深度 >70m，黄海冷水团）持续下降，棘皮动物则相反；在西部海区，多毛类动物的丰度增加主要表现为掌鳃索沙蚕（*Ninoe palmata*）、背蚓虫（*Notomastus latericeus*）、拟特须虫（*Paralacydonia paradoxa*）、奇异稚齿虫（*Paraprionospio pinnata*）和不倒翁虫（*Sternaspis scutata*）的数量增加，在东部深水区，棘皮动物的丰度增加则主要因为冷水种浅水萨氏真蛇尾（*Ophiura sarsii vadicola*）的数量剧增；大型底栖生物物种数、丰富度和多样性在西部海区呈上升趋势，在东部海区呈下降趋势（Xu et al.，2017；徐勇，2017）。气候变化对黄海大型底栖生物的影响不仅体现在气候变暖背景下大型底栖生物丰度的长期变化上，还更直观地体现在气候因子与大型底栖生物长期变化的相关性上。在黄海中部，Xu 等（2018a）推测太平洋年代际振荡的变化可能会通过影响沉积过程来影响滤食性的大型底栖动物双壳类在年代际尺度上的丰度变化（低信度）。

黄海底栖生物的分布范围的长期变化表现出一定的趋势（张均龙，2012；李荣冠，2003）；近岸海区一些多毛类动物物种分布区扩大，远海优势种的分布区变化不大（低信度）。

3. 东海

根据东海潮下带（1997~2000 年 /2001 年 /2006~2007 年 /2011 年）的丰度调查结果（Li et al.，2014；蔡立哲等，2012a）可知，多毛类动物丰度占绝对优势，其他类群丰度比例的长期变化不大。由此可知，气候变化对东海大型底栖动物四大类群的丰度占比影响不大（低信度）。

长江口海区多毛类动物的长期变化表现为丰度增加。1959 年以来长江口冲淡水区大型底栖动物的总生物量（$20g/m^2$ 左右）没有出现明显变化，但各生态类群的优势地位发生了显著更替，其中个体较小、生长周期较短的多毛类动物取代个体较大、生长周期较长的棘皮动物，成为长江口冲淡水区最重要的优势类群。根据长江口及邻近海域大型底栖生物长期数据（1959 年 /2000~2001 年 /2011~2012 年 /2014~2015 年）的分析结果，大型底栖生物群落结构在半个多世纪以来发生了显著变化，多毛类动物的丰度呈上升趋势，大型底栖生物整体的多样性和丰度则呈下降趋势（Yan et al.，2017）。

随着全球气候变暖，黑潮入侵东海的强度增大，研究发现，在东海浙江外海的大型底栖动物群落分布出现类似“三明治”的空间格局（Xu et al.，2018b），即在 60m 等深线处及两侧的群落结构存在显著差异，其空间分布类似“三明治”，这种“三明治”的分布格局基本可归因于黑潮暖水入侵东海陆架的影响。

4. 南海

根据南海北部潮下带底栖生物物种数占比的历史调查结果（1997~1999 年 /2006~2007 年）（蔡立哲等，2012b；李荣冠，2003）可以看出，甲壳动物物种数占比略有增加，软体动物略有下降。总体上，大型底栖生物物种数占比未发生明显变化，多毛类动物、软体动物和甲壳动物的物种数占比远高于其他类群（蔡立哲等，2012b）。根据南海北部潮下带底栖生物丰度的历史调查结果（1997~1999 年 /2006~2007 年）（蔡立哲等，2012b；李荣冠，2003）可以看出，大型底栖生物的四大类群的丰度未发生明显变化，多毛类动物、软体动物和甲壳动物的丰度远高于其他类群。

5.3.2 气候变化对海洋底栖生物优势种的影响

随着气候变化，我国近海大型底栖动物优势种普遍出现小型化趋势，多毛类动物逐渐成为优势种。南黄海不同海区优势种变化趋势不同。

1. 渤海

对比渤海潮下带调查的优势种历史资料（1982 年 /1997~1998 年 /1997~1999 年 /2006~2007 年）（李新正等，2012a；韩洁等，2001；胡颢琰等，2000；孙道元和刘银城，1991）可以看出，一些多毛类机会种（如背蚓虫）在长期变化中逐渐成为渤海大型底栖动物群落的优势种（高信度）。

莱州湾大型底栖动物优势种出现小型化趋势，小个体的多毛类动物、双壳类动物等取代大个体的棘皮动物和软体动物成为优势种（刘晓收等，2014；周红等，2010）。在渤海南部海域，过去 50 余年来，大型底栖动物群落在物种数、丰度、生物量以及群落结构组成等方面都发生了较大的变动，具体表现为寿命长、体积大、具有高竞争力的 *K* 对策种的优势地位正逐渐丧失，而被寿命短、适应能力宽、具有高繁殖能力的 *r* 对策种所取代（陈琳琳等，2016）。

名词解释

***K* 对策种**：指具有 *K*- 选择特征的物种。*K* 表示环境所能负载的最大种群密度。其种群密度比较稳定。这类物种通常出生率低、寿命长、个体大、具较完善的后代保护机制。其子代死亡率低，扩散能力较差，适应于稳定的栖息环境。

***r* 对策种**：指具有 *r*- 选择特征的物种。*r* 表示种群的内禀增长能力。其种群密度很不稳定。这类物种通常出生率高、寿命短、个体小、缺乏保护后代的机制。其子代死亡率高，扩散能力较强，适应于多变的栖息环境。

2. 黄海

黄海近岸海域（图 5-2）（绿色区域）优势种长期变化明显，从毛蚶（*Scapharca kagoshimensis*）、织纹螺属（*Nassarius*）、海胆[刻肋海胆科（Temnopleuridae）]和日本倍棘蛇尾（*Amphioplus japonicus*）（20 世纪 50 年代），变为拟节虫（*Praxillella praetermissa*）、不倒翁虫、太平洋拟节虫（*Praxillella pacifica*）和长吻沙蚕（*Glycera chirori*）（1992 年，都属于个体较大的多毛类动物），又变为掌鳃索沙蚕和背蚓虫（2012 年，都属于个体较小的多毛类动物）（徐勇，2017；Zhang J L et al.，2012；刘瑞玉等，1986）。在 40~70m 水深的中部海域（图 5-2）（蓝色区域）优势种也发生了明显的变化，从角管虫（*Ditrupa arientina*）和紫臭海蛹（*Travisia pupa*）（20 世纪 50 年代），变为梳鳃虫（*Terebellide stroemii*）和薄索足蛤（*Thyasira tokunagai*）（1992 年），又变为浅水萨氏真蛇尾、角海蛹（*Ophelina acuminata*）和掌鳃索沙蚕（2012 年），这些物种的个体大小并没有较大差异。而在远海冷水团海域（图 5-2）（粉色区域）优势种并没有出现明显的长期变化，均为冷水种浅水萨氏真蛇尾和薄索足蛤，这是由于稳定的黄海冷水团给大型底栖生物提供了稳定的生存环境（高信度）。另有研究也表明，黄海沿岸水域一些优势种，如豆形短眼蟹（*Xenophthalmus pinnotheroides*）、角管虫属（*Ditrupa*）和哈氏刻肋海胆（*Temnopleurus hardwickii*）减少或消失，冷水团水域优势种组成较稳定，薄索足蛤和浅水萨氏真蛇尾处于优势地位（徐勇，2017；Zhang J L et al.，2012）。彭松耀等（2017）研究发现，2000~2011 年南黄海大型底栖动物优势种发生了变化，优势种主要为多毛类动物。

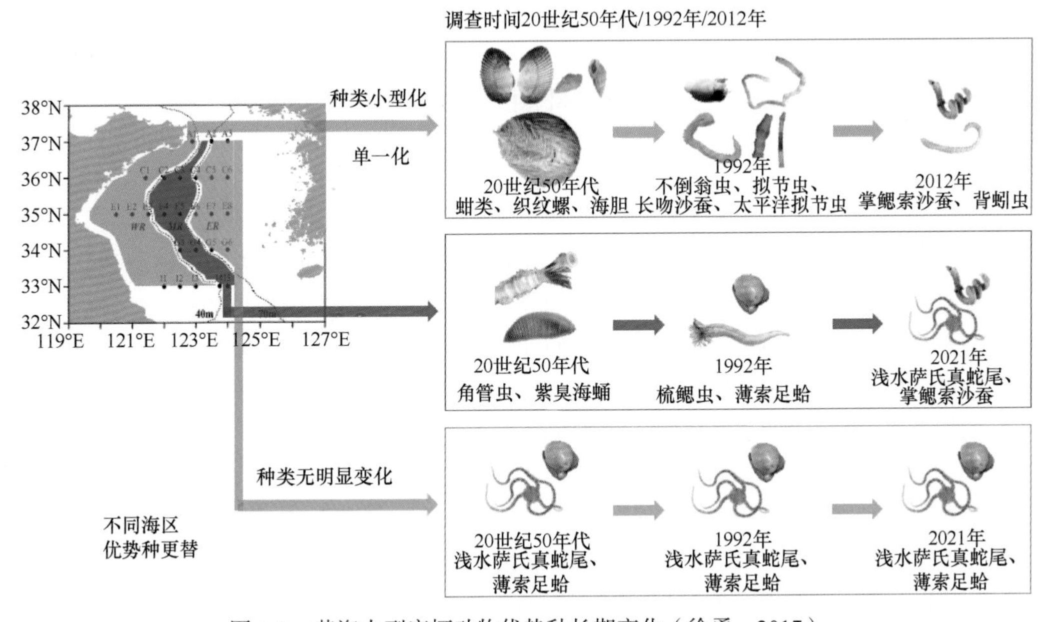

图 5-2　黄海大型底栖动物优势种长期变化（徐勇，2017）

3. 东海

对比东海大型底栖动物优势种的历史资料（1997~2000 年 /2006~2007 年）（蔡立哲等，2012a；李荣冠，2003）可以看出，小头虫（*Capitella capitata*）和背蚓虫等耐污种后来成为优势种，而原来的优势种 [如蕃红花丽角贝（*Calliodentalium crocinum*）] 优势地位下降。

4. 南海

对比 1997~1999 年与 2006~2007 年南海北部大型底栖动物优势种的历史调查结果（蔡立哲等，2012b；李荣冠，2003）可以看出，原来的优势种螺类的数量有所减少。

5.3.3 气候变化对海洋底栖生物功能群的影响

彭松耀（2013）根据食性类型划分功能群（朱晓君和陆健健，2003；Sanchezmata et al.，1993；Gaston，1987；Fauchald and Jumars，1979）将黄、东海大型底栖动物分为植食者（herbivores）、滤食者（filter feeders）、食底泥者（deposit feeders）、食碎屑者（detritus feeders）、肉食者（canivores）和杂食者（omnivores）。黄、东海大型底栖动物功能群的年际变化表明，各功能群中食底泥者的丰度占比最高，食碎屑者的丰度占比呈逐年下降趋势。研究表明，海水中的盐度和水温与黄、东海大型底栖动物功能群的丰度存在显著相关关系（彭松耀，2013）。因此，黄、东海大型底栖动物功能群的丰度变化可能会受气候变化的影响（低信度）。

5.4 气候变化对海洋生产力的影响

5.4.1 气候变化对初级生产力的影响

海洋初级生产力（marine primary productivity）是海洋生态系统的重要参量，它在一定程度上控制着海－气界面二氧化碳的交换，是全球气候变化研究的重要目标。已有研究结果表明，浮游植物初级生产力的变化趋势基本与浮游植物生物量的变化趋势是一致的（Henson et al.，2010）。因此，将叶绿素 *a*（Chl *a*）浓度作为度量浮游植物生物量的标准进行海洋初级生产力的遥感估算已经被广泛应用。

1. 渤、黄、东海

李晓玺等（2017）基于中等分辨率成像光谱仪（moderate-resolution imaging spectroradiometer，MODIS）数据分析了 2003~2016 年渤海的初级生产力，发现初级生产力显著增加的海域面积占 51.0%，显著减少的海域面积占 31.1%，17.9% 的海域无明显变化。陈小燕（2013）利用长时间序列水色数据和微波数据等分析了气候变化影响下 8 个典型海域的 Chl *a* 变化情况，发现黄海、渤海的大部分海域每年 Chl *a* 的上升速率均超过了 1%。近 20 年来黄海基础生产力分布格局发生较大变化，与不同历史时期相比，黄海北部初级生产力升高现象较为显著（杨曦光，2013）；Cai 等（2016）的研究表明，1979~2014 年东海尤其是近岸海域的海洋浮游植物 Chl *a* 浓度也有升高的趋势（从 0.95mg/m^3 到 1.28 mg/m^3）（图 5-3），且这种变化与海洋大气环境的长期变化有较明显的对应关系，导致此结果的原因可能是局部海域赤潮生物的爆发式生长。丁庆霞和陈文忠（2016）利用 MODIS 资料（2003~2014 年）也得出了类似结论：东中国海及邻近海域的净初级生产力有增长的趋势（高信度）。

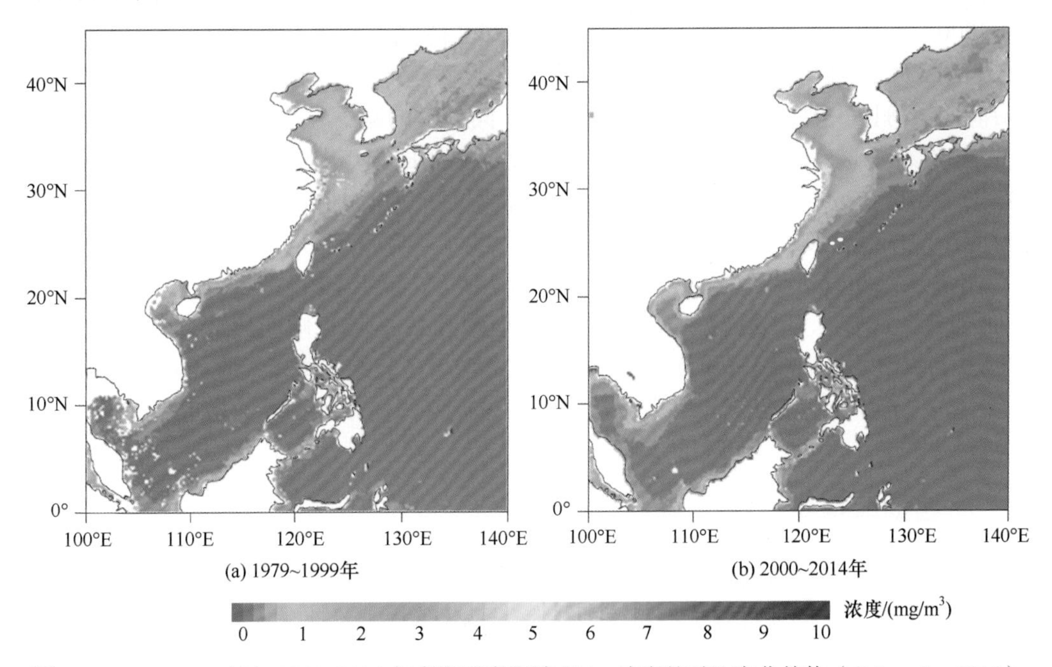

图 5-3　1979~1999 年与 2000~2014 年东海近岸海域 Chl *a* 浓度的对比变化趋势（Cai et al.，2016）

2. 南海

于君和邱永松（2016）分析了 1997~2014 年南海东北部及邻近海域的初级生产力数据，发现 1999 年以来该海域全年初级生产力呈显著下降趋势。2005~2013 年南海北部表层水体 Chl *a* 含量有明显的季节波动，但未呈现明显的年际变化特征（Xiu et al.，2019）。丁庆霞和陈文忠（2016）的研究也发现，2003~2014 年南海的净初级生产力没有明显的增长或降低趋势。因此，目前在 20~30 年的时间尺度范围内，南海初级生产力对气候变化的响应可能未呈现出明显的变化趋势（中等信度）。但需要指出的是，近 30 多年来，极端高温在某些局部区域，如台湾海峡邻近海域以及南海北部（如北部湾等）海域各时期的累积频次（日数）呈显著增加趋势（齐庆华和蔡榕硕，2019），初级生产力可能还未做出明显响应。

在气候变化背景下，东海 Chl *a* 浓度有上升的趋势，南海 Chl *a* 浓度则未表现出明显增加趋势，这是南海海温持续上升导致海水层化增强，阻断营养盐上升的通道，使得浮游植物初级生产力受到的正负影响相互抵消，因此其未呈现出明显变化趋势。但是，东海除了受沿岸入海淡水和沿岸流等较强影响，海水层化相对较弱外，还因东亚季风长期变化的影响，局部上升流如东海冷涡有增强现象，以及陆源营养盐的较大影响，使上层水体获得较丰富的营养，促进了浮游植物的生长和初级生产力的积累（唐森铭等，2017）。

5.4.2 气候变化对海洋生物资源的影响

长期以来，受气候变化的影响，渔业生态系统发生了持续性变化（高信度）。刘允芬（2000）利用引进的 Fish Bioenergetics Model 2 研究了海水升温对渔业资源的影响，结果表明，水温升高会直接影响鱼类的生长、摄食、产卵、洄游等过程，最终造成我国沿海四大海区主要经济鱼类的渔获量呈现不同程度的减少，减少幅度为 1%~8%。根据中国 14 家渔业公司底拖网渔业生产和渔业资源大面定点调查获得的 17 种中下层渔业数据，结合 1960~2011 年东海北部水域海表温度的变化情况，利用 Fox 模型移除捕捞效应产生的趋势变化后，以东海重要经济种类小黄鱼和对虾的单位捕捞努力量渔获量（catch per unit effort，CPUE）为代表的资源指数均与海表温度距平呈负相关关系（袁兴伟等，2017）。单秀娟等（2017）运用模型预估不同气候变化情景下（RCP2.6、RCP6.0 和 RCP8.5）长江口和黄河口鱼类资源密度增量，结果显示，在不考虑捕捞和污染等外界因素影响的情况下，渔业资源增量随着温室气体排放程度的增加而降低。

名词解释

单位捕捞努力量渔获量（CPUE）：在规定时期内，平均一个作业单位捕获的重量或数量。其通常用作资源密度的指标。其数值由总渔获量除以捕捞努力量得到。捕捞努力量是指在一段时间内以相同渔业作业方式在渔场所投入的工作量。

由 1959 年 /1960 年、1982 年 /1983 年、1992 年 /1993 年和 1998 年 /1999 年对渤海渔业资源的拖网调查资料可知，自 20 世纪 50 年代末至 90 年代末，渤海主要渔业资源结构由以高营养级渔业资源生物为主逐步变为以低营养级渔业资源生物为主（许思思等，2014）。导致渤海捕捞渔获物平均营养级降低的因素十分复杂，过度捕捞是最直接的因素，但气候变化等非捕捞因素也是重要原因（高信度）（吴佳颖等，2017）。黄河入海径流量与带鱼、小黄鱼、鳓鱼、对虾和鳀鱼渔获量百分比相关性密切，近几十年来淡水输入量的降低可能是影响渤海渔业资源渔获量相对组成以及捕捞渔获物平均营养级变化的重要因素（王继隆，2010；Fan and Huang，2008）。另外，东海带鱼渔获量也与淡水输入密切相关，当长江淡水输入量增大时，带鱼的渔获量也较高，反之则低。1960 年以来东海渔获量的 4 次长期波动都与长江径流的年代际变化一致（陈永利等，2004）。另外，长江径流亦会影响鱼类的产卵场的生产力和育肥场的范围（Kim et al.，2005）。近几十年来，黄河、长江径流量和入海输入量的减少趋势逐渐加剧，这在一定程度上加剧了中国近海渔业资源的衰退（中等信度）。可见，气候变化引起的海表面温度升高和淡水径流量减少等环境因素的改变直接影响近海渔业资源变动（高信度）。

鱼类面对气候变化引起的海水温度升高，常见的有两个适应方法：一个是移向纬度高的水域，另一个是改变栖息水层的深度。Cheung 等（2013）研究全球渔获量变化时发现，海洋变暖引起热带鱼类向温带迁移，温带鱼类向寒带迁移，导致热带平均渔获量降低，鱼类种类减少，在中国的闽南－台湾浅滩渔场和黄海水域也有类似发现（李忠炉等，2012；张学敏等，2005）。陈云龙（2014）应用动态生物气候分室模型对黄海鳀鱼（*Engraulis japonicus*）越冬群体分布情景进行了分析。结果表明，在气候变化背景下，未来 30 年间鳀鱼资源重心年际之间的北移趋势明显，移动范围达到 2.5~2.7 个纬度，向北移动的平均速度为 0.09°/a。Yu 等（2018）的研究发现，东海鲐鱼（*Scomber japonica*）渔获量和 CPUE 在 2006~2015 年不断下降且鲐鱼的最佳和适宜生境比例也存在减少趋势。苏杭等（2015）和易炜等（2017）的研究也表明，海水温度上升对鲐鱼栖息地范围影响显著，东、黄海鲐鱼的潜在栖息地有明显向北移动的趋势，并且栖息地面积逐渐减小（高信度）。

气候变化引起的物理和化学环境的改变（海洋酸化、海表温度上升、海洋水文结构变化以及紫外线辐射增强等）直接影响海洋初级生产力，近 20 年南海初级生产力未表现出明显的年际变化趋势，而东海近岸海域则呈现出初级生产力升高现象；但同时浮游植物群落结构的改变使得有机碳在向高营养级传递的过程中受阻，影响了浮游动物次级生产力的输出，因此，鱼类等资源生物的栖息环境、渔业资源的分布格局也受到了不可逆转的影响，当叠加人类活动作用后主要表现为中国近海渔业资源的衰退。

5.5 气候变化对珊瑚礁、红树林、海草床等典型海洋生态系统的影响与脆弱性

本节评估了气候变化对中国珊瑚礁、红树林和海草床三大典型海洋生态系统及生物多样性的影响并分析了典型海洋生态系统的气候变化脆弱性。结果表明，在气候变化的影响下，中国典型海洋生态系统的生物多样性降低、群落结构发生显著改变，物种分布模式有北移趋势，低纬度热带海域珊瑚白化、红树和海草死亡风险增加，各海洋生态系统的渔业资源和生态服务功能逐步减弱；同时，和气候变化相关的极端天气和气候事件，如台风和强降水等对典型海洋生态系统造成的威胁日益增加。未来气候变化会和非气候因素产生更强且复杂的叠加和协同效应，加剧典型海洋生态系统的脆弱性并降低对环境变化的自适应能力，最后针对典型海洋生态系统的特点和气候变化脆弱性提出适应及应对策略。

5.5.1 珊瑚礁生态系统

珊瑚礁生态系统主要分布在南北纬 30° 之间的热带亚热带海区，被誉为“海洋中的热带雨林”（Spalding et al.，2001）。珊瑚礁每年提供的直接经济价值接近 300 亿美元，在维持海洋生态平衡、渔业资源再生、开发海洋药物及保护海岸等方面提供了无

法估量的生态服务功能（Cesar et al.，2003；Moberg and Folke，1999）。造礁石珊瑚是珊瑚礁生态系统的框架生物，其基本生理特征是珊瑚 – 虫黄藻的互利共生关系和钙化（Hatcher，1988；Muscatine et al.，1981），正常情况下虫黄藻的光合作用可以完全满足宿主的能量需求并促进珊瑚的钙化，而珊瑚钙化形成形态多样的骨骼，从而参与构建珊瑚礁三维空间结构和礁体生长（邹仁林，2001）。

名词解释

珊瑚礁与珊瑚礁生态系统：珊瑚礁是一个地质学概念，指以腔肠动物门石珊瑚的碳酸钙骨骼为主体，与珊瑚藻、仙掌藻、软体动物外壳及有孔虫等钙化生物堆积形成的一种岩石体结构，这个结构可以大到影响其周围环境的物理和生态环境，以此为依托发育而成的生物群落和其所处生态环境的综合则称为珊瑚礁生态系统，该系统是地球上生产力和生物多样性最高的海洋生态系统之一。

中国珊瑚礁主要分布在华南大陆、海南岛和台湾岛的沿岸以及南海诸岛，是世界珊瑚礁的重要组成部分，其中南海珊瑚礁位于世界生物多样性最高的“珊瑚金三角”（coral triangle）的北缘，我国珊瑚礁主要面临着以下来自气候变化的威胁。

1. 海水升温

在我国的南沙群岛、西沙群岛、台湾及三亚等海域都曾多次记录到海水温度异常升高引起的珊瑚热白化事件，而且观测记录到的珊瑚热白化频率也慢慢呈现出升高的趋势。例如，在三亚鹿回头分别于 2010 年、2015 年和 2017 年观察到三次珊瑚热白化事件（Li et al.，2012），西沙群岛则于 2014 年记录到珊瑚热白化现象（Li et al.，2016；Zuo et al.，2015），南沙群岛在 1989 年和 2007 年分别发生过两次白化事件（李淑等，2011），在台湾北部、东沙环礁和垦丁近年来也多次记录到大规模珊瑚白化事件（deCarlo et al.，2017），在上述记录到的白化事件中，蔷薇珊瑚（*Montipora*）以及分枝状的杯形珊瑚（*Pocillopora*）和鹿角珊瑚（*Acropora*）多是受影响程度最高的类群，而块状的蜂巢和滨珊瑚（*Porites*）白化率较低，因此未来海水异常升温频发在引发造礁珊瑚热白化死亡的同时会对种类组成和群落结构产生显著的影响（李淑等，2011）。

近几十年来，南海海域夏季表层海水温度呈现明显的上升趋势，接近高温极限，在我国，有多项研究根据历史海水温度记录和预估的全球变暖状况对我国西沙群岛、南沙群岛和珠江口珊瑚群落生长的影响，得到一个普遍的结论是未来南海造礁珊瑚白化死亡发生频率将很可能大幅增加（时小军等，2008；郑兆勇等，2008）。当热浪发生使海水月均温比长期夏季均温高出 1℃时，热周度（degree heating week，DHW）即达到 4℃时可引发珊瑚热白化，而当海水月均温异常升高 2℃使 DHW 达到 8℃时即引起珊瑚的热白化和大规模死亡，而 RCP2.6 情景下升温即可达到 2℃，因此未来气候变暖影响下南海珊瑚群落热白化和死亡事件的概率增加，南海造礁珊瑚的生存和多样性会受到威胁（高信度）。

我国珊瑚礁分布的南北纬度跨越较大，从典型热带海区到华南沿岸的边际环境均有分布。由于气候变暖的趋势，普遍认为高纬度亚热带等边际生境会成为热带石珊瑚未来的“避难所”，热带核心区的石珊瑚向两极方向迁移是其响应和“躲避”升温的一种策略和趋势。已有证据表明，南海造礁珊瑚有向北迁徙的趋势（姜峰等，2011）。例如，本来只在海南岛和南海诸岛分布的鹿角杯形珊瑚（*Pocillopora damicornis*）近年来在珠江口万山群岛和惠州大青针海域均有发现，且已形成一定规模种群（黄晖等，2012），中国科学院海洋研究所 2007 年在浙江南麂列岛发现石珊瑚黑菊珊瑚（*Oulastrea crispata*）。然而，考虑到南海造礁珊瑚较高的多样性以及华南沿岸受人类活动影响大、水体浑浊以及冬季低温等因素，我国珊瑚成功北迁避难的可能性较小。因此，未来南海造礁珊瑚的热白化及其引发的死亡事件频率会明显增加，同时石珊瑚群落组成也会发生显著的改变，耐受型的团块状珊瑚，如滨珊瑚丰度逐步增加，但南海造礁珊瑚向北迁移的可能性较低（高信度）。

2. 海洋酸化

有关海洋酸化对我国珊瑚礁生态系统的研究目前以评估现代珊瑚的钙化生长对海洋酸化的响应和敏感程度或者利用珊瑚骨骼特征来反演珊瑚钙化对大气 CO_2 分压的响应为主。在三亚鹿回头岸礁开展的研究表明，珊瑚对海洋酸化的响应具有很强的种类特异性。例如，同为分枝状珊瑚，鼻形鹿角珊瑚（*Acropora nasuta*）和指状蔷薇珊瑚（*Montipora digitata*）的钙化在海洋酸化条件下降低 45%~75%，美丽鹿角珊瑚（*Acopora formosa*）的钙化则不受海洋酸化影响（Yuan et al.，2019a，2019b；Huang et al.，2014）。另外，通过对南沙滨珊瑚骨骼生长率、密度和钙化率的研究及其与环境相关性的分析发现，滨珊瑚的钙化速率似乎不受大气 CO_2 浓度的影响，表明滨珊瑚对海洋酸化存在抗性，这一结果和在澳大利亚开展的相关结果相符，表明滨珊瑚在未来气候变化下很有可能在南海占据主导地位（施祺等，2012；苏瑞侠等，2012）。从整个生态系统的角度来看，有研究用南沙海域的海水碳酸盐体系的特征以及珊瑚钙化速率的资料预测了珊瑚礁对大气 CO_2 上升可能产生的生物地球化学响应，结果表明，如果大气 CO_2 浓度继续保持目前的上升趋势，南沙海域珊瑚礁可能会停止生长，一些关键造礁珊瑚类群甚至面临灭绝的危险（张远辉和陈立奇，2006）。在海洋酸化的影响下，我国造礁珊瑚群落整体的钙化速率降低，造礁珊瑚种类组成随之发生变化，对生境贡献较大的分枝状珊瑚会逐步减少而耐受型的团块状滨珊瑚丰度可能会逐步增加，同时珊瑚礁碳酸钙溶解速率增加，珊瑚礁体的增长速率减缓（高信度）。

3. 海平面上升

海平面上升可能通过影响风暴潮和最大波高变化，进而影响珊瑚礁生态系统，但海平面上升对珊瑚礁的威胁也与其自身的生长速度有关。根据珊瑚生长速率和涠洲岛实测雨量、潮位和最大波高等历史资料，预测未来 30 年海平面上升对涠洲岛的珊瑚礁不会有毁灭性破坏（汤超莲等，2013）。先前的研究发现，中国珊瑚礁基本上能与前者同步生长，即使海平面以预估高值上升，也不会威胁其生存。从古地理学角度来看，南海全新世以来曾存在海平面较高的历史，也可以佐证 21 世纪的全球海平面上升可能不会对中国珊瑚礁的存在和发育造成威胁。从中国珊瑚礁成熟度较高、其生长趋势以侧向生长为主的实际状况出发，未来全球海平面上升可能会促进珊瑚礁在垂直方向生长，而且南海的珊瑚礁灰沙岛可以通过自身在垂直方向的生长和生物碎屑的搬运来调节其高度，从而应对海平面的上升（王国忠，2005）。值得注意的是，上述预测的一个前提条件是珊瑚礁始终维持在一个相对健康的水平，如果珊瑚礁生态系统发生显著退化而影响珊瑚礁碳酸钙的垂直生长时，海平面上升对珊瑚礁的威胁则会凸显。总之，海平面上升对我国珊瑚礁的影响可能十分有限，但同时这也取决于未来珊瑚礁生态系统的健康程度（中等信度）。

4. 极端气候事件

关于极端天气和气候事件对我国珊瑚礁的影响，有研究发现 2013 年的台风“蝴蝶”直接毁坏了永乐环礁约 46% 的浅水珊瑚，但是 6m 水深以下的珊瑚受到的影响则相对较小（Yang et al.，2015）。随着气候变暖，模型预测超强台风的频率会显著增加，通过对历史数据的分析显示，2005~2014 年南海的超强台风数目是 1972~2004 年的 3 倍，因此台风对南海珊瑚礁的破坏风险会越来越高（Yang et al.，2015）。再者，研究也发现，2010 年海南岛东岸发生的暴雨和特大洪水灾害改变近岸珊瑚礁区的海洋环境尤其是海水盐度，对文昌珊瑚礁产生致命的危害，活珊瑚覆盖率则从 15.1% 降低到 9.8%，同时钙化藻类几乎完全死亡，这一情况进一步加剧了珊瑚礁恢复的难度（Huang et al.，2014）。总之，随着气候变化的加剧，台风强度及相关降水过程增加，南海珊瑚礁受到的压力和威胁也会逐步升高（中等信度）。

气候变化对我国珊瑚礁生态系统仍是一个不可忽视的严重威胁，虽然珊瑚礁生态系统和部分造礁石珊瑚自身有一定的适应和缓冲能力，如果气候变化不加遏制最终会造成珊瑚礁生物多样性的丧失，改变其生物群落结构和功能，并削弱生态系统的服务功能，尤其是渔业资源的维持和岛礁护岸等。

5.5.2 红树林生态系统

红树林主要分布在热带、亚热带地区海岸潮间带或海潮能到达的河流入海口，其是以红树科植物为主、周期性受到海水浸淹的木本植物群落。红树林是陆地过渡到海洋的一种特殊森林，为海洋生物栖息、繁殖、避敌害、生长发育创造了极为有利的生态环境。红树林具有高生产力、高归还率和高分解率的“三高”特性，是世界上生物多样性丰富、生产力最高的海洋生态系统之一，具有非常重要的生态、社会和经济价值，它在净化海水、抵挡风浪、保护海岸、改善生态状况、维护生物多样性和沿海地区生态安全等方面发挥着重要作用（林鹏，1997）。

我国的红树林自然分布界于海南的榆林港至福建福鼎，人工引种北界可至浙江乐清和上海南汇。我国红树林主要分布于海南、广西、广东、福建、台湾、香港和澳门，共有红树植物 21 科 25 属 37 种，包括 12 科 15 属 26 种真红树植物和 9 科 10 属 11 种半红树植物，占世界红树林种类的 42.9%，以抗寒能力较强的秋茄树（*Kandelia candel*）、白骨壤、桐花树分布较广（林鹏，1997）。

名词解释

红树林：指生长在热带、亚热带地区海岸潮间带、陆地与海洋交界的海岸潮间带或海潮能到达的河流入海口，以红树科植物为主，周期性受到海水浸淹的木本植物群落。红树科植物通常富含单宁，其在空气中氧化后呈红褐色，因而这类植物的树皮和木材被割破或砍伐后经常呈现红褐色，由此得名“红树”，由红树组成的森林自然地就被称为“红树林”。红树林种类组成以红树科植物为主，也包括红树林伴生植物和其他海洋沼泽植物，而红树科植物包括真红树植物、半红树植物。

1. 升温

我国处于世界红树林天然分布区的北缘，不同地域自然分布的红树林植物群落的种类多样性随纬度增高而递减（王文卿和王瑁，2007）。如果气温升高 2℃，我国多种红树植物分布均会向北扩展，红树林的自然分布北界可由现在的福建达到浙江，引种分布北界可能到达杭州湾和上海（陈小勇和林鹏，1999）；然而气温长期超过 35℃，红树林根的结构、苗的发育、光合作用将受到很大的负面影响，这意味着如果温度上升过高，可能对位于热带的红树林不利。例如，作为我国最耐寒的红树植物，秋茄树在低纬度区域（海南）的分布面积小，整体长势差，植株高度低，其生长在一定程度上受到夏季高温的抑制；这与夏季高温抑制秋茄树的最大电子传递速率、破坏叶绿体结构，进而抑制光合作用密切相关（史小芳，2012）。此外，不同种类的红树植物对升温的响应也不同。例如，在未来全球变暖的条件下，秋茄的分布区将有可能北移，低纬度地区的夏季高温将抑制幼苗的生长，从而不利于其种群的发展，对于热带起源的无瓣海桑（*Sonneratia apetala*）而言，增温对其幼苗生长有促进作用，而夏季高温对其生长的抑制作用低于秋茄树（史小芳，2012）。未来全球变暖会造成我国红树林生态系统的红树植物多样性发生改变，低纬度及干旱地区的红树种类可能减少、组成可能改变，而一些特定的红树植物可能通过扩散进入更为适宜的高纬度地区，红树植物分布和红树林自然分布界线向北扩展（高信度）。

2. 二氧化碳浓度增加

红树林对大气中二氧化碳浓度增加的反应是复杂的，一些物种可能会蓬勃发展，而另一些则受负面影响或没有变化。有研究通过生物地球化学模型预测了大气二氧化碳浓度的增加对中国南部湛江、海南和深圳三个地域红树林的影响，发现二氧化碳浓度加倍时红树林的净初级生产力仅提高 7%，而且三种红树植物海榄雌（*Avicennia marina*）、秋茄树和无瓣海桑的响应和敏感程度不同，但是当二氧化碳浓度加倍且温度升高 2℃时，则显著地提高了红树林生态系统以及三种红树植物单一林的净初级生产力，说明温度比二氧化碳浓度对红树林的影响更大（Luo et al.，2010）。因此，从整体上来看，大气二氧化碳浓度上升对我国红树林的影响非常有限（高信度）。

3. 海平面上升

海平面上升引起潮汐浸淹程度增加，从而影响红树林在潮滩上的横向分布，使红树林向陆地一侧迁移。海平面上升对红树林生态系统的影响主要表现在海平面上升与地壳垂直运动和沉积动力条件相互作用，改变红树林生境高程和淹水时间。研究发现，不同的红树植物对淹水的生长反应不同，这就意味着红树林的种类组成会影响它对海平面上升的反应，同时海平面上升也会反作用于红树林生态系统的生存和分布，一些生长速度快的红树植物会更有优势地存活下来（Lu et al.，2013；He et al.，2007；何斌源等，2007）。在中国，海平面上升与海堤的阻隔共同威胁着红树林的生存，红树林主要分布地的小潮差进一步增加了红树林对海平面上升的敏感性。因此，有很多研究评估海平面上升对我国不同地域的红树林的威胁。早期的研究发现，我国红树林潮滩沉积速率介于4.1~57mm/a，这一沉积速率与各地相对海平面上升速率相当，海平面上升对我国大部分地区红树林不会构成严重威胁，但泥沙来源少、红树林潮滩沉积速率较低的地区会受到严重影响（谭晓林和张乔民，1997）。例如，有研究发现，在IPCC的RCP8.5排放情景下，广西铁山港红树林栖息地面积将显著减少，到2100年，中、高潮滩红树林面积将分别减少49.4%和60.2%（李莎莎等，2014），同时研究也表明在不同的海平面上升速率模式下，广西英罗湾红树林的响应也不同，高模式海平面上升，红树林边界向陆移动，面积增大，而极端模式海平面上升，红树林边界向陆移动，面积减小（罗紫丹等，2017）。值得注意的是，上述研究红树林的沉积速率多数未考虑压实作用，研究发现，在压实作用下，广西临海红树林区的地表高程抬升速率小于相对海平面的上升速率，与未考虑压实作用得到的结论相悖，再者我国红树林海岸大都建有防波堤，限制了红树林向陆的迁移，因此近岸红树林正面临海平面上升的威胁（夏鹏等，2015）。总之，海平面上升会使我国红树林逐步向陆迁移，而向海一侧受侵蚀的风险则增加，当存在陆域设施限制时红树林迁移受阻，面积可能减小（高信度）。

4. 极端气候事件

台风可以对红树林生态系统造成直接毁坏，如造成红树倒伏、主干折断等（陈玉军等，2000），与此同时，由此而带来的风暴和降水过程则会影响红树林的沉积速率，进而参与调控它对海平面上升的响应。例如，风暴沉积在广西北海红树林沉积物中所占的比重为50%~70%，近30年来，红树林湿地的沉积速率对于台风登陆频率增加有明显正响应，而对降水量变化则无明显响应，因此在海平面上升速度加剧、台风登陆频率和强度增高而降水量变化不大的预期情景下，位于相对开敞海岸的红树林由于可以接纳大量风暴沉积物，比位于封闭海湾内的红树林具有更高的沉积速率，可以更好地应对未来海平面上升的威胁（刘涛等，2017）。因此，台风虽然可能会直接影响红树植物的生长存活，但也可以通过风暴和降水等影响沉积速率，进而调节红树林对海平面上升的响应（中等信度）。

总体上看，气温升高和海平面上升是影响我国红树林生态系统两个重要的气候因子，温度会造成红树林种类组成、多样性和分布格局的变化，而海平面上升对红树林的影响在区域尺度上变异度较大，红树群落组成、潮汐、风浪和异常气候事件均会影响红树林对海平面上升的响应。对应变化的气候环境，未来我国红树林发生纬度迁移和陆向迁移，红树林的迁移必定和新生境原有生物类群相互作用并可能产生竞争，红树林的实际生态位也会随之发生变化（傅海峰等，2014）。

5.5.3　海草床生态系统

海草是由陆地植物演化为适应海洋环境的高等植物，既有根、茎、叶的分化，又能开花结果，是地球上可完全生活在海水中的被子植物（Hemminga and Duarte，2000）。海草与周围环境形成一个独特的生态系统——海草床生态系统是近岸海域中生产力极高的生态系统，是近岸海域生物栖息地的重要组成部分，具有较高的生产力、丰富的生物多样性，以及很高的生态价值与经济价值。海草床在海洋生态系统中的作用非常重要：通过降低悬浮物和吸收营养物质来改善水质；为众多动物提供栖息地、庇护场所、育幼场所以及食物来源；减弱海浪冲击力固定底质，保护海岸线，是地球上最有效的碳捕获和封存系统之一（Fourqurean et al.，2012；Costanza et al.，1997）。

名词解释

海草：与低等植物的海藻不同，海草是地球上可完全生活在海水中的被子植物，是由陆地植物演化为适应海洋环境的高等植物，在植物进化上拥有重要的地位。现存海草植物是 7000 万 ~1 亿年前由单子叶植物进化而来的 4 个独立支系，广布于全球热带和温带的海岸带。

我国现有海草床的总面积约为 87.65km^2，共有海草植物 22 种，隶属于 4 科 10 属，约占全球海草种类的 30%（黄小平等，2018，2006）。中国海草分布区可划分为两个大区：南海海草分布区和黄渤海海草分布区（杨宗岱，1982）。前者包括海南、广西、广东、香港、台湾和福建沿海，共有海草 9 属 15 种，以喜盐草分布最广；后者包括山东、河北、天津和辽宁沿海，分布有 3 属 9 种，以蔓草分布最广。中国现有海草中海南、广东和广西分别占 64%、11% 和 10%，南海区海草床在数量和面积上明显大于黄渤海区，南海区海草场主要分布于海南东部、广东湛江、广西北海和台湾东沙岛沿海，黄渤海区海草场主要分布于山东荣成、辽宁长海沿海和河北曹妃甸附近海域，广东、广西两省的海草场主要以喜盐草（*Halophila ovalis*）为优势种，海南和台湾多以泰来草（*Thalassia hemprichii*）为优势种，山东和辽宁多以蔓草为优势种（黄小平等，2006）。

1. 海水升温和酸化

海水升温会改变海草的生理代谢功能、有性生殖过程、种子萌发等物候事件，进而影响其分布范围（韦梅球，2017；Xu et al.，2016；张沛东等，2011），例如，研究发现，当夏季温度达到32℃高温时，日本蔓草的光合活性、代谢速率和生长速率会降低（Gao et al.，2018）；相似地，有研究评估了广西日本蔓草光合作用对温度的响应，发现其最适温度为25~30℃，升温会降低其光合和呼吸速率（郑杏雯，2007），同样研究也表明，温度的升高也会影响贝克喜盐草（*Halophila beccarii*）和鳗草（*Zostera marina*）的种子休眠和萌发，升温会提高海草种子的萌发率（韦梅球，2017；Xu et al.，2016）。此外，现有研究发现，海洋酸化能促进热带海草泰莱草的光合作用，增加非结构性碳水化合物的合成并使之向地下组织转移进行储存，使地下组织成为固定碳的汇，这些储存的非结构性碳水化合物可以用来满足光限制下海草的碳需求，而且还可以促进茎的生长、植株的开花和繁殖，甚至还可以通过增加茎的碳储量以缓解海草移植时所产生的胁迫（Jiang，2010）。毫无疑问，未来海水升温会改变我国海草的生长和分布状况，在热带海区升温可能导致敏感海草种类局域性消失或者被其他更加耐受的种类而取代，而在温带地区升温则可以适当促进海草的生长（中等信度）。另外，尽管实验证据表明，酸化可能对海草产生有益的影响，但由于野外环境的特殊及复杂性，酸化对海草的真实影响依赖于与其他生境条件和生理因素之间的相互作用，酸化对海草床整体的影响有待进一步研究和观测。

2. 海平面上升和极端气候事件

有关海平面上升对我国海草床影响的研究较少，仅有一项研究预测了海平面上升对广东沿岸海岸线的侵蚀和淹没及对海草床有严重影响，结果表明，2030年、2050年和2100年海草损失量分别可达1.24hm^2、2.35hm^{2}和8.95hm^2（覃超梅和于锡军，2012）。因此，海平面上升可能影响海岸线及海草床生境的适宜程度，进而可能造成海草床的毁坏和损失（中等信度）。气候变化引发的极端气候也对我国海草床构成一定的威胁，2008年粤西的暴雨和洪水造成雷州企水湾海草床严重破坏（黄小平等，2010），此外我国约有50%的台风登陆华南地区，而海南素有“台风走廊”之称，台风对海草床的破坏是毁灭性的，且短期内难以恢复，首先台风掀起的巨浪和激流能将海草连根拔起，飓风和台风导致海水浑浊和底质被侵蚀，海水浑浊不利于海草光合作用，底质被侵蚀带来的沙土还会掩埋大量海草，使其缺氧死亡，2004~2006年海南超强台风“天鹰”和“达维”过后，近岸海域生长的海草受损严重，新村湾海草床面积减少30%~50%（Yang and Huang，2011）。随着未来台风强度和频率的升高，台风对我国海草床的直接破坏作用会逐步加强，可能造成海草床资源的破坏和急剧退化，进而影响许多以海草为直接食物来源或重要栖息地的生物（中等信度）（表5-1）。

表 5-1　我国典型海洋生态系统的脆弱性和关键风险及应对策略

气候变化因子	人类活动	脆弱性和关键风险	应对策略
海水升温和热浪； 海水酸化； 海平面上升； 极端天气降水、干旱和低温寒潮； 台风强度增加	破坏性捕捞； 过度捕捞； 围填海工程和海岸带开发建设； 陆源污染物输入	珊瑚热白化死亡频发、珊瑚多样性降低、群落结构发生改变、珊瑚礁生态系统的相变和退化、生境三维结构复杂性降低、珊瑚礁钙化速率降低、礁体生长速率减慢； 热带红树林生物多样性降低、物种组成改变，高纬度红树林生物多样性增加，红树林分布范围扩大北移，同时生物入侵和竞争可能增强，进而导致红树林生态位的变化，海平面上升对近岸红树林的威胁较大； 升温影响热带海草的生长并影响海草开花、种子扩散和萌发等物候事件，海草的物种丰度和地理分布会受到影响，海平面上升主要影响海草床生境的适宜程度，可能造成海草床的毁坏和损失； 极端气候事件，台风和降水对典型海洋生态系统的干扰增多增强； 区域物种灭绝风险增加，渔业生产力下降、海洋旅游业受损、防浪护岸保礁功能弱化； 人类活动和气候变化耦合协同效应加剧典型海洋生态系统的脆弱性和风险	控制温室气体的排放，减缓气候变化速率； 将海洋自然保护区和海洋生态红线划定相结合，制定海洋开发利用与保护规划，加强保护区保护和监管相关能力的建设； 加强对陆源污水排放、粗放型养殖业、沿海围填海和工程建设、破坏性捕捞、过度捕捞等破坏生境和资源的管控力度，尽可能减弱人类活动因素带来的叠加效应； 开展对典型海洋生态系统的常态化监测和基础数据积累，加强气候变化和人类活动对典型海洋生态系统的影响的观测、研究与评估； 开展典型海洋生态系统的修复保护相关技术研究，提升公众合理利用海洋资源和保护海洋生态环境的意识

常见问题

珊瑚白化和海水温度之间的关系如何？

珊瑚白化可分为热白化和冷白化，即海水温度过高和过低均会引发珊瑚白化。通常，当海水月均温超过夏季长期均温 1℃时，珊瑚内共生的虫黄藻代谢和功能会发生紊乱，光系统发生损伤产生光抑制，并成为珊瑚宿主的负担，这时珊瑚宿主会将虫黄藻及其色素通过凋亡、胞吐和细胞脱落等途径排出虫黄藻，珊瑚组织进而变白，这是珊瑚热白化的过程。近年来，有研究通过野外观测或生物地球化学手段揭示了珊瑚的冷白化，即低温同样会造成珊瑚共生虫黄藻的光抑制以及珊瑚白化，如 2008 年我国华南冬季寒潮就曾造成涠洲岛和大亚湾的珊瑚部分发生白化死亡。

5.6 气候变化对海洋生态系统健康的影响

5.6.1 海水升温、低氧和酸化对海洋生态系统的影响

1. 海水升温对海洋生态系统的影响

到目前为止，全球变暖已成为不争的事实。全球变暖导致大部分海洋表层温度上升，从 1979 年开始，全球海洋表层温度每 10 年平均上升 0.13℃（IPCC，2007）。初步的分析研究表明，1960~2012 年，中国黄渤海海水表层温度以 0.21℃/10a 的速率上升（Li and Zhai，2019），这个数据超过了全球海洋表层的升温速率。海水温度的改变能够影响一些海洋生物的生理学过程。温度变化驱动浮游生物繁殖高峰（生物物候）的改变（高信度），在中国长江口海域，1959~2005 年海水表层温度显著升高，中华哲水蚤季节性峰值相应地提前了近 1 个月（Xu et al.，2011）。海洋浮游生物物候的改变会引起与捕食者（如鱼类）的时序不匹配现象，可能导致食物网被破坏，从而影响一些经济鱼类的产量。同时，全球变暖影响海洋水文动态平衡，如水团交汇海域不同水团的比例及其延伸范围发生变化，而水团在延伸的过程中会改变浮游动物的分布（高信度）。近几十年来，我国近海暖流有增强的趋势，影响了浮游动物的地理分布，如台湾暖流往北入侵长江口海域，热带－亚热带桡足类锥形宽水蚤（*Temora turbinata*）于夏季在该海域大量出现成为优势种（Zhang et al.，2010）。与此同时，东海暖流范围继续向北延伸，导致南黄海太平洋磷虾（*Euphausia pacifica*）、拟长脚（虫戎）（*Parathemisto gaudichaudi*）等偏冷水的物种向北迁移（周进等，2009）。而对于一些定栖性生物和一些狭温性的地方种（如珊瑚），温度升高对它们的影响可能是致命的。另外，海水升温将加剧海洋层化、减弱水柱混合，从而减少来自深水向真光层的营养盐补充，使得表层水更加贫瘠，降低浮游植物的初级生产过程，进而改变以浮游植物为基础的整个海洋生态系统（焦念志等，2014；孙军和薛冰，2016）。

2. 海水溶氧降低对海洋生态系统的影响

从 20 世纪 50 年代开始，由于全球气候变暖，海洋的溶解氧质量浓度呈下降趋势，同时河口和近岸海域富营养化状况愈演愈烈，低氧现象也随之加剧（王巧宁等，2012）。在我国，自 20 世纪 80 年代在长江口报道了有显著的低氧区后，又陆续在珠江口、渤海及部分近岸海域发现了低氧区（Zhai et al.，2019；Qian et al.，2018），实际上，长江口的低氧现象早在全国海洋普查的 1959 年就有发现（宋金明等，2019），当时检测到该海域溶解氧最低值在 1959 年 8 月为 0.34mg/L。淡、咸水交汇形成较强的水体层化以及温度层化使得溶解氧垂向传输受阻，中底层水体在生物化学耗氧过程中形成低氧区。也有研究认为，海底地形可能是低氧形成的根本原因（Song，2010）。低溶解氧浓度将威胁海洋生物的生存，导致海洋荒漠化。一些生物体可能会躲避低氧区，而那些定栖性种类则会因无法耐受低氧而死亡；不同种类生物耐受低氧的能力不同，这可能会导致海洋生物群

落结构的改变（韦兴平等，2011）。由于水体层化主要受陆源径流输入和表层温度升高的影响，因此低氧区的季节性很强，绝大部分出现在夏 / 秋季。由于人为活动影响的加剧，夏季温跃层的加强，底层海水溶氧降低，对底栖生物和海水增养殖构成了较为严重的威胁，对区域海洋生态系统的安全造成了较大的影响（高信度）。

3. 海水酸化对海洋生态系统的影响

化石燃料的燃烧、树木的砍伐等，致使大气 CO_2 的质量浓度从工业革命（18 世纪 60 年代）前的 280ppm 上升到 2016 年的 410ppm，增长了约 46%，并仍以每年 0.5% 的速率继续增长。大量 CO_2 溶入海水使 pH 下降，导致海洋酸化，扰动海水化学环境。在过去的 200 年里，人类活动排放的 CO_2 导致海水 pH 下降了 0.1（Fabry et al.，2008）。如果不能有效减缓 CO_2 排放，根据 IPCC 的推测，至 21 世纪末海洋表层水体 pH 将进一步下降 0.3~0.4。我国渤海和黄海沿岸海域出现了季节性的海水酸化现象，这些水域的大部分底层海水文石饱和度低于 2.0。渤海西北部、北部近岸海域在 2011 年 8 月出现底层溶解氧显著下降且酸化的现象，相应 pH 为 7.64~7.68，比 6 月低 0.16~0.20（翟惟东等，2012）。黄海海域在 2011~2012 年多次观测到底层连片出现海水文石饱和度低于 2.0 的酸化现象，其中秋季最为严重，底层水体 pH 低至 7.79~7.90，特别是在黄海中部，底层海水文石饱和度更是低于 1.0，已达到生物钙质骨骼和外壳溶解的临界值；而黄海北部西侧海域，甚至表层水体也出现文石饱和度低于 2.0 的现象，最低达到 1.5（Zhai et al.，2014）。按照 21 世纪中叶大气 CO_2 增量的预测值同步提高黄海底层海水的 CO_2 逸度，翟惟东（2018）以及 Li 和 Zhai（2019）通过计算得出，2050 年前后夏、秋季黄海底层文石饱和度不足 1.5 的区域将比现在分别扩大 55% 和 33%，届时黄海将有 50% 左右的海底面积在夏、秋季被文石饱和度不足 1.5 的季节性酸化水体所覆盖，甚至开始出现文石饱和度低于 1.0 的底层海水，相应 pH 大约为 7.85（夏季）和 7.80（秋季）。可见，我国黄渤海海水酸化问题已相当突出，其中黄海冷水团区域可能是中国近海最先遭受海洋酸化潜在负面影响的海区之一（翟惟东，2018）。尽管如此，近岸海域海水悬浮颗粒物（含有较高含量的碳酸盐）的存在很大程度上会抵消酸化带来的海水 pH 降低，其酸化的程度有很大的不确定性（Song，2010）。海洋吸收大气 CO_2 会导致海洋酸化，影响海洋生物的生长、繁殖和代谢等过程，如球石藻、部分贝类、海星、海胆以及珊瑚等，碳酸钙是构成其骨骼的重要成分，海水酸化将影响这些生物结构的完整性，威胁其生存，届时近海（如黄海）底栖生态系统和周边贝类养殖业遭受海洋酸化重大生态灾害影响的风险极大，最终引起海洋生态系统发生不可逆转的变化，进而影响海洋生态系统的平衡及对人类的服务功能（高信度）。

名词解释

健康海洋：主要涵盖三个方面，即清洁的海水、丰富的生物、稳定的生态系统。

5.6.2 气候变化导致海洋生态系统结构与功能转变

近几十年，在全球气候变化的背景下，我国近海生态环境发生了明显的改变，海水温度升高、海水含氧量降低、海洋酸化等，进而引起海洋生物群落 / 功能群的改变。首先，浮游植物群落发生了明显的变化：①浮游植物的优势种数量和组成发生改变，甲藻的数量明显上升，并且在优势种组成中的比例增加，硅藻在优势种组成中的比例下降（高信度）（孙晓霞等，2011）。②浮游植物小型化，小型浮游植物所占比例下降，微型和微微型浮游植物比例升高（高信度）（孙晓霞和孙松，2012），这主要是因为海水温度升高导致水体层化加剧，微微型浮游植物和甲藻能更适应海水变暖与水体层化的环境，从而在水体中成为优势类群。同时，浮游动物群落发生了明显的改变：①浮游动物胶质化（高信度），自 2000 年以来，胶州湾和黄海海域小型水母的丰度增加以及大型水母出现暴发现象的频率与规模均增加（Dong et al.，2018；Sun et al.，2015，2012）；2007 年，黄海海樽类也出现了爆发性增加（Wang et al.，2019；Liu et al.，2012）。②浮游动物优势类群小型化（高信度），由于海水升温，黄海近海桡足类种群出现了小型个体比例增加、群落个体变小的现象（Wang et al.，2018）；Shi 等（2015）的研究结果也表明，小型桡足类的数量在海水温度更高的年份会增加。微型浮游生物变多，在经典食物链中该部分能量只有通过中型和大型浮游动物才能流动到鱼类，而胶质类生物除了通过经典食物链外，还可以通过直接摄食而获取微型生物的能量，因此浮游生物的小型化有利于胶质类的增多。此外，底栖生物群落也发生了明显的转变：①优势种主要类群发生改变，多毛类动物逐渐成为数量密度占比最大的类群，软体动物的比例也逐渐增加，而甲壳动物的比例逐渐下降（高信度）（李新正等，2012b）。②优势种出现小型化趋势，即小个体的多毛类动物、双壳类动物和甲壳类动物取代大个体的棘皮动物和软体动物（高信度）（彭松耀等，2017）。

综合以上研究结果，在全球气候变化的背景下，近几十年来中国近海生态系统发生了较为显著的变化，表现为海洋生物功能群的转变——甲藻化、胶质化和小型化。近海将可能由鱼类主导的生态系统向胶质类生物主导的生态系统转变（Uye，2011）。由此，气候变化引起的海洋生物功能群的转变将会导致海洋生态系统的结构发生转变。

5.6.3 气候变化影响海洋有害生物的暴发与分布

自 20 世纪 90 年代末以来，我国近海的赤潮、水母暴发等生态灾害现象频频出现。自 2000 年以来，赤潮发生的频次和海域面积都有所增加，无经济价值的大型水母数量也呈现波动上升态势。2007 年开始，黄海海域连续出现浒苔形成的大规模绿潮。生态系统结构的改变与气候变化密切相关。

1. 气候变化与有害藻华

有害藻华是我国近海最突出的海洋生态灾害之一，在渤海、黄海、东海和南海都有有害藻华发生的记录。近 50 年来，我国近海有害藻华呈现出长时间尺度的演变态势，且在 2000 年前后的变化趋势较为显著（于仁成和刘东艳，2016）。气候变化对近海海域富营养化的影响不容小觑，它能够通过改变大气沉降输入和陆源入海河流径流量等途径影响近海营养盐污染现状，进而间接地对近海海域有害藻华的发生频次、分布区域和规模构成影响。大量研究表明，中国近海的有害藻华问题不仅与海域富营养化程度密切相关，同时受到全球变暖、海水酸化和大气沉降变化等气候变化的影响。

名词解释

有害藻华：在特定环境条件下，一些微藻能够迅速增殖或聚集，导致生物量在短时间内爆发性增加，这种现象称为藻华（algal bloom）。其中，部分微藻形成的藻华能够带来各种有害影响，如造成缺氧、导致贝类染毒和养殖动物死亡等，这类藻华被称为有害藻华（harmful algal bloom，HAB）。

自 2000 年至今，渤海累计赤潮记录 88 次，且近年来新型微藻藻华频发，如棕囊藻（*Phaeocystis* sp.）、米氏凯伦藻（*Karenia mikimotoi*）、抑食金球藻（*Aureococcus anophagefferens*）等多次形成大规模藻华，造成了巨大的经济损失和社会影响（Zhang Q C et al.，2012）。2004 年 6 月，在黄河口附近海域发生了面积超过 1850km^2 的棕囊藻赤潮；同时，在天津沿海一带发生了面积约 3200km^2 的米氏凯伦藻赤潮；2005 年在渤海湾再次发生棕囊藻赤潮，面积约 3000km^2；2006 年河北黄骅又发生了面积约 1600km^2 的棕囊藻赤潮。2009 年起，渤海河北的秦皇岛—昌黎一带沿岸海域出现了由抑食金球藻暴发形成的“褐潮”。2010 年，褐潮面积达 3350km^2，造成直接经济损失约 2 亿多元。

自 2007 年以来，黄海连续多年暴发大型藻藻华。2008 年漂浮浒苔（*Ulva prolifera*）在青岛近岸大面积聚集，影响海域面积近 3 万 km^2，总生物量达数百万吨，造成了高达 13 亿元的直接经济损失。近年来，由铜藻引起的金潮现象在黄海海域兴起。2017 年春、夏季黄海 35°N 断面出现了罕见的绿潮、金潮和赤潮等有害藻华共发现象（孔凡洲等，2018）。江苏辐射沙洲区域金潮面积超过 25000km^2，对当地紫菜养殖造成严重影响（黄冰心等，2018）。

作为我国近海三大赤潮高发区之一，东海是我国近海赤潮发生次数最多的海域，绝大部分赤潮出现在长江口及其邻近海域。2000 年前后，长江口邻近海域的有害藻华类群出现了硅藻藻华向甲藻藻华演变的态势（于仁成等，2017）。夏季硅藻种类占全部浮游植物的比例已从 80 年代的 85% 减少到了 2000 年的 65% 左右，而每年春季，长江口邻近海域都会暴发大规模甲藻赤潮。近年来，在东海海域暴发的大规模甲藻赤潮影响范围可以从长江口沿浙江沿海向南一直延伸到福建闽东海域。东海海域连续暴发的大规模甲藻赤潮对水产养殖、人类健康和自然生态构成了巨大的威胁。从 2002 年起，在东海赤潮高发区发现大规模的有毒亚历山大藻赤潮呈斑块状分布，单个斑块的最大面积可达 400km^2，赤潮藻种为链状亚历山大藻（*Alexandrium catenella*），赤潮区细胞

密度可达 10^4~10^5cells/L。2005 年发生在长江口邻近海域的米氏凯伦藻赤潮，给南麂岛附近网箱养殖的鱼类造成了毁灭性的打击，直接经济损失达 3000 万元；2012 年福建沿海暴发米氏凯伦藻赤潮，造成直接经济损失 20 亿元。

南海海域的赤潮的发生次数仅次于东海海域，在 2000 年之前，南海海域记录的赤潮发生次数为全国最多（窦勇等，2015）。2000 年以后，南海海域记录的鱼毒性赤潮已达 44 次，这对鱼类养殖业的发展构成了潜在的威胁。此外，在广东沿海还多次记录到能够产生麻痹性贝毒、腹泻性贝毒的有毒赤潮。在广东沿海的贝类中也多次发现存在麻痹性贝毒和腹泻性贝毒的污染情况。1998 年，在广东和香港发生的大规模赤潮造成了约 5 亿元的直接经济损失（Huang et al.，2018）。

大气沉降是陆源营养盐向海洋输送的一条重要途径。以黄海为例，2009~2010 年大气干沉降每年向黄海输入的 NH_4^+、NO_2^-+NO_3^-、SiO_3^{2-} 和 PO_4^{3-} 分别可占大气沉降与河流总输入量的 87%、53%、3% 和 50%。就黄海大气营养盐沉降总量而言，夏、秋季明显高于冬、春季。对黄海千里岩和东海嵊泗研究的结果显示，气溶胶和雨水中的营养盐浓度及通量均在旱季较高，而在雨季偏低。与干沉降相比，来自降雨的湿沉降对营养盐输入的贡献更大，占 71%~99%（韩丽君等，2013）。黄海海域大气沉降的溶解无机氮和磷酸盐通量几乎与河流输入相当；东海海域大气沉降的溶解无机氮通量与河流输入通量基本相当，但磷酸盐仅有河流输入的 13%（朱玉梅和刘素美，2011）。大气将来自亚洲东北部的大量的氮输送至北太平洋上空，并通过降雨输入海洋上层，导致氮磷比例显著上升（Kim et al.，2014）。大气沉降显著影响近海海洋生态系统，大气总氮的沉降可以支持黄海 0.3%~6.7% 的新生产力，沙尘暴和强降雨等天气事件可以在短时间内迅速提高表层海水的初级生产力，甚至可能诱发赤潮（宋金明等，2019）。2007 年春季沙尘暴和强降雨为黄海海域春季赤潮的暴发提供了充足的氮（Shi et al.，2012）。全球变暖加剧了大气湿沉降速率，进而可能通过改变近海海域营养环境来影响有害藻华的发生及其发展过程（中等信度）。

入海河流是近海陆源营养盐污染的主要来源。以中国东海长江口邻近海域为例，长江冲淡水挟带大量营养物质进入该海域，为有害藻华的大面积暴发提供了重要的物质基础。而异常气候现象的发生在很大程度上改变长江径流输入水通量，进而对近海区域的浮游植物群落结构和有害藻华问题产生影响。据统计，在 1973 年、1983 年和 1998 年发生厄尔尼诺现象期间，以及 1989 年发生拉尼娜现象期间，长江径流的水通量分别出现了峰值。与此同时，除了 1989 年（受到三峡工程的影响较大）以外，长江口邻近海域的亚历山大藻孢囊数量在 1983 年、1989 年和 1999 年分别出现了峰值（Dai et al.，2012）。广东沿海 1997 年柘林湾和 1998 年珠江口的大规模赤潮可能与 1997~1998 年的厄尔尼诺事件密切相关（钱宏林等，2000）。因此，极端气候变化引起的降水量骤增会导致中国近海入海河流径流量的显著改变，进而对来自陆源径流的营养盐通量构成影响（中等信度）。

2. 气候变化与水母暴发

水母暴发是一种自然现象，水母生长具有季节性的特点（图 5-4），即使在未受干扰的情况下也可能暴发。但是在过去几十年中，由于气候变化和人类活动的影响，海洋生态系统发生变化，一些海域出现了前所未有的水母暴发现象。自 20 世纪 90 年代中后期开始，我国渤海、东海北部和黄海南部海域相继出现了大型水母暴发的现象（孙松等，2012）。

名词解释

水母（jellyfish）： 水母是一个泛称，主要包括刺胞动物门（Cnidaria）的水螅虫纲（Hydrozoa）、管水母亚纲（Siphonophorae）和钵水母纲（Scyphomedusae）等具固着水螅型和浮游水母型的水母，以及终生营浮游性生活的栉水母门（Ctenophora）等。

大型水母： 一般指成体伞径大于 10cm 的水母，如海蜇、海月水母、沙海蜇等。

水母暴发： 指水母在特定季节、特定海域内数量剧增的现象。

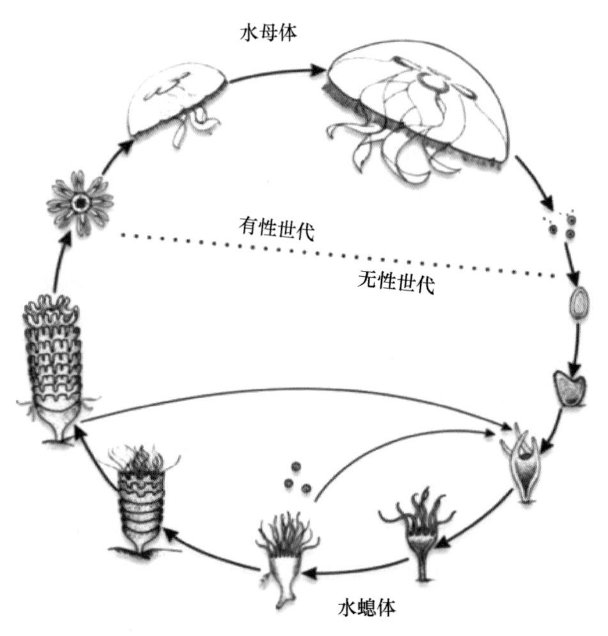

图 5-4　水母生活史简图

引起我国近海水母暴发的因素非常复杂，主要包括气候变化、过度捕捞、富营养化、栖息地改变等。从全球气候变化的影响来看，全球变暖已使我国近海呈现明显增温趋势，使极端天气事件增多。全球气候变化也可能有利于一些水母种类的增长。全球气候变化导致的温度变化模式改变有利于水母幼体的补充及水母体的存活（高信度）。研究表明，秋冬季低温时间延长可以增加沙海蜇（*Nemopilema nomurai*）水螅体的补充量，从而有利于水母种群的暴发。温度控制水母水螅体发生横裂生殖释放碟状体，10~18℃是海月水母和沙海蜇适宜横裂的温度。温度升高能促进水母生长和碟状幼体的产生，温度节律的变化可能导致水母幼体补充量增加、水母暴发。春季升温缓慢，则适宜水母水螅体横裂生殖的温度持续时间长，增加了水母幼体的补充，从而有利于水母的暴发（Wang et al.，2015；Feng et al.，2015）。

全球变化导致的温度升高增加了水母暴发的风险（高信度）。春季黄海浮游动物功能群的分布可以影响水母类种群的分布。在各浮游动物功能群中，小型桡足类与大型水母沙海蜇具有类似的地理分布模式，揭示了小型桡足类为大型水母提供饵料。时永强（2015）观察到小型桡足类生物量的年际变化与温度呈正相关，推断小型桡足类在冷年生物量较低，会限制大型水母的丰富度和规模。对黄、东海表层海水温度和沙海蜇暴发关系研究发现，黄、东海水母暴发之前的年份（1998~2001 年）、水母暴发年份（2002~2007 年、2009 年）和非水母暴发年份（2008 年、2010 年）温度和叶绿素差异较大。1985~2007 年晚春和初夏表层海水温度增加显著，表明从长时期来看，更高的表层海水温度有利于水母暴发。非水母暴发年份表层海水温度显著低于水母暴发年份，表明较低的表层海水温度可能减少了水母的繁殖（Xu et al.，2013）。厄尔尼诺现象发生的当年或第二年的夏季东海水温往往高于多年平均值，1997~1998 年发生的厄尔尼诺现象可能导致 1998~1999 年东海水温偏高，而偏高的水温又可能导致同期东海海域霞水母属（*Cyanea*）和沙海蜇的暴发。

伴随气候的变化，极端气候事件，如强降水和干旱事件频发可能发生变化，气候变化可能改变大气降水的空间分布和时空变异特征，改变水资源空间配置状况。河流径流影响河口区域海水盐度，而河流径流对大气降水变化非常敏感。盐度是影响水生生物生理活动的重要环境因子，会对水母在螅状体和碟状体阶段的生长、存活产生重要的影响（Zhang F et al.，2012）。气候变化导致的降水和干旱事件影响低盐或高盐水母暴发种暴发事件的发生（中等信度）。白色霞水母具有高盐的生态属性，辽东湾白色霞水母主要分布在辽东湾北部近海盐度较高的非河口水域。辽东湾白色霞水母暴发的 2004 年 6 月下旬海水盐度平均值为 32.4，7 月海水表层盐度的范围为 33~35，海水表层平均盐度是往年同期海水表层平均盐度的 1.6 倍，属于辽东湾高盐的年份。2004~2013 年夏季，辽东湾海水盐度总体上呈现持续下降状态，特别是 2010~2013 年夏季辽东湾北部暴雨连连，径流量剧增，海水盐度持续下降，辽东湾北部近海偏低的盐度会对高盐种类白色霞水母的生长和繁殖造成影响，导致白色霞水母较少出现甚至未出现。根据上述分析，推断辽东湾北部近海盐度的持续偏低是近些年该海域内白色霞水母数量极少甚至未出现的主要原因之一（王彬等，2014）。

综上所述，随着全球气候变化导致的升温和低氧等环境问题的加剧，具有耐低氧特性的水母可获得更多的栖息空间，水母暴发现象将伴随全球变化问题长期存在甚至加剧（中等信度）。

5.7　我国典型海洋生态系统对气候变化的适应以及应对措施

尽管海洋生态系统具有一定的自动适应气候变化的能力，如随着海水升温，珊瑚礁、红树林和海草床的生物组成会逐渐发生改变，但是这种自适应能力往往很有限，人类社会还必须采取积极主动的措施来帮助其适应气候变化，主动的适应措施比自然系统的恢复适应能力可以产生更为有效的作用。

首先，近 20~30 年来，中国珊瑚礁、红树林和海草床已经发生严重的退化，因此现阶段很有必要开展典型生态系统的生态修复技术和种质资源保存研究。针对珊瑚礁，在重要、敏感的受损珊瑚礁生态系统建立示范区，通过自然恢复与人工辅助修复相结合的策略，提升珊瑚礁框架生物的造礁能力与生境维护能力，增强生物多样性及生态系统的弹性恢复能力，促进珊瑚礁生物资源量逐步恢复，进而达到系统修复效果；针对红树林，研发合理的林地改造技术，丰富恢复红树林湿地的物种多样性，使其功能得以提升，加强以功能提升为目的的红树林恢复和造林工作，同时注意恢复红树林湿地的保育工作，在提升红树林造林技术的同时，加强恢复红树林湿地的保育和后期管理工作；针对海草床，不同区域海草种类和影响控制海草生长的环境因素具有很强的地域性，因此需要深入研究不同海域影响海草的生态因子和海草床的退化机理，在多海域开展海草床的人工恢复实验，并探索海草床自然恢复的可行性，从而为大规模的海草床恢复提供实践经验，同时对一些濒危物种可进行就地、迁地保护以及室内种质资源保存及增殖技术研究。

其次，建立海洋自然保护区是主动保护海洋生态系统生物多样性和生境的有效措施，虽然目前我国有关珊瑚礁、红树林和海草床的国家级和地方级保护区已有多个，但是在其保护和管理上还存在着许多问题，可以结合海洋生态“红线”的划定扩展现有保护区范围，同时加强自然保护区的分区管理，在国家、省、市多个层面建立保护区、示范区与监控区，制定沿海和海洋资源利用与保护规划，保护好关键生物类群，进一步规范相关海域的用海行为，强化执法，加大对违法行为的惩处力度，切实管控工程用海活动、破坏性渔业活动和过度捕捞等，促进海洋生态环境的改善，还应当加强保护区保护和监管相关能力的建设，适当增加人员和经费，使其在保护典型海洋生态系统方面发挥应有的作用。

再者，鉴于人类活动已经对我国海洋生态系统产生了显著的影响以及气候变化的复杂性，未来海洋生态系统的风险管理将更具挑战性，必须考虑非气候变化相关的人类活动，有效控制围垦填海和海洋生态系统周边的工程建设对生境的破坏。当前对全球气候变化对我国典型海洋生态系统的研究大多停留在对物种的影响层面上，因为缺乏长期连续的观测，目前对海洋生态系统的演化状态、演化的过程和机理仍不清楚，很有必要在珊瑚礁、红树林和海草床的典型分布区设置生态观测站，用统一的方法对典型海洋生态系统的资源和受到的威胁进行常态化监测和研究，重点关注影响海洋生态系统的动态变化及关键生态因子在全球气候变化大背景下的变化情况。例如，设置珊瑚礁常规生态监测站位，应用可视化监控系统、数据信息化采集等技术，加强对珊瑚群落资源重点分布海区的环境和关键生物实时原位监测，积累珊瑚群落资源与环境年际变化数据，系统认识珊瑚群落资源变化趋势，评估珊瑚群落生态健康状况；全面启动我国海草种类资源和海草场分布的普查行动，摸清海草种类资源和草场分布状况，加强海草场动态监测，建立中国国家海草监测网，了解海草生态系统的演化状态，揭示其演化的过程和机理。

最后，珊瑚礁、红树林、海草床管理技术性强，而且具有多学科的性质，因此培养合格的管理人才是一项战略任务，珊瑚礁、红树林、海草床管理各种学科之间相互渗透，既需要自然学科和社会科学的专门人才，也需要综合的高级管理人才。对海洋生态系统的保护同样离不开公众的参与，应积极加强对公众的环境保护教育，宣传生态保护的迫切性，充分利用现代媒体强化提高公民保护与合理利用海洋资源的意识，可以建立政府、科研机构、社会组织与公众联合模式，加强珊瑚礁、红树林和海草床的科普宣传教育，结合每年的地球日、世界海洋日、世界环境日等重要活动，开展海洋及海洋生物的保护公益宣传和海洋生态文明的专题宣传与推广，加强海洋生态保护法律意识教育，定期举办海洋保护普法宣传活动。

5.8 主要结论和认识差距

近岸与近海系统具有很高的生产力，其对于海洋经济的可持续发展具有重大意义。本章系统地开展了气候变化对中国近海生态系统的影响评估工作，气候变化对近海生态系统的主要影响体现在：有害藻华增加、水母数量增加、群落优势种改变、对浮游生物影响显著、海洋生物暖水种北移、海洋生物小型化趋势明显、低纬度热带海域珊瑚礁白化、红树和海草死亡风险增加、海水溶解氧降低威胁底栖生物生存（图5-5）。但由于中国过去对海洋生态系统的相关观测和调查研究不足与缺乏系统性，不同区域可供引用的调查与研究文献参差不齐，特别是从气候变化的角度研究中国近海生态系统变化的研究偏少，使得可为气候变化的影响评估提供的信息量有限。此外，由于气候变化与人类活动的交互作用及累积效应的复杂性，在气候变化对中国近海生态系统的影响评估中仍存在相当多的难点。甄别气候变化与人类活动的影响尤为重要，这需要进一步加强对我国近海生态系统的长期观测与系统研究，加强长期气候变化及极端气候事件对我国近海生态系统的影响研究，加强我国海洋领域在应对气候变化方面的工作。

图 5-5　气候变化对近海生态系统的影响示意图

▪ 参考文献

蔡立哲，李新正，王金宝，等 . 2012a. 东海底栖动物 // 孙松 . 中国区域海洋学 – 生物海洋学 . 北京：海洋出版社：76-77.

蔡立哲，李新正，王金宝，等 . 2012b. 南海底栖动物 // 孙松 . 中国区域海洋学 – 生物海洋学 . 北京：海洋出版社：50-52.

陈琳琳，王全超，李晓静，等 . 2016. 渤海南部海域大型底栖动物群落演变特征及原因探讨 . 中国科学：生命科学，46（9）：1121-1134.

陈小燕 . 2013. 基于遥感的长时间序列浮游植物的多尺度变化研究 . 杭州：浙江大学 .

陈小勇，林鹏 . 1999. 我国红树林对全球气候变化的响应及其作用 . 海洋湖沼通报，2：11-17.

陈永利，王凡，白学志，等 . 2004. 东海带鱼（*Trichiurus haumela*）渔获量与邻近海域水文环境变化的关系 . 海洋与湖沼，35（5）：404-412.

陈玉军，郑德璋，廖宝文，等 . 2000. 台风对红树林损害及预防的研究 . 林业科学研究，13（5）：524-529.

陈云龙 . 2014. 黄海鳀鱼种群特征的年际变化及越冬群体的气候变化情景分析 . 青岛：中国海洋大学 .

丁峰元，严利平，李圣法，等 . 2006. 水母暴发的主要影响因素 . 海洋科学，30（9）：79-83.

丁庆霞，陈文忠 . 2016. 基于 VGPM 的中国近海净初级生产力的时空变化研究 . 海洋开发与管理，33（8）：31-35.

窦勇，高金伟，时晓婷，等 . 2015. 2000-2013 年中国南部近海赤潮发生规律及影响因素研究 . 水生态学杂志，36（3）：31-37.

傅海峰，陶伊佳，王文卿 . 2014. 海平面上升对中国红树林影响的几个问题 . 生态学杂志，33（10）：2842-2848.

葛立军，何德民 . 2004. 生态危机的标志性信号—霞水母旺发今年辽东湾海蜇大面积减产 . 中国水产，9：23-25.

顾宏堪 . 1980. 黄海溶解氧垂直分布的最大值 . 海洋学报，2：70-80.

郭术津，李彦翘，张翠霞，等 . 2014. 渤海浮游植物群落结构及与环境因子的相关性分析 . 海洋通报，33（1）：95-104.

韩洁，张志南，于子山 . 2001. 渤海大型底栖动物丰度和生物量的研究 . 青岛海洋大学学报（自然科学版），31（6）：889-896.

韩丽君，朱玉梅，刘素美，等 . 2013. 黄海千里岩岛大气湿沉降营养盐的研究 . 中国环境科学，33(7)：1174-1184.

何斌源，赖廷和，陈剑锋，等 . 2007. 两种红树植物白骨壤（*Avicennia marina*）和桐花树（*Aegiceras corniculatum*）的耐淹性 . 生态学报，27（3）：1130-1138.

胡颢琰，黄备，唐静亮，等 . 2000. 渤、黄海近岸海域底栖生物生态研究 . 东海海洋，18（4）：39-46.

黄冰心，丁兰平，秦松，等 . 2018. 铜藻的分类地位、生物地理分布以及 2016 年底黄海漂浮铜藻源头的初步分析 . 海洋与湖沼，49（1）：214-223.

黄晖，尤丰，练健生，等 . 2012. 珠江口万山群岛海域造礁石珊瑚群落分布与保护 . 海洋通报，31(2)：189-197.

黄小平，黄良民，李颖虹，等 . 2006. 华南沿海主要海草床及其生境威胁 . 科学通报，S3：114-119.

黄小平，江志坚，张景平，等 . 2010. 广东沿海新发现的海草床 . 热带海洋学报，29（1）：132-135.

黄小平，江志坚，张景平，等 . 2018. 全球海草的中文命名 . 海洋学报，40（4）：127-133.

江天久，陈菊芳，邹迎麟，等 . 2003. 中国东海和南海有害赤潮高发区麻痹性贝毒素研究 . 应用生态学报，7：1156-1160.

姜峰，陈明茹，杨圣云 . 2011. 福建东山造礁石珊瑚资源现状及其保护 . 资源科学，33（2）：364-371.

焦念志，张传伦，谢树成，等 . 2014. 古今结合论碳汇、见微知著识海洋 . 地球科学进展，29（11）：

1294-1297.
孔凡洲，姜鹏，魏传杰，等 . 2018. 2017 年春、夏季黄海 35°N 共发的绿潮、金潮和赤潮 . 海洋与湖沼，49（5）：1021-1030.
李洪波，杨青，周峰 . 2012. 海洋微食物环研究新进展 . 海洋环境科学，31（6）：927-932.
李荣冠 . 2003. 中国海陆架及邻近海域大型底栖生物 . 北京：海洋出版社 .
李莎莎，孟宪伟，葛振鸣，等 . 2014. 海平面上升影响下广西钦州湾红树林脆弱性评价 . 生态学报，34（10）：2702-2711.
李淑，余克服，陈天然，等 . 2011. 珊瑚共生虫黄藻密度结合卫星遥感分析 2007 年南沙群岛珊瑚热白化 . 科学通报，56（10）：756-764.
李晓玺，袁金国，刘夏菁，等 . 2017. 基于 MODIS 数据的渤海净初级生产力时空变化 . 生态环境学报，26（5）：785-793.
李新正 . 2011. 我国海洋大型底栖生物多样性研究及展望：以黄海为例 . 生物多样性，19（6）：676-684.
李新正，王金宝，寇琦，等 . 2012a. 渤海底栖生物 // 孙松 . 中国区域海洋学——生物海洋学 . 北京：海洋出版社：38-40.
李新正，王金宝，寇琦 . 2012b. 黄海底栖动物 // 孙松 . 中国区域海洋学——生物海洋学 . 北京：海洋出版社：31-32.
李忠炉，金显仕，张波，等 . 2012. 黄海大头鳕（*Gadus macrocephalus*）种群特征的年际变化 . 海洋与湖沼，43（5）：924-931.
梁玉波 . 2012. 中国赤潮调查灾害与评价（1933—2009）. 北京：海洋出版社 .
林更铭，杨清良 . 2011. 全球气候变化背景下台湾海峡浮游植物的长期变化 . 应用与环境生物学报，17（5）：615-623.
林鹏 . 1997. 中国红树林生态系 . 北京：科学出版社 .
刘慧，黄小平，王元磊，等 . 2016. 渤海曹妃甸新发现的海草床及其生态特征 . 生态学杂质，35（7）：1677-1683.
刘录三，李新正 . 2003. 南黄海春秋季大型底栖动物分布现状 . 海洋与湖沼，34（1）：26-32.
刘录三，李子成，周娟，等 . 2011. 长江口及其邻近海域赤潮时空分布研究 . 环境科学，32：2497-2504.
刘瑞玉，崔玉珩，徐凤山，等 . 1986. 黄海、东海底栖生物的生态特点 . 海洋科学集刊，27：153-173.
刘胜，黄晖，黄良民，等 . 2006. 大亚湾核电站对海湾浮游植物群落的生态效应 . 海洋环境科学，25（2）：9-12.
刘涛，刘莹，乐远福 . 2017. 红树林湿地沉积速率对于气候变化的响应 . 热带海洋学报，36（2）：40-47.
刘晓收，赵瑞，华尔，等 . 2014. 莱州湾夏季大型底栖动物群落结构特征及其与历史资料的比较 . 海洋通报，3：283-292.
刘允芬 . 2000. 气候变化对我国沿海渔业生产影响的评价 . 中国农业气象，21（4）：1-5.
栾青杉，康元德，王俊 . 2018. 渤海浮游植物群落的长期变化（1959~2015）. 渔业科学进展，39（4）：

9-18.
罗紫丹，孟宪伟，罗新正 . 2017. 百年内全球海平面上升、地壳上升和潮滩沉积对广西英罗湾红树林分布的影响 . 海洋通报，36（2）：209-216.
彭松耀 . 2013. 黄东海大型底栖动物群落结构特征 . 青岛：中国科学院海洋研究所 .
彭松耀，李新正，徐勇，等 . 2017. 十年间黄海大型底栖动物优势种的变化 . 海洋与湖沼，48（3）：536-542.
齐庆华，蔡榕硕 . 2019. 中国近海海表温度变化的极端特性及其气候特征研究 . 海洋学报，41（7）：36-51.
钱宏林，梁松，齐雨藻 . 2000. 广东沿海赤潮的特点及成因研究 . 生态科学，19（3）：8-16.
覃超梅，于锡军 . 2012. 海平面上升对广东近岸海域环境影响研究 . 环境科学与管理，37（8）：37-38.
单秀娟，陈云龙，金显仕 . 2017. 气候变化对长江口和黄河口渔业生态系统健康的潜在影响 . 渔业科学进展，38（2）：1-7.
沈国英，黄凌风，郭丰，等 . 2010. 海洋生态学 .3 版 . 北京：科学出版社 .
施祺，余克服，陈天然，等 . 2012. 南海南部美济礁 200 余年滨珊瑚骨骼钙化率变化及其与大气 CO_2 和海水温度的响应关系 . 中国科学：地球科学，42（1）：71-82.
时小军，刘元兵，陈特固，等 . 2008. 全球气候变暖对西沙、南沙海域珊瑚生长的潜在威胁 . 热带地理，28（4）：48-74.
时永强 . 2015. 黄海浮游动物功能群年际变化研究 . 青岛：中国科学院海洋研究所 .
史小芳 . 2012. 红树植物秋茄叶片性状和光合能力的纬度差异 . 厦门：厦门大学 .
宋金明，王启栋，张润，等 . 2019. 70 年来中国化学海洋学研究的主要进展 . 海洋学报，41（10）：65-80.
苏杭，陈新军，汪金涛 . 2015. 海表水温变动对东、黄海鲐鱼栖息地分布的影响 . 海洋学报，37（6）：88-96.
苏瑞侠，隋丹丹，张叶春，等 . 2012. 南海南部最近几十年珊瑚钙化趋势与大气 CO_2 浓度升高和全球变暖的联系 . 第四纪研究，32（6）：1087-1106.
孙道元，刘银城 . 1991. 渤海底栖动物种类组成和数量分布 . 黄渤海海洋，9（1）：42-50.
孙军，刘东艳，杨世民，等 . 2002. 渤海中部和渤海海峡及邻近海域浮游植物群落结构的初步研究 . 海洋与湖沼，33：461-471.
孙军，刘东艳，张晨，等 . 2003. 渤海中部和渤海海峡及其邻近海域浮游植物粒级生物量的初步研究 . I. 浮游植物粒级生物量的分布特征 . 海洋学报，33（5）：103-112.
孙军，薛冰 . 2016. 全球气候变化下的海洋浮游植物多样性 . 生物多样性，24（7）：739-747.
孙松，李超伦，张光涛，等 . 2011. 胶州湾浮游动物群落长期变化 . 海洋与湖沼，42（5）：625-631.
孙松，于志刚，李超伦，等 .2012. 黄、东海水母暴发机理及其生态环境效应研究进展 . 海洋与湖沼，43（3）：401-405.
孙晓霞，孙松 . 2012. 胶州湾浮游植物粒级结构及其时空变化 . 海洋与湖沼，43（3）：411-418.
孙晓霞，孙松，吴玉霖，等 . 2011. 胶州湾网采浮游植物群落结构的长期变化 . 海洋与湖沼，42（5）：639-646.

谭晓林，张乔民 . 1997. 红树林潮滩沉积速率及海平面上升对我国红树林的影响 . 海洋通报，4：29-35.
汤超莲，雄周，郑兆勇，等 . 2013. 未来海平面上升对涠洲岛珊瑚礁的可能影响 . 热带地理，33（2）：119-123.
唐启升 . 2006. 中国专属经济区海洋生物资源与栖息环境 . 北京：科学出版社 .
唐森铭，蔡榕硕，郭海峡，等 . 2017. 中国近海区域浮游植物生态对气候变化的响应 . 应用海洋学学报，36（4）：455-465.
王彬，董婧，王文波，等 . 2012. 辽东湾北部近海大型水母数量分布和温度盐度特征 . 海洋与湖沼，43（3）：568-578.
王彬，李玉龙，沈鸿 . 2014. 2005 ~ 2013 年辽东湾北部近海白色霞水母的数量分布 . 海洋渔业，36（2）：146-154.
王国忠 . 2005. 全球海平面变化与中国珊瑚礁 . 古地理学报，7（4）：483-492.
王颢，魏姗姗，阳藻，等 . 2014. 福建三沙湾夏季海水溶解氧分布及低氧现象初探 . 海洋湖沼通报，3：167-174.
王继隆 . 2010. 气候因子对东中国海主要经济鱼类资源的影响 . 上海：上海海洋大学 .
王娜 . 2008. 脂肪酸等生物标志物在海洋食物网研究中的应用 . 上海：华东师范大学 .
王巧宁，颜天，周名江 . 2012. 近岸和河口低氧成因及其影响的研究进展 . 海洋环境科学，31（5）：775-778.
王文卿，王瑁 . 2007. 中国红树林 . 北京：科学出版社 .
王友绍，王肇鼎，黄良民 . 2004. 近 20 年来大亚湾生态环境的变化及其发展趋势 . 热带海洋学报，23（5）：85-94.
韦梅球 . 2017. 潮间带海草贝克喜盐草种子储存与萌发影响因素的研究 . 南宁：广西大学 .
韦兴平，石峰，樊景凤，等 . 2011. 气候变化对海洋生物及生态系统的影响 . 海洋科学进展，29：241-252.
吴佳颖，薛莹，刘笑笑，等 . 2017. 黄、渤海渔业生物平均营养级的长期变动 . 中国海洋大学学报（自然科学版），47（11）：53-60.
夏鹏，孟宪伟，丰爱平，等 . 2015. 压实作用下广西典型红树林区沉积速率及海平面上升对红树林迁移效应的制衡 . 沉积学报，33（3）：551-560.
徐勤增，李瑞香，王宗灵，等 . 2009. 南黄海夏季大型底栖动物分布现状 . 海洋科学进展，27（3）：393-399.
徐勇 . 2017. 黄东海大型底栖动物多样性变化及黑潮的影响 . 青岛：中国科学院海洋研究所 .
许思思，宋金明，李学刚，等 . 2014. 渤海渔获物资源结构的变化特征及其影响因素分析 . 自然资源学报，29（3）：500-506.
杨青，王真良，樊景凤，等 . 2012. 北黄海秋、冬季浮游动物多样性及年间变化 . 生态学报，32（21）：6747-6754.
杨曦光 . 2013. 黄海叶绿素及初级生产力的遥感估算 . 青岛：中国科学院海洋研究所 .
杨芸兰，蔡兰兰，张锐 . 2015. 气候变化对海洋病毒生态特性及其生物地球化学效应的影响 . 微生物学报，55（9）：1097-1104.

杨宗岱 . 1982. 中国海草的生态学研究 . 海洋科学，6（2）：34-37.

易炜，郭爱，陈新军 . 2017. 不同环境因子权重对东海鲐鱼栖息地模型的影响研究 . 海洋学报，12：92-99.

于君，邱永松 . 2016. 黑潮入侵对南海东北部初级生产力的影响 . 南方水产科学，12（4）：17-27.

于仁成，刘东艳 . 2016. 我国近海藻华灾害现状、演变趋势与应对策略 . 中国科学院院刊，31（10）：1167-1174.

于仁成，张清春，孔凡洲，等 . 2017. 长江口及其邻近海域有害藻华的发生情况、危害效应与演变趋势 . 海洋与湖沼，48（6）：1178-1186.

袁兴伟，刘尊雷，程家骅，等 . 2017. 气候变化对冬季东海外海中下层游泳动物群落结构及重要经济种类的影响 . 生态学报，37（8）：2796-2808.

翟惟东 . 2018. 黄海的季节性酸化现象及其调控 . 中国科学：地球科学，48（6）：671-682.

翟惟东，赵化德，郑楠，等 . 2012. 2011 年夏季渤海西北部、北部近岸海域的底层耗氧与酸化 . 科学通报，57（9）：1062-1068.

张均龙 . 2012. 黄海大型底栖生物多样性与群落结构的研究 . 青岛：中国科学院海洋研究所 .

张沛东，孙燕，牛淑娜，等 . 2011. 海草种子休眠、萌发、幼苗生长及其影响因素的研究进展 . 应用生态学报，22（11）：3060-3066.

张学敏，商少平，张彩云，等 . 2005. 闽南 – 台湾浅滩渔场海表温度对鲐鲹鱼类群聚资源年际变动的影响初探 . 海洋通报，24（4）：91-96.

张远辉，陈立奇 . 2006. 南沙珊瑚礁对大气 CO_2 含量上升的响应 . 应用海洋学学报，25(1)：68-76.

章飞燕 . 2009. 长江口及邻近海域浮游植物群落变化的历史对比及其环境因子研究 . 上海：华东师范大学 .

赵亮，李夏，张芳 . 2016. 黄海水温与沙海蜇丰度年际变化的相关分析 . 海洋与湖沼，47（3）：564-571.

郑杏雯 . 2007. 广西防城海草光合作用研究 . 南宁：广西大学 .

郑兆勇，汤超莲，邓松，等 . 2008. 全球气候变暖对珠江口珊瑚礁群落生长的潜在威胁 . 广州：第四届粤港澳可持续发展研讨会 .

周红，华尔，张志南 . 2010. 秋季莱州湾及邻近海域大型底栖动物群落结构的研究 . 中国海洋大学学报（自然科学版），8：80-87.

周进，徐兆礼，马增岭 . 2009. 长江口拟长脚蝛数量变化和对环境变暖的响应 . 生态学报，29（11）：5758-5765.

周永东，贺舟挺，卢占晖 . 2015. 浙江近海大型有害水母的监测及其与环境关系初探 . 浙江海洋学院学报（自然科学版），34（5）：411-414.

朱晓君，陆健健 . 2003. 长江口九段沙潮间带底栖动物的功能群 . 动物学研究，24（5）：355-361.

朱玉梅，刘素美 . 2011. 东海大气湿沉降中营养盐的研究 . 环境科学，32（9）：2724-2731.

邹仁林 . 2001. 中国动物志：腔肠动物门 . 珊瑚虫纲 . 石珊瑚目 . 造礁石珊瑚 . 北京：科学出版社 .

Cai R，Tan H，Qi Q. 2016. Impacts of and adaptation to inter-decadal marine climate change in coastal China seas. International Journal of Climatology，36（11）：3770-3780.

Cesar H，Burke L，Pet-Soede L. 2003. The Economics of Worldwide Coral Reef Degradation. Arnhem：

Cesar Environmental Economics Consulting.

Cheung W W L，Watson R，Pauly D. 2013. Signature of ocean warming in global fisheries catch. Nature，497（7449）：365-368.

Costanza R，d' Arge R，de Groot R，et al. 1997. The value of the world' s ecosystem services and natural capital. Nature，387（6630）：253-260.

Dai X F，Lu D D，Xia P，et al. 2012. A 50-year temporal record of dinoflagellate cysts in sediments from the Changjiang estuary，East China Sea，in relation to climate and catchment changes. Estuarine Coastal and Shelf Science，112：192-197.

DeCarlo T M，Cohen A L，Wong G T F，et al. 2017. Mass coral mortality under local amplification of 2 ℃ ocean warming. Scientific Reports，7：44586.

Dong J，Liu C Y，Wang Y Q，et al. 2006. Laboratory observations on the life cycle of *Cyanea nozakii*（Semeostomida，Scyphozoa）. Acta Zoologica Sinica，52（2）：389-395.

Dong J，Wang B，Duan Y，et al. 2018. Initial occurrence，ontogenic distribution-shifts and advection of *Nemopilema nomurai*（Scyphozoa：Rhizostomeae）in Liaodong Bay，China，from 2005—2015. Marine Ecology Progress Series，591：185-197.

Dong Z，Liu D，Keesing J K. 2010. Jellyfish blooms in China: dominant species，causes and consequences. Marine Pollution Bulletin，60（7）：954-963.

Fabry V J，Seibel B A，Feely R A，et al. 2008. Impacts of ocean acidification on marine fauna and ecosystem. Journal of Marine Science，65（3）：414-432.

Fan H，Huang H. 2008. Response of coastal marine eco-environment to river fluxes into the sea：a case study of the Huanghe（Yellow）River mouth and adjacent waters. Marine Environmental Research，65(5)：378-387.

Fauchald K，Jumars P A. 1979. The diet of worms：a study of polychaete feeding guilds. Oceanography and Marine Biology，17：193-284.

Feng S，Zhang F，Sun S，et al. 2015. Effects of duration at low temperature on asexual reproduction in polyps of the scyphozoan *Nemopilema nomurai*（Scyphozoa：Rhizostomeae）. Hydrobiologia，754：97-111.

Fourqurean J W，Duarte C M，Kennedy H，et al. 2012. Seagrass ecosystems as a globally significant carbon stock. Nature Geoscience，1（3）：297-315.

Gao K，Zhang Y，Häder D P. 2017. Individual and interactive effects of ocean acidification，global warming，and UV radiation on phytoplankton. Journal of Applied Phycology，30（2）：743-759.

Gao Y，Fang J，Du M，et al. 2017. Response of the eelgrass（*Zostera marina* L.）to the combined effects of high temperatures and the herbicide，atrazine. Aquatic Botany，142：41-47.

Gao Y，Jiang Z，Du M，et al. 2018. Photosynthetic and metabolic responses of eelgrass *Zostera marina* L. to short-term high-temperature exposure. Journal of Oceanology and Limnology，37（1）：199-209.

Garcia H E，Boyer T P，Levitus S，et al. 2005. On the variability of dissolved oxygen and apparent oxygen utilization content for the upper world ocean：1955 to 1998. Geophysical Research Letters，32：L09604.

Gaston G R. 1987. Benthic polychaeta of the middle Atlantic Bight-feeding and distribution. Marine Ecology Progress Series，36（3）：251-262.

Hatcher B G. 1988. Coral reef primary productivity：a beggar’s banquet. Trends in Ecology & Evolution，3（5）：106-111.

He B，Lai T，Fan H，et al. 2007. Comparison of flooding-tolerance in four mangrove species in a diurnal tidal zone in the Beibu Gulf. Estuarine.Coastal and Shelf Science，74（1）：254-262.

Hemminga M A，Duarte C M. 2000. Seagrass Ecology. Cambridge：Cambridge University Press.

Henson S，Sarmiento J L，Dunne J P，et al. 2010. Detection of anthropogenic climate change in satellite records of ocean chlorophyll and productivity. Biogeosciences，7（2）：621-640.

Huang H，Yuan X C，Cai W J，et al. 2014. Positive and negative responses of coral calcification to elevated pCO_2：case studies of two coral species and the implications of their responses. Marine Ecology Progress Series，502：145-156.

Huang Y，Liu X，Laws E A，et al. 2018. Effects of increasing atmospheric CO_2 on the marine phytoplankton and bacterial metabolism during a bloom：a coastal mesocosm study. Science of the Total Environment，633：618-629.

IPCC. 2007. Climate Change 2007: the Physical Science Basis. Contribution of Working Group I to the Fourth Assessment Report of the Intergovernmental Panel on Climate Change. Geneva: IPCC.

Jiang Z J. 2010. Effects of CO_2 enrichment on photosynthesis，growth，and biochemical composition of seagrass *Thalassia hemprichii*（Ehrenb.）Aschers. Journal of Integrative Plant Biology，52（10）：904-913.

Jin P，Wang T，Liu N，et al. 2015. Ocean acidification increases the accumulation of toxic phenolic compounds across trophic levels. Nature Communications，6：8714.

Jung H K，Rahman S M，Kang C，et al. 2017. The influence of climate regime shifts on the marine environment and ecosystems in the East Asian Marginal Seas and their mechanisms. Deep-sea Research Part I，143：110-120.

Kim I N，Lee K，Gruber N，et al. 2014. Increasing anthropogenic nitrogen in the North Pacific Ocean. Science，346: 1102-1106.

Kim J Y，Kang Y S，Oh H J，et al. 2005. Spatial distribution of early life stages of anchovy（*Engraulis japonicus*）and hairtail（*Trichiurus lepturus*）and their relationship with oceanographic features of the East China Sea during the 1997—1998 El Niño Event. Estuarine，Coastal and Shelf Science，63（1/2）：13-21.

Kong F Z，Yu R C，Zhang Q C，et al. 2012. Pigment characterization for the 2011 bloom in Qinhuangdao implicated “browntide” events in China. Journal of Oceanology and Limnology，30（3）：361-370.

Li C L，Zhai W D. 2019. Decomposing monthly declines in subsurface-water pH and aragonite saturation state from spring to autumn in the North Yellow Sea. Continental Shelf Research，185: 37-50.

Li X，Liu S，Huang H，et al. 2012. Coral bleaching caused by an abnormal water temperature rise at Luhuitou fringing reef，Sanya Bay，China. Aquatic Ecosystem Health & Management，15（2）：227-233.

Li X Z，Wang H F，Wang J B，et al. 2014. Biodiversity variability of macrobenthic in the Yellow Sea and East China Sea between 2001 and 2011. Zoological Systematics，39（4）：459-484.

Li Y，Mu L，Wang Q Y，et al. 2019. High quality sea surface temperature measurements along coast of the Bohai and Yellow Seas in China and their long term trends during 1960—2012. International Journal of Climatology，40: 63-76.

Li Y，Zheng X，Chen S，et al. 2016. Coral bleaching in the North Reef of China' s Xisha Islands in 2014. BMC Ecology，16（Suppl 2）：3.

Liu Y，Sun S，Zhang G T. 2012. Seasonal variation in abundance，diel vertical migration and body size of pelagic tunicate *Salpa fusiformis* in the Southern Yellow Sea. Chinese Journal of Oceanology and Limnology，30（1）：92-104.

Lu W，Chen L，Wang W，et al. 2013. Effects of sea level rise on mangrove *Avicennia* population growth，colonization and estab-lishment：evidence from a field survey and greenhouse manipulation experiment. Acta Oecologica，49：83-91.

Luo L，Li S，Wang D. 2009. Hypoxia in the Pearl River Estuary，the South China Sea，in July 1999. Aquatic Ecosystem Health & Management，12：418-428.

Luo Z，Sun O J，Wang E，et al. 2010. Modeling productivity in Mangrove forests as impacted by effective soil water availability and its sensitivity to climate change using Biome-BGC. Ecosystems，13（7）：949-965.

MacFarling M C，Etheridge D，Trudinger C，et al. 2006. Law Dome CO_2，CH_4 and N_2O ice core records extended to 2000 years BP. Geophysical Research Letters，33：L14810.

Moberg F，Folke C. 1999. Ecological goods and services of coral reef ecosystems. Ecological Economics，29（2）：215-233.

Molinero J C，Tseng L C，Lopez-Lopez L，et al. 2016. Climate-driven winter variations of *Calanus sinicus* abundance in the East China Sea. Fisheries Oceanography，25（6）：555-564.

Muscatine L，Mccloskey L R，Marian R E. 1981. Estimating the daily contribution of carbon from zooxanthellae to coral animal respiration. Limnology and Oceanography，305（4）：369-401.

Qian W，Gan J P，Liu J W，et al. 2018. Current status of emerging hypoxia in a eutrophic estuary: the lower reach of the Pearl River Estuary, China. Estuarine Coastal and Shelf Science，205: 58-67.

Sanchezmata A，Lastra M，Mora J. 1993. Macrobenthic crustacean characterization of an estuarine area. Crustaceana，64：337-355.

Shetye S，Sudhakar M，Jena B，et al. 2013. Occurrence of nitrogen fixing cyanobacterium *Trichodesmium* under elevated pCO_2 conditions in the western Bay of Bengal. International Journal of Oceanography，2013：350-465.

Shi J H，Gao H W，Zhang J，et al. 2012. Examination of causative link between a spring bloom and dry/wet deposition of Asian dust in the Yellow Sea，China. Journal of Geophysical Research, 117, D17304.

Shi Y Q，Sun S，Zhang G T，et al. 2015. Distribution pattern of zooplankton functional groups in the Yellow Sea in June：a possible cause for geographical separation of giant jellyfish species. Hydrobiologia，754（1）：43-58.

Song J M. 2010. Biogeochemical Processes of Biogenic Elements in China Marginal Seas. Hangzhou: Springer-Verlag GmbH & Zhejiang University Press.

Spalding M, Ravilious C, Green E P. 2001. World Atlas of Coral Reefs. California: University of California Press.

Sun S, Li Y, Sun X. 2012. Changes in the small-jellyfish community in recent decades in Jiaozhou Bay, China. Chinese Journal of Oceanology and Liminology, 30（4）: 507-518.

Sun S, Sun X X, Jenkinson I R. 2015. Preface: giant jellyfish blooms in Chinese waters. Hydrobiologia, 754（1）: 1-11.

Uye S I. 2011. Human forcing of the copepod-fish-jellyfish triangular trophic relationship. Hydrobiologia, 666（1）: 71-83.

Wang T, Tong S, Liu N, et al. 2017. The fatty acid content of plankton is changing in subtropical coastal waters as a result of OA: results from a mesocosm study. Marine Environmental Research, 132: 51-62.

Wang W C, Sun S, Zhang F, et al. 2018. Zooplankton community structure, abundance and biovolume in Jiaozhou Bay and the adjacent coastal Yellow Sea during summers of 2005-2012: relationships with increasing water temperature. Journal of Oceanology and Limnology, 36（5）: 1655-1670.

Wang X, Xu Q, Jiang M, et al. 2019. Zooplankton distribution and influencing factors in the South Yellow Sea in spring. Marine Pollution Bulletin, 146: 145-154.

Wang Y T, Zheng S, Sun S, et al. 2015. Effect of temperature and food type on asexual reproduction in *Aurelia* sp.1 polyps. Hydrobiologia, 754: 169-178.

Wei Q S, Wang B D, Yao Q Z, et al. 2019. Spatiotemporal variations in the summer hypoxia in the Bohai Sea（China）and controlling mechanisms. Marine Pollution Bulletin, 138: 125-134.

William M G, Fransesc P, Hamner W M. 2001. A physical context for gelatinous zooplankton aggregations: a review. Hydrobiologia, 451（1/3）: 199-212.

Xian W W, Kang B, Liu R Y. 2005. Jellyfish blooms in the Yangtze estuary. Science, 307: 41.

Xiu P, Dai M, Chai F, et al. 2019. On contributions by wind-induced mixing and eddy pumping to interannual chlorophyll variability during different ENSO phases in the northern South China Sea. Limnology and Oceanography, 64: 503-514.

Xu S, Zhou Y, Wang P, et al. 2016. Salinity and temperature significantly influence seed germination, seedling establishment, and seedling growth of eelgrass *Zostera marina* L. PeerJ, 4（3）: e2697.

Xu Y, Sui J, Li X, et al. 2018a. Variations in macrobenthic community at two stations in the southern Yellow Sea and relation to climate variability（2000—2003）. Aquatic Ecosystem Health and Management, 21（1）: 50-59.

Xu Y, Sui J, Yang M, et al. 2017. Variation in the macrofaunal community over large temporal and spatial scales in the southern Yellow Sea. Journal of Marine Systems, 173: 9-20.

Xu Y, Yu F, Li X, et al. 2018b. Spatiotemporal patterns of the macrofaunal community structure in the East China Sea, off the coast of Zhejiang, China, and the impact of the Kuroshio Branch Current. PLoS One, 13（1）: e0192023.

Xu Y J，Eko S，Wang S Q. 2013. Relationships of interannual variability in SST and phytoplankton blooms with giant jellyfish (*Nemopilema nomurai*) outbreaks in the Yellow Sea and East China Sea. Journal of Oceanography，69 (5)：511-526.

Xu Z L，Ma Z L，Wu Y M. 2011. Peaked abundance of *Calanus sinicus* earlier shifted in the Changjiang River (Yangtze River) Estuary: a comparable study between 1959，2002 and 2005. Acta Oceanologica Sinica，30 (3)：84-91.

Yan J，Xu Y，Sui J，et al. 2017. Long-term variation of the macrobenthic community and its relationship with environmental factors in the Yangtze River estuary and its adjacent area. Marine Pollution Bulletin，123 (1/2)：339-348.

Yan X，Cai R，Bai Y. 2016. Long-term change of the marine environment and plankton in the Xiamen Sea under the influence of climate change and human sewage. Toxicological and Environmental Chemistry，98 (5/6)：669-678.

Yang D，Huang D. 2011. Impacts of typhoons Tianying and Dawei on seagrass distribution in Xincun Bay，Hainan Province，China. Acta Oceanologica Sinica，30 (1)：32-39.

Yang H，Yu K，Zhao M，et al. 2015. Impact on the coral reefs at Yongle Atoll，Xisha Islands，South China Sea from a strong typhoon direct sweep: Wutip，September 2013. Journal of Asian Earth Sciences, 114(3): 457-466.

Yin K，Lin Z，Ke Z. 2004. Temporal and spatial distribution of dissolved oxygen in the Pearl River Estuary and adjacent coastal waters. Continental Shelf Research，24 (16)：1935-1948.

Yu W，Guo A，Zhang Y，et al. 2018. Climate-induced habitat suitability variations of chub mackerel *Scomber japonicus* in the East China Sea. Fisheries Research，207：63-73.

Yuan X，Guo Y，Cai W J，et al. 2019a. Coral responses to ocean warming and acidification：implications for future distribution of coral reefs in the South China Sea. Marine Pollution Bulletin，138：241-248.

Yuan X，Huang H，Zhou W，et al. 2019b. Gene expression profiles of two coral species with varied resistance to ocean acidification. Marine Biotechnology，21 (2)：151-160.

Zhai W D，Zhao H D，Su J L，et al. 2019. Emergence of summertime hypoxia and concurrent carbonate mineral suppression in the central Bohai Sea, China. Journal of Geophysical Research-Biogeosciences, 124(9): 2768-2785.

Zhai W D，Zheng N，Huo C，et al. 2014. Subsurface pH and carbonate saturation state of aragonite on the Chinese side of the North Yellow Sea：seasonal variations and controls. Biogeosciences，11：1103-1123.

Zhang F，Sun S，Jin X，et al. 2012. Associations of large jellyfish distributions with temperature and salinity in the Yellow Sea and East China Sea. Hydrobiologia，690 (1)：89-91.

Zhang G T，Sun S，Xu Z L，et al. 2010. Unexpected dominance of the subtropical copepod *Temora turbinata* in the temperate Changjiang River Estuary and its possible causes. Zoological Studies，49 (4)：492-503.

Zhang J L，Xu F S，Liu R Y. 2012. Community structure changes of macrobenthos in the South Yellow Sea. Chinese Journal of Oceanology and Limnology，30 (2)：248-255.

Zhang Q C，Qiu L M，Yu R C，et al. 2012. Emergence of brown tides caused by *Aureococcus anophagefferens* Hargraves et Sieburth in China. Harmful Algae，19（9）：117-124.

Zhou H，Zhang Z N，Liu X S，et al. 2007. Changes in the shelf macrobenthic community over large temporal and spatial scales in the Bohai Sea，China. Journal of Marine Systems，67（3/4）：312-321.

Zhou H，Zhang Z N，Liu X S，et al. 2012. Decadal change in sublittoral macrofaunal biodiversity in the Bohai Sea，China. Marine Pollution Bulletin，64（11）：2364-2373.

Zuo X，Su F，Shi W，et al. 2015. The 2014 Thermal Stress Event on Offshore Archipelagoes in the South China Sea. Milan：2015 IEEE International Geoscience and Remote Sensing Symposium（IGARSS）.

第6章 农　业

主要作者协调人：潘学标、高清竹
编　　　审：居　辉
主 要 作 者：段居琦、胡国铮、何建强、刘玉洁

▪ 执行摘要

本章通过对近几十年中国农业气候和农业生产环境变化进行分析，评估了气候变化对我国粮食作物（水稻、小麦、玉米、薯类和杂粮）、经济作物（棉花、油料作物、糖料作物、林果与蔬菜）和养殖业（草地畜牧业、农区养殖业和渔业）的影响与脆弱性，从农业的适应途径及适应能力、适应气候变化的阈值与有序性方案、适应实例及经验等方面评估了农业适应气候变化机制与适应能力建设策略。以往农作物生长季实际气候变化表明，我国农业气候资源变化表现为辐射资源减少、积温资源显著增加，而降水资源变化不显著且区域差异明显的总体格局。1961~2000 年农作物气候生长期增长 0.16 d/a，我国 ≥ 0℃和 ≥ 10℃持续日数和积温总体呈增加趋势，太阳辐射中的直接辐射量平均减少了 469MJ/m^2；1981~2010 年气候态生长季降水相较于 20 世纪 50 年代至 1980 年仅在干旱地区有明显增加（+10.33%），而在半干旱地区（–1.38%）、半湿润地区（–3.01%）以及湿润地区（–1.34%）均呈不同程度的减少趋势。由于片面追求高产，农业用水浪费严重，耕地面积和质量下降，农业病虫害、灾害的发生数量增加，病虫害迁徙速度加快。气候变化是中国农业种植制度和布局调整的重要驱动因素，温度升高使得我国一年生作物可种植期延长，适宜种植区扩大，种植界限向北、向高海拔扩展，但有限生长型喜温作物同一品种的实际生育期长度缩短（高信度）。气候变化总体有利于提高小麦、水稻、棉花和牧草产量，对家畜的生长发育以及渔业品种的多样性有积极影响（中等信度）；对玉米、薯类、油料作物、糖料作物、林果与蔬菜的产量有不利影响（中等信度）；采取有针对性的适应措施，有利于减轻不利影响，提高作物总产量。未来气候变化背景下，农业气象灾害事件和病虫害增多，原产地农产品品质下降，农业生产系统的脆弱性增加（中等信度）。农业是高气候影响型产业，种植规模和单产对产品总量具有互补性。维持耕地红线、保证足量的作物种植面积、做好农田基本建设、协调品种布局与配置、合理利用作物种植期弹性、适时进行肥水管理，是提升农业综合应对气候变化能力、保障国家粮食安全的重要途径。

6.1 引　言

农业生产的主要对象是植物、动物和微生物等农业生物，生物对温度、光照和水分都有最适范围要求及上下限的限制，超过界限就会导致农业生物生长发育不良或死亡。农业生产的种植养殖结构、常规管理措施、种植作物的类型和品种多是长期以来适应气候变化的结果。气候变化导致的气象要素值超出生物的耐性范围就会使农业生物因不适应而受灾。

2001 年，IPCC 发表的 AR3《气候变化 2001：影响、适应和脆弱性》首次提出并评估了不同升温情况下，气候变化“五个关切理由（综合影响指标）”的危险性水平，并给出了“脆弱性”、“敏感性”和“适应性”的定义。在 IPCC AR4《气候变化 2007：影响、适应和脆弱性》中，建立了评估关键脆弱性的概念框架，重点评估致灾因子的发生概率与影响。而 IPCC AR5《气候变化 2013：自然科学基础》认为，灾害风险是灾害本身（即致灾因子）、脆弱性和暴露度共同叠加综合影响的结果。未来气候变化导致农业生产的损失，同样需要考虑未来气候变化导致的致灾因子、农业生物的脆弱性和农业适应气候变化的能力。其中，适应气候变化的措施有生物的自适应、农业生产者被动适应和主动适应，其中农户采用的措施受到技术能力和经济效益的影响。

与 IPCC 报告相对应，中国 1998 年开始气候与环境变化评估工作，2002 年出版的《中国西部环境演变评估》涉及气候变化对区域荒漠化、黄土高原集雨、植被生态系统等与农业相伴的土地利用变化影响，但涉及农业本身的内容较少。2003 年中国科学院、中国气象局和科技部组织第一次中国气候与环境演变评估，2005 年出版了《中国气候与环境演变评估》，其中下卷首先分析了气候变化对自然生态系统和社会经济系统的可能影响，其次评估了在可持续发展框架下中国各大区气候变化的情况与适应问题，探讨了气候变化对经济社会发展的利弊关系。其中涉及：①气候变化对草地生态系统和农业系统的影响，主要是 CO_2 浓度增加、气候变化及二者交互作用对草地生物量或作物产量及种植制度的影响；②农业对气候变化的脆弱性分析，包括农业脆弱性的定义和评价范围、农业对气候变化的敏感性、极端气候与环境灾害对农业的影响、农业的脆弱性与可持续性、我国农业对气候变化的脆弱性评价及适应性对策。与 IPCC AR5 相对应，2008 年中国科学院和中国气象局组织编写第二次中国气候与环境演变评估，2012 年出版《中国气候与环境演变：2012》，其中有一章专门论述气候变化对农业生产的影响及其适应，文献截至 2010 年。

本章基于 2010~2020 年文献，评估农业气候和环境变化，分析农业气候资源、农业生产环境要素变化；评估气候变化对粮食作物、经济作物、养殖业生产的影响与脆弱性，提出农业适应气候变化途径和适应方案，还提出气候变化影响、脆弱性分析及农业适应气候变化的认知差距与努力方向。

6.2　农业气候和环境变化

6.2.1　农业气候资源变化

农业气候资源为农业生产提供必要的物质和能量及有利环境，其数量及配置直接影响农业生产过程。农业气候资源主要包括光资源（如作物生长季太阳总辐射、光合有效辐射、日照时数、光质等）、热量条件（如主要界限温度起止时间、积温、温度强度、最高温度、最低温度等）和水资源（如降水量、降水日数、强度等），也包括影响蒸散过程的风速、湿度等气象要素。

名词解释

界限温度：指作物、牲畜等生长、发育或某农业活动、物候现象的起始、终止及转折的温度。例如，0℃为某些多年生作物或喜凉作物生长的起止温度；10℃为喜温作物生长的起止温度。

光资源。在气候变化背景下，我国农业气候光资源呈减少趋势（高信度）。日照时数在近 30 年的气候态下的空间分布与太阳辐射的分布大致相同。从时间变化趋势来看，除了西藏西部和内蒙古西部的部分区域日照时数有小幅度增加外，其余地区的日照时数均呈减少趋势，其中华北和华东地区的减少最为明显，东北地区变化幅度达 –1.1%/10a（胡琦等，2016）。太阳辐射可分为直接辐射和散射辐射，其中直接辐射是太阳辐射总量的主体。从空间分布来看，我国 1981~2010 年全国太阳直接辐射平均总量在 2500MJ/m^2 左右，各区域太阳直接辐射资源大小的排序为：干旱区 > 半干旱区 > 湿润区 > 半湿润区（梁玉莲等，2015）。这一格局的形成是气候形态、地理位置和地形分布综合作用的结果。从太阳辐射的时间变化来看，1981~2010 年气候态相较于 1950~1980 年，全国的太阳直接辐射量平均减少了 469MJ/m^2，其中减少最为明显的是青藏高原西部。近 30 年我国太阳直接辐射减少了约 800MJ/m^2，主要是由空中云量、气溶胶和水汽含量改变引起，在气候变化和工业化背景下，大气中气溶胶粒子浓度增大，导致空气的透明度降低，对太阳辐射具有一定的削弱作用，随着大气环境治理力度加大，辐射减少现象可望在一定程度上得到恢复。直接辐射减少有可能使散射辐射的比例提高，其中光合有效辐射的比例提高的可能性也比较大，理论上的辐射利用率也会有所提高，从而在一定程度上抵消直接辐射量减少对植物光合生产力的不利影响。

热量条件。在气候变化背景下，我国农业气候作物生长的热量条件呈显著增加趋势（高信度）。1901~2015 年，我国整体年均气温呈递增趋势，其中 1951~2001 年变化较为明显，地表年均气温升高 1.1℃，增温速率达 0.22℃ /10a。我国热量条件变化存在显著的区域和时空差异，主要表现在冬季和夜间以增加为主，北方增幅大于南方，其中青藏地区增温速率最大，平均每 10 年升高 0.37 ℃，而西南地区升温相对较缓，平均每 10 年升高 0.14℃（张华等，2018）。研究表明，1981~2007 年较 1961~1980 年东北地区年均气温增幅最大，通过对比喜凉作物和喜温作物的积温需求变化发现，1981~2007 年较 1961~1980 年分别增加了 123.3℃· d 和 125.9℃· d，华南地区喜温作物生长期内积温增幅最大（鲁学浩等，2019）。1961~2007 年我国无霜冻期每 10 年延长 3.4 天，1961~2000 年农作物气候生长期增长 0.16 d/a。从年平均温度看，北方和青藏高原增温明显，西南地区增温缓慢（冯喜媛等，2018）。日平均温度≥ 0℃持续日数可以代表农业生产时间长度，即适宜农耕期。日平均温度≥ 10℃持续日数是喜温作物的潜在生长期，也是喜凉作物的旺盛生长期。我国各地≥ 0℃和≥ 10℃持续日数基本分布特征为南多北少，同纬度东部大于西部地区，低海拔大于高海拔地区。近 50 年，我国≥ 0℃和≥ 10℃持续日数和积温总体呈增加趋势（张煦庭等，2017），但增温幅度各区域间存在差异（郭建平，2015）。

名词解释

积温：日平均气温的总和。大于或等于界限温度的日平均气温称为活动温度，活动温度与下限温度之差称为有效温度。某一时段内的活动温度的总和称为有效积温，有效温度的总和称为有效积温。某一作物或品种完成发育阶段所需要的有效积温相对恒定。

生长季水资源。在气候变化背景下，我国农业气候降水资源时间变化不显著，区域差异明显（高信度）。农业气候降水资源是农业气候资源的重要组成部分，是指一个地区的气候降水条件对农业生产发展的潜在能力，通常用总降水量、降水强度、不同等级降水量和降水日数等来度量。1950~2010 年生长季平均降水量的空间分布与我国干旱 – 半干旱 – 半湿润 – 湿润区的划分基本一致，与各地所处的气候类型区相对应，总体呈现南方大于北方、东部大于西部的趋势。但降水年际变化大，且随着气候的变化而变化，变化程度存在空间差异。我国西北内陆地区和青藏高原地区的年平均降水量增加速率分别为 4.43%/10a 和 1.91%/10a；北部的温带季风区年平均降水量减少的趋势为 –1.38%/10a，南部的热带和亚热带季风区呈微弱的下降趋势，为 –0.09%/10a。从生长季降水变化率来看，1981~2010 年气候态相较于 20 世纪 50 年代至 1980 年气候态下，全国的降水变化整体表现为增加（+1.71%），但从变化的空间分布来看，中国四大分区仅有干旱地区的降水明显增加（+10.33%），而半干旱地区（–1.38%）、半湿润地区（–3.01%）以及湿润地区（–1.34%）均呈不同程度的减少趋势，且分区内不同地方的降水变化趋势也不尽一致（梁玉莲等，2015）。近 50 年，长江中下游地区生长期内的参考作物蒸散量呈略微减少趋势，低值区扩大，高值区减少（李勇等，2010）。

农业病虫害、灾害变化。在气候变化背景下，我国农业病虫害、灾害的发生数量增加，病虫害发生界限北移，病虫害迁徙速度加快（高信度）。由于我国农业气候作物生长的热量条件、热量资源呈显著增加趋势，当其超过了作物能够承受的界限温度（上限）时，会对农业作物产生不利影响，从而演变成为典型的农业灾害，包括高温灾害、农业干旱和病虫害等。干旱是农业生产过程中的“头号强敌”，水稻、玉米等农作物的需水量较大，在生长过程中必须要有充足的水分，但缺水直接导致农作物根系无法获得充足水分，进而影响农作物的整体生长水平（王瑶，2019）。洪涝灾害受到近些年我国气候变化的影响，其发生频率不断升高。现阶段我国长江、黄淮河流地区的洪涝问题较为突出，对农作物的影响较大。全球气候变暖反映出气候的极端变化，部分地区正常气候规律出现异常，洪涝成灾率呈上升趋势。低温和高温灾害主要表现在低温灾害与热害增加，对农作物种植及其生长的影响较大，危害期延长，范围北移和扩大，一年中发生时段增多，总体上气候暖干化地区虫害加重，暖湿化地区病害加重。气候变化引起的气温逐年上升，造成农作物生长的热量条件不断增加，热害这一农业气象灾害日益严重，增加了农作物种植及其生长的风险，使农作物产量减少。夏季低温灾害是我国东北地区常见的自然灾害，而随着气候的变化，低温灾害的发生有所减少（霍治国等，2012）。气候变化加剧高温灾害的发生，使农作物水分的蒸发速度加快，而在长期高温的影响下，农作物生长规律被破坏，光合作用减弱，品质下降，最终影响到农作物产量。暴雨、大风与冰雹等对农业的影响较大，对农作物生长造成严重危害，使农作物减产严重。暴雨灾害对农作物的影响表现为降水量大造成农作物根系长时间浸泡在水中，进而造成根系腐烂，但其对水田作物的影响较小，对喜干作物的危害较为严重。

在气候变化背景下，尤其是暖冬的凸显，导致害虫全年可繁殖天数增加，危害地理范围扩大，危害程度加剧。有研究报道，年平均温度、平均降水强度逐渐增加，年日照时数逐渐减小，虫害发生面积率与平均温度、平均降水强度距平呈显著正相关，全国年平均温度、全国年平均雨日降水强度分别增加 1℃、1mm/d，全国年度虫害发生面积将分别增加 0.96 亿 hm^2 次、1.06 亿 hm^2 次；虫害发生面积率距平与年日照时数距平呈显著负相关，其每降低 100h，虫害发生面积率增加 0.40，虫害发生面积将增加 0.59 亿 hm^2 次（张蕾等，2012）。

总体而言，在气候变化背景下，我国光照资源在 1987 年以后总体减小，太阳辐射资源减小 458.07MJ/m^2，热量资源总体增加，无霜期除华南地区南部减小外，其余地区均有不同程度的增长，干旱、半干旱地区的热量资源增幅明显大于湿润和半湿润地区；除干旱区生长季降水增加外，其余三个地区的生长季降水均呈减少趋势，其中半湿润地区的生长季降水减少最为明显（图 6-1）。此外，农业气候资源变化也不可避免地导致农业病虫害、灾害的发生数量增加，病虫害迁徙速度加快，对我国不同地区的作物产量和品质产生影响。

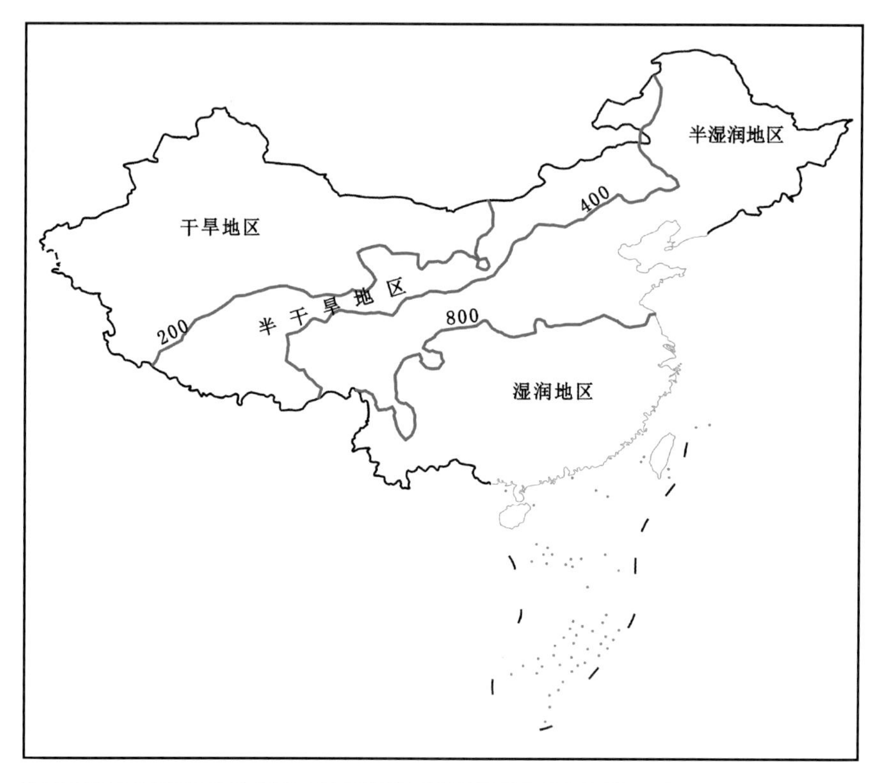
半湿润地区
干旱地区
400
半干旱地区
200
800
湿润地区

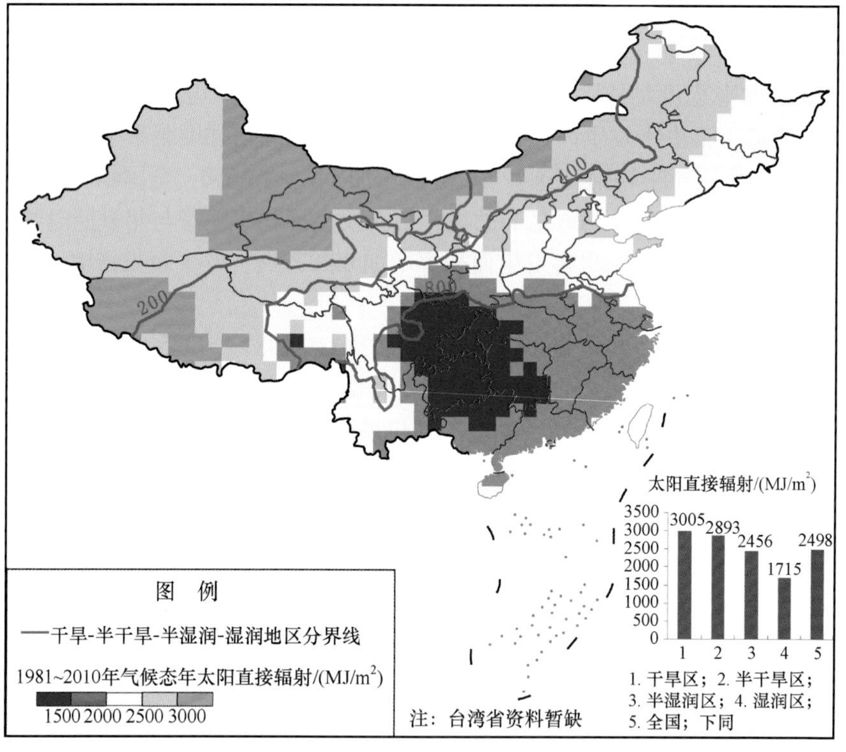
400
200
800
太阳直接辐射/(MJ/m²)
3500
3000
2500
2000
1500
1000
500
0
3005
2893
2456
1715
2498
1
2
3
4
5
1. 干旱区；2. 半干旱区；
3. 半湿润区；4. 湿润区；
5. 全国；下同
图例
—干旱-半干旱-半湿润-湿润地区分界线
1981~2010年气候态年太阳直接辐射/(MJ/m²)
1500 2000 2500 3000
注：台湾省资料暂缺

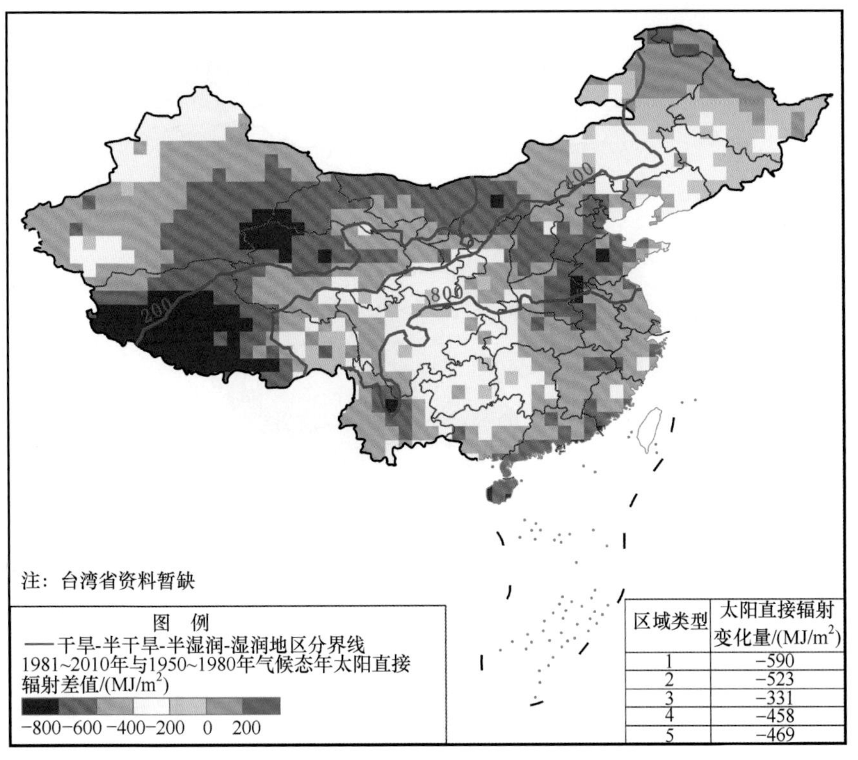
400
800
200
注：台湾省资料暂缺
图 例
—干旱-半干旱-半湿润-湿润地区分界线
1981~2010年与1950~1980年气候态年太阳直接辐射差值/(MJ/m2)
−800 −600 −400 −200 0 200
区域类型 太阳直接辐射变化量/(MJ/m2)
1 −590
2 −523
3 −331
4 −458
5 −469

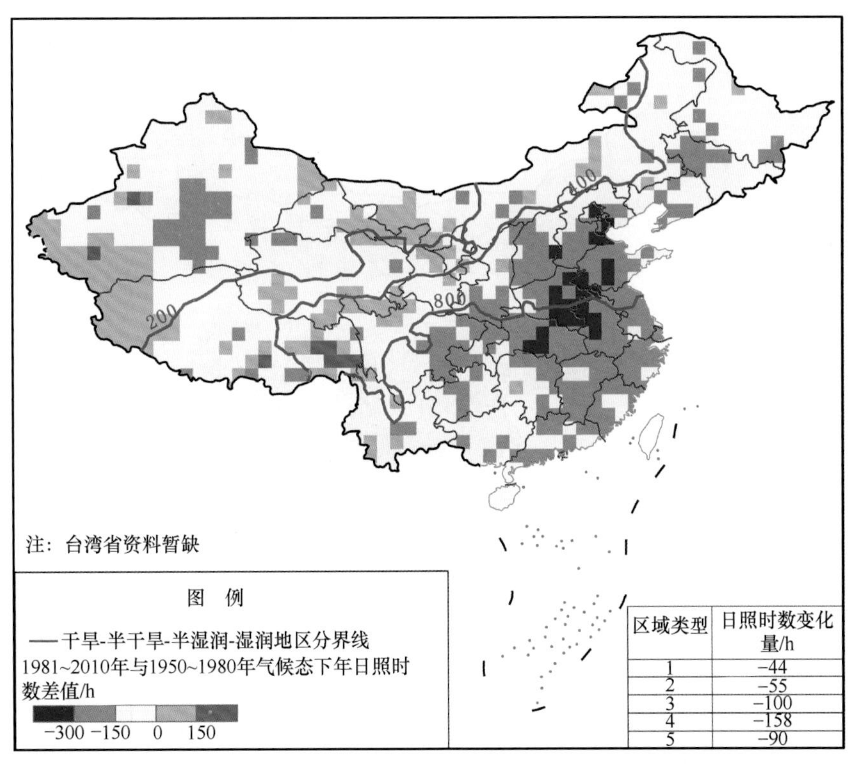
400
800
200
注：台湾省资料暂缺
图 例
—干旱-半干旱-半湿润-湿润地区分界线
1981~2010年与1950~1980年气候态下年日照时数差值/h
−300 −150 0 150
区域类型 日照时数变化量/h
1 −44
2 −55
3 −100
4 −158
5 −90

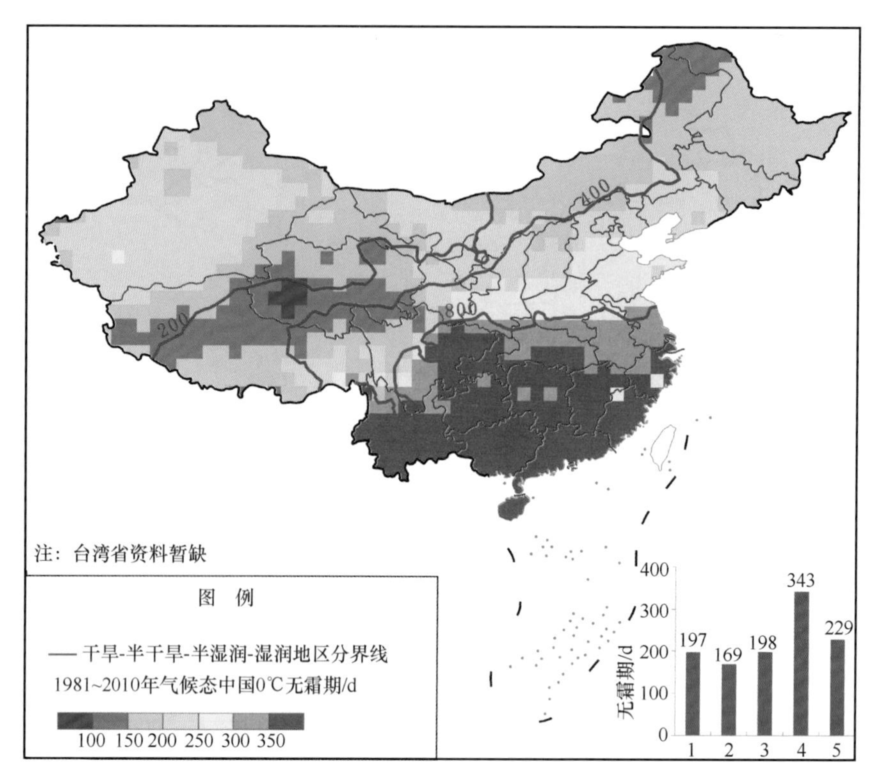

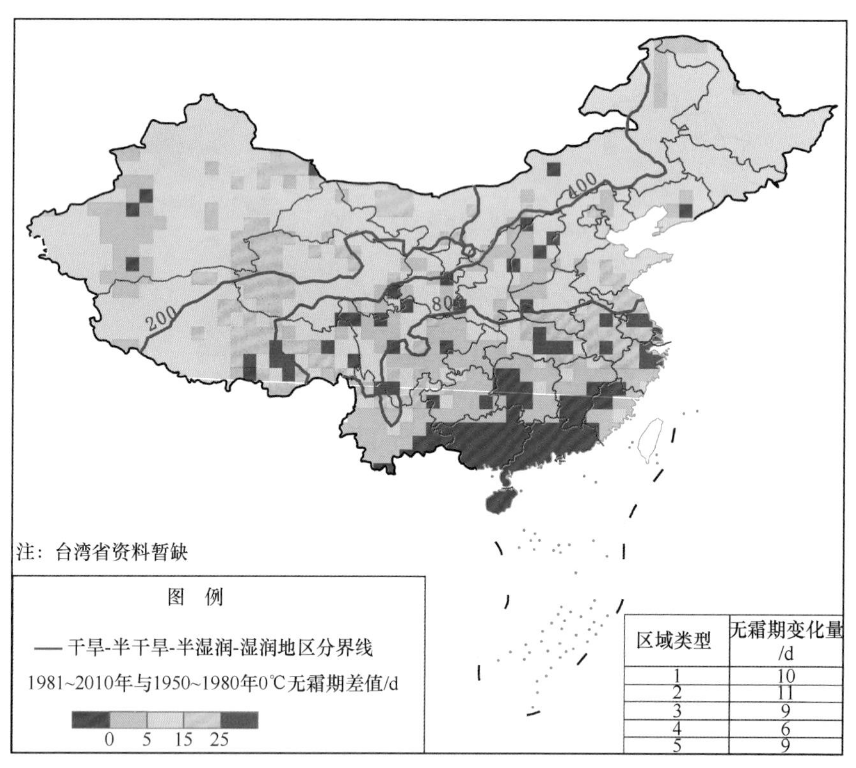

区域类型	无霜期变化量/d
1	10
2	11
3	9
4	6
5	9

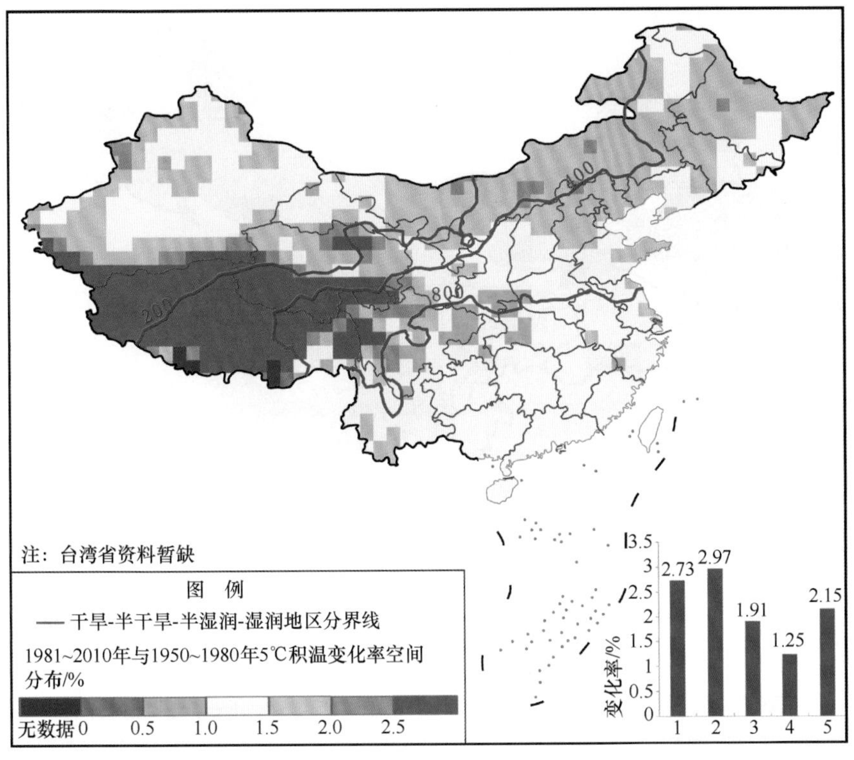
400
800
200
注：台湾省资料暂缺
图　例
— 干旱-半干旱-半湿润-湿润地区分界线
1981~2010年与1950~1980年5℃积温变化率空间分布/%
无数据 0 0.5 1.0 1.5 2.0 2.5
变化率/%
2.73
2.97
1.91
1.25
2.15
1 2 3 4 5

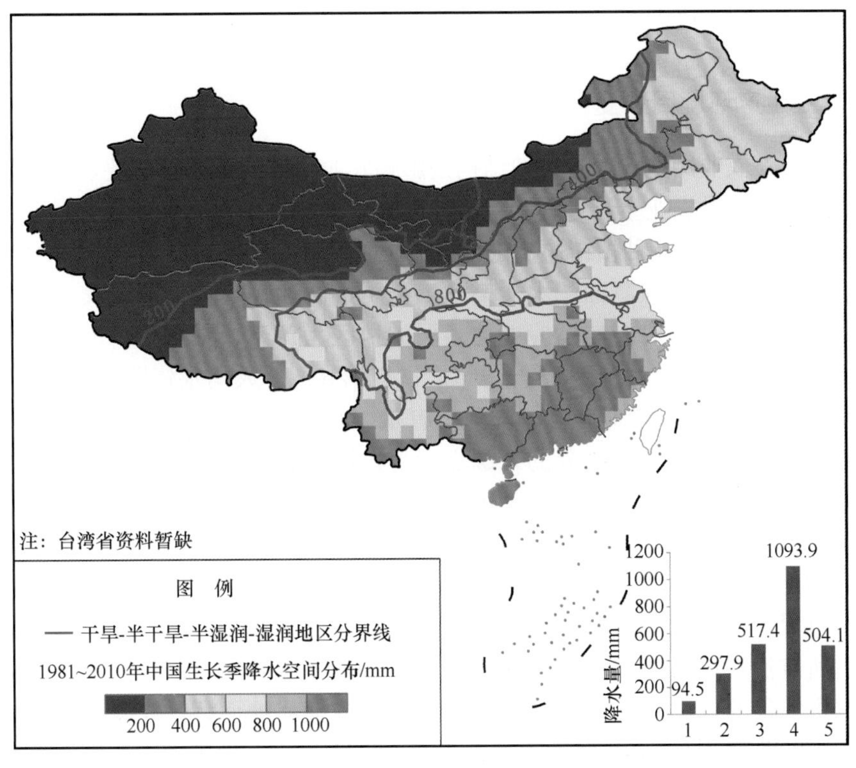
400
800
200
注：台湾省资料暂缺
图　例
— 干旱-半干旱-半湿润-湿润地区分界线
1981~2010年中国生长季降水空间分布/mm
200 400 600 800 1000
降水量/mm
94.5
297.9
517.4
1093.9
504.1
1 2 3 4 5

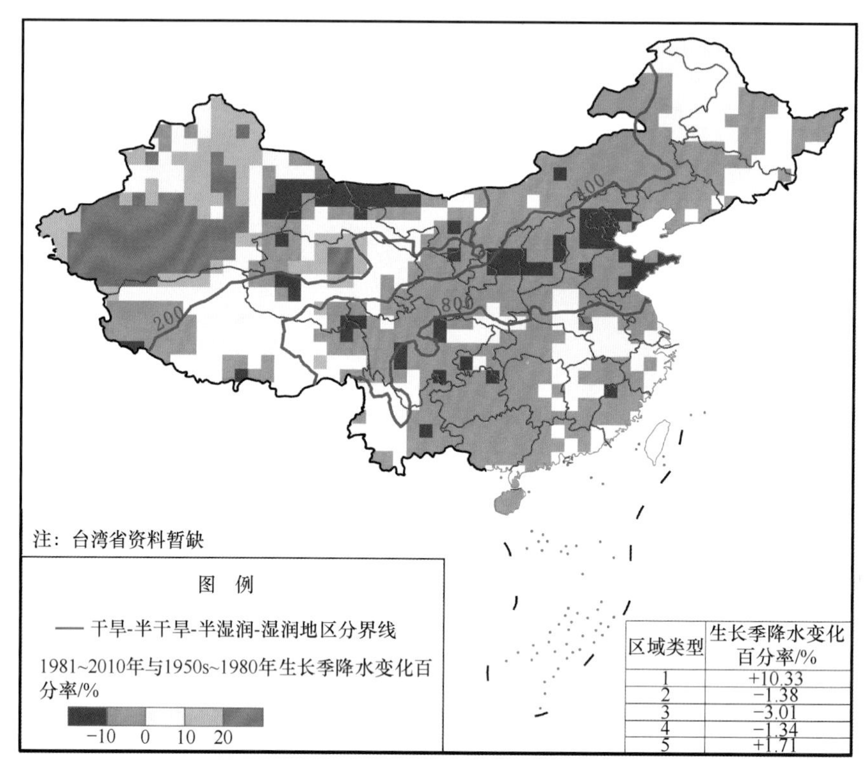

图 6-1 1981~2014 年农业气候资源时空变化特征（梁玉莲等，2015）

6.2.2 农业生产环境因素变化

农业用水、农业用地、农业种植结构是影响农业生产的重要环境要素，它们既受气候变化的影响，也是农业生产过程中的可控因素。因此，分析气候变化背景下，我国农业用水、农业用地和农业种植结构变化有利于合理利用或者控制农业生产中的各个因素。

农业用水。我国净灌溉面积大，渠系工程质量低和轻管理，造成农业用水浪费严重，受气候变暖影响，对干旱适应能力最弱的地区为黄河，其次为海河、松辽，珠江对干旱的适应能力最高。我国水资源总量居世界第 6 位，人均水资源占有量约 2100m^3，是世界平均值的 28%，耕地亩均水资源占有量 1400m^3 左右，为世界平均值的一半左右。灌溉水作为农作物所需水分的来源之一，直接影响我国的农业用水量。据中国农业用水报告统计，我国 2012 年农业用水总量为 3902.7 亿 m^3，粮食主产区华北、东北、东南、西南、西北地区农业用水量分别占全国总农业用水量的 16.19%、12.07%、36.81%、14.45% 和 20.47%，全国 13 个农业主产省农业用水占总用水量的 70% 以上。中国拥有世界上最高的净灌溉面积（6×10^7hm^2），占全国农田面积的 45%，灌溉农业在我国占所有消费用水的 60%（Chen et al.，2014a），灌溉农业消耗的水资源位于各部门消耗水资源量的首位（朱秀芳等，2014）。全国农业耕地面积、灌溉面积和粮食主产区的重心不断北移，在 1996 年由南方大于北方逆转为北方大于南方（王浩等，2018）。中国粮食产量的 2/3 以上来自灌溉农田，而灌溉的作物主要是水稻、小麦。据估算，水分减少 1%，灌溉面积将减少 1% 以上，粮食产量将减少 75 亿 kg，对于旱地作物而言，降水减少造成的产量损失将更大（赵俊芳等，2010）。

气候变化对农业水资源的影响主要从可供农业生产利用的地表水、地下水资源、蒸散量等变化进行分析。我国地表水资源量的年际、年内变化趋势基本上与降水量相似，但其不均匀性比降水量更为突出（Liu et al.，2013）。据分析，20 世纪 50 年代至 21 世纪初，我国农业用水主要供给河流（黄河、淮河、海河、辽河）的平原区地下水位普遍降低，地下水资源量也由 661 亿 m^3 减少到 588 亿 m^3，减少了 11%；河川基流量由 544 亿 m^3 减少到 449 亿 m^3，减少了 17.5%（Hua et al.，2015）。在气候变化的影响下，我国年潜在蒸发量大体自 1987 年起显著减少，潜在蒸发量变化的区域特征大体呈现东西部较低、中部较高的空间分布特征（白桦等，2019）。在西北黄土高原雨养农业区，陆地潜在蒸发增加接近 9.8%，农业主产区的海河区、黄河区、淮河区和珠江区分别减少 7.0%、5.4%、4.1% 和 3.6%。且目前我国大部分农田依旧采用渠灌用水形式，平均渠系水利用系数为 50% 左右，每年每公顷耕地灌溉用水达 15000 多立方米，超过需水量的 1 倍，造成大量农业用水的浪费，单方水的效益平均不到 1kg 粮食，远低于发达国家在现代灌溉技术条件下单方水的效益（2kg 粮食以上）。

农业用地。我国耕地面积和质量下降，而且农田污染问题严重（高信度）。近年来，我国进入了快速城市化以及工业化阶段，农业生产环境随之变化，主要表现在农业土地利用变化、耕地质量及污染以及农田生物多样性的变化。刘纪远等（2018）研究表明，中国 2010~2015 年耕地面积共减少 $4.9\times10^3km^2$，其中，耕地转变为其他土地利用类型（约 81.5% 为建设用地）的面积约为 $20.4\times10^3km^2$，而其他类型用地（主要为草地和未被利用土地）转变为耕地的面积约为 $15.5\times10^3km^2$。耕地面积的变化在全国不同区域呈现不同特征：由于实施“中部崛起”战略以及国家生态保护工程，中部地区的耕地面积有所减少；东部地区耕地面积持续受到建设用地的侵占；黄土高原和四川盆地地区退耕还林减少的耕地远小于新疆新增的绿洲农业耕地，因此西北地区耕地面积总体上大幅增加。但我国农业耕地质量也出现如下问题：①北方绿洲农业区域耕地盐碱化问题，北方绿洲农区（内蒙古河套灌区、宁夏引黄灌区以及新疆绿洲农业等）的农业生产高度依赖灌溉，大力发展灌溉工程，扩大灌溉面积在提高农产品产量的同时导致了地下水位上升、耕地盐碱化恶化等问题；②西北农牧交错带农田风蚀沙化问题，在全球气候变化影响下，该区域降水量减少年际变化较大，少雨年份地表河流断流，地下水位下降，易受风蚀影响；③城镇化侵占农业用地，导致耕地分布状态由集中连片逐步向零星破碎转变。除耕地质量下降外，农田污染问题亦不容小觑。中国当前无法耕种的重度污染土地已经达到 6000 万亩左右，这些重度污染的耕地大部分集中于我国的中东部。每年因重金属污染（如“镉米”“砷米”等）的耕地面积约有 1.5 亿亩，被污染的粮食达 1200 多万吨，造成的直接经济损失 200 余亿元（蔡美芳等，2014；周建军等，2014）。我国目前平均施氮量超过 $400kg/hm^2$，远高于国际公认的化肥使用安全上限 $225kg/hm^2$，过高的施肥造成严重的水体富营养化等污染（刘钦普，2015；姜庆虎等，2013）。除化肥农药外，地膜造成的“白色污染”日益严重。单一化的植物大面积种植加上化学农药消除有害生物（病、虫、草、害等）的生态控制，导致了害虫产生抗药性、次生害虫的再生猖獗、农药残留等一系列影响人类健康、食品安全等问题（Bhattarai et al.，2011），降低了农田的物种和生物多样性，导致了农田生态系统的不稳定（Rohr and Mccoy，2010）。

农业种植结构。气候变化对我国农业结构和种植结构影响较大，种植业、畜牧业、林业、渔业生产比例变化呈现空间差异。我国地域广阔、气候多样、作物种植结构类型复杂。2002 年以来，果、蔬类型的增加改变了种植结构格局（刘珍环等，2016）。粮食作物种植比例受气候变化影响较大。其中，小麦种植比例受气候变化的影响最为敏感、波动大；水稻种植比例变化南北方相反，且变化幅度趋缓；玉米种植比例持续增加，增幅加大（李祎君和王春乙，2010）。

从总的经济构成来看，东部地区种植业衰减较为迅速，畜牧养殖业和林业有一定增长；中部地区变化不是很明显，但种植业有所衰减；西部地区变化最明显，种植业比重由 1978 年的 93% 下降为 2007 年的 75%，与之对应的则是畜牧养殖业的迅速发展（于乐荣和左停，2010）。由于饲料作物受气候变暖影响，畜牧业在农业结构中会存在一定的不确定性。内蒙古、新疆、西藏和青海是我国的四大主要牧区。气候变化在我国北方牧区草原主要表现为，降水和湿度指数下降，气候变暖、变干，在西部草原气候变暖、变湿。在生产力较高的北部草原上，气候变暖和干燥，导致每年可用牧草产量和牲畜承载能力下降，1961~2007 年气候变化导致中国主要草原牧草年产量（图 6-2）和牲畜承载力下降（Qian and Gu，2012）。

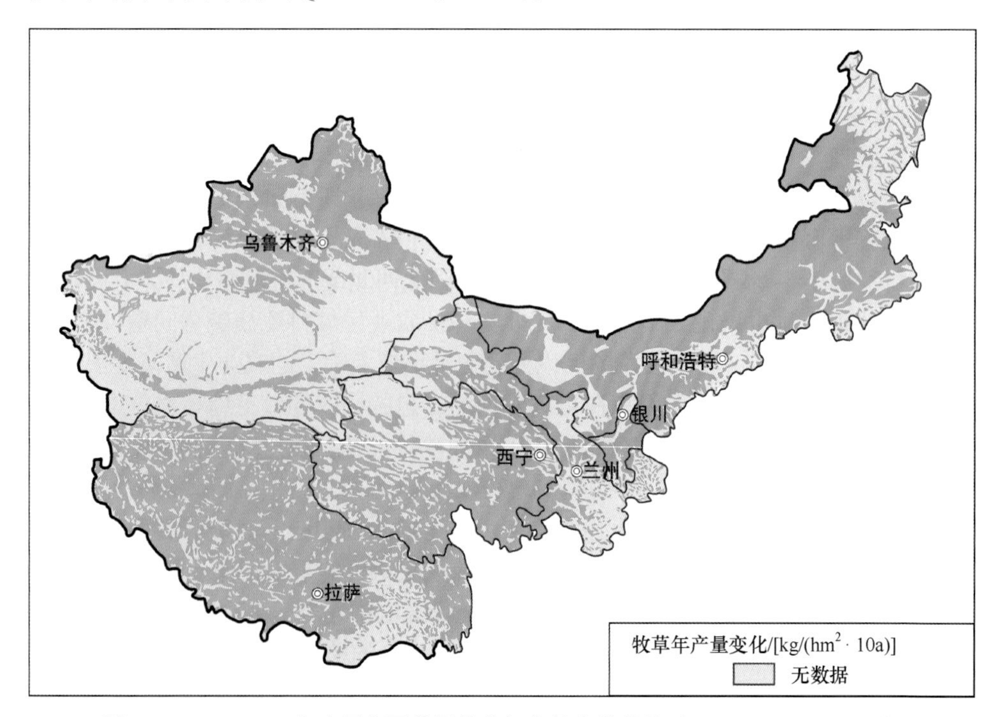

图 6-2 1961~2007 年中国主要草原牧草年产量变化趋势（Qian and Gu，2012）

除农作物种植结构发生变化外，中国三大主要粮食作物（小麦、玉米和稻谷）的种植面积、产量时空格局也发生变化（图 6-3）。整体来看，三大粮食作物的总产量上升趋势明显；玉米种植面积逐年增加，而小麦和稻谷的种植面积总体呈现平稳走势。

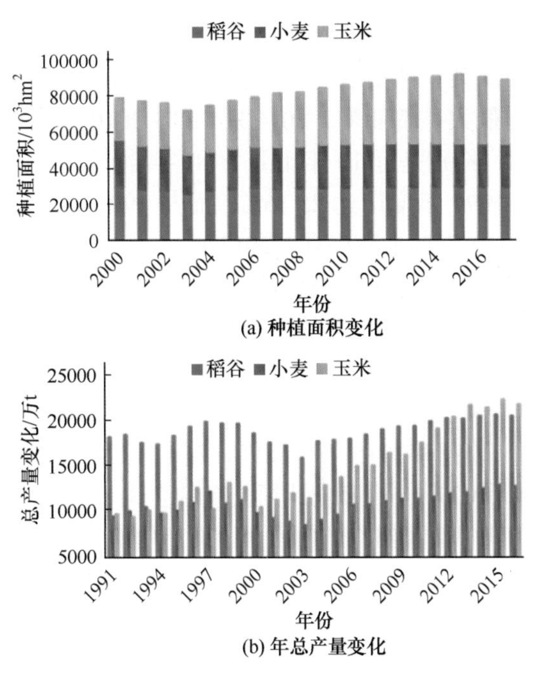

(a) 种植面积变化

(b) 年总产量变化

图 6-3 中国三大主要粮食作物种植面积变化及年总产量变化

我国约3.9%的土地面积（约 $3.7\times10^7hm^2$）适宜水稻种植（Liu et al., 2014），1951~2010年我国水稻种植存在明显的北移和向西扩展趋势，单作制、早三季制、中三季制和晚三季制的北方种植边界分别北移10km、30km、52km和66km。此外，与1951~1980年相比，1981~2010年单作水稻适宜种植面积减少了11%，长江中下游地区双季稻安全种植区增加11.5万 km^2（Qing et al., 2014），与理论估算相反，双季稻实际种植面积在下降，主要是社会经济原因。

我国小麦种植区主要分布在秦岭淮河以北，华北北部地区以强冬性品种为主，华南地区以春性品种为主，河南、山东和四川等地区冬小麦可种植冬、春性品种类型较多，以冬性和弱冬性品种为主。近30年来，气温、降水和太阳辐射的变化共同提高华北地区小麦产量0.9%~12.9%，而华南地区小麦产量下降1.2%~10.2%（Tao et al., 2014）。与1951~1980年相比，1981~2010年冬小麦强冬性品种可种植面积共增加36.24万 km^2，冬小麦冬性品种可种植面积共增加17.75万 km^2，冬小麦弱冬性品种可种植面积共增加15.70万 km^2，春性品种可种植面积共增加23.44万 km^2，冬小麦不同冬、春性品种种植界限明显北移，北界北移趋势大于南界移动趋势，种植区域面积增大，其中强冬性品种种植界限及可种植区域移动最明显（田展等，2013；李克南等，2013）。在不采取适应措施、不考虑二氧化碳浓度及施肥效应时，理论测算在1961~2010年受气温升高影响全国玉米产量下降3.4%（Chen et al., 2014b）。但实际由于人为等因素影响全国玉米种植区是大幅度增产的，而且要比水稻和小麦更突出。油料作物中大豆和油菜种植面积与单产的时空格局变化显著。1979~2013年，长江中游地区冬油菜播种面积呈迅速增加趋势，年平均增长率4.79%，其次是云贵高原亚区，年平均增长率3.04%。就单产增长速度来看，长江中游地区单产水平年均增长速度最快，达 2.24%；其次是华南沿海和云贵高原地区。气候变化对大部分主产区油菜单产增长不利。纬度较低地区的油菜单产更容易因气候变暖而减产，降水增加对长江下游地区的油菜单产的负面影响最大（贺亚琴，2016）。1981~2010 年，全国和黑龙江的大豆种植面积、总产都在增加，特别是近 10 年比上个 10 年增加都极显著，1991~2000 年全国大豆平均单产比 1981~1990 年增产达 25.16%，而与 1991~2000 年大豆平均单产相比，2001~2010 年全国仅增加 1.71%（薛庆喜，2013）。

棉花是我国仅次于粮食的第二大农作物，涉及农业和纺织工业两大产业，是全国 1 亿多棉农收入的主要来源和纺织工业的主要原料，是广大人民的生活必需品，同时棉纱及棉布还是出口创汇的重要商品，常年棉面积在 500 万 hm^2（8000 万亩）左右（王友华和周治国，2011）。棉花主产区经历了从南方地区向北方地区，再向西北的新疆地区迁移的过程（表 6-1），1980~2015 年，新疆棉花种植面积占全国比重从 7.8% 达到了 50.1%（李阔和许吟隆，2017）。国家统计局公布的全国棉花产量数据显示，2019 年全国棉花产量 588.9 万 t，其中新疆棉花产量占全国总产量的 84.9%，达到 500.2 万 t。

表 6-1　全国及各主产区棉花播种面积与份额的变化情况（1978~2009 年）（李炎子，2014）

（单位：%）

地区	面积增幅	份额 (1978 年)	份额 (2009 年)	份额增幅
全国	1.8	—	—	—
河北	7.5	11.8	12.5	5.93
山西	–69.1	4.9	1.5	–69.39
江苏	–57.2	12.1	5.1	–57.85
安徽	7.6	6.7	7.1	5.97
山东	27.6	12.9	16.2	25.58
河南	–12.2	12.6	10.9	–13.49
湖北	–22.4	12.2	9.3	–23.77
四川	–94.1	5.6	0.3	–94.64
陕西	–75.5	5.2	1.2	–76.92
新疆	837	3.1	28.5	819.35

气温上升会极大地影响中国的多种种植制度，从而影响粮食安全，复种系统的北界已向北移动（图 6-4）。21 世纪，三熟制耕地的预计面积可能会大幅度扩大。1981~2010 年，北移使 3 种主要作物（玉米、小麦和水稻）的国家产量增加了 2.2%（Yang et al.，2015）。到 2050 年，单作面积将减少 23.1%。气候变暖也将影响中国主要作物品种的最佳种植地点。如果不采取措施适应气候变化，与 1961~1990 年的潜在产量相比，预计 2050 年灌溉小麦、玉米和水稻的产量将分别减少 2.2%~6.7%、0.4%~11.9% 和 4.3%~12.4%（Yang et al.，2015）。

生物多样性。目前气候变化已成为威胁生物多样性的主要因素之一，并且在未来一段时期内，气候变化将越来越成为生物多样性变化的主导因素。相关研究表明，气候变化所带来的物种灭绝影响超出了改变物种生态栖息地所带来的影响。据 IPCC 报道，如果气温升高 1.5~2.5℃，20%~30% 的物种将必然灭绝。近五十年，中国西北冰川面积减少了 20%，西藏冻土最大减薄了 5m，对我国的森林、草原等生态系统造成了严峻的威胁，直接威胁到藏羚羊、秃杉和普氏野马等珍稀动物的生存（李鹏，2012）。有研究表明，超过 80% 物种的物候期平均每 10 年提前或延后 2.3~5.1 天，从而导致群落结构发生改变（李川川，2013）。气候变化与人类生产活动相互作用导致生态环境退化甚至丧失，物种分布范围改变、生物物候期推迟或提前和动物繁殖成功率降低等，进而使得生物多样性发生变化。

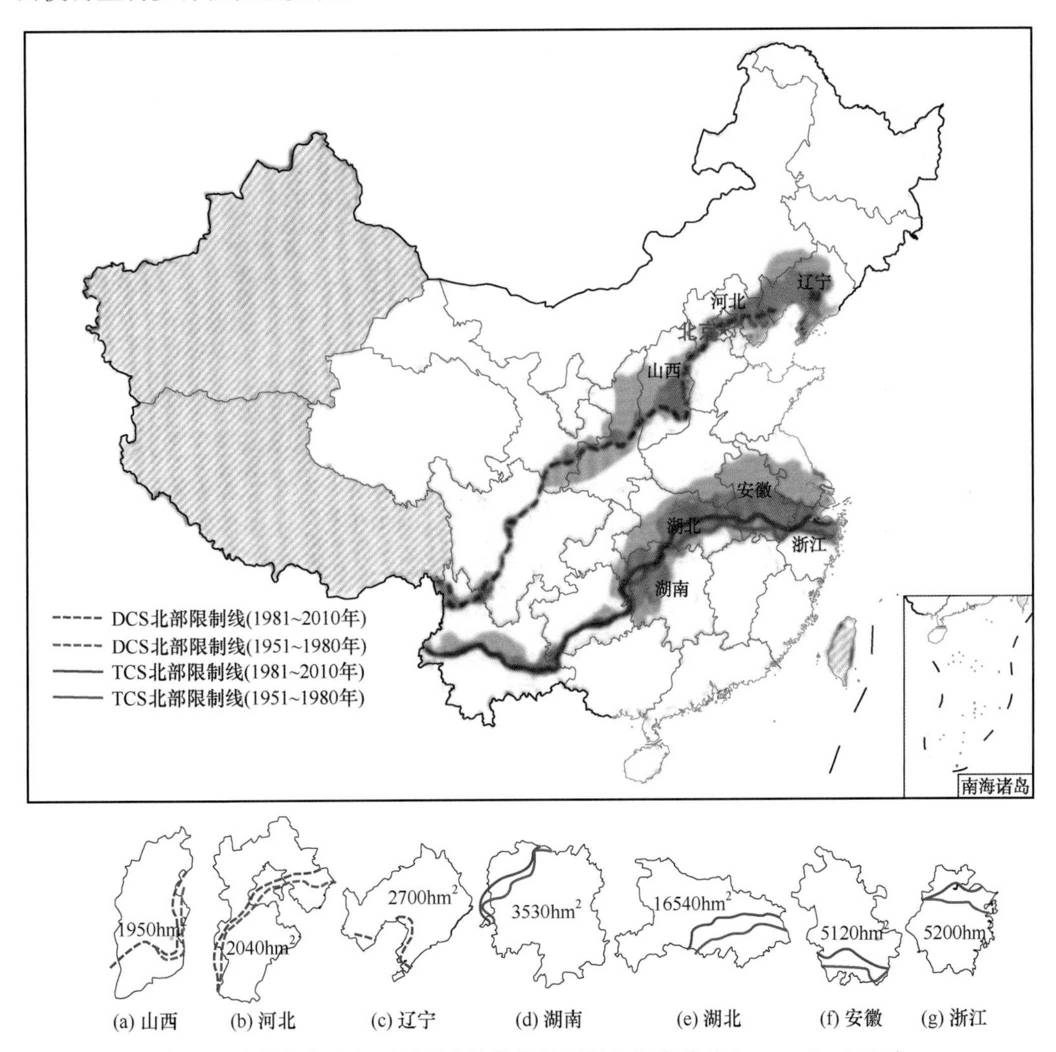

图 6-4 中国冬小麦与双季稻种植北界的可能空间位移（Yang et al.，2015）

DCS 为两熟制，TCS 为三熟制

总体而言，我国农业生产环境的变化主要体现在：①水资源分布不均，净灌溉面积大，渠系工程质量低和轻管理，农业用水浪费严重。②受气候变暖影响，不同地区对干旱的适应能力存在差异，黄河流域地区对干旱的适应能力弱，珠江流域地区对干旱的适应能力强。③耕地面积和质量下降，而且农田污染问题严重，草地主产区年可用牧草产量和牲畜承载力下降。④受气温上升影响，全国三大主粮作物种植北界北移，大豆和油菜种植面积增大、单产增加。棉花主产区经历了从南方地区向北方地区，再向西北的新疆地区迁移的过程，果、蔬类型种植面积的增加丰富了种植有机结构。⑤随着生物多样性发生改变，生物有机体的基因及分布格局也发生改变，从而降低生态系统的功能及稳定性。

6.3 气候变化对粮食作物生产的影响与脆弱性评估

6.3.1 水稻

1. 气候变化对中国水稻生产的影响

气候变化影响水稻物候，影响程度因区域和单、双季稻种植类型而异（中等信度）。研究表明，花后气温升高增加水稻发育速率，缩短开花至成熟期发育进程（Shi et al.，2015）。就全国范围气候变化对水稻物候影响来说，1981~2009 年，东北平原地区单季稻播种期呈提前趋势，成熟期呈推迟趋势，营养生长期、生殖生长期以及全生育期均呈延长趋势。长江中下游平原地区单季稻生育期变化趋势与东北平原变化趋势一致，移栽期平均提前 2.11d/10a，营养生长期、生殖生长期以及全生育期分别延长 3.03d/10a、1.53d/10a、4.28d/10a，其变化幅度较东北平原单季稻更为突出；双季稻生育期变化特征与单季稻生育期有较大不同，移栽期、抽穗期、成熟期均提前，营养生长期与全生育期缩短，生殖生长期延长（Tao et al.，2013）。除气候变化外，品种更新和农业管理措施变更也是导致水稻生育期变化的重要因素。

名词解释

物候期：指动、植物的生长和发育等规律与生物的变化对节候的反应，正在产生这种反应的时候叫物候期。植物随寒暑季节规律性变化会形成与此相对应的发芽、生长、现蕾、开花、结实、果熟、落叶、休眠等生长、发育阶段。

气候变化影响水稻产量，考虑到 CO_2 浓度增加对作物的肥料效应，未来气候变暖将使中国水稻产量增加（中等信度）。基于省级统计数据，1961~2010 年气温升高中国单季稻产量增加 11%，双季稻产量降低 1.9%；气温日较差降低使单、双季稻产量分别降低 2% 和 3%；降水变化使单季稻产量增加 6.2%，对双季稻产量无显著影响（Chen C et al.，2014a），同时使中国水稻产量重心向东北迁移约 3 个纬度（刘珍环等，2013）。基于作物模型的评估结果表明，中国约有 30% 的水稻产区对 1981~2007 年的气候变化趋势敏感，少部分地区表现为脆弱，但水稻主产区受到的影响不大，且在东北地区还集中表现出产量增加的趋势，从而为中国水稻发展提供了契机（熊伟等，2013）。在未来气候变化情景下，如果不考虑 CO_2 的肥料效应，1.5℃情景将使水稻产量增加 0.7%，2.0℃情景情景则使水稻产量减少 2.4%；如果考虑 CO_2 的肥料效应，1.5℃和 2℃情景将分别使水稻产量增加 4.1 % 和 9.4 %（图 6-5）（Chen et al.，2018）。

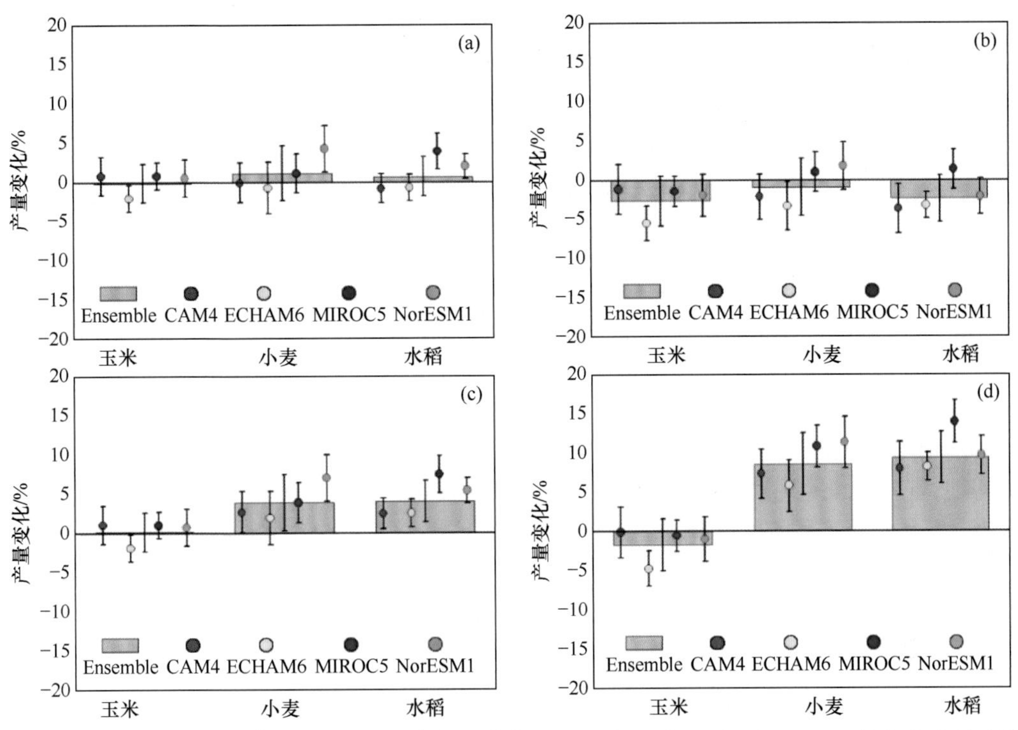

图 6-5　不同气候模式预估的 2106~2115 年气温升高 1.5℃ [（a）和（c）] 与 2.0℃ [（b）和（d）] 情景相对于 2006~2015 年中国作物产量变化图（Chen et al.，2018）

（a）和（b）未考虑 CO_2 肥料效应，（c）和（d）考虑 CO_2 肥料效应

极端气候事件及 CO_2、臭氧浓度增加不利于稻米品质提高（高信度）。有研究表明，高温、干旱等极端气候事件可降低精米率、整精米率和崩解值，增加垩白米率、垩白度和消减值，影响稻米品质（段骅等，2012），始穗期后 8~21 天是温度对稻米品质影响的关键时期，对稻米品质形成具有决定作用（张桂莲等，2013）。大气环境变化会导致水稻品质总体变劣，高 CO_2 浓度、高 O_3 浓度或高温环境下生长的水稻表现出垩白增加、碎米增多的趋势；高 CO_2 浓度导致稻米蛋白质和多种元素浓度下降，但食味品质可能变优；臭氧胁迫水稻的食用和饲用品质均有变劣趋势（景立权等，2018）。

气候变化是中国水稻种植布局调整的重要驱动因素。气候变暖有利于水稻种植边界北扩，但水分因子制约在一定程度上消减了双季稻种植边界的北移范围（高信度）。气候变暖引起的热量资源增加，总体上对中国水稻种植面积扩张有利，尤以东北地区增加幅度最大（Liu et al.，2015）。1961~2010 年气候变化使中国单季稻适宜种植面积减少 7.5%，使双季稻主产区的中、高适宜种植面积增加 20.5%（段居琦和周广胜，2013）。气候变暖使黑龙江省水稻潜在种植区随 2000℃· d 等值线北移约 4 个纬度（云雅如等，2007）。1949~2009 年，中国水稻实际种植面积在东南沿海的广东、福建和浙江等省出现缩减，在东北地区的吉林和黑龙江等省出现增加，种植重心向东北迁移约 2 个纬度，水稻种植面积的扩张和位置迁移与气温变化趋势高度一致（程勇翔等，2012；刘珍环等，2013）。在中国南方双季稻区，综合考虑水分和热量因子的共同作用，21 世纪初的气候变暖并没有使中国双季稻种植北界比 20 世纪 60 年代产生明显北移（段居琦和周广胜，2013）。

名词解释

气候生产潜力： 指一个地区生产条件（水、肥、劳力、技术）充分保证及充足的 CO_2 供应时，理想群体（密度、结构、株型合理）在当地的太阳辐射、温度和水分条件下，单位面积可能达到的最高作物产量。

2. 中国水稻生产的气候变化脆弱性评估

未来气候变化情景下，21 世纪末（2070~2099 年）与基准时段（1981~2010 年）相比，我国水稻产量以增加为主，增产超过 10% 的地区主要位于东北北部，内蒙古东部、云南北部等地，这些地区水稻生产具有较强的气候恢复力；减产超过 10% 的地区很少，说明中国大部地区水稻生产的气候变化脆弱性较低（中等信度）（Yin Y Y et al.，2015）（图 6-6）。

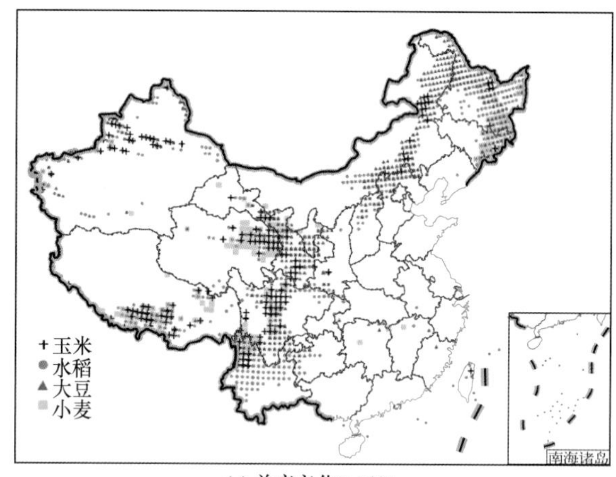

(a) 单产变化≥10%

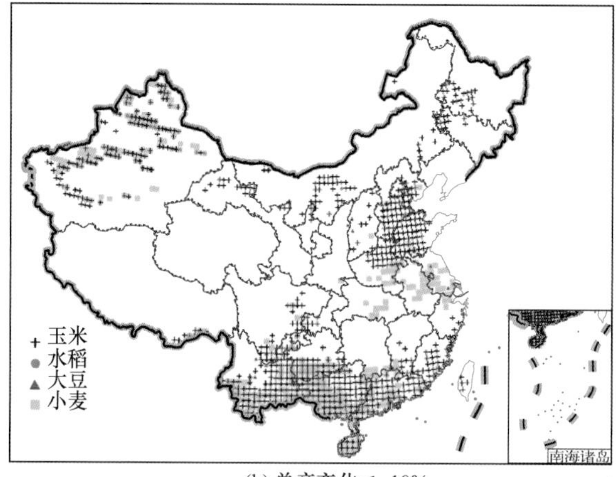

(b) 单产变化≤−10%

图 6-6　21 世纪末 RCP8.5 情景下我国主要作物恢复力（a）与脆弱性（b）评估（Yin Y Y et al.，2015）

6.3.2 小麦

1. 气候变化对小麦生产的影响

气候变化影响小麦生育进程，使小麦生育期缩短（中等信度）。1981~2010年，中国小麦播种期、出苗期、三叶期和乳熟期呈推迟趋势，分蘖期、拔节期、孕穗期、抽穗期、开花期和成熟期则提前；营养生长阶段长度和生长季长度分别平均每年缩短0.23天和0.29天（刘玉洁等，2018）。影响物候变化的气候因子中，平均气温对物候变化趋势影响最大，累积太阳辐射对营养生长阶段长度变化影响最大（Liu et al.，2018a）。管理措施对小麦物候的影响大于气候变化；相比降水和日照时数，平均气温对物候的影响最突出（Liu et al.，2018b）。气候变暖主要缩短了冬小麦的营养生长期，特别是返青－拔节阶段。在适应气候变化中，所用品种呈现显著的空间分异。为稳定冬小麦天数，华北平原多采用更晚开花的品种，但在南部地区为了满足春化作用的需求，多采用冬性更弱的品种（Wang et al.，2013a）。

气候变暖对小麦影响以增产为主，但在不同气候区存在差异（中等信度）。试验研究表明，增温对中国小麦产量的影响以增产为主，夜间增温0~2℃和2~3℃将分别使小麦增产10.5%和15.0%，但在不同气候区存在差异，造成减产的地区主要为温带大陆性季风气候区（高美玲等，2018）。同时，气候变化背景下，近50年中国雨养和灌溉小麦单产潜力增加的区域主要为东北、华北和四川盆地，单产潜力减少的区域为西北和东南地区。全国雨养小麦总生产潜力减少5%，而灌溉小麦总生产潜力变化不大（田展等，2013）。未来全球升温1.5℃和2.5℃情景下，如果不考虑CO_2的肥料效应，中国小麦产量相对于历史时段（2006~2015年）增加1.2%和减少0.9%；如果考虑CO_2的肥料效应，中国小麦产量增加3.9%和8.6%（Chen et al.，2018）。气候变化使农牧交错带春小麦的气候适宜度降低（Tang et al.，2016）。

气候变化背景下，极端气候事件频发对小麦产量有不利影响（高信度）。1962~2010年中国冬小麦因干旱造成的潜在产量损失总体呈上升趋势。在过去近50年里，受黄土高原和河西走廊地区干旱程度增强的影响，中国冬小麦潜在旱灾产量损失中心有向西北移动的趋势（曹阳等，2014）。在IPCC SRES AIB气候情景下，当前至2099年，中国小麦生产受高温胁迫影响较严重的地区主要位于中高纬地区，即新疆、河套和东北地区。气候变暖导致高温胁迫强度增强，从而将增加未来小麦减产的风险（杨绚等，2013）。

气候变化下，高温、干旱等极端气候事件对小麦品质有不利影响（高信度）。在小麦品质形成的灌浆期，高温胁迫总体使小麦籽粒各蛋白质组分含量提高，当处于适度高温时，面团强度增强，小麦品质提高；当温度大于30℃时，影响谷蛋白大聚体的形成，导致面团强度变弱，小麦品质变差（宋维富等，2015）。干旱使小麦籽粒淀粉积累速率减小，籽粒直、支链淀粉和总淀粉含量减少，粒重下降，产量降低（胡阳阳等，2018）；干旱胁迫也可改变小麦胚乳淀粉组分、粒度分布、结晶度及其主要糊化参数，进而影响小麦品质（宋霄君等，2017）。

气候变化背景下中国冬季温度升高，使不同品种冬小麦种植界限北移，种植区域面积增大（高信度）。与1951~1980年相比，1981~2010年冬小麦强冬性品种种植北界在宁夏－甘肃及河北－辽宁分别北移200km和100km，其种植南界东部地区北移趋势大于西部地区，在江苏和安徽等地移动90km，可种植面积共增加36.24万km^2；冬小麦冬性品种种植北界在山东－河北地区向北移动310km，种植南界在贵州毕节－习水地区向西推移95km，可种植区域共增加17.75万km^2；冬小麦弱冬性品种种植北界在安徽、江苏、河南和山东交互之处变化明显，北移120~370km，种植南界呈略微北推趋势，可种植面积共增加15.70万km^2；冬小麦春性品种种植北界在江苏、安徽和河南地区北移230km，而西部地区不明显，可种植面积共增加23.44万km^2（李克南等，2013）。

2. 中国小麦生产的气候变化脆弱性评估

在RCP8.5气候变化情景下，21世纪末（2070~2099年）与基准时段（1981~2010年）相比，我国小麦产量增加超过10%的地区主要位于东北东部、青海北部、云南北部等地，这些地区小麦生产具有较强的气候恢复力；中国小麦生产的气候变化脆弱性较高的地区主要位于华南、新疆和华东部分地区（中等信度），这些地区因气候变化导致小麦产量损失超过10%（Yin Y Y et al.，2015）（图6-6）。就内蒙古地区春小麦而言，1996~2012年平均单元脆弱性在东部、中部及西南部地区均较大，而东北部地区则相对较小。假定适应能力不变，在RCP4.5情景下，温度单元脆弱性将增大，而降水单元脆弱性将减小，在RCP8.5情景下相应的脆弱性增减幅度加大（Dong et al.，2018）。

6.3.3 玉米

1. 气候变化对玉米生产的影响

在气候变化背景下，中国春玉米物候期总体提前，主要发生在西北内陆玉米区和西南山地丘陵玉米区；夏玉米和春夏播玉米物候期总体推迟，且西北内陆玉米区夏玉米各物候期推迟的幅度大于黄淮平原夏玉米推迟的幅度（高信度）（Liu et al.，2019）。春夏播玉米营养生长阶段（播种—抽雄）不同程度地缩短，生殖生长阶段（抽雄—成熟）不同程度地延长；春玉米全生长季延长，夏/春夏播玉米全生长季缩短（秦雅等，2018）。与21世纪初相比，B2情景下，21世纪30年代东北春玉米播种期将推迟2~5天，其他地区的玉米播种期将提前2~19天；东北和华南玉米成熟期将推迟4~15天，黄淮海、长江中下游、川陕盆地和云贵高原的玉米成熟期将提前2~12天，南方丘陵和西北绿洲的玉米成熟期则基本保持不变。21世纪30年代黄淮海和云贵高原的玉米生育期则将缩短3~6天，其他区域的玉米生育期将延长2~15天（翟治芬等，2012）。

气候变化对中国玉米产量的影响以减产为主（中等信度）。1981~2010年中国春玉米气候生产潜力变化趋势为每5年变化–887~1689kg/hm^2，其中东北地区西部、黄淮海平原北部和黄土高原部分地区气候生产潜力呈降低趋势，黄淮海地区南部和南方绝大部分地区呈增加趋势。中国夏玉米气候生产潜力变化趋势为每5年变化–589~1768kg/hm^2，除黄淮海平原北部呈降低趋势外，其他地区夏玉米气候生产潜力呈增加趋势（钟新科等，2012）。华北平原夏玉米产量潜力呈现显著降低趋势，归因于辐射的降低和花前温度的升高。采用新的玉米品种保证了玉米生长期长度，延长了玉米的灌浆期，适应了气候变暖（Wang J et al.，2014）。以1981年玉米生产为基准，生育期平均温度上升1℃，约有25.1%的玉米种植面积出现明显减产，其主要分布在黄土高原及其周边地区，西南的云南、贵州等地，平均变化幅度为–21.6%（王柳等，2014）。如果不考虑CO_2的肥料效应，未来升温1.5℃和2.0℃将使中国玉米产量下降0.1%和2.6%；如果考虑CO_2的肥料效应，升温1.5℃将使玉米产量增加0.2%，升温2.0℃将使玉米产量降低1.7%（Chen et al.，2018）。也有研究表明，在升温1.5℃和2℃情景下，东北和西北种植区玉米产量升高，而华北和西南种植区玉米产量降低。通过播期和品种优化可显著提升产量潜力，在东北、西北和华北播期优化的作用更大，而在西南种植区品种优化的作用更大（Huang et al.，2020）。

高温、干旱等极端气候事件使玉米品质变差（高信度）。花期及籽粒灌浆期高温胁迫使玉米减产，同时增加玉米籽粒的粗蛋白、粗脂肪和赖氨酸含量，降低玉米籽粒的粗淀粉含量（杨欢等，2017）。开花期干旱处理增加籽粒淀粉含量，降低籽粒蛋白质含量、淀粉粒径和支链淀粉中长链比例，使玉米籽粒品质变差（施龙建等，2018）。

干旱和高温、低温等极端气候事件对我国玉米产量的影响以减产为主（高信度）。降水的空间分布直接导致了灾损程度在各地区的差异，其中西部灌溉绿洲农业区雨养种植春玉米干旱风险非常大，需大力发展节水灌溉，而东部雨养农业区自然降水已基本满足春玉米生长发育需要，干旱对春玉米产量影响较小（董朝阳等，2015）。中国华北夏玉米产区是因旱减产最大的区域，需关注气候变化影响下的干旱风险。在省级尺度上，当高温指数增加一个标准差时，玉米减产范围为–1.56%~15.06%，其中以东北、华北地区减产最为严重（周梦子等，2017）。在气候变化背景下，1961~2006年东北地区玉米低温冷害整体上表现为由东北至西南方向呈递减的趋势（张建平等，2012），应加强东北北部低温冷害防御。

气候变化使玉米种植界限北移、可种植面积增加（高信度）。1961~2010年气候变化使中国春玉米的潜在种植界限最大北移约1.4个纬度（何奇瑾等，2012），预计在RCP4.5气候变化情景下，2030年代东北地区晚熟、中晚熟和中熟春玉米的种植北界将在现有基础上分别北移2°、1°和3°（王培娟等，2005）。1961~2010年气候变化使玉米适宜种植面积呈增加趋势，其中春玉米增加约$8.2\times10^5km^2$，夏玉米增加约$8.8\times10^5km^2$（何奇瑾等，2012；He and Zhou，2016）。在RCP4.5和RCP8.0气候变化情景下，2011~2099年东北地区玉米可种植边界北移东扩，南部为晚熟品种，新扩展区域以早熟品种为主，不能种植区域减少（初征和郭建平，2018）。近期实际气候变化对华北平原不同熟性品种夏玉米北扩东移潜力有明显影响，与1961~1980年相比，2001~2015年华北平原夏玉米可种植面积增加了10%，其中极晚熟品种可种植面积增加了$1.4\times10^5km^2$，早熟、中熟和晚熟品种种植界限分别北移1°、1.8°和2.2°（Hu et al.，2019）。就实际玉米播种面积来说，

1978~2014 年东北地区和华北地区的播种面积呈增加趋势，其他地区呈减少趋势或保持稳定（贾正雷等，2018）。

2. 中国玉米产量的气候变化脆弱性评估

在 RCP8.5 气候变化情景下，21 世纪末（2070~2099 年）与基准时段（1981~2010 年）相比，中国玉米产量以减少为主，产量气候变化脆弱性较高的地区覆盖中国玉米大部分种植区，包括华北、华南、新疆和东北、西北部分地区等地（中等信度），这些地区因气候变化导致的玉米产量损失超过 10%（Yin Y Y et al.，2015）。

6.3.4 马铃薯

1. 气候变化对马铃薯生产的影响

气候变暖有利于延长马铃薯生育期（中等信度）。在中国马铃薯主要栽培区西北黄土高原，随着气温升高，马铃薯营养生长时段（播种—现蕾期）缩短，而马铃薯生殖生长时段（现蕾—成熟期）延长，全生育期延长，从而有利于薯块膨大生长。气温升高 0.5~2.5℃，播种—出苗期间隔日数减少 1~4 天，出苗—现蕾间隔日数缩短 1~2 天，现蕾—开花期间隔日数延长 1~2 天，盛花期—茎叶枯萎期间隔日数延长 1~10 天（肖国举等，2015）。

气候变暖将导致中国马铃薯产量降低（高信度）。在中国黄土高原半干旱区，气温升高将降低马铃薯产量，其中 6 月平均气温升高 1℃，产量将下降 6798.46kg/hm^2；8 月平均气温升高 1℃，产量将下降 4391.39kg/hm^2（姚玉璧等，2016）。在农牧交错带旱作区，气候变化导致马铃薯的气候适宜度降低（Tang et al.，2016），播期推迟和选种中熟马铃薯品种是应对气候暖干化的重要方式（李扬等，2019）。

气候变暖影响马铃薯品质。气温升高 0.5~2.0℃使茎块干物质积累、淀粉含量分别增加 22.4%~24.5% 和 72.1%~74.4%，粗蛋白质、还原糖含量分别下降 1.52%~1.82% 和 0.22%~0.24%。气温升高使维生素 C 含量呈先增后降趋势，引起转折的阈值为增温 1.5℃（Wang et al.，2015）。

气候变化使中国薯类作物种植面积增加（中等信度）。1980~2011 年，中国薯类种植面积显著增加的县数占全国总县数的 59.5%，显著减少的县数为全国总县数的 1.7%（刘珍环等，2016）。1961~2008 年气候变化使甘肃省马铃薯适宜种植面积增加 2%，不适宜区面积相应缩小（王鹤龄等，2012）。

2. 马铃薯产量的气候变化脆弱性评估

在未来（2011~2060 年）RCP4.5 气候变化的情景下，中国黄土高原马铃薯产量总体呈现下降趋势；通过改善灌溉条件和调整播期等适应措施，可以增加马铃薯产量，也可以在一定程度上补偿气候变化对马铃薯的负面影响（王春玲，2015）。

6.3.5 其他粮食作物

由于气候变暖，啤酒大麦在中国西北部的适宜种植上限最大提升 200m，最高上限达海拔 2200m，种植区域扩大；啤酒花种植高度最大提升 150m，上限达海拔 2000m 左右；百合种植高度最大提升 150m，最高上限达海拔 2700m，种植区域扩大（邓振镛等，2012）。随着气温升高，啤酒大麦淀粉含量减少，蛋白质含量增加，降低了酿酒品质。未来气候变化情景下，21 世纪极端干旱、高温平均造成中国啤酒供应量下降 9%，价格上涨 83%（Xie et al.，2018）。

气候变化对我国其他粮食作物的影响研究取得了一定成果。气候变暖有利于旱作谷子产量增加，在河西走廊绿洲灌溉区，谷子产量气候变暖后（1993~2008 年）较变暖前（1985~1992 年）增加 30.6~121.1km/hm^2（曹玲等，2010）；气温升高有利于改善晋西北农牧交错带热量资源条件，使喜温作物高粱的产量增加（马雅丽等，2019）。

总之，气候变化使粮食作物生长季温度升高，作物生长季延长，适宜区北扩（高信度），CO_2 浓度增加，作物生产潜力增加，适宜种植区域增加，但粮食综合生产能力不会下降，实际生产能力取决于种植面积和适应技术。作物生长季降水、光合有效辐射的不确定性变化，以及阶段性短时高温等引发的灾害，可能导致某些年份和局部地区作物减产风险增大，但随着技术进步和适应能力增强，短期内还不会改变全国粮食作物单产持续提升的趋势。气候变化很可能会导致粮食的营养品质下降，但也可以通过品种改良、种植的时间和空间调整来适应。对于温度升高使作物发育加快、生长期缩短所致的生产力降低，可通过更换生育期更长的适宜品种来解决，但也要防御品种更替后生育期延长可能遇到的新的低温冷害风险。由于气候变化后气候要素振幅加大，因此须防范偶发性的大尺度极端气候事件导致的农业巨灾。

6.4 气候变化对经济作物生产的影响与脆弱性评估

6.4.1 棉花

在气候变化背景下，我国棉花适宜种植区域将进一步扩大（高信度）。气候变暖，作物生长有效积温增加，全国种植制度北界北移（杨晓光等，2011；Yang et al.，2015）。结合棉花的生物学特性，历史气候背景下我国棉花种植北界北移，且未来气候变化可能导致棉花种植面积进一步扩大。但在气候变化背景下，黄河流域棉区可种植面积将不会发生较大变化（王友华和周治国，2011）；新疆地区宜棉区可种植海拔上限升高，播种面积扩大，次宜棉区、风险棉区和不宜棉区面积缩小（李景林等，2015；胡莉婷等，2019）；气候变化对湖南棉花种植的影响主要表现为最适宜种植面积减少、适宜种植面积增加（廖玉芳等，2010）；北部特早熟棉区将随着区域积温的增加，棉花种植北界北移，可种植面积将有很大增加（王友华和周治国，2011）。由于作物种植受气候变化、经济政策、当地农业生产传统等因素的综合影响，气候变化背景下棉花可种植面积变化与实际种植面积变化存在一定差异。

气候变化导致棉花花前生育阶段缩短，花后生育阶段延长，对多数棉区棉花产量表现为正效应（高信度）。棉花播种期、出苗期、现蕾期、开花期、吐絮期提前，而收获期延后（王占彪等，2017）。对于中国多数棉花种植区而言，气候变暖有利于增加生育期内热量资源，有效匹配光热资源，增加棉花干物质积累，对棉花产量表现为正效应（Wang et al.，2008）。但不同棉花种植区有所差异，在历史气候变化背景下，河南地区棉花气候适宜度降低，将不利于棉花生长和产量增加（任玉玉和千怀遂，2006）。1961~2010 年的气候变化对省域棉花生产已有明显影响，平均气温的升高使西北和黄河流域棉区的棉花单产增加，但导致长江流域棉花单产降低，日较差变小使棉花减产 5%，温度和降水变化的综合影响有利于新疆棉花生产（Chen et al.，2015）。气候变化对棉花品质也产生一定影响。光照是影响棉花品质的重要气象因子。光照不足（以及由此导致的温度降低）将导致棉纤维伸长速率下降，棉纤维长度缩短，纤维比强度及麦克隆值下降（Pettigrew，2008）。此外，光照强度下降，短纤维比例上升，长度整齐度下降（王友华和周治国，2011）。

极端气候事件对棉花生产的影响及脆弱性。在气候变化背景下，极端气候事件发生频率增加，棉花减产风险增大。极端低温和极端高温都会影响棉花产量和质量。高温将抑制棉叶光合作用，增强棉株呼吸作用和蒸腾作用，导致棉株光合产物亏缺、体内水分供应失衡、花粉活性下降、不孕籽粒增加、蕾铃脱落、铃重下降，进而影响产量和品质（Loka and Oosterhuis，2010）。低温会影响棉花抗氧化酶活性和渗透调节物质含量、降低花粉活性、破坏叶片叶绿素影响光合作用，低温对棉花产量和品质的影响程度与低温强度及其持续时间有关。洪涝灾害主要通过降低单株成铃数和伏桃数使产量下降（张培通等，2008）。苗期、蕾期、花铃期渍水均会导致棉花纤维比强度、纤维长度、整齐度、衣分、单铃重等下降。气候变化导致极端天气事件（如极端高温、低温、降水、冰雹等）发生频率增大，由此造成的对棉花产量和品质的影响不断增大。此外，由于气候变暖，棉花可种植区扩大，加之地膜覆盖等栽培管理措施的应用，棉花种植敏感区或非种植区也有棉花种植（胡莉婷等，2019），这些新扩增的地区因年际气候波动导致热量不足的概率增大，更容易受极端天气事件的影响，进而形成新的产量损失风险。而在未来气候变化背景下，新疆棉花需水量下降，遭受干旱的风险降低（李毅和周牡丹，2015）。

总体而言，在气候变化背景下，我国棉花可种植区域将进一步扩大；花前生育阶段缩短，花后生育阶段延长，对于中国多数棉花种植区而言，气候变暖对棉花产量表现为正效应。但极端气候事件发生频率增加，影响棉花品质，使棉花减产风险增大。

除棉花外，我国常见纤维作物还包括麻类作物。但目前气候变化对我国麻类作物的影响还较小。总体而言，气候变暖缩短了麻类作物的生育期，不利于生物量累积，进而造成减产；而降水变化对麻类作物产生有利影响；日照时数下降会导致麻类作物植株变矮，叶片变薄，细胞壁变薄，产量下降；此外，气候变化导致的极端天气事件和暖冬增多，也对麻类作物生产造成不利影响（赵美华，2010；李淑珍等，2014）。

6.4.2 油料作物

大豆。气候变暖导致不同大豆生态区种植北界北移（高信度）。夏播大豆的种植北界北移至辽东半岛南缘，经渤海沿长城西行至岷山—大雪山一线的位置，约向北推进3°~5°（郝兴宇等，2010）。黑龙江大豆种植重心北移，种植比重增加，北部高寒地区可种植耐寒性强、生育期短的品种（李彩侠等，2014；薛志丹等，2019）。

大豆生长速率随气候变暖加快，主要生育期提前（高信度）。总体上，东北大豆全生育期内平均气温每升高1℃，大豆生长发育速率增加2.8%（邱译萱等，2018）。在气候变化背景下，近20年来，东北大豆生长季增温明显，稳定通过10℃的初日提前而终日推后，理论生长季延长；东北大豆播种期和三叶期推迟，出苗期和成熟期分别每年提前0.01~0.61天和0.18~0.19天，生长发育速率加快，生育期每年缩短0.06~0.17天（代粮等，2018；邱译萱等，2018）。夏大豆营养生长期和生殖生长期均延长，平均每年延长0.15天、0.08天；南方春大豆营养生长期每年缩短0.10天，而生殖生长期每年延长0.35天（Liu and Dai，2020）。1993~2013年河南大豆播种期呈提前趋势，全生长季延长（李彤霄，2015）。

气候变化导致大豆产量总体下降，不利于油分的积累（高信度）。近50年我国大豆生产潜力总体呈下降趋势（张晓峰等，2014），1980年以来气候变化导致我国大豆减产约3%（Lobell et al.，2011）。在华北地区，气温升高，大豆光合速率下降，生长季的缩短不利于大豆干物质累积和糖分向籽粒转移，进而导致百粒重下降20%~45%（Zhang et al.，2016；李彤霄，2015）。但在高纬度地区和热量资源偏少地区（东北平原和青藏高原地区外），气温升高有利于大豆增产（张晓峰等，2014）。黑龙江省大豆单产在气温变化的一定阈值内，随着生长季平均气温的升高而增加（姜丽霞等，2011）。若无适应措施，气温升高1.5℃我国大豆将减产20%~30%，气温升高2.0℃将减产30%~50%；在有适应措施条件下，气温升高1.5℃和2℃，我国大豆将减产0%~5%（Rose et al.，2016）。至2100年，气候变化将导致我国大豆减产7%~19%（Chen et al.，2016）。

在气候变化背景下，我国极端天气事件发生频率增加，在一定程度上增加了作物产量风险并导致品质下降。总体而言，在气候变化背景下，我国大豆可种植面积有所扩大，但气候变暖对大豆单产总体表现为负效应，而增加的大豆可种植区域多为敏感地带（过渡区域），加之极端天气事件增多，我国大豆生产仍存在较大风险。大豆作为中国统筹利用国内外两个市场最具代表性的产品，其未来主要依靠国际市场的趋势很难改变（张振等，2018）。在未来气候变化背景下，作为大豆主产国的美国和巴西的大豆产量也将下降0%~50%（Rose et al.，2016）。世界大豆生产“北缩南扩”的趋势将继续加强，世界大豆贸易流将出现显著变化（张振等，2018）。

油菜。在气候变化背景下，我国油菜种植面积的变化总体上呈现出明显的“东减、北移、西扩、南进”特征（高信度）（殷艳等，2010）。西北寒旱区的酒泉和张掖，新疆伊宁—黑龙江绥芬河以南，包括沿长城一线以及西藏、新疆中南部，东北平原南部成为北方冬油菜的潜在种植带（孙万仓等，2007）。在气候变化背景下，湖南油菜最适宜种植区面积显著增加20.8%、次适宜种植面积显著减少16.2%（廖玉芳等，2010）。

气候变暖加快油菜生长发育速率，甘肃春油菜现蕾到开花、开花到绿熟天数缩短（刘明春等，2015）。

历史气候变化导致中国大部分地区油菜单产下降，气候变暖和日照时数下降导致油菜品质下降。历史气候变化对大部分主产区油菜单产增长不利。油菜低纬度种植区受气候变化的不利影响更大，降水增加对长江下游地区油菜单产的负效应最大，气温升高对黄淮平原、云贵高原和甘肃高寒阴湿区的油菜有利，对长江中下游、华南沿海、四川盆地和甘肃温带草原气候区的油菜不利（刘明春等，2015；贺亚琴，2016）。未来气候变化将导致中国油菜减产 1.83 万 ~ 2.63 万 t，减产区域主要在华南沿海、四川盆地和长江下游地区，产量波动性也呈加强趋势（张皓等，2011；贺亚琴，2016；Ruane et al.，2014）。气温升高可促进作物新陈代谢，有利于油菜生长和安全越冬，但初夏高温易引起油菜产量和品质的降低（张树杰和张春雷，2011）。油菜成熟期气温过高将导致种子含油量下降，低日照时数、干旱和初夏高温会导致油菜的品质下降（张树杰和张春雷，2011；贺亚琴，2016）。气候变化适应措施的效果因地而异，如提高油菜光能利用率能够提高水分充足的长江流域地区的油菜增产潜力，但这种特性的改良在北方旱作农区没有影响，而提高油菜品种蒸腾效率的效果则相反（He et al.，2018）。

花生。气候变暖可使花生可种植范围扩大，生育期缩短，产量下降（高等信度）。在未来气候变化背景下，可能出现的三熟制种植区中，冬作物—花生—晚稻形式增加（郑冰婵，2012）。在气候变化背景下，中国大部分地区花生生育期缩短，单产下降，21 世纪中叶以后花生减产幅度显著增加（Ruane et al.，2014）。花生生长季气温升高和 > 15℃积温增加有利于花生脂肪含量和蛋白质含量的累积，从而提高花生质量（李新华等，2010；郭洪海等，2010）。对流层臭氧浓度升高会降低臭氧敏感型花生产量，CO_2 浓度升高会抵消臭氧的负效应（Burkey et al.，2007），但 CO_2 和臭氧浓度升高对花生品质无显著影响（熊路等，2012）。气温升高、降水减少将提高花生病虫害发生概率（赵瑞等，2017）。未来沿海地区风暴潮造成的耕地淹没面积增加，导致花生损失比重呈增加趋势（康蕾等，2015）。当前对气候变化背景下我国农作物种植区划的研究主要集中在小麦、玉米、水稻等主要粮食作物，花生等油料作物种植区划的研究在全国尺度上仍较少。

总体而言，在气候变化背景下，我国主要油料作物种植区不同程度扩大。气候变暖导致大豆、油菜和花生的主要生育期不同程度提前，生育阶段长度缩短，产量下降。气温升高有利于大豆蛋白质的积累，但将导致油料作物种子含油量下降。

6.4.3 糖料作物

甘蔗。在未来气候变化背景下，甘蔗的适宜种植区域有可能向北推移（中等信度）。在气候变化背景下，极端天气事件和农业气候灾害发生频率增加（如干旱、霜冻），不利于甘蔗质量和糖分积累，使生产风险增加（卢小凤等，2016）。

甜菜。在东北地区，甜菜生长中期的降水不足将导致叶片数与株型变少和变小，不利于产量和糖分积累；华北甜菜区 7~8 月日照时数与根产量呈负相关，未来华北地区降水变化趋于减少，将不利于甜菜生产；西北甜菜区根产量与 5~6 月气温、5 月日照时数呈显著负相关，与5月降水呈较显著的正相关，未来气温升高，对西北地区甜菜产量和含糖率不利；在气候变化背景下，新疆甜菜需水量下降，巴音郭楞蒙古自治州灌区8~9月气温升高，导致甜菜含糖量呈下降趋势（李毅和周牡丹，2015）。此外，气候变暖导致甜菜夜蛾越冬北界北移：冬季气温上升1℃、降水量下降60%时，甜菜夜蛾越冬北界北移至江西北部—湖北中部—安徽西南部—江苏南部一线；冬季气温上升3℃、降水量下降20%以上时，甜菜夜蛾越冬北界向北可延伸至甘肃南部、陕西南部、河南南部、江西北部、湖北中部、安徽中南部和江苏中南部，且甜菜夜蛾在越冬区和常年发生区的适宜度也发生一定程度改变（郑霞林等，2015）。

总体而言，气温升高和降水减少不利于甘蔗和甜菜的糖分累积，使甜菜病虫害增多、生产风险增大。

6.4.4 经济果蔬

经济林果。气候变化背景下，我国多数经济林果种植区扩大，但适宜种植区有可能缩小（中等信度）。湖南省甜橙、柚类、温州蜜橘、油茶的最适宜种植面积增加；新疆苹果适宜种植区明显减少，次适宜种植区明显扩大，不适宜种植区减小（张山清等，2018）；新疆气候变化趋势有利于林果产品产量的提高，增温也使冬季冻害风险减小，促进喜温林果产品种植面积由温度高的区域向温度低的区域扩展（刘敬强等，2013）。

气温升高加快林果生育进程，日照时数下降对多数林果单产有负面影响（中等信度）（万梓文等，2016）。此外，气候变化背景下寒害等灾害天气发生频率增加，进一步加剧林果的生产风险（李宁等，2018）。

蔬菜。气候变化背景下，CO_2浓度增加有利于无限生长型蔬菜提高植株光合能力和提高干物质积累、产量；但会加快有限生长型蔬菜发育速率，使生育期缩短、单产下降。另外，当大气中的CO_2浓度增加并伴随着高温条件时，植株的呼吸作用加剧，过多地消耗光合作用产物，导致品质下降。对于设施蔬菜，暖冬有利于温室、大棚、地膜等设施蔬菜生长发育，但也会造成部分越冬蔬菜生育期提前、品质下降（黄军军和雪琼，2002）。太阳辐射减弱和雾霾增多使温室大棚初冬与早春阴害更为突出（王东霞，2017）。气候变化背景下极端天气事件增多，加剧了蔬菜生产风险（付雅丽等，2009）。此外，气候变暖导致果木生长发育提前，果树花期春霜冻害加重（戴君虎等，2013），暖冬使荔枝、龙眼等因缺乏低温刺激，花芽分化不良和结果率下降，暖害加剧（匡昭敏等，2004）。由于经济林果与蔬菜种类繁多，种植区分布广泛，适宜生长的气候条件千差万别，在目前气候变化背景下，各类经济林果和蔬菜的种植区划以及大区域尺度影响的研究仍待进一步加强。

总体而言，气候变暖导致我国经济林果可种植区域扩大，适宜种植区发生变化，生产风险增大。气温升高加快了林果与蔬菜的生育进程，对不同林果、蔬菜品质的影响不同。

综上所述，气候变化背景下，我国主要经济作物种植区面积扩大（高信度），适宜种植范围发生不同程度改变。气候变暖导致棉花、大豆、油菜和花生的主要生育期不同程度提前（中等信度），棉花花后生育阶段长度延长，大豆、油菜和花生生育阶段长度缩短（高信度）。除棉花产量增加外，气候变化对多数经济作物单产表现为负效应（高信度）。气候变化背景下，极端天气事件和病虫害增多，经济作物生产风险增大。

6.5 气候变化对养殖业生产的影响与脆弱性评估

6.5.1 草地畜牧业

牧场生产力。我国草地面积约占国土面积的 40%，草地长久以来承载着以放牧活动为主的草地畜牧业生产活动，虽然在近年来禁牧政策的作用下，有 1/5 的草地禁止放牧，但近 80% 的草地仍以牧场的形式支撑草地畜牧业。牧场的生产力则是草地畜牧业生产的物质基础。我国牧场主要分布在半湿润区至干旱区，对气候变化响应极其敏感。21 世纪初期牧场生产力显著提高（Gang et al.，2015），29.6%~38.5% 的牧场恢复，其中 38.5%~56.6% 可归结为气候变化作用（Yang et al.，2016），全国尺度上降水量的波动是影响牧场生产力变化的主因（Gang et al.，2015）。由此可见，气候变化尤对我国牧场生产力的提升有积极作用（高信度）。

温带牧场生产力主要受水分可利用性的限制，而且降水量是影响温带牧场生产力的主导因素（高信度），降水量同时也影响着牧草的养分（Ren et al.，2016），降水量增加还能放大禁牧对牧场恢复的效果（Hao et al.，2014）。降水量增加强于气温升高对松嫩西部牧场净初级生产力提升的促进作用（罗玲等，2012）。在降水量改变、增温和二氧化碳肥效的交互实验中，降水量的变化同样表现出对温带牧场生产力影响的主导作用（Xu et al.，2014）。内蒙古草原多为缓坡丘陵，相同降水量对不同部位牧草生长的影响也不同。地形通过对降水的再分配影响土壤含水量，从而来影响草地物种分布和植被生长，坡基部区域地上部分生物量显著大于坡腰和坡顶，干旱年份影响更为显著。坡顶部耐旱的植物分布的比例较大，草地生长更加依赖于降水，而坡底区域的草地生长更加依赖于土壤中储存的水分（Wei et al.，2019）。

气候变化对青藏高原高寒牧场恢复整体上起主导作用，对高寒草原和高寒荒漠起消极作用，而对高寒草甸起积极作用（中等信度）。总体上，21 世纪初期高寒牧场退化情况有所好转，2000~2014 年 80.1% 的牧场荒漠化得以减缓，其中 67.3% 由气候变化主导（Li et al.，2016）。高寒草原和高寒荒漠地上净初级生产力受到气候变化的负面影响，增温加之降水减少导致气候“暖干化”趋势明显，引起高寒草原和高寒荒漠生产力降低（Ganjurjav et al.，2016；马俊峰等，2016）。然而，高寒草甸的生产力则对气候变暖呈积极响应，增温显著提高藏北高寒草甸地上生产力（Zhang et al.，2015），主要表现为禾草等优良牧草生物量的增加（Ganjurjav et al.，2015），在三江源地区，近 60 年气温上升加之降水小幅增加，导致牧场生产力明显提高，其中升温对其的贡献最大（周秉荣等，2016）。

牧场承载力。我国草地畜牧业总体仍处于超载状态，但牧场承载力存在着空间和时间上的差异（高信度）。内蒙古温带牧场在 2011 年表现为严重的过度放牧状态，各类型草地超载率超过 40%，而 2012 年和 2013 年仅荒漠草原仍处于过度放牧状态（苏日娜等，

2017）；据 2010 年数据，青海三江源高寒牧场适宜承载力 51.27 羊单位 /km^2，平均超载 27.43 羊单位 /km^2，超载率达 67.88%（Zhang et al.，2014）；西藏全区及其多数县域高寒牧场处于超载状态（赵卫等，2015），但藏东南、藏西北部分县域牧场资源仍有盈余（李祥妹等，2016）。牧场承载力的空间差异为区域化养殖、异地育肥和市场化牧草补给提供了可能。在内蒙古乌审旗的研究发现，牧场承载力表现出季节性差异，1~4 月牧场承载力最低，超载近 95 万羊单位，而 7~12 月可利用牧草量有剩余，具有 20 万羊单位左右的承载潜力（赵晨光和李青丰，2016）。牧场承载力的时空差异指示实现草地畜牧业的“草畜平衡”目标，需要从空间和时间两个维度上解决牧草需求和供给量的问题。另外，基于生态草牧业建设的理念，呼伦贝尔农垦集团在农牧场 10% 的耕地开展人工草地种植，理论上可满足整个农垦集团牲畜饲草料需求，通过天然草地禁牧提高草地产量，有助于维护草畜平衡，遏制草地退化趋势，提高草原牧区草牧业可持续发展和生态保护能力（匡文慧等，2018）。

名词解释

牧场承载力：指一定的牧场面积内，在放牧适度的原则下，能够使家畜良好生长及正常繁殖的放牧家畜头数，不同的家畜种类可换算为羊单位，因此承载力的单位多以羊单位 /km^2 或羊单位 / 亩表示。

草地畜牧业的脆弱性。气候变化在影响牧场的同时也直接作用于牲畜，气候变暖提高了草地畜牧业的脆弱性（中等信度）。随着气候变暖，牲畜的生长生育节律等生物学特性也会发生变化，这些改变对畜牧业生产总体上弊大于利（苏保胜，2015）；气候变化通过影响各种病菌、寄生虫来使牛羊患病概率增加（孙海霞，2014），青藏高原气候变暖导致冬季牧场病虫害暴发，引起家畜中毒（Wang Y et al.，2014）；配种期气温过高或过低都会显著影响家畜配种的成功率（韩炳宏等，2018）。但冬季气温升高有利于家畜越冬，降低家畜越冬的死亡率与掉膘率。

我国草地畜牧业的气候变化脆弱性整体较高，但其变化趋势存在空间异质性（中等信度）。总体上，我国北方牧场和青藏高原西部具有较高的气候变化脆弱性，青藏高原中东部脆弱性较低（Yuan et al.，2017）。内蒙古温带牧场，气候暖干化、增温强度大和极端气候事件增多，导致草地畜牧业脆弱性增加（王明玖和张存厚，2013），虽然 1980~2009 年脆弱性降低，但总体仍较高，其中荒漠草原脆弱性高于典型草原（Yang K et al.，2014）。青藏高原高寒荒漠生态环境出现恶化，脆弱性提高（Guo et al.，2016）；三江源脆弱性自西向东呈下降趋势，1990~2000 年脆弱性有所降低，2000~2010 年显著降低（Liu et al.，2017）。

气候极端事件增多引发的寒潮雪灾和干旱等灾害导致中国草地畜牧业脆弱性提高（高信度）。雪灾不仅阻碍家畜采食和行动，当积雪深度达到 5~15cm 时，就会达到牲畜冬季采食的阈值，导致家畜难以在草地上取食（Wei et al.，2017），与之相伴的低温是造成家畜掉膘、生病甚至死亡的重要原因（李岚和侯扶江，2016）。我国雪灾呈现逐年增加的趋势，其中内蒙古、青海、新疆等草原区域受灾较为严重，是雪灾重发区，对当地畜牧业生产带来巨大的冲击。青藏高原雪灾对家畜脆弱性的评估显示，高脆弱区集中在东部和中部地区年降水量400~450mm的区域，但由于冬、春季气温升高，降雪减少，牧区雪灾脆弱性减弱（Wei et al.，2017），牲畜的死损率明显减小，幼畜的成活率有所上升（Zhao et al.，2014；王晓明等，2013）。中华人民共和国成立以来青海牧区共发生30次雪灾（颜亮东等，2013），而西藏仅2000~2010年发生了45次不同程度的雪灾（Wang W et al.，2013），均造成了巨大的经济损失。青藏高原地区雪灾的持续时间和低温冷害都会导致家畜死亡率升高（Li et al.，2018）；黄河源区域，降雪量与畜牧业肉产量呈负相关关系（Fang et al.，2016）。增温和降雨分配格局改变，干旱也影响着草地畜牧业发展，2016年干旱导致呼伦贝尔草原牧草短缺67万t（Zhao et al.，2019）。青藏高原气候暖干化牧区，草场生产力和牧草质量呈下降趋势，劣质牧草、杂草、毒草比例提高，导致载畜量降低，甚至引发牲畜误食毒草死亡等经济损失（王晓明等，2013）。春季干旱推迟内蒙古草地返青期，荒漠草原春季降水量减少30%~50%就会引起返青期推迟，而典型草原和草甸草原，春季降水量减少50%以上时，返青期才会推迟（李兴华等，2013）。干旱在造成草地畜牧业直接经济损失的同时，也影响着家畜的养殖结构。鄂尔多斯地区，耐旱能力差、饲草需求量大的牛和马的养殖数量大幅下降，而耐旱能力强、适应荒漠生存的山羊和绵羊数量增加（撒多文等，2019），但由于山羊和绵羊的啃食强度强于牛和马，养殖结构的改变可能会导致草地生态系统退化风险加剧。

6.5.2 农区养殖业的脆弱性和适应途径

养殖业的脆弱性。气候变暖有利于家畜的生长发育并扩展喜温品种的养殖界限、降低养殖业的脆弱性；然而，升温有助于病毒传播，以及极端气候事件频发提高了养殖业的脆弱性（中等信度）。气候变暖的有利方面在于，家畜新陈代谢速度与效率产生变化，气温的适当提高有利于其生长发育，使家畜生长期有所延长，有利于更快地增重、成熟和出栏；温度的适当升高也可使动物成熟期提前，长期影响可提高繁育效率；高寒地区，冬季升温有利于家畜越冬，提高幼畜的成活率，降低家畜能量消耗，减少饲料需求，有利于牲畜维持良好膘情，降低死亡率（王志春等，2016）。气候变暖的不利方面在于，家畜的生理周期与节律受气候变化影响出现紊乱；家畜的呼吸系统和消化系统对气候变化十分敏感，流感等动物疫病随气候变化影响着畜牧业生产（甘琴，2017）；极端气候事件频发影响着家畜的生理功能，导致家畜生病甚至死亡，如低温抑制母牛的产奶量（董晓霞等，2013）；繁殖期是动物生活史中对气候最敏感的时期，气候变化可能导致繁殖率降低（胡克等，2015），此外，高温不利于家畜发情、排卵，并影响家畜的精子质量。

6.5.3 渔业

气候变化对渔业品种的影响。我国是水产养殖业大国，2011年数据显示，我国水产养殖业产量占世界的65.7%，其中淡水养殖业产量占63.6%，且淡水养殖产量在过去几十年持续增长（Wang et al.，2015），然而水产养殖业对气候变化具有敏感性、不可逆转性、不可预知性、全面性及脆弱性的特点。气温升高使得寒冷地区可养殖的鱼种丰富度提高，海水养殖的暖水性种类从低纬度海区向高纬度海区迁徙，改变海区生物群落和生物地理学的结构（张玉源等，2016）。冬季台湾暖流和中国沿岸流强度的变化也导致了海鱼种类和组成的变化，使东海捕获鱼类丰富度和多样性升高（Lu and Lee，2014），表明气候变化对渔业品种增加有着积极作用（中等信度）。

渔业的脆弱性。极端气候事件频发提高了我国渔业生产的脆弱性（高信度）。高温热害导致鱼塘池水蒸发过快、水量减少、水质降低，引起水生动物进食困难、生长缓慢、病害增多甚至死亡，导致泛塘，也会引起倒藻或单一藻类大量繁殖，从而引发水生动物缺氧（林静云，2017）。低温冷害会影响水生动物生长速度、降低繁殖种鱼的成熟度，影响育苗生产、降低水体溶氧和抗病能力，影响水生动物进食致其死亡（马增斌，2013），还会引起养殖设施损坏、鱼苗冻伤死亡等，2011 年冰雪寒冬造成浙江水产养殖业直接损失 5976 万元（朱凝瑜等，2012）。而干旱常伴随高温发生，河道水位的下降，造成养殖户补水困难，增加补水能源成本，加剧高温热害的影响（朱凝瑜等，2012）。而暴雨、台风等灾害对我国水产养殖业的危害则更为直接且剧烈，引发的水位上涨、洪涝等次生灾害，造成养殖网箱和堤坝的损坏倒塌水生动物逃逸；还会引入陆地污染废水，引起水质恶化，使水体 pH 剧烈变化，水温骤降，水体溶氧急剧下降，导致水生动物生病，风浪还会造成水生动物相互撞击受伤甚至死亡（姜文生，2017）。此外，气压和洋流的变化也对水产养殖业造成严重影响，气压降低导致水溶氧减少，引起水生动物缺氧、死亡；2008 年拉尼娜导致的中国沿岸流冲击澎湖群岛，引起海水温度降低，导致 73t 野生海鱼和 80% 的养殖海鱼死亡（Chang et al.，2013）。

名词解释

泛塘：指当养殖水体中溶氧量低于其最底线时，引起鱼类大规模窒息死亡的现象。

总体上，气候变化对我国牧场生产力提高起积极作用，尽管不同草地类型对气候变化的响应存在差异，但我国草地畜牧业仍处于超载水平。气候变暖虽然对家畜的生长发育以及渔业品种的多样性有积极影响，但极端气候事件频发提高了我国养殖业的脆弱性。因此，应对气候灾害是我国养殖业适应气候变化研究的关键问题。

6.6 农业适应气候变化途径与适应方案

6.6.1 适应途径及适应能力

种植业适应气候变化途径。农业是对气候变化反应最为敏感和脆弱的领域之一，不同程度的气候变化都会给农业生产带来直接或间接的影响，而提高适应能力是农业领域应对气候变化的主要对策。目前，农业领域应对气候变化的主要适应技术措施包括、调整农业种植制度和布局、选育优良农作物品种、加强农业气候灾害防控、加强农业基础设施建设等（谢立勇等，2014）。针对气候变化对农业种植制度和布局的影响，在分析和预测农业气候资源条件变化的基础上，调整农作物的种植模式，改进农作物的品种布局，提高复种指数，调整作物种植周期（陈兆波等，2013），随气候变暖，各类作物的适宜种植范围向高纬度和高海拔推移。选择生育期较长、产量潜力较高的中晚熟品种替代生育期较短、产量潜力较低的早熟品种，并结合播期的调整，将使农作物产量明显提高（江敏等，2012）。

针对气候变化对农作物产量和品质的影响，开发高光效、抗高温的作物品种，提高作物的光合效率以及对逆境的抵抗能力，不但可以抵消气候变化的消极影响，还可以充分利用 CO_2 的肥效作用提高作物产量，保证粮食安全。针对极端气候事件增多引发的农业灾害影响，开展农业气候灾害预测研究，建立农业灾害监测与预警系统，特别是对干旱、洪涝、低温冷害、作物病虫害等防控减灾的体系，并建立农业灾害保险机制等，从而有效应对农业气候灾害风险（钱凤魁等，2014）。加强农业基础设施建设，增强应对气候变化的适应能力和防灾减灾能力。通过覆盖技术聚集降水，提高土壤蓄水保墒能力，改变土壤水分分配，调控土壤水分运移并提高降水入渗效率，以适应降水变化；通过土壤培肥优化土壤结构、改良土壤理化性状，以提高适应能力（王红丽等，2015）。

农业适应气候变化的不足。农业领域适应技术薄弱分散，尚未形成适应技术清单和适应技术集成体系。农业领域适应气候变化技术还处于发展的初期阶段，各类技术分散于不同学科，其应用领域、影响范围和成熟度均有不同，限制了适应气候变化技术的发展，农业领域适应技术主要集中在农作物品种改良、农业气候灾害防控和基础设施条件建设上，适应技术的自主研发能力较弱，有效的适应技术薄弱，部分适应技术措施可操作性不强，适应技术之间相互联系和依赖性相对较差，适应技术缺少典型区域示范。农业领域适应技术评估方法中缺少对成本效益的分析。目前，我国对气候变化适应的农业技术尚停留在对现有可用技术的分析筛选上，基于气候变化影响的风险分析，对适应技术措施以及对各农业适应技术的可行性研究还十分缺乏，对适应技术的效果分析比较薄弱，目前对适应成本效益分析的全面评估仍然非常缺乏，难以为制定和实施适应对策提供科学依据（钱凤魁等，2014）。

草地畜牧业气候变化适应途径。当前草地畜牧业草畜矛盾仍较为突出，当雪灾、旱灾等极端气候事件引起的灾害发生时，一方面直接导致饲草供给不足，另一方面不完善的棚圈设施导致牲畜直接暴露在灾害中。为适应气候变化，我国草地畜牧业已采取一定适应措施，如加强人工、半人工和改良草地建设，完善牧草市场和流通制度（王明玖和张存厚，2013），建立牧草储备，建设棚圈和温室暖棚（Wei et al.，2017）。

当前，牧民和牧户采取的适应策略多为通过增加牧草生产、储存和建设棚圈进行保畜，当饲草不足时才会被迫进行售卖减畜（李西良等，2013）。内蒙古草地畜牧业，为适应气候变化在售卖牲畜、购买饲料和舍饲的同时，还积极探索放牧资源，包括通过生长季禁牧保留冬季牧场或传统游牧的冬季牧场，以及通过适宜的放牧率和种植饲草作物增强草地弹性（Hou et al.，2012）；内蒙古东部，2000~2011 年，棚圈从 329 万个增加至457万个，打草量从772万t增加到3714万t（Ye et al.，2017）。呼伦贝尔草原，通过建植人工草地来有效应对干旱等极端气候事件（Zhao et al.，2019）；饲草苜蓿的种植，地膜的应用对其产量有显著提升作用（Wang et al.，2015），而通过覆盖秸秆，可以有效降低土壤温度的波动，提高表层土壤含水量和N、P有效性，进而提升牧草产量和水分利用效率（Fan et al.，2014），通过改变收获时期，在花期进行收割，可以提升牧草产量和营养价值（Robertson et al.，2015）。青藏高原，合理的补饲可显著降低季节性冷暖交替对牦牛生长和发育的影响，显著提高牦牛生长性能，增加经济效益（冯宇哲，2015）。为适应干旱事件频发的气候变化背景，有学者研发了适用于人工草地的太阳能灌溉系统，虽然能有效提高牧草产量，但由于受到地下水位、设备成本、管理成本和牧草价格等因素的限制，该方法尚未在草地畜牧业生产中推广使用（Campana et al.，2017）。

牧民和牧户水平的气候变化适应行为还存在诸多限制，因此，社区和地方尺度的适应措施对加强草地畜牧业对气候变化的适应能力也十分重要（Fu et al.，2012）。国家各项草地生态恢复工程，如退牧还草、退耕还草、围栏禁牧、建设人工草地，通过恢复草地植被、增加承载力，对提升草地畜牧业适应能力具有积极作用（Zhao et al.，2014）。在政策引导下，饲草的市场化促进牧民购买和储存牧草（Wang et al.，2016），虽然过去30年牧草供给增加，但仍需要建立长期的饲草储备机制以应对频发的极端气候事件（Wei et al.，2017）。经营规模是牧户应对灾害脆弱性的关键因素之一，大规模牧场具有更低的脆弱性（Ding et al.，2014），草场流转政策使牧户可以通过租赁草场扩大经营规模（Wang Y et al.，2014），或是通过加入合作经营组织，开展规模化生产（Wu et al.，2015）。规模化放牧有利于开展划区轮牧，这在一定程度上提高了草地畜牧业的适应能力，但无论是租赁草场还是合作社生产，草场整体所处的空间相对固定，仍难以通过转场躲避气候灾害（赖玉珮和李文军，2012），定居放牧提高了草地畜牧业的脆弱性（Wang W et al.，2013），移动转场受限导致抗灾能力减弱（Yeh et al.，2014）。而近年来，农牧交错区的异地育肥等适应措施得到越来越多的牧户采纳，虽然异地育肥尚不成熟，还受到诸多条件的限制，但在已实施的案例中，牧户的适应能力明显提高。

若在全球变化背景下提升草地畜牧业的适应，则目前仍亟须自然、社会、经济、政治领域的专家学者、牧户群体、政策制定者等利益相关者通力合作，构建草原畜牧业可持续发展的自然－人文耦合系统模式，将全球变化的挑战变为机遇，从而促进草原畜牧业的弹性力和恢复力增加。

农区畜牧业气候变化适应途径。农区畜牧业与草地畜牧业的根本区别在于饲养方式不同，农区牲畜主要以饲料作物而不是饲草为食，并以舍饲为主。因此，饲料作物的种植是农区畜牧业的基础，尤其是在旱作农业区，种植业向种养结合的转变能够在一定程度上提高农民的气候变化适应能力（中等信度）。传统的春小麦、夏玉米的耕作方式需要通过灌溉补给60%的水分需求，而土豆和粟米的种植模式也需要补给20%的灌溉水，而青贮玉米只有7.5%的水分需要补给，因此种植结构的调整能提升旱作地区应对干旱风险的能力（Lei et al.，2016）；而相较于苏丹草、谷子和日本粟等饲料作物，春玉米的生产力和水分利用效率更高（Zhang et al.，2017）。此外，作物秸秆的饲料化也是农区养殖业提高适应能力的发展方向，目前用于饲料化的秸秆以玉米秸秆为主，但饲料化利用程度低，具有较强的发展潜力，同时青贮秸秆可以输送至牧区，有效缓解冬春季节饲草短缺问题，提高草地畜牧业的适应能力。

养殖业的适应途径。对气候变化风险和适应功效的感知促使养殖业农户产生积极适应意向，而适应成本感知却促使其产生消极适应意向。农户拥有的耕地面积、牲畜数量、收入水平与积极适应意向发生的概率呈正相关关系，而固定资产拥有量、无偿现金援助机会、社会关系网规模则导致其消极适应意向出现（赵雪雁和薛冰，2016）。由此可见，养殖业农户个体在适应气候变化方面存在诸多限制因素，因此需要发挥政府的主导作用，引导农户做出科学合理的适应决策。通过建立和完善信息发布平台，推广投资小、成本低、收益好的轻简农牧业新技术、畜禽良种技术、种养结合技术；通过建立良好的资金机制，建立多元化信贷机制、优惠的税收政策和贷款补贴，持续增加政府的气候变化适应资金投入，为农户适应气候变化提供物质基础，激励农户更积极地采用农牧业新技术（王亚茹等，2016）。

农业领域适应技术研发和推广的资金和政策保障体制薄弱。适应气候变化是一个系统工程，需要巨大的资金支持，作为发展中国家，我国农业适应的基线较低，在适应行动中需要更大的投入资金。目前，我国农业领域适应技术的自主研发能力较弱，在技术研发和引进以及适应技术措施示范方面需要稳定的资金和政策保障（钱凤魁等，2014）。

缺少国家战略规划与国际合作的农业领域适应技术推广。目前，农业领域适应气候变化的技术措施开发和应用水平很不平衡，理论研究较多，示范推广不足。对适应技术研究的科学基础薄弱，目前科学认识水平尚不足以满足制订科学的适应规划的需要。因此，在采取应对气候变化的适应行动中，缺少国家适应战略规划的指导，导致农业领域应对气候变化适应行动分散、针对性不强。缺乏有效的国际合作制度，与发达国家在适应问题上一直存在着很大的分歧和矛盾，难以公平和及时掌握最新的农业领域适应技术，导致在引进、吸收和转化先进技术方面的国际合作基础薄弱（钱凤魁等，2014）。

对农业领域适应技术的社会认知不高。虽然国内外对适应气候变化作为应对气候变化的主要途径达成一致，但是气候变化的适应问题却没有得到真正的重视，亟须提高全社会尤其是农牧民及农业企业对适应气候变化的认知水平。当前我国农业仍以家庭化的分散经营方式为主，小规模的农业生产经营方式同农业现代化的矛盾突出，相关政策推行的难度大，技术普及的成本高（钱凤魁等，2014）。

气候智慧型农业是农业适应气候变化的新模式，我国在单项技术取得显著进展的同时，也在不同地区形成了相应的区域模式。我国在固碳减排与适应气候变化的单项技术上取得显著进展，如作物高产与资源高效利用技术、水稻高产与 CH_4 减排技术、旱地增产与 N_2O 减排技术等领域均进展显著，探明了秸秆还田、新型肥料、节水灌溉、土壤轮耕、作物轮作等关键技术的增产增效、固碳减排效果。近年来，我国气候智慧型农业也在向多目标与集成化的方向发展，形成了适应不同区域特点和农作制发展方向的新型模式，如南方水稻主产区的稻田多熟高效农作制模式、麦－稻两熟区高产高效及环保农作制模式、麦－玉米两熟区节本高效农作制模式、东北平原地力培育与持续高产农作制模式以及西北地区水土资源高效利用农作制模式等。但总体来看，我国气候智慧型农作制度还存在研究深度不够、关键技术集成不足、示范推广力度不大以及配套激励政策欠缺等问题（中国农学会，2018）。

名词解释

气候智慧型农业： 该概念于2010年，由联合国粮食及农业组织（FAO）在海牙关于农业粮食安全与气候变化国际会议上提出，是一个有关农业可持续发展的新概念，它是一种在气候变化大环境下，支撑农业发展战略、确保全球粮食安全的方法。其主要研究内容有3个：首先，确保农产品产量及农民收入提升，着眼点是国家粮食安全；其次，为应对气候变化，适应其变化规律，通过多组织和机构的共同努力降低气候变化的不利影响；最后，减少或移除温室气体排放。

6.6.2 适应气候变化的阈值与有序性方案

适应气候变化的阈值。伴随气候变化，农业气候资源空间分布及气候灾害分布概率的改变，对我国农业生产影响显著，气温和降水的变化不仅改变了灾害发生的概率、强度和持续时间，也改变了农业生产的热量和资源分配（方修琦等，2014）。北方农牧交错带降水量减少，使其界线向东南方向移动，南界移动幅度大于北界，农牧交错带范围增加约 $3.5 \times 10^4 km^2$（李秋月和潘学标，2012）。

气候变化对我国农业生产的影响在一定范围内可控，当超过相应的阈值时其影响可能无法逆转。喜温作物所能承受的最低温阈值和最高温阈值分别为0℃和44℃（赵鸿等，2016）。年均温6.35℃和年降水量525mm是甘肃省干旱受灾的临界阈值，当气温超过6.35℃、降水小于525mm时就会出现干旱风险（韩兰英等，2016）。

我国农业适应气候变化的有序性方案。为避免气候变化对农业生产的不利影响，并合理利用气候变化的有利影响，应合理协调不同区域和农业相关部门开展气候变化适应活动。在充分收集和总结现有农业适应技术的基础上，根据不同区域气候变化特征及其对农业的影响，构建应对气候变化的农业适应技术清单，建立农业适应技术集成体系，对各种适应技术进行选择、优化、配置，形成一个由适宜要素组成、优势互补、相匹配的有机体系，并选择典型区域进行示范，全面推广成熟的农业适应技术。首先，全面分析农业领域受气候变化的影响及其脆弱性和敏感性；其次，编制国家适应气候变化技术体系与技术清单，优选现有成熟的适应技术，吸收最新适应技术研发成果；再次，正确表达农业领域应对气候变化的响应与优先考虑选择的适应技术和措施，科学评估应对气候变化的农业适应技术成本与效益，评估其综合效益与适用范围；最后，构建我国适应气候变化的基本理论与技术体系框架，有效选择区域性农业适应技术并示范推广应用（韩荣青等，2012）。为避免无序适应活动的不利影响，也需开展相应的科学研究，并在此基础上协调不同部门以形成有序适应，从而实现科学应对气候变化，达到“有序适应、整体最优、长期受益”的目标（钱凤魁等，2014）。

名词解释

气候变化有序性适应： 通过合理组织不同国家和机构，协调地区和部门开展系统的活动，使全球能够有效避免气候变化的不利影响，并合理利用气候变化的有利影响。为了到2030年实现人类社会对气候变化的长期适应，并保障社会经济的可持续发展，以每5年为一个阶段，我国学者设计了综合有序的适应计划（图6-7）（Wu et al., 2018）。

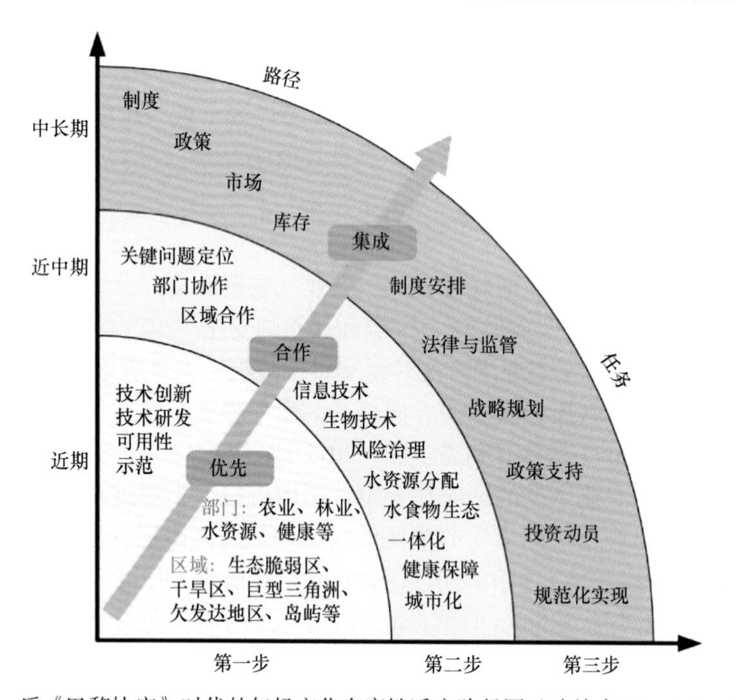

图6-7 后《巴黎协定》时代的气候变化有序性适应路径图（改绘自 Wu et al., 2018）

6.6.3 适应实例及经验

我国各省针对当地气候变化特点和农作物生长特性，已经采取相应的适应手段，也有部分地区针对农业提出综合性的整体适应方案。

陕西苹果种植布局受气候变化的影响，呈现“西移北扩”、从平原地区向丘陵沟壑区转移的趋势；而针对苹果不同的生长阶段，采取不同的气候变化适应技术，开花期低温选择果园熏烟、喷打防冻剂，膨大期持续高温选择果园覆黑地膜、人工种草或铺秸秆，而对于整个生长阶段灌溉措施是主要适应技术，但总体适应水平较低（冯晓龙，2017）。江苏小麦种植，通过秸秆还田等保护性耕作可增加土壤有机碳库、加强农业水利工程建设，如通过推广节水灌溉技术、精确栽培技术与测土施肥技术、病虫草害预警系统相结合的适应气候变化措施，可使区内小麦产量显著提升（黄丽芬等，2013）。

东北地区构建了抗逆作物品种选育、作物应变耕作栽培、农田基本建设、种植结构调整、病虫害防治、农业保险等不同方面的适应技术体系，该体系处在适应技术体系研究的起步阶段，存在诸多不足（李阔和许吟隆，2018）。河北省建立了适应气候变化的节水农业模式，集成了集雨节灌、培育抗旱节水作物品种、深耕蓄水、沟坑种植、覆盖保墒模式、节水灌溉制度模式、用水管理措施等技术体系（周国新等，2013）。宁夏发展了结合土壤改良、调整种植结构和喷灌、温室、良种良法配套的最优适应气候变化方案（柳杨等，2013）。河南省也提出了相应的适应举措：调整农业种植结构，改善作物栽培技术；加强农业基础设施建设，优化水资源管理，积极应对旱、涝等气候灾害；在坚持继续多渠道投资的同时，积极引导适应气候变化项目实施；注重农业综合效益，积极发展高标准农田建设；加强工程管护力度，发挥农业综合开发长效作用；加强农民专业协会建设，开展适应气候变化的宣传和培训；开展相关科学研究（高军侠和刘蕾，2012）。贵州则以石漠化地区的生态治理恢复工作为抓手，通过加强农业气象预报的准确性和及时性，积极开展人工影响天气活动，合理调整农业布局，大力推进循环农业和生态农业，加强应对气候变化的科学研究与技术开发等措施适应气候变化（敖向红，2016）。广西为适应气候变化提出了改善能源结构，提高农业生产效率；加强对气候变化的宣传与信息传播；培育新型经营主体，发展多种形式的规模化生产；加强整体规划，完善相关政策、法律；完善气候数据统计体系，明确相关适应标准；完善机构设置，增加财政支持投资融资力度等措施（王鑫，2017）。华北地区气候变暖后，通过小麦晚播、玉米晚收的技术实施，可以很好地适应气候变化。作物生长季和小麦冬前积温的增加是“两晚”技术应用的气候背景，随着品种选择和农业机械化程度的提高，华北平原玉米生长季延长。“两晚”技术的实施，可使玉米产量增加7%~15%（Wang et al.，2012）。

我国农业适应气候变化对策仍存在较大的提升空间。针对作物的适应手段，目前尚停留在研究和示范阶段，距离大范围推广仍存在一定距离；而针对地区的整体性适应方案，则更多地停留在建议和规划阶段，尚缺乏成功的应用案例，但区域之间有一定差异，我国北方地区在农业适应气候变化方面表现出更为积极的响应。

6.7 结论与认知差距

6.7.1 结论

气候变化改变农业气候资源格局，但区域之间有一定差异。我国农业气候资源表现为 CO_2 浓度和热量资源显著增加、光资源减少、降水资源变化趋势不明显。农业气候资源组合及年型的变化不可避免地会对我国作物生产分布格局产生影响。四大主粮种植北界北移，大豆和油菜可种植面积增大、单产增加，棉花主产区经历了从南方地区向北方地区，再向西北的新疆地区迁移。农业病虫害、灾害的发生数量增加，发生界限出现北移，病虫害迁徙速度加快。水资源分布不均，净灌溉面积大，对干旱适应能力弱的作物生产受到较大的威胁。

随着科学技术水平和适应能力提升，中国粮食实际生产能力不会因气候变化而降低。气候变化使粮食作物生长季温度升高，作物生长季延长，适宜区北扩，CO_2浓度增加，作物生产潜力增加，适宜种植区域增加，但粮食生产能力不会下降，实际生产能力取决于种植面积和适应技术。作物生长季降水、光合有效辐射的不确定性变化，以及阶段性短时高温等不利气候条件引发的灾害和病虫害，可能导致某些年份和局部地区作物减产，但随着科学技术的发展和适应能力的提升，基本农田质量改善，全国粮食作物单产提高的趋势在未来一定时段内还不会改变。气候变化很可能会导致粮食的营养品质下降，但可以通过品种改良、种植的时间和空间调整来适应。对于温度升高使作物发育加快、生长期缩短所致的生产力降低，也可通过更换生育期更长的适宜品种来解决。气候变化引起的气候要素异动，潜伏着小概率、大尺度巨灾气候风险，如大范围的洪涝、干旱、病虫害等，也会危及国家粮食安全，宜未雨绸缪，着眼于防大灾、防大疫，在粮食生产、储运、消费等供求平衡层面储备应对气候变化的科学、管理技术体系和方法。

气候变化使我国主要经济作物适宜种植区不同程度扩大，也带来机遇和风险。气候变暖使经济作物适宜种植区北界北移，可种植的海拔上升。气候变暖导致棉花、大豆、油菜和花生的主要生育期不同程度提前（中等信度），棉花花后生育阶段长度延长，产量提高，主产区集中到新疆和甘肃的绿洲灌溉农业区。但目前棉花生产集中度太高，一旦遇到大范围的极端低温事件影响，全国总产量将会大幅波动。大豆、油菜和花生生育阶段长度缩短（高信度），极端天气事件和病虫害增多，若不采取适应措施则会表现为负效应（高信度），使脆弱性增大。

气候变化对我国牧场生产力提高总体上起积极作用，局部地区存在草场退化风险。西北暖湿化地区草原生物量有增加趋势，但不同草地类型对气候变化的响应存在差异，暖干化区域和年型生物量存在减小的风险，采取禁牧措施的牧区草地植被覆盖得到恢复，但放牧区草地畜牧业仍处于超载水平，因而存在人为活动导致草地退化的风险。气候变暖虽然对家畜的生长发育以及渔业品种的多样性有积极影响，但极端气候事件频发提高了我国养殖业的脆弱性。因此，应对气候灾害是我国养殖业适应气候变化研究的关键问题，北方草原牧区定居暖棚、冬储草料、调整越冬畜群数量与结构是重要的适应气候变化的方式。

6.7.2 认知差距

1. 气候变化对农业影响认知与脆弱性评估不足

气候变化影响往往与其他自然因素及人类活动影响交叉并存，归因研究仍较薄弱。许多农民往往把气候年际波动误认为气候变化，照搬上一年经验的盲目适应导致事与愿违。现有研究大多针对气候变化给农业带来的不利影响，针对气候变化带来有利因素与机遇利用的研究偏少。以往常常把气候变化影响简单看成气象灾害，对其长期深远影响及极端事件新特点认识不足，对气候变化可能带来的农业气候资源和灾害改变的理性评判不足。

对农业系统与环境相互作用机制的研究不够深入，有时导致对气候变化影响农业的错误判断。例如，简单运用桑斯维特等基于温度的经验公式得出气温升高将加剧蒸散，这与大多数气象站和水文站实测水面蒸发量下降的事实相矛盾。不考虑植被状况、土壤水分状况与作物系数的改变，直接应用彭曼－蒙蒂斯公式得出蒸散量下降与北方大部农业干旱加剧的现状形成又一个悖论。以往研究方法的不完善可能会导致所得结论的不确定性。此外，气候变化对农业的影响研究以种植业偏多，特别是以粮食作物偏多，对经济作物、林果蔬菜和小宗作物影响的研究偏少，对农区畜牧业、水产、林产品的影响更薄弱，所获结论缺乏多方研究的相互印证。

2. 农业适应科学基础与技术研发不足

中国在农业适应机制、技术途径与方法论等方面的研究已取得重要进展并提出"边缘适应"的理念（许吟隆等，2013；潘志华和郑大玮，2013）。但对不同类型农业生物，尤其是饲养动物与昆虫、微生物的适应机制研究仍较薄弱，所提出的适应对策与技术大多基于田间试验和经验总结，机理性不足。

主要粮食作物气象胁迫与灾害的适应技术研究较多，针对气候变化深远影响的适应对策研究较少。有的地区已初步构建农业适应技术体系（韩荣青等，2012），但全面构建分区域、分产业、分作物的适应技术体系还是一个长期且艰巨的任务。

现有研究集中在具体的适应技术与效果评估方面，IPCC AR5 中还提到农业系统脆弱性与风险评估、产前产后等其他生产活动的适应、适应障碍与限制因素、适应成本与效益的经济学、适应案例证据的信度与显著性统计分析等，中国这些方面的研究相对薄弱。此外，把农业生产作为一个整体系统进行适应策略方面的研究不足，缺少权衡利弊的技术选择途径。什么情况下采取"增量适应"，如何通过措施减轻不利影响，什么情况下采取"转型适应"，如何转型，尚缺乏系统研究。尽管已开展气候智慧型农业试点研究与示范，但如何协调低碳农业与高产优质的关系，在何种时间尺度和空间尺度下考虑资源环境平衡与可持续，尚缺少足够的研究范例。

许多传统适应技术为劳动密集型，在农村劳动力大量向城市转移的今天很难实施，自动化、智能化高新适应技术的研发远不能满足需求，农业气象服务尤其是复杂地形下的智慧化程度较低，非设施环境的小气候调控理论基础与技术手段薄弱。

农业巨灾是引发粮食安全与饥荒的潜在威胁，但缺乏导致农业巨灾的大尺度农业气候灾害风险评估成因研究。针对气候变化情景下极端天气、气候事件及气象次生、衍生灾害的气候变化影响链研究不足，缺乏系统性气候变化影响链的断链应对技术和气候新常态的适应技术。

■ 参考文献

敖向红. 2016. 气候变化对喀斯特地区农业的影响及适应策略——以贵州西部六盘水市为例. 贵阳学院学报（自然科学版），11（1）：58-62.

白桦，鲁向晖，杨筱筱，等 . 2019. 基于彭曼公式日均值时序分析的中国蒸发能力动态成因 . 农业机械学报，50（1）：235-244.

蔡美芳，李开明，谢丹平，等 . 2014. 我国耕地土壤重金属污染现状与防治对策研究 . 环境科学与技术，37（120）：223-230.

曹玲，王强，邓振镛，等 . 2010. 气候暖干化对甘肃省谷子产量的影响及对策 . 应用生态学报，21（11）：2931-2937.

曹阳，杨婕，熊伟，等 . 2014. 1962—2010 年潜在干旱对中国冬小麦产量影响的模拟分析 . 农业工程学报，30（7）：128-139.

陈兆波，董文，霍治国，等 . 2013. 中国农业应对气候变化关键技术研究进展及发展方向 . 中国农业科学，46（15）：3097-3104.

程勇翔，王秀珍，郭建平，等 . 2012. 中国水稻生产的时空动态分析 . 中国农业科学，45（17）：3473-3485.

初征，郭建平 . 2018. 未来气候变化对东北玉米品种布局的影响 . 应用气象学报，29（2）：165-176.

代粮，刘玉洁，潘韬 . 2018. 中国东北三省大豆虚拟水时空分异及其影响因素研究 . 地球信息科学学报，20（9）：1274-1285.

戴君虎，王焕炯，葛全胜 . 2013. 近 50 年中国温带季风区植物花期春季霜冻风险变化 . 地理学报，68（5）：593-601.

邓振镛，张强，赵红岩，等 . 2012. 气候暖干化对西北四省（区）农业种植结构的影响及调整方案 . 高原气象，31（2）：498-503.

董朝阳，刘志娟，杨晓光 . 2015. 北方地区不同等级干旱对春玉米产量影响 . 农业工程学报，31（11）：157-164.

董晓霞，刘浩淼，张超，等 . 2013. 北京市气候变化对奶牛热冷应激的影响 . 农业工程学报，29（16）：198-205.

段骅，唐琪，剧成欣，等 . 2012. 穗灌浆早期高温与干旱对不同水稻品种产量和品质的影响 . 中国农业科学，45（22）：4561-4573.

段居琦，周广胜 . 2013. 我国双季稻种植分布的年代际动态 . 科学通报，58（13）：1213-1220.

方修琦，郑景云，葛全胜 . 2014. 粮食安全视角下中国历史气候变化影响与响应的过程与机理 . 地理科学，34（11）：1291-1298.

冯喜媛，王宁，刘实 . 2018. 1961—2014 年东北三省热量资源变化特征 . 气象与环境学报，34（1）：91-98.

冯晓龙 . 2017. 苹果种植户气候变化适应性行为研究 . 杨凌：西北农林科技大学 .

冯宇哲 . 2015. 玉树地区气候变化及补饲对牦牛生长和经济效益的影响研究 . 家畜生态学报，36（9）：78-84.

付雅丽，刘铁铮，牛瑞生，等 . 2009. 气候变化对蔬菜产业发展的影响及对策 . 河北农业科学，13（11）：25-26，56.

甘琴 . 2017. 季节性气候变化对牛疾病的影响及预防 . 乡村科技，8（27）：68-69.

高军侠，刘蕾 . 2012. 河南省农业综合开发适应气候变化的对策 . 河南水利与南水北调，（2）：51-52.

高美玲，张旭博，孙志刚，等 . 2018. 中国不同气候区小麦产量及发育期持续时间对田间增温的响应 .

中国农业科学，51（2）：386-400.
郭洪海，杨丽萍，李新华，等 . 2010. 长江中下游区域花生生产与品质特征的研究 . 农业现代化研究，31（5）：617-620.
郭建平 . 2015. 气候变化对中国农业生产的影响研究进展 . 应用气象学报，26（1）：1-11.
韩炳宏，周秉荣，赵恒和，等 . 2018. 基于 GIS 的藏羊生长发育期气象灾害风险评估 . 干旱区研究，35（6）：1402-1409.
韩兰英，张强，赵红岩 . 2016. 甘肃省农业干旱灾害损失特征及其对气候变暖的响应 . 中国沙漠，36（3）：767-776.
韩荣青，戴尔阜，吴绍洪 . 2012. 中国粮食生产力研究的若干问题与展望 . 资源科学，34（6）：1175-1183.
郝兴宇，韩雪，居煇，等 . 2010. 气候变化对大豆影响的研究进展 . 应用生态学报，21（10）：2697-2706.
何奇瑾，周广胜，隋兴华，等 . 2012. 1961—2010 年中国春玉米潜在种植分布的年代际动态变化 . 生态学杂志，31（9）：2269-2275.
贺亚琴 . 2016. 气候变化对中国油菜生产的影响研究 . 武汉：华中农业大学 .
胡克，吴文达，张源淑，等 . 2015. 气候变化对我国舍饲家畜养殖业的影响与应对措施分析 . 黑龙江畜牧兽医，（13）：103-106.
胡莉婷，胡琦，潘学标，等 . 2019. 气候变暖和覆膜对新疆不同熟性棉花种植区划的影响 . 农业工程学报，35（2）：98-107.
胡琦，潘学标，李秋月，等 . 2016. 气候变化背景下东北地区太阳能资源多时间尺度空间分布与变化特征 . 太阳能学报，37（10）：2647-2652.
胡阳阳，卢红芳，刘卫星，等 . 2018. 灌浆期高温与干旱胁迫对小麦籽粒淀粉合成关键酶活性及淀粉积累的影响 . 作物学报，44（4）：591-600.
黄军军，雪琼 . 2002. 种植结构改变对广西蔬菜病虫害发生的影响及控制对策 . 广西农业科学，（2）：104-105.
黄丽芬，张蓉，李慧，等 . 2013. 全球环境基金适应气候变化农业措施的监测与评价——基于江苏省新沂市的实证分析 . 江苏农业科学，41（12）：369-372.
霍治国，李茂松，李娜，等 . 2012. 季节性变暖对中国农作物病虫害的影响 . 中国农业科学，45（11）：2168-2179.
贾正雷，程家昌，李艳梅，等 . 2018. 1978—2014 年中国玉米生产的时空特征变化研究 . 中国农业资源与区划，39（2）：50-57.
江敏，金之庆，杨慧，等 . 2012. 福建省水稻生育期气温与降水的时空分布及其对稻作制度的影响 . 应用生态学报，23（12）：3393-3401.
姜丽霞，李帅，李秀芬，等 . 2011. 黑龙江省近三十年气候变化对大豆发育和产量的影响 . 大豆科学，30（6）：921-926.
姜庆虎，刘艳芳，黄浦江，等 . 2013. 城市湖泊流域面源污染的源 – 汇效应研究：以武汉市东湖为例 . 生态环境学报，22（3）：469-474.
姜文生 . 2017. 黄石气候特征对水产养殖业影响调研分析 . 农业与技术，37（5）：119-121.

景立权，户少武，穆海蓉，等 . 2018. 大气环境变化导致水稻品质总体变劣 . 中国农业科学，51（13）：2462-2475.

康蕾，马丽，刘毅 . 2015. 珠江三角洲地区未来海平面上升及风暴潮增水的耕地损失预测 . 地理学报，70（9）：1375-1389.

匡文慧，闫慧敏，张树文，等 . 2018. 呼伦贝尔农垦集团草畜平衡状况与粮经饲配置模式 . 科学通报，63（17）：1711-1721.

匡昭敏，欧钊荣，梁棉勇 . 2004. 广西荔枝龙眼冬季暖害气象指标及其时空分布研究 . 中国农业气象，25（2）：59-61.

赖玉珮，李文军 . 2012. 草场流转对干旱半干旱地区草原生态和牧民生计影响研究——以呼伦贝尔市新巴尔虎右旗 M 嘎查为例 . 资源科学，34（6）：1039-1048.

李彩侠，李俏，孙天一，等 . 2014. 气候变化对黑龙江省主要农作物产量的影响 . 自然灾害学报，23（6）：200-208.

李川川 . 2013. 论气候变化背景下中国生物多样性适应性保护法律制度的完善 . 武汉：华中科技大学 .

李景林，普宗朝，张山清，等 . 2015. 近 52 年北疆气候变化对棉花种植气候适宜性分区的影响 . 棉花学报，27（1）：22-30.

李克南，杨晓光，慕臣英，等 . 2013. 全球气候变暖对中国种植制度可能影响Ⅷ——气候变化对中国冬小麦冬春性品种种植界限的影响 . 中国农业科学，46（8）：1583-1594.

李阔，许吟隆 . 2017. 适应气候变化的中国农业种植结构调整研究 . 中国农业科技导报，19（1）：8-17.

李阔，许吟隆 . 2018. 东北地区农业适应气候变化技术体系框架研究 . 科技导报，36（15）：67-76.

李岚，侯扶江 . 2016. 我国草原生产的主要自然灾害 . 草业科学，33（5）：981-989.

李宁，白蕤，李玮，等 . 2018. 未来气候变化背景下我国橡胶树寒害事件的变化特征 . 气候变化研究进展，14（4）：402-410.

李鹏 . 2012. 气候变化对生物多样性影响的法律规制 . 武汉：华中科技大学 .

李秋月，潘学标 . 2012. 气候变化对我国北方农牧交错带空间位移的影响 . 干旱区资源与环境，26（10）：1-6.

李淑珍，孙琳丽，马玉平，等 . 2014. 气候变化对宁夏固原地区胡麻发育进程和产量的影响 . 应用生态学报，25（10）：2892-2900.

李彤霄 . 2015. 河南省气候变化对大豆生育期的影响研究 . 气象与环境科学，38（2）：24-28.

李西良，侯向阳，Ubugunov L，等 . 2013. 气候变化对家庭牧场复合系统的影响及其牧民适应 . 草业学报，22（1）：148-156.

李祥妹，赵卫，黄远林 . 2016. 基于生态系统承载能力核算的西藏高原草地资源区划研究 . 中国农业资源与区划，37（1）：167-173.

李新华，郭洪海，杨丽萍，等 . 2010. 气象因子对花生品质的影响 . 中国农学通报，26（16）：90-94.

李兴华，陈素华，韩芳 . 2013. 干旱对内蒙古草地牧草返青期的影响 . 草业科学，30（3）：452-456.

李炎子 . 2014. 我国种植业空间布局演变（1978—2009）. 北京：中国农业大学 .

李扬，王靖，唐建昭，等 . 2019. 播期和品种变化对马铃薯产量的耦合效应 . 中国生态农业学报（中英文），27（2）：296-304.

李祎君，王春乙 . 2010. 气候变化对我国农作物种植结构的影响 . 气候变化研究进展，6（2）：123-129.

李毅，周牡丹 . 2015. 气候变化情景下新疆棉花和甜菜需水量的变化趋势 . 农业工程学报，31（4）：121-128.

李勇，杨晓光，代姝玮，等 . 2010. 长江中下游地区农业气候资源时空变化特征 . 应用生态学报，21（11）：2912-2921.

梁玉莲，韩明臣，白龙，等 . 2015. 中国近 30 年农业气候资源时空变化特征 . 干旱地区农业研究，33（4）：259-267.

廖玉芳，宋忠华，赵福华，等 . 2010. 气候变化对湖南主要农作物种植结构的影响 . 中国农学通报，26（24）：276-286.

林静云 . 2017. 夏季极端天气后对虾养殖措施初探 . 上海农业科技，（6）：71，80.

刘纪远，宁佳，匡文慧，等 . 2018. 2010—2015 年中国土地利用变化的时空格局与新特征 . 地理学报，73（5）：789-802.

刘敬强，瓦哈甫 · 哈力克，哈斯穆 · 阿比孜，等 . 2013. 新疆特色林果业种植对气候变化的响应 . 地理学报，68（5）：708-720.

刘明春，孙占峰，蒋菊芳，等 . 2015. 甘肃省春油菜生育及产量形成对气候变化的响应 . 干旱地区农业研究，33（1）：213-218.

刘钦普 . 2015. 淮河流域化肥施用空间特征及环境风险分析 . 生态环境学报，24（9）：1512-1518.

刘玉洁，陈巧敏，葛全胜，等 . 2018. 气候变化背景下 1981~2010 中国小麦物候变化时空分异 . 中国科学：地球科学，48（7）：888-898.

刘珍环，李正国，唐鹏钦，等 . 2013. 近 30 年中国水稻种植区域与产量时空变化分析 . 地理学报，68（5）：680-693.

刘珍环，杨鹏，吴文斌，等 . 2016. 近 30 年中国农作物种植结构时空变化分析 . 地理学报，71（5）：840-851.

柳杨，黎水宝，程志，等 . 2013. 宁夏农业适应气候变化对策优选分析 . 宁夏农林科技，54（12）：152-154.

卢小凤，匡昭敏，李莉，等 . 2016. 气候变化背景下广西甘蔗秋旱演变特征分析 . 南方农业学报，47（2）：217-222.

鲁学浩，朱蓉慧，张鑫，等 . 2019. 新疆石河子地区热量资源变化特征分析 . 新疆农垦科技，42（1）：42-44.

罗玲，王宗明，毛德华，等 . 2012. 松嫩平原西部草地净初级生产力对气候变化及人类活动的响应 . 生态学杂志，31（6）：1533-1540.

马俊峰，高伟，归静，等 . 2016. 西藏阿里草地气候生产力对气候变化的响应 . 家畜生态学报，37（10）：55-60.

马雅丽，郭建平，赵俊芳 . 2019. 晋北农牧交错带作物气候生产潜力分布特征及其对气候变化的响应 . 生态学杂志，38（3）：818-827.

马增斌 . 2013. 长期低温阴雨天气对水产养殖的影响及对策 . 渔业致富指南，（3）：28.

潘志华，郑大玮 . 2013. 适应气候变化的内涵、机制与理论研究框架初探 . 中国农业资源与区划，34（6）：12-17.

钱凤魁，王文涛，刘燕华 . 2014. 农业领域应对气候变化的适应措施与对策 . 中国人口 · 资源与环境，

24（5）：19-24.
秦雅，刘玉洁，葛全胜 . 2018. 气候变化背景下 1981—2010 年中国玉米物候变化时空分异 . 地理学，73（5）：906-916.
邱译萱，马树庆，李秀芬 . 2018. 吉林春大豆生育期变化及其对气候变暖的响应 . 中国农业气象，39（11）：715-724.
任玉玉，千怀遂 . 2006. 河南省棉花气候适宜度变化趋势分析 . 应用气象学报，17（1）：87-93.
撒多文，王小龙，孙林，等 . 2019. 长期气候变化对草原畜牧业牧草及家畜的影响 . 内蒙古科技与经济，（1）：70-73.
施龙建，文章荣，张世博，等 . 2018. 开花期干旱胁迫对鲜食糯玉米产量和品质的影响 . 作物学报，44（8）：1205-1211.
宋维富，肖志敏，辛文利，等 . 2015. 灌浆期高温对小麦籽粒蛋白质积累和品质影响的研究进展 . 黑龙江农业科学，38（2）：138-141.
宋霄君，张敏，武雪萍 . 2017. 干旱胁迫对小麦不同品种胚乳淀粉结构和理化特性的影响 . 中国农业科学，50（2）：260-271.
苏保胜 . 2015. 气候变暖对我国畜牧业可持续发展的影响 . 中国农业信息，（15）：79-80.
苏日娜，俎佳星，金花，等 . 2017. 内蒙古草地生产力及载畜量变化分析 . 生态环境学报，26（4）：605-612.
孙海霞 . 2014. 外界气候变化对牛羊疾病的影响 . 畜牧与饲料科学，35（11）：127-128.
孙万仓，马卫国，雷建明，等 . 2007. 冬油菜在西北寒旱区的适应性和北移的可行性研究 . 中国农业科学，40（12）：2716-2726.
田展，梁卓然，史军，等 . 2013. 近 50 年气候变化对中国小麦生产潜力的影响分析 . 中国农学通报，29（9）：61-69.
万梓文，许彦平，姚晓琳，等 . 2016. 甘肃天水近 30 a 气候变化对桃产量形成的影响分析 . 干旱区地理，39（4）：738-746.
王春玲 . 2015. 气候变化对西北半干旱地区马铃薯生产影响的研究 . 南京：南京信息工程大学 .
王东霞 . 2017. 低温寡照天气对温室蔬菜生产的害及应对措施 . 河北农业，（8）：32-33.
王浩，汪林，杨贵羽，等 . 2018. 我国农业水资源形势与高效利用战略举措 . 中国工程科学，20（5）：17-23.
王鹤龄，王润元，张强，等 . 2012. 甘肃马铃薯种植布局对区域气候变化的响应 . 生态学杂志，31（5）：1111-1116.
王红丽，张绪成，魏胜文 . 2015. 气候变化对西北半干旱区旱作农业的影响及解决途径 . 农业资源与环境学报，32（6）：517-524.
王柳，熊伟，温小乐，等 . 2014. 温度降水等气候因子变化对中国玉米产量的影响 . 农业工程学报，30（21）：138-146.
王明玖，张存厚 . 2013. 内蒙古草地气候变化及对畜牧业的影响分析 . 内蒙古草业，25（1）：5-12.
王培娟，韩丽娟，周广胜，等 . 2005. 气候变暖对东北三省春玉米布局的可能影响及其应对策略 . 自然资源学报，30（8）：1343-1355.
王晓明，徐芸皎，李少魁 . 2013. 青海省海南州南部牧区气候变化对畜牧业的影响 . 安徽农业科学，41

（9）：3909-3912.
王鑫 . 2017. 气候变化对广西农业的影响及其适应研究 . 南宁：南宁师范学院 .
王亚茹，赵雪雁，张钦，等 . 2016. 高寒生态脆弱区农户的气候变化适应策略——以甘南高原为例 . 生态学报，37（7）：1273-1287.
王瑶 . 2019. 农业气象灾害及病虫害受气候变化的影响分析 . 农业与技术，39（11）：144-145.
王友华，周治国 . 2011. 气候变化对我国棉花生产的影响 . 农业环境科学学报，30（9）：1734-1741.
王占彪，陈静，毛树春，等 . 2017. 气候变化对河北省棉花物候期的影响 . 棉花学报，29（2）：177-185.
王志春，杨军，陈素华，等 . 2016. 气候变暖对内蒙古东部地区农牧业气候资源的影响 . 干旱区资源与环境，30（4）：132-137.
肖国举，仇正跻，张峰举，等 . 2015. 增温对西北半干旱区马铃薯产量和品质的影响 . 生态学报，35（3）：830-836.
谢立勇，李悦，钱凤魁，等 . 2014. 粮食生产系统对气候变化的响应：敏感性与脆弱性 . 中国人口 · 资源与环境，24（5）：25-30.
熊路，卢山，王�，等 . 2012. 花生主要营养品质的农艺调控研究进展 . 中国农学通报，28(18)：7-14.
熊伟，杨婕，吴文斌，等 . 2013. 中国水稻生产对历史气候变化的敏感性和脆弱性 . 生态学报，33(2)：509-518.
许吟隆，郑大玮，李阔，等 . 2013. 边缘适应：一个适应气候变化新概念的提出 . 气候变化研究进展，9(5)：376-378.
薛庆喜 . 2013. 中国及东北三省 30 年大豆种植面积、总产、单产变化分析 . 中国农学通报，29（35）：102-106.
薛志丹，孟军，吴秋峰 . 2019. 基于气候适宜度的黑龙江省大豆种植区划研究 . 大豆科学，38（3）：399-406.
颜亮东，李林，刘义花 . 2013. 青海牧区干旱、雪灾灾害损失综合评估技术研究 . 冰川冻土，35（3）：662-680.
杨欢，沈鑫，陆大雷，等 . 2017. 籽粒建成期高温胁迫持续时间对糯玉米籽粒产量和淀粉品质的影响 . 中国农业科学，50（11）：2071-2082.
杨晓光，刘志娟，陈阜 . 2011. 全球气候变暖对中国种植制度可能影响：VI. 未来气候变化对中国种植制度北界的可能影响 . 中国农业科学，44（8）：1562-1570.
杨绚，汤绪，陈葆德，等 . 2013. 气候变暖背景下高温胁迫对中国小麦产量的影响 . 地理科学进展，32（12）：1771-1779.
姚玉璧，王润元，刘鹏枭，等 . 2016. 气候暖干化对半干旱区马铃薯水分利用效率的影响 . 土壤通报，47（3）：594-598.
殷艳，廖星，余波，等 . 2010. 我国油菜生产区域布局演变和成因分析 . 中国油料作物学报，32（1）：147-151.
于乐荣，左停 . 2010. 1978 ~ 2008 年：中国农村经济和农业生产变迁——一项来自中国 150 个村的调查报告 . 经济体制改革，28（1）：93-98.
云雅如，方修琦，王丽岩，等 . 2007. 我国作物种植界线对气候变暖的适应性响应 . 作物杂志，（3）：20-23.

翟治芬，胡玮，严昌荣，等 . 2012. 中国玉米生育期变化及其影响因子研究 . 中国农业科学，45（22）：4587-4603.

张桂莲，张顺堂，王力，等 . 2013. 抽穗结实期不同时段高温对稻米品质的影响 . 中国农业科学，46（14）：2869-2879.

张皓，田展，杨捷，等 . 2011. 气候变化影响下长江流域油菜产量模拟初步研究 . 中国农学通报，27（21）：105-111.

张华，王岚，刘剑刚，等 . 2018. 吉林省热量资源的时空变化特征 . 自然灾害学报，27（5）：169-178.

张建平，王春乙，赵艳霞，等 . 2012. 基于作物模型的低温冷害对我国东北三省玉米产量影响评估 . 生态学报，32（13）：4132-4138.

张蕾，霍治国，王丽，等 . 2012. 气候变化对中国农作物虫害发生的影响 . 生态学杂志，31(6)：1499-1507.

张培通，徐立华，杨长琴，等 . 2008. 涝渍对棉花产量及其构成的影响 . 江苏农业学报，24（6）：785-791.

张山清，普宗朝，李新建，等 . 2018. 气候变化对新疆苹果种植气候适宜性的影响 . 中国农业资源与区划，39（8）：255-264.

张树杰，张春雷 . 2011. 气候变化对我国油菜生产的影响 . 农业环境科学学报，30（9）：1749-1754.

张晓峰，王宏志，刘洛，等 . 2014. 近 50 年来气候变化背景下中国大豆生产潜力时空演变特征 . 地理科学进展，33（10）：1411-1423.

张煦庭，潘学标，徐琳，等 . 2017. 中国温带地区不同界限温度下农业热量资源的时空演变 . 资源科学，41（11）：90-101.

张玉源，刘宏旺，庄品 . 2016. 气候变化对海洋渔业养殖的影响 . 科技视界，（3）：302.

张振，徐雪高，张璟，等 . 2018. 贸易新形势下国内外大豆产业发展战略取向 . AO 农业展望，14（10）：94-102.

赵晨光，李青丰 . 2016. 毛乌素沙地生态承载力研究 . 草原与草业，28（4）：7-17.

赵鸿，王润元，尚艳，等 . 2016. 粮食作物对高温干旱胁迫的响应及其阈值研究进展与展望 . 干旱气象，34（1）：1-12.

赵俊芳，郭建平，张艳红，等 . 2010. 气候变化对农业影响研究综述 . 中国农业气象，31（2）：200-205.

赵美华 . 2010. 分宜气候变化特征及其对苎麻生产的影响和对策 . 中国麻业科学，32（1）：48-50，66.

赵瑞，许瀚卿，樊冬丽，等 . 2017. 气候变化对中国花生生产的影响研究进展 . 中国农学通报，33（21）：114-117.

赵卫，沈渭寿，刘波，等 . 2015. 西藏地区草地承载力及其时空变化 . 科学通报，60（21）：2014-2028.

赵雪雁，薛冰 . 2016. 高寒生态脆弱区农户对气候变化的感知与适应意向——以甘南高原为例 . 应用生态学报，27（7）：2329-2339.

郑冰婵 . 2012. 气候变化对中国种植制度影响的研究进展 . 中国农学通报，28（2）：308-311.

郑霞林，黄庆成，曹琬筝，等 . 2015. 气候变暖背景下降水量对甜菜夜蛾在中国越冬区的影响 . 南方农业学报，46（4）：619-625.

中国农学会 . 2018. 2016—2017 农学学科发展报告（基础农学）. 北京：中国科学技术出版社 .

钟新科，刘洛，徐新良，等 . 2012. 近 30 年中国玉米气候生产潜力时空变化特征 . 农业工程学报，28（15）：94-101.

周秉荣，朱生翠，李红梅 . 2016. 三江源区植被净初级生产力时空特征及对气候变化的响应 . 干旱气象，34（6）：958-965.

周国新，苗慧英，王福田，等 . 2013. 适应气候变化的河北省农业节水技术与模式探讨 . 南水北调与水利科技，11（6）：157-162.

周建军，周桔，冯仁国 . 2014. 我国土壤重金属污染现状及治理战略 . 中国科学院院刊，29（3）：315-320，350.

周梦子，王会军，霍治国 . 2017. 极端高温天气对玉米产量的影响及其与大气环流和海温的关系 . 气候与环境研究，22（2）：134-148.

朱凝瑜，贝亦江，孔蕾，等 . 2012. 气候对浙江省水产养殖病害的影响分析 . 科学养鱼，（5）：54-55.

朱秀芳，赵安周，李宜展，等 . 2014. 农田灌溉对气候的影响研究综述 . 生态学报，34（17）：4816-4828.

Bhattarai S P，Midmore D J，Su N. 2011. Sustainable irrigation to balance supply of soil water，oxygen，nutrients and agro-chemicals//Lichtfouse E. Biodiversity，Biofuels，Agroforestry and Conservation Agriculture. Dordrecht：Springer Netherlands：253-286.

Burkey K O，Booker F L，Pursley W A，et al. 2007. Elevated carbon dioxide and ozone effects on peanut：II. Seed yield and quality. Crop Science，47（4）：1488-1497.

Campana P E，Leduc S，Kim M，et al. 2017. Suitable and optimal locations for implementing photovoltaic water pumping systems for grassland irrigation in China. Applied Energy，185：1879-1889.

Chang Y，Lee M A，Lee K T，et al. 2013. Adaptation of fisheries and mariculture management to extreme oceanic environmental changes and climate variability in Taiwan. Marine Policy，38：476-482.

Chen C，Pang Y M，Pan X B，et al. 2015. Impacts of climate change on cotton yield in China from 1961 to 2010 based on provincial data. Journal of Meteorological Research，3：515-524.

Chen C，Zhou G S，Pang Y M. 2014a. Impacts of climate change on maize and winter wheat yields in China from 1961 to 2010 based on provincial data. The Journal of Agricultural Science，153（5）：825-836.

Chen C，Zhou G S，Zhou L. 2014b. Impacts of climate change on rice yield in China from 1961 to 2010 based on provincial data. Journal of Integrative Agriculture，13（7）：1555-1564.

Chen S，Chen X G，Xu J T. 2016. Impacts of climate change on agriculture：evidence from China. Journal of Environmental Economics and Management，76：105-124.

Chen X，Devineni N，Lall U，et al. 2014. China's water sustainability in the 21st century：a climate informed water risk assessment covering multi-sector water demands. Hydrology and Earth System Sciences，10（8）：11129-11150.

Chen Y，Zhang Z，Tao F L. 2018. Impacts of climate change and climate extremes on major crops productivity in China at a global warming of 1.5 and 2.0℃. Earth System Dynamic，9：543-562.

Ding W Q，Ren W B，Li P，et al. 2014. Evaluation of the livelihood vulnerability of pastoral households in Northern China to natural disasters and climate change. The Rangeland Journal，36（6）：535-543.

Dong Z Q，Pan Z H，He Q J，et al. 2018. Vulnerability assessment of spring wheat production to climate change in the Inner Mongolia region of China. Ecological Indicators，85：67-78.

Fan J，Gao Y，Wang Q J，et al. 2014. Mulching effects on water storage in soil and its depletion by alfalfa in the Loess Plateau of northwestern China. Agricultural Water Management，138：10-16.

Fang Y P，Zhao C，Ding Y J，et al. 2016. Impacts of snow disaster on meat production and adaptation：an empirical analysis in the yellow river source region. Sustainability Science，11（2）：249-260.

Fu Y，Grumbine R E，Wilkes A，et al. 2012. Climate change adaptation among Tibetan pastoralists：challenges in enhancing local adaptation through policy support. Environmental Management，50（4）：607-621.

Gang C，Zhou W，Wang Z，et al. 2015. Comparative assessment of grassland NPP dynamics in response to climate change in China，North America，Europe and Australia from 1981 to 2010. Journal of Agronomy and Crop Science，201（1）：57-68.

Ganjurjav H，Gao Q，Gornish E S，et al. 2016. Differential response of alpine steppe and alpine meadow to climate warming in the central Qinghai-Tibetan Plateau. Agricultural and Forest Meteorology，223：233-240.

Ganjurjav H，Gao Q，Zhang W，et al. 2015. Effects of warming on CO_2 fluxes in an alpine meadow ecosystem on the central Qinghai-Tibetan plateau. PLoS One，10（7）：e0132044.

Guo B，Zhou Y，Zhu J，et al. 2016. Spatial patterns of ecosystem vulnerability changes during 2001—2011 in the three-river source region of the Qinghai-Tibetan Plateau，China. Journal of Arid Land，8（1）：23-35.

Hao L，Sun G，Liu Y，et al. 2014. Effects of precipitation on grassland ecosystem restoration under grazing exclusion in Inner Mongolia，China. Landscape Ecology，29（10）：1657-1673.

He D，Wang E，Wang J，et al. 2018. Genotype ×environment × management interactions of canola across China：a simulation study. Agricultural and Forest Meteorology，247：424-433.

He Q J，Zhou G S. 2016. Climate-associated distribution of summer maize in China from 1961 to 2010. Agriculture，Ecosystems & Environment，232（16）：326-335.

Hou X Y，Han Y，Li F Y. 2012. The perception and adaptation of herdsmen to climate change and climate variability in the desert steppe region of northern China. The Rangeland Journal，34（4）：349-357.

Hu Q，Ma X Q，Pan X B，et al. 2019. Climate warming changed the planting boundaries of varieties of summer corn with different maturity levels in the north China plain. Journal of Applied Meteorology and Climatology，58（12）：2605-2615.

Hua S，Liang J，Zeng G，et al. 2015. How to manage future groundwater resource of China under climate change and urbanization：an optimal stage investment design from modern portfolio theory. Water Research，85：31-37.

Huang M，Wang J，Wang B，et al. 2020. Optimizing sowing window and cultivar choice can boost China's maize yield under 1.5℃ and 2℃ global warming. Environmental Research Letters，15：024015.

Lei Y，Zhang H，Chen F，et al. 2016. How rural land use management facilitates drought risk adaptation in a changing climate—A case study in arid northern China. Science of the Total Environment，550：192-199.

Li Q，Zhang C，Shen Y，et al. 2016. Quantitative assessment of the relative roles of climate change and human activities in desertification processes on the Qinghai-Tibet Plateau based on net primary productivity. CATENA，147: 789-796.

Li Y，Ye T，Liu W，et al. 2018. Linking livestock snow disaster mortality and environmental stressors in the Qinghai-Tibetan Plateau：quantification based on generalized additive models. Science of the Total Environment，625：87-95.

Liu D，Cao C，Dubovyk O，et al. 2017. Using fuzzy analytic hierarchy process for spatio-temporal analysis of eco-environmental vulnerability change during 1990—2010 in Sanjiangyuan region，China. Ecological Indicators，73：612-625.

Liu Y，Yu D，Su Y，et al. 2014. Quantifying the effect of trend，fluctuation，and extreme event of climate change on ecosystem productivity. Environmental Monitoring and Assessment，186（12）：8473-8486.

Liu Y，Zhang J，Wang G，et al. 2013. Assessing the effect of climate natural variability in water resources evaluation impacted by climate change. Hydrological Processes，27（7）：1061-1071.

Liu Y J，Chen Q M，Ge Q S，et al. 2018a. Modelling the impacts of climate change and crop management on phenological trends of spring and winter wheat in China. Agricultural and Forest Meteorology，248：518-526.

Liu Y J，Chen Q M，Ge Q S，et al. 2018b. Spatiotemporal differentiation of changes in wheat phenology in China under climate change from 1981 to 2010. Science China Earth Sciences，61（8）：1088-1097.

Liu Y J，Dai L. 2020. Modelling the impacts of climate change and crop management measures on soybean phenology in China. Journal of Cleaner Production，262：121271.

Liu Y J，Qin Y，Ge Q S. 2019. Spatio-temporal trends for changes in the phenological stages of maize in China from 1981 to 2010. Journal of Geographical Sciences，29（3）：351-362.

Liu Z H，Yang P，Tang H J，et al. 2015. Shifts in the extent and location of rice cropping areas match the climate change pattern in China during 1980—2010. Regional Environment Change，15：919-929.

Lobell D B，Schlenker W，Costa-Roberts J. 2011. Climate trends and global crop production since 1980. Science，333：616-620.

Loka D A，Oosterhuis D M. 2010. Effect of high night temperatures on cotton respiration，ATP levels and carbohydrate content. Environmental and Experimental Botany，68：258-263.

Lu H J，Lee H L. 2014. Changes in the fish species composition in the coastal zones of the Kuroshio Current and China Coastal Current during periods of climate change：observations from the set-net fishery（1993—2011）. Fisheries Research，155：103-113.

Pettigrew W T. 2008. The effect of higher temperatures on cotton lint yield production and fiber quality. Crop Science，48（1）：279-285.

Qing Y E，Yang X G，Liu Z J，et al. 2014. The effects of climate change on the planting boundary and potential yield for different rice cropping systems in Southern China. Journal of Integrative Agriculture，13（7）：1546-1554.

Ren H，Han G，Schönbach P，et al. 2016. Forage nutritional characteristics and yield dynamics in a grazed semiarid steppe ecosystem of Inner Mongolia，China. Ecological Indicators，60：460-469.

Robertson M，Shen Y，Philp J，et al. 2015. Optimal harvest timing vs. harvesting for animal forage supply：impacts on production and quality of lucerne on the Loess Plateau，China. Grass and Forage Science，70（2）：296-307.

Rohr J R，Mccoy K A. 2010. A qualitative meta-analysis reveals consistent effects of atrazine on freshwater fish and amphibians. Environmental Health Perspectives，118（1）：20-32.

Rose G，Osborne T，Greatrex H. 2016. Impact of progressive global warming on the global-scale yield of maize and soybean. Climate Change，134（3）：417-428.

Ruane A C，McDermid S，Rosenzweig C，et al. 2014. Carbon-Temperature-Water change analysis for peanut production under climate change：a prototype for the AgMIP Coordinated Climate-Crop Modeling Project（C3MP）. Global Change Biology，20（2）：394-407.

Shi P H，Tang L，Lin C B，et al. 2015. Modeling the effects of post-anthesis heat stress on rice phenology. Field Crops Research，177：26-36.

Tang J，Wang J，He D，et al. 2016. Comparison of the impacts of climate change on potential productivity of different staple crops in the agro-pastoral ecotone of North China. Journal of Meteorological Research，30（6）：983-997.

Tao F L，Zhang Z，Shi W J，et al. 2013. Single rice growth period was prolonged by cultivars shifts，but yield was damaged by climate change during 1981—2009 in China，and late rice was just opposite. Global Change Biology，19（10）：3200-3209.

Tao F L，Zhang Z，Xiao D，et al. 2014. Responses of wheat growth and yield to climate change in different climate zones of China，1981—2009. Agricultural & Forest Meteorology，189-190（189）：91-104.

Wang H，Gan Y，Wang R，et al. 2008. Phenological trends in winter wheat and spring cotton in response to climate changes in northwest China. Agricultural and Forest Meteorology，148（8/9）：1242-1251.

Wang J，Brown D G，Agrawal A. 2013a. Climate adaptation，local institutions，and rural livelihoods：a comparative study of herder communities in Mongolia and Inner Mongolia，China. Global Environmental Change，23（6）：1673-1683.

Wang J，Wang E，Feng L，et al. 2013b. Phenological trends of winter wheat in response to varietal and temperature changes in the North China Plain. Field Crops Research，144：135-144.

Wang J，Wang E，Yang X，et al. 2012. Increased yield potential of wheat-maize cropping system in the North China Plain by climate change adaptation. Climatic Change，113：825-840.

Wang J，Wang E，Yin H，et al. 2014. Declining yield potential and shrinking yield gaps of maize in the North China Plain. Agricultural and Forest Meteorology，195-196：89-101.

Wang J，Wang Y，Li S，et al. 2016. Climate adaptation，institutional change，and sustainable livelihoods of herder communities in northern Tibet. Ecology and Society，21（1）：5.

Wang Q，Cheng L，Liu J，et al. 2015. Freshwater aquaculture in PR China：trends and prospects. Reviews in Aquaculture，7（4）：283-302.

Wang W，Liang T，Huang X，et al. 2013. Early warning of snow-caused disasters in pastoral areas on the Tibetan Plateau. Natural Hazards and Earth System Sciences，13（6）：1411-1425.

Wang Y，Wang J，Li S，et al. 2014. Vulnerability of the Tibetan pastoral systems to climate and global change. Ecology and Society，19（4）：1-11.

Wei P，Pan X B，Xu L，et al. 2019. The effects of topography on aboveground biomass and soil moisture at local scale in dryland grassland ecosystem，China. Ecological Indicators，105：107-115.

Wei Y，Wang S，Fang Y，et al. 2017. Integrated assessment on the vulnerability of animal husbandry to snow disasters under climate change in the Qinghai-Tibetan Plateau. Global and Planetary Change，157：139-152.

Wu S H，Pan T，Liu Y H，et al. 2018. Orderly adaptation to climate change：a roadmap for the post-Paris

Agreement Era. Science China Earth Sciences，61（1）：119-122.

Wu X Y，Zhang X F，Dong S K，et al. 2015. Local perceptions of rangeland degradation and climate change in the pastoral society of Qinghai-Tibetan Plateau. The Rangeland Journal，37（1）：11-19.

Xie W，Xiong W，Pan J，et al. 2018. Decreases in global beer supply due to extreme drought and heat. Nature Plants，4：964-973.

Xu Z，Shimizu H，Ito S，et al. 2014. Effects of elevated CO_2，warming and precipitation change on plant growth，photosynthesis and peroxidation in dominant species from North China grassland. Planta，239（2）：421-435.

Yang K，Shen W S，Liu B，et al. 2014. Research on spectral reflectance characteristics for Naqu typical grassland. Remote Sensing Technology and Application，29（1）：40-45.

Yang T，Li P，Wu X，et al. 2014. Assessment of vulnerability to climate change in the Inner Mongolia steppe at a county scale from 1980 to 2009. The Rangeland Journal，36（6）：545-555.

Yang X，Chen F，Lin X，et al. 2015. Potential benefits of climate change for crop productivity in China. Agricultural and Forest Meteorology，208：76-84.

Yang Y，Wang Z，Li J，et al. 2016. Comparative assessment of grassland degradation dynamics in response to climate variation and human activities in China，Mongolia，Pakistan and Uzbekistan from 2000 to 2013. Journal of Arid Environments，135：164-172.

Ye T，Li Y，Gao Y，et al. 2017. Designing index-based livestock insurance for managing snow disaster risk in Eastern Inner Mongolia，China. International Journal of Disaster Risk Reduction，23：160-168.

Yeh E T，Nyima Y，Hopping K A，et al. 2014. Tibetan pastoralists' vulnerability to climate change：a political ecology analysis of snowstorm coping capacity. Human Ecology，42（1）：61-74.

Yin Y H，Ma D Y，Wu S H，et al. 2015. Projections of aridity and its regional variability over China in the mid-21st century. International Journal of Climatology，35（14）：4387-4398.

Yin Y Y，Tang Q H，Liu X C. 2015. A multi-model analysis of change in potential yield of major crops in China under climate change. Earth System Dynamics，6：45-59.

Yuan Q，Wu S，Dai E，et al. 2017. NPP vulnerability of the potential vegetation of China to climate change in the past and future. Journal of Geographical Sciences，27（2）：131-142.

Zhang J，Zhang L，Liu W，et al. 2014. Livestock-carrying capacity and overgrazing status of alpine grassland in the Three-River Headwaters region，China. Journal of Geographical Sciences，24（2）：303-312.

Zhang L X，Zhu L L，Yu M Y，et al. 2016. Warming decreases photosynthates and yield of soybean [*Glycine max*（L.）Merrill] in the North China Plain. The Crop Journal，4（2）：139-146.

Zhang Q，Jiang D，Gu Q B，et al. and Gu. 2012. Selection of remediation techniques for contaminated sites using AHP and TOPSIS. Acta Pedologica Sinica，49（6）：1088-1094.

Zhang Y，Gao Q，Dong S，et al. 2015. Effects of grazing and climate warming on plant diversity，productivity and living state in the alpine rangelands and cultivated grasslands of the Qinghai-Tibetan Plateau. The Rangeland Journal，37（1）：57-65.

Zhang Z，Whish J P M，Bell L W，et al. 2017. Forage production，quality and water-use-efficiency of four warm-season annual crops at three sowing times in the Loess Plateau region of China. European Journal of Agronomy，84：84-94.

Zhao H Y，Guo J Q，Zhang C J，et al. 2014. Climate Change Impacts and Adaptation Strategies in Northwest China. Advances in Climate Change Research，5（1）：7-16.

Zhao Z，Wang G，Chen J，et al. 2019. Assessment of climate change adaptation measures on the income of herders in a pastoral region. Journal of Cleaner Production，208：728-735.

第7章 旅游、交通、能源和制造业

主要作者协调人：朱　蓉、许建初
编　　　　审：姜　彤
主　要　作　者：占明锦、徐雨晴、刘昌义、李卫江
贡　献　作　者：翟　文、胡　睿

■ 执行摘要

气候变化对旅游、交通、能源和制造业都有直接和间接的影响（高信度，中等证据）。气候变化既可通过影响旅游季节的长短和客流量的时空变化直接影响旅游业，也可通过对当地植物和动物资源的影响间接影响当地旅游资源（高信度，中等证据）。交通也是对气候变化极其敏感的行业，日益频繁的极端天气事件，如高温热浪、强降水以及强热带风暴等，不仅对公路、铁路、航海和航空的正常运行造成极大的影响，也对交通运输的设备、地面基础设施造成不同程度的损坏（高信度）。气候变化对能源系统（能源开发、输送、供应等）有着广泛而深刻的影响，随着全球变暖，冬季取暖能耗降低，而夏季制冷能耗会明显升高，能源的总体需求会呈现上升趋势（高信度，证据充分）。为了应对气候变化，可再生能源成为能源发展转型的核心，但是随着可再生能源在电力系统比例的增加，电力系统将越来越容易受到气候变化和极端天气气候事件的影响，电力系统的脆弱性和风险将大大增加（高信度）。制造业既是温室气体排放的主体，又广泛暴露于极端天气事件影响下。气候变化对制造业的影响十分明显，到21世纪中叶，如果不采用额外的适应性措施，气候变化将导致中国制造业年产出减少12%（中等信度）。同时为了应对气候变化，气候政策的实施不可避免地导致制造业行业结构和规模发生变化。

7.1 引　　言

本章分析气候变化对旅游资源、极端气候事件对交通基础设施、极端温度对能源消耗的影响；定量评估旅游、交通、能源和制造业的脆弱性；分析气候变化对旅游、交通、能源和制造业影响的成因；提出关键行业适应气候变化策略。最后，总结气候变化对旅游、交通、能源和制造业的知识限制和研究不足。

7.2 旅　　游

旅游是严重依赖自然资源、生态环境和气候条件的产业，气候变化对全球与区域旅游业产生直接和间接的影响。直接影响包括极端气候事件发生频率的增加、影响范围的扩大、影响持续时间的延长，其导致旅游业损失增加；同时气候变化直接影响到旅游季节的长短、客流量的年内变化和空间分布。间接影响包括气候变化引起的环境的连锁变化，还包括极端气候事件导致的园区关停维护期间带来的门票收入减少等一系列影响。由于间接影响类型多样且尚未有统一定义，因此在此处应着重强调本章主要考虑气候变化引起的环境的连锁变化，如对植物物候的影响和对当地特色食物资源的影响等（图 7-1）。

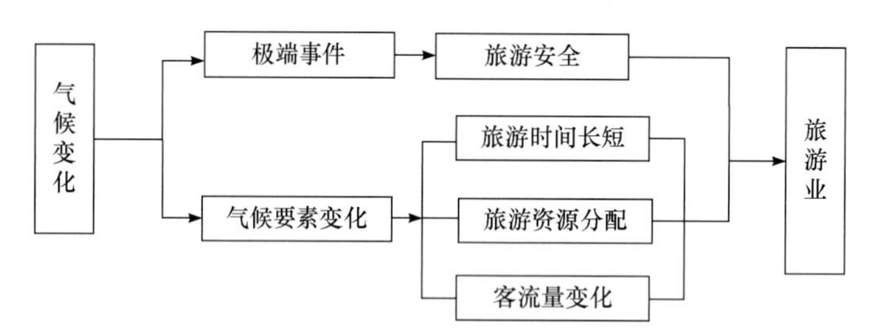

图 7-1　气候变化对旅游业的影响

7.2.1　极端天气气候事件对旅游的影响

天气与气候是影响游客户外活动和景区旅游业发展最重要的环境因素，与其他产业相比，旅游业更加依赖于自然环境和气候条件，更容易受到气候变化的影响（Scott，2011）。良好的天气和气候，方便人们外出旅行，对旅游业的发展具有激励和促进作用；然而，恶劣或极端的天气和气候，可成为人们户外活动的限制性因素，干扰和影响到旅游业的发展。极端天气气候事件是指某一特定时期内发生在统计分布之外的罕见气候事件，具有灾害性、突发性等特点，主要包括高温热浪、强冷天气、干旱、大雾、沙尘暴、雪灾、暴雨洪水、热带气旋（台风、飓风）、局地强对流天气（冰雹、龙卷风、雷电）等。极端天气气候事件所引起的一系列气象气候灾害给社会、经济的持续发展和人民生命财产造成了严重的影响和损失，也会对当地旅游业造成重创。受 1998 年特大洪水影响，全国入境旅游损失 29.9×10^4 人次；受 2008 年雪灾影响，广东、江苏客流量损失分别达到 11.7×10^4 人次和 5.6×10^4 人次（马丽君等，2010）；2016 年，武汉连续强降水天气导致武汉旅游业损失达到 2000 万元，仅门票损失就高达 500 万元。2005 年破坏力极强的飓风对美国和墨西哥旅游业的发展造成重创；2006 年欧洲遭遇“暖冬”天气影响，许多滑雪场无雪可滑被迫停业；2018 年德国持续高温、干旱和森林火灾，导致“避暑旅游”遭受重创。极端天气事件对旅游业的影响也越来越受到人们的关注。按极端天气气候类型对旅游业的影响强度、影响范围、影响持续的时间及影响机制，将它们分为 3 种类型（图 7-2）。

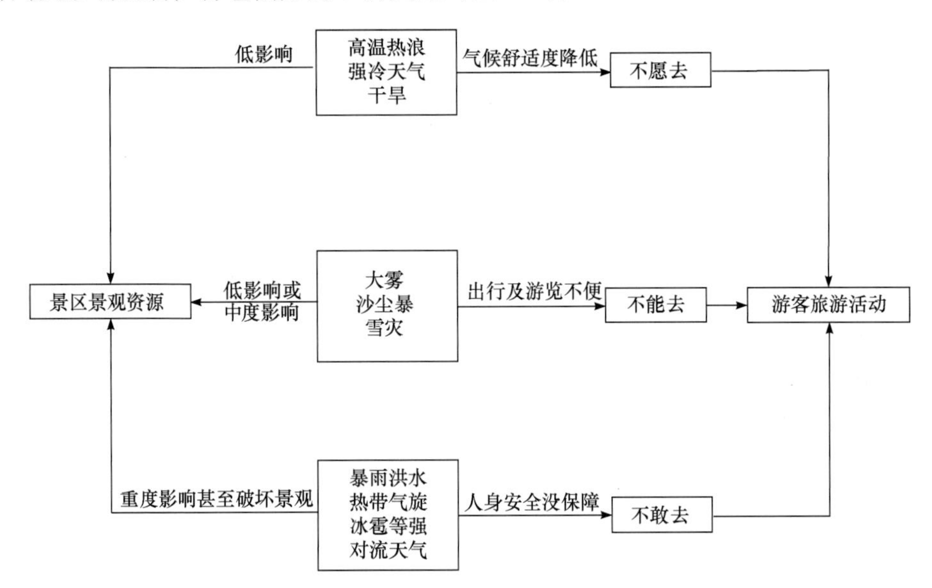

图 7-2　极端天气气候类型及对旅游业的影响机制

7.2.2　气候变化对旅游气候舒适度的影响

气候舒适度是影响旅游地开发的重要因素，直接影响到旅游季节的长短、客流量的年内变化和空间分布及旅游收入（刘佳和安珂珂，2018），气候舒适度是指人们无须借助任何消寒、避暑措施就能保证生理过程正常进行的气候条件。气候变化导致的气候舒适度的改变，特别是温度升高或降低等都会对旅游者旅游目的地选择、出行时间等造成影响。通过分析英国旅行者的旅行模式发现，出行的最高温度为 30.7℃，气温升高直接导致游客量的减少。有研究指出，旅游者喜爱的旅游目的地最热月的平均气温为 21℃。中国对旅游气候舒适度的研究始于 20 世纪 80 年代，研究内容主要集中在：利用气候指数对旅游气候舒适度进行定量评估、通过构建基于气候指数的旅游舒适度模型对旅游气候舒适度进行评估、利用数学统计方法对旅游气候舒适度与客流量进行统计分析（马丽君，2012；刘佳和安珂珂，2018），以及采用问卷形式进行调查等（刘少军等，2014）。

旅游气候舒适度研究的另一重要研究内容是旅游气候区划。目前旅游气候区划的研究借鉴了大量气候区划的思想和方法，并在此基础上开展了大量有益的探索和实践，对中国四季旅游舒适气候进行了基于聚类分析的分区研究。利用 GIS 空间插值和空间回归分析的方法，结合旅游气候综合舒适度指数，实现了对山东省旅游气候的定量区划，将全省分成鲁西内陆平原旅游区、鲁中南山地旅游区和半岛滨海旅游区，并分别进行了逐月的分析讨论（张秀美等，2014）。结合 GIS 和旋转经验正交分解法对陕西省气候舒适区进行了划分，将陕西省划分为 4 个气候舒适区，分别为关中中东部、陕北西南部、陕北东北部、陕南中南部，并逐一进行了评价（卢珊等，2015）。利用 GIS 技术对中国中部六省的旅游气候舒适度开展了区划研究，通过对与气候舒适度相关的温湿指数、风效指数和着衣指数进行赋值之后进行叠加运算的方式实现了对研究区的区域划分（刘贝，2016）。

7.2.3 气候变化对时令旅游的影响

近年来，以植物及其花、果等观赏为主题的时令旅游产业迅速发展起来，中国乃至世界各地依托当地特色植物资源举办的植物主题的旅游已成为旅游新潮流。时令旅游是以随气候的季节变化而呈现明显季节性特征的旅游资源为对象的旅游，如武汉大学的樱花旅游、云南昆明的山茶花旅游、云南罗平的油菜花旅游、北京植物园的红叶旅游等。花和叶是植物生长发育的重要器官，多姿多态的形态和多彩的色彩极具观赏价值，因而植物观赏以观赏花和叶为主。花和叶的季节变化及开始日期等的确定，根本上是以相关物候现象为基础的，对植物物候观测是气候变化研究中重要的手段之一，物候是一种重要的、可靠的反映气候变化的指标，植物物候对全球变化的响应研究已成为国际气候变化研究的热点问题之一。

气候变化背景下，世界各地植物春季的花、叶物候期都发生了不同的变化。在中纬度的亚洲、欧洲和美国，春季温度升高使得许多植物的开花时间提前，如 1990~2007 年，北京地区的 48 种植物的始花期比 1963~1989 年提前了 5.4 天（Bai et al.，2011），1952~2000 年的地中海地区、1851~1994 年的匈牙利地区及 1936~1998 年的威斯康星地区植物的花期都有约 7 天的提前（Peñuelas and Filella，2001）。而在相对高海拔和高纬度地区，研究发现，植物花期有所延迟，如欧洲地中海地区苹果始花物候出现显著延迟趋势（Legave et al.，2013）。虽然大部分研究表明，植物花期总体呈提前趋势，美国落基山脉 656 种植物物候发生变化，72% 的植物花期提前。针对喀什市 5 种木本植物的始花期研究发现，当地植物出现了以 3.8~6.1d/10a 的提前趋势（阿布都克日木 · 阿巴司等，2013）。

全球变暖改变了植物生长季，以及生长季开始与结束时间。在欧洲，1959~1993 年植物春季提早 6 天发芽，秋季叶子推迟 5 天变色（Menzel and Fabian，2000）。地中海地区大多数落叶植物的叶生长比 50 年前平均提早了 16 天，而落叶时间平均推迟了 13 天（ Peñuelas and Filella，2001）。调查了 1959~1996 年欧洲国际物候观测园大量植物物候的变化，发现春季物候事件，如展叶、抽穗、开花等，每 10 年平均提前 2.1 天；秋季物候每 10 年延迟 1.6 天；生长季每 10 年延长 3.6 天（Menzel，2000）。波罗的海区域生长每 10 年延长 1.5 天（Linderholm et al.，2008），北美地区生长季每 10 年延长 6 天（ Peñuelas and Filella，2001），日本则为 2.4 天（Matsumoto et al.，2003）。在中国如果年平均气温上升 1℃，各种木本植物物候期春季提前 3~4 天，秋季一般推迟 3~4 天，生长季则出现 6~8 天的延长（Matsumoto et al.，2003）。

时令旅游对象开始、结束时间及生长季的确定很大程度上依赖于决策者对前一年物候的经验，旅游决策者在响应物候变化和气候变化时存在滞后性，说明人们缺乏有效工具或有效手段对气候变化做出及时的反应。这些滞后性直接导致了时令旅游达不到预期的效果，不仅造成旅游资源的浪费，也影响了时令旅游的经济收益。

7.2.4　气候变化对饮食文化的影响

民以食为天，“吃”作为旅游六要素之一，不仅能给游客带来丰富的感官体验，也能促进人们对旅游地风土人情、民俗文化的了解，日益成为文化旅游开发的重要方向。以当地特色食品和餐饮文化为主题的饮食文化和饮食类节庆正在吸引越来越多的游客，已成为游客体验异域饮食文化的最佳方式（关晴月和薛达元，2015）。尤其是少数民族饮食文化，更是民俗文化和了解当地文化重要的组成部分。有研究指出，体验一个民族的文化，最简便的途径就是了解该民族的饮食文化。这些少数民族饮食文化资源既包括有形资源的菜肴、小吃、特产等，也包括无形资源的餐饮习俗、节日节庆、饮食礼仪、饮食禁忌等。

地方特色食物或特色饮食资源主要依赖于当地生态环境所提供的动植物等原材料，而这些动植物资源受到各种环境因子和自然条件的影响。气候是影响自然环境变迁的重要因素之一，气候变化直接影响温度、降水、植物生长期及分布格局等变化，气候变化还将通过影响区域内栖息的动植物的生长、发育及种群变化，进而影响食物资源的可获得性和食物的营养变化。但是，至今中国乃至世界，专门针对气候变化对饮食文化影响的研究较少。

以中国少数民族最多的云南为例，云南有 25 个少数民族，由于历史、文化、地理分布及民族习俗等不同，云南形成了类别多样的饮食文化旅游资源。这些少数民族有着各自独特的烹饪食材、烹调技巧、饮食器具，以及餐饮习俗等。总体上，气候变化对云南少数民族饮食文化的影响主要体现在以下几个方面。

1）影响食材的可获取性

云南地处云贵高原，复杂多样的自然地理环境和立体多样的气候条件，为云南四季蔬菜瓜果不断，野生菌、野菜、野花、食用昆虫遍野，鱼虾遍布等创造了天然条件。云南菜以“食野、品鲜、嗜嫩”为主要特色的饮食特点，体现了原汁原味、清淡纯朴的民族风味。加上云南菜多以当地特殊生境下的特殊生态食材为原料，气候变化对其影响是不容忽视的，如云南人爱吃的凉拌树花，这种树花是一种地衣植物，因其形状像朵朵盛开的花而得名，其主要寄生在原始森林、次生林的株树上。气候变化带来的降水格局的改变可能直接导致附生植物部分的变化，甚至使部分物种或种群消失（Ellis et al.，2007，2009）。有研究指出，随着全球温度的升高，伴随雾天的减少以及大雾形成海拔的升高，干旱加剧成为已适应阴凉湿润生境的附生苔藓和地衣的最大威胁之一（Büntgen et al.，2015）。利用模型预测分析发现，在全球变暖的背景下，附生地衣将在其潜在分布范围内全面扩散。但是在荷兰的研究中发现，温带物种显著增加，而适应寒冷环境的物种减少或消失了，地衣的长期变化与温度的增加显著相关，是全球变暖导致附生地衣分布发生改变（Ellis et al.，2007，2009）。

云南少数民族饮食的多样化，特别是食用乔木的花、果、嫩叶等部位的饮食文化更是普遍，研究指出，在气候变化的影响下，未来云南植物的分布格局将发生巨大变化（Zhang et al.，2014），将对当地的传统饮食产生巨大冲击。

2）影响以昆虫为食材的饮食

云南的少数民族由于自然条件、生活方式和传统饮食习惯等原因，食用昆虫已成为当地少数民族饮食文化中重要的组成部分。昆虫具有种群大、数量多、繁殖快、生产成本低、蛋白质含量高、营养丰富等特点，而食用昆虫文化不仅满足游客猎奇的旅游心态，也同时能够减少对环境的破坏，可谓一举两得。研究发现，随着气候变暖，昆虫会出现大幅增加（Warren et al.，2018）。但是虫害加剧会影响当地动植物的生长，影响当地生态系统平衡和生态系统服务功能的提供（Warren et al.，2018），从而影响当地以这些动植物为食材的饮食习惯。

3）影响传统饮酒饮茶以及腌制食物

云南是世界茶树的原产地，尤其是中国大叶茶的世界栽培驯化中心，作为产茶区，饮茶文化在云南有着广泛的群众基础，各族人民喜饮茶水，尤其嗜饮浓茶。气候变化将如何影响茶树在云南的分布及茶的风味，目前尚不明确。但是在一项针对另一种世界饮品咖啡的研究中发现，气候变化将使目前埃塞俄比亚境内 39%~59% 的咖啡种植区域不再适合咖啡种植和生产（Moat et al.，2017）。在针对中国火腿的研究中也发现，气候变化不仅会影响火腿的风味、保存时间、质量，同时也会影响火腿上菌种种类、多度等的变化而冲击当地火腿的生产，甚至可能造成整个火腿产业在当地的消亡（Huang et al.，2016）。

7.3 交　通

气候变化对交通安全运营、交通运输设备及基础设施带来广泛影响。直接影响主要包括气候变化导致极端天气强度增强、频率增加和影响范围扩大，极端天气对铁路、公路、水路和航空的正常运行造成极大的影响，对交通运输的设备、地面基础设施造成不同程度的损坏；间接影响包括通过影响矿物燃料使用、农产品重新分布、旅游及区域发展等，影响经济活动、人口流动，进而影响货物、旅客流通量，最终使交通系统改变以适应社会经济变化的要求（图 7-3）。

7.3.1 气候变化对交通业的影响

近几十年来，灾害性天气气候事件发生的频率和强度显著增加，所造成的生命、财产损失越来越严重，给生态、环境、经济和社会都造成了严重的负面影响。交通行业是受气候变化影响敏感的行业，不同地理环境和经济发展状况的国家的公路交通都受到了灾害性天气气候事件所带来的不利影响（莫振龙，2013；Schweikert et al.，2014；Amin et al.，2014）。气候变化对交通运输有直接和间接影响两种方式。直接影响

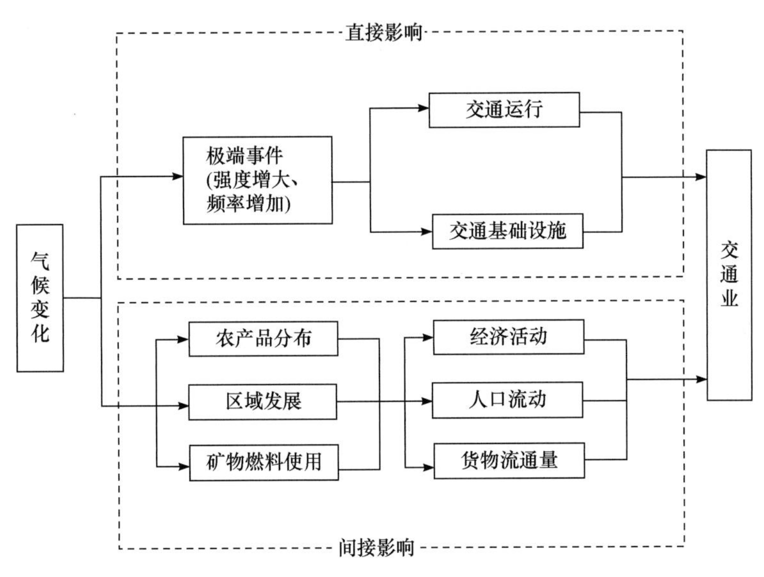

图 7-3 气候变化对交通业的影响

主要源于气候变化导致极端事件的增加，包括高温、热浪、干旱、强降水、暴雪、冰冻、强热带风暴、雷暴及沙尘暴等，以及其引发的洪水、滑坡、泥石流、雪崩等次生灾害，其直接损坏交通运输设备、地面基础设施等，从而对水、陆、空运的安全运行造成十分不利的影响与危害。间接影响包括通过影响矿物燃料使用、农产品重新分布、旅游及区域发展等，影响经济活动、人口流动，进而影响货物、旅客流通量，最终使交通系统改变以适应社会经济变化的要求。例如，2008 年冰冻雪灾通过影响公路、铁路等交通基础设施，导致南方交通瘫痪，从而影响广东等省份的旅游业。

气候变暖导致中国强降水、高温和干旱事件更加频繁，会影响到铁路、公路、水路和航空的正常运行，导致交通延误，甚至产生交通中断，一些地面基础设施和交通运输设备会受到极大的破坏，从而对交通产生巨大的不利影响。但是同时平均气温升高，中国雾日和沙尘暴日数减少，又有利于交通出行。总体而言，气候变化对交通的影响弊大于利。

知识窗

极端天气对交通安全的影响

（1）强降雨 / 暴雨。强降雨会影响到铁路、公路、水路和航空的正常运行，导致交通延误，甚至产生交通中断，一些地面基础设施和交通运输设备会受到极大的破坏。对于公路和铁路来说，暴雨天气会带来山体滑坡、泥石流等，造成公路或铁路的塌方。对于航空运输来说，强降雨引起的洪水会造成跑道和其他基础设施的破坏。

（2）大雾。大雾降低能见度，影响驾驶员判断；降低路面附着系数；影响交通安全管理及路网。大雾对中国水、陆、空运交通安全均能产生深刻的影响。大雾天气下事故发生率较高，一般为正常情况下的5~10倍，很多公路交通事故的发生都与大雾密切相关，特别是在高速公路上。高速公路上汽车行驶速度快、运行动量大、冲击力强，一旦发生事故往往危害性大，后果严重，数十辆甚至上百辆汽车相撞的事故时有所闻。

（3）高温。高温天气主要出现在夏季，路基、路面受高温影响容易发生变形坍塌。高温导致柏油路出现泛油、拥包等现象，并出现大量坑槽，经汽车碾压后，大面积损坏，水泥路面受热胀缝拥起，砂石路面也出现大面积的松散。高温环境下，车辆行驶时发动机过热易引发危险，轮胎内气压增大致使爆胎概率增加，高温烘烤车轮会使车辆易发生抛锚或自燃现象，从而引发交通事故，给人们的生命财安全带来巨大威胁。

（4）低温雨雪冰冻。低温雨雪冰冻天气是冬季诱发道路交通事故的主要因素之一，尤其是在中高纬度国家或地区（张朝林等，2007；Datla et al.，2013；Peng et al.，2015）。冰雪道路环境下，道路交通事故伤亡率增加25%，事故率上升100%（史培军，2008）。2008年1月，我国南方发生大范围低温雨雪冰冻天气，26~30日京珠高速（现京港澳高速）路面结冰关闭，造成湖北南段滞留车流达35km，滞留车辆超过2万台，滞留司乘人员超过6万人。2008年1月29日，在贵州省贵遵高速公路一辆大客车因路面结冰打滑翻下山，导致车上25人死亡，14人受伤。

（5）热带气旋。全球气候变化可能会产生更高风速和更强降雨的热带风暴。中国是世界上热带气旋登陆最多、灾害最重的国家之一，平均每年登陆7～8个。热带气旋对交通、通信和能源等生命线工程造成破坏，影响非常严重。热带风暴的增加使得铁路、公路、水路和航空运输更频繁的中断，使得大量的基础设施发生故障，对桥面稳定的威胁不断增加，尤其是使一些非禁区设施的损坏，如终端、导航设备、周围边界、标志。大风吹倒公路边的树木，容易导致交通拥堵。同时，热带风暴会严重威胁人的生命安全，影响人们的正常出行（李克平和王元丰，2010）。

（6）风沙。风沙造成视程障碍，容易引发高速公路车辆连环相撞，对公路交通的影响也很大，特别是在我国西北部天气条件恶劣的地区。目前，相关研究集中于分析沙漠公路风沙的危害及防治对策方面，我国以塔里木沙漠公路（雷加强等，2003；张建国等，2009）为重点研究线路，其次为塔克拉玛干沙漠（韩致文等，2003）等沙漠公路以及其他干旱地区的线路（徐雨晴和何吉成，2016）。

7.3.2 交通系统应对气候变化脆弱性评估

气候变化导致极端天气气候事件的频率和强度均有所增加，对自然生态系统以及社会经济系统的影响加剧，除了致灾因子之外，灾害的形成还与承灾体的脆弱性和暴露度关系密切。气候变化适应和灾害风险管理的重点则是尽可能减小这种脆弱性和暴露度，并提高对潜在不利影响的恢复力，从而促进社会和经济的可持续发展。20 世纪以来，全球变暖下脆弱性研究已作为一项重要内容被提上日程，然而目前中国的脆弱性研究多集中在自然生态系统方面，对社会经济系统的研究相对较少，对特定群体面对气候变化的脆弱性的研究更少。

对交通系统产生影响的客观因素包括天气气候条件、交通环境、道路设施、交通设备状况等，以及主观因素包括人为驾驶、交通管理等多方面。气候变化导致的交通系统脆弱性是主观和客观因素在特定时空条件下共同作用的结果。目前，通过不断完善，交通系统已进化或发展到具备在一定的气候变异范围内应对和自适应的能力，但是如果超出系统经历过的历史范围或超过技术标准的极端事件发生，灾害风险会剧增，可能使系统不能完全恢复，甚至崩塌。鉴于气候变化对交通系统产生的深刻影响以及面临的灾害风险，对交通系统应对气候变化脆弱性评估显得尤为重要，然而中国的相关评估研究工作还非常有限。目前，脆弱性评估是道路交通网络研究的一个热点和难点，中国对路网脆弱性的研究起步相对较晚，还未形成完整的体系，已有研究也大多停留在理论研究层面，对道路交通事故脆弱性作用机理和影响因素的科学分析还非常缺乏。道路交通系统是包含人、车、路的复杂系统，路网在运行过程中也面临诸多不确定性，这也决定了路网脆弱性决定因素的多样性和复杂性，给脆弱性的定义以及评估带来了较大的困难，研究角度和研究层面也存在较大差别，从而导致脆弱性评估指标没有统一的标准。

已有的评价和研究主要是对特定交通运输方式和灾种的典型案例进行剖析，从暴露度、脆弱性（敏感性、适应性 / 应灾能力）视角评估交通对某种气候变化致灾因子的脆弱性，尚少涉及交通系统的气候变化可恢复力及脆弱性降低途径的分析。有研究根据建立的评估指标体系，评估城市地下交通轨道在暴雨内涝情景下不同线路的脆弱性度量与差异（朱海燕等，2018），部分地区交通对雪灾脆弱性的时间和地域差异及动态变化，等等。此外，近年来开始有针对未来气候变化对交通运输影响方面的研究，主要是对气候风险成本趋势的预判。在基础设施维护成本影响方面，相关设施的设计标准会相应提高，技术及材料成本会有所下降，预计总体仍维持现状水平，水运的维护成本相对最低。交通延误或中断影响方面，航空和水运所受到的影响仍会较大，铁路所受到的影响仍为最小。随着信息化及安全技术水平的提升，交通安全事故会有较大的改观，航空的安全事故率仍将维持较低水平（祝毅然，2018）。

气候变化特别是极端事件增加了交通系统作为承灾体的脆弱性，已产生非常广泛而深远的不利影响，甚至带来巨大损失，因而，一方面很有必要加强交通系统脆弱性相关评估和研究工作，另一方面也需要积极采取适应性措施，以提升应对气候变化风险的能力，从而形成安全、畅通、有序的交通环境，促进经济社会的可持续发展。

7.4　能　　源

气候变化对能源系统（能源开发、输送、供应等）有着广泛的影响，而且能源的需求是随着气候要素变化而变化的。随着全球变暖，地面风速和总辐射均呈减小的变化趋势；综合考虑人口、经济和能源利用效率等要素，在全球变暖的情况下，冬季取暖能耗降低，而夏季制冷能耗会明显升高，总体能源的需求会呈现上升趋势；同时随着可再生能源在电力系统比例的增加，电力系统将越来越容易受气候变化和极端天气气候事件的影响，电力系统的脆弱性和风险将增加（图 7-4）。

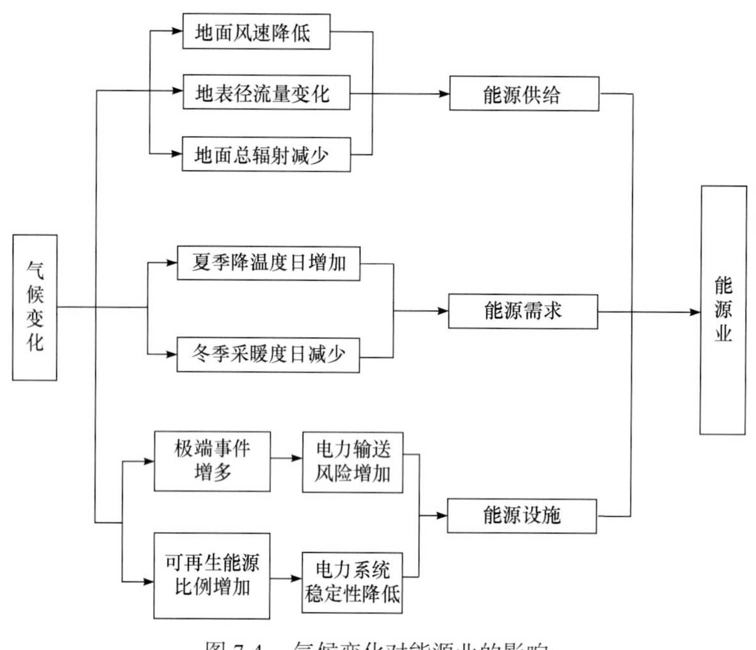

图 7-4 气候变化对能源业的影响

7.4.1 对可再生能源资源的影响

发展可再生能源是应对全球气候变化的主要举措，其中风力发电和太阳能发电与天气气候条件紧密相关。由于中国风能和太阳能资源丰富，远远超过 2050 年中国风电和光电发展对资源的需求，气候变化导致的风速和总辐射减小对风电和光电开发的影响不大。但是，气候变化导致的风能和太阳能在不同时间尺度上的波动对电力供应有潜在影响，需要储备其他能源以应对风能、太阳能同时供应不足的极端情况。极端气候事件还会引起风电和光电供应急剧变化，从而威胁到电网的安全运行，因此需要加强对电网安全的气候风险评估和预估。

1）风能资源

近 10 多年来，很多基于气象站观测的中国风速长期变化研究均得到地面风速呈减小趋势（陈练和李栋梁，2013；Lin et al.，2013；赵宗慈等，2016；中国气象局气候变化中心，2018）。其主要表现在：①年平均地面风速总体呈减小趋势，1961~2017 年大约是每 10 年减小 0.13m/s（图 7-5），20 世纪 60~90 年代初期为持续正距平，之后转为负距平；②四个季节风速都在减小，冬季和夏季风速减小最为明显；③全国大部分地区风速都呈减小的趋势，风能资源丰富的西北、华北和东北地区风速减小明显，可达每 10 年减小 0.2m/s；④中国风速的减小表现为从近地面到对流层整层年平均风速都在减小；⑤年平均大风风速和日数都明显减小；⑥小风（≤ 3m/s）风速在增加。研究表明，地面风速与陆地温度与对应气温的插值呈明显负相关，温差小时，风速大，反之亦然。以青藏高原为例，相关系数高达 –0.76。

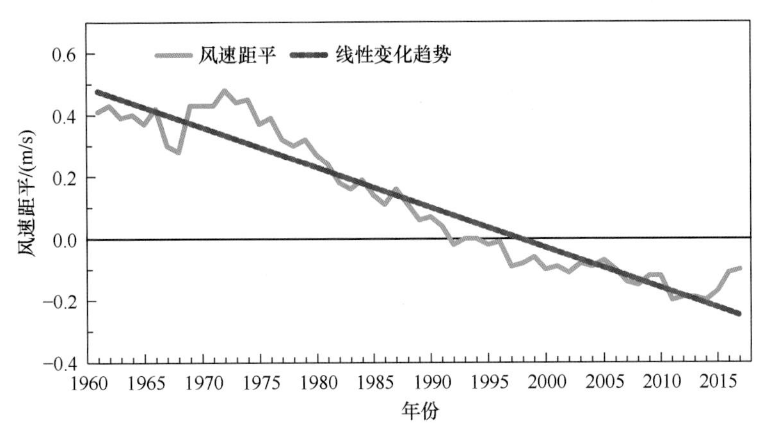

图 7-5　1961~2017 年中国平均风速距平

中国风速减小的原因主要有自然变化和人类活动影响两个方面（陈练和李栋梁，2013；王会军和范可，2013；Lin et al.，2013；赵宗慈等，2016；中国气象局气候变化中心，2018）。在自然变化方面，东亚和南亚季风呈减弱趋势，季风减弱时期，中国地面风速呈减弱趋势。1961~2014 年东亚夏季风强度总体呈显著减弱趋势，20 世纪 70 年代后期减弱趋势更加明显；东亚冬季风在 20 世纪 80 年代到 21 世纪初期以偏弱为主；南亚夏季风在 1961~2014 年总体有减弱趋势，2006~2014 年持续异常偏弱。近 50 年，中国沙尘暴、寒潮、温带气旋和西北太平洋生成台风数量呈减少趋势。1956~2004 年，年沙尘暴日数每 10 年减少 0.63 天，春季每 10 年减少 0.33 天；寒潮日数每 10 年减少 0.3 天，冬季每 10 年减少 0.17 天。事实上，东亚冬季风强度减弱以及全球变暖都是造成寒潮频次减少的可能原因。近几十年，北半球和东亚中纬度温带气旋数量有减少的趋势，高纬度有增加的趋势。例如，1979~2001 年春节蒙古气旋日数明显减少，与同期中国北方沙尘暴日数减少呈明显正相关，相关系数 0.68（显著性水平为 0.01），相应强风日数减少。研究还表明，1961~2014 年，西北太平洋和南海生成台风（中心风力大于 8 级）的频次呈减少趋势。温带气旋的减少可能与全球变暖、中纬度斜压波、北大西洋涛动以及海温变化有关。此外，利用 1971~2007 年美国国家环境预报中心 / 美国国家大气研究中心（NCEP/NCAR）和欧洲中期天气预报中心的全球大气环流模式（ERA-40）的两套再分析资料以及中国 540 个台站观测资料计算与分析表明，近几十年来中国气压梯度在中低层呈现下降趋势，冬（夏）季欧亚大陆海平面气压下降（上升），使东西向的海陆气压梯度减弱，由此造成近地面风速减小，尤以华北地区和内蒙古东部气压梯度减弱趋势最明显，其与地面风速的减弱是一致的。计算还表明，中国平均气压梯度冬春季减弱最明显，分别为每 10 年下降 0.3% 和 0.1%，风速亦是冬春季减弱最明显。

在人类活动影响方面，其主要包括城市化效应、人为下垫面变化和人类排放温室气体增加。1956~2004 年中国 174 个城市气象站和相应的 180 个乡村气象站的年平均风速变化分析表明，城市气象站和乡村气象站年平均风速的变化分别为每 10 年下降 0.13m/s 和 0.12m/s，即城市化效应对年平均风速减小的贡献是 12%（赵宗慈等，2016）。还有研究利用全国 119 个探空站观测的 1980~2006 年中国近地面层风速和对流层各层风速资料，分析得到近地层风速明显减弱，大约每 10 年减小 0.16m/s；而接近 850hPa 高度的风速减弱很小，大约每 10 年减小 0.05m/s。由此推断城市化效应对近地层风速减小的贡献大约为 69%。分别采用气象站观测资料和 NCEP/NCAR 再分析资料，计算 1960~1999 年风功率密度的变化趋势，结果表明，风功率密度每 10 年下降 0.67W/m^2，明显小于台站观测资料分析得到的每 10 年下降 4.51W/m^2。由此判断台站观测资料分析得到的风功率密度减小受到周边环境改变的人为下垫面作用的影响更大，约占 85%。

未来人类排放温室气体持续增加，造成全球变暖，从而可能会对风能资源开发潜力造成影响。有研究采用 IPCC AR5 中世界气候研究计划第五阶段耦合模式比较计划（WCRP /CMIP5）提供的来自中国、美国、加拿大、澳大利亚、欧洲中期天气预报中心、英国、法国、德国、韩国、日本、俄罗斯及挪威 12 个国家或组织的 23 个模式模拟出的预估情景（RCP2.6、RCP4.5 和 RCP8.5）下，距地面 10m 高度近地层经向风和纬向风的数值实验数据，预估中国近地层风速的长期变化趋势。结果表明：①在 CMIP5 的 RCP2.6、RCP4.5、RCP8.5 和 CMIP3 的 SRES B1、SRES A1B 和 SRES A2 情景下，CMIP5 计划的多模式集合平均结果预估 21 世纪（2006~2100 年）中国近地层年平均风速呈减小的趋势，且随着温室气体排放浓度的依次增加，风速减小趋势依次显著，预估风速呈减小趋势的一致性依次增大。在 CMIP5 和 CMIP3 的各情景下，多模式集合平均结果一致预估中国 21 世纪夏季（秋冬季）平均风速呈增加（减小）的趋势。② CMIP5 和 CMIP3 的 6 种情景均预估中国西部地区 21 世纪年平均风速呈减小的趋势、东部地区风速呈增加的趋势。③与 21 世纪前期（2006~2015 年）相比，21 世纪后期（2090~2099 年）中国西部、华北北部至东北南部地区风速偏小；东北北部、华北南部至华南大部地区风速偏大。随着温室气体排放浓度的增加，冬季风速偏小的范围越大，偏小的程度越显著；夏季风速偏大的范围越大，偏大的程度越显著。

中国陆上风能资源技术开发量是距地面 80m 高度 32 亿 kW、100m 高度 39 亿 kW、120m 高度 46 亿 kW、140m 高度 57 亿 kW。截至 2018 年，中国陆上风电累计装机容量为 2.21 亿 kW。根据中国风电中长期发展规划，2030 年陆上风电累计装机达 3 亿 kW，2050 年达 10 亿 kW，占全国电力供应的 17%。可见，到 2050 年，全国被开发利用的风能资源量只占风能资源技术开发量的大约 1/4。如果按照风速每 10 年减小 0.2m/s 计算，50 年以后年平均风速则减小 1m/s，100m 高度上的全国风能资源技术开发量大约会减少到 29 亿 kW，相对于 2050 年风电装机 10 亿 kW 的发展目标，不会产生很大影响。

但是，如果出现一个短时期内风速持续明显偏小的极端气候条件时，其对区域范围内的风电供应就会产生较大影响。例如，2014 年 2~5 月，内蒙古和东北地区盛行东风或偏东风，导致三北地区冬末和春季风速明显偏小，致使中国风力发电集中的内蒙古中东部、黑龙江西南部、吉林西部、辽宁西部以及河北张北地区的 70m 高度年平均风速较 2013 年偏小 8%~12%。以河北承德地区为例，2014 年风电上网电量较 2013 年减少 20%。可见，极端气候条件引起的风速波动对风电供应有明显影响。

由于自然变化和人类活动的影响，中国风速总体呈现下降的趋势，同时在全球变暖、极端气候事件增加的气候变化背景下，在某一短时期内会出现风速的明显增大或减少，因此在开发风电资源的同时必须要开展气候变化对风电供应影响的风险评估。

2）太阳能资源

1961~2017 年，中国陆地表面平均接收到的年总辐射量趋于减少，平均每 10 年减少 10.7（kW · h）/m^2，且阶段性特征明显，20 世纪 60~80 年代中期，中国平均年总辐射量总体处于偏多阶段，且年际变化较大；90 年代以来，总辐射量处于偏少阶段，年际变化也较小（图 7-6）。1961~2017 年，中国平均年日照时数呈现显著减少趋势，平均每 10 年减少 33.9h（中国气象局气候变化中心，2018）。

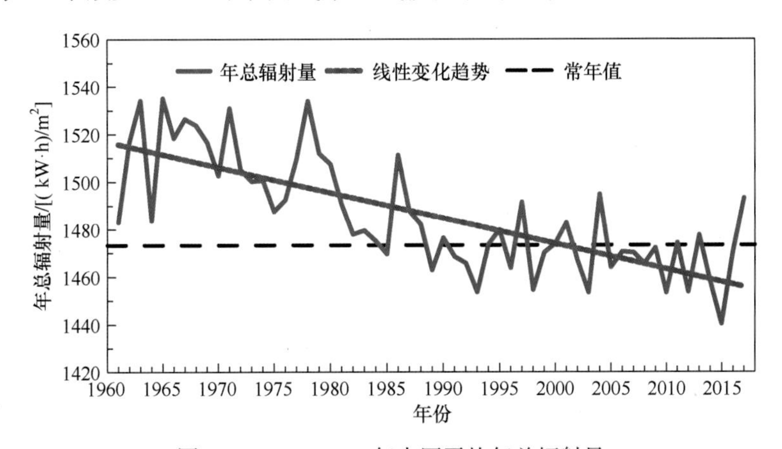

图 7-6　1961~2017 年中国平均年总辐射量

根据地面气象站观测资料分析（马金玉等，2012），地面年太阳总辐射变化趋势有一定的区域差异。华北及东北地区太阳总辐射显著下降的站点占 70%，其余 30% 的站点的太阳总辐射明显下降；华中、华南及西南地区太阳总辐射显著下降和明显下降的站点分别为 33% 和 67%；西北和青藏高原地区有 93% 的站点的总辐射明显下降，而 7% 的站点的总辐射明显上升，有研究表明（普卓玛和罗布，2013；祁栋林等，2013；胡德奎等，2014），西藏定日县 1980~2009 年日照时数呈明显增长的变化趋势，大约每 10 年增加 1.85h。柴达木盆地是中国太阳辐射最丰富的地区，1980~2010 年太阳总辐射呈明显下降趋势，平均下降幅度为每 10 年 11.3%；夏秋季呈显著下降变化趋势，春冬季变化不明显。

中国东部地区轻雾或霾的增加，以及西部地区低云和水汽的增加，都会造成日照时数减少，导致地面太阳辐射下降（王晓梅等，2013；齐月等，2014；罗丽亚等，2015）。1961~2010年乌鲁木齐太阳总辐射和日照时数明显减少的原因主要有两个：一是受全球气候变化影响，近50年来，尤其是20世纪80年代以来，乌鲁木齐的气候发生了突变性的变湿，云量和降水量显著增多，导致日照时数和太阳总辐射减少；二是20世纪80年代以来，乌鲁木齐经济、社会迅猛发展，城市规模日益扩大，能源消耗增多，大气污染日益严重，导致气溶胶浓度上升，大气透射率降低。气溶胶不仅可以直接影响日照，而且可以作为云凝结核，通过改变云的物理特性和结构，直接或间接影响地面太阳辐射。根据IPCC AR4，1950~2000年气溶胶对地面短波辐射的负强迫作用快速增强，这可能也是引起地面太阳辐射减少的一个原因。

基于CMIP5计划的多模式集合平均结果，相对于参考期（1986~2005年），不同RCPs情景下2020~2030年亚洲太阳能资源均呈增加的变化趋势，且在高排放（RCP8.5）情景下的增加趋势最为明显（张飞民等，2018）。

1961~2017年，在自然和人类活动影响下，中国太阳能资源总体呈现下降趋势，但在RCPs情景下，2020~2030年中国太阳能资源可能呈现增加趋势。整体上，中国属于太阳能资源丰富的大国，合理有效开发太阳能资源成为现阶段中国解决能源危机、缓解气候变化的重要途径。

7.4.2 对能源需求的影响

气候变化对能源需求影响的研究广泛关注气温变化对电力需求的影响。这是因为，气温升高的变化趋势导致冬季更为舒适而夏季更为不适，进而使取暖需求降低而制冷需求增加。取暖和制冷大多由电力支撑，因此气温是影响电力消费的主要气象因子（Yan，2014；Sailor，2016；Li et al.，2019）。1961~2016年采暖季（11月至次年3月）的中国北方15个省份（黑龙江、吉林、辽宁、内蒙古、新疆、青海、甘肃、宁夏、陕西、山西、河北、河南、山东、北京和天津）逐日平均气温呈明显上升的变化趋势（图7-7）。20世纪90年代以前，日平均气温均低于常年平均值（1981~2010年）；90年代以后，大多数年份的日平均气温高于常年平均值。2010~2013年，日平均气温异常偏低，均低于常年平均值（国家气候中心，2018）。随着中国城市化进程的加快，城市规模进一步扩大，而热岛效应的存在会导致城区内高温事件出现频数和强度进一步增加（Zhou and Ren，2011；管兆勇和任国玉，2012；郑祚芳等，2012）。随着社会经济的进步和人民物质生活水平的提高，大量制冷设备（空调、电风扇、冰箱和冰柜等）进入居民的生产和生活中。在过去的十年中，中国城市降温和供暖已成为用电量增长的主要驱动力之一。预计到2050年，中国、印度和印度尼西亚空调增加量将占世界总增量的一半，了解中国城市未来电力消耗的驱动因素，预测未来电力消耗总量特别是电力峰值，对未来电力管理和保障用电具有特别重大的意义。

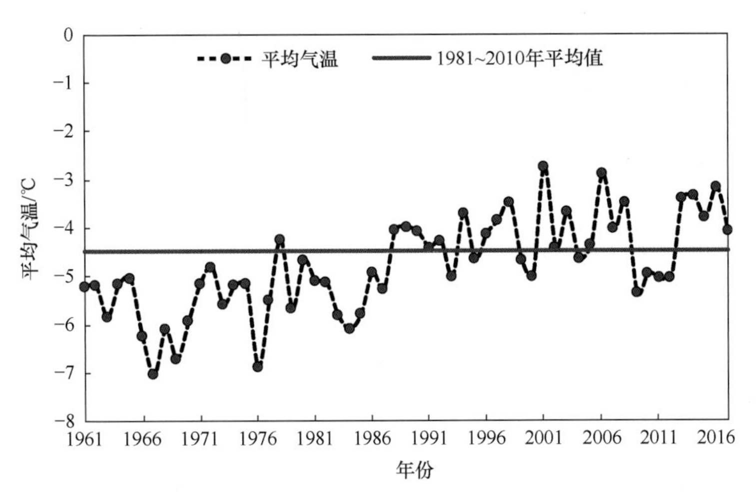

图 7-7　1961~2016 年中国北方采暖季（11 月至次年 3 月）平均气温变化

1）能源的需求变化

根据《采暖通风与空气调节设计规范》的规定，日平均温度稳定≤ 5℃的日期为采暖起始日期，日平均温度稳定≥ 5℃的日期为采暖结束日期。日平均温度低于 5℃时，将日平均温度与 5℃之差的绝对值乘以 1 天，成为度日值（单位：℃· d）。采暖期内，所有度日值的和即为采暖度日（单位：℃· d）。采暖度日反映出采暖期的温度高低，采暖度日值越大，表示温度低且持续时间长，反之，表示温度高且低温日数少。基于中国北方 15 个省份地面气象观测资料的分析表明（图 7-8），1961~2017 年中国北方采暖度日呈明显下降的变化趋势，与采暖季平均温度变化趋势基本一致，1988 年以前，采暖度日均高于常年平均值（1981~2010 年）；1988 年起，大多数年份采暖度日低于常年平均值。

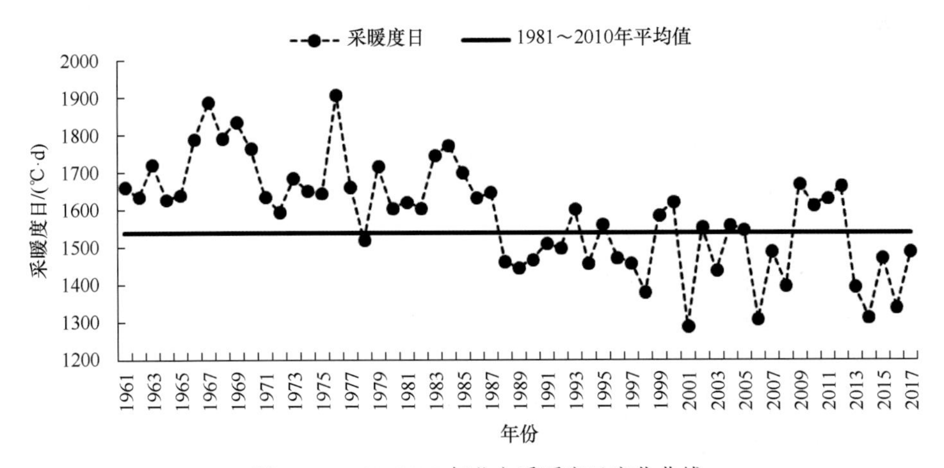

图 7-8　1961~2017 年北方采暖度日变化曲线

在全球气候变暖的背景下，夏季城市高温导致的用电量陡增事件时有发生。与采暖度日类似，夏季降温度日（单位：℃· d）是指日均温度超过 25℃部分的累积值。从 1961~2018 年北京、上海、广州和重庆夏季（6~8 月）降温度日变化曲线可以看出（图 7-9），1990 年以前，北京夏季降温度日呈下降的变化趋势，每年降低 1.6℃· d，1991~2018 年呈上升的变化趋势，每年增加 1.9℃· d；1990 年以前，上海夏季降温度日呈缓慢下降的变化趋势，每年降低 1.0℃· d，1991~2018 年呈显著上升的变化趋势，每年增加 4.1℃· d；广州 1961~2018 年夏季降温度日呈上升的变化趋势，每年增加 1.2℃· d；1990 年以前，重庆夏季降温度日呈明显下降的变化趋势，每年降低 2.3℃· d，1991~ 2018 年呈明显上升的变化趋势，每年增加 3.0℃· d。20 世纪 90 年代以后城市夏季降温度日呈上升的变化趋势的原因，主要是全球变暖的气候变化与城市化快速发展的共同作用。此外，从上海、广州和重庆的夏季降温度日变化特征可以看出，近 30 年以来，变化幅度明显加大，说明气候变暖引起的极端气候事件增加。

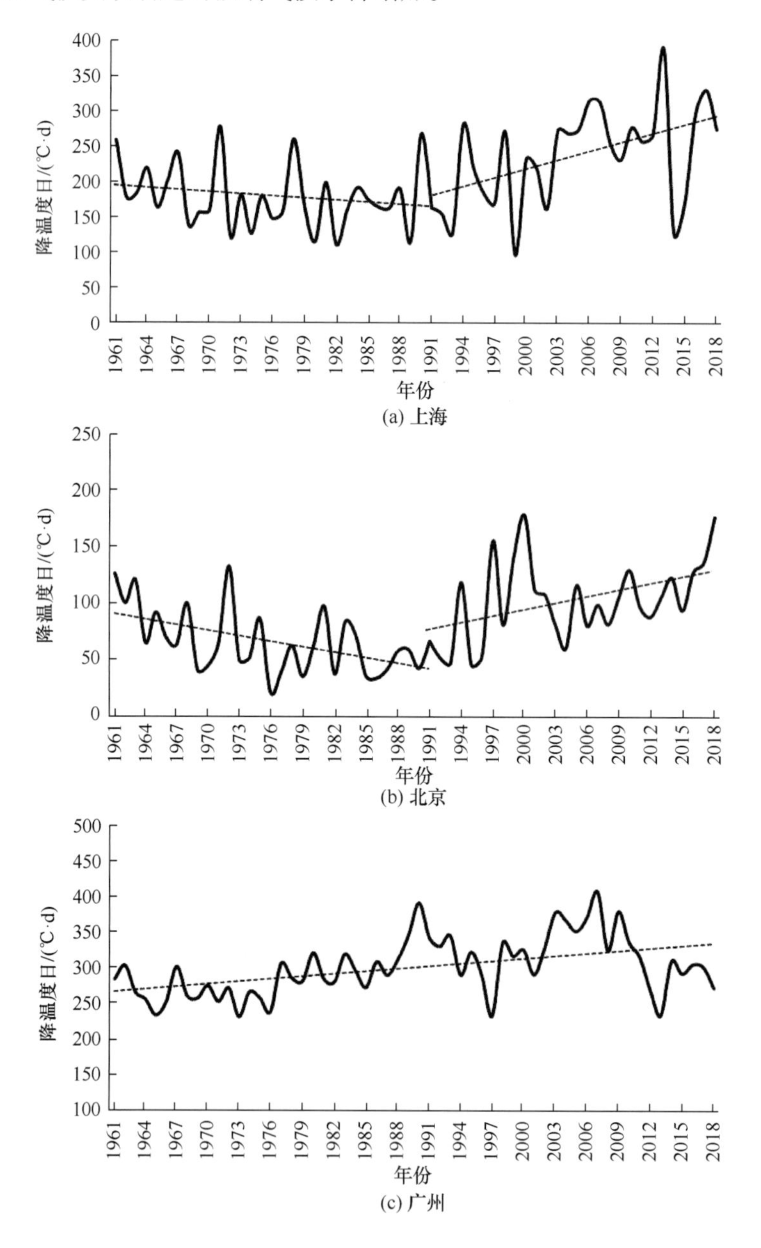

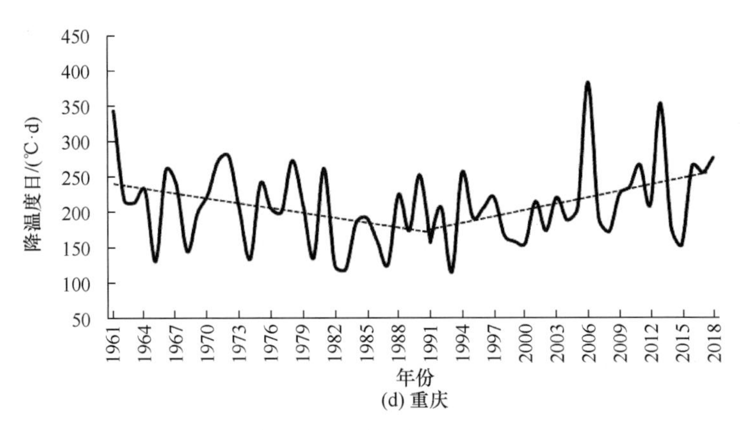

图 7-9 1961~2018 年上海、北京、广州和重庆夏季（6~8 月）降温度日变化曲线

2）对城市能源消耗的影响

许多学者针对不同国家、地区，探讨了气候变化和温室气体浓度增加对能源需求/消费的影响，其中大多数研究针对取暖制冷能源需求。例如，Dolinar 等（2010）用取暖制冷能耗模拟在未来 50 年全球平均气温升高 1~3℃，斯洛文尼亚的冬季取暖和夏季制冷带来的能源需求变化。Pillisihvola 等（2010）利用度日回归的计量方法，研究了气候变化对欧洲五国能源需求的影响，在 IPCC SRES A2、A1B 和 B1 情景下，2050 年欧洲五国夏季能源需求增加 2.5%~4%。Isaac 和 Vuuren（2009）借助度日指标，综合考虑人口、经济和能源利用效率等要素，发现全球未来取暖能耗降低 34%，而制冷能耗会升高 72%。研究对象不同、研究方法的差异，以及未来气候和经济情景选取不同，导致气候变化对能源需求影响的研究结果有很大差异。因此，为了研究气候变化对中国能源需求的影响，就必须针对特定研究对象，采取合适研究方法并根据预设的气候和经济情景开展相关研究（樊静丽等，2014）。

基于中国逐日最高气温观测资料、15 个全球模式不同集合运行模式、31 套最高气温预估数据，结合上海、宁波、深圳、合肥、武汉、南昌和长沙 7 个城市电力消耗数据和社会经济数据，开展夏季高温事件对城市电力消耗的研究，发现当日最高气温高于夏季最高气温 70% 分位数时，随着温度的升高，城市居民耗电量急剧升高（占明锦，2018）。考虑未来社会经济发展，在共享社会经济路径下（姜彤等，2017，2018），全球平均气温升温 1.5℃，对于城市能源消耗影响而言，耗电量比 2010~2015 年增加 3.3 [1.8，4.1] 倍，升温 2.0℃增加 8.9[3，12.4] 倍，升温 4.0℃增加 10.2 [2.4，18.3] 倍。

基于 2014~2016 年上海逐日工业、商业和居民用电数据，通过入户调查 1394 居民用电情况，建立了居民用电和日平均气温的关系，研究发现，当日平均气温＜ 7℃时，温度每升高 1℃，居民用电总量减少 2.8%；当日平均气温＞ 26℃时，温度每升高 1℃，居民用电总量增加 14.5%。Li 等（2019）采用两种 RCP 情景（RCP4.5 和 RCP8.5）下 21 个全球模式温度预估数据，在假设社会经济维持 2010 年水平的情况下，全球平均气温升高 1℃时，上海居民用电总量增加 9.2%，但是峰值耗电总量会增加 36.1%。

7.4.3 电力系统脆弱性

高比例可再生能源发展情景下的电力系统将越来越容易受气候变化和极端天气气候事件的影响，最终导致电力系统的脆弱性和风险增加。电力系统是由发电厂、送变电线路、供配电所和用电等环节组成的电能生产与消费系统。未来气候变化和极端天气气候事件，将对可再生能源资源、可再生能源发电厂运营、可再生能源发电厂基础设施及可再生能源发电效率产生重大影响，同时也会对输电环节和用电侧需求产生不利影响。气候变化影响电力系统的三个主要途径：一是影响电源，可再生能源电源比例越高，越易受气候变化影响；二是电网输送，高比例可再生能源发展情景下的电网系统更易受气候变化和极端气候事件的影响；三是影响用电消费。

随着能源转型和技术进步，电力系统发展呈三大趋势：一是电源将由目前化石能源电源为主导，逐步转向未来以可再生能源为主导。二是电网由当前的以大机组、超高压、互联大电网为特征的第二代电网，转向未来以大规模可再生能源为主导、特高压电网为骨干网架、广泛融合信息通信技术的智能电网为特征的第三代电网（周孝信等，2014）。三是终端能源消费逐步转向以电为主，终端电气化率将从2018年的23.5%增长到2050年的40%~50%（刘振亚，2015）。

未来电源系统以可再生能源为主导，气候变化将加剧可再生能源发电的波动性和电力系统的不稳定性。根据研究，非化石电源（主要包括核电、水电、风电、光电）装机容量将从2010年的2.6亿kW增加到2050年的22.1亿kW（范围15.4亿~28.8亿kW），占总装机的比重将从2010年的26.6%增加到2050年的65.6%（范围52.3%~75.9%）。非化石电源发电量将从2010年的8.11万亿kW · h增加到2050年的63万亿kW · h（范围51万亿~75万亿kW · h），非化石电源发电量占总发电量的比重将从2010年的19.2%增加到2050年的52.5%（范围42.5%~62.5%）（周孝信等，2014）。国家发展和改革委员会能源研究所研究的中国2050年高比例可再生能源发展情景表明，2050年可再生能源在能源消费中的比例达到60%以上、占总发电量的比例达到85%以上。可再生能源发电生产具有较强的间歇性、波动性、随机性和不可控性（可减出力但不可增出力）、利用小时低等特性，而气候变化可能通过不同的形式影响可再生能源电力，长时间尺度上主要通过影响可再生能源资源，短时间尺度上主要通过影响可再生能源发电的稳定性，从而加剧可再生能源电力系统的不稳定性。有研究表明，未来降雨模式的变化会影响中国水能资源禀赋和水电机组效率，可能导致到2030年2000万人的工作生活出现电力短缺（冬芳，2015）。西南和东南沿海地区的水电受气候变化和极端气候事件的威胁最大，面临的气候变化脆弱性高于全国平均水平（王兵，2016）。

未来电网输送格局主要依靠大规模远距离电网输送可再生能源电力，相比本地化供应的电网系统，未来高比例可再生能源的电网系统更易受气候变化和极端气候事件的影响。由于中国的风、光、水能大型基地主要分布在“三北”地区和西南地区，高比例可再生能源主要依靠西部水电、西部和北部超大规模的太阳能电站、北部和西北部大规模风电来实现。因此，未来的输电格局将进一步强化目前的“北电南送”“西电东送”的格局，西部送端地区通过特高压直流和交流输电网将西部和北部的风电、光电，以及西南水电远距离送往华北、华中、华东和珠三角等负荷中心（刘振亚，2015）。可再生能源电力由于其自身的随机性和波动性，必须通过大电网方式予以接入，并通过多能互补、区域互济和储能等方式提高利用率。极端天气气候事件，如台风、雨雪冰冻等可能损坏各类电压等级的输配电网，造成停电事故。极端高温和极端低温增加用电负荷，各类极端天气可能影响可再生能源发电出力，增加电力系统调配难度，加大电力系统脆弱性。

以上研究多是从定性描述方面对电力系统的脆弱性展开研究，但对高比例可再生能源发展情景下的电力系统受气候变化定量的影响和脆弱性方面仍尚未开展有效研究，亟须加强。

7.5　制　造　业

制造业是气候变化的重要组成部分，既是温室气体排放的主体，又易遭极端天气气候灾害影响。依据 Changnon（2005）对天气气候影响的分类，气候变暖对制造业的影响可以分为平均天气气候的影响和极端天气事件的影响。平均天气气候对制造业的影响正负面效应都有，总体上正负相消，影响就显得不那么显著（张钦仁等，2007）；极端天气事件给制造业造成的经济损失逐年递增。一次突发的龙卷风、一次大规模的洪水都能在瞬间破坏整个厂房和设备，造成生产的重大损失。气候变暖导致的极端天气事件对制造业的影响主要是负面的，并且这种影响是显著的。气候变暖对制造业的影响也可以分为直接影响和间接影响两类（图 7-10）。上述平均天气气候和极端天气事件在长期或者短期内对制造业产生的影响就是直接影响；通过其他行业（主要是农林牧渔业）转嫁到制造业上的影响就是间接影响。应该指出直接影响和间接影响正负面效应兼具（孙宁，2011）。

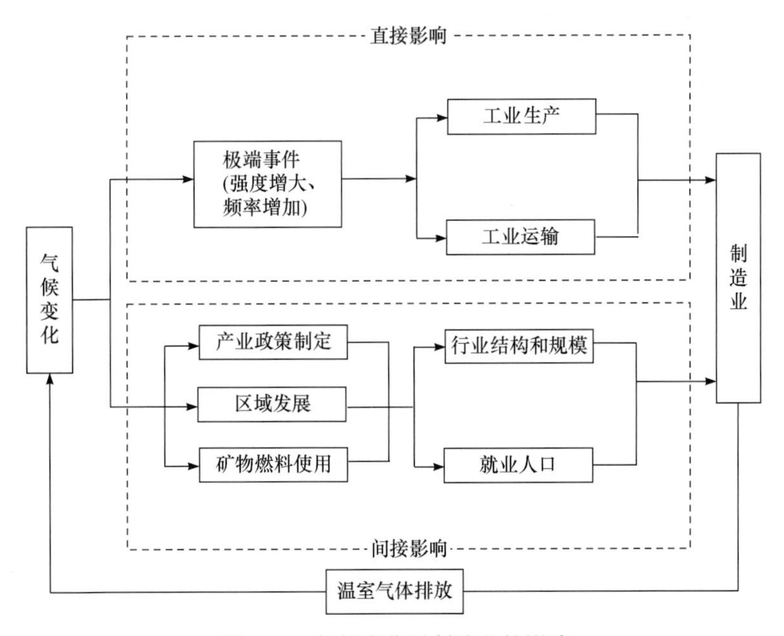

图 7-10　气候变化对制造业的影响

气候变暖对制造业的影响十分明显，到21世纪中叶，如果不采用额外的适应性措施，气候变化将导致中国制造业年产出减少12%（Zhang et al.，2018）。同时频繁发生的极端事件，虽然对制造业直接损失影响有限，但是由于制造业生产活动的高度关联性，其间接造成的生产中断损失、产业间关联损失和宏观经济反馈影响却日益严重。为了应对全球变暖，气候政策的实施不可避免地导致制造业行业结构和规模变化、就业变化、经济损失等一系列问题。目前，对于气候政策的成本－效益还缺乏清晰的认识，有待于进一步的研究。

7.5.1 气候变化对制造业经济增长的影响

气候变暖对工业制造业经济增长的影响日益受到关注。世界各地的实证研究已经表明，较高的气温通常会导致制造业产出的减少（Dell et al.，2012；Burke et al.，2015；Chen and Yang，2019）。其作用机制可以表现为两个方面：其一，气温升高会降低制造业生产效率；其二，气温升高会增加制造业生产要素再配置的成本。

目前，气温变化对劳动生产率、资本生产率以及全要素生产率的影响研究已经取得初步结论。首先，高温环境会增加制造业从业人员的心理和身体上的不适感，降低劳动生产效率（苏亚男等，2018）；其次，高温会导致实物资本的生产效率下降，如降低机械部件之间的润滑性能、降低计算机芯片的运算速度等。此外，相关研究进一步探讨了气温与制造业企业全要素生产率的关系。基于1998~2007中国50万个制造企业层面数据发现，日平均气温与制造业企业全要素生产率呈现倒U形关系，尤其是在高温天气下（>32℃），其对企业全要素生产率的抑制作用更为显著（Zhang et al.，2018）。研究认为，气温的升高会导致企业生产等产量线的总体位移，意味着仅仅通过改变劳动力和资本的投入配置比例来适应气候变化基本不可行，而通过引进或研发先进技术提高生产效率是抵御升温的有效途径。同时，研究还比较了中国高技术产业（包括医药、航空航天设备、计算机设备等）与传统制造业（包括纺织服装等）的温度敏感性。通常认为，高技术产业属于资本密集型，可以利用室内机器设备和空调装置进行生产。但是，实证研究结果表明，高技术产业同样对高温具有敏感性。

基于HadCM3气候情景，预测到21世纪中叶，如果不采用额外的适应性措施，气候变化将导致中国制造业年产出减少12%，大约相当于损失400亿美元。由于制造业部门产出占全国GDP的32%，相当于气候变化将导致全国年GDP减少4%（Zhang et al.，2018）。同时，结合未来的温度预测数据，预估了气候变暖对中国各地区、各行业企业的总产出和全要素生产率的影响。研究表明，不同行业企业均会受到全球气候变暖的影响，其中多数行业的总产出和全要素生产率都会下降；各行业总产出的变化率区间为（–24.85%，6.12%），少数如黑色金属矿采选、有色金属采矿等行业会有少量的产出增加；各行业全要素生产率变化率区间为（–20%，0.1%），几乎所有行业的全要素生产率都会由于气温的升高而降低。

7.5.2 气候变化对制造业经济损失影响

在全球变暖和海平面上升背景下，沿海地区台风、风暴潮和洪涝等极端天气气候事件的频率将呈现上升趋势。同时，由于全球产业经济和市场的高度关联性，极端天气气候事件的局部影响可能扩散到广泛的外部空间，造成间接的、系统性的经济损失和风险（Levermann，2014）。与农业相比，虽然制造业的气候灾害物理易损性和脆弱性较低，造成的建筑厂房、机器设备、存货等物理损失有限，但是由于制造业生产活动的高度关联性，其间接造成的生产中断损失、产业间关联损失和宏观经济反馈影响日益受到关注和重视。

目前，极端天气气候事件的制造业损失评估实证研究较为缺乏。少数研究（黄小莉等，2017；Li et al.，2018）基于上海经济普查数据库和工业企业统计数据库，利用脆弱性曲线、柯布 – 道格拉斯（Cobb-Douglas）生产函数和投入产出模型，定量评估了极端风暴洪水情景下的上海制造业物理损失、生产中断损失和产业间关联损失。研究表明，由于制造业的高度分工和关联性，气候灾害影响具有显著的放大效应和乘数效应，造成的间接经济损失占有绝对的份额。

以上研究仅仅基于历史观测数据进行频率分析，得到不同重现期的风暴洪水强度情景，而没有考虑未来气候变暖导致的海平面上升及城市化导致的地面沉降等因素对风暴洪水强度的增效作用，可能存在对经济损失低估的情况。因此，需要综合叠加未来气候变化情景和中国制造业发展时空格局情景，进一步开展制造业的气候灾害暴露、脆弱性、损失影响和风险评估，识别出气候风险的关键性行业和热点地区，为合理的工业制造业发展规划、空间布局和气候适应政策提供依据。

7.5.3　气候政策对制造业经济的制约影响

IPCC AR5 中提出 21 世纪全球控温 1.5℃目标及可能的减排路径。中国提出 2020 年单位 GDP 二氧化碳排放比 2005 年水平下降 40%~45% 的自主减缓气候变化行动目标，预计在 2030 年实现二氧化碳排放达到峰值，并通过调整产业结构、推进节能与提高能源效率、发展新能源与可再生能源等多方面措施，实现减排目标。

重化工业是工业能源消耗和温室气体排放的重点领域。根据中国《工业领域应对气候变化行动方案（2012—2020 年）》报告，钢铁、有色金属、建材、石化、化工和电力六大行业占工业化石能源燃烧二氧化碳的 71% 左右。除此之外，工业生产过程中二氧化碳、氧化亚氮、含氟气体等温室气体排放占全国非化石能源燃烧温室气体排放的 60% 以上，二氧化碳排放占全国二氧化碳排放的 10% 左右。为提升应对气候变化能力，实现低碳发展，钢铁、石化、建材、有色金属等行业产能规模将进一步控制和压缩。同时，新能源、新材料、信息、节能环保、生命科学等新兴科技产业领域将得到快速发展。

气候政策的实施不可避免地导致制造业行业结构和规模变化、就业变化、经济损失等一系列问题。目前，对于气候政策的成本 – 效益还缺乏清晰的认识，有待于进一步的定量实证研究。

7.6 适应措施

7.6.1 旅游业的适应措施

旅游业是严重依赖自然资源、生态环境和气候条件的产业，气候变化对全球与区域旅游业产生着现实和潜在的影响（钟林生等，2011）。直接影响包括极端气候事件发生频率的增加、旅游目的地气候资源的分布，以及旅游业运营成本的增加等方面。间接影响包括气候变化引起的环境的连锁变化，如水资源缺乏、生物多样性减少、景观美学价值下降、疾病以及基础设施被损坏等；甚至影响到一些国家的社会经济和政治稳定，包括经济增长模式、社会和政治稳定以及与旅游业相关行业的就业与安全等问题（Dube and Nhamo，2018）。

根据气候变化对旅游业的影响与未来发展趋势，以及旅游业的脆弱性和敏感性，中国旅游业应采取以下对策措施以应对气候变化带来的影响与挑战。

（1）提升旅游业对气候变化的认知。气候变暖对旅游业影响具有长期性、潜在性的特点，旅游管理部门应不断引导全行业提高应对气候变化的意识和能力，利用各种手段普及气候变化方面的相关知识，营造全行业应对气候变化的良好环境（钟林生等，2011）。

（2）加强旅游资源的保护。有许多的旅游资源，特别是自然形态的资源，是非常容易受到气候变化影响的。一是对那些需要立即加以抢救、修复的旅游资源，如森林型与草原型旅游资源，应充分预测气候变化可能对资源造成的不利影响，配置防火灭火的相关设施，预防病虫害对这类旅游资源的影响；二是对那些当前影响不明显，而在可以看得见的未来又必然会受到气候变化影响的旅游资源，应当及早着手进行影响评估，如湿地型、滨海型与冰雪型旅游资源应考虑气温上升引起旅游资源的消亡，以为当前的预防和应对措施提供充分的依据，也为未来的调整留下足够的空间。同时，善于利用和整合气候变化衍生的新型旅游资源，重视开发与气候因素密切相关的雾凇、雪凇、云海、雨景、雪景等景观（刘彤，2011）。

（3）开发气候适应性强的旅游产品。针对易受气候变化影响的旅游目的地，建设适应性较强的旅游产品，以弥补气候变化对当地旅游业的冲击，最大限度地满足游客的旅游需求。例如，为减少气候变化对以滑雪、徒步、漂流等户外运动项目为主体的旅游带来的影响，可以开发替代性旅游产品，如主题公园、博物馆、室内运动馆等室内娱乐项目，增强旅游产品抗风险能力，以规避不良气候对户外活动的干扰。冬季滑雪经营者通过人工造雪、催云和发展滑雪斜坡等技术措施，以及发展室内滑雪场和积极的经营措施来提高适应能力。而海岸旅游产品采取以筑造堤坝、开展室内娱水活动等替代性旅游的发展方式来丰富旅游产品、提高适应能力。

（4）增强主动应对气候变化的综合能力。当前旅游业还处于被动应对气候变化对其带来影响的阶段，作为国民社会经济产业体系中重要的战略性支柱产业，旅游行业应增强主动应对气候变化的能力。已有的措施包括：①加强旅游基础设施建设，提高缓解或抵抗极端气候变化的应变能力，将气候变化对旅游业的影响作为约束条件进行考虑；②逐步建立气候变化对旅游业影响的监测系统，加强对气候变化及其影响不确定性的科学监控，建立应对气候变化的信息支持系统；③构建气象灾害的监测、预警和应急处理的危机管理系统，减少极端气候事件导致的人员伤亡和对景区自然生态环境的损害。

7.6.2　交通业的适应措施

气候变化导致极端天气气候事件增多趋强。随着极端事件出现频次的增加、范围的扩大以及程度的加重，交通系统的暴露度和脆弱性都有所增加，面临的风险也日益增大，适应气候变化成为交通领域面临的严峻挑战。为了持续增强交通领域应对气候变化的能力，提高交通安全水平、减少灾害损失，政府和相关部门在交通运输的规划、设计、建造、运行以及维护等方面应充分考虑气候变化带来的影响，同时结合当前及未来形势判断，从技术、管理和政策方面采取相应的适应性预防措施。

具体措施包括：

（1）应对气候变化，交通运输部门在制定中长期规划过程中，要制定切实有效的方案和措施，以增强运输系统的安全性，提高系统的管理和运作效率，同时要加强运输系统的综合性和一体化，使得人的出行和货物的运输更加方便和灵活。有条件的地区，可以采取不同运输方式相结合，启动城市交通与城郊交通、城市交通与路网交通等一体化客运枢纽建设，配套建设大型公共停车场等设施。

（2）应对气候变化对交通运输基础设施的影响，政府和交通规划、设计部门应考虑气候变化的因素，制定相适应的建筑设计标准。例如，在交通基础设施的设计过程中，考虑到气候变化带来的温度变化、结冰和解冻周期的变化，提高建筑材料和排水系统的设计标准，包括公路沥青标号、轨道地基及胀缩、海港设施吃水深度等。另外，需要避免在易受气候变化影响的地区建立大型的基础设施，以减少将来气候变化可能带来的影响。除此以外，气候变化可能进一步加速交通基础设施的老化，管理部门要及时收集相关数据，并进行处理和更新，在此基础上，预测有关设施退化的趋势，并采取相应的措施。

（3）在有关交通运输规划的编制和政策制定过程中，需要进一步考虑将来的气候变化趋势，尤其是温度变化，同时还需要考虑将来可能采取的政策和措施的影响。例如，应对气候变化，制定可行性规划和政策，以适应当前和将来的交通环境变化，使得交通运输能以安全、持久和有效的模式运行。

（4）根据气候变化的特点及可能产生的天气灾害，适时开展有针对性的交通安全宣传，提高“人”对恶劣气候的认识，减少相关人员的失误，提高人们的交通安全意识和自我调节意识。每到灾害性天气出现的季节，相关部门提前进行宣传和引导，以此引起“人”对恶劣气候的关注和重视，如长江中下游的梅雨季节、沿海地区产生台风的季节（李克平和王元丰，2010）。

（5）开展交通气象预警预报服务。以气象部门大数据为依托，结合路面状况数据，自动实时监测低能见度、大风、强降雨、降雪、路面高温时的道路交通状况，通过多种有线和无线通信网络及时向指挥中心报警，同时系统还可以将现场实时视频图像信息通过网络发送到指挥中心，实现对高速公路气象的全面监测和动态管理，提前布置处置策略，降低极端天气对交通的影响，提高高速公路的利用效率和经济效益。

7.6.3 能源业应对气候变化的适应措施

对于能源系统与气候变化之间的关系，更多的研究关注“能源消费对温室气体排放及气候变化的影响问题”，而对能源部门的气候变化适应性的研究并不多，且大多仅着眼于能源供需方面（McGilligan et al.，2011；Yau and Hasbi，2013）。实际上气候变化不仅仅影响能源供需，也对能源行业生产、供给、市场、基础设施等供应链不同层次有影响（Wilbanks et al.，2008；Mideksa and Kallbekken，2010；Schaeffer et al.，2012；樊静丽等，2014）。为了保障能源安全，从能源生产、供应等各个角度出发，提出以下适应措施（何淑英等，2015）：

（1）提高能源供应的保障能力。首先，对能源供给进行科学调度。电力公司联手气象部门开展常态化气象服务合作，气象部门定时向能源调度控制中心报送日、周、月、年气象预测，及时通报本地区天气状况，电力公司以各区调度的负荷预测数据作为参考，综合考虑历史负荷情况和未来天气变化等因素，拟定未来电力调度计划，保证充足电力供应、保障电网安全稳定运行。其次，使能源布局多元化。过度依赖于某一个区域的能源供应将会导致能源系统的气候变化脆弱性增加，为了避免这一现象，开展新增外来能源通道规划研究，不同类型的能源供应系统应继续评估其能源投资组合的多样性以及未来气候变化指标（陈莎等，2017）。

（2）提高能源基础设施气象灾害防护标准。在实施能源基础设施适应气候变化的措施时，需要从多方面进行考虑。对于新建设的基础设施，尤其是一些寿命较长的大型基础设施，在选址、设计以及经营方针等各方面都要考虑到当前以及未来的气候状况，确保这些基础设施具备足够的适应弹性，如对于特高压输电线路集中分布的重要输电通道和关键性的骨干线路，要充分考虑气温、大风和雨雪冰冻灾害的变化，调整输电线路的规划，提高线路的设计建造标准和电杆间距。一般线路通过增加应急措施来提高抗灾水平；针对现有的基础设施，进行维护或改造，使其具备更完善的应对气候变化的能力。例如，加强暴露在地面上的配电设施，使其能够在更大程度上适应气候变化，应对极端天气事件；提高地下或海底电缆的铺设率，以取代架设在地面上的配电设施，减少极端天气事件或气候变化对电力传输的影响（朱寿鹏等，2017）。

（3）完善气象灾害能源应急保障机制。发展储能技术和智能电网技术等，提高电力供应和抗灾能力。当电力需求无法得到满足时，通过错峰用电等需求侧管理措施，或是通过峰谷电价的手段来对电力负荷进行适当的调节，以满足电力的供需平衡，同时建立区域能源保障联动机制，加强与相邻省市的煤、油、气、电的能源保障衔接。

（4）政府规划引导能源高效利用。提高能源效率是一个既减缓又适应的战略。降低能源需求可缓解基础设施的额外负担，并有助于避免高峰负荷导致的能源系统停运。在政策规划方面，政府部门充分发挥其导向作用，建立相关市场机制和制定燃料补贴政策，如纽约为加强节能激励和峰值负荷管理，创建了电力期货市场。在能源利用方面，建筑能耗作为城市能耗的主要成分，是提升能源系统适应气候变化能力的重要关注点之一，纽约、西雅图以及哥本哈根都从提高建筑能耗效率、增强自然采光、设置热量路线图等方面进行建筑节能改造，北京市《居住建筑节能设计标准》"十三五"节能规划要求在"十二五"标准的基础上，进一步节能 20% 以上（陈莎等，2017）。

7.6.4　制造业应对气候变化的适应措施

近年来，出现了温度上升以及海平面上升等气候事件，这一系列的气候变化会对工业带来直接或间接的风险。未来的几十年内，这些风险不仅不会减少，还会继续在供应链上产生一系列的影响（田睿，2017）。

（1）科学规划工业园区建设。从应用气候学的角度，可以从制订规划、分析气候资源、工程设计、气候评价、生产管理 5 个环节着手，在对影响工业园区安全的主要气候因素进行特征分析的基础上，采取多种措施，统筹兼顾，综合考虑。将气候学与工业园区规划相结合，必须从战略上、宏观上重视气候安全和生态问题，加强对气候安全问题的统筹研究，改进规划方法。

（2）强化协同减排效应。在实施污染物减排措施的同时做好温室气体减排工作，注重协同减排效应的发挥。例如，西安市经济技术开发区利用污水源热泵为厂区供暖与制冷，一方面实现了对污水的再次利用，另一方面对节约能源、减少温室气体排放意义重大，实现了低碳节能与环境效益的双赢。

（3）加强极端气候事件动态监测与预警工作。近年来，极端天气气候事件频发，气象灾害呈现种类多、范围广、分布散、强度强等特征。工业园区相关管理部门和当地气象部门需要把防御极端天气气候事件及其衍生灾害摆在重要的位置。要结合当地天气气候特征，深入分析和揭示极端天气气候事件及其衍生灾害发生发展的原因和规律，分析其对工业园区生产和生活的影响，做好灾情风险评估分析和预警工作。要积极探索各类气象灾害及其衍生灾害的预警服务系统的建设工作，建立和完善多部门预警防御协调体系，科学制定和实施防灾措施和应急预案，切实提高对极端天气气候事件及其衍生灾害的防范和应对能力。

（4）根据当地气象条件，调整制造业布局。在降水与水资源减少地区，压缩高耗水产业；大气高污染产业调整到远离人口密集区和易扩散稀释的下风向地区；随着全球变暖，扩大夏令消费产品生产，减少冬令产品生产；有水污染的工业应布局在河流下游；对水质要求高的工业应布局在河流上游；运输量大的工业可利用水运条件来运输。

7.7　主要结论和认知差距

虽然国内外开展了许多气候变化对旅游、交通能源和制造业等行业影响及其适应性措施的研究，但是由于目前科学认知限制，依然有很多不足。

1）预测研究中存在较大的不确定性

气候变化是一个长期的影响和反馈的过程，不同的气候情景直接影响预测结果，而未来温室气体排放总量、大气温室气体浓度和全球气候变化均存在较高的不确定性，这直接导致气候变化对旅游、能源和制造业的长期预测结果同样存在不确定性。例如，在旅游方面，海岸带景色和高山冰雪景色取决于海平面上升的高度、冰川消融的速度和冰川全年不同时间的变化，但是气候模式预估数据没有办法提供如此准确而详细的信息，对于能源生产也如此，水电取决于水流量及其季节的变化，气候模式预估数据的不确定性必然导致水电产量预估更大的不确定性（de André et al.，2009）。此外，旅游、能源和制造业除受气候变化的影响外，还会受众多其他因素的影响，如经济增长模式、人口增长、技术水平等。因此，目前气候变化对旅游、能源和制造业影响的预测研究还仅仅是方向性和趋势性的情景分析，而非准确的预测结果，更加确定性的预测是未来研究中的重要问题（樊静丽等，2014）。

2）研究区域与研究内容的不均衡

目前有关气候变化对旅游、交通、能源和制造业的影响研究主要在西欧和北美发达国家和地区研究得比较深入，发展中国家有的刚刚起步，有的尚未涉及。例如，旅游业，虽然中国未来有巨大的滑雪旅游市场，但目前有关气候变化对中国滑雪旅游影响的评估研究还是很欠缺（Scott and McBoyle，2007）。在研究内容方面，气候变化对高山冰雪旅游影响的研究比较成熟，但对其他类型的旅游，如滨海旅游、城市旅游等的影响的研究还比较粗浅（杨建明，2010）。

能源行业则对气候变化对能源供给影响的研究探讨得较多，而专门针对性的适应措施的研究较少。如果包括气温升高和极端气候事件增多的气候变化事实无法避免，通过适应措施能够有效降低其潜在的负面成本，那么提高能源系统的气候变化适应性问题就显得尤为重要和紧迫。因此，为有效适应气候变化，实现可持续发展，在脆弱性研究的基础上适应性研究尤为重要。有关能源系统对气候变化的适应性是未来的重要研究方向。

3）研究考虑的因素过于单调

目前有关气候变化对旅游、交通、能源和制造业的影响的研究考虑的因素过于单调。目前大部分预估模型中考虑的天气指标通常只包含温度和降水两个要素，有的甚至只考虑温度单个要素，对其他天气要素，如湿度、日照、风力等考虑不足，因而所获得的结论势必存在一定偏差。以旅游业为例，如果仅仅考虑气温要素，模型研究发现，加拿大沃特顿湖国家公园在2070~2099年游客到访率将增加，但随着气温的增加，该国家公园的冰川将完全消失，主要旅游支柱将不复存在，如果加入此结果，425位被调查的游客中有56%表示他们将不再来玩（Scott et al.，2007）。如果仅仅考虑气候要素，模型预估必然有其局限性，但是局限于目前研究的深度和广度，我们很难准确找到关键性要素。

4）对市场供需影响的研究较多，对基础设施影响的研究较少

关于气候变化对旅游、交通、能源和制造业市场供需影响的研究较多，而对其附属的基础设施、交通运输、存储等考虑得较少。然而，除对供需造成影响外，气候变

化还会对基础设施、交通运输等方面产生影响。以能源为例，气候极端事件可能引起电网系统出现故障，进而导致电力供应瘫痪。事实上，世界上很多国家都发生过大规模的停电事故，如 1997 年的纽约大断电，2003 年的中国东北大断电，2008 年 1~2 月的中国南方低温冰雪导致大面积长期断电，2012 年的印度大停电，这些停电事件中不乏气候或灾害等造成的基础设施破坏，如电缆压断、变压器冻坏等。再如，极端天气常常导致管道、公路、铁路运输不顺畅，这直接影响油气管道运输、煤炭运输等，并进一步影响下游产业的能源供给。正确认识能源基础设施、运输等方面的气候变化易损性问题，有利于避免灾难性能源短缺的发生。因此，需要对此类问题进行进一步研究。

5）影响与适应研究需要跨学科合作研究

气候变化的影响研究是一项多学科综合的敏感课题，既需要旅游、能源和工业经济学科的专业知识，又需要气候和环境变化方面专家的参与，因而学科间的合作研究非常必要。必须克服天气、气候和旅游业学科间的障碍，提高旅游、气象和气候变化专家的合作研究水平，才有可能推进旅游对气候变化脆弱性的研究（Scott and Lemieux，2010）。能源和工业经济涉及的学科更加复杂，影响要素更多，不仅涉及自然要素，而且涉及社会经济要素，必须克服学科壁垒，通过多学科交流融合，才能切实提高气候变化影响研究水平。

▪ 参考文献

阿布都克日木 · 阿巴司，王荣梅，阿不都西库尔 · 阿不都克力木，等 . 2013. 1982~2010 年喀什木本植物物候变化与气候变化的关系 . 第四纪研究，33（5）：927-935.

陈练，李栋梁 . 2013. 气候变暖背景下中国风速（能）变化及其影响因子研究 . 南京：南京信息工程大学 .

陈莎，向翩翩，姜克隽，等 . 2017. 北京市能源系统气候变化脆弱性分析与适应建议 . 气候变化研究进展，13（6）：614-622.

《第三次气候变化国家评估报告》编写委员会 . 2015. 第三次气候变化国家评估报告 . 北京：科学出版社 .

冬芳 . 2015. 发展可再生能源需警惕气候风险 . 广西电业，1：91-92.

樊静丽，梁晓捷，王璐雯 . 2014. 气候变化对能源系统的影响研究：文献综述 . 中国地质大学学报（社会科学版），14（1）：41-46.

关晴月，薛达元 . 2015. 旅游对纳西族传统农业及饮食文化的影响研究——以玉龙县白沙乡、拉市乡为例 . 中央民族大学学报（自然科学版），24（4）：85-92.

管兆勇，任国玉 . 2012. 中国区域极端天气气候事件变化研究 . 北京：气象出版社 .

郭剑英 . 2009. 国外气候变化对旅游业影响研究进展综述 . 世界地理研究，18（2）：104-110.

国家气候中心 . 2018. 中国气候影响评估报告 2018. 北京：气象出版社 .

韩致文，王涛，孙庆伟，等 . 2003. 塔克拉玛干沙漠公路风沙危害与防治 . 地理学报，58（2）：201-208.

何佳，苏筠 . 2018. 极端气候事件及重大灾害事件演化研究进展 . 灾害学，33（4）：223-228.

何淑英，金颖，齐康 . 2015. 上海市能源领域适应气候变化现状和对策研究 . 上海节能，12：633-637.

贺小荣 . 2014. 气候变化的旅游影响研究进展 . 中国旅游评论，1：40-51.

胡德奎，张海林，王丽莉 . 2014. 西宁地区近 50 年太阳能资源评估分析 . 青海农林科技，1：25-30.
黄小莉，李仙德，温家洪，等 . 2017. 极端洪灾情景下上海汽车制造业经济损失与波及效应评估 . 地理研究，36（9）：1801-1816.
姜彤，赵晶，曹丽格，等 . 2018. 共享社会经济路径下中国及分省经济变化预测 . 气候变化研究进展，14（1）：50-58.
姜彤，赵晶，景丞，等 . 2017. IPCC 共享社会经济路径下中国和分省人口变化预估 . 气候变化研究进展，13（2）：128-137.
雷加强，王雪芹，王德 . 2003. 塔里木沙漠公路风沙危害形成研究 . 干旱区研究，20（1）：1-6.
李克平，王元丰 . 2010. 气候变化对交通运输的影响及应对策略 . 节能与环保，4：23-26.
刘贝 . 2016. 基于 GIS 的中部六省旅游气候舒适度研究 . 武汉：华中师范大学 .
刘佳，安珂珂 . 2018. 国内气候变化与旅游研究热点及展望——基于文献计量与社会网络分析 . 中国海洋经济，1：240-255.
刘少军，张京红，吴胜安，等 . 2014. 气候变化对海南岛旅游气候舒适度及客流量可能影响的分析 . 热带气象学报，30（5）：977-982.
刘彤 . 2011. 气象对旅游业的影响研究 . 大连：东北财经大学 .
刘彦民 . 2018. 极寒天气对高速铁路信号设备影响 . 科技 · 经济 · 市场，5：12-13.
刘玉莲，任国玉，于宏敏，等 . 2013. 中国强降雪气候特征及其变化 . 应用气象学报，24（3）：304-313.
刘振亚 . 2015. 全球能源互联网 . 北京：中国电力出版社 .
卢珊，王百朋，张宏芳 . 2015. 1971~2010 年陕西省气候舒适度变化特征及区划 . 干旱气象，33（6）：987-993.
罗丽亚，丁立国，张东海 . 2015. 紫云气象站太阳能资源评估 . 贵州气象，39（5）：43-45.
马金玉，罗勇，申彦波，等 . 2012. 近 50 年中国太阳总辐射长期变化趋势 . 中国科学：地球科学，42（10）：1597-1608.
马丽君 . 2012. 中国典型城市旅游气候舒适度及其与客流量相关性分析 . 西安：陕西师范大学 .
马丽君，孙根年，马耀峰，等 . 2010. 极端天气气候事件对旅游业的影响——以 2008 年雪灾为例 . 资源科学，32（1）：107-112.
莫振龙 . 2013. 不利气候对高速公路交通安全影响分析及对策 . 中国水运，13（1）：59-61.
普卓玛，罗布 . 2013. 西藏自治区定日县近 30 年的日照变化特征 . 农技服务，30（4）：409-412.
祁栋林，李晓东，郭彩萍，等 . 2013. 1980—2010 年青藏高原柴达木盆地太阳辐射变化特征研究 . 安徽农业科学，41（10）：4488-4492.
齐月，房世波，周文佐 . 2014. 近 50 年来中国地面太阳辐射变化及其空间分布 . 生态学报，34（24）：7444-7453.
石从宴 . 2004. 恶劣天气条件下高速公路交通事故预防对策与实践初探 . 广东公安科技，3：64-69.
史培军 . 2008. 从南方冰雪灾害成因看巨灾防范对策 . 中国减灾，15（2）：12-15.
宋然然，樊国盛，陈坚 . 2011. 浅谈生态旅游规划与旅游业的可持续发展 . 四川建筑，1：22-24.
苏亚男，何依伶，马锐，等 . 2018. 气候变化背景下高温天气对职业人群劳动生产率的影响 . 环境卫生学杂志，8（5）：399-405.
孙丽璐，吴奇，赵娟，等 . 2018. 中国 2004—2015 年交通事故影响因素实证研究 . 西南大学学报（自然科学版)，40（11)：112-118.
孙宁 . 2011. 气候变化对制造业的经济影响研究 . 南京：南京信息工程大学 .
田睿 . 2017. 气候变化对沿海重工业的影响 . 重庆工商大学学报（自然科学版)，1：80-86.
王兵 . 2016. 可再生能源系统风险评估方法及其应用研究 . 北京：北京理工大学 .
王会军，范可 . 2013. 东亚季风近几十年的主要变化特征 . 大气科学，37（2)：313-318.
王晓梅，张山清，普宗朝，等 . 2013. 近 50 年乌鲁木齐市太阳能资源时空变化分析 . 气象，39（4)：443-452.
席建超，赵美风，吴普，等 . 2010. 国际旅游科学研究新热点：全球气候变化对旅游业影响研究 . 旅游学刊，25(5)：86-92.
徐雨晴，何吉成 . 2016. 气候变化对公路交通的影响研究进展 . 气象与减灾研究，39（1)：1-8.
杨建明 . 2010. 全球气候变化对旅游业发展影响研究综述 . 地理科学进展，8：997-1003.
曾瑜皙，钟林生，刘汉初，等 . 2019. 国外气候变化对旅游业影响的定量研究进展与启示 . 自然资源学报，34(1)：205-220.
翟盘茂，刘静 . 2012. 气候变暖背景下的极端天气气候事件与防灾减灾 . 中国工程科学，(9)：55-63，84.
占明锦 . 2018. 全球升温背景下高温对城市能源消耗和人体健康的影响研究 . 北京：中国科学院大学 .
张朝林，张利娜，程丛兰，等 . 2007. 高速公路气象预报系统研究现状与未来趋势 . 热带气象学报，23（6)：654-657.
张晨琛，谢静芳，孔庆伟 . 2018. 东北地区灾害性天气特征及对铁路交通的影响分析 . 气象灾害防御，25（2)：33-36.
张飞民，王澄海，谢国辉，等 . 2018. 气候变化背景下未来全球陆地风、光资源的预估 . 干旱气象，36（5)：725-732.
张建国，徐新文，雷加强，等 . 2009. 塔里木沙漠公路风沙危害与防护体系研究进展 . 西北林学院学报，24（2)：50-54.
张钦仁，宋善允，田翠英，等 . 2007. 中国行业气象服务效益评估方法与分析研究明 . 气象软科学，4：5-14.
张秀美，杨前进，何志明，等 . 2014. 山东省旅游气候舒适度分析与区划 . 测绘科学，39（8)：140-143，147.
赵宗慈，罗勇，江滢，等 . 2016. 近 50 年中国风速减小的可能原因 . 气象科技进展，6（3)：106-109.
中国气象局气候变化中心 . 2018. 中国气候变化蓝皮书(2018). 北京：气象出版社 .
中国气象局气候变化中心 . 2019. 2018 年中国气候变化监测公报 . 北京：气象出版社 .
钟林生，唐承财，成升魁 . 2011. 全球气候变化对中国旅游业的影响及应对策略探讨 . 中国软科学，2：34-41.
钟永德，李世宏，罗芬 . 2013. 旅游业对气候变化的贡献研究进展 . 中国人口 · 资源与环境，23(3)：158-164.
郑祚芳，高华，王在文，等 . 2012. 城市化对北京夏季极端高温影响的数值研究 . 生态环境学报，21(10)：1689-1694.
周孝信，鲁宗相，刘应梅等 . 2014. 中国未来电网的发展模式和关键技术 . 中国电机工程学报，34（29)：4999-5008.

朱海燕，尤秋菊，郝敏娟 . 2018. 北京市地下轨道交通暴雨内涝灾害脆弱性评估 . 安全，2：24-31.

朱寿鹏，周斌，智协飞 . 2017. 气候变化背景下能源基础设施调整的政府干预——以德国为例 . 阅江学刊，5：37-44.

祝毅然 . 2018. 气候变化对交通领域的影响及相关对策 . 交通与运输，6：63-64.

Amin S R，Zareie A，Luis E，et al. 2014. Climate change modeling and the weather-related road accidents in Canada. Transportation Research Part D-Transport and Environment，32：171-183.

Bai J，Ge Q S，Dai J H. 2011. The response of first flowering dates to abrupt climate change in Beijing. Advances in Atmospheric Sciences，28（3）：564-572.

Büntgen U，Egli S，Galván J D，et al. 2015. Drought-induced changes in the phenology，productivity and diversity of Spanish fungi. Fungal Ecology，16：6-18.

Burke M，Dykema J，Lobell D B，et al. 2015. Incorporating climate uncertainty into estimates of climate change impacts. The Review of Economics and Statistics，97（2）：461-471.

Changnon S A. 2005. Economic impacts of climate conditions in the United Sates：past，present and future. Climatic Change，68：1-9.

Chen X G，Yang L. 2019. Temperature and industrial output：firm-level evidence from China. Journal of Environmental Economics and Management，95：257-274.

Datla S，Sahu P，Rohd H J，et al. 2013. A comprehensive analysis of the association of highway traffic with winter weather conditions. Procedia—Social and Behavioral Sciences，104：497-506.

de André F P L，Szklo A S，Schaeffer R，et al. 2009. The vulnerability of renewable energy to climate change in Brazil. Energy Policy，37（3）：879-889.

Dell M，Jones B F，Olken B A. 2012. Temperature shocks and economic growth：evidence from the last half century. American Economic Journal：Macroeconomics，4（3）：66-95.

Diffenbaugh N S，Scherer M. 2011. Observational and model evidence of global emergence of permanent，unprecedented heat in the 20th and 21st centuries. Climatic Change，107：615-624.

Dolinar M，Vidrih B，Lučka K B，et al. 2010. Predicted changes in energy demands for heating and cooling due to climate change. Physics and Chemistry of the Earth Parts A/B/C，35（1）：100-106.

Dube K，Nhamo G. 2018. Climate variability，change and potential impacts on tourism：evidence from the Zambian side of the Victoria Falls. Environmental Science & Policy，84：113-123.

Ellis C J，Coppins B J，Dawson T P. 2007. Predicted response of the lichen epiphyte *Lecanora populicola* to climate change scenarios in a clean-air region of Northern Britain. Biological Conservation，135（3）：396-404.

Ellis C J，Yahr R，Coppins B J. 2009. Local extent of old-growth woodland modifies epiphyte response to climate change. Journal of Biogeography，36（2）：302-313.

Huang A X，Sarote S，Chisti Y. 2016. Yunnan fermented meat：Xuanwei ham，huotui//Kristbergsson K，Oliveira J. Traditional Foods. Berlin：Springer：235-250.

IPCC. 2013. Climate Change 2013：the Physical Science Basis. Contribution of Working Group I to the Fifth Assessment Report of IPCC the Intergovernmental Panel on Climate Change. Cambridge：Cambridge University Press.

Isaac M，Vuuren D P V. 2009. Modeling global residential sector energy demand for heating and air conditioning in the context of climate change. Energy Policy，37（2）：507-521.

Jing Y，Xu X Y，Liu H W，et al. 2017. The underestimated magnitude and decline trend in near-surface wind over China. Atmospheric Science Letters，18：475-483.

Lau N C，Nath M J. 2012. A model study of heat waves over North America：meteorological aspects and projections for the twenty-first century. Journal of Climate，25（14）：4761-4784.

Legave J M，Blanke M，Christen D，et al. 2013. Erratum to：a comprehensive overview of the spatial and temporal variability of apple bud dormancy release and blooming phenology in Western Europe. International Journal of Biometeorology，57（2）：333-335.

Levermann A. 2014. Climate economics：make supply chains climate-smart. Nature News，506（7486）：27.

Lewis S C，Karoly D J. 2013. Anthropogenic contributions to Australia’s record summer temperatures of 2013. Geophysical Research Letters，40（14）：3705-3709.

Li W J，Wen J H，Xu B，et al. 2018. Integrated assessment of economic losses in manufacturing industry in Shanghai metropolitan area under an extreme storm flood scenario. Sustainability，11（1）：1-19.

Li Y T，William A P，Wu L B. 2019. Climate change and residential electricity consumption in the Yangtze River Delta，China. PNAS，2（116）：472-477.

Lin C G，Yang K，Qin J，et al. 2013. Observed coherent trends of surface and upper-air wind speed over China since 1960. Journal of Climate，26（9）：2891-2903.

Linderholm H W，Walther A，Chen D. 2008. Twentieth-century trends in the thermal growing season in the Greater Baltic Area. Climatic Change，87（3/4）：405-419.

Lu R Y，Chen R D. 2016. A review of recent studies on extreme heat in China. Atmospheric and Oceanic Science Letters，9（2）：114-121.

Matsumoto K，Ohta T，Irasawa M，et al. 2003. Climate change and extension of the *Ginkgo biloba* L. growing season in Japan. Global Change Biology，9（11）：1634-1642.

McGilligan C，Natarajan S，Nikolopoulou M. 2011. Adaptive comfort degree-days：a metric to compare adaptive comfort standards and estimate changes in energy consumption for future UK climates. Energy & Buildings，43（10）：2767-2778.

Menzel A. 2000. Trends in phenological phases in Europe between 1951 and 1996. International Journal of Biometeorology，44（2）：76-81.

Menzel A，Fabian P. 2000. Growing season extended in Europe. Nature，397（6721）：659.

Mideksa T K，Kallbekken S. 2010. The impact of climate change on the electricity market：a review. Energy Policy，38（7）：3579-3585.

Moat J，Williams J，Baena S，et al. 2017. Resilience potential of the Ethiopian coffee sector under climate change. Nature Plants，3：17081.

Peng H，Ma W，Mu Y H，et al. 2015. Degradation characteristics of permafrost under the effect of climate warming and engineering disturbance along the Qinghai-Tibet highway. Natural Hazards，75（3）：2589-2605.

Peñuelas J，Filella I. 2001. Responses to a warming world. Science，294（5543）：793-795.

Perkins S E，Alexander L V，Nairn J R. 2012. Increasing frequency，intensity and duration of observed global heatwaves and warm spells. Geophysical Research Letters，39（20）：20714.

Pillisihvola K，Aatola P，Ollikainen M，et al. 2010. Climate change and electricity consumption—Witnessing increasing or decreasing use and costs? Energy Policy，38（5）：2409-2419.

Sailor D J. 2016. Relating residential and commercial sector electricity loads to climate-evaluating state level sensitivities and vulnerabilities. Energy，26（7）：645-657.

Schaeffer R，Szklo A S，André F P de L，et al. 2012. Energy sector vulnerability to climate change：a review. Energy，38（1）：1-12.

Schweikert A，Chinowsky P，Espinet X，et al. 2014. Climate change and infrastructure impacts：comparing the impact on roads in ten countries through 2100. Procedia Engineering，78：306-316.

Scott D. 2011. Why sustainable tourism must address climate change. Journal of Sustainable Tourism，19（1）：17-34.

Scott D，Gössling S，Hall C M. 2012. International tourism and climate change. Wiley Interdisciplinary Reviews：Climate Change，3（3）：213-232.

Scott D，Jones B，Konopek J. 2007. Implications of climate and environmental change for nature-based tourism in the Canadian Rocky Mountains：a case study of Waterton Lakes National Park. Tourism Management，28（2）：570-579.

Scott D，Lemieux C. 2010. Weather and climate information for tourism. Procedia Environmental Sciences，1（1）：146-183.

Scott D，McBoyle G. 2007. Climate change adaptation in the ski industry. Mitigation and Adaptation Strategies for Global Change，12（8）：1411-1431.

Warren R，Price J，Graham E，et al. 2018. The projected effect on insects，vertebrates，and plants of limiting global warming to 1.5℃ rather than 2℃. Science，360（6390）：791-795.

Wilbanks T J，Bhatt V，Bilello D E，et al. 2008. Effects of Climate Change on Energy Production and Use in the United State. Washington DC：U.S. Climate Change Science Program and the Subcommittee on Global Change Research.

Yan Y Y. 2014. Climate and residential electricity consumption in Hong Kong. Energy，23（1）：17-20.

Yau Y H，Hasbi S. 2013. A review of climate change impacts on commercial buildings and their technical services in the tropics . Renewable and Sustainable Energy Reviews，18：430-441.

Zhang M G，Zhou Z K，Chen W Y，et al. 2014. Major declines of woody plant species ranges under climate change in Yunnan，China. Diversity and Distributions，20（4）：405-415.

Zhang P，Deschenes O，Meng K，et al. 2018. Temperature effects on productivity and factor reallocation：evidence from a half million Chinese manufacturing plants. Journal of Environmental Economics and Management，88：1-17.

Zhou Y Q，Ren G Y. 2011. Change in extreme temperature event frequency over mainland China，1961—2008. Climate Research，50（1/2）：125-139.

第8章 人居环境

主要作者协调人：高庆先、郑　艳
编　　　　审：李　迅
主　要　作　者：杜吴鹏、李惠民、张宇泉

▪ 执行摘要

人居环境概念是将人类聚居区视为一个整体，包括自然生态、人、社区、关键基础设施等核心要素。人居环境包括软环境和硬环境，可分为四大领域（子系统）：①建筑基础设施；②关键基础设施；③自然基础设施；④社会基础设施。不同地域、不同发展水平的城乡人居环境系统具有不同的气候风险特征。

气候与环境和城镇化塑造了我国人居环境的基本格局。人居环境的特征及其变迁与气候变化的影响、暴露度、脆弱性等风险要素高度关联，需要加强城乡人居环境中的灾害风险管理和前瞻规划。中国地域广阔，发展水平差异很大，不同地区的人居环境受到多种气候变化风险的影响。气候变化对特大城市（城市群）人居环境的影响幅度可能大于中小城市，对沿海和干旱缺水城市的影响可能大于内陆平原城市，需要针对不同人居环境的特点采取因地制宜的适应行动（中等信度）。

城市人居环境是气候变化影响及适应行动的热点领域。近年来，伴随着快速的城镇化进程，城市气候灾害风险日益突出。国内外经验表明，有效的适应决策必须协同实现减排和发展目标，且有赖于政府支持、部门合作及社会参与。我国目前正在积极推进的气候适应型城市、海绵城市、地下管廊建设等政策试点，有助于提升城市绿色基础设施、灰色基础设施的适应能力和灾害恢复力（中等信度）。

气候变化给我国沿海地区、中西部地区基础设施建设相对薄弱的农村地区带来更大的挑战，在气候变化及城镇化提升背景下，我国农村人居环境面临的气候变化影响及风险加剧、空间分异程度显著。加强农村水环境、生态保护、基础设施、气候灾害预警体系、农业政策保险等适应能力建设，是自然资源依赖型农村地区应对气候变化的有效手段（中等信度）。城乡统筹、低碳发展、抗灾能力建设的实施能减缓相关气候变化影响，并具备应对气候变化的协同功能。

未来极端气候事件的增多很可能导致城市气候承载力超限，影响人居环境，系统性风险、灾害链式效应可能会增强，因此提升人居环境的气候适应性越发重要（中等信度）。由于人口和财富的集聚，基础设施的连通性增强，应注重特大城市和城市群地区的脆弱性，减小极端灾害产生的风险放大效应。农村地区应当注重气候变化引发和加剧的贫困与移民风险，加强农村基础设施和人居环境的适应性建设。

8.1 引　言

气候变化和城镇化的发展塑造了我国人居环境的基本格局。随着城镇化进程的提升，人们追求更高生活质量的愿景不断提升，气候变化对人居环境的影响越来越明显，已经成为各国政府和社会共同关注的重大环境问题。本章将人居环境分为城市人居环境、农村人居环境两部分，基于国内外最新的研究成果和权威机构发布的相关文献，评述了气候变化对城乡人居环境的不同影响及主要适应领域，并列举了一些典型案例予以说明。

联合国《温哥华宣言》首先提出人居环境的概念，强调把人类聚居区作为一个整体。国内于20世纪90年代初提出建立人居环境科学。“人居环境”是指小到乡村、大到城市的不同尺度、不同层次的人类聚居环境（吴良镛，2001）。气候作为自然环境系统的核心要素，是评价人居环境的重要内容，气候变化作为全球变化的核心问题，已经对人居环境的诸多方面产生了重大影响。例如，气候变化通过一系列的中介要素影响到人居环境（如自然环境变化、社会经济系统、极端天气气候事件、人类健康等），与此同时，人居环境系统也可以对气候变化进行主动或被动的适应，通过加强规划设计、改善住宅设施、改善脆弱地区的人居环境、提高抗御灾害的能力等措施和途径实现社会的可持续发展（雷金蓉，2004）。

联合国人类住区规划署将“建设包容、安全、有恢复力的可持续城市和人类住区”作为联合国《2030年可持续发展议程》的17个关键目标之一。IPCC（2014）第二工作组AR5论述了气候变化对城市地区和农村地区的影响。结论指出，城市地区与气候变化相关风险（尤其是大部分的关键风险和新风险）正在增大，热胁迫、极端降水、滑坡、空气污染、干旱和水资源短缺等风险将对居民、地方经济、国民经济和生态系统造成广泛的影响，同时指出，气候变化主要影响领域包括水和能源供给，排水系统、交通电信等基础设施，卫生保健医疗服务，建成区人居环境及生态服务等。气候变化对农村地区的影响则更为复杂，是多重脆弱性交织影响的结果。在城乡地区，居住在临时住所、缺乏基本公共服务和基础设施的低收入群体往往是健康风险、气候变化脆弱性的高发人群（刘绿柳等，2014）。

《中国极端天气气候事件和灾害风险管理与适应国家评估报告》指出，21世纪中国高温、洪涝和干旱等灾害风险将增大，气候变化将加剧农业、水资源、城市基础设施等领域的安全威胁（秦大河，2016）。2019年，中国人均GDP首次突破1万美元，稳居世界中等收入国家行列[①]。从国内外发展经验来看，人均GDP达到3000~5000美元的中等收入水平时，环境问题会进入高发阶段；当达到10000美元从中等收入向高收入发达水平过渡时，经济增长放缓，社会经济进入转型期，需要加强对环境和灾害风险的重视和公共民生投入。城镇化进程改变了中国传统的城乡格局，提升了城乡人居环境，与此同时，人口增长和经济活动密集化，导致自然灾害风险的暴露度也在不断

① 中国网．中国发布丨国家统计局：我国人均GDP突破1万美元大关 人均可支配收入超3万元．http://news.china.com.cn/txt/2020-01/17/content_75623700.htm.[2020-01-17].

加大，基础设施、建筑等硬环境，以及社区和公共服务等软环境都受到了不同程度的影响。随着城镇化进入新阶段，人们对人居环境、生活质量和安全的要求也随之提升，强调以安全宜居为核心，在城乡规划中注重对灾害风险的预防，加强城市生命线等基础设施的防灾能力。

人居环境系统与气候变化具有相互作用机制，本章主要采用文献研究、专家评估等方法，探讨气候变化对人居环境的影响，以及如何通过主动、前瞻性的政策行动提升人居环境适应气候风险的能力。

8.2 气候变化对人居环境的主要影响

8.2.1 气候变化下的城镇化进程

1. 城镇化及其重要性

城镇化是当今人类社会发生的最为显著的变化，当代中国城镇化在速度、规模、区位、形式以及影响方面都不同于历史任何时期。改革开放 40 年来，中国城镇化获得了快速发展，城镇化率从 1978 年的 17.9% 提高到 2019 年的 60.6%；城镇常住人口由 1978 年的 1.72 亿人增长到 2019 年的 8.48 亿人。

城市是全球人口和财富最密集的地区，也是各种自然灾害和人为风险的高发地区。气候变化下的城镇化进程带来的风险可能会更加严重，IPCC 强调城镇化与气候变化间存在紧密联系，指出气候变化与城镇化过程密切相关，人类系统对气候变化风险、极端气候事件具有明显的脆弱性和暴露度。随着城镇化的发展，城镇人口的进一步增加，未来城镇所面临的气候变化风险可能会更为严峻（翟盘茂等，2019）。

由于原有的城市规模划分标准已难以适应城镇化发展、生态环境保护等新形势要求，2014 年，国务院将城市类型由四类调整为五类，增设了 1000 万人以上的超大城市。2000~2017 年，中国的大城市由 91 个增加至 160 个，500 万 ~1000 万人口的特大城市共有 10 个，1000 万人口以上的超大城市有 7 个（北京、上海、天津、广州、深圳、重庆、武汉）。超大城市的人口和财富集聚度更高，导致风险暴露度更大，如果不加强人居环境的气候适应能力，其将成为气候变化下的高风险地区。

灾害风险综合研究计划（IRDR）中国国家报告指出，从近年来的灾害来看，不同地区的城市受到气候和地理环境的影响，具有一些典型的自然灾害类型，如①东部沿海城市：雾霾、城市水灾、城市热岛、海平面上升等。②中部和中西部干旱半干旱城市：干旱、洪涝、冰冻雪灾等。③西部高地地貌起伏地区城市：干旱、洪涝、地震、地质灾害等。

2. 人居环境

人居环境系统属于典型的“社会 – 生态系统”（social-ecological systems，SESs），是由自然环境、基础设施和人类社区等子系统组成的复杂网络，其内部各种要素相互影响、彼此关联。复杂系统（complex system）是由多个子系统、多层次要素组成的有机整体，其主要特点是：系统的产生、结构、组成及功能具有复杂性，开放性、非均衡性、不确定性是常态，正反馈和负反馈机制并存，共同维持系统运动等（黄欣荣，2006）。吴良镛（2001）提出人居环境包含五个子系统：自然系统（气候、土地、植物和水等），人类系统（个体的聚居者），居住系统（住宅与社区设施），社会系统（城市经济与社会管理），支撑系统（公共服务和基础设施）。本章将人居环境定义为人与外部居住环境的有机整合，可分为软环境与硬环境。外部环境主要满足人类对安全性、健康、便捷性、舒适性、归属感等的需求。硬环境是指居住条件、基础设施、周边物质环境等；软环境主要与社会文化、娱乐休闲、社会交往等有关。

从气候变化的影响与适应来看，人居环境可分为以下四个关键领域（图 8-1）。

（1）建筑子系统（建筑基础设施）：包括依托住宅的人类社区环境、建筑设施等。

（2）生命线子系统（关键基础设施）：包括道路、水利、通信和能源等物质基础设施。

（3）生态子系统（自然基础设施）：包括水系、土壤、林草、地质等绿色、蓝色基础设施。

（4）社会子系统（社会基础设施）：包括教育科技、公共卫生、医疗保健、公共安全、社会保障、政策规划等。

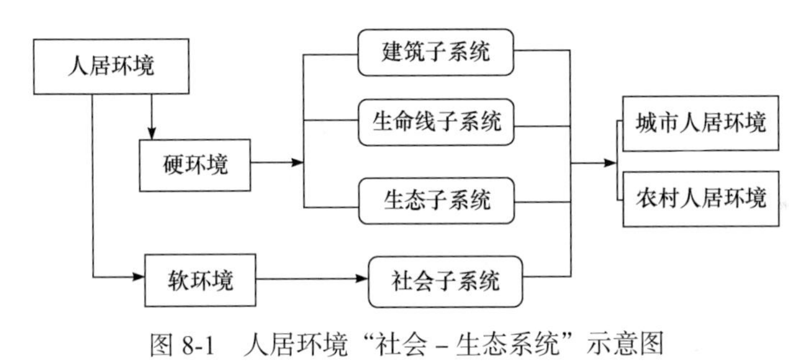

图 8-1　人居环境“社会 – 生态系统”示意图

8.2.2　气候变化与人居环境的交互影响机制

气候变化和人居环境之间相互影响、相互作用。下垫面状况、土地属性的变化以及人为热、温室气体和污染物的排放，可通过热力、动力、微物理和化学等过程影响水面蒸发、耗热、近地层气温、风速以及降水等气象要素分布和变化，进而导致局地或区域气候发生变化（王迎春等，2012；王伟光和郑国光，2016）。而气候变化对人居环境也会带来各种影响：首先，气候变化带来的干旱、极端高温热浪、暴雨、城市内涝、风暴潮等极端天气气候事件会直接影响水、电、气等生命线的安全供给以及基础设施的安全运行（Baklanov et al.，2018）；其次，气候变化会影响气候环境舒适性，造成居住和生活条件恶化，从而对居民的生活舒适性和幸福感带来不利影响（尹文娟等，2018；王学林等，2017）；最后，气候变化对绿色城镇建设的政策制定、减缓和适应气候变化的城镇规划建设措施执行等均会带来一定影响（薄凡和庄贵阳，2018）。我国发布的《城市适应气候变化行动方案》明确指出，城市的发展应充分考虑气候变化因素，按照气候风险管理的要求，考虑城市适应气候变化面临的主要风险、优先领域和重点措施，城市基础设施新建和改造项目规划、设计、审批时考虑气候变化中长期影响。

8.2.3 气候变化对人居环境的影响

1. *以"五岛效应"为主要特征的气候要素的变化*

日益明显的全球气候变化与高速的城镇化进程叠加，引发了极端天气气候问题并波及人居环境，其中城市"五岛效应"（热岛、雨岛、干岛、静风岛和浑浊岛）已经引起人们强烈关注。城市热岛效应是城市热环境的突出问题，是城市下垫面结构的急剧改变和城市人为热排放的迅速增加所导致的城市"高温化"（刘宇峰等，2015）。在全球尺度上，城市站点高温日数的增加略高于非城市站点（Mishra et al.，2015），对我国特大城市的研究表明，热岛强度伴随改革开放后的城市化而增强，市区高温日数多于近郊和远郊（崔林丽等，2009；郑祚芳，2011；张雷等，2011；吴蔚等，2016；房小怡等，2015a），进入21世纪后城市化进程加速，出现了由热岛"单核"向热岛群和"多热岛中心"的转变（莫玉琴等，2015），如京津唐三大城市及其周边的城镇形成了一个较大的"热岛群"（孟倩文，2011）。不同季节城市热岛的强度在各城市表现出一定差异（孙小丽，2016；盛莉，2013；董妍等，2011），且与最低气温相联系的热岛强度增速更显著（Si et al.，2014；周雅清和任国玉，2014；李盼盼，2015），对城区增温的贡献率也最大。对城市热岛的演变发展格局和趋势的研究表明，城市集群化发展已经改变了城市群的地表热场空间格局，随时间推移，城市热岛的增强趋势在未来10多年还将持续，气候变化和城市化的叠加影响将使得城市面临更大的极端高温风险（杨续超等，2015；谢志清等，2017；黄群芳和陆玉麒，2018；孔锋，2020）。

城市降水格局也发生改变，出现城市雨岛和城市干岛效应。对长三角、珠三角等大都市区的观测和模式研究表明，城市化使强降水事件（量）增多、弱降水事件（量）减少，降水两极分化，极端性趋强（王存钱，2018；Chen et al.，2015；陈振林，2017），城市及周边降水落点的分布也被城市冠层显著改变（刘振鑫，2014），城市中心及其下风区的夏半年降水强度增加（江志红和唐振飞，2011；Zhang et al.，2011）；在城市降水强度以及频率加强的同时，城市温度升高也意味着水汽含量不变时饱和水汽压增加，从而使城区相对湿度减少、地表水汽显著减小，城市变干（李志坤，2017；王存钱，2018；郑祚芳和任国玉，2018）。随着全球气候变化，我国极端降雨发展的趋势有可能进一步加剧，未来暴雨洪涝风险较高的地区集中在中东部及沿海地区（孔锋，2020；贺冰蕊和翟盘茂，2018；李柔珂等，2018），这种极端降水的变化趋势在城市的响应明显，随着城市化发展速度的加快，城市"雨岛效应"格局发生了变化，不同地形下大城市与其郊区的极端降水日数、极端降水量及强度等降水特征的空间差异性凸显，且规模越大的城市其极端降水的变化趋势越明显。城镇化发展速率越快，越有可能触发大面积暴雨的显著增加（孔锋等，2017a；唐永兰等，2019）。

城市风场和污染物输送格局调整，形成城市静风岛和城市浑浊岛效应。我国当前大部分城市表现为典型的静风状况（冯娴慧，2014），这是由于风场对于下垫面类型变化敏感，城市扩张区域风速明显减小，中心城区以及城市化发展比较迅速的近郊出现了最大风速的低值区（李志坤，2017；侯路瑶，2017）。我国长江流域全区50%的站点年平均风速下降趋势显著，降幅变化趋势与城市化加速等有关（李悦佳等，2018）。在城市内部平均风速降低背景下，高密度和高负荷的建筑规划和城市地貌进一步导致城市通风不良，此静风、小风的大气稳定状态导致城市内部污浊空气扩散困难，即城市浑浊岛效应。《气候变化绿皮书：应对气候变化报告》指出，近50年来中国雾霾天气总体呈增加趋势，空气污染问题频发，细颗粒物造成城市大气能见度下降，这与气候变化导致的污染源排放与化学反应速率改变、不利于污染物传输的天气系统和大气环流形势等气象条件有密切关系（史军等，2010；王媛林等，2017；高峰和谭雪，2018）。此外，城市化发展增大了地表摩擦力，使得夏秋季登陆我国的热带气旋迅速减弱，沿海风速随之减小（孙玉婷等，2017）。

"五岛效应"彼此相互密切联系、协同影响城市气候变化，如城市热量集聚使城市上空形成热气流，加之烟尘增多引起的凝结核效应，极易形成降水；城市热岛效应使得水汽蒸发强烈，而密布的高楼大厦阻碍了水汽输送，使其移动速度减慢，增大了在城区的滞留时间，使得城区降水时间延长（邹贤菊等，2019）。城市热岛效应可影响区域大气污染物的输送、扩散及沉降分布（寿亦萱和张大林，2012）。城市粉尘及气溶胶吸收长波辐射又加重了城市热岛效应，进而导致干岛效应更为突出。快速城镇化和工业化进程以及平均风速的减小可能是中国低能见度日数显著增加的主因（孔锋等，2017b）。城市降水日数减少、平均风速减小和稳定天气增加为雾霾加剧提供了气候本底条件。

2. 气候变化对建筑子系统的影响

在建筑居住条件方面，气候变化对建筑居住材料和建筑工程安全方面的影响较大。①暴露在自然环境中的建筑居住材料表面在温、湿条件剧烈波动下发生了强度等性能变化。由于天气气候的极端化趋势，极端旱涝和极端变温使建筑物暴露在变化范围更大的水分和温度条件之中，使原本符合区域性要求的建筑材料的某些物理性能或指标退化，其成为建筑居住材料受到不同形式的破坏的重要诱因。例如，城市道路的沥青、砂石和水泥路面通常会发生水浸离析裂缝、高温应力变形与泛油软化、低温缩裂与冻融损害（王志军和李福普，2014；刘克非等，2017；王林波，2018）；建筑外墙覆面结构在极端风、雨频繁出现时将受到雨滴撞击产生更大的雨压荷载和迎风面风压荷载，在极端寒暑条件下，显著的温度变化使建筑外墙面砖热胀冷缩加剧，易导致开裂、脱落事故（王辉等，2014；奚晓乒等，2017）。②建筑子系统不仅有各类土木建筑、设计装修等大量工程，还有道路交通系统、给排水系统、环境卫生系统以及防灾减灾系统等市政公用基础设施，与之伴随的是建筑结构安全和大型设备安全风险。建筑工程安全是人居环境安全的重要保障，是气候变化背景下应着重关注的方面。此外，高大密集建筑物的狭管效应，可能使得局地风速变大，极端强风天气下建筑风灾风险程度加剧，并且强对流天气系统的强烈发展会带来频繁的雷击闪电和冰雹灾害，这些都是建筑工程安全的薄弱环节（周红波和黄誉，2014；方智远等，2019）。同时，风灾易损结构物（高层建筑玻璃幕墙等装饰物、户外立柱广告牌、大型墙体广告面板、建筑工地塔吊脚手架）易损坏或倒塌，不同下垫面特征下的工程结构（桥梁、核电站、输变电线路、机场、港口、风电场等）在温度大幅变化、暴雨冲刷浸润渗透等环境气候因素作用下的疲劳性和易损性也十分明显，使得建筑寿命容易降低；气候变暖会使得高寒地区建筑施工期延长，对建筑施工带来一定的有利条件，但同时会导致部分冻土层融化，进而影响地基安全。气候变暖使高寒地区建筑施工期延长，冻土层变化影响地基建设。

3. 气候变化对生命线子系统的影响

IPCC（2012）指出，气候变化、城市气象灾害、城市的脆弱性等之间存在复杂的相互关系。气候变化背景下，城镇人口的迅速聚集和下垫面的快速变化导致人居环境的脆弱性不断增加，特别是大城市和特大城市的极端气象和气候事件呈明显增加态势，气候变化及其由气候变化引起的极端气象灾害对城镇的能源供给、基础设施及城市运行和城市安全等的影响愈加突出，气候变化背景下灾害的连锁、放大、聚集效应更加明显，频繁发生的极端气候事件与城镇环境状况和城镇居民活动交织在一起，诱发一系列次生灾害，形成灾害链事件，进一步对城市的安全运行产生重大影响，对城市安全运行管理提出了新的要求和挑战（谢欣露和郑艳，2014）。

1）影响资源能源供给稳定性

气候变化改变了降水时空分布和水循环格局，造成径流减少、蒸发加大，增大水文水资源波动，改变水环境中污染物的来源和迁移转化行为，影响地表水环境质量，加大水环境治理难度和供需矛盾，对水资源稳定供给和调配形成巨大挑战（夏星辉等，2012）。城市能源消耗对气象条件变化极为敏感，极端温度变化需要额外提供夏季降温制冷、冬季升温取暖的供电和采暖量，造成能源供应紧张，建筑供热负荷和制冷负荷在典型气象年的数据变化受气候变化影响较大，尤其采暖期较制冷期的变化更明显（张雪梅等，2011；熊明明等，2017）。城市降雪和低温冰冻灾害不仅影响电网系统运行安全，同时连带供暖、供热、供气等生命线链条的紧张，极端气候事件对城市能源系统（电、气、热）的稳定运行存在着极高的危害性，气候变化风险的不良后果包括瞬时能源需求量大幅提升和供应量降低、破坏能源系统基础设施设备和增加维护成本、引发城市能源安全事故等（陈正洪和杨桂芳，2012，付琳等，2017）。持续高温天气会造成耗电量和用水量剧增，导致城市供电、供水紧张；极端干旱事件的持续增加会使河流湖泊等水位降低，陆地径流减少、湿地退化甚至消失、地下水枯竭、水库蓄水量显著减少，从而引发水资源匮乏，造成城市供水不足、生产生活受限。

2）影响基础设施运行和管理

气候变化及其导致或诱发的灾害会影响交通要道、大型水库水坝和跨流域调水设施、能源管线等工程设施及其重要辅助设施设备和所依托的环境，影响工程的安全性、稳定性、可靠性和耐久性，并对工程的运行效率和经济效益产生一定影响，增大基础设施发生事故的风险（丁一汇和杜祥琬，2016），梯级高坝、病险水库等巨型构筑物在气候变化条件下可能成为灾害事故源（欧阳丽等，2010）。极端天气出现频率和强度增加还直接威胁建筑工程的施工进度和安全水平，并对建筑物的安全性、适用性和耐久性提出了新的挑战（吴绍洪等，2014）。持续高温会加剧光化学污染，损坏路面结构，破坏生态绿化系统，影响设备运行，致使火灾发生率高。

3）城市运行和城市安全

由于城市地表基本硬化，暴雨冲击下容易造成城市低洼地区积水、排泄困难，从而造成内涝。城市暴雨的重现期不断刷新纪录，灾害发生频率急剧增加，中心城区城市热岛和城市雨岛效应显著，加剧了内涝紧张程度（宋昕熠，2017），严重时可导致城市道路、输电线路等基础设施毁坏、城市物流及水电中断等，其在严重影响居民正常生活的同时，也给受灾城市带来巨大的经济损失。城市路网密集、车流量大、雾霾等能见度较低的天气会造成客运延误、城市交通拥堵和交通事故频发，严重威胁公民生命安全，甚至引起人们焦虑和社会恐慌。极端强降水易引发城市内涝，产生排水困难、道路积水、交通瘫痪、出行不利等一系列问题，甚至会造成严重的经济损失、人员伤亡。极寒或极冷天气会造成通信电缆静电干扰、超负荷运行，设备寿命减损，进而导致设施电压不稳、能耗增加，导致停电事故和网络中断，“雾闪”和“污闪”还会引发停电、断电故障，造成大面积的城市功能不稳定或瘫痪，使城市安全运行的不确定性大大增加（陈正洪和杨桂芳，2012）。以入海河流为主要水源的河口三角洲城市，随着气候变化海平面上升，咸潮对饮用水安全的威胁日益增大（孔兰等，2010；周莹等，2013）。

4. 气候变化对生态子系统的影响

气候变化对人类居住感受的最直接影响可通过人居环境硬环境的重要评价标准——气候舒适度来体现。气候变化可直接影响人体气候舒适度和旅游气候舒适度。一方面，中国人口分布与人居环境自然适宜性指数呈高度正相关，从近55年气候变化趋势来看，由于全球气候变暖，总体舒适度等级上升的区域大于下降的区域（尹文娟等，2018），气候变化有利于全年及春、秋、冬舒适度增加，但明显减少了夏季气候舒适期（孙美淑，2015；王学林等，2017），且舒适度的波动较大，北京20世纪90年代以来的人体感觉冷、热不舒适日数的年际振幅均在增加（郑祚芳等，2012）。另一方面，城市户外游憩的公共生活功能与旅游气候舒适度密切相关，随着全球升温，年综合气候舒适指数下降的地区将进一步增多，下降的幅度将进一步增大。总体上，冬季（夏季）适宜旅游区范围逐渐增大（缩小）（马丽君，2012；冯粉粉，2012），以水、气为主的旅游地区的可持续发展将面临更大挑战。

气候变化还可通过调节植物群落改变微气候，使生态环境得到调整。园林景观设计与城乡规划的有效结合可改善局地生态环境，城市绿地增加了自然环境的亲和性，植物形成的群落小气候对人体舒适度有重要影响。植物群落受环境影响的习性和抗性与各种气象要素之间的配合密切相关，在气候变暖和温湿条件的极端化趋势下，植物群落受到了不同程度的气候环境胁迫，植物发芽、开花、长叶的时间等物候特征会发生改变，如城市春季的物候期提前，而秋季物候期推迟等，一些耐涝、旱、热性差的植物品种在日渐恶劣的城市气候条件下无法正常生存。植物所具有的减缓城市热岛、抗风阻尘、调节湿度、净化水质等微气候调节功能的削弱，间接地影响了人体的环境舒适感和满意度；同时，温暖的气候条件更加有利于病毒、细菌的生长、繁殖和传播，因此，气候变化也会加大传染性疾病发生的风险。

5. 气候变化对社会子系统的影响

1）气候变化对城乡发展规划的影响

气候变化引起了极端气候事件增多、大气扩散能力下降、海平面上升等衍生现象，在城乡发展规划时应充分考虑上述影响，从不同规划层面，通过对土地资源的合理利用、城市结构的优化，改善城乡环境问题，增强应对气候变化的弹性，从而减轻或规避气候变化的不利影响。

在全球气候变化和快速城镇化背景下，我国大部分地区都存在风速减小、热岛加剧、雾霾频发的特征。针对北京和河北等地区的研究表明，在雾和霾污染的形成与消散过程中，风速条件起决定性作用（杨晓亮和杨敏，2014；杨若子等，2017）。同时，城市风环境评估已成为城市建设和规划中必不可少的重要环境因素。在气候变化的影响下，降水的分布、强度和频率的改变加剧了城市积水内涝风险。近年来，随着我国城市化和工业化进程的加快，大量城市林地、湖泊等洪水调蓄空间被挤占，城市不透水面积大大增加，另外排水设施建设落后于城市发展速度，现有的很多人工排水管网系统规划建设标准不能满足排水的要求，使得我国城市内涝灾情呈现出复杂性、多样性和放大性的特点。另外，随着城市人口增加，沿海城市与北方气候暖干化导致城市水资源匮乏更加突出，不得不采取严格的节水措施并适度提高水价，这样会对居民生活造成一定影响。

2）气候变化对政策、管理等的影响

减缓和适应是应对气候变化的两个重要支柱，在气候变化应对措施实施过程中，不可避免地对管理与政策产生影响。例如，为了从源头上减少碳排放、降低气候变化影响，则需制定减排政策，该政策会影响到居民生产、生活和消费方式的转型。国家制定了低碳城市和碳交易相关政策和管理措施，并开展了低碳省区和低碳城市试点，部分地区则编制了低碳发展规划，在实践中努力探索低碳发展路径（薄凡和庄贵阳，2018）。

气候变化对政策、管理方面的影响还包括，为应对气候变化正在积极建立气候适应性城市，住房和城乡建设部通过设立海绵城市建设试点，提高城市在适应环境变化和应对雨水带来的自然灾害等方面的良好的“弹性”，积极探索低影响开发政策和措施。《国家适应气候变化总体战略》提出，针对中东部地区，应制定相关政策，合理规划和完善城市河网水系，改造原有排水系统，增强排涝能力，构建和完善城市排水防涝和集群区域防洪减灾工程布局；结合城市湿地公园，充分截蓄雨洪，明确排水出路，减轻城市内涝，完善基础设施和公共服务，提高区域人口承载能力。

为应对气候变化背景下越来越频繁的极端天气和气候灾害，我国正在逐步完善防灾减灾体系，积极探索基于气候风险识别、诊断和评估的气候风险管控与应急管理体系框架，对主要领域应对气候变化风险提出相应对策和措施。以上均是气候变化对政策、管理方面的影响体现。

8.3　城市人居环境的关键领域与适应途径

8.3.1　城市人居环境与气候变化风险

人居环境将人类聚居区视为一个整体，城市人居环境包括城市生态系统、人类社区、城市基础设施等核心要素。不同地区的人居环境具有社会、经济、文化、地理和气候等特征。城市物质系统包括道路、建筑、通信和能源设施，以及水系、土壤、林草、地质等自然系统，人类社区是城市人口集聚的社会子系统。一方面，城市化进程中不合理的发展政策和土地利用规划会引发和加剧灾害风险；另一方面，极端天气和气候事件往往容易引发连锁反应、威胁城市安全运行，洪水、飓风、山体滑坡、暴风雪、高温热浪以及野火等自然灾害往往对人居环境造成极大的破坏。具有灾害恢复力的城市更具可持续性，相反，缺乏恢复力的城市在面对灾害等外部冲击时将极度脆弱。

气候变化风险最受关注的是"黑天鹅事件"，即高影响 – 低概率的极端事件，以及"最坏情景"（或一系列次坏情景的叠加和放大），其往往会引发系统性失灵甚至崩溃的危险。应对气候风险的可持续城市设计需要考虑影响城市系统的关键风险，如高温热浪、强对流天气、雷暴和雾霾等气候灾害常发生于城市地区，近年来极端天气事件已经成为中国沿海和内陆地区许多城市的高发灾害事件，引发大范围和严重的社会经济损失。

以我国灾害直接损失最严重的洪涝灾害为例，根据住房和城乡建设部的调研，2008~2010 年全国 62% 的城市发生过内涝灾害，遭受内涝灾害超过 3 次的城市有 137 个（刘俊等，2015）。根据对中国 280 多个地级以上城市的评估，应对暴雨灾害达到中高韧性水平的城市只占到全国城市总数的 11%，绝大部分都属于低韧性水平的城市（郑艳等，2018）。以分别位于东、中部和沿海地区的北京、浙江余姚、湖北武汉为例，尽管经济发展、城市化水平、排水管网密度及应对暴雨绿色基础设施（建成区绿化率）等指标都远远超过了全国大多数城市，但仍然在突破历史纪录的极端强降水天气下遭遇了严重的城市水灾。

海平面上升：由于人口和财富密集，大城市和沿海地区的城市群地区极易受到极端天气的破坏性冲击。从长远来看，海平面上升将对沿海城市的人居环境造成较大风险。东部沿海地区的三大城市群（京津冀、长三角、珠三角）是中国最重要的战略经济区，这一地区的土地面积仅占全国的 5%，却拥有全国 23% 的总人口和 39% 的 GDP 总量（2016 年数据）。例如，上海黄浦江防汛墙设计水位为 1000 年一遇，受海平面上升和地面沉降等因素影响，黄浦江市区段防汛墙的实际设防标准已降至约 200 年一遇（徐影等，2013）；若海平面上升 20~50cm，长三角的海防堤标准将由 100 年一遇降为 50 年一遇。根据国家气候中心的相关研究，上海等长三角沿海城市是气候变化导致的高温地区之一，处于海平面加速上升，飓风、风暴潮以及洪水风险逐步升级的高风险区域（秦大河，2016）。

8.3.2 城市人居环境的重点适应领域

人居环境的重点适应领域包括建筑基础设施、关键基础设施、绿色基础设施、社会基础设施等。城市公共服务体系是由政府提供的关键性基础设施，如电力、公共交通、教育、医疗、社会保障等。国内外经验表明，由政府提供高质量的、具有气候防护能力的城市公共服务体系（尤其是具有气候防护设计的城市生命线、针对气候脆弱群体的社会安全网等）是减少风险和脆弱性、提升城市适应能力的关键。

1. 城市建筑子系统（建筑基础设施）

气候变化与建筑具有复杂关系。一方面，建筑领域是全球温室气体排放的重要来源，建筑的发展对气候变化具有直接的推动作用。另一方面，城市能源消耗对气象条件变化极为敏感，极端天气气温变化需要额外提供夏季降温制冷、冬季升温取暖的供电和采暖量，从而造成能源供应紧张（张雪梅等，2011）。此外，气候变化直接影响建筑工程的安全性、适用性和耐久性（周峰，2009）。这种影响可以通过物理的、化学的、直接的或间接的作用表现出来。例如，洪水、大风、暴风雪等可以直接摧毁建筑物，造成巨大损失；长期的土壤含水率下降或土壤侵蚀风化，可以对建筑物基础产生直接危害；大气中 CO_2 浓度的变化，将会加快混凝土的碳化速度，给建筑工程的耐久性带来影响（李倍，2016）。尤其枢纽部位损坏的后果更加严重，影响范围更大。

建筑领域应对气候变化的基本途径包括：①修订建筑设计标准，包括建筑节能标准、建筑结构荷载标准、建筑防洪标准等，从源头提高建筑物应对气候变化的能力；②发展新技术，包括新材料技术、新施工技术、节能技术、分布式能源技术、低影响开发技术等；③提高全社会应对气候变化的意识，倡导居民节能，提高居民在极端天气下避险和急救的能力等（表 8-1）。

表 8-1 气候变化对建筑的影响和适应途径

领域		影响	适应途径
建筑环境	建筑施工	极端天气增加了施工人员、施工设备的暴露度，影响施工安全	发展装配式建筑、优化施工方案等
		昼夜温差大容易使混凝土产生温度裂缝；暴晒和干热风可能导致水泥假凝或早凝	发展新型建材、优化施工技术等
	建筑运行	影响冬季供暖消耗和夏季制冷能耗，造成建筑舒适度下降	修订建筑节能标准、发展绿色建筑、倡导全社会节能等
		极端天气事件影响电力和热力的瞬间负荷，造成电力和热力的暂时中断	发展分布式能源、倡导全社会节能等
建筑材料	混凝土	温度升高、湿度增加、强风、CO_2 浓度增加等影响混凝土碳化速度和耐久性	发展新型建材等
		气候变化可以造成混凝土变形	
	钢筋	温度升高、湿度增加、CO_2 浓度增加等加快钢筋锈蚀速度	
	其他建材	降雨、高温和强烈的日照、CO_2 浓度等影响塑料、石材、金属、砖瓦和木材等建筑材料寿命。原有建材不满足气候变化对隔热的要求	

续表

领域		影响	适应途径
建筑结构	建筑基础	长期的土壤含水率下降或土壤侵蚀风化会导致地基位移。长期降雨情况下，雨水浸入基础下部会破坏承载土层强度。高寒地区冻土变得不稳定	修订建筑地基设计标准、优化选址方案等
	建筑体	大风、暴雨、暴风雪等极端天气事件可能导致墙体变形甚至垮塌	修订建筑结构荷载标准、防洪标准，优化选址方案等

2. 城市生命线子系统（关键基础设施）

所谓城市生命线子系统，是指维系城镇与区域经济、社会功能的基础设施与工程系统，主要包括交通、供（排）水、输油、燃气、电力、通信系统、水利工程等系统。生命线子系统由各种建筑物、构筑物、管路等组成，其显著特点是：生命线子系统都由若干环节组成，其中任一环节破坏都可能会影响到整个系统的功能，从而造成严重的次生灾害。因此，提升城市生命线子系统的防御能力是适应气候变化的关键。

1）供排水领域

城市供水系统面临的气候变化风险主要有储水量减少、水耗增加、水质变化等，极端降雨事件可能会导致城市内涝，这是气候变化对排水系统最重要的影响（熊立华等，2017）。极端气候现象的出现以及降水量的不确定性变化对城市排水系统的性能提出了更高的要求。为了应对气候变化，排水系统设计强度的预期可能需要增长20%~80%（Karsten，2012）。对未来的排水设计需要考虑到降水频率和强度的增加，以保持排水系统的功能达到预期期望。大量排放的工农业及生活废水在气候变暖的背景下使水体富营养化，威胁用水安全，如2007年5月太湖蓝藻暴发导致无锡自来水出现异味无法饮用，于是市民抢购瓶装水与面包。

供排水系统适应气候变化的基本途径包括：①节水优先、提高污水处理率，合理开发雨水资源，多方面提高城市的供水能力。②加强城市供排水系统的建设与维护，包括提高城市排水设计标准，建设海绵城市、地下综合管廊等。

2）能源领域

能源系统与气候变化具有非常复杂的关系，一方面，能源是温室气体排放最主要的来源；另一方面，能源部门是气候变化下最为脆弱的部门。当前，更多的研究关注能源消费对温室气体排放的影响，反过来则研究较少。事实上，气候变化对能源系统影响的相关研究仅在最近几年才逐渐得到较多关注。归纳起来，气候变化对能源系统的影响研究主要集中于对能源系统的供应和需求两个层次的影响。

（1）气候变化对能源供应的影响。极端气候事件对能源供应的影响非常巨大。极端天气事件及次生灾害，如暴风、暴雨、高温、森林火灾、滑坡、洪水等可能引发能源基础设施的破坏，导致能源供应中断。随着极端气候事件频率的增多和强度的增大，这种风险也将随之增大。

气候变化所导致的水资源减少，也会对能源生产构成严重挑战。传统的电力生产，特别是火力发电、核电对水资源的依赖非常突出，当面临严重干旱时，这一类型的能源生产将面临挑战，对于水电尤为如此。同时，极端高温会导致发电设备效率和有效发电容量的降低，而其他一些极端事件则可能导致风能、太阳能设备的可用资源减少。

电力行业受到气候变化的影响较为突出，表现为：①暴雨、大风、雷电、大雾、冰冻雨雪等极端气候灾害对城市电力基础设施（电网、电缆、输变电设备等）会造成不同程度的影响和损害，增加能源电力行业的经营成本，并且威胁到城市电力系统及城市安全。②极端气候灾害导致的电力基础设施及设备损害，造成电线短路、电力设施损毁，引发电力安全事故，对城市人员、生命财产安全造成威胁，影响企业正常的生产经营活动，增加城市运行成本和运行风险。

（2）气候变化对能源需求的影响。气候变化对建筑或居民部门能源需求，特别是电力消费的影响最为显著。温度升高或降低会对居民采暖能耗、降温能耗带来重要影响。值得重视的是，气候变化对能源供应和需求的影响往往具有同向性，即极端气候条件下，能源供应体系受损的风险增大，而能源消费的需求则大幅度增加，从而使能源体系的安全稳定性受到巨大影响。在极端低温情况下，在采暖能源需求大幅度增加的同时，能源供应可能因为受到交通的影响出现供应短缺，也可能因为电力设施的受损出现电力中断，因此能源调峰问题成为城市能源系统的最大挑战。

能源领域适应气候变化的主要途径包括：①节约用电，优化电力调度，降低高峰负荷；②提升能源设施的防护标准，包括提高电力和天然气管网的建设标准、提高能源储备等。

3）交通领域

作为一种萌发性蠕变风险，长时间尺度上的气候变化对于交通基础设施、交通工具等均具有缓慢影响，如不断增加的高温天气会导致车辆过热和轮胎老化、铁路轨道变形、路面过度热膨胀等。交通基础设施和交通工具日常养护的存在，客观上对长时间尺度上的气候变化具有自适应能力。气候变化对交通领域的影响主要体现在天气尺度上，即通过某一次的极端气候事件对交通基础设施、交通工具，甚至是驾驶人员施加影响，诱发交通事故，甚至形成灾害（刘勇洪等，2013）。

（1）高温天气对城市交通的影响。单纯的气温变化对交通的影响主要表现在高温和低温条件下，对车辆自身的发动机等部件运行状态的影响，以及对长时间在车内的司乘人员的身体状况的影响。当气温达到35℃以上时，汽车水箱易开锅，发动机过热或难以发动，长时间行驶易造成爆胎并引发交通事故；没有空调设备并且通风条件差的车辆，车内舒适度极差。另外，异常的气温对路面摩擦系数也有一定的影响。如果气温超过30℃，晴天时市内水泥和柏油路面的温度可达到40℃以上，柏油路面变得软黏，摩擦系数增大，影响行车速度，增加耗油量。

（2）冰雪、大雾、大风、暴雨等对城市交通的影响。极端天气对交通的影响主要表现在三个方面：一是在极端天气过程当中，道路能见度发生了显著变化，从而对城市交通产生不利影响。二是极端天气会影响到公路、铁路和航空的正常运行，导致交通延误，甚至使交通中断，一些地面设施和交通运输设备会受到极大的破坏。对于公路和铁路来说，暴雨天气会带来山体滑坡、泥石流等，造成公路或铁路的塌方。同时强降水天气会导致道路积水点增多，造成道路受阻。三是极端天气过后产生的存留物对路况和交通造成持续不良影响。

交通领域应对气候变化的基本途径包括：①修订设计标准，发展新技术，提高交通基础设施应对高温、强降水等极端天气事件的能力；②发展智能交通系统，改善运行管理，提高极端天气事件下的交通管理能力等。

4）通信领域

通信领域基础设施主要包括通信光缆、无线基站等。通信领域基础设施建成年代较短，气候变化以及极端气候事件对通信领域的影响研究较少，所造成的影响以局部为主，大规模的通信中断事件并不多见。与通信领域相关的极端气候事件主要包括大风、雷电、强降水等，这些气候事件可能造成通信线路和无线基站的暂时中断。

通信领域应对气候变化的基本途径包括：①修订设计标准，发展新技术，提高通信基础设施应对极端天气事件的能力；②发展地下综合管廊等设施，降低通信网络的暴露度；③保持有线电话、无线电话、收音机、卫星电话等多种通信方式的通达性，提高极端天气事件下的通信能力（表 8-2）。

表 8-2　气候变化对生命线系统的影响和适应途径

<table>
<tr><th colspan="2">领域</th><th>影响</th><th>适应途径</th></tr>
<tr><td rowspan="5">供排水</td><td rowspan="3">设施</td><td>高温、干旱等事件对供水能力产生威胁</td><td rowspan="5">提高城市的供水能力；提高水资源综合利用率；全方位节约用水；提高城市排水设计标准；建设海绵城市，建设地下综合管廊等</td></tr>
<tr><td>长期干旱可导致沿海城市海水倒灌</td></tr>
<tr><td>强降水、高温热浪等影响水质</td></tr>
<tr><td rowspan="2">管网</td><td>强降水可能造成排水系统负荷增加，管网超载</td></tr>
<tr><td>低温冰冻、强降水等可能造成管网损坏</td></tr>
<tr><td rowspan="3">能源</td><td rowspan="2">设施</td><td>长期干旱降低水电站发电能力</td><td rowspan="3">发展分布式能源；优化电网调度；节约能源；提高电力和天然气管网建设标准；建设地下综合管廊等</td></tr>
<tr><td>高温、低温等事件影响能源消费总量及瞬时负荷</td></tr>
<tr><td>线路</td><td>大风、暴雨、暴风雪、低温冰冻、雷电等极端天气事件可能导致电网损坏、能源运输通道受阻</td></tr>
<tr><td rowspan="4">交通</td><td rowspan="2">道路</td><td>大风、暴雨、暴风雪、低温冰冻、大雾等极端天气事件增加交通事故概率</td><td rowspan="4">优化道路设计，提高建设标准；发展智能交通系统等</td></tr>
<tr><td>强降水可能造成道路积水、诱发山体滑坡等，从而造成道路中断</td></tr>
<tr><td>附属设施</td><td>极端天气事件影响车站、机场、港口等设施的正常运行</td></tr>
<tr><td>车辆</td><td>强降水等事件可能造成车辆损坏</td></tr>
<tr><td colspan="2">通信</td><td>大风、暴雨、暴风雪、低温冰冻、雷电等极端天气事件可能导致通信基站和线路损坏</td><td>优化通信线路，提高建设标准；建设地下综合管廊，降低通信线路的暴露度等</td></tr>
</table>

3. 城市生态子系统（绿色基础设施）

绿色基础设施是指人造景观、生态工程、自然或半自然特征的生态系统，目的是协同生态效益与社会经济发展。世界银行、联合国粮食及农业组织近年来积极倡导景观规划方法，将绿色基础设施建设理论和方法融入各类区域规划中，尤其是加强集历史文化遗产保护、生物多样性保护、水土气安全、防灾避险、乡村游憩网络等功能于一体的绿色基础设施规划。

绿色基础设施在城市生态规划及可持续城市建设中具有广泛的应用，如优化土地利用、促进气候适应、促进雨洪管理、促进生物多样性变化、提供城市景观、提供休闲娱乐空间等。绿色基础设施相比高排放高能耗的“灰色基础设施”更具成本效益和可行性（欧盟环境署，2014）；发达国家和发展中国家城市普遍将公园绿地、湿地、造林等生态型适应作为低成本、可持续、多效益的协同措施，以应对高温和洪水等气候风险（Brink et al.，2016）。表 8-3 列举了国内外建设城市绿色基础设施的构成及功能。

表 8-3 绿色基础设施的构成及功能（薄凡，2019）

类型	实现方式	组成结构	功能
生态设施化	单个自然要素纳入规划；线性廊道串联；废弃地修复；仿生人造生态系统等	天然生态系统、人造生态系统	提供生态系统服务：①改善生态系统结构功能；②替代改造工程设施
工程生态化	更新改造旧设施；新建绿色建筑、交通等；完善防护型生态设施工程等	生态环境治理工程、具有自然特征的仿生工程	提供社会经济服务：①提高生产效率；②提高区域连通；③降低污染；④减少资源消耗

4. 社会子系统（社会基础设施）

从社会发展角度来看，与社会风险文化、社会安全体系相关的适应能力的培育是一种动态的社会过程，其有助于降低气候脆弱性和提升气候适应能力。近年来，国内外日益重视社会文化、风险意识等人的因素对于减小城市脆弱性、提升韧性的积极作用。在微观层面，社会脆弱性由收入水平、教育程度、宗教、种族、性别、年龄等家庭或个人特征决定。在宏观层面，区域人口、年龄结构等特征是适应能力的重要内容，反映人力资本或社会资本对适应能力的影响。城市中的社会组织，如环境保护组织等，是推动城市环境友好型发展、提升公众参与和集体行动能力的重要力量。Xie 等（2014）的研究发现，公众对能源和环境等更广泛社会安全议题的关注，有助于提升他们对气候变化风险及其应对的重视。或者说，人们对社会安全的普遍关注可以成为一种风险文化的社会背景，其决定了个体对极端天气 / 气候事件认知以及他们的行动方式。这一点对于加强综合灾害风险的科普宣传具有一定的参考价值。

2015 年中国扶贫基金会发布的《中国公众防灾意识与减灾知识基础调研报告》指出，中国居民的防灾减灾意识相对于发达国家非常薄弱，城市居民中，做好基本防灾准备的不到 4%。高风险厌恶与低防范意识的巨大差距，说明人们对气候变化风险还缺乏足够认识。近年来，国内刚刚开始关注对气候变化的风险认知，对风险的理解有助于从更广泛的社会文化背景制定风险应对策略。研究发现，人们是否相信气候变化与其基本的价值观和政治观点相关联（Corner et al.，2012）。这些不同的价值观和意识形态使人们以自身的认知方式来解释气候 / 气象灾害风险信息。一些研究者指出，普通公众没有充分、积极地参与灾害风险管理过程，居民的风险意识和行动意愿普遍较低，这是中国许多地区普遍存在的问题之一（Li，2013 ）。尽管上海频繁遭受自然灾害影响且脆弱性突出，但当地居民尚未准备好应对强度更大、频率更高的极端天气事件。例如，谢欣露和郑艳（2014）针对上海城市居民的研究表明，居民与科研人员、决策管理者对气候风险认知的差异较大，风险沟通不足；老年群体是易受气候变化和灾害影响的脆弱群体，风险认知程度相对较低；对此应加强科普宣传和公众教育，提升社区及公共服务领域的适应能力建设。

提升城市适应能力的社会子系统主要体现在风险文化、政策规划、社会保障体系等方面。社会保障能够在灾害发生时为城市居民提供安全屏障，降低其灾害损失，并且提供在医疗、失业等方面的保障，帮助居民灾后有效的恢复（李亚和翟国方，2017）。为了帮助城市脆弱群体应对气候风险，IPCC 推荐“适应性社会保障体系”（Olsson et al.，2014），通过政府提供的正式的机制设计，如保证金、灵活的金融工具、再保险和国际援助等，弥补贫困群体储蓄、借贷和保险等方面薄弱和欠缺的适应能力，在遭遇气候灾害侵袭时，能够保护城市脆弱群体，充分发挥社会保障体系的安全网兜底作用。目前，我国一些沿海城市，如广州等已经开展了天气保险产品的试点，并取得了良好的效果。

8.3.3 提升城市人居环境适应性的政策与实践

城市人居环境是气候变化影响及适应行动的热点领域。近年来，伴随着快速的人口城市化进程，城市气候灾害风险日益突出，城市安全备受挑战。针对发展中国家城市的案例的研究表明，许多城市关键基础设施部门，如水务、废水处理、健康、建筑规划标准等仍然处于适应的边缘地带（Aylett，2013），有效的适应决策必须协同考虑减排和发展目标，且有赖于政府支持、部门合作及社会参与（Anguelovski et al.，2014）。《中国极端天气气候事件和灾害风险管理与适应国家评估报告》建议针对地区差异因地制宜，加强不同领域及城乡地区之间的适应政策协同（秦大河，2016）。

以行政命令为主的科层机制、以交易为主体的市场机制、以邻里互助为主的社区机制，是公共治理中最基本的三种治理手段。充分发挥这三种治理手段的优势，形成互为补充的治理框架，是提高城市人居环境适应能力的基本途径。政府是建设可持续城市的主导者、规划者、推广者和组织者。近年来，我国在提高城市适应能力方面开展了大量工作。2013 年以来，我国积极推进城市领域的政策规划和试点示范，在中央和地方政府财政的带动下，有效改善了城市基础设施的适应能力。例如，通过气候适应型城市试点推动城市层面的适应规划，借助海绵城市试点提升城市水环境和抵御水旱灾害能力，通过建设装配式建筑示范城市、地下管廊综合试点城市等加强城市基础设施的能源消耗和风险暴露度。这些政策有助于在不同程度上提升试点城市的适应能力和灾害恢复力。

1. 加强城市适应规划

为了有效应对气候变化，我国已经发布了一系列适应气候变化的政策，初步形成了自上而下的政策体系。随着适应气候变化的深入开展和政策的逐渐下移，城市作为适应气候变化的重要单元，在适应气候变化工作中扮演着越来越突出的角色（彭斯震等，2015）。然而，适应气候变化依然是一个全新的课题，地方政府对适应气候变化工作重要性的认知水平，特别是制定气候变化适应政策的能力还存在明显局限。推动地方政府积极开展适应气候变化工作，已成为我国适应气候变化战略中的重要环节。

气候变化导致的极端灾害可能引发灾害连锁效应，导致城市运转失灵，国外学者建议加强系统性规划以应对系统性风险，尤其是关注超过系统设计能力的灾害、注重增强基础设施的功能性、提升社会经济系统的灾害恢复力，确保城市发展的可持续性等。2010 年 3 月，联合国国际减灾战略署发起“让城市更具可恢复力”的运动，全球许多城市参与这一运动，加强应对气候灾害风险，建设可持续城市。提升城市应对灾害风险恢复力的途径有：①改进基础设施和生态系统，减小气候变化影响的脆弱性，避免连锁风险和系统失灵；②增强社会主体的适应能力，为其提供支持性的城市系统服务；③评估制度因素，减少容易诱发系统脆弱性的政策行动，增强决策参与和包容性等（郑艳和林陈贞，2017）。谢欣露和郑艳（2016）评估了北京 2010~2014 年 16 个区的气候适应能力，研究发现，综合适应能力与城市功能区分区较为一致，表明各区的功能定位对其发展和适应能力具有潜在影响。建议通过前瞻性的适应规划，推进不同空间区域的协同发展，加强城市中心区与外围郊区的功能互补和协同治理，以提升整个城市系统的综合适应能力和韧性。

知识窗

气候适应型城市试点

2016 年 2 月和 8 月，国家发展和改革委员会联合住房和城乡建设部先后发布了《城市适应气候变化行动方案》和《国家发展改革委、住房城乡建设部关于开展气候适应型城市建设试点工作的通知》，2017 年初启动 28 个城市地区试点。2017 年 2 月，国家发展和改革委员会联合住房和城乡建设部发布了《国家发展改革委 住房城乡建设部关于印发气候适应型城市建设试点工作的通知》，要求以“安全、宜居、绿色、健康、可持续”为目标，“根据不同的城市气候风险、城市规模、城市功能等”，确定了提升城市气候适应能力的优先领域，即城市规划、基础设施、建筑、生态绿化系统、水安全、灾害风险综合管理体系、适应科技支撑体系等。我国目前的适应工作主要由各部门和地方政府主导并实施，其存在着适应行动各自为政、空间规划协同不足等问题。气候适应型城市试点工作是对 2013 年底发布的《国家适应气候变化战略》的深化与落实，有助于我国城市决策者关注灾害风险、提升城市应对气候灾害的能力。

案例：北京提升暴雨防范能力的行动

从经济发展水平、基础设施投入等方面来看，北京应对暴雨等气候灾害的能力高于全国大部分城市，属于应对暴雨灾害的低风险城市（郑艳等，2018）。然而，在气候变化引发的极端天气的侵袭下，发达城市也会暴露出脆弱性的一面。

2012年7月21日，北京遭受了一场70年不遇的特大水灾，全市受灾人口160.2万人，因灾死亡79人，直接总损失118亿元。此次暴雨引发的灾害链效应尤为显著，对城市交通、旅游、农林等产业链下游的连锁影响、受灾家庭的心理创伤和社会心理影响、政府危机管理能力及公信力的不良影响等，引发了从政府部门、学界到社会公众的广泛反思。

通过扩大防汛预警预报的覆盖范围和传播途径、改造老旧社区排水防涝系统、改善城市排水系统、加强主要积水点和隐患排查、实施智能监测交通运行系统等举措，北京应对暴雨的防范能力已大大增强。例如，2012年以来，气象部门天气预报的准确度和预警能力得到较大提升，北京地区24h降雨预报准确率达90.9%。2016年7月20日，北京遭遇了一次超过“7·21”强度和降水量的大暴雨，由于预警及时、各部门应急得力，无一人伤亡（宋巧云等，2019）。

2. 提升城市灰色基础设施的恢复力

城市基础设施网络是现代城市的关键组成要素。城市基础设施恢复能力的不足会使得发生在局部范围的单一灾害事件演变为蔓延整个城市及更大范围的危机事件，从而造成风险放大效应。因此，国内外城市规划日益重视韧性城市的规划和建设，意识到加强交通、能源、建筑、供排水等各种基础设施的灾害防范与适应能力的重要性。基础设施韧性从灾害抵御与灾后救助两个方面影响灾害韧性。其中，灾后救助主要包括提供公共应急避难场所，为灾民提供庇护与自救的必要支持；保障道路与通信的畅通，与外界保持联系；及时恢复供水、供电等功能，为灾民提供基本的生活保障等（李亚和翟国方，2017）。纽约市2013年发布的城市适应计划《一个更加强大、更具韧性的纽约》中提出，“提高交通、电信、水和能源等设施应对严重气候事件的能力，加强海岸线防御以应对洪水和海平面上升”是纽约市提升灾害恢复力的主要投资领域。

知识窗

装配式建筑示范城市

装配式建筑是指由预制部件在工地装配而成的建筑。装配式建筑具有几大特征：一是大量的建筑部品由车间生产加工完成，在现场进行装配作业，这样极大地降低了建筑过程能耗，以及建筑过程中的气候风险；二是采用建筑、装修一体化设计、施工，建筑成品符合绿色建筑要求，降低了建筑使用能耗。

2016年，国务院发布了《国务院办公厅关于大力发展装配式建筑的指导意见》（国办发〔2016〕71号），2017年3月，住房和城乡建设部发布了《“十三五”装配式建筑行动方案》，提出了“到2020年，全国装配式建筑占新建建筑的比例达到15%以上”“培育50个以上装配式建筑示范城市，200个以上装配式建筑产业基地，500个以上装配式建筑示范工程，建设30个以上装配式建筑科技创新基地”的目标。2017年11月，住房和城乡建设部认定北京、上海、天津、石家庄等30个城市为第一批装配式建筑示范城市，北京住总集团有限责任公司等195个企业为第一批装配式建筑产业基地①。

地下综合管廊试点城市

地下综合管廊主要指建于城市地下的、用于容纳两类及以上城市工程管线的构筑物及附属设施，如给水、排水、再生水、燃气、热力、电力、通信等市政公用设施。地下综合管廊是降低城市生命线系统暴露度的一种有效措施。

2015年以来，国家开始开展地下综合管廊试点城市建设。2015年将包头、沈阳、哈尔滨、苏州、厦门、十堰、长沙、海口、六盘水、白银10个城市列入试点；2016年进一步将郑州、广州、石家庄、四平、青岛、威海、杭州、保山、南宁、银川、平潭、景德镇、成都、合肥、海东15个城市列入试点。根据财政部2014年底发布的《关于开展中央财政支持地下综合管廊试点工作的通知》，国家将对地下综合管廊试点城市给予专项资金补助，具体补助数额按城市规模分档确定，直辖市每年5亿元，省会城市每年4亿元，其他城市每年3亿元。对采用公共私营合作制（public-private-partnership，PPP）模式达到一定比例的，将按上述补助基数奖励10%。

3. 提升城市绿色基础设施的恢复力

城市适应规划需要综合考虑地区人口、产业发展和土地利用对地区气候、生态环境要素及灾害风险的长远影响。从自然资源禀赋来看，森林、湿地等具有减缓气候变化、涵养水源、改善健康和文化教育、减灾等生态服务价值，是城市系统不可或缺的组成部分。“绿色基础设施”利用生态系统功能和服务，在降低高温热浪、洪水及干旱的影响时发挥诸多积极作用，可能比“灰色基础设施”更具成本效益和可行性（欧盟环境署，2014）。海绵城市在实践中借鉴国内外经验，采用低冲击 / 低影响开发等海绵技术，一方面注重提升雨污治理、雨洪利用的手段和技术，提升城市应对暴雨洪涝的恢复力；另一方面注重城市生态建设与景观规划，提出建设“水适应性城市”“水适应性景观”等理念（俞孔坚等，2015）。

空气污染、交通堵塞已经成为许多现代城市的顽疾。城市风道、绿色交通廊道能够起到类似引导的作用，其能够疏通城市气流、促进能量流动与城市废弃物的扩散。在规划技术上，城市气候地图（urban climatic map）是城市应对气候变化规划设计的重要工具，20世纪70年代以来，已有十几个国家制定了城市气候设计导则，实践手段包括：减少人为活动的热排放、改进步道通风、增加绿化和植被覆盖率、创造城市风道、塑造建筑景观、改善城市热辐射的空间分布及户外舒适性等。例如，英国伦敦的环城

① 住房城乡建设部办公厅关于认定第一批装配式建筑示范城市和产业基地的函. http://mohurd.gov.cn/wjfb/201711/t20171115_233987.html.

绿带建设，美国纽约将废弃铁路改造为城市休闲绿色廊道，波士顿的城市干道绿色改造都是非常成功的协同生态建设、城市更新与防灾减灾的气候规划设计。2010年以来，广东借鉴国际经验，在珠三角地区最早建设了城市绿道网络体系。目前，北京等城市也在积极建设城市绿色廊道和风道，以减小空气污染物的沉积、减小雾霾的影响。

知识窗

海绵城市试点

2015年8月，水利部发布《关于推进海绵城市建设水利工作的指导意见》，提出构建“格局合理、蓄泄兼筹、水流通畅、环境优美、管理科学”的海绵城市水利保障体系，目的在于保障水安全、治理水环境、涵养水资源、改善水生态、综合治理水问题。海绵城市建设涉及诸多部门和领域，需要自然与人工相结合、蓝绿灰措施组合、大中小海绵统筹的系统治理措施。“蓝色”海绵技术包括河湖水系的保护、连通及调节，“绿色”海绵技术包括修建雨水花园、下沉式绿地及草沟等，“灰色”海绵技术包括修建雨水管网、泵站等。“大海绵”是指对山水林田湖草的城市生态格局进行系统规划，“小海绵”是指绿色屋顶、透水铺装等源头控制，以及雨水管网的升级改造、调蓄设施建设等。

在海绵城市建设试点中，平均每个海绵城市将投入数十到数百亿元资金，投资规模为每平方公里1亿~1.5亿元，重点包括修复城市水生态、涵养水资源、构建雨水综合管理体系、增强城市防涝能力等。经济欠发达的中小城市通过海绵城市的资金带动，大大改善了城市面貌，增加了绿地，增强了城市原有的透水功能，同时也和黑臭河整治、水资源涵养、雨水资源综合利用等结合起来，改善了居民的生活环境。例如，海南三亚、湖南常德等城市利用海绵城市项目改造沿海滩涂、城郊棚户区地带，利用红树林、芦苇沼泽人工湿地构建水生态净化循环系统，建成了融湿地、林地、绿色廊道、排水渠、社区公园、住宅区为一体的美丽新人居环境。湖南常德的海绵城市建设被选为亚洲开发银行报告中的样本城市。北京通过扩大防汛预警预报的覆盖范围和传播途径、改造老旧社区排水防涝系统、改善城市排水系统、加强主要积水点和隐患排查、实施智能监测交通运行系统等举措，使应对暴雨的恢复力大大增强。武汉的治涝规划着重于加强湖泊水位调控、建设骨干排水工程、雨污分流、城市用地竖向规划等方面。深圳作为海绵城市的试点，划定了24个重点片区，制定了六大类共18项海绵城市指标，包括水生态、水环境、水资源、水安全、制度建设和显示度6个方面。在基本生态控制线的基础上，深圳进一步优化形成了海绵空间结构，包括山水机制、蓝绿色廊道，以及多点分布的湿地。

4. 公众参与

以行政命令为主的科层机制、以交易为主体的市场机制、以邻里互助为主的社区机制，是公共治理中最基本的三种治理手段。充分发挥这三种治理手段的优势，形成互为补充的治理框架，是提高城市人居环境适应能力的基本途径。单一的政府机制难以满足城市适应能力建设的需要。政府可供支配的社会资源有限，而提高适应能力所需的资金又十分巨大，必须依靠市场机制进行弥补。近年来，我国在基础设施领域大力提倡 PPP 模式，这在一定程度上填补了地方政府的财政缺口。作为适应能力的一部分，灾害保险也具有重要地位。我国长期以来实行政府主导、主要依靠行政手段的自上而下的防灾减灾体系。有效的灾害保险制度可以在重大灾害发生时，充分发挥市场机制在调动资源方面的积极作用，与政府的灾害损失补偿形成合力，有效提高经济社会应对灾害的能力。

广泛的公众参与是提高城市灾害恢复力的关键。公众参与在灾害风险管理、适应气候变化的政策制定过程中具有非常重要的作用。公众适应气候变化意识不到位，致使公众在参与气候变化治理时没有能力具备主动性，公众参与的不足使得气候变化治理结构存在一定缺陷。科学有效的适应战略需要社区、地方、区域、部门、国家等各个层面的广泛参与和共同行动。参与和行动的基础是对气候变化的感知和认知，只有决策者、政策执行者和普通公众都认识到气候变化的存在及其所带来的风险，才有可能将气候变化融入政策、规划、项目和日常活动中，使全社会参与到应对气候变化的整个进程之中（Lorenzoni et al.，2007）。近年来，我国政府利用“防灾减灾宣传周”“节能宣传周”等主题活动，以及世界环境日、世界气象日、世界地球日、世界海洋日、世界无车日、全国防灾减灾日、全国科普日等主题日活动，积极开展气候变化与低碳发展科普和低碳发展理念宣传。此外，一些部门开展应对气候变化培训，加强政府部门的能力建设，其也是推动气候传播的有效手段之一。

8.4 农村人居环境的气候变化风险、影响、脆弱性与适应

8.4.1 农村人居环境的基本特征

由于农村人居环境研究尚未形成规模，学术界目前缺乏对其概念进行界定的共识。例如，李伯华和刘沛林（2010）认为，农村人居环境是农村人文环境、地理空间环境和自然生态环境间的逻辑关联。彭震伟和陆嘉（2009）认为，农村人居环境由农村的社会环境、自然环境和人工环境构成，能综合反映农村的生态、社会等方面。总体而言，农村人居环境既包括气候条件、自然资源、区位特征等生态环境要素，也包括住宅、基础设施等硬环境，以及信息交流等软环境和宏观经济环境，是一个相互依存和相互影响的有机整体（吕建华和林琪，2019）。

本节将分别从建筑、基础设施（生命线）、生态、社会四个子系统角度来论述气候变化对农村人居环境的影响。

8.4.2 农村人居环境的气候变化风险、影响与脆弱性

1. 建筑子系统：热工性能与室内污染

低温、寒潮很可能对农村人居环境中建筑子系统的人居舒适度与健康度造成较大影响（高信度）。

1）建筑围护结构——热工性能有待提高

冬季供暖不足、夏季高温高湿、建筑围护结构的热工性能差、室内热湿舒适性差，是我国农村地区建筑较普遍存在的问题。例如，我国北方农村能源消耗量非常大，采暖节能是农村节能工作的重点，而能耗的首要用途就是农宅保温（苗向荣，2017）。然而，现有农宅围护结构保温不足，墙体、窗户、屋顶都需要改善保温性能。与城市地区因热岛效应而关注高温对健康的影响不同，农村地区更易受低温影响：当温度降低时，呼吸系统疾病明显高发、循环系统也受影响（赵笑颜，2018）。从整体上看，在人体健康方面，农村地区高温效应弱、低温效应强，这与农村地区没有热岛效应及取暖条件差有关（赵笑颜，2018）。例如，在我国夏热冬冷地区，农村住宅围护结构热工性能差，致使室内热环境状况较差（王金莉和邹钺，2018）。气候变化可能加剧建筑室内环境在安全与舒适性方面面临的挑战。

我国有五个气候区，其中夏热冬冷地区是人居建筑环境关注的重点。其主要包括长江中下游及周围地区，范围大致为陇海线以南，南岭以北，四川盆地以东。未来气候变化情景下，温度、湿度的变化可能会使建筑外部环境条件进一步恶化。因此，有必要重视对住宅的通风设计、保温措施和调湿措施，以改善住宅室内热环境和提高农村居民舒适水平。

2）建筑热环境——室内污染

在我国北方，农村和城市分别采用分散供暖和集中供暖，不同的采暖方式所带来的室内环境问题的差异明显。煤炭与生物质作为农村敞开式供暖方式的主要燃料，其燃烧产物直接影响到室内空气质量。供暖季节，老年人暴露于室内空气污染物的风险要高于非供暖季节。我国的《民用建筑工程室内环境污染控制规范》和《室内空气质量标准》一般对危害较大的CO、NO_x、甲醛、苯，以及挥发性有机物等化学物质浓度做了限值规定，而温度和湿度等物理指标易被忽视。寒冷天气条件下，老年人的循环系统和呼吸系统病死率剧增，且温差对脑血管疾病死亡率的增加有显著影响。为此，有必要关注农村人居环境物理舒适度（刘九菊等，2017）。未来气候变化可能会进一步改变农村建筑热环境，加剧对脆弱人群健康的影响。

2. 生命线子系统：城市负外部性、农村基础设施

1）土地利用变化与城镇化

气候变化很可能加剧城市活动负外部性对周边农村地区的外溢效应（中等信度）。

全球尺度的土地利用与土地覆盖变化（land-use and land-cover change，LUCC）主要表现在城市化的迅速蔓延、农田建设用地面积以及空间分布的变化，以及荒漠化的

加重等方面（吕振豫等，2017）。刘纪远等（2014）对我国 1980~2010 年土地利用变化数据进行分析，发现我国土地利用变化呈现明显的时空转移——城乡建设提速，东部为重心，向中西部蔓延。城市化加重的直接后果是流域下垫面情况发生转变，流域水循环特征发生变化，进而影响水环境。与城市扩张相伴的是农田建设用地面积增加，林草面积骤减。2010~2015 年，我国耕地面积由 13526.83 万 hm^2 骤减到 13500 万 hm^2，减少了 0.2%（于法稳，2017）。

上述城市活动将产生外溢效应，对通常缺乏足够处理设施的农村供水产生影响，尤其在水质方面。例如，工业废水、城市市政及生活污水的点状排放属于点源污染，城市及生活污水会挟带大量人体、动物排泄物入河，造成水体中病原体及溶解有机质含量上升。气候变化也会通过影响农业生产而对农村地区供水产生影响。例如，在城镇化发展背景下，无论是传统农业，还是城市及城市边缘地区农业，都可能会为了提高产量，而增加化学物质的投入。这将使得源自农业活动中 N、P、K 肥料过量使用的非点源污染加剧，从而造成农村地区水体富营养化，使其水生生态系统遭到破坏，并对农村地区供水水质产生负面影响。气温升高更加剧了受污染水体的富营养化，使水质进一步下降，威胁饮用水安全。

另外，气候变化情景下，对于某一地区而言，极端降雨事件、降水强度新的时空分布可能会超出当地城镇污水、工业废水处理的承载力范围，部分污水未经完全处理就挟带各种病原体、溶解有机质进入水体，从而使农村地区供水水质受到负面影响。例如，彭翀等（2015）以湖北省利川市团堡河为例展开调研，发现集镇上的排水管网单一，全集镇污水、雨水排放全部集中在一个长约 5km 的排水管网系统，然后集中排入团堡河；镇区的污水处理工艺也相对落后，大部分居民以及企业的用水也都直接或随雨水间接地排入团堡河，这样既污染了河水，也容易造成排水管网的堵塞。彭翀等（2015）由此推断，一旦遇到雨洪天气，镇区的雨水不能及时排除，会对镇区居民生活生产带来很多的不便甚至灾难。未来气候变化情景下，极端气候所带来的气象灾害更频繁，如何将应对洪水灾害的气象监测、风险评估和灾害预警等技术更好地应用于规划、应对工作，还需要深入探讨。

总之，气候变化与城镇化一起作用，影响土地利用、改变农业化学物质投入，造成水体富营养化，影响农村地区供水水质安全；极端天气现象频率的上升将导致城市污水和工业废水排放超出承载范围，使得水体受影响，进而影响农村地区供水。

2）农村基础设施——愈发凸显的脆弱性

农村地区薄弱的供水基础设施、污水固废处理能力将在气候变化下进一步凸显其脆弱性（高信度）。

我国农村供水情况中，除了东部，大多数地区的农村供水都以传统的分散式供水为主，自来水普及率较低。集中式供水覆盖的农村人口不到总数的 40%（柳钧正等，2012）。此外，大部分农村供水工程都是小型供水工程：供水量小，管网覆盖面积小，供水设施简陋。例如，在以陕甘宁为代表的西北干旱、半干旱地区，由于年降水总量不足，部分农村既缺地表水，又缺地下水。这些地区除超渗产流外，几乎没有补充水源。进入 21 世纪以来，受气候变化影响，西北、华北、东北和西南的大部分地区都出现过连旱或旱涝急转；而且，由于地下水位不断下降，不少中小河流频繁断流，这些都对农村饮用水源供给造成了巨大影响（柳钧正等，2012）。

上述气候变化影响也将因农村地区污水与固废处理承载力有限而进一步加剧。对于农村人居环境质量而言，农村生活污水、生活垃圾、厕所卫生是影响农村人居环境质量的主要因素，更是农村人居环境整治的重点与难点所在（于法稳，2019）。影响农村生活污水排放量的因素包括农村居住人口、饮水条件、卫生设施水平以及污水处理设施配置等。根据我国住房和城乡建设部2010年制定的不同地区《分地区农村生活污水处理技术指南》所给出的比例进行计算，农村地区生活污水排放量为83.51亿~125.26亿m^3。在污水处理方面，农村污水处理能力仅为11.46%，其中污水处理厂集中处理率为5.42%，远远低于城市的污水处理率（表8-4）。从区域层面看，由于经济社会发展水平不同以及地形地貌特征的差异，不同地区农村生活污水处理水平差异巨大。2016年，对生活污水处理的行政村比例最低的三个省份分别为黑龙江（4.0%）、内蒙古（5.0%）和吉林（5.0%），而比例最高的三个省份分别为浙江（84.0%）、上海（64.0%）和江苏（44.0%）。可见，对生活污水处理的区域差异性非常明显（于法稳，2019）。

表8-4 不同层面污水处理率（于法稳，2017） （单位：%）

区域层面	污水处理率	其中污水处理厂集中处理率	建制镇、县城、城市与农村污水处理率相比	
			污水处理率	污水处理厂集中处理率
农村	11.46	5.42	—	—
建制镇	50.95	41.57	39.49	36.15
县城	85.22	83.46	73.76	78.04
城市	91.90	87.97	80.44	82.55

在固废方面，我国农村生活垃圾每年的产生量约为2亿t，其中63.3%的生活垃圾实现了集中堆放；从生活垃圾处理方式来看，集中堆放的生活垃圾以直接填埋为主，所占比例为57.0%，实现资源化利用的比例仅为28.0%左右。有关数据表明，2015年，我国对生活垃圾进行处理的农村比例为63.95%，远远低于城市生活垃圾的处理率（表8-5）。

表8-5 不同层面生活垃圾处理率（于法稳，2017） （单位：%）

区域层面	生活垃圾处理率	其中生活垃圾无害化处理率	建制镇、县城、城市与农村污水处理率相比	
			生活垃圾处理率	生活垃圾无害化处理率
农村	63.95	15.82	—	—
建制镇	83.85	44.99	19.90	28.17
县城	89.66	79.04	25.71	63.22
城市	97.95	94.10	34.00	78.28

此外，为应对气候变化，农业生产可能将越来越多地依赖于水利工程建设。而水利工程建设也可能会对水环境造成影响，而水利工程建设可能会通过改变泥沙输移、水环境容量、水生生物生存及生长状况来对水环境造成影响。未来情景下，气候变化

通过影响农业生产，即农村地区的产业经济基础，来影响其公共财政，进而对包括污水固废处理在内的基础设施建设造成影响。可见，城乡统筹对加强农村地区基础设施建设以应对气候变化加剧效应将可能起到正面作用。

3. 生态子系统：水资源

气候变化对发展中国家农村地区的主要影响表现在对淡水供应、粮食安全和农业收入的影响（刘绿柳等，2014）。本节重点讨论淡水供应问题。

首先，气候变化通过影响地表水体物理、化学和生物特性等对流域水环境、水质造成影响（吕振豫等，2017）。水温变化是水体对气候变化响应最敏感的特征之一。气候变化情景下，降水时空分布不均匀性将加剧、旱涝事件将频繁发生。这将使得土壤侵蚀产生的土壤流失也急剧增加。气候变化情景下，温度与降水的变化将作用于水环境，使其物理、化学特征及生物特性发生变化，影响水质。农村饮水直接从江、河、水库中取水，因而保证水源水质成为农村供水安全的重要因素。气候变化将加剧农村供水水质安全方面的挑战。其次，气候变化通过影响降水直接对农村地区供水量产生影响。农村地区有限的供水基础设施的局限性将进一步放大。

时空分布上：受季风气候影响，我国降水时空分布不均、区间差异大，南北方都存在季节性缺水问题。受全球气候变化影响，近年来我国极端水旱灾害的发生频率日益增加，年均洪涝干旱灾害面积达 5.44 亿亩，约占耕地面积的 30%（柳钧正等，2012）。受气候变化影响，我国各流域的水资源量将产生变化，这将给我国农村地区的生产和生活用水带来挑战。

4. 社会子系统：经济生计、移民、健康

IPCC 第二工作组 AR5 评估了气候变化如何影响农村生计并加剧贫困，指出社会弱势群体由于常常居住在更加边缘和更易受灾的地方，对灾害的暴露程度更高，具有较弱的资源获得能力，因而对极端事件具有很高的敏感性和很低的应对能力，对灾害影响的信息获取、预期及其减少风险的投资能力有限。研究表明，我国台风、暴雨、雷电、滑坡、泥石流等突发气象灾害造成的人员伤亡 90% 以上在农村，每年各类自然灾害造成的房屋倒塌的绝大多数也在农村。气候变化引发的贫困在中国具有显著的地区性、行业性和群体性差异（孟慧新和郑艳，2018）。

1）农牧业渔业脆弱性

以农业和自然资源为主要谋生手段的地区，是气候变化影响下的高脆弱地区，气候变化可能对自然资源依赖型农村地区造成较大的负面影响（中等信度）。

防灾减灾基础设施薄弱，承受和防御灾害的能力较差，发展相对滞后，导致我国许多农村地区因为极端天气气候灾害陷入贫困甚至因灾返贫。一般而言，各行业按照气候贫困的风险由大到小排序，依次为：草地畜牧业 > 林业 > 渔业 > 经济作物 > 粮食作物 > 其他农业行业（如农村小工商业，手工业、务工等）（石尚柏等，2018）。

牧业方面：气候变化增加了草原畜牧业的不稳定性，也使牧民面临的自然风险加

剧，牧业生产成本提高，牧民成为对气候变化反应敏感的脆弱人群，也因此成为帮扶的重点对象（谭淑豪等，2016）。目前，已有关于草原地区社会脆弱性的研究主要是气候变化对牧民家庭生计影响以及牧民应对行为策略的定性分析。基于IPCC提出的“暴露度－敏感性－适应能力”分析框架，谭淑豪等（2016）对气候变化压力下内蒙古锡林郭勒盟地区牧民的社会脆弱性进行定性分析和定量评估，研究发现，牧民的社会脆弱性整体上处于较高水平，且研究样本中60.5%的牧民属于高脆弱性牧民。

渔业方面：未来有必要深入开展有关气候变化对中国海洋渔业资源影响的基础性研究，进而探寻应对气候变化的海洋渔业及相关社会经济系统的适应性对策。从暴露度、敏感性和适应性3个维度，杨子江等（2010）分析了2001~2015年中国海洋渔业社会－生态系统的脆弱性演化规律。研究发现，受海洋气候变化、陆源入海污染以及风暴潮灾害的影响，海洋渔业社会－生态系统的暴露度呈现出从增长到下降再到增长的波动变化趋势；来自自然和社会的多重外部扰动是脆弱性形成的主要驱动因素。因此，未来有针对性地制定适应扰动变化的海洋渔业发展策略，将是有效降低脆弱性程度的重要选择。近年来，中国海洋捕捞和海水养殖开发强度依然不断增长，导致海洋渔业社会－生态系统敏感性程度持续增长。同时，海洋渔业社会就业依赖度对系统敏感性的影响较为显著，从侧面表明渔民转产转业工作依然面临较大压力。

农区是我国畜牧业生产的主体，由于采取舍饲，畜舍环境具有一定的可调控性，其受气候变化的影响明显小于草地畜牧业。但气候变化促进了病原体的传播与繁衍及外来有害生物入侵，疫病成为农区畜牧业生产的最大威胁。

2）脆弱群体健康、生态移民

气候变化可能造成生态移民增加，并使农村地区脆弱群体的健康状况进一步恶化（低信度）。极端气候变化的存在，将使得农村供用水工程的脆弱性更加凸显（柳钧正等，2012）。2009年9月~2010年6月，我国西南地区的云南、贵州、广西、重庆、四川等省份遭遇大范围持续干旱，部分地区降水比往年减少七至九成，主要河流来水之少创历史之最。秋、冬、春连旱使云南、贵州等省部分地区遭遇百年一遇的特大干旱，干旱范围和强度均突破历史极值；为应对干旱、减少家庭面对资源稀缺时的脆弱性，短期迁移或长期迁移成为一种潜在的适应性策略（余庆年等，2011）。

城镇化、工业化使农村许多地方出现了环境恶化、留乡人口结构失衡、土地利用效率降低等问题。这些问题使这些地区所受气候变化风险、脆弱性均相应增加，聚集在城市的农村劳动力与城市低收入人群、农村留守人口（老年人、妇女、儿童）都属于高脆弱人群（刘绿柳等，2014）。中国社会科学院2019年的调研表明，我国西部干旱山区的贫困家庭、少数民族妇女、文盲半文盲（缺乏教育、技能和就业渠道）、因病返贫家庭、子女教育负担重、疾病老弱等低保群体等是气候贫困的高发群体（郑艳和林陈贞，2020）。

8.4.3 气候变化背景下农村人居环境的适应需求及途径

过去三十多年来，中国帮助7亿多乡村人口实现脱贫，2010~2017年，贫困人口发生率从 2010 年的 17.2%（1.66 亿农村贫困人口）下降到 2017 年底的 3.1%（3046 万人）①。然而，我国欠发达地区也是生态环境脆弱、气候灾害频发的地区。在人口、经济活动及资本时空集聚加速的背景下，我国农村人居环境面临的气候变化风险及影响将加剧、空间分异程度更显著。与此同时，农村地区应对气候变化的能力也将提升。气候变化的净影响取决于上述两种力量的相对大小。城乡统筹、低碳发展、节水工程及相关措施、资源保育、社会保障体系建设、抗灾能力建设等能减缓相关气候变化影响，并具备应对气候变化挑战的协同功能。

1. 建筑子系统：用能方式、结构与新能源利用

用能方式转变，以及新能源利用，将减少气候变化对农村地区居民健康的影响（中等信度）。随着农村经济收入大幅度提升，农村家庭能源的消费结构呈现出多样化态势（图 8-2），其中煤炭仍占有很大比重（李宗泰等，2017）。由于农村电气化水平低、燃煤比例高，农村单位建筑面积碳排放强度要显著高于城镇住宅。因此，调整农村能源消费结构势在必行。2017 年国务院公开发布的《“十三五”节能减排综合工作方案》中指出，农村建筑节能是一块重点节能领域：①推进节能及绿色农房建设；②结合农村危房改造稳步推进农房节能及绿色化改造；③推动城镇燃气管网向农村延伸和省柴节能灶更新换代；④因地制宜采用生物质能、太阳能、空气热能、浅层地热等解决农房采暖、炊事、生活热水等用能需求，提升农村能源利用的清洁化水平。

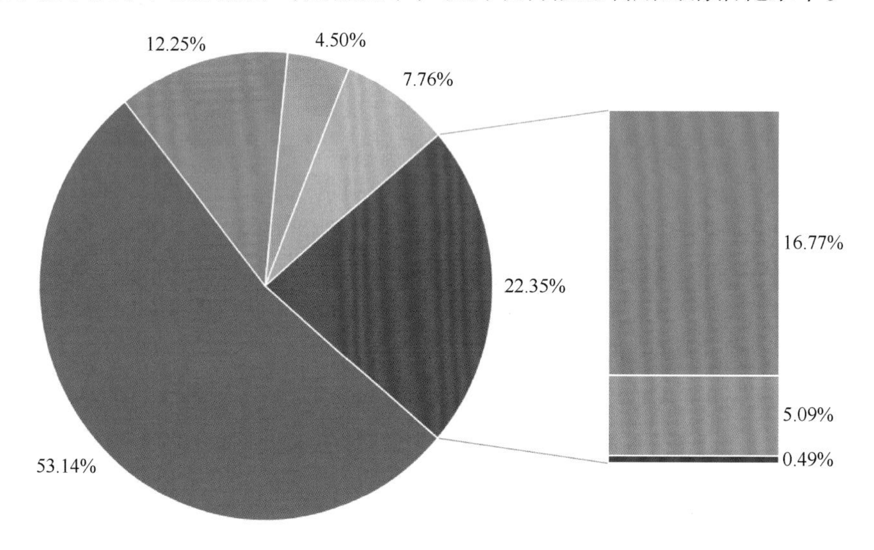

图 8-2　2014~2015 年北京农村家庭能源消费结构图（李宗泰等，2017）

城镇化背景下，我国农村能源消费结构正在从传统的非商品能源消费模式过渡到商品能源消费模式。农家能源需求正在成为我国能源需求与碳排放增长的主要来源（苗向荣，2017）。多种能源互补是农村居民用能的主要特点。以北京农村地区为例，

① 陈炜伟. 2017 年末全国农村贫困人口减至 3046 万人.

电力、煤炭、液化气用户数量分别占100%、71.8%和73.4%；使用太阳能热水器的用户占41.6%，薪柴用户占37.4%；平原区户均能源消费量显著高于山区、半山区。另外，与城市地区集中供暖不同，分户自主采暖也是农村采暖的主要方式，如采用煤炉、小锅炉、户用燃气壁挂炉、户用太阳能或热泵等。另外，农村地区人均太阳能、生物质能和地热能等可再生能源资源占有量比城区居民要大很多。例如，农村人均屋顶面积是城区居民的22倍以上。农村可再生能源利用规模和利用水平依旧有很大提升空间。

因此，在农村地区，除了通过用能方式转变（如散煤取暖转变为集中供暖的新型用能模式）来减少非清洁能源消费外，还可以推进新能源、可再生能源的利用，以及采用被动式住宅设计。

例如，在我国西南农村地区，清洁发展机制（CDM）和自愿减排机制推进了农村户用沼气黄金标准项目。天津则主要采用四种模式，包括户用沼气工程、秸秆沼气集中供气工程、畜禽养殖沼气工程、秸秆气化燃气工程（刘健等，2016）。由于养殖场与村庄尚有一段距离，管网建设需要大额投资，因此天津的养殖场畜禽粪便制沼气的规模大都较小，且只自用。在沼气集中供气工程方面，天津目前已有2处，供气户数达到600万户，年产沼气324000m^3。在秸秆气化生物质燃气方面，天津已有秸秆气化集中供气工程55处，供气户数达到23100户，年产生物质燃气42147500m^3。另外，光伏新能源在农业农村生产生活领域也有广泛的应用潜能：①太阳能光伏发电系统并入市政电力系统，供农村居民生活生产使用；②在农业温室补光系统中的应用，即利用光伏发电替代人工光源（荧光灯）照射，减少耗电量以及碳排放量；③提水系统在农业生产中的应用，利用太阳辐射能转化成的电能驱动水泵进行抽水（汤飞等，2014）。草原牧区风能、太阳能利用的潜力更大。

此外，农村能源系统绿色转型与政府财政补贴和同群效应有关（邓慧慧和虞义华，2018）。例如，有调研分析显示，受政府补贴影响的实验组农户所在村庄平均安装率每增加1%，该实验组农户购买概率增加47.8%；而未受补贴政策影响的对照组农户的相应数据显著较低，购买概率增加21.4%（邓慧慧和虞义华，2018）。研究说明，政府补贴进一步强化了同群效应，使得农户购买新能源设施的行为更易受同村其他农户行为的影响。

总之，新建或改建农村住宅设计应根据当地环境，结合实际情况，提高政府对新能源的政策支持，推广低成本节能技术和健康节能的生活方式，以大幅降低建筑传统能源的消耗，实现低能耗、舒适的农村居住环境。未来评估可以从气候变化对太阳能资源、风能资源的丰沛程度及时空分布影响着手，进行更深入的研究，以加深气候变化对农村建筑利用新能源风险的理解。

2. 生命线子系统：城乡统筹

加强农村基础设施建设，能有效减少气候变化对农村地区人居环境的负面影响，尤其在污水处置、供水安全保障方面（高信度）。党的十九大报告指出，中国特色社会主义进入新时代，我国社会主要矛盾已经转化为人民日益增长的美好生活需要和不平衡不充分的发展之间的矛盾。其中，不平衡的一个重要体现就是城乡之间在收入、基础设施、医疗、卫生、教育、养老等各个层面存在的明显差距。为提升农村地区基础设施水平，《全国农村环境综合整治“十三五”规划》提出：①推进城镇垃圾污水处理设施和服务向农村延伸；②在农村村庄层面，推行垃圾就地分类减量和资源回收利用；③交通便利且转运距离较近的村庄，生活垃圾可按照“户分类、村收集、镇转运、县处理”的方式处理，其他村庄的生活垃圾可通过适当方式就近处理；④离城镇较远且人口较多的村庄，可建设村级污水集中处理设施；⑤人口较少则建设户用污水处理设施（于法稳，2019）。2013~2016 年，我国农村排水设施、污水处理设施投资强度有了明显的提高（表 8-6）。

表 8-6 农村排水设施、污水处理设施投资强度及变化

年份	每个行政村排水设施投资强度 / 万元	每个行政村污水处理设施投资强度 / 万元	人均排水设施投资强度 / 元	人均污水处理设施投资强度 / 元
2013	2.52	0.6	17.13	4.11
2016	4.35	1.88	28.94	12.49
增长量	1.83	1.28	11.81	8.38
增长率	72.62%	213.33%	68.94%	203.89%

资料来源：于法稳和于婷（2019）。

城市或具有城市水平的基础设施及服务的延伸离不开合理安排的城乡统筹。但由于城镇基础设施延伸的有效范围有限，我国目前城镇化导致的人口、经济在空间方面的迁移、聚集将使得偏远农村地区在基础设施建设及维护方面面临更大挑战，气候变化可能加剧这一挑战。尤其是，在固废方面，偏远农村地区如果不能有效处置其生活垃圾，则会对当地水资源、土壤等生态环境造成影响。村村通路通电工程和手机普及极大地增强了农村生产与生活应对气候波动与极端事件的能力。

3. 生态子系统：水资源及洪涝干旱问题

节水农业与水利工程是农村地区应对气候变化、有效保护和利用水资源的关键抓手（高信度）。乐施会 2015 年发布的《气候变化与精准扶贫》研究报告指出，中国 11 个连片特困区与生态脆弱区和气候敏感带高度耦合，特困区具有气候暴露度高、敏感性高、适应能力弱的特点，其气候脆弱性远远高于全国平均水平且适应能力低于全国平均水平。气候贫困高风险地区主要分布在西北高寒地区、西部山区、干旱半干旱草原地区、沙漠绿洲农业地区、沿江沿海湿地地区等，这些连片特困区大都处于这些生态环境高脆弱地区，其自然环境恶劣，居住分散，基础设施和基本公共服务滞后，往往长期陷入“环境限制 – 贫困陷阱”的恶性循环之中。

考虑到日益稀缺的水资源量，降低农业生产用水资源量将有利于保证农村生活供水。随着现代农业建设的发展，工业反哺农业、城乡统筹将成为促进农村经济发展的有效手段。通过调整种植结构、优选灌溉方式方法、栽培繁育节水型种苗、完善工程节水措施等，推动农业生产用水节约转型（柳钧正等，2012）。

气候变化情景下，极端天气频率增加。为此，供水工程的设计保证率必须要有显著的提高，如现有设计中的水文统计参数计算是根据连续的历史实测资料来进行的，未来新设计中有必要筛选极端气候变化下特定时间段的水文监测值，并将单纯的工程及下垫面影响因子扩展为气象因子与下垫面因子两类，由此筛选水文参数，以探索年最大值（柳钧正等，2012）。

此外，对于水网较丰富的地区而言，“河湖连通”水利工程将是应对极端气候变化的一项有力选择。通常，极端气候变化对塘库性质的蓄滞洪区影响较大。通过河湖连通的水网工程建设和库塘窖的联动，“河湖连通”水利工程将有效截流洪水期间的多余水量，蓄丰补枯，这样不仅可以增大水体自净能力，还可以实现不同区域间的水权置换，促成水资源优化配置（柳钧正等，2012）。

从应对灾害视角出发，村镇可以绘制洪水风险图、分析村镇现状的自然条件和生态环境，以更好地应对洪涝灾害（彭翀等，2015）。具体措施可分为以下4种：①在分析研究的基础上，将气象、水文等环境因素纳入城镇发展的框架内；②将地形、气象、人文、降水量等自然因素作为确定村镇未来人口、规模、发展方向、发展目标等指标的重要因素；③综合协调地区气候特征、对洪水风险测评以及前期分析结果，加强对村镇防洪设施的建设；④通过针对不同的环境因素，如山地、河流等，对具体的建设防护措施提出相应的具体要求。

干旱方面，基于我国西南地区2009~2010年的应对经验，余庆年等（2011）总结在人畜饮水方面农户自发采取的适应措施有：买水、节约用水、背驮水、寻找新水源等，这些措施有效地缓解了灾中人畜饮水紧张的问题。深入的实地调查也表明，在公共层面和私人层面的共同作用下，特大干旱并未对农户的生计造成致命的影响，甚至旱情越严重的村组因为得到的帮扶越多反而受到的损失较小。抗旱活动中，不同层面的具体应对行动包括：①县。县防汛抗旱部门组织抗旱应急工程的建设，主要包括对老旧水利设施的维修、除险、加固等，以及挖掘渠道、铺设水管等加强供水基础设施建设，此外也包括紧急购置运水车辆、各类抽水设备和运水桶等发放到各乡镇。②村。村民先行集资购买水泵、柴油机、水管等抽水设施，从附近的水源地抽水，以解决村生产生活用水困难问题。③烟草公司。从2005年以来，国家启动基本烟田基础设施建设，到2010年5月初共建成烟水工程107件，烟草水窖6560个，这些工程在灾中发挥了重要作用（余庆年等，2011）。

4. 社会子系统：提高抗灾能力

加强农村地区的气候灾害预警体系、物质及金融支持、人力资源培育、农业政策保险等适应能力建设，将是自然资源依赖型农村地区应对气候变化的有效手段（中等信度）。

牧业方面：谭淑豪等（2016）以内蒙古锡林郭勒盟草原牧业为例，研究了人群的适应，结果发现：①人力资本方面，适龄劳动力人口较多的牧户，脆弱性程度较低。②自然资本方面，低脆弱性牧民家庭人均草场生产力显著高于高脆弱性牧民。③物质资本方面，高脆弱性牧民与低脆弱性牧民在有无棚圈、家庭固定资产和牲畜数量上并没有显著差异，差异主要体现在有无机井上：低脆弱性牧民中有 51.7% 的家庭拥有机井，而高脆弱性牧民中只有 31.5% 的家庭拥有机井。这表明，在干旱半干旱草原上，水井是影响牧民社会脆弱性程度的一项重要的物质资本。④金融资本方面，高脆弱性牧民与低脆弱性牧民在获得贷款的比例上组间差异较小。这表明，草原牧民普遍具有贷款需求，获得贷款是他们在气候变化下做出的基于市场的应对行动（如购买草料），是增强其适应气候变化能力、降低其社会脆弱性的一条重要途径。⑤信息的获得是牧民做出采取适应气候变化行为决策的重要前提，技术信息与价格信息越容易获得，牧民对信息的掌握越全面，越有利于提高其适应能力。

渔业方面：首先，从低碳发展的角度来看，杨子江等（2010）认为，构建与完善我国渔民增收长效机制是推动我国低碳经济发展的重要力量之一。作为水产品贸易集散地，国际经济往来的重要交通枢纽港口对地方渔业经济发展、渔民增收有着重要意义；人工鱼礁不仅是低碳渔业经济建设的重要内容，更是当前世界渔业发达国家保护渔业资源的一项重要措施。综上，渔业的低碳发展对渔民的适应有正面作用。其次，从适应性角度来看，杨子江等（2010）认为渔民家庭收入水平、渔民生活压力状况和政府管理效率也是影响海洋渔业社会－生态系统适应能力的 3 个关键因素。基于此，未来我国一方面要探索在资源环境约束背景下稳步提升渔民收入的有效途径，着力解决部分“失海”渔民的生活压力问题，另一方面还应积极借鉴国外先进的海洋渔业适应性管理经验，推进渔业管理制度改革，提升渔业管理效率。具体措施包括：①制定能够适应外部扰动的高效动态管理制度；②定期监测和评估渔业管理政策的实施效果并及时调整以适应外部扰动，有效控制系统脆弱性；③通过资金补贴、技术培训等方式，保障渔民在转产转业中的合法权益，并从文化、卫生、医疗、教育等多个层面完善渔业社会保障制度，提高渔民生活质量水平。

Zhao 等（2015）针对陕西省 3 个不同气候脆弱区 7 个村庄开展的气候变化脆弱性和适应能力评估研究发现，农户的气候脆弱性高，适应策略和收入来源多样化有助于提升适应能力、降低气候脆弱性，对此需加强政策干预、加大政府对农户的适应投入，如提供气候和天气资料、加强灾害管理、增加水源、改善农业支持系统、加强农户适应能力建设等。周力和郑旭媛（2014）分析了当面临连续的、高威胁的气象灾害时，不同类型农户的风险规避行为，建议面对未来气候变化等外生风险时，中国农村扶贫政策应当区分三类群体并予以不同对待：①严重缺乏有效劳动能力的贫困群体。应将其有针对性地纳入“低保户”或“五保户”，而不是贫困户（或称“低收入户”）。②具有健康劳动力的贫困户。这一群体往往不易陷入长期贫困中，但面对气候风险，陷入随机型贫困的可能性较大。由于气候风险是区域性的，村级层面的风险共担（village-level risk pooling）机制往往失效，因此，可以提倡节省交易费用的气象指数保险（weather index-based insurance）。③略高于“资产贫困线”的非贫困户。这一群体由于被排除在扶贫政策之外，但仍以从事农业生产为主，因此可能更容易受到气候风险冲击而陷入短期的逆转型贫困中。

8.5 未来气候变化对我国人居环境影响、风险与适应

8.5.1 影响人居环境的未来气候变化风险特征

未来很长时期内降水和气温的极端变化趋势更加明显，高气候变率状态下我国极端旱涝、高温热浪和低温灾害极有可能日渐严重。基于多个全球模式及区域气候模式的气候要素情景预估结果，未来我国降水和气温极有可能向着更加极端化的趋势发展，高气候变率状态下我国极端旱涝和极端变温引发的灾害将很可能更加频繁出现。

从降水来看，全球气候变化在一定程度上改变了大气水汽条件和不稳定度，很可能带来极端降水的增强。极端降水不仅在强度上有所增强，而且很可能在频率和持续时间上也发生改变，这意味着重现期长的罕见极端降水事件的风险非常可能会增大。在 RCP8.5 情景下 21 世纪中期亚洲中高纬度的降水呈现增加趋势，在 1.5℃和 2℃增温背景下中国东部、西南部和青藏高原地区将发生更严重的极端降水，21 世纪末全国强降水事件强度平均增加值为近 30%，目前 50 年一遇的强降水事件在 21 世纪末将很有可能变为几年一遇（李伟，2018；张磊等，2018；吴润琦，2019；Xu et al.，2018），对于不同的排放情景，高排放情景下极端降水的变化更为显著、强度更大（陈红，2017；景丞等，2017）。对于不同的流域，21 世纪 20 年一遇极端月降水量的增强变化特征近似形成由西北往东南“高—低—高”的空间分布格局，其中内陆河流域增强变化最显著，淮河流域和长江流域增强变化最平缓（方国华等，2016）。值得注意的是，强降水事件和干旱事件可能在未来同时增加，极端洪涝和极端干旱并存的高风险局面更为严峻（Li et al.，2015；李柔珂等，2018；陆咏晴等，2018；Zhu et al.，2018；Xu et al.，2018；魏培培等，2019），极端降水事件在年平均降水量超过 1300mm 的中国南部区域风险更高，而极端干旱的次数增加在干旱区上升的幅度明显高于湿润地区（李林超，2019）。在热岛效应显著的城市群内陆地区已发现小时降水强度的显著增加，京津冀、长三角和珠三角三大城市群的城市化发展有利于降水增加的作用信号更加明显（江志红和黄丹莲，2014），尤其是在位于全国极端小时降水强度中心地带的粤港澳大湾区城市群（吴梦雯，2019），随着城市化进程中的热岛效应不断持续，可以预期未来城市小时降水的极端化趋势进一步增强。另外，未来气候变化情景下暴雨诱发极端洪水和地质灾害的频率和强度也有较大可能增加，如澜沧江流域洪峰、洪量增加的可能性较大（王书霞等，2019），淮河流域水文循环强度增加、洪水事件的发生可能性将增大（金君良等，2017），横断山区由极端降水诱发的滑坡、泥石流等地质灾害风险也可能增大（李沁汶等，2019）。

从气温来看，未来中国区域极有可能普遍持续增温，气温升高幅度冬季比夏季更明显（翟颖佳等，2016；张冬峰等，2017），全球变暖背景和人类活动使盛夏极端高温发生概率显著增加，随着温室气体的持续增加，东北亚地区的夏季增暖和高温事件频发将继续维持甚至可能增强，东亚地区在 1.5℃和 2℃温升情景下都将比全球平均增温高约 0.2℃，特别是在人口相对较多的地区，如中国东南部地区，极端

高温事件的强度、频率和持续时间都比其他地区增幅更大（Dong and Lee，2016；Li et al.，2018；Ma et al.，2019），SRES A2 情景下，中国区域性热浪事件强度更大、频率增加一倍多、持续时间增加 30% 以上，未来东北、华北、西部干旱区很可能经历更强且更频繁的极端高温事件，同时西部干旱区发生极端低温事件的概率减小，但低温事件的强度增强、持续时间缩短（杨红龙等，2015；于恩涛和孙建奇，2019；吴润琦，2019）。对 50 年一遇的极端温度事件的预估表明，在 RCP8.5 路径下，21 世纪末全国平均的年极端最高气温及极端最低气温值变化幅度分别达到 5.4℃和 5.6℃，目前 50 年一遇的极端高温事件在 21 世纪末将变为 1 年多一遇（Xu et al.，2018）。我国不同区域未来遭遇的极端气温事件风险还存在区域性差异，如到 21 世纪末期（2081~2100 年）西南和南部沿海暖夜指数增加最显著，青藏高原周围地区的霜冻日数减少最明显（江晓菲等，2018），在 RCP4.5 和 RCP8.5 情景下，未来我国较冷区域极端高温事件的增加更显著，而在较暖的区域极端低温事件的减少更显著（李林超，2019）。

随着未来气候进一步变化，各种气象条件的改变极有可能导致大气污染物扩散状态的改变。以北京地区为例，霾日极少的冬日蓝天出现概率从 20 世纪上半叶到下半叶已减少 50%，且多模式的 RCP8.5 情景模拟分析表明，此类利于污染物扩散的冬季气候条件还将进一步减少 60%（Pei and Yan，2019）。对京津冀地区 RCP8.5 情景下的典型月份进行动力降尺度预估，该区域整体呈现温度升高，风速、相对湿度及大气边界层高度均降低的趋势，年均大气污染物（$PM_{2.5}$、SO_2 及 NO_x）浓度整体呈现升高的趋势，京津冀地区未来很可能面临空气质量恶化的潜在风险（王堃等，2017）。对政策控制排放情景下黑碳气溶胶排放预测表明，京津冀降水减少，夏季珠三角略有降温并在冬季继续保持降温状态，秋、冬季京津冀则会出现升温（陈莉荣等，2018）。气候暖干化导致水资源严重缺乏地区城市规模扩大与人口数量增长受到制约。

8.5.2 对人居环境的可能影响

气候变化背景下居民遭受极端天气气候冲击的风险极有可能进一步加大。预计我国大部分城市炎热不舒适天气的发生概率会继续逐渐上升，高温不舒适覆盖区域有从南向北移动的趋势，居民越来越易受到高温热浪的侵袭（唐进时，2015），温度的骤然波动对心脑血管健康影响日益突出（陈正洪等，2014）；不同情景下中国极端降水风险等级均呈现由东南向西北方向降低的趋势，50 年一遇情景下大城市群的高风险区面积明显扩大（尹占娥等，2018），不同升温阈值和 SSPs 路径相结合的不同组合情景下，长江流域平均每次有 1177.47 万人暴露于极端降水事件影响下，2.0℃温升情景下比 1.5℃有更多的暴露人口、更大的强度和影响面积（刘俸霞，2018）。

全球气候变化和极端气候频率增强是现阶段气候变化的总体趋势和特点，人类居住条件和建筑基础设施也将可能受此影响。区域的宜居属性将随气候变化改变，如约有 4 亿人口的华北平原在 2070~2100 年将极有可能成为热浪重灾区，受气候变化和农业灌溉影响，华北平原将可能不宜居住（Suchul and Eltahir，2018）。日益严峻的极端气候环境还将进一步影响建筑的寿命，增加居住的维护和使用成本，如暴雨浸润改变地基承载力，高温干旱带来的湿度变化也影响建筑物的力学性能，极端气候的频率加大会破坏建筑材料的耐久性，甚至导致结构变形。此外，气候变化还重塑了气候分区，引起了部分城市建筑气候区属的变化，这意味着一些室内热环境在未来将不再满足舒适度要求。未来具有明显区位与产业优势的农村将吸收周围的人口与生产要素，形成大村或小镇；不具备区位与产业优势的农村，人口将继续向城镇转移而更加空心化。在实施乡村振兴战略时，要区别对待这两类农村，制定不同的发展规划与保护措施，并根据村情，针对气候变化的影响采取相应的适应对策。对可能消亡的农村，重点放在选择适宜迁移地、提高农户适应能力和生活质量上，对发展优势明显的农村，要加强基础设施建设和气候适应型村镇管理。

城市生命线构筑了城市运行的安全网，城市安全线在变化着的气候中也将面临层出不穷的考验。未来我国城市排水压力整体上升，且RCP8.5情景下的压力显著高于RCP2.6情景，如在当前排水能力下，未来上海市中心城区需要增加较多的透水面积才能抵消气候变化带来的城市积水面积增加（杨辰等，2018；陆咏晴等，2018）。全球变暖背景下，气候波动幅度增加，也间接导致强对流频发，未来更高概率的短时强降水不仅会形成内涝积水堵塞城市交通，还会因局地雨强较大诱发山洪地质灾害，而且强对流天气带来的大风、雷电、冰雹等灾害还容易造成人员伤亡。气候变暖背景下不仅暴雨天气将增多，未来高温热浪也将成为气候的新常态，连续高温在飙高电网负荷的同时加剧了用电紧张。对京津冀、长三角、珠三角三大城市群气候效应对电力需求的影响的未来预估结果表明，珠三角地区在未来情景下取暖度日数下降幅度最小但制冷度日数增加最多，京津冀地区的制冷度日数增加最小而取暖度日数增加最多，说明高排放情景下不同纬度的城市群所受影响有差异（惠画，2015）。

极端气候事件的增多很可能导致城市气候承载力超限，使未来城市生态环境系统面临的压力加大。在城市地质环境方面，极端干旱在加剧地下水超采的同时也会导致更严重的地面沉降和岩溶塌陷，温室效应使沿海城市面临海平面上升和强风暴潮的巨大威胁，地面沉降和海平面上升“双碰头”导致问题进一步复杂化。在大气环境方面，静稳天气和高湿天气的极端气象条件下重污染形势更加严峻，排放量大的污染物在城市堆积后往往超出大气环境容量，造成雾霾顽疾。在城市水环境方面，频发暴雨一方面可对城市排水管网带来超负荷压力，另一方面还可通过暴雨径流挟带的非点污染源排放进一步冲击城市水体生态系统，使城市水质功能下降；同时，气候暖干化会导致水资源严重缺乏地区城市规模扩大与人口数量增长受到制约。在城市生物环境方面，气候变化背景下，城市对动植物的环境友好度降低，动植物为适应气候变化不断改变习性，城市生物多样性受到威胁，同时致病微生物数量增多、传染期加长，致病隐患进一步加大，影响人居环境质量。城市物理化学环境亦受天气气候状况多方面的影响，如城市热污染与高温热浪、城市大气环境与城市辐射、空气负离子浓度和城市气象条件等，最终进一步影响到居室内外的小气候环境舒适性。

图8-3给出了未来气候变化影响人居环境的示意图。

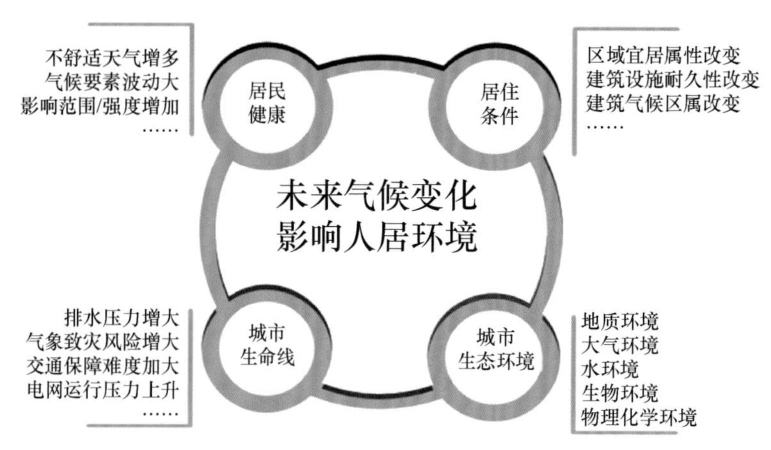

图 8-3 未来气候变化对人居环境的影响

8.5.3 人居环境改善与提高的适应选择

1. 落实城市复合灾害风险的综合防范策略

随着城市人口和财富的快速集聚，城市越来越趋于暴露和脆弱中，在不同碳排放情景下，年 GDP 损失率的概率密度曲线尾部均表现出小概率大损失的特征（梁荣和陈秉正，2019），这说明气候变化背景下需要额外关注巨灾风险损失。在变化的气候背景中，城市面临的不仅仅是单一灾种的威胁，更饱受同时或相伴发生的复合灾害。相对于单一灾害，遭遇复合灾害无疑对城市人居环境的破坏力更大，也更容易造成巨灾风险损失。当前对于单一灾种已有相对成熟的应对策略，然而复合灾害的应急政策和防灾措施尚不完善，政府多部门的协同联动应对方针和高效协作方案仍需进一步完善。为应对气候变化背景下复合灾害多发的棘手局面，有必要将灾害的综合防治作为城市应对气候变化的重要抓手，针对复合灾害链展开系统研究，推进跨部门、多学科的交叉综合，形成地理学、气候学、环境学、生态学、城市规划学、社会学等跨学科的集成研究，剖析复合灾害“牵一发而动全身”的复杂连锁特点及放大效应，找出当前综合防灾政策所存在的不足，实现综合防灾思路的转变，给出不同灾种叠加情形下的应急规划编制及改进方案，为政府提供决策管理依据，以增强城市安全性，提升居民的居住安全感。

2. 增强气候适应政策的有效区分度和目标导向性

虽然城市人居环境面临着诸多问题，但是不同的城市之间以及城市内部不同组成成员之间所面临的情况千差万别，在具体策略制定过程中区别对待，才能强化政策的引导力。例如，应当对症下药提出本地化、个性化的城市人居环境干预措施，分类分区制定防灾减灾的地域空间应对策略，采取因地制宜的协同适应策略（徐宗学等，2017），提出生态安全、低碳节能、健康城市、田园综合体等不同的差异化城市发展目标导向，针对不同城市特点科学制定合适有效的海绵城市建设方案（杨蕾和尹成美，

2018），协调考虑城市功能—气候变化—灾害恢复力规划，从宏观和微观上综合打造人居环境的绿色宜居空间生态体系，提升人居环境品质。适应气候变化方案应当针对重点区域、领域和敏感人群分别制定，识别城市的气候变化关键风险、脆弱人群和区域，形成有针对性的干预措施；重视特色产业、敏感行业、重要部门和关键基础设施的分类影响评估；研究气候变化敏感性疾病对城市不同人群健康的临界气候阈值，加强对个体尤其老人、儿童适应气候变化的指导（顾朝林和张晓明，2010），突出适应策略的目标导向性，通过多管齐下创建健康城市和生态宜居家园。

3. 基于生态文明、新型城镇化的战略目标进行统筹规划

应对气候变化是我国可持续发展的内在要求和大国应尽的国际义务，在制定适应气候变化策略的过程中应当始终围绕着生态文明建设的要求，立足于新型城镇化和绿色化同步发展的新阶段来统筹规划，树立城镇建设的绿色低碳标杆，使适应气候变化成为城市新兴竞争力的新的发力点。一方面，应当借鉴国外发达城市应对气候变化工程性及非工程性措施管理和运营经验（张庆阳等，2013），推进以服务人居需求为出发点的绿色基础设施建设，包括可持续雨洪管理、河道生态修复、污水和固体废物处理等多种技术（Spatari et al.，2011；Ellis，2013；栾博等，2017；Ahiablame et al.，2012；Lafortezza et al.，2013；Demuzere et al.，2014），已有美国低影响开发（刘娟娟等，2012）、加拿大绿色基础设施（唐晗梅和赵兵，2015）、英国可持续城市排水系统（Spillett et al.，2005）、澳大利亚水敏感性城市设计[①]等实践案例。另一方面，在学习国外先进做法的同时也要考虑我国的城镇化特殊国情，优化布局和结构是我国城镇绿色化的最大潜力之所在，在城镇化由量向质的转型过程中既要井然有序又不失活力，应当加强城市前瞻性规划引领：将气候变化因素纳入城镇发展的经济社会发展全局，将适应气候变化目标纳入区域发展规划各环节，充分考虑气候承载力，加强空间开发适宜性评价的气候变化论证，更新暴雨公式、提高城市建设规划设计参数和标准规范（欧阳丽等，2010），通过情景分析和编制城市温室气体排放清单并制定清晰、明确的低碳城市路线图，确定城市短期、中期、长期碳减排目标并付诸实施。

4. 依托"互联网+"建设气候智慧型城市，展现应对气候变化的行动力

近年来，我国已逐渐由环境威权主义向参与式治理政策模式转型，为了进一步提升非政府主体的参与层次，可以充分发挥"互联网+"的跨界聚合功能，推动实现政府气候适应策略的治理模式创新，加强科普宣传，提高全民意识，增强企业、公众、新媒体、智库机构的多元化支撑和全社会协同广泛参与，搭建城市建设的气候防灾精细化、便捷化、人性化的高速信息服务通道，还要发挥大数据等新一代信息技术的创新应用，将发展智慧气象积极融入智慧城市建设：在技术方法研究方面，加强区域气象气候灾害发生规律的研究，发展高分辨率天气和气候模式，应用移动互联和智能识别等技术，加大智能网格预报和人工智能技术的研发力度，开展云计算健康医疗研究

① Lloyd S D，Wong T H F，Chesterfield C J. 2002. Water sensitive urban design—A stormwater management perspective.

（金兴等，2017），探索仿真模拟等前沿智慧技术（王书肖等，2015）；在评价指标体系建设方面，充分整合利用多源数据库，结合城市环境气候图和精细化气候信息形成城镇空间结构的适宜性监测与量化评价框架（房小怡等，2015b；贾琦，2018），建立适应气候变化决策和行动的科学框架体系；在成果表达和应用方面，基于适应气候变化关键技术体系形成多灾种智能分析、应急决策支持平台，实现不同时空尺度的人居环境演变的有效模拟、分析与预警，健全应对气候变化的科技推广应用机制和综合防御体系，为实现宜居城镇的建设愿景目标提供科学支撑。

8.6 主要结论和认识差距

8.6.1 主要结论

通过对国内外相关文献的研究与评估，梳理不同作者的成果与观点，经过认真评估得出以下几点主要的结论。

（1）人居环境概念是将人类聚居区视为一个整体，包括自然生态、人、社区、关键基础设施等核心要素。人居环境包括软环境和硬环境，可分为四大关键领域（子系统）：①建筑基础设施；②关键基础设施；③自然基础设施；④社会基础设施。不同地域、不同发展水平的城乡人居环境系统具有不同的气候风险特征。

（2）气候与环境和城镇化塑造了我国人居环境的基本格局。人居环境的特征及其变迁与气候变化的影响、暴露度、脆弱性等风险要素高度关联，需要加强城乡人居环境中的灾害风险管理和前瞻规划。中国地域广阔，发展水平差异很大，不同地区的人居环境受到多种气候变化风险的影响。气候变化对特大城市（城市群）人居环境的影响幅度可能高于中小城市，对沿海和干旱缺水城市的影响可能高于内陆平原城市。需要针对不同人居环境的特点采取因地制宜的适应行动（中等信度）。

（3）城市人居环境是气候变化影响及适应行动的热点领域。近年来，伴随着快速的城镇化进程，城市气候灾害风险日益突出。国内外经验表明，有效的适应决策必须协同实现减排和发展目标，且有赖于政府支持、部门合作及社会参与。我国目前正在积极推进的气候适应型城市、海绵城市、地下管廊建设等政策试点，有助于提升城市绿色基础设施、灰色基础设施的适应能力和灾害恢复力（中等信度）。

（4）气候变化给我国沿海地区、中西部地区基础设施建设相对薄弱的农村地区带来更大的挑战，在气候变化及城镇化提升背景下，我国农村人居环境面临的气候变化风险及影响加剧、空间分异程度显著。加强农村水环境、生态保护、基础设施、气候灾害预警体系、农业政策保险等适应能力建设，是自然资源依赖型农村地区应对气候变化的有效手段（中等信度）。城乡统筹、低碳发展、抗灾能力建设的实施能减缓相关气候变化影响，并具备应对气候变化的协同功能。

（5）未来极端气候事件的增多很可能导致城市气候承载力超限，影响人居环境的气候变化风险加大，系统性风险、灾害链效应增强，因此制定气候适应性人居环境改善目标与途径越发重要（中等信度）。由于人口和财富的集聚，基础设施的连通性增强，应注重特大城市和城市群地区的脆弱性，避免极端灾害产生的风险放大效应。农村地区应当注重气候变化引发和加剧的贫困与移民风险，加强农村基础设施和人居环境的适应性建设。

8.6.2 认识差距

虽然对气候变化对人居环境的影响有了比较全面的评估，但是由于文献数量的限制、科学认识的不足，依然存在认识上的差距。

气候变化与人居环境具有复杂系统特征，表现为交互影响机制。其中，城市与农村地区由于社会文化、经济产业、自然条件、基础设施等诸多差异，在气候变化的冲击下，往往表现出不同的风险特征。例如，城市人居环境的重点是城市生命线子系统，气候变化灾害（如高温、台风、城市洪水、健康风险等）导致的损失和影响主要受到致灾因子强度（如极端降水强度、热浪持续强度）、人口和财富暴露度的影响。农村人居环境则主要受到基础设施、生态环境和人口脆弱性的影响。贫困与气候脆弱性高度关联，我国国家级贫困地区普遍存在发展基础薄弱、适应能力差、对气候环境的依赖性高等问题，其依靠自然资源和农业谋生，因此气候变化加剧了贫穷、生态恶化、人居环境破坏等发展风险。

城市人居环境由于人口高度密集、内部构成要素多样化，在气候变化风险下，容易产生风险放大效应，引发系统性风险，即单一冲击导致整个系统的结构、功能和稳定性遭到破坏，从而导致整个系统崩溃。对此，需从城市战略规划、城市系统恢复力等角度注重研究城市人居环境的特征及其适应性。

对于农村人居环境的气候变化影响及适应途径，目前的关注仍非常有限。在气候变化背景下，有关农村地区供水工程（技术、承载力等）的精细尺度数据尚缺乏，该数据是评估未来气候变化背景下农村地区供水水量的关键数据。有关农村地区污水及固废管理（技术、承载力等）的基础数据尚缺乏，该数据是评估气候变化对农村地区供水水质、生态环境的关键数据。与气候变化相关的低碳发展趋势及政策很有可能对农村人居环境的演化产生作用，但相应研究尚缺乏。有关气候变化对我国草原牧业、海洋渔业资源影响的基础性研究尚缺乏，该数据对研究脆弱地区农村人居环境（草原牧民、沿海渔民）有帮助。

对基础设施恢复力、与发展和治理能力有关的综合恢复力（或系统恢复力）的实证研究仍比较有限，而且很难确定不同气候风险与气候恢复力的阈值，从而不利于对人居环境实施精细化的适应性管理。例如，有关气候变化背景下城市地区污水及固废处理等基础设施的韧性评估研究尚少，但其对充分评估城市的外溢效应（对农村地区的负外部性）很关键。

针对城乡人居环境的灾害损失评估、适应能力评估需要建立在长期的数据观测、资料统计、未来预估等科学研究基础之上。传统自然灾害统计多依靠自下而上的层层申报，统计口径不够齐全、缺乏系统性和完整性是影响灾害损失评估与适应能力监测的主要因素。

需要加强气候变化与城市人居环境交互影响机制机理、城市地区适应气候变化的政策机制研究，探讨不同领域人居环境的适应性技术，针对不同地区、不同发展阶段、不同气候地理环境下的城市人居环境，进行政策试点、加强案例研究、总结成功的适应经验和模式。

有关农村地区不同行业、不同群体的气候脆弱性、适应能力、抗灾能力（如防洪蓄洪、应对干旱等极端天气）的研究有待拓展和深入，尤其是气候变化引发和加剧贫困的风险机制、传导效应、适应对策等，以及其与人居环境适应性的关联，需要更多的文献和研究支持。

未来具有明显区位与产业优势的农村将吸收周围的人口与生产要素，形成大村或小镇；不具备区位与产业优势的农村，人口将继续向城镇转移而更加空心化。在实施乡村振兴战略时，要区别对待这两类农村，制定不同的发展规划与保护措施，并根据村情，针对气候变化的影响采取相应的适应对策。对于可能消亡的农村，将重点放在选择适宜迁移地、提高农户适应能力和生活质量上。对于发展优势明显的农村，要加强基础设施建设和气候适应型村镇管理。

名词解释

人居环境：人类聚居生活的地方，人类利用自然、改造自然的主要场所，是人类在大自然中赖以生存的基础。人居环境包括四个重点领域：建筑子系统（建筑基础设施）、生命线子系统（关键基础设施）、生态子系统（自然基础设施）、社会子系统（社会基础设施）。

农村人居环境：农村人居环境是人居环境在农村区域的延伸，其既包括气候条件、自然资源、区位特征的生态环境和不同经济发展水平创造的宏观经济环境，也包括住宅、基础设施等硬环境，以及信息交流等软环境，是一个相互依存和相互影响的有机整体。

城市人居环境：城市是一个由物质系统和人类社区组成的可持续网络系统，城市人居环境包括建筑、基础设施、自然生态系统等硬环境，以及人类社区等软环境。

可持续城市：可持续城市是以可持续性为目标、具有前瞻性和系统性思维的城市发展理念。可持续城市涵盖了经济增长、社会公平、生态环境良好等方面，体现为具有更高的生活质量、更好的生态环境、安全性及宜居性的现代城市。气候变化背景下的可持续城市需要注重城市生命线基础设施、自然生态环境、社会安全网体系等基础设施建设。

■ 参考文献

薄凡 . 2019. 城市复合生态系统下绿色基础设施福利效应研究 . 北京：中国社会科学院 .

薄凡，庄贵阳 . 2018.“低碳 +”战略引领新时代绿色转型发展的方向和途径 . 企业经济，(1)：19-23.

曹畅，李旭辉，张弥，等 . 2017. 中国城市热岛时空特征及其影响因子的分析 . 环境科学，38（10）：3987-3997.
陈红 . 2017. 长江中下游夏季极端降水事件频次的统计降尺度模拟与预估 . 长江流域资源与环境，26（5）：771-777.
陈莉荣，郑辉辉，师华定，等 . 2018. 未来黑碳气溶胶排放对区域气候变化的影响模拟 . 环境工程技术学报，8（1）：1-11.
陈琦，胡求光 . 2018. 中国海洋渔业社会—生态系统脆弱性评价及影响因素分析 . 农业现代化研究，39（3）：468-477.
陈振林 . 2017. 上海城市气象灾害风险管理的实践与思考 . 气象科技进展，7（6）：54-58.
陈正洪，杨桂芳 . 2012. 城市气象灾害及其影响相关问题研究进展 . 气象与减灾研究，35（3）：4-10.
陈正洪，杨桂芳，扈海波 . 2014. 气候变化背景下温度对人体健康影响研究进展 . 中国公共卫生，30（10）：1318-1321.
程志刚，孙晨，毛晓亮，等 . 2016. 城市化对成都地区夏季气候变化影响的数值模拟研究 . 成都信息工程大学学报，31（4）：386-393.
崔林丽，史军，周伟东 . 2009. 上海极端气温变化特征及其对城市化的响应 . 地理科学，29（1）：93-97.
邓慧慧，虞义华 . 2018. 中国农村能源系统绿色转型研究——基于中国农村家庭能源调查数据 . 浙江社会科学 , (1): 57-65, 101.
丁一汇，杜祥琬 . 2016. 气候变化对我国重大工程的影响与对策研究 . 北京：科学出版社 .
董妍，彭艳，李星敏，等 . 2011. 陕西关中城市群热岛效应指标初探 . 生态环境学报，20（10）：1551-1557.
方国华，戚核帅，闻昕，等 . 2016. 气候变化条件下 21 世纪中国九大流域极端月降水量时空演变分析 . 自然灾害学报，25（2）：15-25.
方智远，李正良，汪之松 . 2019. 风暴移动对下击暴流风场特性的影响研究 . 建筑结构学报，40（6）：170-178.
房小怡，李磊，杜吴鹏，等 . 2015a. 近 30 年北京气候舒适度城郊变化对比分析 . 气象科技，43（5）：918-924.
房小怡，王晓云，程宸，等 . 2015b. 我国城市规划中气候信息应用回顾与展望 . 地球科学进展，30（4）：445-455.
冯粉粉 . 2012. 基于 GIS 的华东地区旅游气候舒适度分析 . 上海：上海师范大学 .
冯娴慧 . 2014. 城市的风环境效应与通风改善的规划途径分析 . 风景园林，（5）：97-102.
付琳，杨秀，冯潇雅 . 2017. 城市生命线系统适应气候变化危机及其对策 . 环境经济研究，2（1）：113-122.
高峰，谭雪 . 2018. 城市雾霾灾害链演化模型及其风险分析 . 科技导报，36（13）：73-81.
顾朝林，张晓明 . 2010. 基于气候变化的城市规划研究进展 . 城市问题，（10）：2-11.
韩贵锋，陈明春，曾卫，等 . 2018. 城市高温灾害的规划应对研究进展 . 西部人居环境学刊，33（2）：77-84.
韩兰英，张强，贾建英，等 . 2019. 气候变暖背景下中国干旱强度、频次和持续时间及其南北差异性 . 中国沙漠，（5）：1-10.

贺冰蕊，翟盘茂 . 2018. 中国 1961—2016 年夏季持续和非持续性极端降水的变化特征 . 气候变化研究进展，14（5）：437-444.

侯路瑶 . 2017. 城市建成因素对于城市气候影响——以上海为例 . 上海：华东师范大学 .

黄群芳，陆玉麒 . 2018. 北京地区城市热岛强度长期变化特征及气候学影响机制 . 地理科学，38（10）：140-148.

黄欣荣 . 2006. 复杂性科学的方法论研究 . 重庆：重庆大学出版社 .

惠画 . 2015. 三大城市群气候效应对电力需求的影响 . 南京：南京大学 .

贾琦 . 2018. 高密度城市环境气候图编制方法及规划引导研究 . 国土与自然资源研究，176（5）：54-59.

江晓菲，李伟，游庆龙 . 2018. 中国未来极端气温变化的概率预估及其不确定性 . 气候变化研究进展，14（3）：228 -236.

江志红，黄丹莲 . 2014. 城市化对中国东部降水气候特征的影响 . 北京：第 31 届中国气象学会年会 .

江志红，唐振飞 . 2011. 基于 CMORPH 资料的城市化对降水分布特征影响的观测研究 . 气象科学，31（4）：355-364.

姜彤，王艳君，翟建青，等 . 2018. 极端气候事件社会经济影响的风险研究：理论、方法与实践 . 阅江学刊，10（1）：90-105，147.

蒋士会，郭少东 . 2009. 复杂性科学的方法论探微 . 广西师范大学学报：哲学社会科学版，45（3）：33-37.

杰克 · 埃亨，秦越，刘海龙 . 2015. 从安全防御到安全无忧：新城市世界的可持续性和韧性 . 国际城市规划，（2）：4-7.

金君良，何健，贺瑞敏，等 . 2017. 气候变化对淮河流域水资源及极端洪水事件的影响 . 地理科学，37（8）：1226-1233.

金兴，张国明，刘晓强 . 2017. 基于健康医疗大数据的环境与疾病相关性研究 . 中国卫生信息管理杂志，14（4）：573-576.

景丞，陶辉，王艳君，等 . 2017. 基于区域气候模式 CCLM 的中国极端降水事件预估 . 自然资源学报，32（2）：266-277.

孔锋 . 2020. 1.5℃温控目标下气候工程对中国极端高温强度影响的空间差异研究 . 长江流域资源与环境，28（10）：2491-2503.

孔锋，代光烁，李曼，等 . 2017a. 中国不同历时霾日数时空变化特征及其与城镇化和风速的关联性研究（1961—2015）. 灾害学，32（3）：63-70，95.

孔锋，吕丽莉，方建 . 2017b. 1991~2010 年中国小时暴雨时空变化格局及其与城镇化因子的空间相关分析 . 气候与环境研究，22（3）：355-364.

孔兰，陈晓宏，杜建，等 . 2010. 基于数学模型的海平面上升对咸潮上溯的影响 . 自然资源学报，25（7）：1097-1104.

雷金蓉 . 2004. 气候变暖对人居环境的影响 . 中国西部科技，（10）：103-104.

李倍 . 2016. 基于气候变化的混凝土寿命预测研究 . 上海：上海应用技术大学 .

李伯华，刘沛林 . 2010. 乡村人居环境：人居环境科学研究的新领域 . 资源开发与市场，26（6）：524-527，512.

李林超 . 2019. 极端气温、降水和干旱事件的时空演变规律及其多模式预测 . 杨凌：西北农林科技大学 .

李盼盼 . 2015. 基于环境卫星数据的南京地表温度反演及时空格局分析 . 南京：南京农业大学 .
李沁汶，王玉宽，徐佩，等 . 2019. 未来气候变化情景下横断山北部灾害易发区极端降水时空特征 . 山地学报，37（3）：400-408.
李柔珂，李耀辉，徐影 . 2018. 未来中国地区的暴雨洪涝灾害风险预估 . 干旱气象，36（3）：341-352.
李伟 . 2018. 中国区域极端降水变化的人为信号检测及其未来预估 . 南京：南京信息工程大学 .
李亚，翟国方 . 2017. 我国城市灾害韧性评估及其提升策略研究 . 规划师，33（8）：5-11.
李亚，翟国方，顾福妹 . 2016. 城市基础设施韧性的定量评估方法研究综述 . 城市发展研究，23（6）：113-122.
李悦佳，贺新光，卢希安，等 . 2018. 1960—2015 年长江流域风速的时空变化特征 . 热带地理，38（5）：660-667.
李志坤 . 2017. 城市下垫粗糙特性面时空演变规律遥感监测及其对风场的影响 . 北京：中国科学院遥感与数字地球研究所 .
李宗泰，李华，肖红波，等 . 2017. 北京农村生活能源消费结构及影响因素分析 . 生态经济，33（12）：101-104.
梁荣，陈秉正 . 2019. 气候变化背景下全球极端天气事件 GDP 损失率评估 . 系统工程理论与实践，39（3）：557-568.
刘倖霞 . 2018. 不同升温情景下长江流域极端降水事件及人口暴露度研究 . 南京：南京信息工程大学 .
刘纪远，匡文慧，张增祥，等 . 2014. 20 世纪 80 年代末以来中国土地利用变化的基本特征与空间格局 . 地理学报，69（1）：3-14.
刘健，杨磊，彭锦星，等 . 2016. 天津市农村沼气利用现状及发展对策 . 安徽农业科学，44（33）：54-56，71.
刘九菊，郎亮，马景旭 . 2017. 北方寒冷地区农村住宅适老化改造设计研究 . 住宅产业，（9）：25-29.
刘娟娟，李保峰，南茜・若，等 . 2012. 构建城市的生命支撑系统——西雅图城市绿色基础设施案例研究 . 中国园林，28（3）：116-120.
刘俊，鞠永茂，杨弘 . 2015. 气候变化背景下的城市暴雨内涝问题探析 . 气象科技进展，5（2）：63-65.
刘克非，邓林飞，蒋康 . 2017. 南方地区高等级公路沥青路面极端低温气候分区研究 . 公路工程，42（6）：206-212.
刘绿柳，许红梅，马世铭 . 2014. 气候变化对城市和农村地区的影响、适应和脆弱性研究的认知 . 气候变化研究进展，10（4）：254-259.
刘勇洪，扈海波，房小怡，等 . 2013. 冰雪灾害对北京城市交通影响的预警评估方法 . 应用气象学报，24（3）：373-379.
刘宇峰，原志华，孔伟，等 . 2015.1993—2012 年西安城区城市热岛效应强度变化趋势及影响因素分析 . 自然资源学报，30（6）：974-985.
刘振鑫 . 2014. 应用城市冠层模式与 WRF 模式耦合研究城市化效应 . 北京：北京大学 .
柳钧正，曹麟，刘杨 . 2012. 极端气候变化下的农村供用水工程建设与发展 . 中国水利，（5）：27-29.
陆逸，朱伟军，任福民，等 . 2016.1980—2014 年中国台风大风和台风极端大风的变化 . 气候变化研究进展，12（5）：413-421.
陆咏晴，严岩，丁丁，等 . 2018. 我国极端干旱天气变化趋势及其对城市水资源压力的影响 . 生态学报，38（4）：1470-1477.
栾博，柴民伟，王鑫 . 2017. 绿色基础设施研究进展 . 生态学报，37（15）：5246-5261.
吕建华，林琪 . 2019. 我国农村人居环境治理：构念、特征及路径 . 环境保护，47（9）：42-46.
吕振豫，穆建新，刘姗姗 . 2017. 气候变化和人类活动对流域水环境的影响研究进展 . 中国农村水利水电，2（65）：72-76.
马丽君 . 2012. 中国典型城市旅游气候舒适度及其与客流量相关性分析 . 西安：陕西师范大学 .
孟慧新，郑艳 . 2018. 气候贫困的影响机制与应对策略 // 气候变化绿皮书：应对气候变化报告（2018）. 北京：社会科学文献出版社：264-275.
孟倩文 . 2011. 京津唐城市群热环境的时空变化及其影响因子研究 . 北京：中国气象科学研究院 .
苗向荣 . 2017. 城镇化背景下农村能源消费现状及调整对策研究 . 学术前沿，(5)：92-95.
莫玉琴，沈瑶，史俊国，等 . 2015. 近 15 年天津市城市热岛时空演变分析 . 遥感信息，30（5）：102-110.
欧盟环境署 . 2014. 欧盟城市适应气候变化的机遇和挑战 . 张明顺，冯利利，黎学琴，等译 . 北京：中国环境出版社 .
欧阳丽，戴慎志，包存宽，等 . 2010. 气候变化背景下城市综合防灾规划自适应研究 . 灾害学，25（B10）：58-62.
潘家华，郑艳，田展，等 . 2018. 长三角城市密集区气候变化适应性及管理对策研究 . 北京：中国社会科学出版社 .
彭翀，张乐飞，洪亮平，等 . 2015. 应对洪水灾害的山区小城镇规划编制响应研究——以湖北省利川市团堡镇为例 . 城市发展研究，22（10）：49-56，70.
彭斯震，何霄嘉，张九天，等 . 2015. 中国适应气候变化政策现状、问题和建议 . 中国人口 · 资源与环境，25（9）：1-7.
彭震伟，陆嘉 . 2009. 基于城乡统筹的农村人居环境发展 . 城市规划，33（5）：66-68.
秦大河 . 2016. 中国极端天气气候事件和灾害风险管理与适应国家评估报告 . 北京：科学出版社 .
盛莉 . 2013. 快速城市化背景下城市热岛对土地覆盖及其变化的响应关系研究 . 杭州：浙江大学 .
石尚柏，郑艳，孟慧新，等 . 2018. 气候贫困：气候变化对农村贫困的影响、认知与启示 . 北京：乐施会 .
史军，崔林丽，贺千山，等 . 2010. 华东雾和霾日数的变化特征及成因分析 . 地理学报，65（5）：533-542.
寿亦萱，张大林 . 2012. 城市热岛效应的研究进展与展望 . 气象学报，70（3）：338-353.
宋巧云，段欲晓，林陈贞 . 2019. 提升城市韧性的案例与经验：以北京气象部门应对暴雨灾害为例 // 谢伏瞻，刘雅鸣 . 气候变化绿皮书：应对气候变化绿皮书（2019）：防范气候风险 . 北京：社科文献出版社：343-351.
宋昕熠 . 2017. 非一致性统计模型在水文 – 气象频率研究中的应用 . 北京：中国矿业大学 .
孙美 . 2015. 中国大陆气候舒适期的空间演变与模拟预测 . 上海：华东师范大学 .
孙美淑 . 2015. 中国大陆气候舒适期的空间演变与模拟预测 . 上海：华东师范大学 .
孙小丽 . 2016. 济南市气候变化特征及城市化的影响研究 . 兰州：兰州大学 .
孙玉婷，粘新悦，闵锦忠，等 . 2017. 中国沿海风能分布特征及其影响因子的数值模拟 . 大气科学学报，40（6）：823-832.
孙玉燕，孙鹏，姚蕊，等 . 2019. 1961—2014 年淮河流域极端气温时空特征及区域响应 . 中山大学学报（自然科学版），58（1）：1-11.

谭淑豪，谭文列靖，励汀郁，等 . 2016. 气候变化压力下牧民的社会脆弱性分析——基于内蒙古锡林郭勒盟 4 个牧业旗的调查 . 中国农村经济，(7)：67-80.

谭云霞，黄菲，许士斌，等 . 2019. 中国极端干旱——空雨频率的主模态时空特征 . 中国海洋大学学报（自然科学版），49 (2)：14-20.

汤飞，洪再生，丛安琪 . 2014. 基于光伏技术的都市农业发展 . 江西社会科学，(4)：66-69.

唐晗梅，赵兵 . 2015. 灰色基础设施的生态化——《加拿大绿色基础设施导则》的解读与启示 . 建筑与文化，(7)：198-199.

唐进时 . 2015. 高温影响的舒适度模型研制及在我国南方城市的应用 . 南京：南京信息工程大学 .

唐永兰，徐桂荣，于晓晶 . 2019. 近 49a 中国 30°N 带不同地形下大城市与其郊区的降水特征 . 暴雨灾害，38 (4)：354-363.

王安乾，苏布达，王艳君，等 . 2017. 全球升温 1.5℃与 2.0℃情景下中国极端低温事件变化与耕地暴露度研究 . 气象学报，75 (3)：415-428.

王安乾，苏布达，王艳君，等 . 2017. 中国极端低温事件特征及其耕地暴露度研究 . 资源科学，39(5)：954-963.

王存钱 . 2018. 城市化对武汉城市圈气候变化的影响研究 . 武汉：华中师范大学 .

王辉，李新俊，潘竹 . 2014. 建筑（群）立面风驱雨压荷载的数值模拟研究 . 土木工程学报，47 (9)：94-100.

王嘉禾 . 2018. 东亚典型极端低温事件中大尺度环流系统组合性异常特征研究 . 兰州：兰州大学 .

王金莉，邹钺 . 2018. 夏热冬冷地区农村建筑冬季热环境测试与改善 . 建筑热能通风空调，37 (10)：64-66，35.

王堃，师华定，高佳佳，等 . 2017. CCSM4/WRF-CMAQ 动力降尺度预估 RCP8.5 情景下京津冀地区空气质量的潜在变化 . 环境科学研究，(11)：3-11.

王林波 . 2018. 极端气候对城市道路路面结构影响分析 . 内蒙古公路与运输，(1)：40-42.

王敏珍，郑山，王式功，等 . 2012. 高温热浪对人类健康影响的研究进展 . 环境与健康杂志，29 (7)：662-664.

王书霞，张利平，李意，等 . 2019. 气候变化情景下澜沧江流域极端洪水事件研究 . 气候变化研究进展，15 (1)：23-32.

王书肖，赵斌，吴烨，等 . 2015. 我国大气细颗粒物污染防治目标和控制措施研究 . 中国环境管理，7 (2)：37-43.

王伟光，郑国光 . 2016. 气候变化绿皮书：应对气候变化报告（2016）:《巴黎协定》重在落实 . 北京：社会科学文献出版社 .

王伟光，郑国光，罗勇，等 . 2011. 应对气候变化报告（2011）. 北京：社会科学文献出版社 .

王伟光，郑国光，潘家华，等 . 2013. 应对气候变化报告（2013）. 北京：社会科学文献出版社 .

王学林，靳青春，祝颂，等 . 2017. 气候变化背景下江南地区人体舒适度时空分布特征 . 中国农学通报，33 (16)：129-136.

王迎春，梁旭东，苗世光，等 . 2012. 城市气象研究动向的思考 . 气象，38 (10)：1232-1237.

王迎春，郑大玮，李青春 . 2009. 城市气象灾害 . 北京：气象出版社 .

王媛林，王哲，陈学舜，等 . 2017. 珠三角秋季典型气象条件对空气污染过程的影响分析 . 环境科学学报，37（9）：3229-3239.
王志军，李福普 . 2014. 基于风险矩阵的极端气候因素对沥青混凝土路面的影响分析 . 公路，59（7）：56-60.
魏培培，董广涛，史军，等 . 2019. 华东地区极端降水动力降尺度模拟及未来预估 . 气候与环境研究，24（1）：86-104.
吴良镛 .2001. 人居环境科学导论 . 北京：中国建筑工业出版社 .
吴梦雯 . 2019. 中国极端小时降水的天气背景及其与城市化的关系研究 . 北京：中国气象科学研究院 .
吴润琦 . 2019. 全球增暖 1.5℃/2.0℃下中国极端气候事件响应的精细结构及高敏感区的甄别 . 南京：南京大学 .
吴绍洪，黄季焜，刘燕华，等 . 2014. 气候变化对中国的影响利弊 . 中国人口 · 资源与环境，24（1）：7-13.
吴蔚，穆海振，梁卓然，等 . 2016. CMIP5 全球气候模式对上海极端气温和降水的情景预估 . 气候与环境研究，21（3）：269-281.
奚晓乒，骆华，周庆婷，等 . 2017. 极端气候下建筑外墙饰面面砖脱落原因分析 . 江西建材，（17）：85-85.
夏星辉，吴琼，牟新利 . 2012. 全球气候变化对地表水环境质量影响研究进展 . 水科学进展，23（1）：124-133.
谢韶青，卢楚翰 . 2018. 近 16a 来冬季欧亚大陆中纬度地区低温事件频发及其成因 . 大气科学学报，41（3）：423-432.
谢欣露，郑艳 . 2014. 城市居民气候灾害风险及适应性认知分析——基于上海社会调查问卷 . 城市与环境研究，1(1): 80-91.
谢欣露，郑艳 . 2016. 气候适应型城市评价指标体系研究——以北京市为例 . 城市与环境研究，4：50-66.
谢志清，杜银，曾燕，等 . 2017. 长江三角洲城市集群化发展对极端高温事件空间格局的影响 . 科学通报，62（2-3）：233-244.
熊立华，闫磊，李凌琪，等 . 2017. 变化环境对城市暴雨及排水系统影响研究进展 . 水科学进展，28（6）：930-942.
熊明，邹珊，姜彤，等 . 2018. 长江源区河流水温对气候变化的响应 . 人民长江，49（14）：48-54.
熊明明，李明财，李骥，等 . 2017. 气候变化对典型气象年数据的影响及能耗评估——以中国北方大城市天津为例 . 气候变化研究进展，13（5）：494-501.
徐江，邵亦文 . 2015. 韧性城市：应对城市危机的新思路 . 国际城市规划，30（2）：1-3.
徐影，周波涛，郭文利，等 . 2013. 气候变化对中国典型城市群的影响和潜在风险 // 王伟光，郑国光 . 气候变化绿皮书：应对气候变化报告（2013）：聚焦低碳城镇化 . 北京：社会科学文献出版社：186-197.
徐宗学，刘琳，杨晓静 . 2017. 极端气候事件与旱涝灾害研究回顾与展望 . 中国防汛抗旱，27（1）：66-74.
杨辰，顾宇丹，王强，等 . 2018. RCP4.5 和 RCP8.5 气候变化情景下上海市暴雨内涝适应性 . 气象科技，46（5）：1004-1011.
杨红龙，潘婕，张镭 . 2015. SRESA2 情景下中国区域性高温热浪事件变化特征 . 气象与环境学报，31

（1）：51-59.
杨蕾，尹成美 . 2018. 关于海绵城市建设中加强气候影响研究的思考与对策建议 . 中国减灾，（23）：34-37.
杨若子，房小怡，高云，等 . 2017. 北京雾和霾临界气象条件的气候变化特征 . 气象与环境科学，40（3）：14-20.
杨晓亮，杨敏 . 2014. 一次雾霾过程中气象因子与细颗粒物浓度关系的研究 . 干旱气象，32（5）：781-787.
杨续超，陈葆德，胡可嘉 . 2015. 城市化对极端高温事件影响研究进展 . 地理科学进展，34（10）：1219-1228.
杨子江，曾省存，赵景辉 . 2010. 低碳经济时代的渔民增收机制分析 . 中国水产，9：20-23.
殷永元，李沫萱 . 2015. 气候变化与精准扶贫 . 北京：乐施会 .
尹文娟，潘志华，潘宇鹰，等 . 2018. 中国大陆人居环境气候舒适度变化特征研究 . 中国人口 · 资源与环境，28（S1）：5-8.
尹占娥，田鹏飞，迟潇潇 . 2018. 基于情景的 1951—2011 年中国极端降水风险评估 . 地理学报，73（3）：405-413.
于恩涛，孙建奇 . 2019. 基于多区域模式集合的中国西部干旱区极端温度未来预估 . 大气科学学报，42（1）：46-57.
于法稳 . 2017. 新型城镇化背景下农村生态治理的对策研究 . 城市与环境研究，（2）：36-51.
于法稳 . 2019. 乡村振兴战略下农村人居环境整治 . 中国特色社会主义研究，（2）：80-85.
于法稳，于婷 . 2019. 农村生活污水治理模式及对策研究 . 重庆社会科学，（3）：6-17.
余庆年，施国庆，陈绍军 . 2011. 气候变化移民：极端气候事件与适应——基于对 2010 年西南特大干旱农村人口迁移的调查 . 中国人口 · 资源与环境，21（8）：29-34.
俞方圆 . 2011. 近 50 年东北地区气候变化及其对河川径流和泥沙的影响研究 . 杨凌：西北农林科技大学 .
俞孔坚，李迪华，原弘，等 . 2015. “海绵城市”：理论与实践 . 城市规划，39（6）：26-36.
翟盘茂，袁宇锋，余荣，等 . 2019. 气候变化和城市可持续发展 . 科学通报，64（19）：1995-2001.
翟颖佳，李耀辉，徐影 . 2016. RCPs 情景下中国北方地区干旱气候变化特征 . 高原气象，35（1）：94-106.
张冬峰，韩振宇，石英 . 2017. CSIRO-Mk3.6.0 模式及其驱动下 RegCM4.4 模式对中国气候变化的预估 . 气候变化研究进展，13（6）：557-568.
张雷，任国玉，刘江，等 . 2011. 城市化对北京气象站极端气温指数趋势变化的影响 . 地球物理学报，54（5）：1150-1159.
张磊，王春燕，潘小多 . 2018. 基于区域气候模式未来气候变化研究综述 . 高原气象，37（5）：1440-1448.
张庆阳，秦莲霞，郭家康 . 2013. 英国气象灾害防治 . 中国减灾，（2）：52-55.
张雪梅，陈莉，姬菊枝，等 . 2011. 1881—2010 年哈尔滨市气候变化及其影响 . 气象与环境学报，27（5）：15-22.
张雪艳，何霄嘉，孙傅 . 2015. 中国适应气候变化政策评价 . 中国人口 · 资源与环境，25（9）：8-12.
赵笑颜 . 2018. 气象要素对农村地区呼吸和循环系统疾病影响及干预方案研究与效果评估 . 兰州：兰州大学 .
郑艳 . 2017. 新型城镇化背景下我国韧性城市建设的思考 . 中国减灾，（4）：61-65.

郑艳，李惠民，李迅 . 2020. 提升人居环境系统的气候适应性：适应途径与协同策略 . 环境保护，48（684）：9-16.

郑艳，林陈贞 . 2017. 韧性城市的理论基础与评估方法 . 城市，（6）：22-28.

郑艳，林陈贞 . 2020. 精准扶贫精准脱贫百村调研 · 甘肃临洮老庄村卷：欠发达地区应对气候贫困研究 . 北京：社会科学文献出版社 .

郑艳，翟建青，武占云，等 . 2018. 基于适应性周期的韧性城市分类评价——以我国海绵城市与气候适应型城市试点为例 . 中国人口 · 资源与环境，28（3）：31-38.

郑艳，张万水 . 2019. 从《黄帝内经》看“韧性城市”建设的理与法 . 城市发展研究，（5）：1-8.

郑祚芳 . 2011. 北京极端气温变化特征及其对城市化的响应 . 地理科学，31（4）：459-463.

郑祚芳，任国玉 . 2018. 北京地区大气湿度变化及城市化影响分析 . 气象，44（11）：1471-1478.

郑祚芳，轩春怡，高华 . 2012. 影响北京城市生态环境的气候指数变化趋势 . 生态环境学报，21（11）：1841-1846.

中国国家气候变化专家委员会，英国气候变化委员会 . 2019. 中 – 英合作气候变化风险评估——气候风险指标研究 . 北京：中国环境出版集团 .

中国气象局气候变化中心 . 2019. 中国气候变化蓝皮书 . 北京：中国气象局气候变化中心 .

周峰 . 2009. 气候变化对建筑工程的影响研究 . 北京：北京交通大学 .

周红波，黄誉 . 2014. 超高层建筑在极端台风气候下结构及施工安全风险分析及控制研究 . 土木工程学报，47（7）：126-135.

周力，郑旭媛 . 2014. 气候变化与中国农村贫困陷阱 . 财经研究，40（1）：62-72.

周雅清，任国玉 . 2014. 城市化对华北地区极端气温事件频率的影响 . 高原气象，33（6）：1589-1598.

周莹，程和琴，塔娜，等 . 2013. 海平面上升背景下上海市水源地供水安全预警系统研究与设计 . 资源科学，34（7）：1312-1317.

邹贤菊，张春桦，宋晓猛 . 2019. 2018 年我国城市暴雨洪涝事件调查及思考 . 水利发展研究，（8）：45-50，71.

Ahiablame L M，Engel B A，Chaubey I. 2012. Effectiveness of low impact development practices：literature review and suggestions for future research. Water，Air，and Soil Pollution，223（7）：4253-4273.

Anguelovski I，Chu E，Carmin J. 2014. Variations in approaches to urban climate adaptation：experiences and experimentation from the global South. Global Environmental Change，27：156-167.

Aylett A. 2013. Institutionalizing the urban governance of climate change adaptation：results of an international survey. Urban Climate，（6）：98-113.

Baklanov A，Grimmond C S B，Carlson D，et al. 2018. From urban meteorology，climate and environment research to integrated city services. Urban Climate，23：330-341.

Brink E，Aalders T，Adam D，et al. 2016. Cascades of green：a review of ecosystem-based adaptation in urban areas. Global Environmental Change，36：111-123.

Carter M R，Janzen S A. 2018. Social protection in the face of climate change：targeting principles and financing mechanisms. Environment and Development Economics，23（3）：369-389.

Chen S，Li W B，Du Y D，et al. 2015. Urbanization effect on precipitation over the Pearl River Delta based on CMORPH data. Advances in Climate Change Research，6（1）：16-22.

Corner A，Whitmarsh L，Xenias D. 2012. Uncertainty，scepticism and attitudes towards climate change：biased assimilation and attitude polarization. Climatic Change，114：463-478.

Delpha I，Rodriguez M J. 2014. Effects of future climate and land use scenarios on riverine source water quality. Science of the Total Environment，493C（5）：1014-1024.

Demuzere M，Orru K，Heidrich O，et al. 2014. Mitigating and adapting to climate change：multi-functional and multi-scale assessment of green urban infrastructure. Journal of Environmental Management，146：107-115.

Dong B W，Sutton R T，Shaffrey L. 2017. Understanding the rapid summer warming and changes in temperature extremes since the mid-1990s over Western Europe. Climate Dynamics，48（5/6）：1537-1554.

Dong H，Lee C Y. 2016. Evaluation of the COSMO-CLM for East Asia climate simulations：sensitivity to spectral nudging. Journal of Climate Research，11（1）：69-85.

Ellis J B. 2013. Sustainable surface water management and green infrastructure in UK urban catchment planning. Journal of Environmental Planning and Management，56（1）：24-41.

Field C B，Barros V，Stocker T F，et al. 2012. Managing the Risks of Extreme Events and Disasters to Advance Climate Change Adaptation. Cambridge：Cambridge University Press.

Founda D，Pierros F，Petrakis M，et al. 2015. Interdecadal variations and trends of the Urban Heat Island in Athens（Greece）and its response to heat waves. Atmosphere Research，161-162：1-13.

Gill S E，Handley J F，Ennos A R，et al. 2007. Adapting cities for climate change：the role of the green infrastructure. Built Environment，33（1）：115-133.

IPCC. 2012. Summary for Policymakers: Managing the Risks of Extreme Events and Disasters to Advance Climate Change Adaptation. Cambridge: Cambridge University Press.

IPCC. 2014. Climate Change 2014: Impacts, Adaptation, and Vulnerability. Part A: Global and Sectoral Aspects. Contribution of Working Group II to the Fifth Assessment Report of the Intergovernmental Panel on Climate Change. Cambridge：Cambridge University Press.

Karsten A N. 2012. Quantification of climate change effects on extreme precipitation used for high resolution hydrologic design. Urban Water Journal，9（2）：57-65.

Lafortezza R，Davies C，Sanesi G，et al. 2013. Green Infrastructure as a tool to support spatial planning in European urban regions. IForest-Biogeosciences & Forestry，6（1）：102-108.

Li B. 2013. Governing urban climate change adaptation in China. Environment and Urbanization，25：413-427.

Li D H，Zhou T J，Zou L W，et al. 2018. Extreme high-temperature events over East Asia in 1.5℃ and 2℃ warmer futures：analysis of NCAR CESM low-warming experiments. Geophysical Research Letters，45：1541-1550.

Li Z H，Deng X X，Yin F，et al. 2015. Analysis of climate and land use changes impacts on land degradation in the North China Plain. Advances in Meteorology，（4）：1-11.

Lo A Y. 2013. The likelihood of having flood insurance increases with social expectations. Area，45：70-76.

Lorenzoni I，Nicholson-cole S，Waitmarsh L. 2007. Barriers perceived to engaging with climate change among the UK public and their policy implications. Global Environmental Change，17：445-459.

Ma Y，Fei X，Li J，et al. 2019. Effects of location, climate, soil conditions and plant species on levels of potentially toxic elements in Chinese Prickly Ash pericarps from the main cultivation regions in China. Chemosphere，244：125501.

Mishra V，Ganguly A R，Nijssen B，et al. 2015. Changes in observed climate extremes in global urban areas. Environmental Research Letters，10：024005.

Olsson L，Opondo M，Tschakert P, et al. 2014. Livelihoods and poverty//Climate Change 2014: Impacts, Adaptation, and Vulnerability. Part A: Global and Sectoral Aspects. Contribution of Working Group II to the Fifth Assessment Report of the Intergovernmental Panel on Climate Change. Cambridge: Cambridge University Press：793-832.

Ostrom E. 2009. A general framework for analyzing sustainability of social-ecological systems. Science，325（5939）：419-422.

Pei L，Yan Z W. 2019. Diminishing clear winter skies in Beijing towards a possible future. Environmental Research Letters，13：124029.

Ren C，Ng E，Katzschner L. 2011. Urban climatic map studies：a review. International Journal of Climatology，31（15）：2213-2233.

Si P，Zheng Z F，Ren Y，et al. 2014. Effects of urbanization on daily temperature extremes in North China. Journal of Geographical Sciences，24（2）：349-362.

Spatari S，Yu Z W，Montalto F A. 2011. Life cycle implications of urban green infrastructure. Environmental Pollution，159（8/9）：2174-2179.

Spillett P B，Evans S G，Colquhoun K. 2005. International Perspective on BMPs/SUDS：UK-Sustainable Stormwater Management in the UK. Anchorage：World Water and Environmental Resources Congress.

Suchul K，Eltahir E A B. 2018. North China Plain threatened by deadly heat waves due to climate change and irrigation. Nature Communications，9：2894.

Tyler S，Moench M. 2012. A framework for urban climate resilience. Climate and Development，4（4）：311-326.

UNISDR. 2012. How to Make Cities More Resilient a Handbook for Local Government Leaders. Geneva: International Strategy of Disaster Reduction.

van Vliet M T H，Zwolsman J J G. 2008. Impact of summer droughts on the water quality of the Meuse river. Journal of Hydrology，353（1/2）：1-17.

Wang J，Feng J M，Yan Z W，et al. 2012. Nested high-resolution modeling of the impact of urbanization on regional climate in three vast urban agglomerations in China.Journal of Geophysical Research，117（D21）：D21103.

Xie X L，Alex L，Zheng Y，et al. 2014. Generic security concern influencing individual response to natural hazards：evidence from Shanghai，China.Area，46（2）：194-202.

Xu Y，Gao X J，Giorgi F，et al. 2018. Projected changes in temperature and precipitation extremes over China as measured by 50-yr return values and periods based on a CMIP5 ensemble. Advances in Atmospheric Sciences，35（4）：376-388.

Zhang N，Zhu L F，Zhu Y. 2011. Urban heat island and boundary layer structures under hot weather synoptic conditions：a case study of Suzhou City. China. Advances in Atmospheric Sciences，28（4）：855-865.

Zhao H Y，Hu Z Q，Hu X S，et al. 2015. Investigation and analysis about the adaptation on climate changes in rural area. Climate Change Research Letters，4（3）：160-170.

Zheng Y，Xie X L. 2014. Improving risk governance for adapting to climate change：case from Shanghai. Chinese Journal of Urban & Environmental Studies，2（2）：1450014.

Zhu J，Huang G，Wang X，et al. 2018. High-resolution projections of mean and extreme precipitations over China through PRECIS under RCPs. Climate Dynamics，50（11/12）：4037-4060.

第9章 人群健康

主要作者协调人：黄存瑞、刘起勇
编　　　　审：宫　鹏
主　要　作　者：马文军、谈建国、杜尧东、阚海东

▪ 执行摘要

气候变化使得人类自身面临的生存环境变得日益复杂化，其造成的负面效应已严重威胁到我国人群健康和公共卫生安全。高温热浪会显著增加呼吸、循环、泌尿等系统疾病的死亡风险，还可造成不良孕产结局、工伤发生率以及医疗服务需求的增加（高信度）。洪涝、干旱、台风等极端天气气候事件会导致水源性和食源性疾病的传播风险增加，并对精神心理健康产生不利影响（高信度）。气候变化能够与空气污染产生交互作用，增强颗粒物的健康危害（中等信度），还能影响空气中花粉等过敏原的浓度、分布和致敏性，导致过敏性疾病的流行（中等信度）。气候变化造成的健康风险的人群脆弱性存在较大的地区差异，其中老人、儿童、贫困群体和罹患基础疾病者的脆弱性较高（高信度）。未来气候变化情景下的高温相关健康风险会显著升高，且城市化和人口老龄化将进一步加剧该风险（高信度）。气候变化还会对登革热、感染性腹泻等传染病控制产生不利影响（高信度）。我国已通过制定健康保护政策、加强基础设施建设、增强防灾减灾能力等措施来应对气候变化和极端事件引起的健康风险，但关于所采取措施的干预效果及成本效益方面的知识仍然匮乏。另外，我国在优化能源结构、治理城市交通、改善农业生产等领域采取的减排措施将产生巨大的健康协同效益（高信度）。面对全球变暖不断加剧的严峻形势，中国未来需要加强卫生、气象和科研机构等多学科和跨部门的合作。

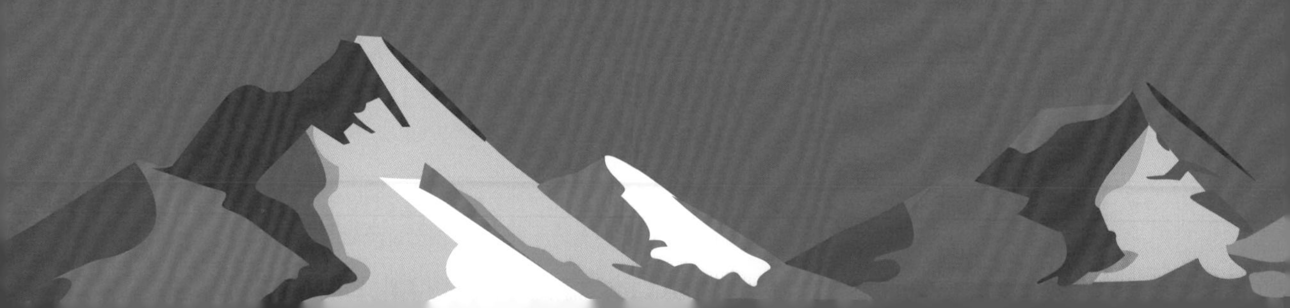

9.1 引　　言

气候是自然界的重要组成部分，是人类赖以生存和发展的基础。工业革命以来，人类活动的日益加剧造成全球气候显著变暖，对人类社会和自然生态系统产生了广泛而深刻的影响。气候变化的背景下，人类的生存环境日益复杂，其生命健康和公共卫生安全已受到严重威胁。

气候变化可通过一系列复杂的路径和过程影响人类健康，其路径主要包括（钟爽和黄存瑞，2019）：第一，通过极端天气事件，如热浪、洪涝和风暴等直接影响健康；第二，以自然生态系统为中介，通过传播致病微生物、加剧空气污染、造成水资源短缺和食物营养成分降低等间接影响健康；第三，以人类社会系统为中介，通过破坏基础设施和服务、影响粮食生产和价格等造成人群健康状况不断恶化（图 9-1）。

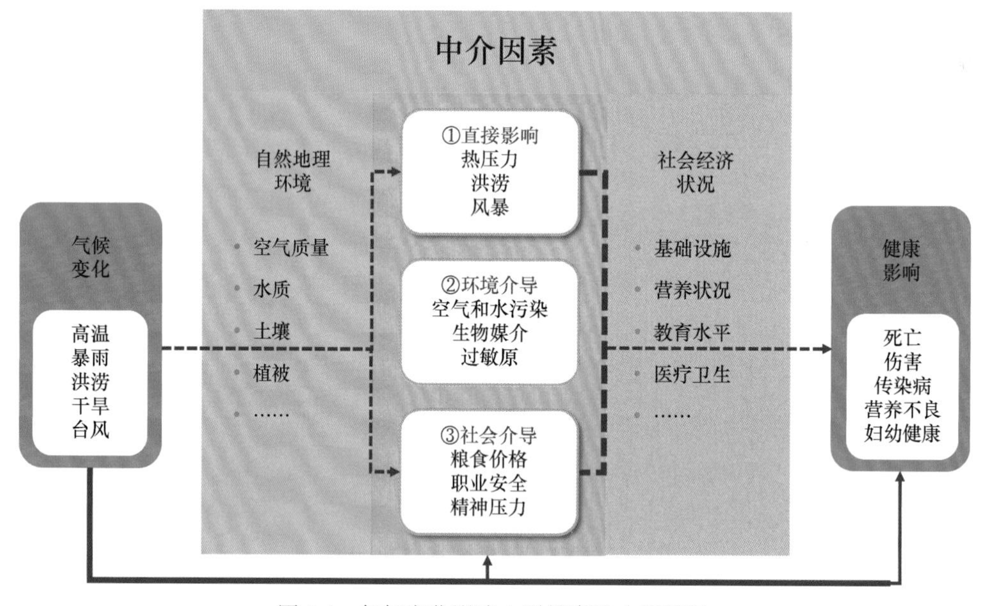

图 9-1　气候变化影响人群健康的主要路径

上一轮评估报告《中国气候与环境演变：2012》（丁永建等，2012）对于气候变化与健康的评估主要集中在两个方面：①极端事件的健康影响。该报告明确指出，热浪导致以心脑血管和呼吸系统疾病为主的发病率或死亡率增加；洪灾、干旱、冰冻和台风等可直接造成伤残或死亡，并通过损毁住所、污染水源、使粮食减产、损坏医疗卫生服务设施等间接影响人群健康。②气候变化对传染性疾病的影响。该报告提出，全球变暖引起的降雨和温度变化，可通过影响病原体、中间媒介、宿主及病原体复制速度等，造成血吸虫病、疟疾、登革热、流行性乙脑和钩端螺旋体病等传染病的时空分布发生改变，从而引起传染病的暴发与流行。极端天气（洪涝和干旱等）可通过破坏清洁的水源，增加霍乱和沙门氏菌病等水源性和食源性传染病的风险。

近年来，国际社会十分关注气候变化对人类健康的影响，研究内容不断拓展和深化。IPCC 第二工作组于 2014 年发布的 AR5 系统评估了气候变化对健康带来的不利影响。世界卫生组织（WHO）2015 年提出《适应气候变化的卫生工作框架》，并于 2018 年联合全球其他的卫生机构、组织和个人发出《COP24 健康与气候变化特别报告》（WHO，2018），希望国际社会采取更加有力的气候变化减缓和适应措施，以保护人类健康。著名医学杂志《柳叶刀》成立健康与气候变化委员会，2015 年发表了《健康与气候变化：保护公众健康的政策响应》委员会报告（Watts et al.，2015），并启动了“柳叶刀 2030 年倒计时：追踪健康与气候变化进展”项目，每年追踪全球在应对气候变化和保护健康方面的进展。

过去十年，我国在气候变化与健康领域的研究得到蓬勃发展，相关成果不断涌现（蔡闻佳等，2018，黄存瑞和王琼，2018）。党的十八大以后，我国各级政府越来越重视生态环境对健康的影响，并在《“健康中国 2030”规划纲要》中明确指出，工业化、城镇化、人口老龄化、疾病谱变化、生态环境及生活方式变化等，给维护和促进健康带来一系列新的挑战，需要从国家战略层面统筹解决关系健康的重大和长远问题。本章将系统梳理、总结和分析继上一轮评估报告以来，我国在气候变化与健康领域的最新研究进展，提出气候变化对我国人群健康影响的主要结论、关键问题和应对策略。

9.2　气候变化对人群健康的影响

9.2.1　气温升高与气温变率

中国是全球气候变化的敏感区和影响显著区，地表年平均气温呈显著上升的趋势。1951~2017 年，气温每 10 年升高了 0.24℃，升温速率高于同期的全球平均水平。尽管全球变暖在某些方面有益于人类健康，如使某些地区的粮食产量增加、冬季寒冷导致的死亡率减少等，但总体而言气候变化对我国的人群健康造成了更多的负面影响。

1. 气温与人群健康的关联特征

气候变化是以气温增高为主要特征的气候现象，但评估气候变化健康风险的前提是充分理解气象要素与人群健康之间的关联关系。目前，我国的研究主要集中在非舒适气温对人群死亡的影响方面，尤其是关注极端高温和低温对健康的影响。

极端高温和低温均可增加人群的死亡风险。在我国，最低死亡率气温大约在当地气温分布的第三分位数（Ma et al.，2015a）。高温与低温对死亡的影响有所不同，低温影响持续时间较长，而高温影响一般仅持续 1~3 天（Ma et al.，2015a；Chen R et al.，2018）。此外，高温可以增加感染性腹泻的发病风险。在浙江、福建、广东等东南沿海地区（胡文琦等，2019），高温可导致人群感染性腹泻的发病风险增加，这可能是因为高温会影响病原体活性、加速食物腐败等，从而增加肠道疾病发生的风险。

目前，高温导致的死亡归因人数低于寒冷的影响。一项基于 13 个国家 384 个城市数据的研究显示（Gasparrini et al.，2015），我国全人群死亡中有 11%（95% CI：9.29%~12.47%）是由非最适气温造成的，其中 10.36% 是由寒冷导致的，只有 0.64% 是由高温造成的。我国学者基于 272 个县区的研究发现，14.33% 的总死亡由非最适气温引起，其中由中等低温、中等高温、极端低温和极端高温引起的死亡占比分别为 10.49%、2.08%、1.14% 和 0.63%（Chen R et al.，2018）；另外一项关于中风的研究也发现了类似的规律（Yang et al.，2016）。

2. 热浪和寒潮事件对人群健康的影响

热浪通常是指持续一段时间的高温事件，可导致中暑、热射病、热衰竭和热痉挛等，甚至造成死亡（Xu et al.，2016；黄存瑞和王琼，2018）。热浪会显著增加呼吸系统、循环系统等疾病的死亡风险（Yang et al.，2013；Ma et al.，2015b；张云权等，2017）。Ma 等（2015b）对中国 66 个县区的研究发现，相比非热浪时期，热浪所致的超额死亡率可达 5%（95% CI：2.90%~7.20%）。Yin 等（2018）对中国 272 个城市的研究显示，热浪导致死亡率增加 7%，其中心血管疾病、冠心病、中风、缺血性卒中、出血性卒中、呼吸系统疾病和慢性阻塞性肺疾病的死亡风险分别增加 14%、13%、12%、18%、4%、13% 和 10%。热浪强度越高对死亡的影响越大，且健康效应存在区域差异（Ma et al.，2015b）。在气候类型上，温带大陆性气候区域和温带季风气候区域的风险远大于亚热带季风气候区域（Yin et al.，2018）。热浪也是呼吸、循环、泌尿、神经系统等多种疾病发生的重要诱因，其中呼吸系统和循环系统疾病更易受热浪的影响（Bai L et al.，2014；Sun X et al.，2014）。热浪期间的医院门 / 急诊和住院人数也会显著增加（Sun X et al.，2014）。一项评估中国热浪相关死亡人数的研究表明，2019 年，中国热浪造成的过早死亡约 26800 人，且近年来的上涨趋势越来越明显。取五年移动均值，1999~2009 年年热浪相关死亡人数每增加 1000 人需要 3.8 年时间，但 2010~2019 年只需要 1.2 年。在所有省份中，山东与热浪相关的死亡人数最多，其次为河南和安徽，分别隶属于华中和华东地区（Cai et al.，2020）（图 9-2）。

寒潮是持续一段时间的低温事件，其同样会增加人群死亡风险，但目前的研究相对较少。基于中国亚热带地区 15 个省份的 36 个县区的研究发现，在 2008 年寒潮期间死亡率上升了 43.8%（Zhou M G et al.，2014）。Wang 等（2016）对中国 66 个县区寒潮期间的研究发现，寒潮导致人群非意外死亡的风险增加 28.2%。寒潮也显著增加了心血管疾病、脑卒中、呼吸系统疾病、慢性阻塞性肺疾病等疾病的死亡风险（Zhou M G et al.，2014）。寒潮发生时，居民的入院就诊人数也显著增加（Ma et al.，2011；张云权等，2017）。寒潮增加死亡风险的机制复杂，当人体处于低温环境时，皮肤血管收缩，血压升高，血小板数增加，胆固醇和纤维蛋白原的水平增加，促进炎性反应，加剧心脑血管系统疾病的症状；低温环境还可诱发支气管痉挛，增加炎症细胞的数量，诱发呼吸系统疾病发生（张云等，2014）。

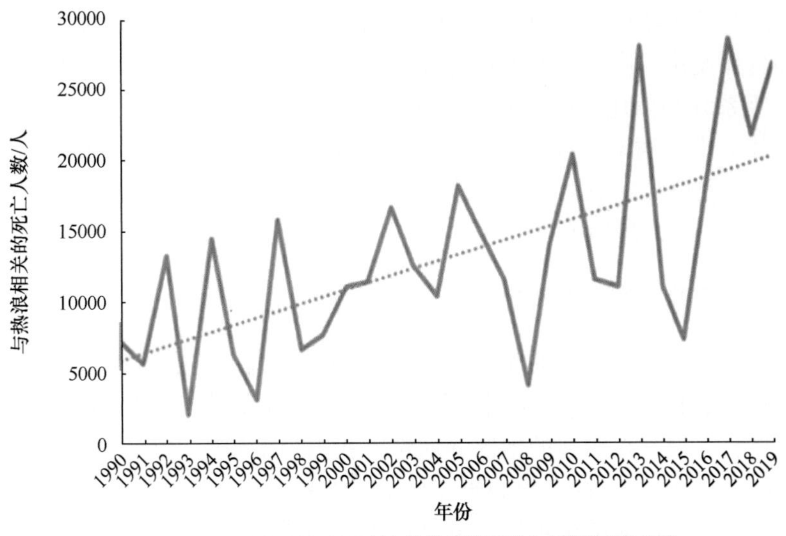

(a) 1990~2019年与热浪相关的死亡人数及变化趋势

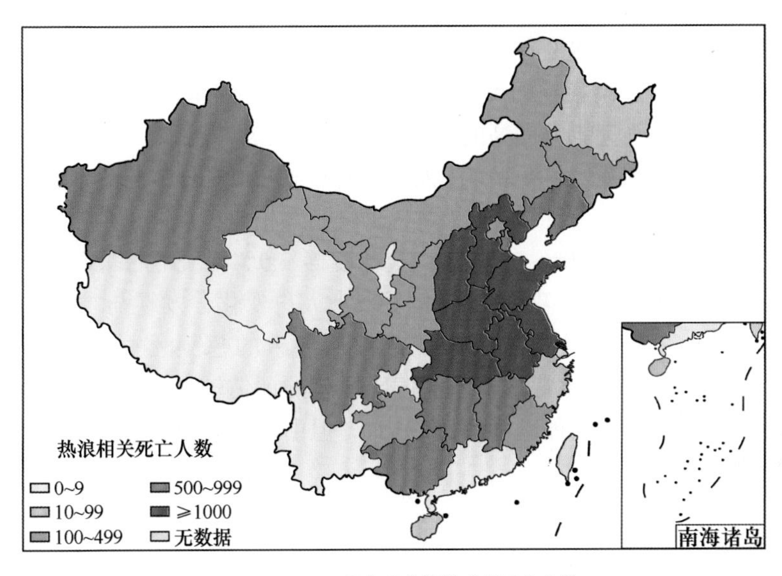

(b) 2019年各省热浪造成的死亡人数

图 9-2　中国区域与热浪相关的死亡人数

3. 气温变率对人群健康的影响

气温变率主要包括日内温差、日间温差、季节气温变异等气温的短期变化。其中，日内温差指同一天内的气温波动，日间温差则指相邻两天平均气温变化，季节气温变异指不同季节间日均气温的标准差。一项中国 66 县区的研究指出，日内温差与居民死亡关系呈“J”形，较高的日内温差明显增加死亡风险（赵永谦等，2017）。

短期气温骤变可显著增加心血管疾病、缺血性心脏病、心力衰竭、心律失常和缺血性中风的住院率（Tian et al.，2019）。我国冬季气温变率幅度每超过 1℃，呼吸系统疾病、肺炎和慢性阻塞性肺疾病发生紧急住院的风险分别增加 20%、15% 和 41%（Sun

S et al.，2018）。气温的变化可能导致呼吸道上皮在组织水平上的病理生理反应，如支气管痉挛和炎症变化，进而影响人群健康。日内温差也是医院急诊数增加的重要因素，主要影响呼吸系统和消化系统疾病（Wang et al.，2013）。另外，气温变率也会影响虫媒的生长环境温度、病毒活性等，从而间接影响疾病的发生，尤其会增加一些传染病（如登革热、手足口病、流行性腮腺炎等）的传播风险（Cheng et al.，2018；Xiao et al.，2018；Guo et al.，2019）。

4. 气候变化下的温度健康效应

全球气候变化导致与高温热浪相关的死亡风险升高、与寒冷相关的死亡风险降低（Wang Y et al.，2019）。在 RCP8.5 情景下，全球 23 个国家与气温变化相关的超额死亡率出现净增长，但存在明显的地区异质性，我国为 1.50%（95% CI：–2.00%~5.40%）（Gasparrini et al.，2017）。在广州的研究显示，未来人口增长和老龄化将加剧气候变化的健康效应，但采取适应措施可以部分抵消增加与热浪相关的期望寿命损失（Liu T et al.，2019）。

由于目前很多未来预估没有充分考虑人群的适应能力、人口老龄化等因素的影响，因此气候变化对人群健康影响的风险评估仍具有较大的不确定性。在考虑了各种社会经济发展情景及人群适应能力提高的情况下，预计全球升温 1.5℃时，中国与热浪相关的年死亡率为每百万人死亡 48.8~67.1 人，全球变暖 2.0℃时，与热浪相关的年死亡率为每百万人死亡 59.2~81.3 人；与没有提高适应能力相比，提高适应能力将导致全球变暖 1.5℃时死亡率下降 48.30%~52.90%，全球变暖 2.0℃时死亡率下降 52.10%~56.90%（Wang Y et al.，2019）。另一项研究结合了未来人口变化，发现与 1971~2020 年相比，2031~2080 年在 RCP8.5 排放情景下中国热浪所导致的超额死亡率增加 35%（Guo et al.，2018）。目前对气候变化背景下寒潮健康风险的评估较少。在广州的研究提示，未来寒潮将使健康风险增加（孙庆华等，2018），但由于研究只包括了一个城市，结果具有很大的不确定性。

9.2.2 极端天气气候事件

全球气候变化背景下，洪涝、干旱、台风、野火等多种极端天气与气候事件的发生频率与强度均会显著增加，尤其是降水改变导致我国南方洪涝、北方干旱模式增强，并继续驱动极端天气与气候事件的发生（Zhao et al.，2018）。极端事件严重威胁人类生存环境和身体健康，给灾区人民带来巨大的疾病负担和经济损失。洪涝可直接造成以溺水为主的人员伤亡，同时会污染清洁水源、破坏消毒设施，导致各种病原微生物和媒介生物的快速孳生，进而造成水源性疾病、媒介传染病和寄生虫病等的发生。干旱限制了清洁水源的可获得性，因此人们只能使用受污染的水源，从而增加了水源性和食源性传染病的传播风险；干旱还可导致粮食减产，从而造成营养不良、营养缺乏等长期健康影响。台风主要发生于我国南部沿海地区，其强大的破坏力可直接导致各种伤害和死亡，同时严重破坏城市基础设施、清洁水源和居住环境，造成传染性疾病的风险增加。此外，洪涝、干旱和台风等极端事件还可影响循环系统疾病、呼吸系统疾病等非传染性疾病，以及造成短期和长期的精神心理健康影响。

1. 洪涝

洪涝是最常见的自然灾害之一，可通过多种途径直接或间接地影响健康，造成死亡或疾病的发生。据预测，气候变化将引起更高频率、更高强度的洪涝，造成水体污染、清洁水源与食物短缺，进而增加消化道、呼吸道等传染病与非传染性疾病发生的可能性。

洪涝可直接造成大量人员伤亡。据统计，1950~2014 年我国洪涝所致的年均死亡人数为 4327 人，而 2000~2009 年，仅江河洪水已造成我国年均 5401 人死亡，2010 年甚至高达 8119 人，若将其他原因引发的洪涝也纳入统计，伤亡人数将更多（刘昌东等，2012）。洪涝所致死亡主要由溺水导致，其他原因包括由洪涝所致的触电、火灾、心脏病和身体创伤等意外伤害。儿童因活动能力有限以及未发育健全的免疫系统而成为洪涝的最易感人群。

洪涝可破坏人类居住环境中的饮用水设施和消毒设施，造成水源与食物受到污染，进而增加肠道、呼吸道传染病的传播风险。同时，洪涝为蚊虫提供孳生地，将啮齿动物赶出洞穴，污染清洁水源，造成媒传、寄生虫性、病毒性疾病的发病率升高。一项在安徽开展的 2016 年大洪水与感染性腹泻发病率的研究显示，洪涝显著增加受灾地区感染性腹泻的发病风险，其中女性、5~14 岁儿童更易受到影响（图 9-3）。灾后的腹泻发病风险与距离长江的远近有关，高风险区域主要集中在长江沿岸地区（Zhang N et al.，2019）。

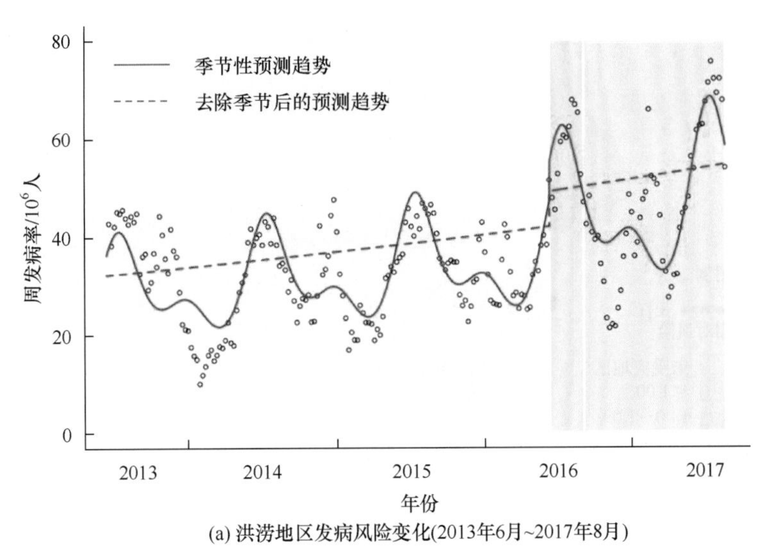

(a) 洪涝地区发病风险变化(2013年6月~2017年8月)

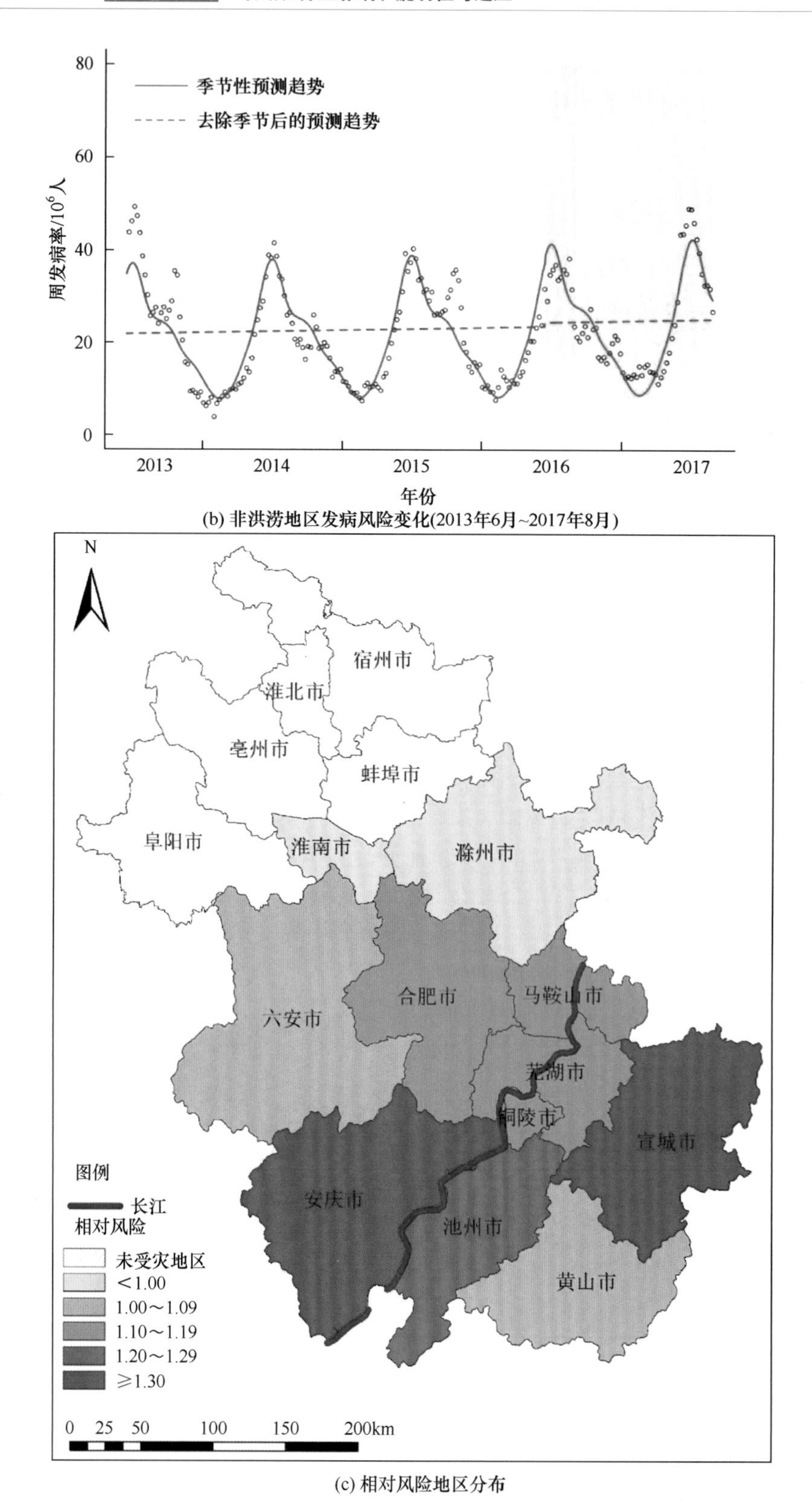

(b) 非洪涝地区发病风险变化(2013年6月~2017年8月)

(c) 相对风险地区分布

图 9-3 安徽 2016 年大洪水对感染性腹泻发病率的影响

已有多项研究证实，洪涝是细菌性痢疾的危险因素，对发病影响的相对风险（RR）值为1.17~3.27，但河南开封的一项研究表明，洪涝对当地细菌性痢疾的发病影响的RR值高达11.47（Liu et al.，2017）。洪涝的持续时间也可增加细菌性痢疾的发病率，其持续时间每增加1天，细菌性痢疾的发病率将增加8%（Liu Z et al.，2015）。但对广西柳州洪涝对细菌性痢疾发病影响定量评估后得出相反结论，结果显示，月洪水历时与细菌性痢疾月罹患率呈负相关，月洪水历时天数每增加1天，其细菌性痢疾罹患率下降7.7%~8.0%（李晓梅等，2018）。有学者认为2008~2030年，在RCP 2.6和RCP 8.5情景下，卫生设施改善导致的腹泻疾病负担降低率会由于气候变化被减缓6.5%和8.9%，媒介传染病疾病负担降低率则分别被减缓21.2%和27.8%（Hodges et al.，2014）。

洪涝还可增加人群手足口病发病风险（Zhang et al.，2016b；Hu et al.，2018）。除肠道传染病外，洪涝后自然疫源性疾病和虫媒传染病等的发病风险也可能升高（高婷和苏宁，2013）。洪涝还可增加皮肤病、流行性出血性结膜炎发生的可能性，引起弧菌、钩端螺旋体等的暴发。洪涝灾害的频发已成为导致我国血吸虫病疫情回升的重要自然因素之一，将加剧洪涝地区钉螺孳生地的扩散和血吸虫病传染源的传播（曹淳力等，2016）。

洪涝对慢性非传染病也可产生影响。通过对湖南6个研究地区2009~2011年心血管疾病死亡数分析发现，洪涝可能会导致心血管疾病、缺血性心脏病、女性以及农村人群死亡数危险性增加，且洪涝对慢性病的急性效应存在一定的滞后期（李宜霏，2015）。2011年四川巴中洪涝后当地老年人两周就诊率显著升高，提示洪涝造成老年人身体健康状况下降（Wu et al.，2015）。

2. 干旱

干旱起始缓慢但持续时间漫长，甚至可长达数年，对人群健康造成多方面的影响，其影响程度取决于持续时间、严重程度、国家的经济和社会结构，以及资源的可得性（Stanke et al.，2013）。气候变化引起的干旱将导致粮食及水资源短缺、营养不良、水源性和食源性疾病的风险增高。

干旱可造成粮食减产与质量下降，从而导致受灾人群营养不良、营养缺乏等，尤其儿童受影响最大。干旱所致水资源短缺，降低了居民生活的饮水卫生和环境卫生水平，造成与卫生条件不佳相关的疾病和粪口传播疾病发病率增加，若防控不及时，还可造成痢疾、甲型肝炎等疾病的暴发。1998年贵州德江干旱少雨，水源短缺，水井被污染，引起伤寒病暴发（周丽森和付彦芬，2013）。干旱期间气象因素与消化道传染病、虫媒传染病、呼吸道传染病的关系的研究表明，平均蒸发量、平均降水量、平均气压与传染病发病率存在关联。近年来，有研究对我国不同省份干旱敏感传染性疾病进行初步筛选。韩德彪等（2014）比较1997~1999年山东四市干旱年与非干旱年甲乙类法定传染病的发病率，发现菌痢、麻疹、猩红热、肺结核、肾综合征出血热、肝炎（总）、乙肝的发病可能与干旱有关，其中菌疾、麻疹的发病率与干旱程度呈正相关。王宁等（2018）分析干旱与湖南常见传染病发病的关系，利用面板数据模型筛选干旱所致的敏感传染病，发现干旱可以增加乙肝、丙肝、细菌性痢疾、流行性腮腺炎、风疹、水痘的发病风险，但可以降低肺结核发病风险 。

干旱还会影响慢性非传染性疾病，增加食道癌死亡率，并与早期肾损害具有相关关系。干旱造成过敏原、粉尘、污染物无法被雨水冲刷而长期积累，导致急性和慢性呼吸系统疾病的加剧（Damato et al.，2015）。台湾的一项研究发现，干旱时长与空气污染的持续天数呈正相关，进而影响呼吸系统就诊人数（Lai，2016）。干旱还可增加森林火灾发生风险，火灾引起的大气污染会对人体造成吸入性损伤（杨丽萍等，2013）。

3. 台风

台风可带来丰沛降水，同时引发大风、暴雨、风暴潮以及次生灾害，对生产、生活造成巨大影响，其强度大、破坏力强，可直接或间接损害人群健康。台风引起的房屋倒塌、玻璃碎片、漂浮物碰撞、高空坠落等会直接造成各种伤害和死亡，具有高致残率、高死亡率等特点。全国受台风影响省份 1975~2009 年的时间趋势分析结果显示，台风导致死亡总体呈降低趋势（亓倩等，2015）。2008~2011 年广州市越秀区台风导致居民全因死亡率、女性全因死亡率、婴幼儿全因死亡率、老年人全因死亡率及恶性肿瘤疾病死亡率的增加，造成的疾病负担男性高于女性，儿童和老年人高于其他年龄组人群（王鑫等，2015）。

台风损坏公共卫生等基础设施、污染水源、破坏居住条件，进而增加传染性疾病的发病风险。浙江省温州市台风过后，霍乱疫情平均校正风险和最大风险值仅次于其他感染性腹泻（陈廷瑞等，2016）。我国台风对细菌性痢疾的影响存在地域性差异。2005~2011 年广东省受台风影响地区，细菌性痢疾不是广东省登陆台风相关的敏感性疾病（Kang et al.，2015）。而 2005~2011 年浙江省登陆的台风可增加细菌性痢疾的发病风险，且具有一定的滞后效应（Deng et al.，2015）。Wang 等（2015）量化台风“巨爵”对 2009 年广东省传染性腹泻的影响，发现感染性腹泻的风险值在延迟第 5 天上升到最大值；台风过后，5 岁以下儿童更容易患感染性腹泻。不同等级台风对手足口病的发生均有影响，各等级台风对高危人群的影响均高于全人群，且存在一定的滞后效应（康瑞华，2016）；热带风暴滞后 4~6 天可增加 0~14 岁人群手足口病发病风险，风险值在滞后第 5 天达到最大，0~14 岁人群中男性、0~4 岁儿童和散居儿童是热带风暴的敏感人群（荀换苗等，2018）。对 2009~2013 年广东省 6 岁以下儿童受不同等级台风及其伴随的降水和风速对手足口病的影响评估的结果显示，热带风暴可增加 3 岁以下儿童，以及 3~6 岁男童罹患手足口病的风险；台风期间降水量为 25~49.9mm 或 100mm 以上，是儿童手足口病的危险因素；风速达到 13.9~24.4 m/s 时对儿童健康有不利影响（Jiao et al.，2019）。此外，台风还会影响麻疹、风疹、流行性腮腺炎和水痘等呼吸道传染病、腹泻、肺结核等疾病的发生风险。康瑞华等（2015）发现 2006~2010 年浙江省台风可降低≤ 14 岁人群流行性腮腺炎的发病风险。而 Yang 等（2014）研究 2005~2012 年广州市气象因素与流行性腮腺炎发病的关系后得出，台风可导致流行性腮腺炎发病人数增多。台风也可影响循环系统疾病、呼吸系统疾病、依赖持续治疗型疾病等非传染性疾病（马伟和张安然，2018）。

4. 其他

其他的极端天气气候事件还包括野火、沙尘暴、强对流天气等，这类事件的频发易造成人群意外伤害的风险增加，同时造成一些非传染性疾病发病风险增大。

气候变化引起的温度和降水模式变化正在增加野火的流行和严重程度，导致更长的火灾季节和更大的地理区域被烧毁。与1987~2010年相比，RCP 2.6、RCP 4.5、RCP 6.0和RCP 8.5情景下，2021~2050年我国发生森林火灾可能性较高的区域分别增加了0.6%、5.5%、2.3%和3.5%，华北地区增幅明显（田晓瑞等，2016）。野火对人类的健康危害主要来源于野火烟雾，其中含有多种对健康有害的空气污染物，如一氧化碳、二氧化氮、臭氧、细颗粒物、多环芳烃和挥发性有机化合物等。据估计，全球每年野火烟雾导致的过早死亡人数为33.9万人（Johnston et al.，2012）。野火烟雾暴露与呼吸系统疾病之间存在关联，特别是使哮喘和慢性阻塞性肺疾病恶化，还包括对支气管炎和肺炎等的影响，然而野火烟雾暴露与心血管系统疾病死亡率和发病率之间的关系较为复杂，暂无定论（Reid et al.，2016；Black et al.，2017）。易受到野火烟雾影响的人群包括呼吸系统疾病患者、心血管系统疾病患者、老年人、儿童、孕妇和胎儿（Cascio，2018）。

沙尘暴对人体的皮肤、耳、鼻、气管和肺部均有不同程度的损害，尤其对于气管和肺部，随着吸入尘粒的增加与积累，其一旦超过人体自身清除能力，将会导致气管炎、支气管炎、肺炎等疾病的发生，造成肺癌发病率升高。同时，发生沙尘暴时，较低的能见度也会增加车祸和意外事故的伤害风险（陈英和谢万银，2013）。

9.2.3 气候变化与空气质量

目前公认的空气污染物，如颗粒物、臭氧等可导致一系列的健康问题。颗粒物可造成血压升高、炎性反应、心率变异性的改变和肺功能受损，以及人群总死亡、心血管系统疾病和呼吸系统疾病的死亡率增加等。臭氧可引起心脏自主神经功能紊乱、心律不齐和肺功能受损等。此外，花粉是户外重要的季节性过敏原，会增加过敏性疾病的发生和流行，加重过敏性疾病患者的症状。一方面，气候变化会通过温度、降水和风场的变化以及热浪、干旱、沙漠化和自然火灾等事件发生频率的增加影响空气中污染物的浓度，影响空气中花粉的浓度、分布和致敏性。气候变化造成的全球平均风速减弱也会不利于大气污染物的扩散稀释，使得大气自净能力下降（Hong et al.，2019）。另一方面，气候变化本身可能与空气污染物（主要是臭氧和颗粒物）产生交互作用，增强空气污染物对健康的危害，进一步增加空气污染的疾病负担。

1. 气候变化与空气污染

导致气候变化的温室气体与颗粒物的产生是同根同源的，此外，气候变化又会进一步加重颗粒物的污染。化石燃料的燃烧产生温室气体，导致全球气候发生变化，如气温升高、极端天气事件增加、降水量的变化等（Huang et al.，2017）。与此同时，燃料燃烧过程中也会产生颗粒物、臭氧等大气污染物，导致室外及室内空气污染。另外，气候变化会进一步导致空气中颗粒物浓度升高，如长期高温导致干旱，从而可能使自然火灾、沙尘暴等发生的频率增加。春季气旋发生频率也可能影响我国北方地区的沙尘暴天气发生次数。自然火灾烟雾中含有颗粒物质以及其他各种空气污染物能够显著降低当地和火灾下风向区域的空气质量。沙尘暴天气伴随强风，使空气中颗粒物浓度急剧增加，其主要成分由 $PM_{2.5\sim10}$ 构成。另外，气候变化可能导致某些地区风场减弱，从而削弱大气流动对颗粒物扩散的驱动力，使局部污染加重。

气候因素尤其是温度，与颗粒物污染的健康效应之间存在交互作用。颗粒物污染可以引起一系列的心肺系统健康问题，如造成血压升高、炎性反应、心率变异性的改变和肺功能受损，以及人群总死亡、心血管系统疾病和呼吸系统疾病死亡的增加等。根据 2017 全球疾病负担研究结果，我国 2017 年由大气颗粒物污染导致的过早死亡数达 85 万人，是我国排名第 6 的健康危险因素。高温与颗粒物污染的交互作用主要表现在对非意外死亡、心血管系统疾病死亡、呼吸系统疾病死亡和肺功能的影响方面。对 16 项相关研究进行的荟萃分析结果显示，PM_{10} 对非意外死亡、心血管系统疾病死亡和呼吸系统疾病死亡的影响，在高温时效应最强、低温时效应最弱（Chen et al.，2017）。低温时 PM_{10} 每增加 10 mg/m^3，非意外死亡、心血管系统疾病死亡和呼吸系统疾病死亡的相对危险度分别为 1.004、1.005 和 1.005；而高温时，死亡的相应危险度分别为 1.012、1.016 和 1.019。一项在全国 8 个城市的分层时序分析发现，极端高温能够增强 PM_{10} 与每日死亡的关系（Meng et al.，2012）。在“正常”（第 5~ 第 95 百分位）的温度日，PM_{10} 每增加 10 mg/m^3，总死亡率、心血管系统疾病死亡率和呼吸系统疾病死亡率分别增加 0.54%、0.56% 和 0.80%。而在极端高温天气，相应的死亡率分别增加到 1.35%、1.57% 和 1.79%。在北京、天津、武汉等单个城市进行的研究也均显示，高温与颗粒物之间存在明显的交互作用。基于未来气候变化情景（RCP4.5）的预测研究显示，假设污染排放和人口保持当前水平不变，到 2050 年气候变化将分别会增加 3% 和 4% 的人口加权平均细颗粒物（$PM_{2.5}$）和臭氧的浓度，以及导致每年增加 8900~12100 人的死亡（Hong et al.，2019）。

除了高温的影响，低温也表现出与颗粒物的协同作用。在北京、上海、香港等地的研究显示，心血管系统疾病和呼吸系统疾病死亡风险均受到颗粒物和低温之间协同作用的影响。还有研究报道，低温能够增强颗粒物对呼吸系统疾病就诊率的影响。最近的研究也发现，温度与颗粒物产生交互作用导致不良孕产结局。一项基于深圳 2005~2012 年出生登记数据的研究发现，孕早期 PM_{10} 暴露可增加小于胎龄儿和足月低出生体重儿的风险，而对于温暖季节怀孕的孕妇，低温可增加 PM_{10} 暴露产生的效应：PM_{10} 每增加一个四分位数间距（interquartile range，IQR）（11.1$\mu g/m^3$），小于胎龄儿的风险在低温（平均气温 < 第 5 百分位）条件下可增加 90%（Wang Q et al.，2019）。颗粒物污染也会增强温度的健康效应。目前已有研究报道，当颗粒物浓度较高时，温度对总死亡、非意外死亡、心血管系统疾病死亡、心率变异性、肺功能等结局的健康效

应增强。

气候变化会增加空气中臭氧的浓度。对流层臭氧是在阳光和高温的作用下，与大气中的其他污染物发生光化学反应而形成的。影响臭氧形成的因素包括热量和化学前体物（主要是挥发性有机物和氮氧化物）浓度。气候变化伴随的气温升高将增加很多区域挥发性有机物的生物源排放，而暖湿气候条件下的闪电可以增加氮氧化物的产生率。因此，气候变化可能会通过增加臭氧的主要前体物浓度而加速臭氧的生成。气候变暖还会促进光化学反应，加剧臭氧污染。

气温对臭氧的健康影响也具有效应修饰作用。效应修饰的定义为，当暴露因素按第三因素分层后，暴露因素在各层中与结局的关联强度因第三变量的存在情况不同而出现效应大小的不同，该第三因素成为效应修饰因素。臭氧污染与许多健康问题有关，如引起心脏自主神经功能紊乱、心律不齐和肺功能受损等。目前已有多项研究报道，低温能够增加臭氧对健康的影响。一项在全国272个城市进行的Meta回归分析显示，随着城市水平的年平均温度下降，臭氧与每日总死亡的关系更大（Yin P et al.，2017）。城市年平均温度每降低10℃、臭氧日浓度每增加10μg/m^{3}引起的每日总死亡率将额外增加1.4%。在上海、广州、苏州等单个城市进行的研究也均提示，臭氧与低温之间存在明显的交互作用。关于高温与臭氧的交互作用，国内相关报道较少，其中在台湾高雄的一项研究显示，高温天气下臭氧与每日非意外死亡率呈负相关。而美国的一项研究则显示高温增强了臭氧对心血管系统疾病死亡的影响。高温与臭氧关系研究结果的不一致性可能与各地臭氧水平和气候特征的差异有关。

2. 气候变化与空气中的过敏原

花粉作为户外重要的季节性过敏原，一方面能够增加过敏性疾病发生和流行的风险，另一方面还会加重过敏性疾病患者的症状。北京海淀区的研究显示，夏秋季花粉高峰期内过敏性鼻炎就医人次与空气中花粉浓度的变化密切相关。另外一项在北京市区进行的研究显示，2015年3~4月和8~9月为花粉浓度高峰期，而抗组胺剂、鼻腔喷雾剂等门诊抗过敏处方药物的用量也随花粉分布呈双峰趋势（Wang X Y et al.，2017）。

气候变化影响花粉的产生、扩散、化学成分，以及产生花粉的杂草、树木的生长和分布，从而影响空气中花粉的浓度、分布和致敏性（Deng et al.，2020）。气候变暖导致无霜期天数增加和季节气温升高，从而改变花期、延长致敏植物的花粉传播时间。实验研究表明，温度升高会导致某些植物的花期提前。温室气体二氧化碳浓度升高会刺激植物生长和繁育；一定浓度的二氧化碳可以刺激植物产生更多的花粉，尤其是豚草的花粉，增加空气中的花粉浓度；二氧化碳还可以提高过敏性蛋白的表达水平，改变花粉的化学组成，增强花粉的致敏性。干旱和大风天气产生风载尘埃，这些尘埃中挟带的花粉等过敏原借助风力传送到新的地区，增强过敏原的传播。气候变化导致更高的花粉浓度、更长的花粉周期、更远的传输距离和更高的致敏性，进而增加过敏性疾病的人群疾病负担（图9-4）。

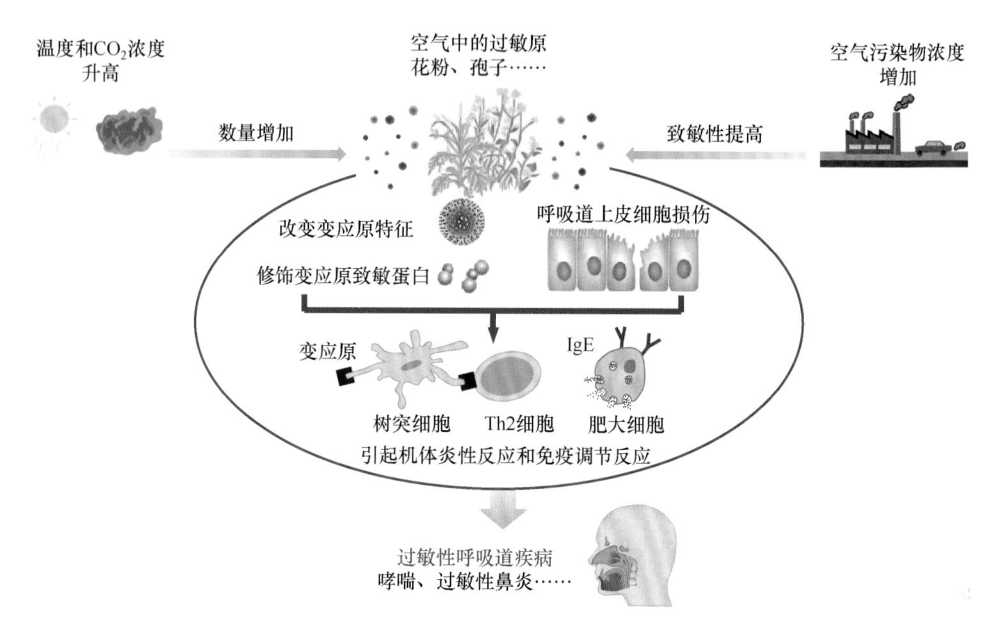

图 9-4 空气中的过敏原引起过敏性呼吸道疾病的机制

气候变化致使雷暴等极端天气的发生频率增加，而雷暴发生时，周围空气中花粉粒浓度大量增加。雷暴浓缩了地表的花粉颗粒，并使这些颗粒通过渗透压冲击而破裂，释放出致敏性小微粒生物气溶胶。因其尺寸很小，气溶胶可深入下呼吸道，并诱导支气管过敏症状的出现。雷暴与哮喘发病率间的联系已被多项研究证实，即所谓的“雷暴哮喘”。1983 年，研究者首次报道了英国伯明翰及其周围地区与雷暴天气相关的急性哮喘暴发，之后在澳大利亚、意大利等地也有伴随雷暴发生的哮喘暴发事件报道，其诱因可能是更多可吸入过敏性颗粒导致哮喘的发作（Deng et al.，2020）。

气候变化还会增加空气中其他过敏原的含量。例如，气候变化导致强降水天气增加，尤其是在飓风或洪水期间受影响的建筑物特别容易受到水的侵入，导致室内空气质量问题出现，如霉菌等微生物过敏原污染。而温度升高会加大室内的湿度，促进霉菌的生长。一项 Meta 分析结果显示，建筑潮湿和霉菌可使各种呼吸系统和与哮喘相关的不良健康结局增加 30%~50%。一项在全国 6 个城市进行的调查显示，潮湿（约 35%）和霉菌（约 10%）在我国家庭很常见，二者与成人鼻炎、眼、喉、皮肤症状、头痛和疲劳密切相关（Zhang X et al.，2019）。与极端降水相反，长期干旱天气会导致空气中真菌孢子、尘螨、动物皮屑等过敏原增加。气压过低可使各种过敏原易于向低处散落并被吸入呼吸道，进而导致过敏性疾病的发作。此外，雷暴天气导致的哮喘发作，也可能与雷暴引起的空气中真菌孢子的数量突然大量增加有关（Deng et al.，2020）。

9.2.4 气候变化对传染性疾病的影响

传染性疾病的发生受诸多因素的影响，气候变化是其中的重要影响因素。气候变化会直接或间接地影响传染病的病原体、媒介、宿主以及易感人群，进而改变传染性疾病流行的模式、频率和强度。此外，气候变暖还将造成水源和食源性传染病以及呼吸道传染病，如流感等传染病传播风险的改变。

1. 媒介传染病

气候变暖可引起媒介生物分布的变化，媒介生物及宿主年内活动期延长及其携带的病原体生长繁殖期扩大。气候变化造成的降雨变化引起地表水量、植被量及宿主数量等发生变化，导致媒介传染病传播方式的改变。在中国，研究还发现气候变化会对登革热、疟疾和乙脑的疾病控制产生不利影响（Hodges et al.，2014）。

近年来，登革热在我国出现多点暴发态势。IPCC AR5 指出，登革热和气候因素在全球和区域尺度都存在密切相关性。气温升高造成登革热病毒的外潜伏期缩短，媒介伊蚊叮咬率增加；降雨增多加速了媒介伊蚊的发育和繁殖等。广东省的登革热暴发通常发生在温度相对较高、降水量达到峰值的 6 月和 7 月的连续细雨或规则降雨期间（Wang X et al.，2019）。气象因素驱动了广州登革热发病（Xu et al.，2017）；上月最低温度、上月平均相对湿度、当月平均相对湿度与广州登革热的发生呈正相关，当月风速和温度、滞后 2 月降雨与广州登革热的发生呈负相关（Wang et al.，2014）。逐月最低温度和逐月累积降水量可用于广州登革热的早期预警（Sang et al.，2015）。气象因素是台湾南部登革热发生的重要影响因素（Chuang et al.，2017），登革热确诊病例数与滞后 1~2 月的温度、降雨和相对湿度呈正相关（Chang et al.，2018）。未来气候变化会使更多地区适合登革热传播和流行。基于生物驱动模型的登革热预估显示，未来所有 RCP 情景下我国登革热的风险区均显著北扩，风险人口显著增加。当前（1981~2010 年）我国的 142 个县（区）的 1.68 亿人口处于登革热高风险区。RCP2.6 情景下，2050 年登革热的高风险区将覆盖 344 个县（区）的 2.77 亿人口，2100 年登革热的高风险区将覆盖 277 个县（区）的 2.33 亿人口。RCP8.5 情景下，登革热的高风险范围将进一步扩大，2100 年将增加至 456 个县（区）的 4.9 亿人口（Fan and Liu，2019）（图 9-5）。

气象因素同间日疟和恶性疟的发生显著相关。在我国中部的寒冷季节，疟疾对最低温度敏感，温暖季节疟疾对最高温度敏感，寒冷气候带滞后效应持续期更长（Xiang et al.，2018a）。在安徽合肥，当健康风险评估模型校正季节性后，相对湿度、日照和气压与疟疾暴发显著相关（Zhai et al.，2018）。在河南永城，当月疟疾发病数与上月最高温度、相对湿度和疟疾的发病数相关（Zhang et al.，2012）。此外，在中国西南部，降雨滞后和疟疾发生存在交互效应（Wu et al.，2017）。基于最大熵物种分布模型预测发现，2030 年 3 种气候变化情景（RCP2.6、RCP4.5 和 PCP8.5）下，我国疟疾媒介大劣按蚊和微小按蚊环境适生区（environmentally suitable area，ESA）将平均增加 49% 和 16%。气候变化情景下（RCP4.5 和 PCP8.5），我国雷氏按蚊和中华按蚊环境适生区在 2050 年将分别增加 36% 和 11%。如果同时考虑土地利用和城市化水平，2030 年和 2050 年暴露于 4 种主要疟疾媒介按蚊的人口将出现显著的净增长（Ren et al.，2016）。与基线水平相比，在 RCP4.5 和 PCP8.5 情景下，气候变化将显著增加我国间日疟和恶性疟的发病风险。若无政策干预，RCP8.5 情景下的恶性疟较间日疟增加更多，环境适生区范围更广。

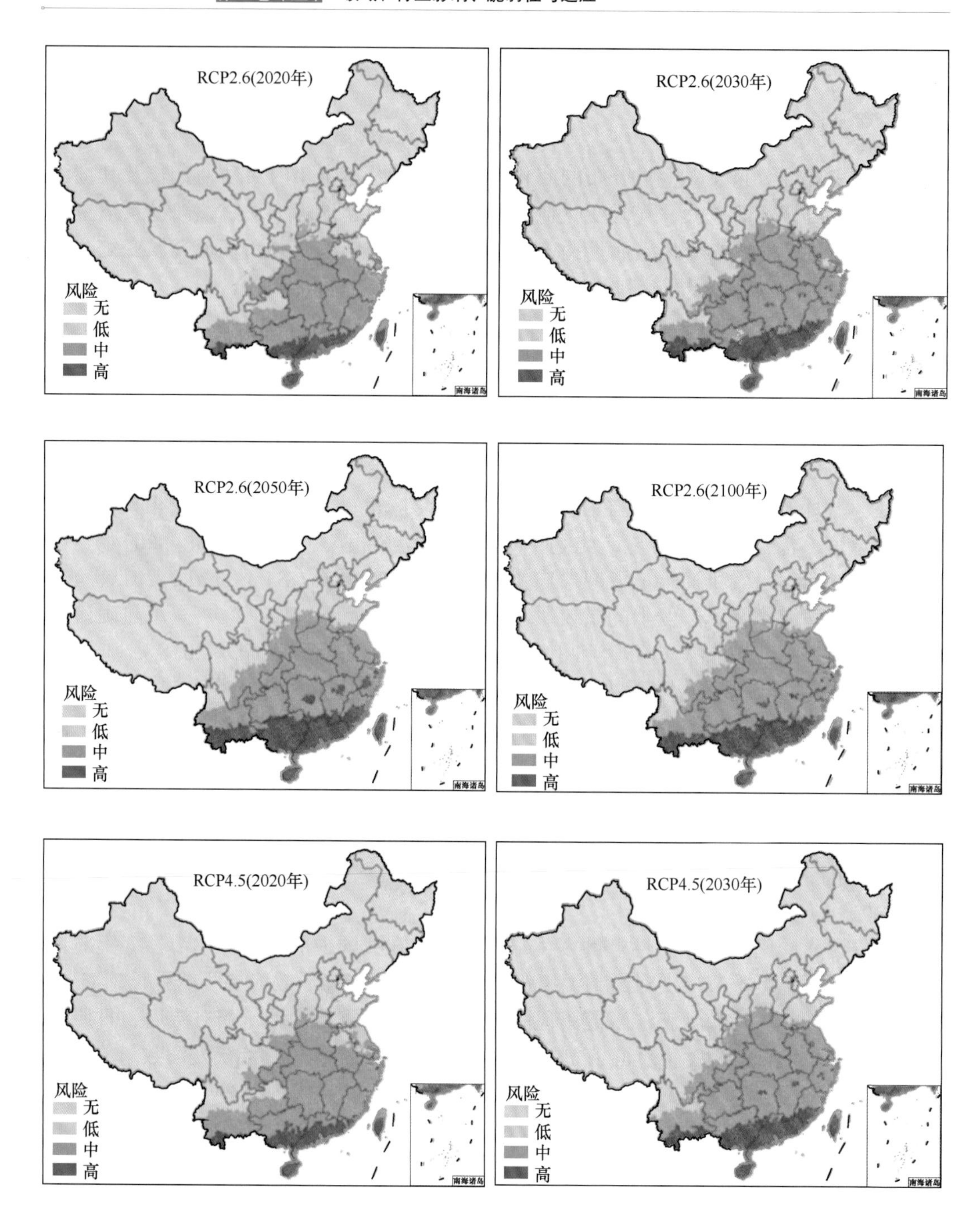
RCP2.6(2020年)
风险
无
低
中
高
南海诸岛
RCP2.6(2030年)
风险
无
低
中
高
南海诸岛
RCP2.6(2050年)
风险
无
低
中
高
南海诸岛
RCP2.6(2100年)
风险
无
低
中
高
南海诸岛
RCP4.5(2020年)
风险
无
低
中
高
南海诸岛
RCP4.5(2030年)
风险
无
低
中
高
南海诸岛

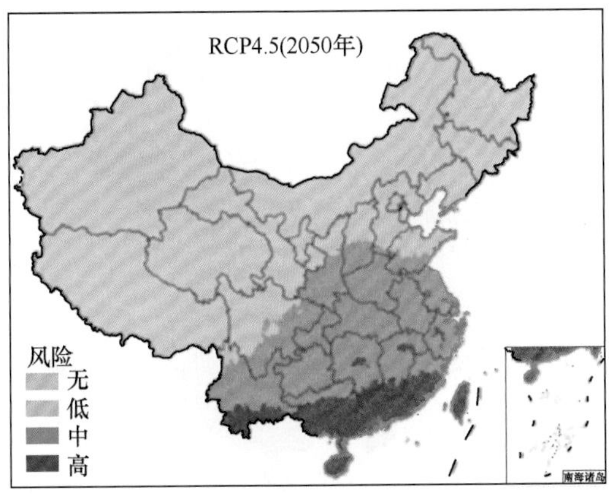
RCP4.5(2050年)
风险
无
低
中
高
南海诸岛

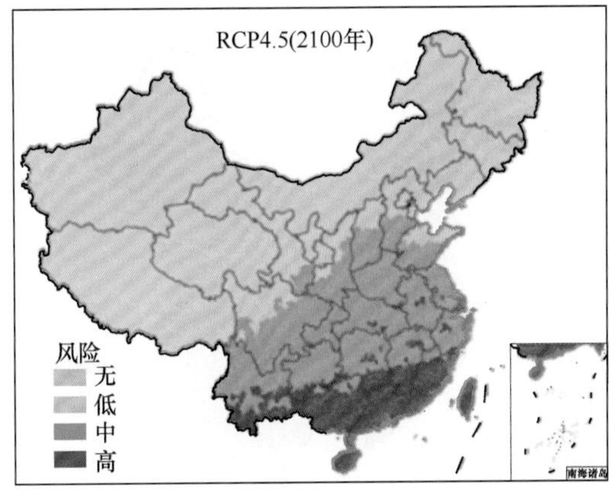
RCP4.5(2100年)
风险
无
低
中
高
南海诸岛

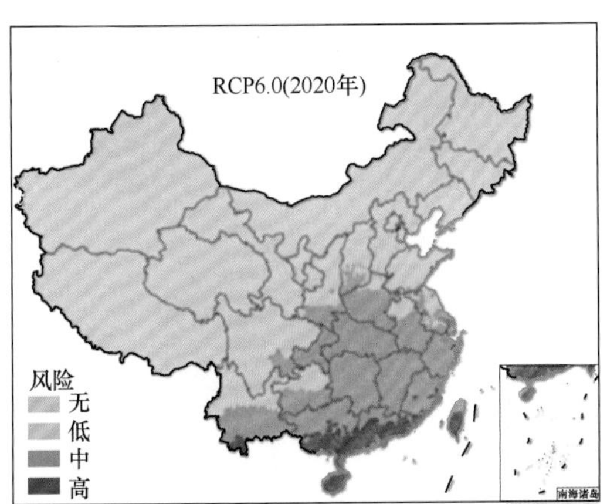
RCP6.0(2020年)
风险
无
低
中
高
南海诸岛

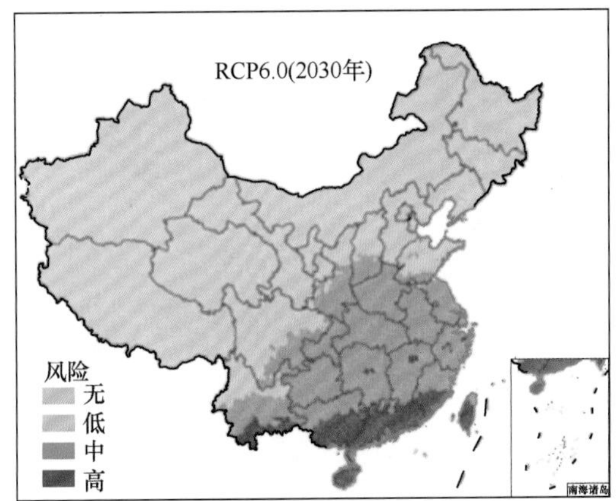
RCP6.0(2030年)
风险
无
低
中
高
南海诸岛

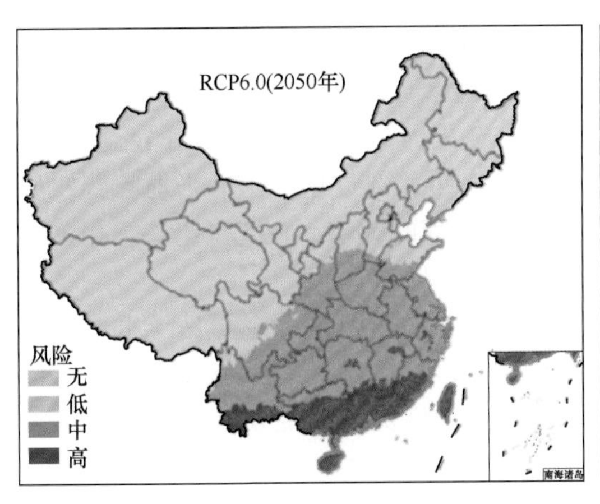
RCP6.0(2050年)
风险
无
低
中
高
南海诸岛

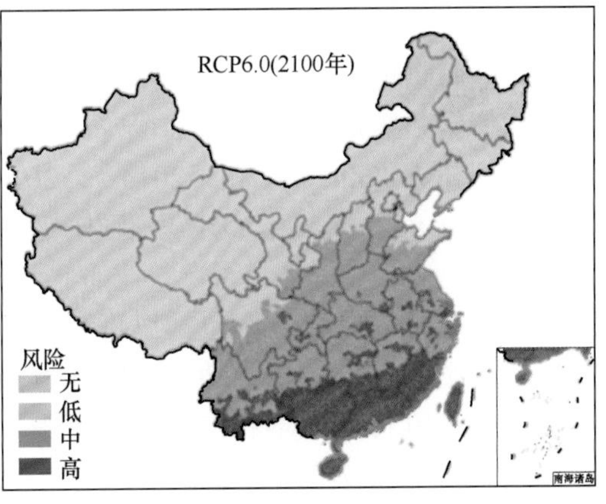
RCP6.0(2100年)
风险
无
低
中
高
南海诸岛

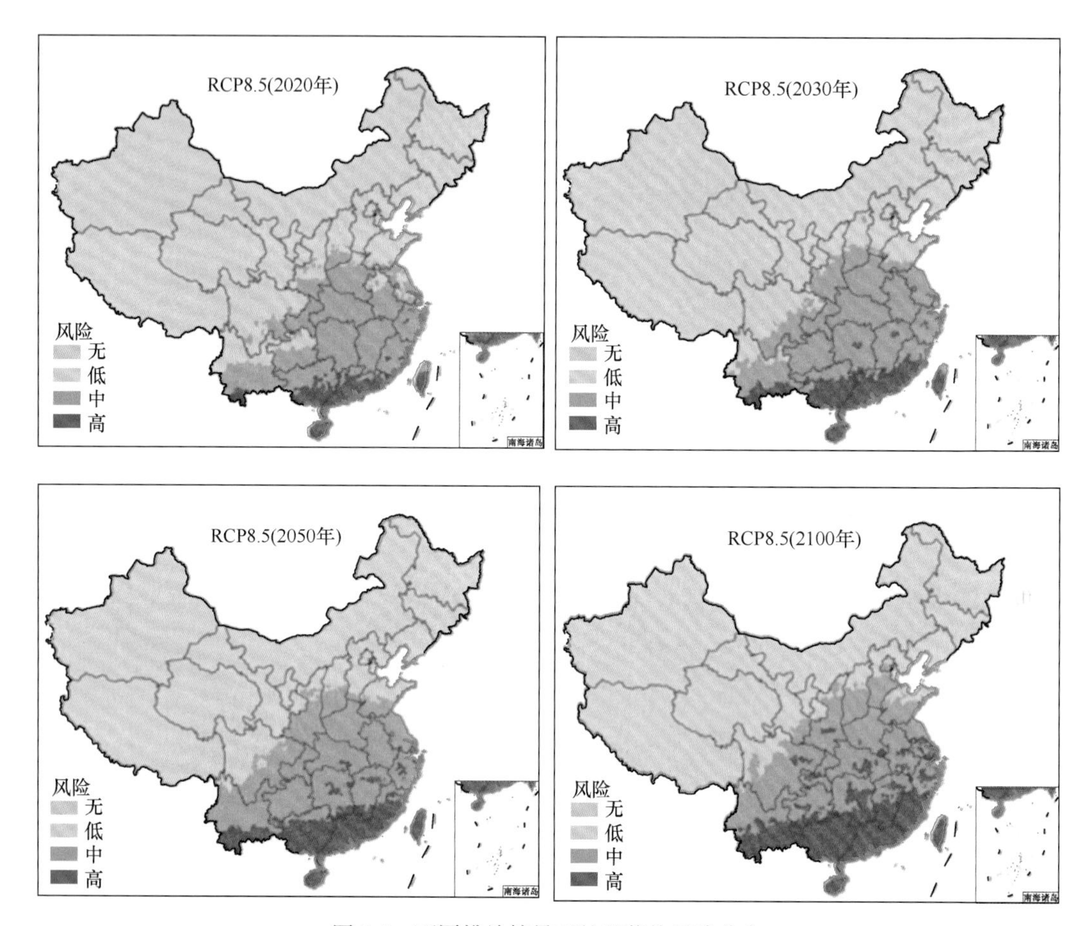

图 9-5　不同排放情景下的登革热风险分布

气象因素，如气温和降水等可通过对乙脑传播媒介三带喙库蚊生活史各阶段产生影响，进而影响我国乙脑的发生。在临近三峡大坝地区，滞后 1 月和 3 月的气温和乙脑发病率呈显著的正相关（Bai Y et al.，2014）。气象因素与我国西南高的乙脑发病风险密切相关（Zhao et al.，2014）。2013 年 6 月陕西北部过量降雨后当地乙脑发病率增加（Zhang S et al.，2018）。但未来气候变化对乙脑的影响，在我国仍缺乏相关研究证据。

我国重要的鼠传疾病包括鼠疫和流行性出血热。气象因素（主要是降水量与气温）通过影响鼠疫的宿主动物丰度和蚤指数，进而影响鼠疫的发生与分布，且气候变化对鼠疫流行动力学和鼠疫流行范围等均有影响。许磊等研究发现，降水对鼠疫的作用在中国北方呈正效应、在南方呈负效应。气象因素对我国流行性出血热也产生一定程度的影响。在黑龙江、安徽和辽宁等 19 个城市，流行性出血热的发生对亚热带地区（安徽）天气变量更为敏感（Xiang et al.，2018b）。在陕西，气象因素（相对湿度、降水量和风速）在当地流行性出血热发生中扮演至关重要的角色（Liang et al.，2018）。

发热伴血小板减少综合征（SFTS）是我国的一种重要媒介传染病。有研究发现，气象因素是影响我国SFTS发生的危险因素（Liu K et al.，2015），主要为气温和相对湿度（Du et al.，2014；Wang T et al.，2017）。在湖北，温度和相对湿度是SFTS发生的独立危险因素（Wang T et al.，2017）。当逐月温度高于19.65 ℃或逐月相对湿度超过74.5%时，SFTS风险显著增加（翟羽佳等，2016）。逐月最大温度和平均相对湿度增加一个单位，SFTS发病率将分别增加25.7%和10.3%（Sun J M et al.，2018）。

气候变化可引起血吸虫病中间宿主钉螺的繁殖和孳生地的扩大，其流行区范围可能北移。最新研究证据显示，未来气候变化将引起我国血吸虫病的病例增加和分布区扩大。杨坤等基于区域气候模型PRECIS模拟的A2、B2两种温室气体排放情景，预估了2050年时段（2046~2050年）和2070年时段（2066~2070年）我国血吸虫病传播范围和强度的变化。研究发现，相对于2005年时段（1991~2005年），2050年和2070年时段两种情景下的血吸虫病分布范围北界线出现北移，在中国东部尤其是江苏和安徽境内北移明显。到2050年气候变化将使血吸虫病例增加500万例。此外，如果不考虑未来的适应措施与其他环境因素对血吸虫病的传播影响，两种情景下血吸虫病流行区分布和传播指数都将发生明显变化，其中A2情景对我国血吸虫病流行影响程度大于B2情景。Zhu等（2017）关于湖北钉螺适生区的研究也发现类似的结果。

2. 水源和食源性传染病

霍乱弧菌在外界水体中维持存活的最适宜温度为22 ℃，流行季节水温多在20~30℃。全球变暖导致具备上述水温的区域不断扩大，且研究发现霍乱的发病率与降水、气温呈正相关，与气压呈负相关。

气象因素与细菌性痢疾（菌痢）病例数相关，不同气候区结果各异。在大连，随着气温升高、日照时数减少和风速下降，菌痢发病高峰前移（安庆玉等，2012）。北京痢疾发病与当年和前1年的气温、风速和相对湿度相关（汤巧玲等，2012）。影响北京菌痢报告发病率的重要因素是平均降水量（杜真等，2018）。银川菌痢发病率与平均水汽压最为相关。张掖大部分地区菌痢发病人数和平均温度、降水都呈现显著正相关，山丹、肃南二县发病人数与平均风速呈显著正相关。在西藏甘南地区，气温和降水与菌痢发病率呈正相关且具有一定滞后性。

气象因素可对中国感染性腹泻产生一定影响。汪静等（2013）发现，北京东城区感染性腹泻发病率与气温高、相对湿度大、降水增大、气压低等因素有关。海口感染性腹泻发病率与台风过后的气象因素（最高气温、相对湿度）上升有关（刘健等，2016）。气候变化可对未来感染性腹泻的疾病负担降低产生不利影响（Hodges et al.，2014）。我国研究相对较多的食源性疾病为细菌性食源性疾病，主要是沙门氏菌和空肠弯曲杆菌等。气候变化会引起沙门氏菌感染等发病率上升（毕鹏，2018），而沙门氏菌是儿童感染性腹泻的主要病原菌（李桦等，2015）。湖南食源性疾病发病率与月平均相对湿度、月平均气温呈正相关。上海卢湾区（2018年并入黄埔区）细菌性食源性疾病的发病率与上海中心城区气温呈正相关。然而，未来气候变化对我国细菌性食源性疾病的影响研究未见报道。

3. 其他传染病

流感是一种气象敏感疾病。温度与人群 H7N9 发生相关，温度介于 7~15℃可能是 H7N9 发生和传播的一个驱动因素（Li X L et al.，2015）。手足口病发生与气温增加有关。当温度超过 24.85℃、相对湿度为 80.59%~82.55% 时，手足口病较月平均发病率相对危险度达到 3.49 倍（Du et al.，2016）。江苏平均温度与手足口病发生呈正相关，而最低最高温度与其呈负相关（Liu W et al.，2015）。

9.2.5 气候变化对非传染性疾病的影响

世界卫生组织统计报告显示，2016 年有 4100 万人死于非传染性疾病，占总死亡人数的 71%，主要是心脑血管疾病、呼吸系统疾病。随着社会经济发展，慢性非传染性疾病也成为影响我国居民死亡和健康的最主要公共卫生问题。

1. 心脑血管疾病

心脑血管疾病的就诊除了医学意义上的原因之外，天气突然改变、低温、高温或者其他气象因素的改变也是不可忽视的外因。遭遇过冷或过热的刺激时，人体的热平衡调节机制就将被打乱，进而产生不适、疾病甚至死亡。此外，血管收缩、血黏度变稠、冠脉血管阻力增加，都容易使血压升高、心肌缺血缺氧。Ma 等（2014）研究发现，高温时温度每升高 1℃心血管疾病死亡率上升 3.02%。韩京等（2017）研究发现，高温热浪导致高血压门诊就诊量增加，且不同年龄组人群均对高温热浪事件敏感。气温、气压等气象因素发生变化时，神经体液方面的适应调节会使原有心脑血管疾病的病人发生急性事件的概率增加。

2. 呼吸系统疾病

呼吸系统疾病与气象条件有着密切关系。高温条件下，老年人以及慢性阻塞性肺疾病患者，机体散热功能和循环功能较差，随之产生的热应激和外周血液淤积会增加肺血阻力，导致病情加重（Li Y et al.，2015）。在寒冷环境中，气道中性粒细胞和巨噬细胞均增加，呼吸道炎症水平升高，易加重哮喘患者的支气管痉挛与慢性阻塞性肺疾病患者的气道阻塞。一项中国 17 个大城市的研究表明（Ma et al.，2014），高温时（日平均温度第 75~ 第 99 百分位），温度每上升 1℃，呼吸系统疾病死亡率上升 4.64%。胡梦珏等（2013）研究发现，气温每升高 1℃，呼吸系统疾病死亡风险增加 2%。气温对呼吸系统疾病发病的影响以低温滞后效应为主，在其敏感阈值附近气温每变化 1℃，发病人数增加 31.6%（乐满等，2018）；Zhou X 等（2014）研究发现，日温差与日死亡率显著相关，尤其在寒冷季节，日温差每上升 1℃，呼吸系统疾病死亡率上升 0.76%。在北京，日温差每上升 1℃，呼吸系统疾病就诊人次增加 2.08%（Wang et al.，2013）。

3. 精神心理健康

气候变化不仅会增加某些气候敏感性疾病的发病率和死亡率，也存在诸多对精神心理方面的影响。直接心理影响通常包括极端天气事件所造成的精神心理创伤，如压力、焦虑、痛苦、抑郁、自杀等，间接心理影响通常包括社会、经济和环境破坏，如饥荒、文化冲突、被迫搬迁、移居等。

高温容易使人疲劳、烦躁、易怒，甚至出现精神错乱的现象，易造成公共秩序混乱、事故、火灾、犯罪等事件的增加；同时高温也是导致精神疾病发作的诱因。2010年济南4次热浪事件均使当地居民心理疾病的日就诊人次明显增加，且存在滞后效应。年龄、职业、家庭住址及婚姻状况可能是热浪时期与心理疾病患病率有关的影响因素（刘雪娜等，2012）。高温使得老人认知功能受损以及累计健康亏损指数升高的风险分别增加了41%和92%（曾毅等，2014）。

洪水是全球最常见的自然灾害之一。洪涝灾害不仅威胁居民的人身和财产安全，而且当洪涝灾害的严重程度及规模超出灾区居民的承受能力时，还会对其心理健康产生不同程度的影响（姜宝法等，2018），其中创伤后应激障碍（PTSD）是最为普遍的心理问题，此外还包括焦虑、抑郁、家庭暴力等。江西洪涝灾害后近半数灾民存在不同程度的心理问题，主要表现为焦虑、恐怖以及敌对倾向；其中41%的居民存在程度不同的心理问题，15%的居民有较严重的心理问题（郭明等，2012）。洞庭湖洪水发生后，对325名灾区幸存者进行调查发现，PTSD和焦虑症的患病率分别为9.5%和9.2%（Dai et al.，2017）。相关研究还发现，灾区群众的PTSD发病率与社会支持度呈负相关，且儿童、女性、高龄老人是脆弱人群。

干旱是世界上造成经济损失最多的自然灾害之一，主要表现为影响范围广、暴露时间长，其对人群精神心理健康的影响较大。农民和偏远地区人群是主要的脆弱人群，主要表现在他们会对旱灾造成的损失感到心痛、对旱灾造成的生活不便感到无奈、对旱灾影响收入和生活水平感到失望，而且旱灾发生时间长，会对农民心理产生较大负担（李金鑫等，2013）。国际文献表明，长期干旱也越来越多地与冲突和被迫移民联系在一起，这些因素影响精神心理健康，如压力倾向、焦虑、痛苦和PSTD等（Gleick，2014）。

极端事件频率和强度的增加，如山火、暴风、台风、沙尘暴等，都会对人类精神心理健康造成影响。2006年超级台风“桑美”造成浙江苍南灾民在情感体验方面出现负面情绪和负面认知，出现PTSD和“闪回”现象，并对社会支持系统表示强烈渴望，出现人际交往的“共同经验区”。

4. 其他慢性疾病

研究发现（余兰英等，2009；马盼等，2016），极端湿度（RH<10%或RH>90%）会显著增加消化系统疾病的发病，并有持久作用。特大高温干旱期间，老年人群胃炎、胆结石和胆囊炎、肠炎、胃肠炎等消化系统疾病发病率增加。温度升高还会增加肾结石的发病率，研究人员根据模型的分析结果预计，到2050年日益升高的气温将使美国每年肾结石新发病例数达160万~220万例，某些地区的发病率最高可增加30%。WHO数据表明，气候变化引起的营养不良每年造成约350万例死亡，原因是缺少维持生命所需的足够营养并因此不能抵御疟疾、腹泻和呼吸道疾病等传染病。

9.2.6 气候变化对职业人群健康和劳动生产率的影响

职业人群由于受到工作场所热源、体力劳动强度、生产方式和防护服装等因素的影响，而成为气候变化的脆弱人群。气候变化可通过多种途径影响职业健康，如不断增加的高温炎热天气会增加工人患热相关疾病的风险，紫外线辐射增强可增加空气中臭氧的浓度，从而增加工人发生眼疾、皮肤癌的风险，空气污染可能因气候变化而加重，从而增加职业人群患呼吸系统疾病与过敏性疾病的风险。此外，由于极端天气事件发生频率的增加，投入救援和清理工作的应急人员发生伤害、疾病、死亡的风险也会增加，应急人员在基础设施被摧毁、通信中断、社会动荡的灾害现场工作时，可能面临巨大的精神压力，容易诱发精神疾病（盛戎蓉等，2017）。新兴“绿色”产业的出现也可能带来新的职业健康问题，如节能照明是解决电力短缺和减缓气候变化的关键措施之一，但可能增加工人汞中毒的风险（Cheng et al.，2018）。

1. 气候变化损害职业人群健康

高温热浪增加室外及部分室内工作场所（如散热条件较差）的热压，从而增加部分职业人群的热暴露。工人从事体力劳动时，骨骼肌大量产热，而高温环境阻碍散热，这容易导致机体温度调节系统失衡，水、电解质代谢紊乱及神经系统功能受到损害。患有基础疾病的个体在高温环境下的健康更易受损（Parsons，2014）。

高温可导致劳动者患职业性热相关疾病，甚至死亡。有研究表明，合肥2014年的中暑病例中，工人和农民占比分别高达48.12%和37.5%（肖长春和李玉荣，2015）。Luo等（2014）指出，广州造船厂的户外喷漆工人发生尿路结石的风险是行政人员等室内群体的4.4倍。Yin和Wang（2017）发现，极端高温增加户外工人心血管疾病死亡的风险，且该风险是普通人群的1.7倍。此外，户外劳动者也是患热相关精神疾病的高危群体，如济南室外工人热浪期间发生精神疾病的风险是室内群体的1.7倍（Liu X N et al.，2019）。Ma等（2019）还发现广州的工伤发生与高温存在关联，这归因于高温的工伤事件数约占总工伤事件数的4.8%，高温造成的工伤保险费用占总费用的4.1%。

气候变暖会增加工作场所有毒化学物质的挥发及其毒性，如有机溶剂、农药等（Zhang Y Q W et al.，2018）。职业人群暴露在高温环境中，会造成血管扩张、呼吸频率与深度增加，但他们穿戴防护用品的安全意识较低。有毒化学物质可通过呼吸道及皮肤进入体内，从而增加职业性化学物质中毒的风险（江苏安和严建平，2018）。研究发现，湛江2009~2018年发生于7~9月的急性中毒事故占所有事故的54.55%（冯忠海等，2019）。蚌埠的生产性农药中毒也高发于7~9月，而非生产性农药中毒并非在高温季节多发（李庆猛等，2019）。

2. 气候变化影响劳动生产率

劳动者长期在高温环境中工作，可能因健康受损导致劳动能力下降甚至永久丧失。为避免健康受损，劳动者会自行缩短劳动时间、降低劳动强度，用人单位也会采取换班轮休等方式缩短其连续作业时间，甚至停止室外露天作业，因此劳动生产率会受到较大的影响（苏亚男等，2018）。我国研究人员通过参照职业健康标准，发放劳动生产率与劳动伤害问卷，进行热室研究、现场研究等，初步揭示了高温与劳动生产率的暴露–反应关系（Xia et al.，2018）。例如，Li X D 等（2016）研究发现，黑球湿球温度（WBGT）每升高 1℃，建筑业钢筋工人的劳动时间减少 0.33%~0.75%。Xia 等（2018）还指出，2013 年南京持续 14 天的热浪期间，职业人群因劳动时间损失、劳动生产率降低造成的经济损失高达 275 亿元，占全市总产值的 3.43%。此外，一项评估高温天气影响中国劳动生产时间损失的研究表明（图 9-6），极端 WBGT 造成的劳动时间损失正在逐年上升，2019 年高温造成总劳动时间损失超过 99 亿 h（比 2000 年高出 4.8%），约占全国总劳动时间的 0.5%。其中，2019 年第一行业人均损失时间高达 36h，且广东的劳动时间损失约占到了全国的 1/4。进一步评估劳动时间导致的经济损失发现，热相关劳动生产率损失的经济成本达 1260 亿美元，占到中国全年 GDP 的 1.14%（Cai et al.，2020）。

未来职业人群的劳动生产率可能进一步降低，从而增加国家和地区的经济负担。基于已有的暴露–反应关系，利用气象监测数据和不同典型浓度路径（RCPs）下的气象预估数据，国外学者评估了中国未来劳动生产率的损失情况，结果显示，21 世纪末中国的劳动生产率的损失将由当前的 0.3% 增至 2%；2030 年中国因劳动生产率降低带来的经济损失将占国家 GDP 的 0.8%（Watts et al.，2018）。未来中

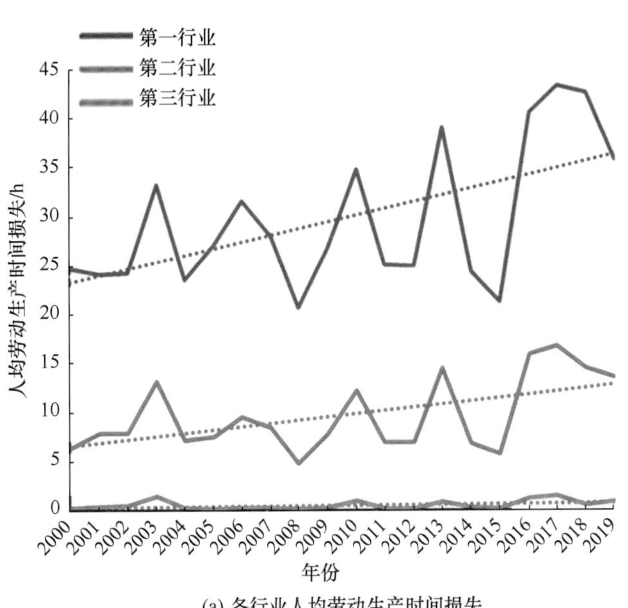

(a) 各行业人均劳动生产时间损失

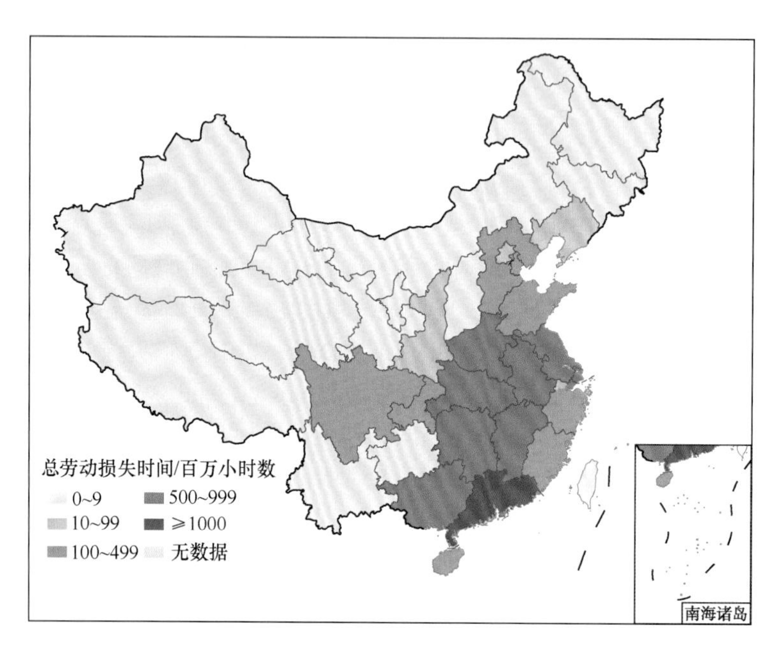

(b) 各省份总劳动生产时间损失

图 9-6 中国 2000~2019 年极端高温导致的劳动生产时间损失情况

国政府将要发放更多的高温津贴，到 21 世纪末高温津贴可能占到中国 GDP 的 3%（Zhao et al.，2016）。

9.3 气候变化影响人群健康的脆弱性

脆弱性也称为易损性，是承灾体内在的一种特性，这种特性是承灾体受到自然灾害时自身应对、抵御和恢复能力的特性，可以分为自然脆弱性和社会脆弱性。脆弱性的研究遍及多学科，其概念涉及多维度。IPCC（2007）报告中关于脆弱性的定义为："系统易受或没有能力应对气候变化的扰动，包括变率和极端事件产生不利影响的程度，是分异特征、变化幅度和速率以及系统敏感性和适应能力的函数"。具体参见本卷第 1 章 1.2.3 节的内容。

目前，我国在气候变化健康脆弱性方面的研究较少，研究主要集中在寒潮、热浪和洪水等极端气象事件方面。研究发现，女性、老年人、儿童、低收入及罹患基础疾病的人群在高温、低温环境下健康脆弱性较高，但男性在台风、洪水等灾害中有较高的健康脆弱性。从地区来看，我国东部中纬度沿海地区和西部中纬度地区对高温热浪的健康脆弱性较高，而南方地区低温寒潮的健康脆弱性较高。未来气候变化情景下，随着老龄化的加速和罹患基础疾病的人群增多，气温上升和极端气候事件增加将会对这些脆弱性人群带来更大的健康风险。东北成为近 50 年来增温最快、范围最大的地区之一，对高温热浪的健康脆弱性可能将会持续升高，而抗寒能力弱、取暖设施不足的南方因低温寒潮导致的健康脆弱性可能加大。此外，华东地区和河流沿岸地区未来洪涝灾害的增加也会使得这些地区的健康脆弱性升高。

9.3.1 健康脆弱性的人群差异

1. 年龄

老年人由于体温调节功能差、血液黏度增加以及出汗阈值升高，其对异常气温等气象因素的健康脆弱性增加，在高温热浪期间容易发生心脑血管疾病、呼吸系统疾病和死亡（Chen R et al.，2018）。在台风等极端气象事件中，老年人由于独居和行动不便，对气候变化的敏感性较高，同时适应能力也较弱，易发生溺水、受伤、心脏病发作等情况（王鑫等，2015）。目前，我国已进入老龄社会，预计 2035 年 65 岁以上的老年人将占中国人口的 1/5~1/4。有研究预计，在 RCP8.5 情景下 2050 年北京将会有 10629 名老年人因热效应而死亡，比 1980 年增加了 14.5 倍（Li T et al.，2016）。

儿童正处在生长发育期，体温调节等身体机能尚未成熟，对外界环境的敏感性较高，因此对极端气温的脆弱性较高。例如，在高温环境下，儿童容易出现中暑、脱水甚至死亡（Bai L et al.，2014）。另外，气温升高会使儿童对于腹泻、手足口、疟疾、登革热、哮喘、营养不良等疾病的敏感性增加（Sheffield and Landrigan，2011）。随着我国生育政策的进一步优化，儿童数量增加，他们将持续受到气候变化的影响。

2. 性别

由于生理特征、社会经济地位和适应能力等方面存在差异，女性对气温和极端天气事件（如高温、热浪、寒潮等）的健康脆弱性高于男性。例如，与男性相比，女性在高温和低温天气更容易死亡（Chen R et al.，2018），在洪涝和干旱等极端天气事件中，女性承受的心理压力也比较大，她们更容易发生心理、肠道和妇科疾病。

此外，孕妇作为一个特殊群体，对各类气象因素的健康脆弱性均较高，容易发生孕期并发症（妊娠高血压、妊娠糖尿病等）和不良妊娠结局（早产、低出生体重儿、死胎等）（IPCC，2013）。例如，与夏季相比，孕妇在气温较低的冬季或春季分娩更易发生妊娠高血压（Li X et al.，2016）。在不良妊娠结局方面，国内一项 100 多万孕妇的大型研究显示，高环境温度可能更易导致早产的发生（Chen S et al.，2018），这可能与高温下孕妇体内温度调节障碍以及孕妇体内促分娩的因子（如催产素、前列腺素等）增加有关，这增加了孕妇对气候因素的敏感性（阚海东等，2018）。

在台风、洪水等气象灾害中，对于死亡以及肠道疾病，男性比女性的脆弱性更高（Zhang et al.，2016a），这可能跟男性更多参与抗洪工作有关，其增加了男性的暴露水平。另有报道显示，工作年龄段（25~64 岁）的男性因高温引起的超额死亡风险高于同年龄段的女性（Bai Y et al.，2014），这可能与男性更多暴露于夏季室外高温环境有关。在未来气候变化情景下，随着气温上升和极端气候事件增加，孕妇和工作年龄段的男性也将是重点关注的脆弱人群。

3. 贫困人群

社会经济状况是影响人群健康的重要因素，低收入人群因教育水平较低、住房条件较差、通常在户外工作和家庭的空调覆盖率低，对气候变化适应能力较弱，更容易受到气候变化的影响，尤其在持续高温热浪期间，社会经济地位较低的人群更容易发生中暑、心肺系统疾病和死亡（Yang et al.，2013）。同时，基础卫生设施和医疗保障缺乏也使得低收入人群更易患上疟疾、艾滋病、肥胖和心血管疾病等，这些疾病进一步增加其对气候变化的健康脆弱性。例如，在湖南和安徽的研究发现，洪涝灾害期间经济水平低的地区的居民对于感染性腹泻更加敏感（Zhang N et al.，2019）。

脆弱性与环境因素密不可分。城市由于热岛效应、人口密度大、经济活动日益集中等，高温和热浪的效应更强（王美雅和徐涵秋，2018）。例如，城市热岛效应等可增加城市居民对高温热浪的暴露水平而发生疾病及死亡（Chen R et al.，2018）。近 30 年来，中国经济快速增长，城镇化的年均增长率为 1%，预计到 2030 年中国城市化率将达到 57.55%（Chen et al.，2014）。城市化进程加快将导致城市热岛扩张，使夏季热浪更广泛、持久和严重（Sun Y et al.，2014）。因此，在未来气候变化情况下，居住在中国城市中的居民尤其是低收入居民将成为重点关注的脆弱人群。

4. 罹患基础疾病人群

超重和肥胖以及其他慢性疾病（如糖尿病）患者由于体温调节机制受损和体位性反应障碍等，其对气候变化的易感性较高，进而增加了健康脆弱性（吕淑荣等，2017）。例如，国内 6 个城市的研究发现，糖尿病患者在高温期间以及随后几天内更易死亡（栾桂杰等，2018）。据估计，我国 20 岁以上人群的糖尿病患病数将从 2010 年的 2285 万人增加到 2020 年的 5013 万人（王海鹏，2013）。肥胖、糖尿病等慢性病患病人数不断增加将使未来更多慢性病患者受到气候变化的健康威胁。

综上所述，女性（尤其是孕妇）、儿童、老年人、低收入和罹患基础疾病人群对气候变化的脆弱性较高，并且这些特征预计在未来气候变化中长期存在；男性在高温、热浪、台风、洪水等极端天气事件中的高脆弱性还有待于进一步研究予以证实（表 9-1）。

表 9-1 中国不同人群的健康脆弱性评估

不同人群对气象因素及未来气候变化的健康脆弱性	现有证据	未来情景
女性，尤其是孕妇在高温、低温环境和极端事件下的脆弱性较高	几乎确定	几乎确定
工作年龄段的男性在高温环境下的脆弱性较高	可能	或许可能
男性在台风、洪水等灾害下的脆弱性较高，易发生伤亡及肠道疾病等不良结局	可能	可能
老年人在极端气温以及台风等天气事件中的脆弱性较高，易发生死亡等不良结局	几乎确定	几乎确定
儿童在高温和低温环境下的脆弱性较高	可能	可能
儿童在高温天气中的脆弱性较高，易患营养不良、手足口病、腹泻病等疾病	很可能	很可能
低收入人群在极端气温和洪水等极端事件下的脆弱性较高	很可能	可能
肥胖、糖尿病等慢性病人群在极端天气气候事件下的脆弱性较高	很可能	很可能

注：可信度等级参考孙颖等（2012），几乎确定 > 很可能 > 可能 > 或许可能。

9.3.2　健康脆弱性的地区差异

1. 高温

从全国来看，东部沿海地区暴露于高温天气的时间较长，人口密度大，老年人口比例高，而西部中纬度海拔较低地区经济水平较低，空调持有率低，防护能力不足，导致东部中纬度沿海地区和西部中纬度地区高温热浪的脆弱性高，东北、华北和华南地区较低（杜宗豪，2018）。对县区级的高温热浪脆弱性评估发现，其分布无明显规律，变异较大。例如，江苏中部地区的整体脆弱性较高，且高温脆弱性与城市化水平呈负相关（Chen et al.，2016）；浙江农村和城市热浪的脆弱性存在差异，与城市相比，农村地区更容易因高温而死亡；广东省热浪的健康脆弱性呈现由北向南逐渐降低的趋势，可能是由于北部山区热量不易扩散，居民暴露于热浪的程度更高，且北部山区经济落后，空调持有率低，居民的适应能力更差（Zhu et al.，2014）；此外，西藏大部分地区的脆弱性差别较小，而在农村呈现高海拔地区高温脆弱性较高的趋势，这也是低收入群体、社会疏离群体等高敏感性人群在农村地区较多的原因（白莉，2014）。

在未来气候变化情景下，我国平均气温将进一步上升，高温热浪的发生频率和强度可能进一步增加，将影响我国人群健康脆弱性的分布。例如，在 RCP4.5 情景下，华东地区预计在 2014~2034 年会有半数以上夏季的平均气温超过 2013 年所记录的历史最高温（Sun Y et al.，2014），该地区居民对死亡、介水传染病等疾病的脆弱性将明显增加。东北是近五十年来我国增温最快、范围最大的地区之一，东北地区空调拥有量不高、防热措施较少（杜宗豪，2018），高温热浪天气增多可能增加该地区居民的健康脆弱性。而对于华南地区，温度上升将增加虫媒疾病的脆弱性，登革热和疟疾的传播范围将扩大，传播强度将增强，传播季节将延长。

2. 低温

从全国范围看，低温的健康效应随着纬度降低而增加，南方地区居民由于缺乏集中供暖等设备且多冷湿天气，当面对寒冷天气时适应能力不足，对低温和寒潮较为敏感，脆弱性较高；而北方地区居民对低温寒潮的适应能力较强，脆弱性较低（Ma et al.，2015a）。过去 50 年中，全国性和区域性的寒潮事件数量呈下降趋势，但有的寒潮强度较强，如 2008 年南方的低温寒潮事件造成了严重的健康影响（Xie et al.，2013）。在未来气候变化情景下，全国范围内气温呈上升趋势，低温寒潮事件数和霜日时长均呈持续下降趋势（胡浩林和任福民，2016）。但是，气候变暖、平均气温上升并不意味着低温寒潮事件减少。2000 年后华南地区寒潮事件的强度有增强趋势。同时，考虑到南方取暖设施不足，抗寒能力弱，未来我国南方地区居民对于低温寒潮的健康脆弱性可能加大。气温波动加剧，气温骤降比持续降温对健康的威胁更大。

3. 洪涝

洪涝灾害会增加诸如肠道传染病、人畜共患疾病、自然疫源性疾病等的脆弱性。1990年以来，我国局部地区洪涝灾害频发，其中又以长江、珠江、松花江、淮河、太湖和黄河流域多发，这些地区由于洪涝暴露水平高，其健康脆弱性也较高。就珠江流域而言，广西北部地区的脆弱性高于南部地区（Hou，2015），这可能是北部地区经济较差、少数民族和文盲等高敏感性人群较多的原因。由于洪灾暴露程度高，同时社会经济发展也较为落后，洪灾后适应能力差，广东部分沿海地区、北江三角洲、东江三角洲东部和珠江三角洲的北部地区健康脆弱性明显高于其他地区（朱琦等，2012）。在未来气候变化情景下，华东地区洪涝的发生呈上升趋势，而华中地区则可能出现旱涝交替的情况。中国沿岸海平面可能上升，海岸区更易发生洪水泛滥的情况，这些地区由洪涝灾害导致的健康脆弱性将会升高。

4. 干旱

干旱不仅可以直接引起中暑和一些慢性病的急性发作，还增加了水源性和食源性疾病的敏感性，其引起的粮食减产、水短缺问题会进一步增加营养不良等疾病的脆弱性。由于气候干燥、降水较少，我国青藏高原北侧（柴达木盆地例外）和西北地区干旱的暴露度较高；此外，由于水资源短缺和浪费严重、用水效率低下，新疆大部分城市（北疆例外）对干旱敏感性强，这些地区干旱的健康脆弱性均较高（王晨等，2019）。在未来气候变化情景下，西北地区降水有增加趋势，随着冰川储量减少，河流水源将锐减，但仍易出现干旱的情况；华北地区将呈现暖干化倾向，年均径流减少，可能导致水资源供需矛盾加剧。这些地区由干旱引起的健康脆弱性将会升高。

5. 台风

由于台风灾害频发，我国东南沿海一带的暴露度较高（Elizabeth et al.，2014）。台风不仅造成直接的死亡，还增加感染性腹泻与流行性腮腺炎等疾病的敏感性，使受灾地区的健康脆弱性较高（康瑞华等，2015；刘健，2017）。20世纪90年代以来，登陆我国的台风数量呈下降趋势，但台风路径有所变化，登陆地段有北移的趋势。例如，在广东沿岸登陆的台风近一半向北转向，向北的台风大部分会直接在福建消亡，但其余部分会继续北上直到我国的东北地区甚至到达更远的北太平洋的高纬度地区。这种北移趋势在未来会持续存在（刘天绍等，2018），因此台风引起的健康脆弱重点地区也将向北方扩张移动。

综上所述，我国东部中纬度沿海地区和西部中纬度地区对高温热浪的健康脆弱性较高，但在县区级的区域层面变异较大。南部地区对低温寒潮的健康脆弱性较高，华东地区和河流沿岸地区洪涝灾害的健康脆弱性较高，上述这些特征在未来气候变化情景下预计会长期存在。对于未来台风影响地区北移的现象，还有待进一步研究予以证实（表9-2）。

表 9-2 中国不同地区的健康脆弱性评估

不同地区对气象因素及未来气候变化的健康脆弱性	现有证据	未来情景
东部中纬度沿海地区和西部中纬度地区的高温热浪健康脆弱性较高	可能	可能
东北、华北和华南地区的高温热浪健康脆弱性较低	几乎确定	几乎确定
县区级区域内高温热浪健康脆弱性分布无明显规律，变异较大	几乎确定	几乎确定
我国南方低温寒潮的健康脆弱性较高，北方较低	几乎确定	几乎确定
长江、珠江、松花江、淮河、太湖和黄河流域洪涝的健康脆弱性较高	很可能	很可能
华东地区和中国沿岸地区洪涝灾害的健康脆弱性较高	很可能	可能
华中地区则可能出现旱涝交替	可能	或许可能
青藏高原北侧和西北地区干旱健康脆弱性较高	很可能	可能
东南沿海一带台风健康脆弱性较高，台风脆弱地区有北移的趋势	或许可能	或许可能

注：可信度等级参考孙颖等（2012），几乎确定 > 很可能 > 可能 > 或许可能。

9.4 应对气候变化健康风险的适应策略

应对气候变化健康风险的适应策略，是指为应对实际或预期发生的气候变化及相关的极端天气气候事件和影响，从制定适应措施和提高适应能力等层面而提出的减少人群健康损害或增强气候恢复力的短期或中长期策略（He et al.，2019）。中国在应对气候变化健康风险方面，采取了制定健康保护政策、加强基础设施和适应能力建设、增强防灾减灾的应急响应、积极参与全球健康和气候治理等一系列措施和行动，但目前仍缺乏对已实施的健康适应策略的干预效果评价。我国关于应对气候变化健康风险的策略选择和成本效益方面的知识还很匮乏，未来应当加强这方面的科学研究。

9.4.1 保护人群健康的政策与行动

1. 制定应对气候变化的规划和措施，以保护人群健康

我国相继发布和实施了《国家适应气候变化战略》《国家应对气候变化规划（2014—2020年）》等一系列应对气候变化的政策和规划，《中国应对气候变化的政策与行动》年度报告详细梳理了相关的政策，但是目前针对健康领域的应对策略和措施并不多。国家卫生健康委员会是我国环境健康工作的牵头机构，近年来一直在推动完善气候变化健康应对的工作机制。例如，2007年由卫生部、国家环境保护总局等18个部委局办联合发布了《国家环境与健康行动计划（2007—2015）》，这是我国环境与健康领域的第一个纲领性文件，指明了我国环境与健康事业今后的发展方向和主要任务，但尚未将应对气候变化的健康风险作为优先任务。2012年由国家安全生产监督管理总局、卫生部等联合颁布《防暑降温措施管理办法》，明确规定劳动者停工的阈值温度，以及高温天气期间的工作时间，给劳动者提供了更全面、更具操作性的法律准则，但是目前对于该政策措施所取得的效果仍然缺乏评估（Su et al.，2020）。

2. 加强基础设施建设，提高健康领域适应气候变化的能力

中国继续加强重点基础设施建设，如在江河治理工程建设方面，通过推进重大水资源配置工程和重点水源工程建设，提升流域区域水旱灾害防御能力和供水保障程度；不断提高气象科技能力，持续开展气候变化预估研究；建立和完善基于气候的监测预警系统，如高温预警系统可以提供以气象或气候预测为基础的信息，提醒决策者、卫生相关部门和公众采取行动，从而显著地降低热相关疾病的死亡率和发病率（He et al.，2019）。早在2001年，我国上海就建立了热浪与健康监测预警系统，其是我国首个高温健康预警系统。随后，中国疾病预防控制中心选择了不同纬度地区，包括南京、深圳、重庆、哈尔滨等城市，以社区为基础建立高温健康风险预警系统，并开展预警及健康宣教等干预活动，但目前科学定量评价证据仍不足。疾病监测信息系统是用于实时捕获和分析疾病数据，实现多监测信息系统的连接，监测并评估疾病发展趋势，确定公共卫生突发事件，指导疾病的预防、监控和救治的系统。我国目前已建成了世界上最大法定传染病疫情和突发公共卫生事件网络直报系统（中华人民共和国国务院新闻办公室，2017），为开展气候敏感性疾病的预警预测奠定了基础。

部分应对气候变化的地方行动虽然来源于建筑设计、城市规划、交通领域等基础设施建设，但其同样能够带来健康收益。优化建筑节能设计，能达到节约能耗的效果，同时也能提高人群对高温天气的耐受力（Huang et al.，2013）。城市规划方面，开展城市绿化建设，增加植被覆盖度，能够有效降低环境温度。绿色植物能为公众提供荫蔽，减少公众高温期间在室外的热暴露，从而提高人群的健康水平。公共交通方面，优先发展公共交通，重视慢行系统，投放城市共享单车等建设绿色交通系统，发展多元化的城市交通运输系统，实现经济和社会的可持续发展。建设纳凉场所供公众避暑是减少高温暴露、保护公众健康的另一种有效办法。我国许多省市的各类公共场所建立了纳凉点，并配备空调、防暑急救药品、文娱设施等，向群众免费开放。

3. 提升防灾减灾救灾的卫生应急和灾后防病水平

面对气候变化背景下洪涝、干旱和风暴等极端天气事件频发的严峻形势，以及其造成的人群发病、死亡和伤残风险的增加，我国不断加强防灾减灾救灾的公共卫生应对水平。2017年，财政部、农业部、水利部和国土资源部联合发布《中央财政农业生产救灾及特大防汛抗旱补助资金管理办法》，保障救助资金用于应对水旱灾害的特大防汛抗旱和应对突发地质灾害发生后的地质灾害救灾。同年中国气象局发布《关于加强气象防灾减灾救灾工作的意见》，提出建设新时代气象体系，明确实施气象防灾减灾救灾“七大行动”，维护群众财产和生命安全。为应对洪涝、干旱、台风等极端天气事件可能引发的公共卫生危害，应做好灾前应急准备和灾后卫生防病工作，将疫情控制在低发水平，卫生系统各部门应积极开展各项灾害卫生防病工作。加强多部门协作，灾前制定传染病防控预案、建设应急队伍、储备防病物资，灾后重建疾病监测系统、安全饮水系统，做好环境卫生整治，防止媒介生物孳生侵袭，及时发现和处理传染病。

通过对2016年7月我国安徽严重洪涝灾害的应急应对评估发现，健全的监控指标体系有利于应急工作开展，早期的防灾能力建设是重要基础。

4. 积极参与全球健康和气候治理

近年来，中国在气候变化国际谈判中继续发挥建设性作用。通过加强与各国在气候变化领域的多层次磋商与对话，促进各方凝聚共识，推动全球气候治理进程、深化应对气候变化国际合作。中国政府与国际组织（联合国、世界气象组织、世界卫生组织等）、发达国家等开展气候变化和绿色低碳发展领域的务实合作，积极推动气候变化南南合作。洛克菲勒基金会－柳叶刀星球健康委员会提出了“星球健康”（planetary health）概念。我国学者通过与中国传统医学和当今生态文明建设进行结合，积极推动把星球健康作为优先发展的新学科、新领域。从2015年开始，著名医学杂志《柳叶刀》专门成立健康和气候变化委员会，清华大学作为领导单位之一，致力于积极推进“柳叶刀倒计时：追踪健康与气候变化进展”（Lancet Countdown：Tracking Progress on Health and Climate Change）项目。

9.4.2 气候变化健康风险治理的主要挑战

1. 应对气候变化健康风险的管理挑战

由于气候变化对人类健康存在巨大威胁，制定有效的公共卫生应对策略已成为当务之急，但在实际应对中仍会存在许多挑战。首先，尽管全球气候变化已成事实，但关于其未来变化趋势的预估结果依然存在不确定性。人口、技术和社会经济发展的不确定性也会增加未来人群对气候变化暴露水平和脆弱性的预测难度。因此，制定应对策略的一个固有挑战是如何处理气候变化对人群健康未来影响的不确定性。其次，气候变化的健康适应需要高昂的投入，然而受气候变化影响最严重的地区和人群往往资源最为匮乏。在我国多个地区展开的公共卫生人员对气候变化应对的现场调查结果说明，我国气候变化健康适应的各环节中普遍存在资金、人力资源和技术条件不足等问题（Liao et al.，2019）。另外，气候变化应对还会受到技术能力的制约，新技术的创造需要专业人员、专业知识和充足资金的支持。即使技术得到了提升和发展，但技术的获取、使用和推广等，也会受到很多因素的制约。

健康适应需要加强卫生系统的应变能力，以在极端事件或自然灾害发生时能维持其结构和基本功能（WHO，2015），同时还应具备能够应对频率更高、强度更大极端事件的能力。因此，健康适应需要有效的制度安排和社会动员，但我国目前负责应对气候变化健康风险的政府部门或牵头机构的职责仍然不明确（钟爽和黄存瑞，2019），也缺乏系统性的政策支持和制度安排。卫生部门的决策者仍未将适应气候变化作为重要任务。我国科学界目前对于应对气候变化健康风险的策略选择和成本效益方面的知识还非常匮乏，难以指导科学循证决策。气候变化的健康应对还受到公众认知水平的限制。我国公众对气候变化健康风险的认知普遍较低（王金娜等，2012；苏丽琴等，

2013），即使拥有最先进的高温健康监测预警系统，如果公众不积极配合并调整个人行为，任何应对措施都难见成效。

2. 健康适应差距和适应极限

联合国环境规划署提出，适应差距（adaptation gap）是实际适应水平与在特定时间点实现社会目标所需水平之间的差异（UNEP，2014）。而健康适应差距可以认为是实际健康适应条件下气候变化的不良健康影响与理想健康适应条件下气候变化相关健康结局的差距（UNEP，2018）。气候变化背景下，个人、社区、卫生系统各层级适应力的有效提高，是缩小中国目前存在的健康适应差距的核心路径。应系统开展气候变化健康影响与风险评估工作，加强对社会因素以及宏观背景在健康结局中的作用的关注（钟爽和黄存瑞，2019），进一步阐明气候变化对人类健康的作用机制研究，科学引导气候变化健康应对；将健康纳入应对气候变化的决策过程，并充分考虑气候相关政策和制度设计对健康的潜在影响和协同效益，从而制定成本效益较高的技术路线（蔡闻佳等，2018）；给予卫生系统充足的资金，用于建立完善的健康适应行动的基础设施；增加卫生专业技术人员在气候变化健康风险及其应对方面的培训和教育机会；建立健康风险监测和早期预警系统等，使卫生系统能够有效地应对气候变化的冲击和压力，在气候变化下仍能持续改善人群的健康状况。此外，健康适应行动需要采取多部门合作的方式进行迭代风险管理，并制定因地制宜、动态调整的健康风险应对策略，保持定期核查、修订和更新。

需要强调的是，人类社会适应气候变化是存在极限的（段居琦等，2014）。人类健康在适应气候变化时会受到许多因素的限制，包括认知、技术、生物、物理、经济、人力资源、社会和文化等。当上述因素的限制超过人类健康适应气候变化可承受的范围，并且人类不能通过可行的适应措施抵御这种风险时，就可能产生人类健康适应气候变化的极限（Huang et al.，2015）。从生理角度而言，如果全球平均气温升高4~6℃或以上，人类在生理上可能就不能适应新的热环境。气候变化还会损害职业人群健康和劳动生产力，增加劳动力成本，对社会经济带来深远影响，从而可能导致人类社会适应气候变化达到极限。目前，国内有关高温暴露对劳动生产力和经济的影响证据有限，仍缺乏对高温劳动保护措施的确切效果评估，未来还需要更多的研究为政府制定职业安全、气候变化适应措施提供证据。

9.4.3 建设具有气候恢复力的卫生系统

健康适应是设计、实施、监测和评估战略、政策和规划，以管理与气候有关的健康结果的风险的过程（WHO，2014）。它包括减少脆弱性，寻求机会，增强个人、社区和卫生系统的应变能力，从而应对气候变化影响，以及通过实施决策来减少当前和未来气候变化风险下的健康脆弱性。

WHO（2015）提出了适应气候变化的卫生工作框架，致力于加强公共卫生部门在不断变化的气候环境中具备保护和改善健康的能力。该框架首先旨在帮助医疗卫生专业人员，以及在食品、水、农业、能源、交通、城市规划等与健康有关部门中的工作人员，充分了解气候变化所造成的额外健康风险。然后，明确需要加强的卫生系统功能，从而提升气候适应能力，并在此基础上制定全面和切实可行的行动计划及干预措施。最后，协助卫生部门的决策者明确不同部门在落实行动计划和实施干预措施中的各自作用与责任。

图 9-7 呈现了如何将气候恢复力的要素整合到卫生系统的六大功能模块中，从而实现对气候变化的健康风险做出全面应对（钟爽和黄存瑞，2019）。该卫生工作框架对指导我国建设具有气候恢复力的卫生系统有重要的价值。

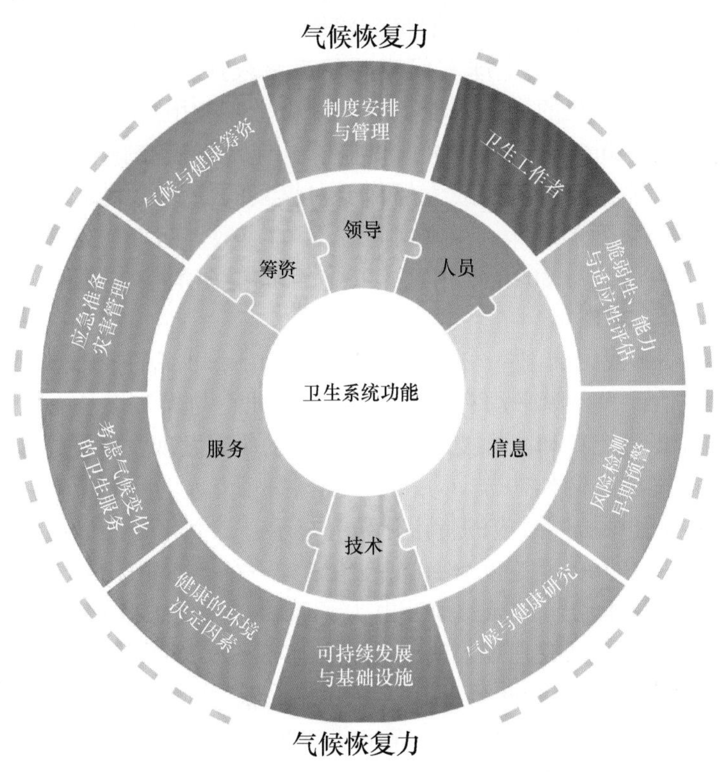

图 9-7 气候恢复力与卫生系统功能的关系

9.5 应对气候变化行动的健康协同效益

IPCC 将协同效益（co-benefits）定义为“在未考虑对总体社会福利的净影响的情况下，为达到某一目标的政策或措施可能对其他目标产生的积极效果”。应对气候变化的行动可能会影响其他社会目标的实现，包括能源安全、空气质量、生态系统、社会经济等。气候变化的健康影响存在地区和人群的脆弱性差异，贫困人口最容易受到气候变化影响，这意味着如果不采取任何行动，未来发展的成本将会上升，减贫和可持续发展目标将难以实现。在评估应对气候变化经济成本时，必须考虑其避免的健康损害。能源、交通和农业是温室气体产生最多的领域，也是细颗粒物（包括黑碳）和其他重要空气污染物的主要来源。因此，这些领域采取的温室气体减排措施，在减缓气候变化的同时，也为改善人类健康和福祉提供了机会。

9.5.1 优化能源结构的健康协同效益

2015 年，中国发电行业二氧化碳排放量占全国排放总量的 40% 以上（苏燊燊等，2015），其中火力发电占发电行业二氧化碳排放的 70%。中国能源消费仍然严重依赖化石燃料，煤炭占一次消费总量的 58%、石油天然气占 23%、可再生能源仅占 18%。化石燃料的燃烧释放出大量改变气候的物质，主要是二氧化碳、甲烷、黑碳和臭氧前体物质。其中，黑碳是不完全燃烧的主要产物，其对环境改变和健康损害都有很强的影响。黑碳对全球气候变暖的影响仅次于二氧化氮。相对于一般细颗粒物，黑碳暴露对死亡的影响可能更大。减少黑碳和甲烷等污染物的排放，将减缓全球变暖的速度，同时可以保护人类健康。为应对气候变化和空气污染的双重挑战，全球很多国家都在逐步淘汰或大幅降低对煤炭的依赖。中国政府正严格控制煤炭消费，制定了一系列的政策，并取得了显著的成效。自 2013 年以来，我国煤炭消费已进入下降通道，与 2010 年相比，2017 年的能源消费中煤炭所占份额下降了 10%（Watts et al.，2018）。

多项研究表明，我国的温室气体减排政策可以带来可观的健康效益，甚至可能抵消减排成本。据估计，我国平均有 20 多万例过早死亡与煤炭燃烧有关（Watts et al.，2018）。一项关于低碳燃料和减排技术的健康效益的研究发现，减排技术的引进（每减少 1t 二氧化碳排放花费成本 70 美元），可使我国每百万人的疾病负担减少 550 个伤残调整寿命年。一项健康协同效应的货币化研究显示，二氧化碳的排放量每减少 1t，我国的健康效益为 70~840 美元（West et al.，2013）。另一项货币化研究估计，如果我国完全实现“自愿减排承诺”目标，预计电力行业的二氧化碳排放强度到 2030 年将比 2010 年降低 40% 左右，其健康效益预计可抵消 18%~62% 的减排成本；到 2050 年，电力行业的排放强度若进一步降低至 2010 年的 10%，其总体健康效益将大幅增加，达到实时成本的 3~9 倍（Cai et al.，2018）。West 等（2013）的研究估计，到 2030 年，东亚因温室气体减排避免的死亡的边际协同效益将是边际减排成本的 10~70 倍。Markandya 等（2018）的研究表明，中国减排的健康协同效益可以抵消减排成本。如果努力实现将 21 世纪全球气温升高幅度控制在 1.5℃的目标而不是 2℃的目标，将给我国带来 2.7×10^3 亿 ~2.3×10^4 亿美元的净收益。Scovronick 等（2019）的研究显示，在减排政策早期，中国将累积大量健康协同效益，但 2050 年后，由于经济发展相对较快、人口趋于稳定，中国减排政策的累积健康协同效益将逐渐放缓。

人们在住宅、公共和商业建筑内使用化石燃料取暖、制冷和烹饪，造成了温室气体排放和气候变化。在我国，几乎所有农村和许多城市家庭都使用生物质燃料和煤炭做饭和取暖。除了对气候的影响外，使用低效炉灶或明火做饭和取暖也带来严重的室内空气污染，大大加重了疾病负担。根据《2017 全球疾病负担》的研究结果，我国 2017 年室内固体燃料的燃烧导致的过早死亡人数达 27 万人。用更清洁的燃料和炉具取代污染严重、效率低下的炉具，提高可持续性建筑的覆盖率，可大大减少家庭空气污染、降低心血管系统疾病和呼吸系统疾病的死亡率和发病率。

9.5.2　治理城市交通的健康协同效益

交通领域是温室气体排放的重要来源。2015 年我国道路交通消耗的油品量占全社会油品消耗总量的 37%。除了排放温室气体外，交通运输业还是空气污染物的重要来源，其排放的污染物还包括颗粒物、黑碳、氮氧化物、一氧化碳、臭氧等，这些污染物导致空气质量下降，危害人群健康。此外，现代交通对健康的影响还包括交通伤害、机动车噪声、体力活动缺乏等。20 世纪 90 年代以来，我国陆续颁布并实施了一系列机动车政策，从车辆和燃料等多方面加以控制，以减少污染物的排放。自 2000 年以来，非传统燃料（如电力、生物燃料和天然气）的吸引力迅速增加。2017 年全球电动汽车销量超过 200 万辆，中国电动汽车销量占全球电动汽车销量的 40% 以上（Watts et al.，2018）。

主动交通方式、更多公共交通、科学合理的交通规划，以及包括电动汽车在内的可持续交通工具等将对环境和健康带来益处。与使用传统燃料的车辆相比，新型电动汽车技术可以更大幅度地减少空气污染物和温室气体的排放。低排放量的汽车可以大大减少空气污染，对健康的影响也更小。有研究显示，由于机动车政策的实施，2015 年我国已避免的 $PM_{2.5}$ 导致的过早死亡达 34.2 万人，避免的臭氧污染导致的过早死亡达 1.6 万人。虽然低排放车辆可以减少空气污染对健康的影响，但不太可能减少与其他交通相关的健康风险，如缺乏体力活动和交通拥堵造成的道路交通伤害等。鼓励步行、骑行等主动的交通方式，对减缓气候变化和改善健康的益处最为广泛。其不仅实现了温室气体和空气污染物的零排放，还改变了久坐不动的生活方式，因此可以预防肿瘤、Ⅱ型糖尿病、心脏病和肥胖等慢性疾病。久坐不动已成为重要的健康危险因素，《2017 全球疾病负担》估计我国有 25 万人死于与缺乏运动有关的疾病。WHO 系统文献综述发现，鼓励体力活动的最有效的手段之一是通过交通和城市规划实现的。现有充分的文献证明，主动的交通方式与较高的体力活动水平和 / 或较低的体质指数有关，即使使用电动自行车也能增加中等强度的体力活动水平。大量研究证实，体力活动可以改善多方面的健康状况。上海的一项大型流行病学研究显示，骑自行车上下班的人在一年内的死亡率比使用其他交通工具上下班的人低 21%~34%。公共交通在减少温室气体排放方面也是非常理想的出行选择。增加公共交通的使用可以显著减少人均温室气体的排放量，从而降低总体温室气体排放和空气污染。使用清洁燃料或电力的公共交通则会进一步增加健康效益。这些效益包括减少高流量交通带来的心血管和呼吸系统疾病、交通伤害，以及与噪声相关的压力和心理健康问题。值得注意的是，即使使用传统动力的公共汽车和火车，每名乘客每公里的温室气体排放量也仅相当于或低于电动汽车的水平，而远低于传统动力汽车的水平。使用公共交通也可以促进居民进行更多的体力活动，减少肥胖，因为使用公共交通服务往往需要先步行或骑自行车到达乘车地点。另外，研究表明，在所有交通方式中公共交通造成伤害的风险最低。

城市规划间接影响温室气体的排放及城市气温，从而产生健康协同效应。良好的城市规划可以通过改善建筑布局、服务利用和基础设施（如自行车道和人行道）以及与公共交通的整合等方式，增加主动交通和公共交通的可及性，从而减少能源的使用，以及温室气体和大气污染物的排放机会。此外，如绿色屋顶、绿地等用于减少城市热岛效应的措施不仅可以通过降低室内温度、改善空气质量进而改善健康，还可以通过促进社会互动、优先考虑脆弱的城市人口，产生额外的社会共同效益。

9.5.3 改善农业生产的健康协同效益

粮食供应对人类健康至关重要，然而农业生产也是气候变化的一个主要驱动力。据估计，农业温室气体排放约占全球温室气体排放的 24%，按照目前趋势，如果不进行技术变革和采取必要的缓解措施，到 2050 年农业的总排放量将比 2010 年增加 50%~90%（Springmann et al.，2018）。农业排放的很大一部分来自畜牧业，尤其是反刍动物排放的甲烷。甲烷是一种特别强效的温室气体，其升温潜力为二氧化碳的 21~28 倍。农业领域在 2008 年排放了约 340 万吨二氧化碳当量的甲烷，占全部农业温室气体排放量的 44%（World Bank，2018）。总的来说，动物性食物对气候的影响要强于植物性食物。一项系统综述显示，通过将目前的饮食转向更环保、更可持续的健康饮食，温室气体排放可以减少 20%~30%，同时还可以减少水资源和土地资源的利用。环境影响的降低一般与动物性食品的减少量成正比。然而，近年来西太平洋地区反刍动物肉类供应的趋势一直在增长，这可能反映了我国牛肉消费的增长趋势（每年增长 16%）（Ng et al.，2014）。

引导更可持续和更健康的饮食模式，减少红肉和加工肉类的消费，增加本地和季节性水果和蔬菜的消费，不仅能够大幅度减少温室气体排放，而且有助于改善公共健康和营养状况。虽然肉类是一种非常有营养的食物，但食用红肉，尤其是加工食品，与肥胖、Ⅱ型糖尿病、心血管疾病和某些癌症有关（Xu et al.，2013）。全球疾病负担的研究显示，2017 年我国与不健康饮食有关的死亡高达 300 多万人，其成为首要的健康危险因素。上海男女性健康队列研究结果显示，如果居民饮食符合膳食宝塔的推荐，与心血管疾病、癌症和糖尿病相关的死亡风险均会有所降低，人群总死亡风险可降低 13%~33%（Yu et al.，2014）。根据世界卫生组织的数据，食用水果和蔬菜可以减少患与食用红肉和一些加工食品有关的肥胖、心脏病和癌症的风险。

9.6 主要结论与认知差距

9.6.1 主要结论

气候变化导致地表平均温度升高、降水规律改变，以及极端事件发生频率和强度增加，其正在严重威胁人类的生命与健康。高温热浪是呼吸、循环、泌尿、神经等多个系统疾病发生的重要诱因，热浪期间医院门 / 急诊和住院人数显著增加，其中受热浪影响的高风险人群有老年人、儿童和呼吸系统疾病患者。气候变化导致洪涝、干旱、台风、野火等极端事件的发生频次与强度增加，从而直接造成各种伤害和死亡，并造成水体污染与食物短缺等，进而增加传染病与慢性疾病的发生率。

气候变化可能增加空气污染的浓度，或与空气污染物产生交互作用，增强空气污染物对健康的危害。气候变化会影响花粉的产生、分布、扩散和致敏性，以及增加空气中过敏原的含量，从而导致过敏性疾病的发生或症状加重。气候变化通过对传染病的病原体、宿主、媒介和易感人群产生影响，从而改变疾病流行的模式、频率和强度，影响媒介生物传染病和介水传染病的传播过程，并造成食源性疾病传播风险的改变。气候变化可增加工作场所的热暴露和化学毒物暴露等，进而影响职业健康与劳动生产率，增加医疗及工伤保险的支出。

气候变化导致人群健康影响的脆弱性存在较大地区差异，另外儿童、老人、女性、贫困人群和罹患慢性疾病人群对气候变化的脆弱性较高。在应对气候变化的健康风险方面，我国不同部门制定了保护健康的相关政策、提高气候适应能力建设、增强防灾减灾救灾的应急响应，以及积极参与全球健康治理等一系列措施和行动。在能源、交通、工业、农业、废物管理和土地利用等领域采取的温室气体减排措施，也为改善人类健康和福祉提供了机会，无论从公共卫生还是从经济成本角度，应对气候变化的健康共益效应是巨大的。

9.6.2 认知差距

尽管气候变化威胁人类健康的基本事实已得到我国科学界的广泛认同，但由于气候变化影响健康的复杂性，目前在科学评估方面还存在一定的不确定性：①数据质量的不确定性。气候变化与健康的研究中，气象数据多来源于当地的气象台站，但此数据存在台站迁移、仪器变更及其观测规范变化等导致的资料序列非均一性问题，而且气象台站的数据也不能完全代表个体暴露水平，暴露的测量误差难以避免。健康数据获取过程中，往往不能完全排除某些潜在的个体水平混杂因素。②归因方法的不确定性。由于气候变化的同时也会伴随着其他环境变化，气候变化对人群健康的影响也不是唯一的，人体健康还受其他诸如遗传、体质、饮食、生活习惯等其他因素的综合影响，因此气候变化与健康关系的最大不确定性来自气候变化因素与影响健康诸多因素的分离。③气候预估的不确定性。气候模式是对一些物理、化学、生物过程的简化处理和关键参数的近似选取，因知识尚不完备而不可避免地出现模式结构的不完善，所以不能准确预估未来几十年甚至上百年的社会经济、环境、人口、土地利用、技术进步等影响温室气体排放因素的变化。相同的全球气候模式输出结果，采用不同的降尺度技术，也会得到不同的区域气候变化情景，这些因素都给气候变化预估及其健康影响评估带来很大的不确定性。

在气候变化与健康领域，我国未来的优先研究方向应该包括：①全球变暖如何改变区域的天气和气候模式，从而导致人群健康风险的变化。气候变化导致区域天气模式的改变存在地区差异性；同时，由于个体生理、人口学特征以及社会经济发展等因素，气候变化健康风险的人群脆弱性也存在差异性。天气模式的改变和人群脆弱性的差异会产生复杂的相互作用，从而导致气候变化的人群健康风险发生变化。②气候变化造成灾难性健康后果的阈值和出现时间。科学界需要知道气候敏感性疾病何时出现，如媒介何时能够进入新的地理区域，外界环境条件何时有利于疾病的传播等，以便为加强公共卫生监测、应对疾病暴发做好准备。③气候变化导致区域健康风险的检测和归因方法。需要提出正确的方法判断人群的健康结局和疾病负担是否发生了变化，以及该变化归因于气候变化的程度。通过建立气候变化导致健康风险的检测和归因方法，可以更好地进行循证风险管理，并为我国倡导温室气体减排行动提供科学支撑。④如何将不稳定的气候变化模式纳入卫生部门的适应规划。很多决策者会假设气候变化将沿着平滑的预测轨迹发展，也即全球或区域的平均地表温度将发生相对稳定的变化。然而，气候变化更可能是非线性地发生一系列阶段性跳跃变化。如果不能将这些不稳定的气候变化模式纳入卫生部门的气候适应规划中，很可能会低估未来人群的健康风险，并且导致气候适应策略的效率低下。⑤气候变化将如何影响卫生系统和基础设施的功能。需要了解气候敏感性健康问题的程度大小和模式变化将如何改变我国未来人群对医疗卫生服务的需求，以及极端天气气候事件能否影响甚至损毁当地的公共卫生基础设施。由于极端事件发生时，关键基础设施的有效运转对于应急响应和灾后恢复工作至关重要，因此科学界需要更好地了解未来风险的范围与程度，以及如何最有效地管理这些风险。

总之，面对全球变暖不断加剧的严峻形势，需要气象、卫生、科研机构和高等院校等多部门的密切合作，促进技术成果应用于卫生规划、政策和实践中。

■ 参考文献

安庆玉，吴隽，王晓立，等 . 2012. 气象因素变化与大连市肠道传染病发病时间分布关系的研究 . 中国预防医学杂志，13（4）：288-291.

白莉 . 2014. 气温对西藏自治区人群健康的影响及脆弱性评估研究 . 北京：中国疾病预防控制中心 .

毕鹏 . 2018. 气候变化对弱势群体健康影响的社区干预 . 中华预防医学杂志，52（4）：348-351.

蔡闻佳，惠婧璇，宫鹏，等 . 2018. 中国应对气候变化和改善公众健康的挑战与政策建议 . 科学通报，63（13）：1205-1210.

曹淳力，李石柱，周晓农 . 2016. 特大洪涝灾害对我国血吸虫病传播的影响及应急处置 . 中国血吸虫病防治杂志，28（6）：618-623.

陈廷瑞，谢海斌，倪成剑，等 . 2016. 温州市台风灾后肠道传染病疫情风险的评估 . 中国预防医学杂志，17（10）：727-732.

陈英，谢万银 . 2013. 极端天气气候事件对人类生命健康影响及防御对策 . 北京农业，（15）：175-176.

丁永建，穆穆，林而达 . 2012. 中国气候与环境演变：2012（第二卷影响与脆弱性）. 北京：气象出版社 .

杜真，张婧，卢金星，等 . 2018. 北京市 2004—2015 年细菌性痢疾分布特征及气象影响因素分析 . 中华流行病学杂志，39（5）：656-660.

杜宗豪 . 2018. 全国热脆弱性评估研究 . 北京：中国疾病预防控制中心 .

段居琦，徐新武，高清竹 . 2014. IPCC 第五次评估报告关于适应气候变化与可持续发展的新认知 . 气候变化研究进展，10（3）：197-202.

冯忠海，吴木生，黄日生，等 . 2019. 2009—2018 年湛江市急性职业性化学中毒事故调查分析 . 应用预防医学，(3)：201-203.

高婷，苏宁 . 2013. 2012 年北京雨洪灾害后传染病疫情风险评估与应对策略 . 中国公共卫生管理，(6)：713-716.

郭明，喻芳，钞雪林，等 . 2012. 江西省洪涝灾害后 1149 名受灾居民心理健康状况调查 . 现代预防医学，39 (7)：1690-1692，1702.

韩德彪，杨丽萍，姜宝法，等 . 2014. 山东省干旱敏感传染性疾病的初步筛选 . 环境与健康杂志，31 (6)：499-503.

韩京，张军，周林，等 . 2017. 极端气温对济南市心脑血管疾病死亡的影响 . 山东大学学报 (医学版)，55 (11)：71-74.

胡浩林，任福民 . 2016. CMIP5 模式集合对中国区域性低温事件的模拟与预估 . 气候变化研究进展，12 (5)：396-406.

胡梦珏，马文军，张永慧 . 2013. 中国城市气温与人群死亡暴露反应关系的 Meta 分析 . 中华流行病学杂志，34 (9)：922-926.

胡文琦，李昱颖，马伟 . 2019. 2005—2013 年中国东南沿海地区气温对感染性腹泻的短期影响 . 中华预防医学杂志，1 (53)：103-106.

黄存瑞，王琼 . 2018. 气候变化健康风险评估、早期信号捕捉及应对策略研究 . 地球科学进展，33 (11)：5-11.

江苏安，严建平 . 2018. 空气污染对环卫工人呼吸道症状和肺功能的影响 . 健康研究，38 (2)：121-123，128.

姜宝法，丁国永，刘雪娜 . 2018. 暴雨洪涝与人类健康关系的研究进展 . 山东大学学报 (医学版)，56 (8)：21-28，36.

阚海东，姜宜萱，陈仁杰 . 2018. 气象因素与人群健康研究的前沿进展 . 山东大学学报 (医学版)，56 (8)：7-13.

康瑞华 . 2016. 2008 ~ 2013 年登陆广东、福建、海南的热带气旋对手足口病的影响 . 济南：山东大学 .

康瑞华，姜宝法，荀换苗，等 . 2015. 2006—2010 年浙江省热带气旋与流行性腮腺炎发病关系的初步研究 . 环境与健康杂志，32 (4)：307-311.

乐满，王式功，谢佳君，等 . 2018. 环境条件对遵义市呼吸系统疾病的影响及预测研究 . 中国环境科学，11：4334-4347.

李桦，汪伟山，周玉球 . 2015. 2009—2014 年珠海市腹泻儿童沙门菌感染的流行病学特征 . 国际检验医学杂志，36 (18)：2640-2642.

李金鑫，蒋尚明，杜云，等 . 2013. 安徽省旱灾区划与农业经济损益分析 . 上海国土资源，34 (2)：80-83，96.

李庆猛，强敏杰，钱青文 . 2019. 2007—2017 年蚌埠市农药中毒流行病学分析 . 中国工业医学杂志，32 (3)：210-212.

李晓梅，薛晓嘉，丁国永，等 . 2018. 某市暴雨洪涝对细菌性痢疾发病影响的时间序列分析 . 中国现代医学杂志，28 (25)：41-46.

李宜霏 . 2015. 湖南省洪涝灾害事件对居民心血管病疾病负担的影响 . 济南：山东大学 .

刘昌东，万金红，马建明，等 . 2012. 洪涝灾害人口损失研究进展 . 南水北调与水利科技，10（4）：97-101.
刘健 . 2017. 2010—2014 年台风对海口市感染性腹泻的影响研究 . 北京：中国疾病预防控制中心 .
刘健，曹丽娜，王善青，等 . 2016. 2010—2014 年海口市台风对感染性腹泻影响研究 . 预防医学论坛，22（9）：641-644，648.
刘天绍，刘孙俊，杨玺，等 . 2018. 1951—2015 影响广东沿海台风的统计分析 . 海洋预报，35（4）：68-74.
刘雪娜，张颖，单晓英，等 . 2012. 济南市热浪与心理疾病就诊人次关系的病例交叉研究 . 环境与健康杂志，29（2）：166-170.
栾桂杰，殷鹏，王黎君，等 . 2018. 我国 6 城市高温对糖尿病死亡影响的观察性研究 . 中华流行病学杂志，39（5）：646-650.
吕淑荣，万亚男，罗鹏飞，等 . 2017. 大气污染、气象条件与糖尿病关系研究的进展 . 江苏预防医学，28（5）：533-535.
马盼，李若麟，乐满，等 . 2016. 气象环境要素对北京市消化系统疾病的影响 . 中国环境科学，36（5）：1589-1600.
马伟，张安然 . 2018. 热带气旋对人类健康的影响研究新进展 . 山东大学学报（医学版），56（8）：29-36.
亓倩，荀换苗，王鑫，等 . 2015. 1975—2009 年台风导致死亡的时间趋势分析 . 环境与健康杂志，32（4）：303-306.
盛戎蓉，高传思，李畅畅，等 . 2017. 全球气候变化对职业人群健康影响 . 中国公共卫生，33（8）：1259-1263.
苏丽琴，程义斌，辛鹏举，等 . 2013. 三城市公共卫生人员对气候变化健康影响的知识、态度、行为调查 . 环境卫生学杂志，3（6）：507-509.
苏燊燊，赵锦洋，胡建信 . 2015. 中国电力行业 1990—2050 年温室气体排放研究 . 气候变化研究进展，11（5）：353-362.
苏亚男，何依伶，马锐，等 . 2018. 气候变化背景下高温天气对职业人群劳动生产率的影响 . 环境卫生学杂志，8（5）：399-405.
孙庆华，王文韬，王彦文，等 . 2018. 气候变化背景下寒潮对广州市居民超额死亡急性健康风险预估 . 中华预防医学杂志，52（4）：430-435.
孙颖，秦大河，刘洪滨 . 2012. IPCC 第五次评估报告不确定性处理方法的介绍 . 气候变化研究进展，8（2）：150-153.
汤巧玲，刘宏伟，高思华，等 . 2012. 从六气角度探讨北京市痢疾发病与气象变动的关联性 . 中国医药学报，27（4）：938-942 .
田晓瑞，代玄，王明玉，等 . 2016. 多气候情景下中国森林火灾风险评估 . 应用生态学报，27（3）：769-776.
汪静，胥美美，莫运政，等 . 2013. 感染性腹泻发病人数与气象因素的相关性研究 . 环境与健康杂志，30（11）：991-995.
王晨，黄馨，黄晓军 . 2019. 西北地区城市干旱脆弱性评价研究 . 水资源与水工程学报，30（1）：114-121.
王海鹏 . 2013. 我国诊断糖尿病疾病经济负担趋势预测研究 . 济南：山东大学 .

王金娜，王永杰，张颖，等. 2012. 高等院校大学生热浪认知及应对行为的现况调查. 环境与健康杂志，29（9）：833-835.

王美雅，徐涵秋. 2018. 中国大城市的城市组成对城市热岛强度的影响研究. 地球信息科学学报，20（12）：1787-1798.

王宁，黄金明，丁国永，等. 2018. 面板数据模型在湖南省干旱敏感传染病筛选中的应用. 山东大学学报：医学版，56（8）：70-75.

王鑫，荀换苗，康瑞华，等. 2015. 2008—2011 年广州市越秀区台风对居民死亡率的影响及疾病负担研究. 环境与健康杂志，32（4）：315-318.

肖长春，李玉荣. 2015. 合肥市 2014 年高温中暑流行病学特征及其与气象因子关系研究. 安徽预防医学杂志，21（6）：396-398，459.

荀换苗，胡文琦，刘羿聪，等. 2018. 2009~2013 年广东省热带气旋对手足口病的影响. 山东大学学报（医学版），312（8）：56-61.

杨丽萍，韩德彪，姜宝法. 2013. 干旱对人类健康影响的研究进展. 环境与健康杂志，30（5）：453-455.

余兰英，李瑞恒，钟朝晖，等. 2009. 特大高温干旱对重庆某城区居民消化系统疾病影响. 现代预防医学，36（12）：2226-2228.

曾毅，顾大男，Purser J，等. 2014. 社会、经济与环境因素对老年健康和死亡的影响——基于中国 22 省份的抽样调查. 中国卫生政策研究，7（6）：53-62.

翟羽佳，李傅冬，尚晓鹏，等. 2016. 气象因素与发热伴血小板减少综合征关联研究. 浙江预防医学，28（2）：117-120.

张云，金银龙，崔国权，等. 2014. 2009—2011 年哈尔滨市寒潮天气对呼吸系统疾病的影响. 环境卫生学杂志，（2）：125-127.

张云权，宇传华，鲍俊哲. 2017. 平均气温、寒潮和热浪对湖北省居民脑卒中死亡的影响. 中华流行病学杂志，38（4）：508-513.

赵永谦，王黎君，罗圆，等. 2017. 中国 66 个县 / 区日温差对人群死亡影响的时间序列研究. 中华流行病学杂志，38（3）：290.

中华人民共和国国务院新闻办公室. 2017. 中国健康事业的发展与人权进步. 北京：中华人民共和国国务院新闻办公室.

钟爽，黄存瑞. 2019. 气候变化的健康风险与卫生应对. 科学通报，64（19）：2002-2010.

周丽森，付彦芬. 2013. 干旱对健康及卫生行为影响的研究进展. 环境卫生学杂志，（3）：264-267.

朱琦，刘涛，张永慧，等. 2012. 广东省各区县洪灾脆弱性评估. 中华预防医学杂志，46（11）:1020-1024.

Bai L，Ding G，Gu S，et al. 2014. The effects of summer temperature and heat waves on heat-related illness in a coastal city of China，2011—2013. Environmental Research，132：212-219.

Bai Y，Xu Z，Zhang J，et al. 2014. Regional impact of climate on Japanese encephalitis in areas located near the three gorges dam. PLoS One，9（1）：e84326.

Black C，Tesfaigzi Y，Bassein J A，et al. 2017. Wildfire smoke exposure and human health：significant gaps in research for a growing public health issue. Environmental Toxicology and Pharmacology，55：186.

Cai W，Hui J，Wang C，et al. 2018. The *Lancet* Countdown on $PM_{2.5}$ pollution-related health impacts of China's projected carbon dioxide mitigation in the electric power generation sector under the Paris Agreement：a modelling study. The Lancet Planetary Health，2（4）：e151-e161.

Cai W J，Zhang C，Suen H P，et al. 2020. The 2020 China report of the *Lancet* Countdown on health and climate change. The Lancet Public Health，6（1）：e64-e81.

Cascio W E. 2018. Wildland fire smoke and human health. Science of the Total Environment，624：586.

Chang C J，Chen C S，Tien C J，et al. 2018. Epidemiological，clinical and climatic characteristics of dengue fever in Kaohsiung City，Taiwan with implication for prevention and control. PLoS One，13（1）：e0190637.

Chen F，Fan Z，Qiao Z，et al. 2017. Does temperature modify the effect of PM_{10} on mortality? A systematic review and meta-analysis. Environmental Pollution，224：326-335.

Chen K，Zhou L，Chen X，et al. 2016. Urbanization level and vulnerability to heat-related mortality in Jiangsu Province，China. Environmental Health Perspectives，124（12）：1863-1869.

Chen M，Zhang H，Liu W，et al. 2014. The global pattern of urbanization and economic growth：evidence from the last three decades. PLoS One，9（8）：e103799.

Chen R，Yin P，Wang L，et al. 2018. Association between ambient temperature and mortality risk and burden：time series study in 272 main Chinese cities. British Medical Journal，363：k4306.

Chen S，Yang Y，Qv Y，et al. 2018. Paternal exposure to medical-related radiation associated with low birthweight infants：a large population-based，retrospective cohort study in rural China. Medicine，97（2）：e9565.

Cheng Q，Bai L，Zhang Y，et al. 2018. Ambient temperature，humidity and hand，foot，and mouth disease：a systematic review and meta-analysis. Science of the Total Environment，625：828-836.

Chuang T W，Chaves L F，Chen P J. 2017. Effects of local and regional climatic fluctuations on dengue outbreaks in southern Taiwan. PLoS One，12（6）：e0178698.

Dai W，Kaminga A C，Tan H，et al. 2017. Long-term psychological outcomes of flood survivors of hard-hit areas of the 1998 Dongting Lake flood in China：prevalence and risk factors. PLoS One，12（2）：e0171557.

Damato G，Holgate S T，Pawankar R，et al. 2015. Meteorological conditions，climate change，new emerging factors，and asthma and related allergic disorders. A statement of the World Allergy Organization. World Allergy Organization Journal，8（1）：1-52.

Deng S，Jalaludin B B，Antó Josep M，et al. 2020. Climate change，air pollution，and allergic respiratory diseases：a call to action for health professionals. Chinese Medical Journal，133（13）:1552-1560.

Deng Z，Xun H，Zhou M，et al. 2015. Impacts of tropical cyclones and accompanying precipitation on infectious diarrhea in cyclone landing areas of Zhejiang Province，China. International Journal of Environmental Research & Public Health，12（2）：1054.

Du Z，Wang Z，Liu Y，et al. 2014. Ecological niche modeling for predicting the potential risk areas of severe fever with thrombocytopenia syndrome. International Journal of Infectious Diseases，26：1-8.

Du Z，Zhang W，Zhang D，et al. 2016. The threshold effects of meteorological factors on hand，foot，and mouth disease（HFMD）in China，2011. Scientific Report，6：36351.

Elizabeth C，Mark E，Ovik B，et al. 2014. Climate-related hazards：a method for global assessment of urban and rural population exposure to cyclones，droughts，and floods. International Journal of Environmental Research & Public Health，11（2）：2169-2192.

Fan J C，Liu Q Y. 2019. Potential impacts of climate change on dengue fever distribution using RCP scenarios in China. Advances in Climate Change Research，10（1）：1-8.

Gasparrini A，Guo Y，Hashizume M，et al. 2015. Mortality risk attributable to high and low ambient temperature：a multicountry observational study. The Lancet，386（9991）：369-375.

Gasparrini A，Guo Y，Sera F，et al. 2017. Projections of temperature-related excess mortality under climate change scenarios. The Lancet Planetary Health，1（9）：e360-e367.

Gleick P H. 2014. Water，drought，climate change，and conflict in Syria. Weather Climate and Society，6（3）：331-340.

Guo Q，Dong Z，Zeng W，et al. 2019. The effects of meteorological factors on influenza among children in Guangzhou，China. Influenza and Other Respiratory Viruses，13（2）：166-175.

Guo Y，Gasparrini A，Li S，et al. 2018. Quantifying excess deaths related to heatwaves under climate change scenarios：a multicountry time series modelling study. PLoS Medicine，15（7）：e1002629.

He Y，Ma R，Ren M，et al. 2019. Public Health Adaptation to Heat Waves in Response to Climate Change in China Ambient Temperature and Health in China. Singapore：Springer.

Hodges M，Belle J H，Carlton E J，et al. 2014. Delays in reducing waterborne and water-related infectious diseases in China under climate change. Nature Climate Change，4（12）：1109-1115.

Hong C，Zhang Q，Zhang Y，et al. 2019. Impacts of climate change on future air quality and human health in China. Proceedings of the National Academy of Sciences of the United States of America，116（35）：17193-17200.

Hou X. 2015. Risk Communication in Vulnerability Assessment Towards Development of Climate Change Adaptation Strategy for Health in Guangxi，China. Brisbane：Griffith University.

Hu X，Jiang F，Ni W. 2018. Floods increase the risks of hand-foot-mouth disease in Qingdao，China，2009—2013：a quantitative analysis. Disaster Medicine and Public Health Preparedness，12（6）：723-729.

Hu Y A，Cheng H F. 2012. Mercury risk from fluorescent lamps in China：current status and future perspective. Environment International，44：141-150.

Huang C，Barnett A G，Xu Z，et al. 2013. Managing the health effects of temperature in response to climate change：challenges ahead. Environmental Health Perspectives，121（4）：415-419.

Huang C，Street R，Chu C. 2015. Adapting to climate change. Journal of the American Medical Association，313（7）：727.

Huang C，Wang Q，Wang S，et al. 2017. Air pollution prevention and control policy in China//Ambient Air Pollution and Health Impact in China. Singapore：Springer Nature：243-260.

IPCC. 2007. Climate Change 2007：Impacts，Adaptation and Vulnerability. Contribution of Working Group II to the Fourth Assessment Report of the Intergovernmental Panel on Climate Change. Cambridge，UK：Cambridge University Press.

IPCC. 2013. Intergovernmental Panel on Climate Change（IPCC）AR5. Encyclopedia of Energy Natural

Resource & Environmental Economics，26（2）：48-56.

Jiao K，Hu W，Ren C，et al. 2019. Impacts of tropical cyclones and accompanying precipitation and wind velocity on childhood hand，foot and mouth disease in Guangdong Province，China. Environmental Research，173：262-269.

Johnston F H，Henderson S B，Chen Y，et al. 2012. Estimated global mortality attributable to smoke from landscape fires. Environmental Health Perspectives，120（5）：695-701.

Kang R，Xun H，Zhang Y，et al. 2015. Impacts of different grades of tropical cyclones on infectious diarrhea in Guangdong，2005—2011. PLoS One，10（6）：e0131423.

Lai L W. 2016. Public health risks of prolonged fine particle events associated with stagnation and air quality index based on fine particle matter with a diameter $<2.5\mu m$ in the Kaoping region of Taiwan. International Journal of Biometeorology，60（12）：1907-1917.

Li T，Horton R M，Bader D A，et al. 2016. Aging will amplify the heat-related mortality risk under a changing climate：projection for the elderly in Beijing，China. Scientific Report，6：28161.

Li X，Tan H，Huang X，et al. 2016. Similarities and differences between the risk factors for gestational hypertension and preeclampsia：a population based cohort study in south China. Pregnancy Hypertens，6（1）：66-71.

Li X D，Chow K H，Zhu Y M，et al. 2016. Evaluating the impacts of high-temperature outdoor working environments on construction labor productivity in China：a case study of rebar workers. Building and Environment，95：42-52.

Li X L，Yang Y，Sun Y，et al. 2015. Risk distribution of human infections with avian influenza H7N9 and H5N1 virus in China. Scientific Report，5：18610.

Li Y，Ma Z，Zheng C，et al. 2015. Ambient temperature enhanced acute cardiovascular-respiratory mortality effects of $PM_{2.5}$ in Beijing，China. International Journal of Biometeorology，59（12）：1761-1770.

Liang W，Gu X，Li X，et al. 2018. Mapping the epidemic changes and risks of hemorrhagic fever with renal syndrome in Shaanxi Province，China，2005—2016. Scientific Report，8（1）：749.

Liao W，Yang L，Zhong S，et al. 2019. Preparing the next generation of health professionals to tackle climate change：are China's medical students ready? Environmental Research，168：270-277.

Liu K，Zhou H，Sun R X，et al. 2015. A national assessment of the epidemiology of severe fever with thrombocytopenia syndrome，China. Scientific Report，5：9679.

Liu T，Ren Z，Zhang Y，et al. 2019. Modification effects of population expansion，ageing，and adaptation on heat-related mortality risks under different climate change scenarios in Guangzhou，China. International Journal of Environmental Research and Public Health，16（3）：376.

Liu W，Ji H，Shan J，et al. 2015. Spatiotemporal dynamics of hand-foot-mouth disease and its relationship with meteorological factors in Jiangsu Province，China. PLoS One，10（6）：e0131311.

Liu X，Liu Z，Ding G，et al. 2017. Projected burden of disease for bacillary dysentery due to flood events in Guangxi，China. Science of the Total Environment，601-602：1298-1305.

Liu X N，Liu H，Fan H，et al. 2019. Influence of heat waves on daily hospital visits for mental illness in Jinan, China: a case-crossover study. International Journal of Environmental Research and Public Health, 16 (1): 11.

Liu Z, Ding G, Zhang Y, et al. 2015. Analysis of risk and burden of dysentery associated with floods from 2004 to 2010 in Nanning, China. American Journal of Tropical Medicine & Hygiene, 93 (5): 925.

Luo H M, Turner L R, Hurst C, et al. 2014. Exposure to ambient heat and urolithiasis among outdoor workers in Guangzhou, China. Science of the Total Environment, 472: 1130-1136.

Ma R, Zhong S, Morabito M, et al. 2019. Estimation of work-related injury and economic burden attributable to heat stress in Guangzhou, China. Science of the Total Environment, 666: 147-154.

Ma W, Chen R, Kan H. 2014. Temperature-related mortality in 17 large Chinese cities: how heat and cold affect mortality in China. Environmental Research, 134: 127-133.

Ma W, Wang L, Lin H, et al. 2015a. The temperature-mortality relationship in China: an analysis from 66 Chinese communities. Environmental Research, 137: 72-77.

Ma W, Xu X, Peng L, et al. 2011. Impact of extreme temperature on hospital admission in Shanghai, China. Science of the Total Environment, 409 (19): 3634-3637.

Ma W, Zeng W, Zhou M, et al. 2015b. The short-term effect of heat waves on mortality and its modifiers in China: an analysis from 66 communities. Environment International, 75: 103-109.

Markandya A, Sampedro J, Smith S J, et al. 2018. Health co-benefits from air pollution and mitigation costs of the Paris Agreement: a modelling study. The Lancet Planet Health, 2 (3): e126-e133.

Meng X, Zhang Y, Zhao Z, et al. 2012. Temperature modifies the acute effect of particulate air pollution on mortality in eight Chinese cities. Science of the Total Environment, 435-436: 215-221.

Ng M, Fleming T, Robinson M, et al. 2014. Global, regional, and national prevalence of overweight and obesity in children and adults during 1980—2013: a systematic analysis for the Global Burden of Disease Study 2013. The Lancet, 384 (9945): 766-781.

Parsons K. 2014. Human Thermal Environments: the Effects of Hot, Moderate, and Cold Environments on Human Health, Comfort, and Performance. 3rd ed. Boca Raton, USA: CRC Press.

Reid C E, Brauer M, Johnston F, et al. 2016. Critical review of health impacts of wildfire smoke exposure. Environmental Health Perspectives, 124 (9): 1334.

Ren Z, Wang D, Ma A, et al. 2016. Predicting malaria vector distribution under climate change scenarios in China: challenges for malaria elimination. Scientific Report, 6: 20604.

Sang S, Gu S, Bi P, et al. 2015. Predicting unprecedented dengue outbreak using imported cases and climatic factors in Guangzhou, 2014. PLoS Neglected Tropical Diseases, 9 (5): e0003808.

Scovronick N, Budolfson M, Dennig F, et al. 2019. The impact of human health co-benefits on evaluations of global climate policy. Nature Communications, 10 (1): 2095.

Sheffield P E, Landrigan P J. 2011. Global climate change and children's health: threats and strategies for prevention. Environmental Health Perspectives, 119 (3): 291-298.

Springmann M, Clark M, Mason-D'Croz D, et al. 2018. Options for keeping the food system within environmental limits. Nature, 562 (7728): 519-525.

Stanke C, Kerac M, Prudhomme C, et al. 2013. Health effects of drought: a systematic review of the evidence. PLoS Currents Disasters，5：1-38.

Su Y，Cheng L，Cai W，et al. 2020. Evaluating the effectiveness of labor protection policy on occupational injuries caused by extreme heat in a large subtropical city of China. Environmental Research，186：109532.

Sun J M，Lu L，Liu K K，et al. 2018. Forecast of severe fever with thrombocytopenia syndrome incidence with meteorological factors. Science of the Total Environment，626：1188-1192.

Sun S，Laden F，Hart J，et al. 2018. Seasonal temperature variability and emergency hospital admissions for respiratory diseases：a population-based cohort study. Thorax，73（10）：951-958.

Sun X，Sun Q，Yang M，et al. 2014. Effects of temperature and heat waves on emergency department visits and emergency ambulance dispatches in Pudong New Area，China：a time series analysis. Environmental Health，13（1）：76.

Sun Y，Zhang X，Z S，et al. 2014. Rapid increase in the risk of extreme summer heat in Eastern China. Nature Climate Change，4（12）：1082-1085.

Tian Y，Liu H，Si Y，et al. 2019. Association between temperature variability and daily hospital admissions for cause-specific cardiovascular disease in urban China：a national time-series study. PLoS Medicine，16（1）：e1002738.

UNEP. 2014. The Adaptation Gap Report 2014. Nairobi：United Nations Environment Programme.

UNEP. 2018. The Adaptation Gap Report 2018. Nairobi：United Nations Environment Programme.

Wang C，Jiang B，Fan J，et al. 2014. A study of the dengue epidemic and meteorological factors in Guangzhou，China，by using a zero-inflated Poisson regression model. Asia Pacific Journal of Public Health，26（1）：48-57.

Wang L，Liu T，Hu M，et al. 2016. The impact of cold spells on mortality and effect modification by cold spell characteristics. Scientific Report，6（1）：38380.

Wang M Z，Zheng S，He S L，et al. 2013. The association between diurnal temperature range and emergency room admissions for cardiovascular，respiratory，digestive and genitourinary disease among the elderly：a time series study. Science of the Total Environment，456-457：370-375.

Wang Q，Liang Q，Li C，et al. 2019. Interaction of air pollutants and meteorological factors on birth weight in Shenzhen，China. Epidemiology，30：S57-S66.

Wang T，Li X L，Liu M，et al. 2017. Epidemiological characteristics and environmental risk factors of severe fever with thrombocytopenia syndrome in Hubei Province，China，from 2011 to 2016. Frontiers in Microbiology，8：387.

Wang W，Xun H M，Zhou M G，et al. 2015. Impacts of Typhoon ‘Koppu’ on Infectious Diarrhea in Guangdong Province，China. Biomedical & Environmental Sciences，28（12）：920-923.

Wang X，Tang S，Wu J，et al. 2019. A combination of climatic conditions determines major within-season dengue outbreaks in Guangdong Province，China. Parasites & Vectors，12（1）：45.

Wang X Y，Tian Z M，Ning H Y，et al. 2017. The ambient pollen distribution in Beijing urban area and its relationship with consumption of outpatient anti-allergic prescriptions. European Review for Medical and Pharmacological Sciences，21（3 Suppl）：108-115.

Wang Y，Wang A，Zhai J，et al. 2019. Tens of thousands additional deaths annually in cities of China between 1.5℃ and 2.0℃ warming. Nature Communications, 10 (1): 3376.

Watts N, Adger W N, Agnolucci P, et al. 2015. Health and climate change: policy responses to protect public health. Lancet, 386 (10006): 1861-1914.

Watts N, Amann M, Arnell N, et al. 2018. The 2018 report of the Lancet Countdown on health and climate change: shaping the health of nations for centuries to come. The Lancet, 392 (10163): 2479-2514.

West J J, Smith S J, Silva R A, et al. 2013. Co-benefits of global greenhouse gas mitigation for future air quality and human health. Nature Climate Change, 3 (10): 885-889.

WHO. 2014. Quantitative Risk Assessment of the Effects of Climate Change on Selected Causes of Death, 2030s and 2050s. Geneva: World Health Organization.

WHO. 2015. Operational Framework for Building Climate Resilient Health Systems. Geneva: World Health Organization.

WHO. 2018. COP24 Special Report: Health and Climate Change. Geneva: World Health Organization.

World Bank. 2018. World Bank Open Data. Washington DC: World Bank.

Wu J, Xiao J, Li T, et al. 2015. A cross-sectional survey on the health status and the health-related quality of life of the elderly after flood disaster in Bazhong city, Sichuan, China. BMC Public Health, 15: 163.

Wu Y, Qiao Z, Wang N, et al. 2017. Describing interaction effect between lagged rainfalls on malaria: an epidemiological study in south-west China. Malaria Journal, 16 (1): 53.

Xia Y, Li Y, Guan D, et al. 2018. Assessment of the economic impacts of heat waves: a case study of Nanjing, China. Journal of Cleaner Production, 171: 811-819.

Xiang J, Hansen A, Liu Q, et al. 2018a. Association between malaria incidence and meteorological factors: a multi-location study in China, 2005—2012. Epidemiology & Infection, 146 (1): 89-99.

Xiang J, Hansen A, Liu Q, et al. 2018b. Impact of meteorological factors on hemorrhagic fever with renal syndrome in 19 cities in China, 2005—2014. Science of the Total Environment, 636: 1249-1256.

Xiao J, Liu T, Lin H, et al. 2018. Weather variables and the El Niño Southern Oscillation may drive the epidemics of dengue in Guangdong Province, China. Science of the Total Environment, 624: 926-934.

Xie H, Yao Z, Zhang Y, et al. 2013. Short-term effects of the 2008 cold spell on mortality in three subtropical cities in Guangdong Province, China. Environmental Health Perspectives, 121 (2): 210-216.

Xu L, Stige L C, Chan K S, et al. 2017. Climate variation drives dengue dynamics. Proceedings of the National Academy of Sciences of the United States of America, 114 (1): 113-118.

Xu X, Yu E, Gao X, et al. 2013. Red and processed meat intake and risk of colorectal adenomas: a meta-analysis of observational studies. International Journal of Cancer, 132 (2): 437-448.

Xu Z, FitzGerald G, Guo Y, et al. 2016. Impact of heatwave on mortality under different heatwave definitions: a systematic review and meta-analysis. Environment International, 89-90: 193-203.

Yang J, Liu H Z, Ou C Q, et al. 2013. Impact of heat wave in 2005 on mortality in Guangzhou, China. Biomedical and Environmental Sciences, 26 (8): 647-654.

Yang J, Yin P, Zhou M, et al. 2016. The burden of stroke mortality attributable to cold and hot ambient temperatures: epidemiological evidence from China. Environment International, 92-93: 232-238.

Yang Q，Yang Z，Ding H，et al. 2014. The relationship between meteorological factors and mumps incidence in Guangzhou，China，2005—2012. Human Vaccines，10（8）：2421-2432.

Yin P，Chen R，Wang L，et al. 2018. The added effects of heatwaves on cause-specific mortality：a nationwide analysis in 272 Chinese cities. Environment International，121（Pt 1）：898-905.

Yin P，Chen R，Wang L，et al. 2017. Ambient ozone pollution and daily mortality：a nationwide study in 272 Chinese cities. Environmental Health Perspectives，125（11）：117006.

Yin Q，Wang J. 2017. The association between consecutive days' heat wave and cardiovascular disease mortality in Beijing，China. BMC Public Health，17（1）：223.

Yu D，Zhang X，Xiang Y B，et al. 2014. Adherence to dietary guidelines and mortality：a report from prospective cohort studies of 134,000 Chinese adults in urban Shanghai. American Journal of Clinical Nutrition，100（2）：693-700.

Zhai J X，Lu Q，Hu W B，et al. 2018. Development of an empirical model to predict malaria outbreaks based on monthly case reports and climate variables in Hefei，China，1990—2011. Acta Tropica，178：148-154.

Zhang F，Ding G，Liu Z，et al. 2016a. Association between flood and the morbidity of bacillary dysentery in Zibo City，China：a symmetric bidirectional case-crossover study. International Journal of Biometeorology，60（12）：1-6.

Zhang F，Liu Z，Gao L，et al. 2016b. Short-term impacts of floods on enteric infectious disease in Qingdao，China，2005—2011. Epidemiology & Infection，144（15）：3278-3287.

Zhang N，Song D，Zhang J，et al. 2019. The impact of the 2016 flood event in Anhui Province，China on infectious diarrhea disease：an interrupted time-series study. Environment International，127：801-809.

Zhang S，Hu W，Qi X，et al. 2018. How socio-environmental factors are associated with Japanese encephalitis in Shaanxi，China—A Bayesian spatial analysis. International Journal of Environmental Research and Public Health，15（4）：608.

Zhang X，Norback D，Fan Q，et al. 2019. Dampness and mold in homes across China：associations with rhinitis，ocular，throat and dermal symptoms，headache and fatigue among adults. Indoor Air，29（1）：30-42.

Zhang Y，Liu Q Y，Luan R S，et al. 2012. Spatial-temporal analysis of malaria and the effect of environmental factors on its incidence in Yongcheng，China，2006—2010. BMC Public Health，12：544.

Zhang Y Q W，McCarl B A，Luan Y B，et al. 2018. Climate change effects on pesticide usage reduction efforts：a case study in China. Mitigation and Adaptation Strategies for Global Change，23（5）：685-701.

Zhao C，Chen J，Du P，et al. 2018. Characteristics of climate change and extreme weather from 1951 to 2011 in China. International Journal of Environmental Research and Public Health，15（11）：2540.

Zhao X，Cao M，Feng H H，et al. 2014. Japanese encephalitis risk and contextual risk factors in southwest China：a Bayesian hierarchical spatial and spatiotemporal analysis. International Journal of Environmental Research and Public Health，11（4）：4201-4217.

Zhao Y，Sultan B，Vautard R，et al. 2016. Potential escalation of heat-related working costs with climate and socioeconomic changes in China. Proceedings of the National Academy of Sciences of the United

States of America，113（17）：4640-4645.

Zhou M G，Wang L J，Liu T，et al. 2014. Health impact of the 2008 cold spell on mortality in subtropical China：the climate and health impact national assessment study（CHINAs）. Environmental Health，13（1）：60.

Zhou X，Zhao A，Meng X，et al. 2014. Acute effects of diurnal temperature range on mortality in 8 Chinese cities. Science of the Total Environment，493：92-97.

Zhu G，Fan J，Peterson A T. 2017. Schistosoma japonicum transmission risk maps at present and under climate change in mainland China. PLoS Neglected Tropical Diseases，11（10）：e0006021.

Zhu Q，Liu T，Lin H，et al. 2014. The spatial distribution of health vulnerability to heat waves in Guangdong Province，China. Global Health Action，7（1）：25051.

第10章 重大工程

主要作者协调人：吴青柏、王国复
编　　　审：高　荣
主 要 作 者：冯　起、陈鲜艳、金君良、朱雅娟
贡 献 作 者：李宗省、李国玉

▪ 执行摘要

气候变化将会对我国水利工程、冻土区工程、生态恢复工程和林业工程产生重要影响。气候变化引起的长江上游径流丰枯变化增加了三峡工程的调控压力，引起的水资源时空分配不均匀导致了南水北调工程调水功能的失稳，引起的多年冻土加速退化加剧了青藏铁路、青藏直流联网工程以及中俄原油管道工程安全运营的风险，为应对这一系列的变化需加强对未来气候变化工程安全运营的监测与评估。与此同时，青藏铁路和青藏直流联网工程的主动冷却措施在气候变化过程中发挥着积极作用，气候变化对生态修复影响也正逐渐转向正面效应，一系列重大林业工程的实施使得土地荒漠化和水土流失的颓势开始明显好转，但正面效应的长期稳定性与气候变化时空格局的演变及其影响仍值得密切关注。

10.1 引　　言

气候变化对重大工程影响的评估主要选取了三峡工程、南水北调工程、长江口整治工程、青藏铁路工程、西气东输工程、中俄原油管道工程与三北防护林工程七大工程，以及高速公路、高速铁路和南方输电线路等其他重大工程。本章评估了气候变化对重大工程的影响，并提出应对气候变化不利影响的适应对策，主要评估结论如下：

气候变化带来的次生变化使三峡工程的防洪压力增大，如极端降水、流域遭遇性洪水、突发泥石流与滑坡等灾害发生的概率大大增加，对三峡工程管理、大坝安全等产生不利影响；同样枯水期的干旱也将影响三峡工程的蓄水、发电、航运及水环境。气候变化对于南水北调工程的东、中线可调水量影响不大，但对东线水质可能会产生不利影响，同时中线南北丰枯遭遇频率变化的可能性大大增加，上述变化直接导致南水北调的水源区无水可调、调水区水无人用、水污染、洪水与地震地质灾害等一系列风险的增加。除此之外，气候变化将影响长江河口拦门沙的位置、长度和平均高程等，进而导致海平面上升、海岸堤防受损严重，使得长江航道淤积程度加重、堤岸溃决风险增加。气候变化会引发青藏铁路多年冻土普遍退化、冻土升温和地下冰融化，进而导致工程稳定性发生变化。气候变化引起的西气东输工程沿线生态环境改变将对管线安全产生威胁，如其引起的暴雨频率与强度增加造成洪水和次生灾害发生频率与强度增加，进而威胁西气东输管道安全运营。气候变化与冻土退化不仅会直接威胁中俄原油管道工程稳定性，而且造成的地质灾害、生态环境破坏等也会间接且极大地影响管线安全。气候变化更是改变了森林生态系统的结构和物种组成，特别是三北防护林因为生态系统的单一，林种脆弱性较大。气候变化对其他工程，如高速公路、高速铁路和南方输电线路等引发的气象要素变化也将影响工程运行安全。

本次评估既继承了上次评估的核心内容，也与上次评估有所不同，选择了重大水利工程、冻土区工程、生态修复工程和林业工程四大类，概要评估气候变化对各大类工程的可能影响，选取四大类工程中最具代表性和对气候变化具有敏感性、快速响应的重大工程，着重评估了气候变化影响及适应性对策，最后阐述了主要结论和认知差距。

10.2 水利工程

水利工程选取了三峡工程、南水北调工程和长江口整治工程，将它们分别作为重大枢纽工程、调水工程和重大河口整治工程的代表性工程进行评估。气候变化将会对长江上游径流的丰枯变化产生重要影响，从而可能对三峡工程产生影响；气候变化可能加剧南北方水资源分配的时空不均匀性，从而改变南水北调工程的生态环境和气候效应；同时，气候变化将对长江口航道、入海径流量及长江口海岸带环境等工程带来一定影响。未来气候变化对重大水利工程将会产生重要影响，需要采取相应的对策以适应气候变化的影响。

10.2.1 三峡工程

1. 工程概述

三峡工程全称为长江三峡水利枢纽工程，是当今世界上最大的水利枢纽工程之一，分布在重庆市到湖北省宜昌市的长江干流及支流上。在全球气候变暖背景下，三峡工程所在地区的区域气候及水文条件将发生变化，极端气候事件的频率和强度将增加，特别是降水和气温的变化会引起水资源量的变化，从而加剧三峡工程的运行调度及水库管理的压力，同时对周边地区的水文系统、生态环境和社会经济等产生影响。

2. 三峡库区气候演变观测事实

1961 年以来，三峡库区年平均气温整体呈升温趋势，20 世纪 90 年代中后期以来，长江三峡库区年平均气温升高速率增大。总体上，年平均气温较平的年代际波动与长江上游、西南地区有一致的变化特征，与全国相比，三峡库区气温变化既具有与全国气候变化趋势的一致性，同时也具有其地域性变化的非同步性。库区 90 年代中后期至今的显著升温现象明显滞后于中国平均气温自 1986 年前后开始的普遍升温现象。

三峡库区年降水量呈现东多西少的分布格局，沿江河谷少雨，外围山地年降水量逐渐增多。多年平均降水量主要是东南部和西北部多、东北部和西南部少，呈西北—东南向的鞍形分布格局。1961 年以来，三峡库区年降水量变化趋势并不显著，2011~2019 年前期降水偏少，2014 年后三峡库区降水进入相对偏多的阶段，2014 年、2016 年和 2017 年降水均明显偏多。

3. 三峡库区气候变化预估

相对于 1961~2000 年的气候平均值，在不同的温室气体排放情景下，三峡库区及其上游地区气温都将持续上升，且随着时间的推移升温值逐渐增大，但升温幅度略有差别。2021~2030 年、2031~2040 年和 2041~2050 年，在中等排放情景下（RCP4.5），三峡库区将分别增温 1.0~1.7℃、1.3~2.3℃、1.5~2.7℃；2011~2050 年，三峡库区及其上游地区气温变化的线性趋势为 0.23~0.50℃/10a。冬季变暖趋势最为明显，增温幅度和变暖趋势均大于年平均，而夏季气温变化略小于年平均。增温幅度存在空间不均匀性且表现出一定的纬向特征，由东南向西北逐渐增大，上游源区升温最显著。长江上游地区 2046~2065 年最高和最低气温均呈现上升趋势，其中最高气温将上升 1.92℃，最低气温将上升 1.5℃（矫梅燕，2014；王若瑜等，2017）。

2011~2050 年三峡库区及其上游地区降水变化的线性趋势为 0.1~1.4%/10a。相对于 1961~2000 年的气候平均值，降水在 2040 年以前变化趋势不明显，但年际间变化较大；2040 年以后，年平均降水量表现出增加趋势，但空间分布不均匀。连续五天最大降水量将增强，大于 10mm 降水日数在 2045 年前略有减少，2045 年后呈增加趋势，降水强度将增加。从区域分布来看，连续五天最大降水量在整个三峡库区表现为增加和减少相间分布，增加和减少值在 ±5%~±25% 变化。在不同的温室气体排放情景下，未来降水变化预估结果一致性较差，存在较大的不确定性（矫梅燕，2014；王若瑜等，2017）。

4. 三峡工程气候效应

蓄水前后距三峡水库不同距离区域的气温变化趋势一致，但 2003 年以后气温变化开始出现差异，水库局地气候效应造成了冬季增温、夏季降温。蓄水后夏季近库区升温小于远库区，导致两者夏季平均气温差值减小 0.1℃左右。冬季近库区增温幅度略大于远库区，两者平均气温差增大 0.4℃左右。距库区不同距离区域的降水没有呈现明显增加或减少的变化趋势，蓄水后降水比值的波动仍处于正常的变化范围内。水体引起的蒸发冷却，导致上空的空气下沉，水面降水减少，其中冬季降水的减少值为 1%~2%，夏季减少 10% 左右，但降水影响在 10km 以外地方已迅速衰减，且影响不明显（吴佳等，2011；陈鲜艳等，2013）。

三峡库区和长江流域气候主要受东亚大气环流、海温、积雪等影响。三峡库区和长江流域同属受气候影响敏感的区域，其气候变化既与自身特殊的地理条件有关，也与大尺度气候系统的作用有关，其中最直接、最主要的因素是大气环流的变化，同时也明显受到外强迫因子的影响。三峡库区的水汽主要来自孟加拉湾、阿拉伯海和中国南海及青藏高原的输送。水库蓄水虽使附近水汽的内循环有一定变化，但这种水汽内循环相对于外循环是微不足道的，不能导致比它面积大很多倍的区域性旱涝灾害的发生。长江流域近几年发生的干旱和洪涝等气象灾害主要是由海洋温度和青藏高原积雪的变化造成大范围大气环流和大气下垫面热力异常所引发。全球气候变化、大气环流、海表温度和青藏高原积雪等外强迫因子的异常以及我国夏季雨带自身的年代际变化，是导致三峡库区及周边地区异常气候事件的主要原因，三峡水库在其中所起的作用微弱，蓄水产生的局地气候效应对大范围天气气候事件的影响很小（矫梅燕，2014）。

5. 气候变化对三峡工程的影响

1）对生态环境的影响

三峡库区气候要素蓄水前后局部气温和光照的变化对库区代表性陆生植物生长总体上有促进作用（张江北等，2013）。但对于森林系统，温度升高影响物种的空间迁移、生态系统的生物总量和年生物产量，进而造成林木的种类减少、复杂性降低与脆弱性增加。对于草地系统，气温不断升高使草原旱情更趋频繁与程度加重，导致牧草营养成分降低、病虫害和水土流失加重，从而加剧草场的退化。

温度变化直接影响三峡库区水域的水生生物个体生理活动和性别发育，降水直接影响水生生物繁殖过程和生理活动。气候变化将对珍稀动植物本身及其生存环境造成威胁，通过间接影响水生生物的食物来源和生存环境，从而影响生物物种多样性，以及生态系统内生物的分布和各营养级间的能量流动，通过改变水文节律间接影响水生生物的物种组成及其生物资源总量。

三峡库区气温持续升高可能导致自然生态系统的脆弱性有所增加，但其分布格局与当前气候条件下相似。在区域气候变化背景下，三峡库区洪涝和干旱频次的增加可能导致三峡库区水体富营养化加重和蓝藻水华暴发频繁；除此之外，气候变化引起的温度上升也可能促使藻类水华更加严重。干旱发生时三峡水库蒸发量的增加与流量的减少延长了水体和营养的滞留时间，使得库区藻类生物量增多；其导致的流域硅输入的减少将引起库区硅浓度下降，从而有可能引发大规模的藻类水华暴发。流速减慢降低水体自净能力和增加泥沙沉降淤积。

2）对水资源的影响

受气候变化、人类在长江上游兴建大量大型水库等活动的影响，三峡水库入库径流特征较天然情况发生了较大的变化。由于降雨和径流具有年内分配不均的特性，其在汛期所占比例（70%）远高于枯水期。近10年，受降雨变化趋势和上游水库蓄水的影响，三峡水库来水持续偏枯，但上游水库建成后，三峡水库年内来水丰枯比过程更加平稳（舒卫民等，2016）。

未来气候变化条件下，三峡工程区域降水量变化不大，但径流量的减少幅度和蒸发量的增加幅度均大于降水量的减少幅度，这对三峡库区的水资源综合管理提出了更高的要求。高排放情景下，水资源量有微弱的减小趋势；低排放情景下，三峡工程以上流域水资源量有增加的特征。不同排放情景下预估的水资源空间分布特征各有不同，空间分布差异进一步加大。

3）对水库运行安全的影响

气候变化背景下，三峡工程以上流域日最大降水量显示出增加趋势，水资源波动及其幅度变大以及三峡水库入库水量变动范围增大，将导致来水量过丰或过枯。极端降水量的增加将使三峡水库入库水量增加，尤其当入库水量超过原库容设计标准及相应正常蓄水位时，可能引起水库运行风险；三峡工程及其周边地区未来极端天气气候事件发生频率及强度可能增大，将引发超标洪水的产生，对三峡工程造成防洪压力；而极端降水强度和频次的增加，可能会增加库区突发泥石流、滑坡等地质灾害的发生概率，对水库管理、大坝安全以及防洪等产生不利影响。

6. 适应性对策和措施

三峡水库兴建运行后，由于流速减缓，库区水体自净能力减弱，加大了岸边污染物的浓度和范围，影响了水库水质。对此首先需要加强重庆及其上游地区的水污染防治，以保证库区水质达到水环境功能区要求与《地表水环境质量标准》的良好状况，防范未来气温上升可能导致的三峡水库水质恶化。其次，还需要在水库周边划出一定范围建设国家林场，形成防护林带，以缓冲周边污染物和水土流失对水库环境的影响，改善三峡库区及周边生态环境，增强库区生态系统适应能力。再次，建立以三峡水库为骨干的水库群联合调度运行保障机制和政策，加强长江上游水利工程联合调度，增强流域水资源的优化配置能力，提高应对气候变化能力，拓展流域综合效益。最后，改变过去“重涝轻旱”的管水调水模式，利用动态汛限水位解决好防洪与蓄水的矛盾，优化调整三峡工程的抗旱调度方案，加强干旱预警预报工作，充分发挥三峡工程枯季抗旱调度作用，加强库区周围山区水土保持。

10.2.2 南水北调工程

1. 工程概述

南水北调总体规划通过三条调水线路与长江、黄河、淮河和海河四大江河联系，构成以“四横三纵”为主体的布局，以利于实现我国水资源南北调配、东西互济的合理配置格局。东线工程的基本任务是从长江下游调水，向黄淮海平原东部和山东半岛补充水源，解决调水线路沿线和山东半岛的城市及工业用水，改善淮北部分地区的农业供水条件，并在北方需要时，提供农业和部分生态环境用水。根据《南水北调东线工程规划（2001 年修订）》推荐分三期实施东线工程：第一期工程抽江规模 500m^3/s，过黄河 50m^3/s，向山东半岛供水 50m^3/s。首先调水到山东半岛和鲁北地区，并为向天津市应急供水创造条件，缓解鲁北地区和山东半岛最为紧迫的城市缺水问题。第二期工程抽江规模 600m^3/s，过黄河 100m^3/s，到天津 50m^3/s，向山东半岛供水 50m^3/s，与第一期工程连续实施，结合东线治污进展，在保证出东平湖水质达到 III 类标准的条件下，向河北、天津供水。第三期工程抽江规模 800m^3/s，过黄河 200m^3/s，到天津 100m^3/s，向山东半岛供水 90m^3/s。东线工程旨在增加北调水量，以满足供水范围内 2030 年水平国民经济发展对水的需求。中线工程一期工程的主要任务是向北京、天津、河北、河南四省（直辖市）的受水区城市提供生活、工业用水，缓解城市与农业、生态用水的矛盾，包括丹江口水库大坝加高、增容、调水以及下游航道治理工程，其是一项跨流域、跨多省市的长距离特大型调水工程，丹江口水库大坝加坝调水后，供水成为优先于发电的任务，发电站仅向汉江中下游供水发电，不再专为发电泄水，丰水期可利用弃水多发电。根据项目可研阶段调水方案，总干渠设计流量 350m^3/s、加大流量 420m^3/s、可调水量 97 亿 m^3（与受水区联合调度后，多年平均调水量 95 亿 m^3）。西线工程是从长江上游干支流调水入黄河上游的跨流域调水重大工程，是补充黄河水资源不足、解决我国西北地区干旱缺水的重大战略工程。2001 年水利部审查通过《南水北调西线工程规划纲要及第一期工程规划》报告。该报告提出西线工程三期建设方案，总调水量为 170 亿 m^3。第一期工程为从雅砻江、大渡河上游支流调水 40 亿 m^3，第二期工程为从雅砻江干流调水 50 亿 m^3，第三期工程为从通天河调水 80 亿 m^3。本书侧重于南水北调东线和中线工程。

气候变化通过对河川径流产生影响来直接影响南水北调工程，其涉及东、中、西线调水系统对气候变化影响的敏感性与脆弱性，即调水系统功能与结构的稳定性问题。例如，南水北调中线工程是一个多功能系统，承担或兼具着水资源调配、发电、防洪抗旱与改善河道环境等使命，而气候变化，特别是温度升高导致的蒸发量增加、降水季节分配变化，将引发干旱、洪涝频发，径流量季节变化规律异常等现象，从而给蓄水、发电、水资源调配、改善环境、防灾效益的综合发挥带来严峻考验。另外，在极端强降水频率、强度增加的背景下，原有调水工程相关的防洪、蓄水等标准面临挑战。气候变化对调水工程的影响是在一定假定气候背景下的可能影响，如气候变化趋势发生改变，有可能会得出不同的气候响应，气候变化对南水北调工程未来南北丰枯遭遇、暴雨洪水极端事件发生频率和强度的影响尚有较大的不确定性。因此，需要进一步全面地、动态地认识气候变化对南水北调受水区和调水区的可能影响。

2. 南水北调工程沿线气候变化观测事实

1960~2010 年，东线工程调水区年降水量呈增加趋势，江苏北部地区年降水量呈下降趋势；中线工程的河南沿线受水区、河北、北京和天津地区年降水量均呈下降趋势。其中，徐州年降水量变化趋势为 –1.8mm/10a，河南东北部及山东西南部地区年降水量呈增加趋势，山东半岛及河北沿线地区年降水量呈下降趋势；中线工程的北京和天津年降水量变化趋势分别为 –21.7mm/10a 和 –18.9mm/10a。从季节降水量来看，春季降水量呈现南减北增的趋势，而夏季降水量呈现南增北减的趋势；对于秋季降水量，河北和北京、天津等地区呈现减少趋势，而其他地区均呈现增加趋势；冬季降水量减少区域主要集中在河北、北京、天津、青岛及潍坊等地区，其他地区均呈现增加趋势。

气候变化情况下，东线工程及中线工程调水区年平均气温呈增加趋势。其中，春季和冬季东线和中线工程调水区域平均气温呈现增加趋势，夏季河南及山东西南部平均气温呈现减少趋势，其他地区呈现增加趋势；秋季平均气温仅青岛呈现减少趋势，其他地区均呈现增加趋势。

3. 气候变化对工程的影响

1）气候变化对工程可调水量的影响

20 世纪以来，中线工程水源区和受水区各流域与水源区同旱概率均处于历史高位，调水面临较大压力。气候变化情景下，汉 – 唐（汉江水源区 – 唐白河受水区）、汉 – 海（汉江水源区 – 海河受水区）持续同旱概率高于汉 – 淮（汉江水源区 – 淮河受水区）；秋汛期（9~11 月）为调水最有利的时段。汛期汉 – 唐和汉 – 海遭遇的丰枯同步频率呈增加趋势，不同排放情景下汉 – 唐增加速率大于汉 – 海；而汉 – 黄（汉江水源区 – 黄河受水区）遭遇的丰枯同步频率呈减小趋势。非汛期汉 – 唐和汉 – 海遭遇的丰枯同步频率呈减小趋势，而汉 – 黄遭遇的丰枯同步频率呈增加趋势。从全年尺度来看，汉 – 唐、汉 – 黄和汉 – 海遭遇的丰枯同步频率基本均呈减小趋势（陈锋和谢正辉，2012），气候变化下丰枯同步频率变化的研究尚存在不确定性。在 RCP4.5 和 RCP8.5 两种未来气候变化情景下，水源区与海河受水区汛期、非汛期及全年同旱事件发生概率较现状有不同程度的增加，尤其汛期遭遇同旱和非汛期遭遇同重旱的概率明显增大（余江游等，2018）。未来各受水区调水保障概率均在 87% 以上，同时未来降水区域增加，调水朝有利方向发展，但 21 世纪后期也将面临较大同涝风险（方思达等，2018）。

气候变化对东线和中线水源区水量存在不利影响。观测事实表明，汉江上游和下游年降水量呈增加趋势，中游呈减少趋势，年均气温和年蒸发量则在全流域呈上升趋势，汉江上游和全流域年径流深自 1990 年开始下降（班璇等，2018）。虽然 21 世纪以来，丹江口水库蓄水有所增加，但由于降水年际和季节变化均较大，汛期库区众多水系洪水陡涨陡落，旱季则发生枯水和断流，所以供水压力依然存在。2000~2016 年观测期内，通常在上半年尤其是5月，供水和需求之间还存在有巨大差距，90亿m^3的调水目标在许多年内无法实现（Hai et al.，2018）。未来南水北调东线工程和中线工程水源区的温度和降水均呈现增加趋势，汉江上游的径流量较基准期将出现先减少后增大的趋势，东线工程和中线工程受水区温度和降水均呈增加趋势。蒸发量增大，使得径流增加不显著，径流量的增加不足以抵消需水量的增加，华北地区缺水的局面仍不能得到根本性解决，未来供水面临一定挑战[①]。

气候变化使西线受水区缺水问题得到缓解，对直接引水区径流影响较小，对西线调水工程影响可能不大。未来气候变化造成黄河上游区域干旱在2006~2099年有所减弱；其中，在RCP2.6和RCP8.5情景下，除21世纪初期有明显的干旱外，其余时间干旱发生的频率较低，持续的时间较短（杨肖丽等，2017）；在RCP2.6、RCP4.5、RCP8.5情景下，黄河上游湿润指数则有明显上升趋势（姜姗姗等，2016）；西线受水区缺水问题可能得到缓解。在RCP4.5和RCP8.5情景下，长江上游未来时期的降水、气温均呈增加趋势，气温呈显著性增加趋势（程雪蓉，2019）；除石渠站外，92%站点降雨年序列呈不明显上升趋势，但在春季上升明显；长江上游区域未来30年平均积雪深度相对于1970~1999年减小37.8%，冬季（1月）长江上游区域大部分地区的积雪深呈减小趋势，部分地区积雪深减小超过了50%（陆桂华等，2014）。气温升高导致蒸发增大和降水增加导致径流加深，它们对西线引水区可调水量的综合影响可能不大。

2）气候变化对工程沿线区域生态环境的影响

气候变化背景下，长江上、下游的生态环境受南水北调工程的影响总体呈现脆弱性增加、风险增大的趋势。气候变化将增加汛期长江下游径流量，但其年内分配可能变化，当三峡水库蓄水与南水北调同时运行时，枯水年对下游航运及生态环境可能产生制约，入海径流的锐减可能导致海水入侵与风暴潮灾害加剧。

西线工程调水枢纽位于青藏高原东北部腹地，该地区是极其脆弱的自然环境区域。在气候变化影响下，调水区生态与环境面临的主要问题包括：森林资源不断减少，原有植被难以恢复的地域面积不断扩大；大范围冻结层的存在造成河源区出现典型的冰缘气候，低温、大风、寒冻风化强烈，气候严酷；大多数冰川呈退缩状态；湖泊普遍退缩并盐碱化；沼泽草甸化；泥石流等山地灾害多发；鼠害严重等。未来青藏高原和长江上游地区的气候暖湿化可能使得植被退化现象得到一定程度缓解，但气候变暖导致的冰川缩减、季节性积雪减少、冻土层变薄等，将给西线工程水源区原本脆弱的生态环境带来更大的风险。

4. 南水北调工程的气候效应

南水北调工程引水会改变局地土壤持水量，进而改变局地蒸发，影响地表水分和热量平衡，改变局地气候特征，包括使温度降低和降水增加；南水北调工程全部建成后会使北方13个省（自治区、直辖市）大面积农业灌溉的土壤湿度和热容量得到增加，从而改变地气界面水汽和热量交换通量，进而增加云、雨，降低近地面温度，使

① 中国工程院. 2014. 气候变化对我国水工程和水安全的影响与对策研究——中国工程院咨询研究项目“气候变化对我国重大工程的影响与对策研究”专题报告.

得蒸发减少、降水增多，对北方干旱半干旱地区的农业总体有利。

调水工程产生的能源效益对于减缓气候变化有重要的正效应。南水北调中线工程通过地下水置换实现节能，其对于温室气体减排、减缓气候变化具有一定的效益。64.4亿m^3地下水开采的27%将被来自中线工程的改道水所取代；中线工程将产生23.2亿kW · h的电力能源效应，从而大大降低了区域能源消耗（Zhao et al.，2017）。

南水北调东线工程可能增加沿线湖泊的洪涝风险。东线紧急调水到山东半岛增加了南四湖水位，与没有调水情景比较，在南四湖遭遇5年、10年和20年一遇暴雨时湖周区域发生洪涝的风险增加。调水对于洪涝地区有明显作用，淹没水深超过0.5m，淹没地区增加8.4%~43.1%。随着雨强增加，调水对于南四湖淹没面积的影响逐渐减小，并且在低重现期下的暴雨期，调水的影响更严重（Wang K et al.，2019）。

5. 适应性对策

（1）制定南水北调工程风险应急预案体系。在南水北调运行管理中，充分考虑极端天气气候事件的严重影响，制定跨区域、跨部门的具有较强针对性和可操作性的水文风险应急预案体系，增加南水北调工程应对气候变化的能力，构建南水北调水源区与受水区丰枯遭遇风险分析模型。通过基于历史数据及给定气候变化情景下南水北调工程调水风险，根据气候变化影响下的调水量变化而随时调整水资源的开发利用，在保证水源区内居民生活生产用水的同时，解决受水区的缺水问题。对水资源进行适应性利用和管理，针对未来可能的气候变化趋势，及时做出调整，开展科学合理的适应性对策研究。

（2）增强工程应对极端气候变化事件的能力，加强南水北调专用调水渠道工程沿线区域防洪抗旱等基础设施建设，增强运行应对极端气候事件的能力，实行动态运行调度。根据来水区和受水区水资源的丰枯遭遇频率，采取不同的水资源调度方案。

（3）对受水区建立严格的水资源管理制度。重视水资源承载力评价，在受水区水资源影响评价中应充分考虑气候变化因素的影响，考虑与水资源有关的产业结构调整。根据水资源的承载能力，确定区域经济规模和经济结构。确立水资源开发利用红线，严格执行建设项目气候和水资源论证制度。运用市场手段，形成有利于节约用水和水资源合理利用的水价形成机制，科学制定并实施水价制度。充分利用南水北调沿线现有水利工程，南北同丰时尽可能充分留蓄和回补地下水，南北同枯年利用蓄水和适度开采地下水来弥补南水之不足，如北京在南水有余时将南水泵入密云水库进行战略水资源储备。

10.2.3 长江口整治工程

1. 工程概述

长江口整治工程是迄今为止中国最大的水运工程，也是世界上最大的河口整治工程。长江口位于地球环境变化速率最大的东亚季风区和海陆交错带，其水网密布、情势复杂，城市密集、人口集中，自然生态受到多重因素叠加影响，具有空间上的复杂性和时间上的易变性、对外界变化的响应和适应较为敏感的特点。由于地处咸淡水交汇区，且河道入海口变宽，长江口非常容易发生泥沙淤积而形成拦门沙，由南至北，从启东到南汇，形成长数十公里的浅滩。20 世纪中期以后，货轮出现大型化趋势，而长江口水深只有 7m，2.5 万 t 货轮需要乘潮入港，这大大限制了港口吞吐量。

为了把长江口建设成为国际航运中心，完善长江三角洲的布局，发展长江黄金水道，2008 年国务院批准长江口综合整治开发规划。自规划实施以来，历时 10 余年的努力，已实施的长江口整治工程效果明显，长江口 12.5m 深水航道建设及部分已完成的整治工程基本达到规划预期目标。长江口综合整治规划的实施有效控制和稳定了长江口河势，改善了航道条件及淡水资源开发利用条件，对保障沿江城市防洪安全和供水安全，加强沿江生态修复、生态保护和生态建设提供了有利条件，促进了长江口地区的社会和经济发展。

未来长江口整治开发将根据长江口的自然条件，以保护生态为主线，以稳定河势河床为前提，以保证防洪防潮安全为基础，以淡水资源的合理开发利用为关键，以满足航运要求为重点，继续整体有序向前推进。长江口综合整治开发将为长三角地区社会经济发展提供生态保护、淡水资源配置、水路运输等方面的保障，以促进当地经济新一轮腾飞。

2. 长江口地区气候变化及影响事实

随着全球气候变暖，近 30 年长江口地区年均气温呈显著增加趋势，平均增温率为 0.63℃/10a；年日照时数下降趋势显著，平均下降速度为 62h/10a；年降水量变化趋势不明显。就不同季节而言，气温存在显著的年际增加趋势（除冬季外），降水量和日照时数变化趋势相对不显著（于泉洲等，2014）。20 世纪 80 年代以来，长江下游春季提前而秋季延迟，植被生长季延长幅度较大，植被盖度和生产力有所增加。长江中下游地区陆地生态系统年平均净生态系统生产力（NEP）增加趋势比较明显，但土壤由于呼吸水平较高，仍表现为碳释放（碳源），但碳释放量呈逐渐减少的趋势。

长三角气候年际变化受季风进退和强度年际变化影响显著，尤其是夏半年的汛期（5~9 月），降水和雨带位置的变化与夏季风活动密切相关。气候变暖使得长江源区多数冰川退缩、冻土退化、湿地干化，这可能极大地影响长江径流补给。多因素叠加可能改变长三角地区水环境，进而胁迫其自然生态系统。长三角地区降水年际变率增大，而生态系统受水分制约较明显，其脆弱性相应较高。降水异常偏多对长江中下游生态系统脆弱性的影响要大于降水偏少的影响，且脆弱性增加的区域多数为多年平均状况下不脆弱的生态系统。水环境和极端气候事件的增加给全区湿地生态系统、农田生态系统等自然生态系统的生态过程与分布格局带来深刻的影响。

3. 未来长三角地区气候影响预估

全球变暖引起海平面上升已成为不争的事实。1980~2020 年，中国沿海海平面上升速率为 3.4mm/a，略高于全球水平[①]，而长三角地区平均海平面上升速率为 3.1mm/a，如果叠加地面沉降因素，则相对海平面上升远高于全球平均值，至 2050 年可能超过 50cm。海平面上升进一步扩大海岸淹没和侵蚀范围。当海平面上升 0.5~1.0m 时，长三角潮滩侵蚀和淹没损失可达 24%~56%。潮滩湿地缺乏适应海平面上升的缓冲空间，未来海平面上升导致的盐水入侵和湿地盐渍化将威胁潮滩湿地的生态安全。海平面上升、潮位抬高、减缓淤涨和侵蚀加剧会引起湿地生态系统演替速度的减慢，且其淹没效应引起的潮滩频率增加以及潜水水位和矿化度提高，又将导致表土含盐量的增加，使植被生长由好变差。长三角北部湿地生态系统可能出现退化。

气候变暖引起海平面上升、淡水水位下降、湿地萎缩、水温升高，从而对长三角地区生物栖息地产生重要影响。气候变暖将引起长江口地区淡水湿地水环境质量恶化，同时缺氧和污染会引发淡水生物群落改变、生态系统退化。长三角频发的高温热浪天气，促进了土壤有机物和泥炭的分解，增加了土壤的碳释放，降低了湿地生态系统的碳储量。气候变暖将增加长三角地区的热量资源，使作物潜在生长季延长、农作物的呼吸作用增强、干物质积累减少、生育期缩短，从而影响到农作物的产量。同时，海平面上升将会增加淹没沿海地区重要的粮食生产基地的风险，加上长江口地区海水倒灌较为严重，大片良田盐渍化，将会对当地粮食生产造成显著不利影响。气候变暖还将使长三角森林分布格局发生变化。2050 年长三角地区植被类型可能从亚热带常绿阔叶林和落叶阔叶混交林转成全部为亚热带常绿阔叶林。

4. 气候变化对长江口整治工程区的水文影响

长江口地区在同时考虑温室气体增加和气溶胶作用时，降水量总体呈现增加趋势，这与我国长江中下游变化幅度一致，略高于全国及东部、西部地区，但降水量总体增加幅度并不相同。只考虑温室气体增加时，到 21 世纪中期，降水量年均增加率约为 0.16%，变化幅度较大，且极值出现的概率增大；而到 21 世纪后期，降水量增加幅度有所减小，年均增加率约为 0.11%，后 50 年变幅明显小于前 50 年。考虑气溶胶作用时，降水量明显增多，到 21 世纪中期，年均增加率为 0.061%，到 21 世纪末，年均增加率为 0.1%，虽考虑气溶胶作用时降水量年均增加率相比考虑温室气体增加时减小很多，但大于 1200mm 的年份明显增多，甚至一度超过 1400mm 的年份（陶涛等，2008）。

近年来，长江口区域上游径流来水量基本不变，来沙量和含沙量有减小趋势，尤其是三峡水库等水利工程兴建后，输沙率和含沙量减小趋势显著（张俊勇等，2015）。从含沙量来看，三峡大坝蓄水拦沙后南港含沙量呈现一定的时间和空间变化规律。总体上，南港上游河道含沙量在三峡大坝蓄水拦沙后的前几年变化不大，从 2009 年开始显著减少。南港下游河道含沙量变化并不明显（朱文武等，2015）。

5. 候变化对长江口工程的影响

1）气候变化对长江口航道运行的影响

在气候变化影响下，通过维护性疏浚，2015 年长江口航道运行状况良好，12.5m

① 自然资源部海洋预警监测司 . 2021. 2020 年中国海平面公报 .

深水航道已进入全面发挥效益的稳定运行阶段。2015 年南港北槽 12.5m 航道维护疏浚强度总体仍保持时空相对集中的分布特征。与 2011~2014 年相比，2015 年南港及圆沙段疏浚强度下降近 15%，全年 1~12 月疏浚强度也普遍有所降低，这主要与南港河床地形条件和周边河势的改善，以及疏浚工艺与管理的优化有关。今后一段时期，在长江口河势格局及水沙动力环境整体稳定的前提下，12.5m 深水航道维护态势总体可控，且趋于向好。由于航道回淤时空分布特征未发生根本改变，后续长江口深水航道的重点维护时段和区段依然是夏秋季（6~11 月）和北槽中段（赵德招和万远扬，2017）。

2）气候变化对长江口入海径流量的影响

在气候变化下，长江 1865~2014 年入海径流量呈现下降趋势，变化速率为 $-23.7 m^3/(s \cdot a)$（$P<0.01$），平均值为 29432 m^3/s，变异系数为 14.72%（万智巍等，2018）。长江入海径流量变化具有一定的波动性特征，大体上以 1955 年为分界点，1865~1955 年为径流量上升阶段，1955~2014 年为径流量下降阶段。长江入海径流量在 20 世纪 40 年代发生了突变，由丰水期转变为枯水期，降水量变化是影响长江入海径流变化的重要因素（万智巍等，2018）。大通年径流量基本能代表长江河口入海年径流量，未来大通年均径流量在气候变化影响下呈增加趋势，但趋势不显著，其中 1 月和 2 月月均径流量显著性增加，10 月显著性减小（夏雪瑾等，2016）。

3）气候变化对长江口岸带生态环境工程的影响

气候变化对长江口岸带的生态环境工程也造成了一定的影响，包括海域富营养化状况、营养盐结构变化、赤潮状况等。近 30 年来，长江口海域无机氮和活性磷酸盐含量不断升高，由 20 世纪 80 年代的Ⅰ类水体逐渐变成劣Ⅳ类水体。受水体含沙量下降的影响，海域硅酸盐含量明显下降。水体中营养盐比例发生变化（杨颖和徐韧，2015；Nageswar et al.，2018）。

总体上，在空间尺度上，长江口口门内生态环境脆弱度最高，生态环境脆弱度从口门内向口门外呈显著降低趋势。近 5 年，口门内极度脆弱区空间分布南移；评估区域内，约 2000km^2 的极度脆弱区发生了转变，极度脆弱区、重度脆弱区面积占比分别下降了 7% 和 5%，长江口海域生态环境脆弱性明显好转（何彦龙等，2019）。海平面上升使咸潮加重，威胁饮用水源。

6. 适应性对策

长江口地区是我国经济、文化、科技最发达的地区之一，经济社会的发展对长江口的治理提出了很高的要求。

长江口河势控制要维持白茆沙河段南北水道深槽皆贯通、南水道为主汊的河势格局，从而为南支下段河势稳定及南港北槽深水航道的安全运行创造有利条件。控制并稳定南北港分流口及分流通道，维持以南港为主汊、南北港稳定分流的河势格局，从而为南北港两岸岸线的开发利用及南港北槽深水航道的安全运行创造有利条件。

抓住环境监管有效手段，进一步完善水环境标准和监管体系，落实水环境保护措施。为解决长期困扰长江口地区的咸潮问题，2011 年上海市政府建成了青草沙水库，设计总库容 5.27 亿 m^3，该水库成为上海市的主要水源地，其水质要求达到国家Ⅱ类标准，供水规模占全市原水供应总规模的 50% 以上，受益人口超过 1000 万人，其成为国内外最大的河口江心水库。当长江口水体遭遇咸潮影响时，青草沙水库可以及时关闭闸门取水口，并连续为上海地区供水 68 天，起到了良好的避咸蓄淡作用，有效提升了上海地区的供水水质和供水安全。未来长江口地区应进一步防治水污染，保护淡水资源，控制盐水入侵，保障河口水资源的永续利用，促进长江口地区社会经济的可持续发展。

长江口地区湿地生态系统易受到径流、海流、降水变化、人工围垦、捕捞、水利工程、水体污染等多重因素影响，对气候变化及其引起的海平面上升、淡水水位下降比较敏感，是本区相对脆弱的生态系统，需要加大对长江口湿地生态系统对气候变化的适应性对策研究。

10.3　冻土区工程

我国多年冻土区开展了大量的线性工程建设，如公路和铁路、输油（气）管道和输变电工程以及机场设施等。青藏高原多年冻土区重大工程包括青藏公路、青康公路、新藏公路、青藏铁路、柴木铁路、共玉高速公路、青藏直流联网工程、110kV 输电线路等；东北大小兴安岭多年冻土区包括公路、铁路、高速公路和输油管道工程等；新疆天山多年冻土区包括独库公路和 750kV 伊犁 – 库车输变电工程等。气候变化和工程作用引起多年冻土普遍退化并诱发大量冻融灾害，导致工程稳定性被破坏，使影响冻土区工程安全运营的风险增大。

10.3.1　青藏铁路工程

1. 工程概况

青藏铁路是内地通往西藏的国铁 I 级铁路，是世界上海拔最高、线路最长的高原铁路。青藏铁路由西宁至拉萨，线路全长 1956km，其中格尔木到拉萨全长 1142km，海拔 4000m 以上路段长约 960km，多年冻土区长度为 632km，大片连续多年冻土区长度约 550km，岛状不连续多年冻土区长度 82km。其中，多年冻土年平均地温高于 –1℃高温冻土路段长约 275km，高含冰量冻土路段长约 221km，高温高含冰量重叠路段长约 134km（吴青柏等，2003）。在气候变化和高温高含冰量冻土的复杂工程背景下，提出了冷却路基、降低多年冻土的设计新思路，采取了调控热的传导、对流和辐射的工程技术措施，较好地解决了青藏铁路工程建设的冻土难题。

2. 气候变化下多年冻土变化

青藏高原多年冻土正在发生显著退化，诱发了大量冻融灾害。冻土退化和冻土滑坡与热融滑塌影响青藏铁路安全运营的风险逐渐增大。1995~2014 年，活动层厚度在加速变深，平均达 8.4cm/a（Zhang et al.，2020），6m 深的冻土平均升温速率为 0.23℃/10a，年平均地温（12~15m 深）升温速率为 0.15℃/10a，大于 20m 多年冻土处于持续升温状态（Zhang et al.，2020）。冻土退化显著地诱发了热融斜坡灾害，包括热融滑塌、热融滑坡、融冻泥流等（Niu et al.，2014），从而影响冻土工程安全。多年冻土融化诱发的热融边坡灾害集中在青藏铁路沿线的五道梁到风火山区的高含冰量冻土区。热融边坡灾害由多种成因形成，异常高夏季气温、极端降雨和地震以及工程活动均可诱发这种灾害（Niu et al.，2014），气候转暖使热融边坡灾害潜在风险逐年增大。近年来地面和遥感调查显示，热融湖塘数量普遍增加。青藏铁路两侧 5km 范围内，楚玛尔河—风火山一带分布有 2600 余个热融湖塘，总面积为 1540 万 m^2，平均面积约为 5900m^2（Luo et al.，2015）。热融湖塘的形成和发育对水文水资源、寒区环境演化均有较大影响，对青藏铁路工程的影响较小（Niu et al.，2014）。

3. 工程作用对冻土变化的影响

气候变化和工程热扰动会导致铁路路基下部多年冻土加速退化，人为多年冻土上限下降，冻土温度升高、冻土地下冰融化，路基产生显著的变形，青藏铁路安全运营风险增大。对青藏铁路监测的结果表明，对于年平均地温低于 –1.0℃的低温多年冻土，无论是块石路基还是一般填土路基，2006~2010 年路基下部冻土均显著降温（吴青柏和牛富俊，2013）。块石路基下部降温幅度要大于一般填土路基 1~1.5℃。同时，路基下部人为冻土上限抬升幅度较大，相对稳定。路基变形以冻胀和沉降变形为主，但五年总冻胀变形小于 2cm，沉降变形小于 5cm（Wu et al.，2014）。对于年平均地温高于 –1.0℃的高温冻土，块石路基下部土体显著降温，但是一般填土路基土体显著升温，较块石路基下土体温度高 2℃。路基沉降变形大于 5cm，有些路段沉降变形可超过 10cm（Wu et al.，2014）。同时，受太阳辐射影响，路基下部土体温度和人为冻土上限表现出了显著的阴坡和阳坡差异。路基阳坡上限比阴坡深 1.5~2.0m，路基下部形成了倾斜的冻融界面，引起了路基显著的不均匀沉降（马巍等，2013）。青藏铁路采取了阴阳坡不同厚度的块石碎石护坡和热棒措施，较好地抑制了阴阳坡效应，使温度场趋于对称，减少了不均匀沉降。然而，气候和工程热扰动对桥梁及路桥过渡段产生了较大的影响，220km 的 164 座桥梁调查结果显示，83% 的路桥过渡段发生了显著的沉降变形，平均沉降量达 70 mm（牛富俊等，2011）。同时桥梁护锥发生沉降、表面开裂和隆起，冬季局部路基因冻融过程差异导致冻结层上水在路基坡脚处溢出，出现了冰锥等病害问题（李明永，2011）。个别桥梁因桥梁桩基下部冻结层下水异常发育，导致桩基周围冻土退化显著，桩基发生了下沉问题（王进昌和吴青柏，2017；You et al.，2017）。

4. 应对气候变化的工程技术措施

青藏铁路工程采取了冷却路基、降低多年冻土温度的设计思路，在大片连续多年冻土区中采取了块石结构路基和“以桥代路”的工程技术措施，确保工程在未来气候变化影响下安全运行。青藏铁路工程的监测结果表明，块石结构路基显示了良好的降温效果。在目前的气候变化背景下，U 形块石结构和块石护道结构下部高、低温冻土均处于显著的降温趋势，低温冻土（年平均地温低于 –1.0℃）路基下部 10m 深土体温度表现出降温趋势（Niu et al.，2014；Zhao et al.，2019）。这两种结构可能适应气温升高1.5℃所带来的热影响，但也存在不确定性（Wu et al.，2020）。块石基底路基和块石护坡结构下部低温冻土（年平均地温低于–1.0℃）处于显著的降温趋势（Niu et al.，2014；Zhao et al.，2019），10m土体温度表现出降温趋势，可以适应未来气温升高1.0℃（Wu et al.，2020）。由于高温多年冻土区缺少块石基底路基和块石护坡结构类型的监测数据，目前难以评估其是否可以适应气温升温幅度更大的情况。然而，几乎所有的数值模拟结果都认为，块石结构路基可以适应未来气温升高2.0℃所带来的影响（Zhang et al.，2016），但因为模拟参数和模型存在着不确定性，数值模拟结果也存在较大的不确定性。值得注意的是，青藏铁路采用碎石护坡和热棒对不稳定路基进行补强，路基下部冻土热稳定性可在更大程度上适应气候变化的影响（Hou et al.，2015a，2015b）。模拟结果显示，经过碎石护坡和热棒补强措施处理，多年冻土上限二次抬升，冻土温度降温，进一步强化了路基稳定性对气候变化的适应性（Hou et al.，2018）。因此，青藏铁路块石结构技术能够适应未来气温升高1℃所带来的影响。

10.3.2 青藏直流联网工程

1. 工程概况

青藏直流联网工程是我国西部大开发重点工程之一，该工程由西宁–格尔木750kV输变电工程、格尔木–拉萨±400kV直流输电工程、藏中220kV电网工程三部分组成。其中，格尔木–拉萨±400kV直流输电工程全长1038km，穿越的550km多年冻土区中，共有杆塔1207基，占全线基础总量的51%。该工程于2011年12月9日竣工投运，是世界上首次在海拔4000~5000m及以上建设的高压直流线路，其建设投产将对西藏经济和社会的可持续发展起到重要的战略保障和促进作用。在输电线路跨越的多年冻土区中，多年冻土热稳定性差、水热活动强烈、厚层地下冰和高含冰量冻土所占比重大、对环境变化极为敏感，冻胀、融沉以及冻拔作用等问题对工程的设计、施工和安全运营等构成了严重威胁，尤其是气候变化引起的冻土不断退化更加剧了这些问题的产生（俞祁浩等，2012）。

2. 气候变暖下塔基下部多年冻土变化

气候变化引起塔基下部多年冻土温度升高超过了预期，热棒措施短期内有效地减缓了多年冻土升温幅度，但长期工程效果仍难以评估，塔基稳定性和直流联网工程的安全运营风险不确定性较大。

2013~2016年，对沿线120个冻土区塔基天然场地地温状况监测表明，114个监测孔中6m深冻土年平均温度呈升高趋势，仅6个监测孔地温呈降温趋势。地温升温速率最高达到0.22℃/a，平均升温速率0.06℃/a（You et al.，2016a；Li et al.，2016c），目前已经发生的地温升温速率明显高于预测值。在工程沿线多年冻土升温的影响下，未采用热管措施的塔基下部的冻土表现出了较为显著的升温趋势，桩基础周围冻土上限埋深逐年增大（You et al.，2016a）。对多数采用了热管措施稳定塔基下部的多年冻土来说，其地温场在经历了最初 5~6 年的降温过程后，冻土地温也开始逐渐升高（Mu et al.，2016），冻土地基的退化速率逐渐增大（陈赵育等，2013），从而引起桩基础较大幅度的沉降变形（Yu et al.，2015），导致青藏直流联网工程沿线约 70% 塔基发生着不同程度的沉降，但并未超过工程稳定允许变形（Guo et al.，2016），塔基失稳的风险有增强的趋势。

3. 冻土退化对工程的影响

气候变暖引发的冻土升温也引起浅层冻土滑坡、热融滑塌、热融湖塘、热融泥流等不良冻土现象的发育（Guo et al.，2016），对直流联网工程也产生了影响。在青藏直流联网工程沱沱河北岸的二级河流阶地，冻土升温已超过 –0.5℃，厚层地下冰已经接近融化状态，同时存在承压冻结层下水的发育现象。因此，该区域冰锥发育可能性较大，将会危及附近塔基的稳定性（Guo et al.，2016）。在冻融作用下土体会发生沿坡向的蠕滑现象，降水量增大可能使其蠕滑速率及发生蠕滑的深度更为突出，从而引起斜坡上塔基不同塔腿之间的根开不断增大，危及上部塔材安全，甚至引起塔基的倾斜（刘厚健等，2009；Guo et al.，2016）。

冬季桩基础开挖引起了冻土块回填基坑以及回填密实度较小的问题，大空隙的回填土在自重作用下的缓慢密实过程以及冬季的冻结过程会导致回填土边缘附近形成裂缝，在暖季可能引起地表水及大气降水的大规模入渗。这种入渗水分不但可能大幅度增大冻土的融化速率（You et al.，2016a；Liu et al.，2019），还可能引起桩基础底部附近的水分富集（Guo et al.，2016）。随着大气降水量的不断增大，回填土中的下渗水分会逐渐增多，基础底部水分的富集速度可能进一步加快。虽然在热棒作用下其目前处于冻结状态，但随着气候暖湿化进程的持续进行，水分入渗可能危及塔基的长期稳定。

4. 气候变化的适应性工程措施

在气候变化和工程热扰动的双重影响下，青藏高原的多年冻土将经历一个显著的退化过程，未来也将继续退化，从而降低冻土地基承载力（Xu and Wu，2019）。对于桩基础，冻土温度升高显著降低了桩基础与冻土间的冻结力（桩基础的抗冻拔力），同时，冻土上限下降导致桩基础在冻结过程中冻拔力的大幅提高。对于浅埋桩基础，其通常直接坐落于高含冰量冻土上，冻土的升温过程将降低其力学强度及其承载力、增大塔基发生沉降的风险。

为了应对冻土退化对塔基稳定性造成的潜在威胁，主动冷却工程措施是最有效的方法，青藏直流联网工程使用了近 7000 根热棒用于提高冻土桩基础热稳定性。对无热管措施的塔基，冻土地基温度显著高于天然场地，与天然场地相同深度冻土温度相比，塔基下部冻土升温幅度可达到 0.5℃以上，其中最大升温过程发生于混凝土桩基础周围，可达到 2℃以上。对于有热管措施的塔基，冻土温度则显著低于天然场地。与天然场地相同深度冻土温度相比，塔基下部的冻土降温幅度达到了 0.5℃以上，最大降温幅度接近 1℃。热棒的应用可有效改善地基土的温度状况，提高塔基的热稳定性（Guo et al.，2016）。同时，在施工过程及后期水分入渗导致桩基础底部水分富集的条件下，热棒的应用仍然可以大幅降低桩基础的变形量，保证桩基础的稳定（Guo et al.，2016）。未来，若青藏高原气候仍然朝着暖湿化发展，热棒对冻土区塔基稳定性的作用和影响可能会更加突出。

10.3.3 中俄原油管道工程

1. 工程概况

我国于2011年和2018年采用传统沟埋敷设方式建成了东北能源运输通道——中俄（中国—俄罗斯）原油管道工程，其对保障国家能源安全具有十分重要的战略意义。该管道起点为俄罗斯阿穆尔州的斯科沃罗季诺，终点为中国大庆林源，系俄罗斯东西伯利亚—太平洋原油管道系统支线。该管道管径为813mm，设计压力8MPa，在中国境内全长953km，从漠河连崟入境，穿越东北大小兴安岭和嫩江平原北部，大约穿越441km长的连续、不连续、岛状多年冻土，其中高温、高含冰量冻土约119km，沼泽湿地约50km。

2. 管道下部多年冻土变化

受高温原油管道和气候变化的影响，原油管道下部多年冻土融化圈范围正在逐渐扩大，也诱发了冻胀丘、冰椎和冰皋等不良冻土现象发育，这些现象对管道安全和稳定运行造成显著影响（Jin et al.，2010；李国玉等，2015）。2011~2017年现场油温监测资料显示，月平均油温（0.4~17.9℃）远高于设计运营油温（–6.4~3.7℃），泵站加压又使油温升高了1.3~2.4℃（Wang et al.，2018），全年高的正油温运行引起了管道周围冻土融化并产生较大的沉降变形。管道埋深从设计时（2009年）的1.6m下沉到3.0m（2015年），管道沉降高达1.4m，且沿着管道纵向，其垂向沉降不均匀，20m范围内差异性沉降可达0.2m（Wang et al.，2019a）。

3. 冻土变化对管道工程稳定性的影响

修建原油管道时，铲除植被破坏了地表能量平衡，不但影响了冻土热状态，而且也破坏了水力通道，导致管沟积水，加速其周围冻土退化。管道沿线气温持续转暖，再加上人类活动的加剧，导致管道沿线冻土升温并持续退化（Wang et al.，2019a），进而造成管沟地表沉陷和积水、管沟纵向出现裂缝等，管沟积水下渗进一步加快管道周围冻土退化。管道相当于一个内热源，持续不断加热其周围冻土，管道周围常年存在一个融化圈，且随着运营时间的延长不断增大。气候转暖和工程热扰动下管道周围冻土融化和固结沉降给管道的安全稳定运行造成了潜在的威胁。

4. 应对气候变化和工程影响的措施

为了解决气候变化和高油温引起的冻土融沉与冻胀引起的管道和附属构筑物破坏

的问题，工程设计采取了一系列适应性措施，包括增加壁厚、换填非冻胀敏感性土、加强排水、对管道保温、埋设热管、使用U形通风管、设置挡墙、设置生态地坎和进行植被恢复等，这些措施减缓了管道下部冻土退化和管道融沉的风险。

中俄原油管道工程在不同冻土融沉敏感性地段选择了不同的管道壁厚，一般为12.5~17.5mm，其提高了管道的屈服强度、塑性和韧性，也提高了管道对冻土的融沉和冻胀变形的适应性（李国玉等，2016）。通过利用沙砾或砾石土换填管道冻胀敏感性细颗粒土来增加地基的承载力，并减小管道的水分迁移量，降低土体的冻胀率。同时，采用8cm厚的保温材料减小管道和冻土之间的热交换，减小冻土融化深度和管道融沉变形。监测资料显示，管道保温能够延缓管周冻土的融化，但其不能抑制管周及深部冻土的升温趋势（Wang et al.，2019b）。在冻土工程地质条件较差时，采用综合或复合措施减小管道融沉变形，如换填＋保温、换填＋保温＋增加壁厚、热管＋保温等措施。同时，采用一系列措施防治管道水毁灾害，如增加管道埋深和巩固管沟（铺设石笼、设置挡墙、设置生态地坎、进行植被恢复），防止水流冲刷带走管沟填土而使管道出露。

原油管道两侧布设热棒措施，主要用来增加冻土冷储量，抵御来自管道和地表的热量。现场监测表明，热棒措施能有效减小管底融化深度和融化圈的发展，是防治管基土融化的有效措施。然而，由于管道热作用和气候变化的显著影响，热棒措施并不能够完全抑制管周冻土升温和融化（Li et al.，2018b），因此提出了使用U形通风管的措施，其能够充分利用冬季风速和冷空气，在管道内部形成对流，产生强烈的对流换热，将热油管道释放到冻土里面的热量排到大气中，达到降低管周冻土温度和保护管基土稳定性的目的（Wang et al.，2019a）。目前，这些工程措施实施时间较短，尚难以评估其对原油管道冻土的降温作用。

10.4 生态修复工程

我国实施了大量的生态修复工程，针对退化生态系统的状态，因地制宜地采取生态修复措施。对于生态损害严重的区域，以人工修复为主、自然修复为辅；对于生态现状较好的区域，以自然修复为主，人工修复促进自然修复，为实现自然生态系统的生态平衡、恢复自身强大功能提供可靠的技术保障（周宏春，2017）。同时，我国政府实施了一系列重大生态保护和修复工程，在重要的生态功能区、陆地和海洋生态环境敏感区、脆弱区等区域，划定生态保护红线（高吉喜，2014）。从区域生态系统的森林、草地、湿地、河流、湖泊和农田要素系统理念视角，统筹生态系统整体保护和系统修复，实施山水林田湖草生态保护修复工程（邹长新等，2018）。生态修复工程建设主要面临：生态修复工程建设难度增大、所需的资源保护压力加大、建设体制机制缺乏活力、建设基础设施装备落后、管理服务整体水平不高等方面的问题（康世勇，2017）。目前，关于气候变化对生态修复工程影响的相关研究相对较少，加快北方草原生态恢复和加强草原适应气候变化与防灾减灾的科学研究势在必行。

10.4.1 三江源

1. 工程概述

在三江源自然保护区内选择典型地块，实施包括生态保护与建设、农牧民生产生活基础设施建设和生态保护措施，总投资 75.07 亿元。实施内容包括森林草原防火、鼠害防治、退耕还林、建设养畜、灌溉饲草料基地建设、沙漠化土地防治、人工增雨、小城镇建设、生态移民、封山育林、湿地保护、黑土滩治理、野生动物保护、湖泊湿地禁渔、生态监测、人畜饮水和科技培训等。统筹协调生态保护、经济发展和民生改善三者的关系，有利于转变经济发展方式和促进民生改善、保障社会和谐稳定。

2. 三江源气候变化对植被的影响

三江源地处青藏高原腹地，是我国和东南亚地区重要的江河发源地，该地区典型的高寒植被系统和独特的气候在全球气候变化和气候变化响应研究中广受关注（张雅娴等，2017；周婷等，2015）。气候变化是植被年际动态变化的重要影响因素（刘正佳和邵全琴，2014；Zhang et al.，2013）。近十几年来，受气候变化和人类不合理的土地利用方式的影响，三江源地区生态环境呈恶化趋势，极大地威胁到该地区生态系统的稳定和可持续发展（刘正佳和邵全琴，2014）。

1982~2013 年，在气候变化和人类活动叠加的影响下，三江源地区植被生产力、气候生产力和人类活动影响均趋于好转，平均每 10 年分别增加 179kg/hm^2、154kg/hm^2 和 24kg/hm^2；气候变化是影响植被生产力的决定性因素，人类活动在一定程度上加快了其变化速率，尤其是进入 21 世纪以来，人类活动正面影响较为明显，气候变化和人类活动对植被生产力的贡献率分别为 87% 和 13%。2000 年后，在有利气候条件和人类活动影响下，植被生产力呈明显增加趋势，人类活动影响在最初几年中正面效应突显，但 2010 年以后正面效应逐步减弱，生态保护在一定程度上缺乏长期效应（李作伟等，2016）。

三江源草地覆盖度整体上呈西北低东南高的特征，全区草地平均覆盖度为 48.7%，黄河源草地覆盖度最高（65.5%）、长江源最低（4.3%），高山草甸、高山亚高山草甸、平原草原、高山亚高山草原和荒漠草原的平均覆盖度分别为 59.9%、57.4%、39.5%、33.7% 和 14.1%；1982~2013 年，全区草地覆盖度整体上呈上升趋势，增长速度为每年 0.23%，黄河源区的增长速度最快（每年 0.27%）；整体上，低温比干旱对三江源草地覆盖度增长的限制作用更强，高山草甸、高山亚高山草甸和平原草原受气温影响较大，高山亚高山草原和荒漠草原受降水影响较大，在月尺度上草地覆盖度对气温表现出明显的滞后效应，而对降水不存在明显的滞后效应；2001 年后，草地覆盖度的增长速度和面积增长都有所增大，全区草地覆盖度对气温的敏感度有所升高，黄河源草地覆盖度对降水的敏感度有明显下降。生态工程和草地保护措施整体上取得了一定的成效，但局部草地覆盖度下降趋势有所加剧，以荒漠草原最为突出（张颖等，2017）。

植被净初级生产力（net primary productivity，NPP）是评价生态环境状况的重要指标，采用植被 NPP 气候模型（周广胜模型）估算了三江源地区的植被 NPP。1961~2014 年，三江源地区植被 NPP 呈从东南向西北逐渐降低的空间分布特征，平均值为 59.59g C/m^2，其中黄河源区植被 NPP 的年际及空间波动高于长江源区和澜沧江源区；气温是影响三江源地区植被 NPP 增加的主要因素（周秉荣等，2016）。

3. 三江源生态保护与适应对策

为了保护三江源地区脆弱的生态环境，有效地遏制草地退化，保持物种的多样性，涵养水源和减少水土流失，我国于 2005 年开始在该地区实施了退牧还草、退耕还林、对恶化退化草场治理、水土保持等生态保护与建设工程（邵全琴等，2013）。工程实施后的 2005~2009 年，三江源各自然保护区的土地覆被转类指数明显增加，生态系统宏观状况好转；保护区内草地生产力呈增加趋势，水域面积增加，食物供给能力提高，栖息地生境好转；森林类保护区的森林面积减少趋势得到遏制；湿地类保护区的湿地面积多呈增加趋势；草地类保护区的草地减少趋势缓解，荒漠化得到明显遏制，草地植被覆盖率有所增加；冰川类保护区多条冰川出现明显退缩，导致冰川融水增多（邵全琴等，2013）。

2005~2013 年，三江源生态保护和建设一期工程虽然取得了积极的生态成效，但整个地区的生态环境恶化趋势并未得到根本性遏制，生态环境保护缺乏长效机制，专业化管理体系建设相对滞后，生态移民“留不住、难致富”等问题依然较为突出（单菁菁，2015）。为此，建议开展创新生态环境保护模式，推动自然修复与人工修复相结合，逐步减少人为干扰，促进并最终实现自然生态系统的自我修复和动态平衡；同时建立生态移民的多元途径，健全生态补偿和财政转移支付制度，适当引入市场机制参与生态工程项目建设，形成生态环境保护建设的长效机制（单菁菁，2015）。

三江源生态保护与建设的二期工程规划期限为 2013~2020 年，这是一期工程的延伸、拓展和提升。二期工程提出了组织、体制机制、政策、人才和教育、监督及对口支援六方面的保障措施。到 2020 年，林草植被得到有效保护，森林覆盖率由 4.8% 提高到 5.5%；草地覆盖度平均提高 25~30 个百分点；土地沙化趋势得到有效遏制，可治理的沙化土地治理率达 50%，沙化土地治理区内植被覆盖率达 30%~50%。同时，三江源地区的水土保持能力、水源涵养能力和江河径流量稳定性增强；湿地生态系统状况和野生动植物栖息地环境得到明显改善；农牧民生产生活水平稳步提高，生态补偿机制进一步完善，生态系统步入良性循环。

基于生态系统结构－服务动态过程趋势分析，研究发展野外观测、遥感监测和生态过程定量模拟一体化的监测评估技术体系，评估了三江源生态保护和建设一期工程的生态成效。2005~2012 年，三江源地区宏观生态状况趋好但尚未达到 20 世纪 70 年代比较好的生态状况，草地持续退化趋势得到初步遏制，但难以达到预期“草地覆盖度平均提高 20%~40%”的目标。水体与湿地生态系统整体有所恢复，生态系统水源涵养和流域水供给能力有所提高，区域水源涵养量增加 13.20 亿 m^3；重点工程区内生态恢复程度好于非工程区，除了气候影响以外，工程的实施对促进植被恢复具有明显且积极的作用。然而，草地退化局面没有获得根本性扭转，工程实施尚未遏制土壤水蚀增加趋势。气温变暖导致植被返青期提前、冰川冻土融水增多，同时降水增加，对植被生长起到了促进作用，使得荒漠化进程减缓，荒漠化面积减少，水体面积增加，从而十分有利于区域生态的恢复（邵全琴等，2016）。

三江源草地生态系统的恢复和好转是自然气候因素和生态工程因素共同作用的结果，三江源地区通过生态保护与建设工程的实施，草地生态系统总体上表现出“初步遏制，局部好转”的态势，但是草地生态系统的恢复远未达到理想的状态，以综合生态系统管理方法为支撑点，以三江源地区退化严重的三类主体生态系统——高寒草甸、高寒草原和高寒湿地为研究对象，以“土壤（土）—植被（草）—动物（畜）”协同恢复的思路为指导，通过创新性、系统性、综合性的科学研究，自主研发三江源地区生态恢复与生态衍生产业发展的综合技术体系，完善生态恢复及产业发展模式评估和监测技术体系，推动生态恢复和区域发展模式的转型升级，提升生态整体恢复的技术水平和监管能力，解决三江源地区退化草地恢复重建及功能提升的重大问题，旨在为三江源地区的生态建设提供科技支撑和系统解决方案（马玉寿等，2016）。

三江源地区受气候变化和人类活动影响日益显著，其中气候变暖引起的冰川减少、冻土活动层加厚对于三江源地区生态环境具有深远影响。对于自然环境变化引起的生态环境问题，应以加强监测、采取适应性的保护措施为主；对于人类活动影响，应通过科学管理，规范开发利用行为，采取有针对性的、适度的生态修复工程来解决；三江源保护应以创建国家公园为契机，完善针对性的生态补偿机制，持续支持生态环境保护事业（陈进，2017）。政府、社区、市场、道德、法律、科学和技术等多种力量的有机结合，能形成三江源生态保护与发展“多元共治”的良好局面（马洪波，2017）。

10.4.2 祁连山

1. 工程概述

围绕祁连山地区生态保护和生态环境综合治理开展了“祁连山自然保护区天保工程封山育林工程建设”“黑河流域近期治理规划”“石羊河流域重点治理规划”“疏勒河流域水环境综合治理工程”“党河流域综合治理工程”“敦煌水资源合理利用与生态保护综合规划”“青海、甘肃两省祁连山水源涵养区生态环境保护工程”“石羊河流域生态和环境综合治理重大工程”“天然林保护工程”“退耕还林（草）工程”“生态畜牧业示范工程”“甘肃省祁连山水源涵养区生态保护和综合治理规划”“青海省祁连山水源涵养区生态环境保护和综合治理规划”“黑河流域水–生态–经济系统试验示范研究”“祁连山山水林田湖草生态保护修复工程”等工程建设项目。上述项目的实施为祁连山地区水源涵养保护与生态综合治理奠定了坚实的基础，为祁连山地区水源涵养生态系统的恢复与重建提供了重要支撑。

2. 气候变化下祁连山地区生态环境变化

祁连山位于青藏高原东北部边缘，是西北地区重要的生态功能区和河西绿洲的水源涵养地，也是黄河和青海湖的重要水源补给区。受全球气候变化和人类活动的影响，祁连山地区的冰川处于物质亏损状态（孙美平等，2015），水源涵养功能减弱、植被严重退化、生物多样性减少、水土流失等诸多问题加剧（王涛等，2017），进而影响到祁连山地区的生态系统稳定。

气候变化必然影响植被群落结构、组成、生物量，进而影响自然植被生产力（罗永忠等，2017）。祁连山植被覆盖变化存在明显的空间差异，表现为中西部植被覆盖增加，东部植被覆盖减少（武正丽等，2014）；气温和降水是影响祁连山植被生长的主要因子，局部地区密集的人类活动也是影响植被生长的关键因素（陈京华等，2015；徐浩杰等，2012）。

1958~2008 年，祁连山植被（常绿针叶林、落叶针叶林、草地、灌木、农田）在气温升高和降水量增加的影响下，NPP 总量呈增加趋势，平均增加速率为 0.718g/（$m^2 \cdot a$），且增加速率依次为：农田 > 常绿针叶林 > 落叶针叶林 > 草地 > 灌木（张禹舜等，2016）。祁连山 NPP 对气温和降水的响应均具有显著的滞后效应，滞后期为 1 个月或 3 个月，对降水累积滞后表现为 1~5 个月不等（张禹舜等，2016）。气候变暖和增湿趋势是冰川退缩和整体植被状况改善的主要因素（Qian et al.，2019）。降水对祁连山草地生产力的影响要远远大于温度，尤其在沿沙区和戈壁荒漠区；而温度的影响显著体现在湿润地带即祁连山高地一带（罗永忠等，2017）。

1982~2014 年和 2000~2017 年两期分析均显示，祁连山植被 NDVI 增加的区域集中于中西部，而 NDVI 降低的区域集中于东部（贾文雄和陈京华，2018；邱丽莎等，2019）；气候的年际变化对祁连山植被 NDVI 有一定的影响，植被 NDVI 对气温和降水存在一定的滞后性响应，降水是限制祁连山植被生长的主要影响因子（贾文雄和陈京华，2018；邱丽莎等，2019）。祁连山植被总体呈改善趋势，中西部地区植被覆盖显著改善，东部局部地区退化。2015~2017 年祁连山植被覆盖有好转趋势，除受到气候变化的影响外，人工修复和改善也是植被改善的关键因子。

在区域气候变暖的背景下，青海云杉林线种群 1~30 龄的幼龄个体数量最多，占总数的 80.9%；100 年来林线种群密度大约增加了 23 倍，但林线位置并没有发生明显变化（张立杰和刘鹄，2012）；气候变暖导致近 30 年来林线树木径生长明显增加。森林下限，青海云杉的生长主要受降水的限制，而上限处青海云杉生长的限制因素不明确，并不是受单一的降水或温度影响（曹宗英等，2014）。

受水热条件控制，祁连山高寒荒漠分布动态变化集中分布在低坡度地区；在气候变化以及区域地形限制的共同影响下，祁连山高寒荒漠分布变化时空差异明显，且过渡带上 NDVI 与气温的相关性高于降水量。气温是主要的影响因子，增温促进了高寒荒漠下接植被带主体高寒草甸的生长（张富广等，2019）。1990~2010 年，近 30 年增温气候变化过程中，祁连山高寒荒漠分布范围呈萎缩趋势，萎缩速率约为 348.3km^2/a，萎缩变化幅度表现为西段 > 中段 > 东段，局部地段存在扩张现象。

3. 祁连山水资源和矿产资源开发对生态环境的影响

已建成和在建水电工程共有26座，其中马场一号水电站于1970年建设，有7座始建于2000~2005年，有17座均始建于2006~2008年，有1座建于2013年。工程建设对植被的破坏区域主要是工程建设用地，植被的破坏与恢复主要是临时用地，如堆渣区、临时道路、料场等。祁连山张掖段水电站占地面积较小，26座水电站总占地面积7.98km^2。调查期内祁连山张掖段水电站建设区域内植被覆盖度与生物量均低于原生植被，扰动区植被覆盖度整体上比原生植被低27.14%，平均生物量干重整体上比原生植被低236.8g/m^2，表明水电建设对区域植被和生物量产生了一定影响。截至2017年，祁连山张掖段水电开发导致生态需水量下降并形成了156.76km的碱水河段，应当采取积极有效的措施确保河道的最小生态需水量（桂娟等，2019）。

祁连山张掖段矿产开发对局部地区植被破坏较大。祁连山张掖段67个矿区直接破坏的植被面积为43km^2，占张掖段保护区总面积的0.8%，其中开采破坏面积8.6km^2，压覆破坏面积26.4km^2，修路破坏面积7.5km^2，挖探槽破坏面积0.5km^2。目前，祁连山张掖段已治理矿区面积17.45km^2，清理废渣量172615m^3，治理矿区道路47km。矿区重金属污染主要集中在选厂未清理区，从九个泉铜矿选厂和石居里铜矿的21个土壤样发现，铜浓度超出Ⅲ类土壤环境质量执行三级标准；在地表和向下20cm的尾矿渣区镉和锌超标，但40cm下土壤未受到污染。在选厂堆渣区，地表样品在大于360m距离选厂均未发现重金属超标，虽铜未超标，但含量较高，达到了102.77mg/kg。

4. 祁连山生态环境保护适应对策

1）祁连山国家公园生态保护措施

充分考虑各种因素，制定和实施祁连山植被保护措施。植被保护政策的制定要考虑民族文化多样性的因素。在保护和建设生态屏障的同时，必须同时考虑保护少数民族特有的文化传统和习俗，保护少数民族栖息地，不能大肆破坏和迁移。同时在科学评估的基础上，适时对保护禁牧区进行开禁，适度轮牧，化解当前禁牧出现的局部生态问题、草场压力和火灾安全隐患，巩固生态保护的效果，保持绿色生态屏障安全与可持续发展。

根据草地退化的程度，进行草地生态恢复治理，轻度退化采用草地改良，中度退化草地可以通过围栏封育和禁牧措施实现草地植被生态恢复，重度和极度退化草地（如黑土滩、裸斑地）须通过人工植被建设才能有效促进草地群落的生态恢复。在祁连山草地严重退化区，采用冬季灭鼠+生长季禁牧+施肥+植被重建技术集成模式，配合牧民的零散搬迁和企业关停的手段，来提高植被的盖度、高度、优良牧草量和地上植物量，促进退化草地的逆转。同时应以草定畜，控制载畜量，达到合理利用草地和草畜平衡。通过建立饲草料基地、防治草地鼠虫害、综合治理毒草、建立健全草地生态保护资金投入机制、制定退化草地恢复与重建的法律政策等措施综合治理退化草地。

实施退耕地造林、封山育林、修复退化林地等措施，通过建立生态林地面积补偿制度及使乡土植物与辅助工程措施相结合进行生态修复，实行产业限制政策，严格控制可能对资源和环境造成生态破坏的建设项目。对于祁连山水源涵养林的涵养水源功能退化问题，通过开展水源涵养林植被空间结构优化、林地生态修复与建植、主要水源涵养林树种引种驯化和快速繁育等研究，改善水源涵养林生态与结构功能，提高水源涵养能力。

2）水电工程建设区生态保护措施

运用适地适树与生境寄生共存技术以及水土富集与改良生境技术相结合的方法，在关停退出水电站设施拆除后，在生态破坏不严重地采用因地制宜、自然修复的方法，而在植物生长基质的结构和功能完全丧失的建设施工区，采用水土富集方法和改良生境技术相结合的方法，改善、改造或恢复植物生长环境，使得生态得以恢复。同时按适地适树的要求选择适宜的绿化树种，并使其与立地生境寄生共存，达到植被恢复与立地改造双赢的效果。

对于碱水河段地下水位的恢复，通过主管部门加强监管，定期巡查，督促运行水电站按环评批复完成下泄生态用水设施建设；关停退出水电站上游来水经引水枢纽全部下泄，保持河流天然流量；督促河道垃圾清理工作，且形成长效机制；进一步完善下泄生态流量的孔口结构等措施进行水电站运行管理。

3）矿产开发区生态恢复对策

矿区的植被恢复应以最少的投入、最短的时间获得最大的效益为前提，应在调研的基础上，借鉴国内外经验，选择生长快、适应性强、抗逆性好的区内植被类型，同时建议采取密植，多层次相结合，“品”形，鱼鳞状挖大穴或机械沿等高线环带状开沟、适当使用水土保持等措施，来提高造林成活率，保障快速成林。

对矿产开发采取的治理措施包括：拆除房屋、拆除炸药库、清理废渣、刷坡整平、平整场地、整理矿区道路、覆土、种草、封育围栏等。在废石堆上采用“平整—覆土—种草（植树）”的方法进行复垦，利用全面覆土的方法来增加土壤母质，以保证植物正常生长；废石废渣坡脚砌筑挡土墙、构筑铅丝笼坝，防止废石废渣随意滚落；坡面修筑石护坡或进行其他加固措施，防止雨水冲刷；对占用主要行洪通道，如河谷、沟谷的废石废渣进行清理或修建行洪渠或管道，保证洪水顺利通过，截断泥石流形成的物源条件；对废弃的尾矿库进行土地复垦治理，以恢复土地使用功能。

对矿区不稳定的斜坡、泥石流潜在发育区及潜在地面塌陷区进行调查，并对其稳定程度和潜在危害进行初步评估。对已发生和存在发生可能的滑坡、崩塌、泥石流、地面塌陷、地裂缝、地面沉降等地质灾害进行调查，对其稳定性、危害性及潜在危害性进行评价，同时划定地质灾害易发区，制定地质灾害预测警报体系和地质灾害隐患点的防灾预案，开展地质灾害防治区划，建立地质灾害信息系统。采取回填采空区、加大植被覆盖、工程治理、加强矿山企业的管理、严厉打击非法开采行为等措施来对矿区地质灾害进行防治。

10.4.3　塔里木河流域

1. 工程概述

塔里木河流域是我国最大的内陆河，是环塔里木盆地的阿克苏河、喀什噶尔河、叶尔羌河、和田河、开都河–孔雀河、迪那河、渭干河与库车河、克里雅河和车尔臣河九大水系144条河流的总称，流域总面积102万km^2。塔里木河干流全长1321km，自身不产流，依靠源流补给维系其生态环境。目前与塔里木河干流有地表水联系的只有和田河、叶尔羌河和阿克苏河三条源流，孔雀河通过扬水站从博斯腾湖抽水经库塔干渠向塔里木河下游灌区输水，形成目前“四源一干”的格局。由于“四源一干”流域面积占流域总面积的25.4%，多年平均年径流量占流域年径流总量的64.4%，其对塔里木河的形成、发展与演变起着决定性的作用。由于该区耕地面积的快速扩大，农业用水大量挤占了生态用水，塔里木河流域生态环境承载处于饱和状态（艾尔肯·吐拉克等，2007）。塔里木河流域生态安全与生态综合治理是以水过程为主线、水资源合理分配和有效利用为核心的，其关键点在于水土资源开发中生态与经济的矛盾冲突。从塔里木河流域综合治理的行为过程存在的问题来看，上游重点是山地水源涵养区的保育和阿克苏河、叶尔羌河、和田河三大源流区绿洲灌区农业节水问题；中游涉及的是干流河道工程治理与河道堤防外的生态保护问题；下游则是以自然生态恢复过程为主的合理生态水位、生态需水量和生态系统安全等问题，其中水问题最为突出，是塔里木河流域生态综合治理的关键。

2. 气候和径流变化及影响

近50年来，随着全球气候变暖，塔里木河流域降水持续增加，河流径流量增多，湖泊水位上升。随着土地利用和植被覆盖变化的加剧，径流变化对气候变化和人类活动更为敏感。相对于气候变化而言，塔里木河流域的径流变化对人类活动的响应更为敏感；降水增加促使径流增加，而潜在蒸发和下垫面变化增加导致径流减少，绿洲耕地面积扩大导致农业用水量增加、径流减少（李红军和马玉芬，2018；陈春燕等，2017；薛联青等，2018）。

1961~2005年以来塔里木河流域呈变暖增湿趋势，2000年后平均气温与多年平均相比增加了0.75℃，增幅7.69%，平原区增幅大于山区。空间上塔里木河流域北部平均气温增长最为明显，其次为南部、西部。2000年后平均降水与多年平均相比增加了16.65mm，增幅17.89%，山区增幅大于平原。1961~2008年塔里木河流域干流径流量逐年减少，2000年后平均径流量与多年平均相比，干流阿拉尔站减少了1.35亿m^3，减幅为3.0%；叶尔羌河玉孜门勒克站增加了1.91亿m^3，增幅为21.8%；和田河同古孜洛克站径流量增加了1.76亿m^3，增幅为7.88%；乌鲁瓦提站增加了1.75亿m^3，增幅达8.06%；开孔河黄水沟站增加了0.58亿m^3，增幅达19.48%；大山口站增加了5.43亿m^3，增幅达14.33%。塔里木河流域年际降雨与气温变化是引起径流变化的根本原因，塔里木河流域气候变化下温度升高对径流增加有较大贡献，但对形成于昆仑山水系河流的影响大于形成于天山水系河流；降水增加对年径流的影响较小，尤其对形成于昆仑山水系的河流（木沙·如孜等，2012）。

1993 年、2000 年前后塔里木河流域上游三源流总径流均有增加趋势。1993 年前后，上游三源流总径流由 1957~1993 年的 131.67 亿 m^3 增加到 1994~2016 年的 149.96 亿 m^3，增加了 13.9%；2000 年前后，三源流总径流由 1957~2000 年的 135.4 亿 m^3 增加到 2001~2016 年的 147.45 亿 m^3，增加了 8.9%。1993 年后塔里木河上游三源流阿克苏河、和田河、叶尔羌河来水径流均有增加趋势。其中，阿克苏河增加趋势最为明显，由 1957~1993 年的 71.72 亿 m^3 增加到 1994~2016 年的 85.02 亿 m^3，增加了 18.5%；叶尔羌河流域次之，由 1957~1993 年的 63.8 亿 m^3 增加到 1994~2016 年的 72.65 亿 m^3，增加了 13.9%；和田河流域为第三，由 1957~1993 年的 43.31 亿 m^3 增加到 1994~2016 年的 48.12 亿 m^3，增加了 11.1%。塔里木河流域三源流径流在 1959~2016 年内显著增加，但干流流量显著减少，塔里木河流域三源流径流变化与降水变化过程一致；气温升高引起冰雪融化也是导致径流变化的原因之一；源区人类活动加强导致用水量增加是干流径流量减少的重要原因（周海鹰等，2018）。

塔里木河自 2000 年起向下游地区实施了 18 次以生态建设和环境保护为目的的生态输水工程。通过对生态输水区段的耗水分析，18 次输水大西海子水库下泄水量，除少部分消耗于河湖水面蒸发外，绝大部分补给了生态植被和河道两侧的地下水；在不同输水场次中，大西海子—英苏、英苏—阿拉干、阿拉干—依干不及麻、依干不及麻—台特马湖、台特马湖入湖等不同区段耗水比变化较大，持续性输水是保证下游脆弱的生态环境稳定好转的根本途径。近 20 年输水后，下游生态环境正在逐步恢复，地下水位在逐步抬升，输水期间所有监测井的水位均有明显上升；同时，地下水质有了明显好转，下游距主河道 1km 处的地下水矿化度由 5.3~7.8g/L 降至 1.1~3.0g/L。下游植被也得以恢复和改善，新增植被覆盖面积达 362km^2，沙地面积减少 854km^2；水域和湿地面积已达到 511km^2，沿河两侧 200~500m 的树木已有明显的生长较快的趋势。2000~2017 年，塔里木河干流下游距主河道 1km 处的地下水埋深由 9.8~10.1m 回升到 2.1~5.3 m。这种变化在一定程度上也受益于前期采用单通道、双通道输水方式，中后期采用单通道、双通道、支汊型和面状型相结合的输水方式（李丽君等，2018）。

2000~2014 年，塔里木河流域除水域、荒漠与裸露地表面积减少外，其余地表类型均呈增加趋势，荒漠与裸露地表面积减少 34558.1km^2，冰川与积雪面积增加 14351.15km^2，耕地面积增加 6471.79km^2，草地面积增加 6383.94km^2。塔里木河流域荒漠与裸露地表面积减小，主要转变为草地、林地与耕地；耕地面积增加主要来自林地、草地、荒漠与裸露地表；冰川和积雪面积增加主要来自林地、草地和荒漠与裸露地表（刘斌等，2018）。

塔里木河干流沿岸植被覆盖基数较低，2017 年各月覆盖度最高值仅为 23.56%（7 月），且流域内不同河段植被生长状况时空异质性大。2017 年塔里木河流域全年植被覆盖水平相比 2007 年无显著差异，2007~2017 年夏季（6~8 月）塔里木河干流植被覆盖变化呈增长趋势；但在 9 月、10 月则无显著增长趋势（管文轲等，2018）。

3. 生态环境保护和管理适应对策

1）沙漠化是塔里木河流域面临的长期问题

塔里木河流经世界第二大流动沙漠塔克拉玛干沙漠，面积达33.7万km^2，流动沙丘占沙丘类型的90%以上。塔里木河流域沙漠化土地总面积2.82万km^2，其中在历史时期形成1.97万km^2；现代近半个多世纪形成0.85万km^2，则每年扩大170km^2。沙漠化形成与水资源利用存在密不可分的联系，上游绿洲扩大和引水增加形成沙漠化土地0.34万km^2，占近现代形成的沙漠化土地的40%，其主要分布在河流中下游绿色走廊。例如，塔里木河干流上游段，1959~1983年沙漠化土地面积由63.8%上升至75.1%；中游段由69.2%上升至80.7%；下游段由63.5%上升至85.6%。下游断流后沙漠化发展快，由1959年的86.9%增至1996年的94.8%，其中，极度和强度沙漠化分别增加35.2%和11.7%。盲目开垦形成沙漠化土地0.39万km^2，占近现代形成的沙漠化土地的45%，各地都有分布，主要是由开垦时破坏天然植被和缺水弃耕形成的，如塔里木河下游恰拉－铁干里克灌区，开垦时最大耕地面积达3.3万hm^2，水源短缺导致的弃耕地大多演变成轻度和中度沙漠，现有耕地面积不到初期开垦总面积的一半。

针对水资源利用不当造成的土地沙漠化，在未来流域综合治理工作中必须保证维护源流和干流中下游绿色走廊的生态用水。严禁盲目开垦扩大耕地面积，今后农业发展应以内涵挖潜为主，通过土地整合提高绿洲内土地利用系数，实现增地不增引水。人工绿洲的单位耗水量为600~700mm，天然植被为300~350mm，人工绿洲耗水是天然植被的两倍，也就是说，扩大一份绿洲，就要使两份天然植被变成荒漠。

2）关注盐渍化对绿洲发展的影响

塔里木河流域气候极端干旱，蒸发十分强烈，又地处内陆封闭盆地，盐分无外泄条件，土壤盐渍化十分严重。全流域盐渍化耕地面积99.2万hm^2，占流域耕地总面积的45.1%，占新疆盐渍化耕地总面积的61.2%。塔里木河流域的低产田主要是盐渍土，土壤盐渍化一般可使农作物减产10%~30%。盐渍化除危害农业生产外，还对工程建设、公路、铁路和渠道以及建筑材料产生危害，并污染环境。

耕地土壤次生盐渍化，主要是由灌溉不合理引起地下水位升高造成的，应实行排（降低地下水位）、灌（控制对地下水补给）、平（平整土地）、肥（增施有机肥）、林（营造防护林，生物排水）水利综合设施整治。在未来的流域规划中应加强渠道防渗，发展节水灌溉，减少对地下水补给。在地下水埋深小于2m的地方开挖排水渠，农田排水矿化度虽高，但可作为生态用水，禁止将农田排水泄入自然河道和湖泊，污染水体。根据对流域人工绿洲和天然绿洲的调查，地下水位埋深控制在2.0~4.5m为宜。小于2.0m，易发生盐渍化，大于4.5m，土壤干旱对人工林和天然植被生长不利。

3）绿洲化与自然生态系统均衡发展

绿洲面积迅速扩大，水资源向绿洲集中，改变了水量分配的地域平衡，使河流中下游和绿洲外围水量减少，造成在绿洲扩大的同时沙漠也在扩大，位于绿洲和沙漠之间的过渡带缩小和变窄。若“生态缓冲带”（绿洲和沙漠之间的过渡带）得不到足够的水量灌溉，天然植被衰败，沙漠将会直逼绿洲，从绿洲外部威胁绿洲安全。绿洲内部则由于过度用水，导致地下水位升高，造成耕地盐渍化，又在内部威胁绿洲安全。在极端干旱区这种特定环境条件下，由于人类活动扰动了区域水量平衡，绿洲始终受到沙漠化或盐渍化的威胁。塔里木河流域长期采取“洗盐压碱”冬春灌溉的方法减轻耕地盐渍化危害，而高矿化度的农田排水直接泄入河湖，导致河湖水质盐分增加。目前，塔里木河盆地生态环境总体呈现“绿洲扩大，局部生态改善，绿洲外围整体处于持续恶化”的态势。因此，在未来流域生态环境综合治理中，必须从全流域的角度统一调控水资源分配，兼顾绿洲内外和河流出山后的上、中、下游各段。为了防治沙漠化和盐渍化，地下水位应该维持合理的埋深，在绿洲内不能小于2.0m，在绿洲外不能大于4.5m。未来规划要谨慎修建大型山区水利设施，水库虽有防洪、灌溉和发电之力，但对依靠洪水维持生机的天然植被保护不利，更不利于向尾闾台特马湖供水。水资源配置以发展生产和保护生态用水各占一半为宜。

4）提高水资源利用效率

由于自然和历史原因，塔里木河流域社会经济发展相对滞后，特别是和田地区、喀什地区和克孜勒苏柯尔克孜自治州是国家级的集中连片贫困区。流域社会经济发展滞后与水资源利用效率低有关，在综合治理规划中还必须实行工程建设和管理调控相结合的措施。2009 年以前源流和干流工程建设项目大部分已完成，但工程节增水对干流下游生态输水的贡献有限。2010 年新疆决定将源流主要管理机构整建制交由塔里木河流域管理局，加强全流域水量统一调度管理力度，干流 2010~2012 年连续 3 年不断流。2000~2009 年塔里木河大西海子以下输水量 23 亿 m^3，占向下游累计输水量的 53%；2010~2012 年输水达到 20.0 亿 m^3，占 13 年总输水量的 46.5%，说明强化水资源管理和统一调度在综合规划中十分重要。塔里木河周边区域经济滞后，建议流域综合规划不仅要改变塔里木盆地的贫困面貌，而且要把提高流域内水资源利用效率等当作流域规划的远期目标（陈曦等，2016，2017）。

10.5 林业工程

近年来，我国先后实施了三北防护林工程（1978 年启动）、全国防沙治沙工程（1990 年启动）、天然林保护工程（1998 年启动）、退耕还林还草工程（1999 年启动）和京津风沙源治理工程（2002 年启动）等一系列重大林业工程。截至 2014 年，土地荒漠化和水土流失较 2009 年有明显好转，呈现整体遏制、持续缩减、功能增强、成效明显的良好态势。

2000~2010 年，中国的 NDVI 增加了 66.84%（OLS 拟合）或 64.27%（LAD 拟合），表明中国的绿度总体增加，荒漠化减少。陕西、山西、宁夏、河南、山东、青海和甘肃的绿度显著增加；而内蒙古东北部和西藏南部的绿度减少。青海、甘肃、新疆和西藏南部的绿度变化主要由气候变化驱动。内蒙古东北部的绿度减少主要与农业开垦有关。气候变化与陕西、山西、宁夏和甘肃的绿度变化没有表现出显著相关性，表明这些变化是由人类活动引起的。中国沙漠面积的减少可能是由全国范围的人类管理和保护造成的（Liu and Gong，2012）。

10.5.1 三北防护林工程

1. 工程概述

三北防护林工程建设范围涵盖我国北方 13 个省（自治区、直辖市）的 551 个县（旗、市、区），建设总面积 406.9 万 km^2，占我国国土面积的 42.4%。三北防护林工程建设 40 多年来，三北防护林工程累计完成造林保存面积 3014.3 万 hm^2，森林覆盖率由 5.05% 提高到 13.57%，活立木蓄积量由 7.2 亿 m^3 提高到 33.3 亿 m^3。工程区林草资源显著增加，风沙危害和水土流失得到有效控制，生态环境得到明显改善。三北防护林工程明显改善了区域生态环境质量，40 多年三北防护林工程区森林面积净增加 2156 万 hm^2，森林蓄积量净增加 12.6 亿 m^3；水土流失治理成效显著，水土流失面积相对减少 67%，其中，防护林贡献率达 61%；农田防护林有效改善了农业生产环境，提高了低产区粮食产量约 10%；在风沙荒漠区，防护林建设对减少沙化土地的贡献率约为 15%；生态系统固碳累计达 23 亿 t。

2. 气候变化对三北防护林工程的影响

气候变化引起了三北防护林工程区气温和降水的变化。近年来，三北防护林工程区增温趋势明显，增温速率为 0.35℃/10a。显著升温区主要分布在北部内蒙古高原、松嫩平原和吉林西部平原。年降水量呈下降趋势，下降速率为 3.55mm/10a；降水变化东西差异明显，东部除嫩江平原、内蒙古阴山地区降水增多外，其他地区普遍减少，而西部大部降水呈增加趋势。工程区气候变化空间差异明显，暖湿化区域主要集中在西部阿勒泰地区、柴达木盆地和东部内蒙古阴山地区、河套平原和松嫩平原，而其他地区如呼伦贝尔草原、大兴安岭山区则暖干化趋势显著（王鹏涛等，2014）。1978~2013 年三北地区增温达到 1.1℃，1997~2008 年显著偏暖。1978~2013 年三北地区年均降水量无显著变化趋势；2000 年以来三北地区年均降水量呈显著增加趋势。2000~2013 年，东北、华北和西北的生长季降水量每 10 年分别增加 116mm、93mm 和 41mm（李泽椿等，2015）。与 1984~1997 年相比，1998~2011 年中国北方和东北表现出明显的暖化向冷化转变的趋势，而南方和西部表现出相反趋势，表明中国生长季温度的变化趋势存在大尺度空间异质性。在全国尺度，1984~1997 年植被生长与温度的正相关在 1998~2011 年显著减弱。在地区尺度，温带荒漠和雨林的植被生长与温度的关系发生显著变化。另外，气候因子对植被生长的作用减弱，表明人类活动的影响加强（He et al.，2017）。

在 RCP4.5 情景下，未来三北地区增温明显，到 2040 年增温 1℃，到 2070 年增温超过 2℃。三北地区降水增加幅度较大，到 2040 年大部分地区超过 2%，到 2070 年降水增幅超过 6%。在 RCP8.5 情景下，暖湿化更明显，到 2040 年和 2070 年分别增温 1.2℃和 3.2℃，降水分别增加 2% 和 8%。因此，未来 30~60 年，我国北方地区气候呈现暖湿化趋势，从而有利于促进森林恢复和生长，巩固三北防护林的生态建设成果，缩短生态恢复的时间。但是，气候增暖会增加森林火灾和病虫害的发生范围和频率（李泽椿等，2015）。

3. 三北防护林工程对未来气候变化的适应对策

三北防护林工程区不同地区的地理地带适宜性差异较大，应根据各地的自然条件进行植被保护与恢复。其中，东北大小兴安岭、松辽平原、华北山地、晋南关中盆地等湿润和半湿润地区的适宜性高。在山地、江河流域和丘陵地区营造水源涵养林和水土保持林，在平原地区营造农田防护林体系。半干旱地区适应性较高，应加强草原建设，将退化草原恢复成针茅草原，通过建设人工草场保护天然草原，促进宜林隐域生境的还林和造林。内蒙古西部、甘肃和新疆等干旱区的适宜性低，天山和阿尔泰山重点是对山地森林进行保护；柴达木盆地和昆仑山北部山地荒漠区应避免过度放牧和开荒，通过培育灌木与禾草类营造固沙防护林（杨帆，2015）。三北防护林工程区森林的造林成活率低于45%，而根据三北防护林工程40年的评估结果，三北防护林工程造林保存率为65.29%，表明必须改善植被恢复的模式来获得合适的回报并且避免额外投入。成功的新对策，如自然恢复和低覆盖度的近自然造林是替代方法（Wang et al., 2020）。

10.5.2 退耕还林还草工程

1. 工程概述

2000年以来，我国实施的大规模退耕还林还草工程是世界上规模最大的植被恢复工程，其中又以黄土高原植被覆盖增加和各项生态系统服务功能提高最为显著。该工程已经将1.6万km^2雨养农田恢复成人工植被，植被覆盖增加了25%。工程区包括25个省（自治区、直辖市）的1897个县，占我国国土面积的74%。截至2012年，$9.06 \times 10^7 hm^2$和$0.64 \times 10^7 hm^2$的农田分别转变成森林和草地（Huang et al., 2018）。

2000~2010年，中国中部地区耕地转为林地的面积为800km^2，西部耕地退为草地和草地转为林地的面积共为6400km^2。2010~2015年，全国耕地转为林草用地共1868km^2，退耕还林还草主要在西部黄土高原实施，面积为1467km^2，占全国耕地转为林草用地面积的80%。与2000~2010年相比，2010~2015年东北和中部耕地转为林草用地的面积减少，西部退耕还林还草面积明显减少（刘纪远等，2018）。

在地区尺度上，退耕还林还草工程实施后，毛乌素沙地、南方丘陵山地、长江流域上游和川中丘陵区的植被覆盖明显改善。其中，1982~2011年，毛乌素沙地的NDVI显著增加，而呼伦贝尔沙地、浑善达克沙地和科尔沁沙地没有这样的趋势。毛乌素沙地的南部和东北部、科尔沁沙地的东南部NDVI显著增加；呼伦贝尔沙地南部、科尔沁东北部和浑善达克沙地中部的NDVI显著降低。除了毛乌素沙地之外，NDVI的趋势与降水量呈显著正相关，与气温和风速不相关。因此，四个沙地的NDVI表现出大范围的空间异质性。降水量是年际变异和地区尺度上空间模式的主要决定因素，而人类活动导致了地区尺度的NDVI变异（Zhou et al.，2015）。过去33年，毛乌素沙地53.46%的植被呈增加趋势，34.45%的植被增加显著，主要分布在东部，包括神木、榆阳、横山和靖边。到2014年底，生态工程项目建设导致占总面积16.85%的地区植被迅速增加。多个生态恢复工程有助于促进毛乌素沙地的变绿趋势，气候变化条件下人类干预对地区植被增加的作用显著（Xiu et al.，2018）。

2000~2010年，南方丘陵山地（包括江西、湖南、广东、广西、贵州和云南部分地区的114个县）植被NDVI整体呈上升趋势，但是不显著（P=0.45）。从不同植被类型的季相变化来看，草地变化幅度最大，其次为灌丛，森林植被变化幅度最小，生长峰值主要出现在8月、9月。植被覆盖变化存在显著的空间差异。封山育林、退耕还林还草生态恢复区和石漠化综合治理区的植被覆盖度显著提高，城镇化迅速发展区植被明显退化。植被覆盖变化是气候和人类活动共同作用的结果（王静等，2014）。

2000~2015年，长江流域生态系统变化的首要驱动力是城镇化，第二驱动力是生态保护与恢复工程。长江流域森林增加2.1%，上游森林显著增加，其中针叶林和阔叶林分别增加2.1%和3.4%。同时，农田缩减7.5%，中游旱地减少12.3%；下游农田减少18.4%，旱地减少47.8%，水田减少15.3%。长江流域森林、灌丛和草地恢复和增加，总变化面积2.0万km^2。1.5万km^2的森林得到恢复，其中农田向森林转变面积最大，达到1.0万km^2，0.2万km^2的农田转变为草地，0.2万km^2的农田转变为灌丛。长江中上游防护林体系建设工程、天然林保护工程、退耕还林还草工程等对生态系统变化的贡献率为32.8%，在上游高达47.8%。长江上游生态系统变化的首要驱动力是生态保护与恢复工程，其中森林、灌丛和草地的恢复分别占全流域的42.0%、43.6%和77.2%（孔令桥等，2018）。

2. 气候变化对退耕还林还草工程的影响

退耕还林还草以后，黄土高原降水量呈增加趋势（4.08 mm/a），平均气温、最高气温呈下降趋势（–0.085℃/10a、–0.026℃/10a）。从空间分布上看，相对湿度增加趋势的分布区域与夏季植被明显改善的区域较吻合，最高气温下降趋势的分布区域也与夏季植被明显改善的区域较吻合。水分是影响黄土高原植被的重要因素。黄土高原中温带地区的植被对降水量的依赖性最大，干旱中温带地区均对最高气温、风速敏感。从季节上看，春季降水量、前一季平均相对湿度对春季的植被有显著的促进作用；春季风速、前一季日照时数对春季植被有显著的负效应。降水量、风速、日照时数对夏季、秋季植被的影响显著且存在明显的滞后性，陕北地区春季植被对前一年冬季降水量的依赖性比较大。从月份看，降水量对2~8月的植被的正效应显著，且随着向生长季（5~8月）的推进滞后性明显；风速对4~10月的植被负效应显著且也存在滞后性；气温对1~8月的植被影响显著，其中对1~4月植被存在正效应，对5~8月植被存在负效应；日照时数对5~9月植被生长的负效应显著。黄土高原植被恢复对气候具有明显的影响：显著消减南温带地区的最大风速，显著增加中温带地区的最小相对湿度，显著抑制陕北地区最高气温。从季节上看，中温带和南温带地区夏季、秋季的植被对秋季、冬季和下一年春季的最大风速、最小相对湿度、平均相对湿度影响显著，陕北地区夏季植被对后期的最高气温有显著的调节作用。从月份上看，6~9 月的植被对风速有一定的消减作用，5~7 月的植被对高温有调节作用（何远梅，2015）。

2000~2010 年，退耕还林还草工程区植被增多，59.4% 的面积的 NDVI 表现出增加。干旱影响植被变化趋势，但是人类活动在改变植被生长方面起主要作用，NDVI 稍微降低的趋势与干旱强度不相关。正面的人类活动导致 89.13% 的面积的 NDVI 增加。其中，22.52% 的区域遭受干旱，但是正面的人类活动部分补偿了损失（Wang et al.，2018）。

3. 退耕还林还草工程的气候效应

退耕还林还草改变陆地表面覆盖状况，导致碳收支和地表能量平衡发生变化，从而影响区域气温。21 世纪前 10 年，退耕还林还草对中国各气候区气候调节的影响有差异，包括南亚热带湿润区、中亚热带湿润区、北亚热带湿润区、暖温带湿润区、中温带湿润区、中温带半干旱区、中温带干旱区、青藏高原区和黄土高原北部区。①各气候区的生态系统碳蓄积和碳汇增加，其中南亚热带增幅最大，青藏高原区、中温带干旱与半干旱区增加较少。仅考虑碳调节，中国各气候区退耕还林皆表现为 241.6~470.2Mg CO_2 eq/hm^2 的碳蓄积过程，具有 2.2~16.5Mg CO_2 eq/hm^2 的碳汇作用即致冷效应，特别是亚热带湿润区。②退耕还林还草后，地表净辐射在中国北方和青藏高原区以增加为主，而在南方亚热带湿润区略有减少；除中温带干旱区以外，地表潜热以增加为主；陆表向大气提供的热量在亚热带湿润区减少，中温带湿润区、青藏高原略有减少，而在其他区域有所增加，特别是在黄土高原和中温带干旱区。仅考虑退耕还林还草的生物地球物理效应，中温带干旱与半干旱区引起的净辐射增加幅度大于潜热通量的增加幅度。因此，陆表对大气供热表现为增温效应；而青藏高原区、中温带湿润区净辐射增加幅度小于潜热通量的增加幅度，亚热带湿润区引起净辐射减少以及潜热通量的大幅度增加，因此陆表对大气供热皆表现为致冷效应。③同时考虑碳调节和地表能量收支，中国亚热带湿润区退耕还林还草的致冷效应高于仅考虑生物地球化学效应，是仅考虑生物地球化学效应的 1.25~1.45 倍，而对同时考虑两种效应的其他区域退耕还林还草的致冷效应皆有所高估，特别是中温带干旱区、青藏高原和黄土高原区，同时考虑两种效应的致冷效应仅为考虑生物地球化学效应的近一半（黄麟等，2017）。

随着退耕还林还草等生态恢复措施的实施，黄土高原的生态系统结构和功能发生显著变化，在控制土壤侵蚀和减少黄河泥沙等方面取得突出进展，但也带来了径流减少和人工植被退化等新的生态环境问题。黄土高原植被恢复导致大规模土壤水分减少，其中森林 – 草地过渡带是土壤水分下降最剧烈的区域。因此，必须平衡各种生态系统服务，如确定该地区能够维持社会生态系统发展的植被承载力及其空间分布。过去 50 年，黄土高原的年均温度显著上升，但是潜在蒸散发没有增加；同时，年均降水量表现出不显著的降低趋势，年际变化明显（图 10-1）。1961~2010 年，黄土高原的温度的平均值、最高值和最低值表现出明显增加趋势，各地区有差异。降水的量、频率和强度从东南部向西北部逐渐减少（降低）。变暖的趋势为 0.29 ± 0.1℃/10a，降水减少的趋势为 11.03 ± 13 mm/10a（Fu et al.，2017）。

地区气候模型（RegCM4.3）模拟表明，在默认生物圈大气圈传输方案 BATS 的情况下，黄土高原夏季（6~8 月）和冬季（12 月至次年 2 月）的地表气温显著增加。在共用陆面模式 CLM3.5 和无灌溉 BATS 条件下，灌溉农作物指定为常规农作物，造林通常导致更显著的夏季降温效应和轻微的冬季降温效应，但是无灌溉 BATS 条件下会造成轻微的变暖。BATS 的默认灌溉农作物参数化高估土壤含水量，导致黄土高原的过量潜在蒸散（Wang and Cheung，2017）。

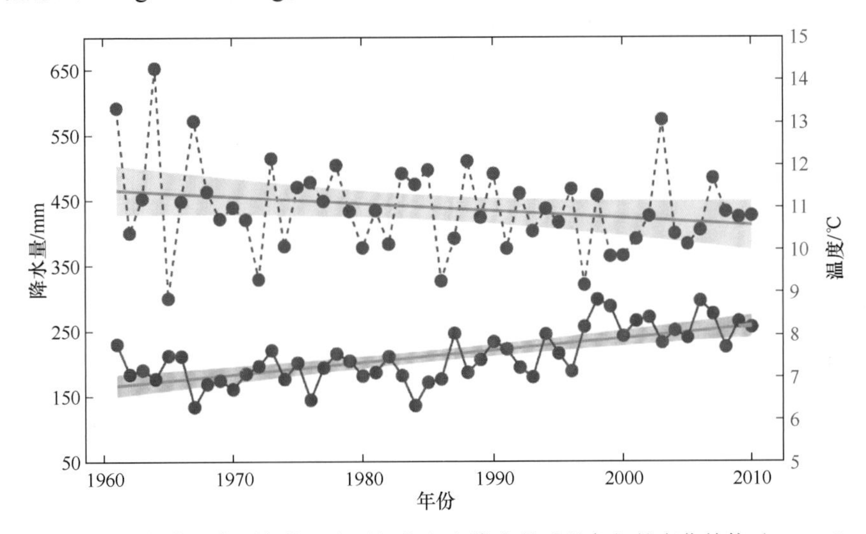

图 10-1　1961~2010 年黄土高原年均温度（红色）和降水量（蓝色）的变化趋势（Fu et al.，2017）

2000~2010 年，黄土高原的 NPP 增加 9.3 ± 1.3 g C/（m^2 · a），蒸散发增加 4.3 ± 1.7mm/a，土地利用变化是其增加的主要原因。该地区的流域产流和土壤含水量显著减少，分别减少 2.4 ± 0.97mm/a 和 0.5 ± 0.37mm/a。目前，黄土高原植被恢复已接近水资源植被承载力的阈值 [395~405g C/（m^2 · a）]（Feng et al.，2016）。

4. 未来气候变化对退耕还林还草工程的影响

在未来气候变化条件下，到 2050 年，30 个气候模型表明，该地区降水量变化范围为 −9%~14%，其中 23 个模型表明降水量增加，年均降水量增加 4.5mm，另外 7 个模型表明降水量减少。不过，降水的作用会被 CO_2 浓度升高和气候变化下植物水分利用效率的增加而改善。到 2050 年，植物水分利用效率平均增加 10%，换算成额外的植被承载力为增加 42g C/（m^2 · a）。该地区承载力阈值在 383~528g C/（m^2 · a）浮动（图 10-2）。因此，持续的植被恢复将不可避免地减少人类可使用水量。同时，气候变化和 CO_2 升高增加了不确定性，仅有 70% 的可能将植被承载力的变化范围保持在 20% 以内。黄土高原的灌木状树种及其造林密度更适应自然环境。植被恢复的长期成功需要制定合理的政策，考虑区域的产水、耗水和用水的综合需求，平衡生态和社会经济资源需求（Feng et al.，2016）。

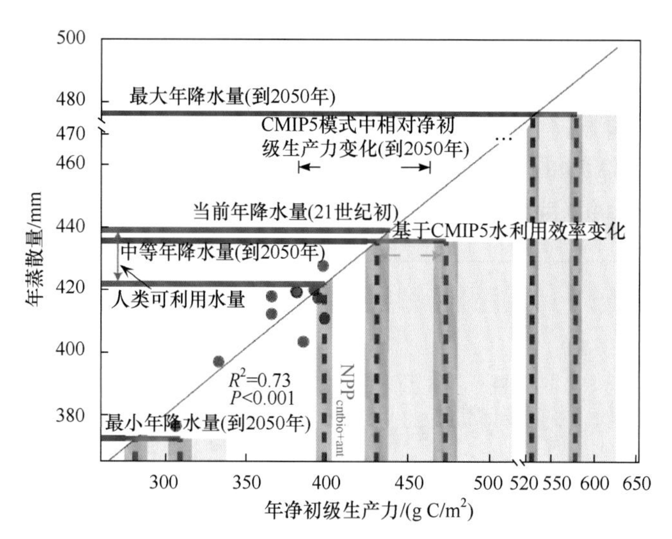

图 10-2 当前和未来气候变化情景下黄土高原植被恢复承载力阈值（Feng et al., 2016）

5. 退耕还林还草工程对未来气候变化的适应对策

退耕还林还草工程在湿润、半湿润和半干旱地区均适宜。其中，湿润区以退耕还林为主；半干旱区以退耕还草为主；半湿润区则兼顾退耕还林与还草，以草甸植被为主。干旱地区较适宜，主要开展退耕还草。降水量 250~300mm 的地区恢复植被要注重灌草植被结合。降水量低于 250mm 的地区以半荒漠和荒漠植被的自然更新和恢复为主（杨帆，2015）。黄土高原局部地段（如陡坡耕地）水土流失仍然严重、生态环境仍然比较脆弱，治理形势依然严峻。30 多年来植被覆盖逐年明显增加。从空间格局特征看，中部丘陵区和土石山区明显增加。从时间上看，1982~2013 年，NDVI 均值由 0.30 上升到 0.45，主要增加在夏季和春季。土壤水文生态动态变化主要体现在土壤干层的深度和叶面积指数上。土壤干层的平均厚度为 160cm，在剖面上起始形成深度平均为 270cm。黄土高原中部沿降水梯度带的最适植被盖度指标是叶面积指数（LAI）。人工乔木林适生区（降水量 >550mm）最适宜叶面积指数范围为 2.5<LAI<3.5；人工灌木适生区（降水量 250~350mm）最适宜叶面积指数范围为 0.8<LAI<1.5；人工乔冠过渡区（降水量 350~500mm）最适宜叶面积指数范围为 1.5<LAI<2.5；降水量 <250mm 时最适宜叶面积指数范围为 LAI<0.8。黄土高原水土保持与生态工程建设的对策包括：加大水土流失防治力度，推进以植被生态功能提升为核心的生态工程；实施生态工程跟踪监测，为水土保持与生态建设科学决策提供依据；强化水土保持与生态建设科学研究，发展与丰富现代水土保持学科；优化产业结构，重视农户转移就业，减轻生态环境承载压力；完善政策机制，强化依法防治，严格执行水土保持防治法律法规（刘国彬等，2017）。

黄土高原的植被恢复存在不合理现象。人工林草（刺槐、柠条、苜蓿和沙打旺等）的耗水多，极大地消耗了土壤水分，产生土壤干燥层。同时，气候暖干化导致土壤水分蒸发增加，减少降水对土壤水分的补给，进一步加剧土壤干燥化。人工植被生长6~10年后开始退化，这很大程度上与土壤干燥化有关。土壤干层的持续存在导致灌丛向次生林演替，发生连续干旱后可能导致植被完全衰败甚至大规模死亡，再造林难度更大。而且，土壤干层减少了降水转化为地下水的比例，影响区域水循环的过程与路径。在气候暖干化背景下，黄土高原人工植被建设应采取耗水量小、耐旱的乡土树种为主、外来树种为辅的建设途径，提升人工林涵养水源的功能；基于水量平衡原理，确定合理的造林密度，通过密度调控或适当引种乡土树种改造现有的人工植被；通过模型预估不同流域、地形地貌的土壤水资源植被承载力，构建不同的生态系统（邵明安等，2015）。

退耕还林并不适宜于所有区域，在湿润区推广坡耕地造林可以减少水土流失、固碳、调节气候等；然而，受水分条件限制，干旱区不应该实施大面积退耕还林，否则不仅不能提升生态系统服务能力，还可能破坏原生植被，从而导致生态系统破坏。因此，在规划退耕还林工程时，应遵循科学规律，有效调控工程范围，获得最大生态效益（黄麟等，2017）。适当的人类活动能够使生态恢复工程的好处最大化，并且使极端天气的作用最小化。因此，应将生态风险评估和科学管理机制纳入生态系统恢复工程管理和设计中。在退耕还林区为生态工程选择适宜的植物也是应对气候变化的一种有用的方法（Wang et al.，2018）。

10.6 主要结论和认知差距

10.6.1 主要结论

1. 重大水利工程

（1）三峡库区蓄水前后局部气温和光照的变化对库区代表性陆生植物生长的影响总体上有促进作用。近10年，受降雨变化的影响，三峡水库来水持续偏枯，但上游水库建成后三峡水库年内来水丰枯比趋于平稳。三峡水库兴建运行后，库区水体扩散能力减弱，加大了岸边污染物的浓度和范围，影响了水库水质。在未来气候变化条件下，三峡工程区域径流量的减少幅度和蒸发量的增加幅度大于降水量的减少幅度，从而给三峡库区的水资源综合管理提出了更高的要求。同时，三峡工程及其周边地区未来极端天气气候事件发生频率及强度可能增大，可能会增加库区泥石流、滑坡等地质灾害的发生概率，对水库管理、大坝安全以及防洪等产生不利影响。

（2）在气候变化背景下，南水北调中线工程水源区与受水区同旱概率增加，实现供需平衡的压力较大；气候变化有利于缓解西线受水区缺水问题，对引水区可调水量综合影响可能不大；对于受水区，工程可改变水体的生态平衡，对解决地下水污染、地面沉降、海水入侵等问题有利；对建设区地表的植被和土壤生态系统造成一定破坏；对增加水源区的水体生态系统服务价值有利；长江上、下游的生态环境受南水北调工程的影响总体呈现脆弱性增加、风险增大的趋势。

（3）近半个世纪以来，长江河口地区气候呈现暖湿化趋势，旱涝、高温、海水入侵等各类极端事件频发，导致湿地和农田生态系统脆弱区面积逐渐扩张。未来预估表明，长三角暖湿化趋势仍将持续，海平面上升将导致海岸淹没和侵蚀范围进一步扩大，严重危害当地生态安全，同时农田盐渍化也对粮食生产造成显著不利影响。在长江口入海径流量减少和水质恶化背景下，长江口整治工程对适应气候变化起到至关重要的作用，目前长江口深水航道维护态势良好，输沙率和含沙量减小趋势显著。未来应进一步加强水环境监管力度，保护湿地等脆弱生态系统，提高应对各类自然灾害的综合防范能力。

2. 冻土区工程

气候变化和工程作用引起了多年冻土普遍退化，冻融灾害显著增加，影响冻土区工程稳定性和安全运营。通过对青藏铁路、青藏直流联网工程和中俄原油管道工程下部冻土变化和工程应对措施的分析，得到以下主要认知：

（1）青藏铁路沿线多年冻土升温显著，活动层厚度增大，影响青藏铁路工程稳定性。青藏铁路普通路基下部冻土变化显著，冻土路基变形显著增加。在高温高含冰量冻土区，块石结构路基可以适应气温升高 1℃的冻土变化影响；低温多年冻土区，可适应气温升高 1.5℃的冻土变化影响。气候变化诱发的热融滑塌和冻土滑坡增加，使影响青藏铁路工程稳定性的风险增大。

（2）青藏直流联网工程塔基下部冻土升温幅度高于预期，降水增加加剧了基坑回填土体水分入渗，升高了塔基下部及周围的冻土温度。热棒结构措施有效地降低了塔基下部及周围的冻土温度。未来气候变化影响塔基稳定的风险可能会增大。

（3）中俄原油管道下部融化圈在逐渐扩大，管道开挖和低地积水导致冻胀丘和冰锥发育分布，使影响管道稳定的风险增大。管道壁厚增加、敏感性冻胀土体的换填措施以及管道保温均减缓了冻土变化和冻胀、融沉变形，但管道失稳和破裂的风险仍然存在。

3. 生态修复工程

在人工修复和自然修复相辅相成的生态修复原则的指导下，气候变化和人类活动导致植被覆盖度、植被生产力等发生显著的变化，初步实现自然生态系统的生态平衡、恢复自身强大功能。通过对气候变化和人类活动对三江源、祁连山和塔里木生态修复工程影响及适应对策的梳理，得到以下主要认知：

（1）在气候变化和生态工程因素的共同作用下，三江源草地生态系统总体上表现出“初步遏制，局部好转”的态势，但荒漠草原局部植被退化趋势加剧。气候变暖引起的冰川退缩、冻土活动层加厚对三江源生态环境具有重要影响，草地生态系统退化的现状依然不容乐观。

（2）气候变暖和增湿趋势使祁连山区冰川退缩和整体植被状况改善，人类活动对祁连山生态环境产生显著影响。张掖段水电开发和矿产开发使区域植被和生物量减少、生态水位下降。因此，应加强祁连山国家公园建设区、水电工程建设区和矿产资源开发区的生态环境恢复。

（3）随着全球气候变暖，塔里木河流域降水持续增加，河流径流量显著增多。绿洲耕地面积扩大导致农业用水量增加、径流减少。塔里木河生态输水工程使下游生态环境逐步恢复，地下水位逐步抬升，地下水质有了明显好转，下游植被也得以恢复和改善。

4. 林业工程

三北防护林工程、全国防沙治沙工程、天然林保护工程、退耕还林还草工程和京津风沙源治理工程等一系列重大林业工程实施后，土地荒漠化和水土流失明显好转，呈现整体遏制、持续缩减、功能增强、成效明显的良好态势。通过对三北防护林工程和退耕还林还草工程的梳理，得到以下主要认知：

（1）气候变化和生态恢复工程共同作用引起了三北防护林工程区气温和降水的变化，三北防护林工程区的西部、中部和东部表现出不同的植被覆盖增加。植被覆盖增加与降水增加的空间差异显著，生态恢复活动是东部和中部植被覆盖增加的主要因素。未来30~60年我国北方地区气候呈现暖湿化趋势，有利于促进森林恢复和生长、巩固三北防护林的生态建设成果、缩短生态恢复的时间。

（2）退耕还林工程实施后，毛乌素沙地、南方丘陵山地、长江流域上游和川中丘陵区的植被覆盖明显改善。黄土高原的生态系统结构和功能发生显著变化，控制土壤侵蚀和减少黄河泥沙的作用显著，但黄土高原植被恢复已接近水资源植被承载力的阈值。封山育林、退耕还林还草生态恢复区和石漠化综合治理区的植被覆盖度显著提高，城镇化迅速发展区植被明显退化。植被覆盖变化是气候和人类活动共同作用的结果。

10.6.2 认知差距

评估气候变化对我国重大工程的影响存在较大的不确定性，特别是缺乏对未来气候变化对重大工程影响的预估。在重大水利工程方面，关于工程发挥的水利作用的内容较为丰富，但在对其所产生的生态环境效应方面较为缺乏。在冻土区工程方面，重点研究了气候变化和工程影响对工程下部多年冻土变化及工程稳定性的影响，评估中难以识别气候变化和工程作用对冻土的影响贡献。同时，冻土工程的长期服役性评估存在一定的研究差距。在生态修复工程方面，评估重点为气候变化和人类活动对生态修复工程的共同影响，评估中辨识气候变化和人类活动的贡献存在较大的研究差距。加强重大工程安全运营的监测研究是科学评估的基础。

参考文献

艾尔肯·吐拉克，艾斯卡尔·买买提，吐尔逊·肉苏力，等. 2007. 塔里木河流域水文特性分析. 冰川冻土，29（4）：543-552.

班璇，朱碧莹，舒鹏，等. 2018. 汉江流域气象水文变化趋势及驱动力分析. 长江流域资源与环境，27（12）：2817-2829.

曹宗英，勾晓华，刘文火，等 .2014. 祁连山中部青海云杉上下限树轮宽度年表对气候的响应差异 . 干旱区资源与环境，28（7）：29-34.

陈春艳，王建捷，唐冶，等 . 2017. 新疆夏季降水日变化特征 . 应用气象学报，28（1）：72-85.

陈锋，谢正辉 . 2012. 气候变化对南水北调中线工程水源区与受水区降水丰枯遭遇的影响 . 气候与环境研究，17（2）：139-148.

陈进 . 2017. 基于科学考察的三江源生态环境问题辨识 . 中国水利，17：31-32，44.

陈京华，贾文雄，赵珍，等 . 2015. 1982—2006 年祁连山植被覆盖的时空变化特征研究 . 地球科学进展，30（7）：834-845.

陈淼，苏晓磊，黄慧敏，等 . 2019. 三峡库区河流生境质量评价 . 生态学报，39（1）：192-201.

陈曦，包安明，古丽 · 加帕尔，等 . 2016. 塔里木河流域生态系统综合检测与评估 . 北京：科学出版社 .

陈曦，包安明，王新平，等 . 2017. 塔里木河近期综合治理工程生态成效评估 . 中国科学院院刊，32（1）：20-28.

陈鲜艳，宋连春，郭占峰，等 . 2013. 长江三峡库区和上游气候变化特点及其影响 . 长江流域资源与环境，22（11）：1466-1471.

陈祥义，肖文发，黄志霖，等 . 2015. 1951 — 2012 年三峡库区降水时空变化研究 . 生态环境学报，24（8）：1310-1315.

陈赵育，李国玉，穆彦虎 . 2013. 不同升温模式下冻土地区装配式基础热稳定性研究 . 地震工程学报，35（4）：877-884.

程雪蓉 . 2019. 基于 CMIP5 模式预估长江上游流域气温及降水时空分布特征 . 水电能源科学，37（1）：13-16.

丁毅，李安强，何小聪 . 2013. 以三峡水库为核心的长江干支流控制性水库群综合调度研究 . 中国水利，13：12-16.

方思达，刘敏，任永建 . 2018. 南水北调中线工程水源区和受水区旱涝特征及风险预 . 水土保持通报，38（6）：263-267，276.

高吉喜 . 2014. 论生态保护红线划定与保护 // 中国环境科学学会 . 中国环境科学学会学术年会论文集 . 北京：中国环境出版社：2039-2043.

管文轲，韦红，钟家骅，等 . 2018. 塔里木河流域植被覆盖变化的遥感监测 . 水土保持通报，38（5）：244-248，260.

桂娟，高海宁，李宗省，等 . 2019. 祁连山张掖段水电开发对生态环境的影响评估 . 生态学杂志，38（7）：1-8.

郭磊 . 2016. 多年冻土区输电线路塔基变形特性及其调控研究 . 北京：中国科学院大学 .

韩熠哲，马伟强，王炳赟，等 . 2017. 青藏高原近 30 年降水变化特征分析 . 高原气象，36（6）：1477-1486.

何彦龙，袁一鸣，王腾，等 . 2019. 基于 GIS 的长江口海域生态系统脆弱性综合评价研究 . 生态学报，（11）：1-7.

何远梅 . 2015. 黄土高原植被覆盖变化与区域气候变化的相互效应 . 北京：北京林业大学 .

贺瑞敏，张建云，鲍振鑫，等 . 2015. 海河流域河川径流对气候变化的响应机理 . 水科学进展，26(1)：1-9.

黄麟，翟俊，宁佳 . 2017. 不同气候带退耕还林对区域气温的影响差异分析 . 自然资源学报，32（11）：1832-1843.

黄晓荣，柴雪蕊，杨鹏鹏，等 . 2014. 南水北调西线工程引水区气候变化趋势 . 南水北调与水利科技，12（3）：5-9.

贾文雄，陈京华 . 2018. 1982—2014 年祁连山植被生长季 NDVI 变化及其对气候的响应 . 水土保持研究，25（2）：264-268.

姜凤岐，于占源，曾德慧 . 2009. 气候变化对三北防护林的影响与应对策略 . 生态学杂志，28（9）：1702-1709.

姜姗姗，占车生，李淼，等 . 2016. 基于 CMIP5 全球气候模式的中国典型区域干湿变化分析 . 北京师范大学学报（自然科学版），52（1）：49-55.

矫梅燕 . 2014. 三峡工程气候效应综合评估报告 . 北京：气象出版社 .

金君良，王国庆，刘翠善，等 . 2016. 气候变化下海河流域未来水资源演变趋势 . 华北水利水电大学学报（自然科学版），37（5）：1-6.

康世勇 . 2017. 中国生态修复工程零缺陷建设技术与管理模式 // 联合国防治荒漠化公约第十三次缔约方大会“防沙治沙与精准扶贫”边会论文集 . 北京：中国治沙暨沙业学会：128-145.

孔令桥，张路，郑华，等 . 2018. 长江流域生态系统格局演变及驱动力 . 生态学报，38(3)：741-749.

李国玉，马巍，王学力，等 . 2015. 中俄原油管道漠大线运营后面临一些冻害问题及防治措施建议 . 岩土力学，36（10）：2963-2973.

李国玉，马巍，周志伟，等 . 2016. 寒区输油管道基于应变设计的极限状态研究 . 冰川冻土，38（4）：1099-1105.

李红军，马玉芬 . 2018. 夏季区域北极涡异常对塔里木河流域降水的影响 . 合肥：第 35 届中国气象学会年会 S6 应对气候变化、低碳发展与生态文明建设 .

李丽君，张小清，陈长清，等 . 2018. 近 20 a 塔里木河下游输水对生态环境的影响 . 干旱区地理，41（2）：238-247.

李凌程，张利平，夏军，等 . 2014. 气候波动和人类活动对南水北调中线工程典型流域径流影响的定量评估 . 气候变化研究进展，10（2）：118-126.

李明永 . 2011. 青藏铁路斜坡湿地活动层水热过程与水文效应及其对路基稳定性的影响 . 北京：中国科学院研究生院 .

李泽椿，郭安红，延昊，等 . 2015. 气候变化对生态保护工程的影响 . 气候变化研究进展，11（3）：179-184.

李作伟，吴荣军，马玉平 . 2016. 气候变化和人类活动对三江源地区植被生产力的影响 . 冰川冻土，38（3）：804-810.

梁钟元，王海潮，雷晓辉 . 2014. 气候变化对南水北调中线受水区径流量影响 . 南水北调与水利科技，12（2）：137-141，145.

林德生 . 2011. 三峡库区植被覆盖变化及其气候响应 . 武汉：华中农业大学 .

刘斌，张琴琴，辛海强，等 . 2018. 塔里木河流域 2000—2014 年地表覆盖动态变化监测 . 测绘科学，43（5）：45-49.

刘国彬，上官周平，姚文艺，等 . 2017. 黄土高原生态工程的生态成效 . 中国科学院院刊，32（1）：

11-19.
刘厚健，程东幸，俞祁浩，等. 2009. 高海拔输电线路的冻土工程问题及对策研究. 工程勘察，4：32-36.
刘纪远，宁佳，匡文慧，等. 2018. 2010—2015 年中国土地利用变化的时空格局与新特征. 地理学报，73（5）：789-802.
刘正佳，邵全琴. 2014. 三江源地区植被覆盖度变化及其与气候因子的关系. 水土保持研究，21（6）：334-339.
卢明龙，丁志宏，孙子淇. 2017. 近 60 a 来丹江口水库控制流域降水量及降水径流关系变化分析. 海河水利，5：1-3.
陆桂华，杨烨，吴志勇，等. 2014. 未来气候情景下长江上游区域积雪时空变化分析——基于 CMIP5 多模式集合数据. 水科学进展，25(4)：484-493.
罗永忠，郭小芹，刘绪珍. 2017. 1961—2013 年气候变化对祁连山草地生产力影响评价. 山地学报，35（4）：437-443.
马洪波. 2017. 探索三江源生态保护与发展的新路径——UNDP-GEF 三江源生物多样性保护项目的启示. 青海社会科学，1：35-40.
马巍，穆彦虎，李国玉，等. 2013. 多年冻土区铁路路基热状况对工程扰动及气候变化的响应. 中国科学：地球科学，43：478-489.
马玉寿，周华坤，邵新庆，等. 2016. 三江源区退化高寒生态系统恢复技术与示范. 生态学报，36（22）：7078-7082.
木沙·如孜，白云岗，雷晓云，等. 2012. 塔里木河流域气候及径流变化特征研究. 水土保持研究，19（6）：122-126.
聂晓，丁玲玲. 2017. 汉江上游流域水资源对未来气候变化的响应. 安徽农业科学，45（4）：58-60.
牛富俊，林占举，鲁嘉濠，等. 2011. 青藏铁路路桥过渡段沉降变形影响因素分析. 岩石力学与工程学报，32（S2）：372-377.
秦大河. 2012. 中国气候与环境演变：2012（第二卷影响与脆弱性）. 北京：气象出版社.
邱丽莎，张立峰，何毅，等. 2019. 2000—2017 年祁连山植被动态变化遥感监测. 遥感信息，34(4)：97-107.
单菁菁. 2015. 三江源生态保护成效、问题与对策. 开发研究，5：21-24.
邵明安，王云强，贾小旭. 2015. 黄土高原生态建设与土壤干燥化. 中国科学院院刊，30（3）：257-264.
邵全琴，樊江文，刘纪远，等. 2016. 三江源生态保护和建设一期工程生态成效评估. 地理学报，71（1）：3-20.
邵全琴，刘纪远，黄麟，等. 2013. 2005—2009 年三江源自然保护区生态保护和建设工程生态成效综合评估. 地理研究，32（9）：1645-1656.
舒卫民，李秋平，王汉涛，等. 2016. 气候变化及人类活动对三峡水库入库径流特性影响分析. 水力发电，42（11）：29-33.
孙美平，刘时银，姚晓军，等. 2015. 近 50 年来祁连山冰川变化——基于中国第一、二次冰川编目数据. 地理学报，70（9）：1402-1414.
陶涛，信昆仑，刘遂庆. 2008. 气候变化下 21 世纪上海长江口地区降水变化趋势分析. 长江流域资源与环境，2：223-226.

万智巍，连丽聪，贾玉连，等 . 2018. 近150年来长江入海流量变化的趋势、阶段与多尺度周期 . 水土保持通报，38（2）：20-24.
王国庆，王勇，张明 . 2014. 黄淮海流域径流量变化及其对降水变化的响应 . 人民黄河，36（1）：52-54.
王进昌，吴青柏 . 2017. 青藏铁路冻土区路桥过渡段沉降原因分析. 冰川冻土，39（1）：79-85.
王静，王克林，张明阳，等 . 2014. 南方丘陵山地带NDVI时空变化及其驱动因子分析 . 资源科学，36（8）：1712-1723.
王俊峰，俞祁浩 . 2013. 多年冻土工程扰动区植被快速扩繁移植对浅层水热变化的影响 . 兰州大学学报（自然科学版），49（5）：598-610.
王渺林，侯保俭，傅华 . 2012. 未来气候变化对三峡入库径流影响分析 . 重庆交通大学学报（自然科学版），31（1）：103-105，127.
王鹏涛，延军平，蒋冲，等 . 2014. 三北防护林工程区气候变化分析 . 水土保持通报，34（1）：273-278.
王若晨 . 2016. 丹江口水库入出库径流多时间尺度变化特征分析 . 人民长江，47（22）：47-50.
王若瑜，谭云廷，程炳岩，等 . 2017. 三峡库区气温变化高精度区域气候模式模拟与预估 . 气象科技，45（3）：469-476.
王涛，高峰，王宝，等 . 2017. 祁连山生态保护与修复的现状问题与建议 . 冰川冻土，39（2）：229-234.
王小焕，邵景安，王金亮，等 . 2017. 三峡库区长江干流入出库水质评价及其变化趋势 . 环境科学学报，37（2）：554-565.
王圆圆，李贵才，郭徵，等 . 2018.1979年—2014年三峡库区月平均气温的时空变化分析 . 遥感学报，22（3）：487-496.
翁立达，敖良桂 . 2003. 长江三峡工程生态与环境保护回顾 . 人民长江，34（8）：40-42.
吴佳，高学杰，张冬峰，等 . 2011. 三峡水库气候效应及2006年夏季川渝高温干旱事件的区域气候模拟 . 热带气象学报，27（1）：44-52.
吴青柏，程国栋，马巍 . 2003. 多年冻土变化对青藏铁路工程的影响 . 中国科学D辑，33（增）：115-122.
吴青柏，牛富俊 . 2013. 青藏高原多年冻土变化与工程稳定性 . 科学通报，58：115-130.
武正丽，贾文雄，刘亚荣，等 . 2014. 近10a来祁连山植被覆盖变化研究 . 干旱区研究，31（1）：80-87.
夏雪瑾，徐健，冯文静，等 . 2016. 长江入海流量趋势及大通－徐六泾流量关系探讨 . 中国水运，6：71-73.
肖紫薇，石朋，瞿思敏，等 . 2016. 长江流域径流演变规律研究 . 三峡大学学报（自然科学版），38（6）：1-6.
徐浩杰，杨太保，曾彪 . 2012. 2000—2010年祁连山植被MODIS NDVI的时空变化及影响因素 . 干旱区资源与环境，26（11）：87-91.
徐新良，王靓，李静，等 . 2017. 三江源生态工程实施以来草地恢复态势及现状分析 . 地球信息科学学报，19（1）：50-58.
许典子，张万顺，彭虹，等 . 2019. 三峡库区水资源生态足迹及承载力时空演变研究 . 人民长江，50（5）：99-106.
薛联青，杨帆，杨昌兵，等 . 2018. 外界胁迫作用下塔里木河流域径流变化响应的敏感性 . 河海大学学报（自然科学版），46（1）：1-6.

杨帆 . 2015. 我国六大林业工程建设地理地带适应性评估 . 兰州：兰州交通大学 .
杨光，郭生练，李立平，等 . 2015. 考虑未来径流变化的丹江口水库多目标调度规则研究 . 水力发电学报，34（12）：54-63.
杨鹏鹏，黄晓荣，柴雪蕊，等 . 2015. 南水北调西线引水区近 50 年径流变化趋势对气候变化的响应 . 长江流域资源与环境，24（2）：271-277.
杨肖丽，郑巍斐，林长清，等 . 2017. 基于统计将尺度和 SPI 的黄河流域干旱预测 . 河海大学学报（自然科学版），45（5）：377-383.
杨颖，徐韧 . 2015. 近 30 a 来长江口海域生态环境状况变化趋势分析 . 海洋科学，39（10）：101-107.
于泉洲，梁春玲，刘煜杰 . 2014. 近 30 年长江口崇明东滩植被对于气候变化的响应特征 . 生态科学，33（6）：1169-1176.
余江游，夏军，佘敦先，等 . 2018. 南水北调中线工程水源区与海河受水区干旱遭遇研究 . 南水北调与水利科技，16（1）：63-68，194.
俞祁浩，温智，丁燕生，等 . 2012. 青藏直流线路冻土地基监测研究 . 冰川冻土，34（5）：1165-1172.
詹万志，王顺久，岑思弦 . 2017. 未来气候变化情景下长江上游年径流量变化趋势研究 . 高原山地气象研究，37（4）：34-39.
张富广，曾彪，杨太保 . 2019. 气候变化背景下近 30 年祁连山高寒荒漠分布时空变化 . 植物生态学报，43(4)：305-319.
张建云，陆采荣，王国庆，等 . 2015. 气候变化对水工程的影响及应对措施 . 气候变化研究进展，11（5）：301-307.
张建云，向衍 . 2018. 气候变化对水利工程安全影响分析 . 中国科学：技术科学，48（10）：1031-1039.
张江北，李德旺，杨寅群 . 2013. 三峡库区小气候变化对陆生植物影响的初步研究 . 人民长江，11：31-34 .
张进德 . 2018. 科学实施山水林田湖草生态保护与修复工程 . 水文地质工程地质，45（3）：3.
张俊勇，陈立，吴华林，等 . 2015. 长江口近期河道演变特征 . 泥沙研究，2：74-80.
张立杰，刘鹄 . 2012. 祁连山林线区域青海云杉种群对气候变化的响应 . 林业科学，48（1）：18-21.
张强，姚玉璧，李耀辉，等 . 2015. 中国西北地区干旱气象灾害监测预警与减灾技术研究进展及其展望 . 地球科学进展，30（2）：196-213.
张雅娴，樊江文，曹巍，等 . 2017. 2006—2013 年三江源草地产草量的时空动态变化及其对降水的响应 . 草业学报，26（10）：10-19.
张颖，章超斌，王钊齐，等 . 2017. 三江源 1982—2012 年草地植被覆盖度动态及其对气候变化的响应 . 草业科学，34（10）：1977-1990.
张禹舜，贾文雄，刘亚荣，等 . 2016. 近 11a 来祁连山净初级生产力对气候因子的响应 . 干旱区地理，39（1）：77-85.
赵德招，万远扬 . 2017. 2015 年长江口航道运行维护特征分析 . 水利水运工程学报，2：82-90.
赵少军 . 2018. 塔里木河流域生态环境承载力评价研究 . 水利科技与经济，24（1）：1-7.
郑守仁 . 2018. 三峡工程水库大坝安全及长期运用研究与监测检验分析 . 长江技术经济，2（3）：1-9.
郑巍斐，杨肖丽，程雪蓉，等 . 2018. 基于 CMIP5 及 VIC 模型的长江上游主要水文过程变化趋势预测 . 水文，38（6）：48-53.

郑衍欣，李双林，张超 . 2018. 三峡库区春季连阴雨气候趋势分析 . 暴雨灾害，37（4）：364-372.

周北平，薛华星，苟尚，等 . 2017.1960 年 ~ 2012 年长江下游流域气候变化特征分析 . 水力发电，43（9）：26-30.

周秉荣，朱生翠，李红梅 . 2016. 三江源区植被净初级生产力时空特征及对气候变化的响应 . 干旱气象，34（6）：958-965，988.

周海鹰，沈明希，陈杰，等 . 2018. 塔里木河流域 60 a 来天然径流变化趋势分析 . 干旱区地理，41（2）：221-229.

周宏春 . 2017. 重大生态修复工程 . 绿色中国，15：60-61.

周婷，张寅生，高海峰，等 . 2015. 青藏高原高寒草地植被指数变化与地表温度的相互关系 . 冰川冻土，37（1）：58-69.

朱文武，李九发，Sanford L P，等 . 2015. 近年来长江口南港河道泥沙特性变化研究 . 海洋通报，34（4）：377-384.

卓海华，吴云丽，刘旻璇，等 . 2017. 三峡水库水质变化趋势研究 . 长江流域资源与环境，26（6）：925-936.

邹长新，王燕，王文林，等 . 2018. 山水林田湖草系统原理与新生态修复研究 . 生态与农村环境学报，34（11）：961-967.

邹强，胡向阳，张利升，等 . 2018. 长江上游水库群联合调度对武汉地区的防洪作用 . 人民长江，49（13）：15-21.

Feng X，Fu B，Piao S，et al. 2016. Revegetation in China' s Loess Plateau is approaching sustainable water resource limits. Nature Climate Change，6（11）：1019-1022.

Fu B，Wang S，Liu Y，et al. 2017. Hydrogeomorphic ecosystem responses to natural and anthropogenic changes in the Loess Plateau of China. Annual Review of Earth and Planetary Sciences，45：223-243.

Giorgi F，Francisco R，Pal J. 2003. Effects of a subgrid-scale topography and land use scheme on the simulation of surface climate and hydrology. Part 1：effects of temperature and water vapor disaggregation. Journal of Hydrometeorology，4（2）：317-333.

Guo L，Xie Y L，Yu Q H，et al. 2016. Displacements of tower foundations in permafrost regions along the Qinghai-Tibet Power Transmission Line. Cold Regions Science and Technology，121：187-195.

Hai L，Jie Y，Lian F. 2018.The dynamic changes in the storage of the Danjiangkou reservoir and the influence of the south-north water transfer project. Scientific Reports，8（1）：8710.

He B，Chen A，Jiang W，et al. 2017. The response of vegetation growth to shifts in trend of temperature in China. Journal of Geography Science，27（7）：801-816.

Hou Y D，Wu Q B，Dong J H，et al. 2018. Numerical simulation of efficient cooling by coupled RR and TCPT on railway embankments in permafrost regions. Applied Thermal Engineering，133：351-360.

Hou Y D，Wu Q B，Niu F J，et al. 2015a. Thermal stabilization of duct-ventilated railway embankments in permafrost regions using ripped-rock revetment. Cold Region Science and Technology，120：145-152.

Hou Y D，Wu Q B，Zhang Z Q，et al. 2015b. The thermal effect of strengthening measures in an insulated embankment in a permafrost region. Cold Regions Science and Technology，116：49-55.

Huang L，Zheng Y H，Xiao T. 2018. Regional differentiation of ecological conservation and its zonal suitability at the county level in China. Journal of Geography Science，28(1)：46-58.

Jin H J，Hao J Q，Chang X L，et al. 2010. Zonation and assessment of frozen-ground conditions for engineering geology along the China-Russia crude oil pipeline route from Mo' he to Daqing，Northeastern China. Cold Regions Science and Technology，64(3)：213-225.

Li G Y，Wang F，Ma W，et al. 2018a. Field observations of cooling performance of thermosyphons on permafrost under the China-Russia Crude Oil Pipeline. Applied Thermal Engineering，141：688-696.

Li G Y，Xie Y L，Yu Q H，et al. 2016a. Displacements of tower foundations in permafrost regions along the Qinghai-Tibet Power Transmission Line. Cold Regions Science and Technology，121：187-195.

Li G Y，Yu Q H，You Y H，et al. 2016b. Evaluation on the influences of lakes on the thermal regimes of nearby tower foundations along the Qinghai-Tibet Power Transmission Line. Applied Thermal Engineering，102：829-840.

Li G Y，Yu Q H，You Y H，et al. 2016c. Cooling effects of thermosyphons in tower foundation soils in permafrost regions along the Qinghai-Tibet Power Transmission Line from Golmud，Qinghai Province to Lhasa，Tibet Autonomous Region，China. Cold Regions Science and Technology，121：196-204.

Li G Y，Zhang Z Q，Wang X B，et al. 2018b. Stability analysis of transmission tower foundations in permafrost equipped with thermosiphons and vegetation cover on the Qinghai-Tibet Plateau. International Journal of Heat and Mass Transfer，121：367-376.

Li Q J. 2018. Investigation of runoff evolution at the headwaters of Yangtze river and its driving forces. Journal of Yangtze River Scientific Research Institute，35（8）：1-6，16.

Li R，Zhao L，Ding Y J，et al. 2012. Temporal and spatial variations of the active layer along the Qinghai-Tibet Highway in a permafrost region. Science Bulletin，57：4609-4616.

Li Y，Wu L G，Chen X Y，et al. 2019. Impacts of Three Gorges Dam on regional circulation：a numerical simulation. Journal of Geophysical Research，124（14）：7813-7824.

Li Y，Zhou W C，Chen X Y，et al. 2012. Influences of the three gorges dam in china on precipitation over surrounding regions. Journal of Meteorological Research，31（4）：767-773.

Liu L，Peng W，Wu L，et al. 2018. Water quality assessment of Danjiangkou Reservoir and its tributaries in China. IOP Conference Series Earth and Environmental Science，112（1）：012008.

Liu S，Gong P. 2012. Change of surface cover greenness in China between 2000 and 2010. Science Bulletin，57：2835-2845.

Liu W B，Yu W B，Richard F，et al. 2019. Thermal effect of rainwater infiltration into a replicated road embankment in a cold environmental chamber. Cold Regions Science and Technology，159：47-57.

Luo J，Niu F J，Lin Z J，et al. 2015. Thermokarst lake changes between 1969 and 2010 in the Beiluhe Basin，Qinghai-Tibet Plateau，China. Science Bulletin，60（5）：556-564.

Mu Y H，Li G Y，Yu Q H，et al. 2016. Numerical study of long-term cooling effects of thermosyphons around tower footings in permafrost regions along the Qinghai-Tibet Power Transmission Line. Cold Regions Science and Technology，121：237-249.

Nageswar R M，Anirudh R，Pradhan U K，et al. 2018. Factors controlling organic matter composition and trophic state in seven tropical estuaries along the west coast of India. Environmental Geochemistry and

Health，41：545-562.

Niu F J，Cheng G D. 2014. Advances in thermokarst lake research in permafrost regions. Sciences in Cold and Arid Regions，6：388-397.

Niu F J，Liu M H，Cheng G D，et al. 2015. Long-term thermal regimes of the Qinghai-Tibet Railway embankments in plateau permafrost regions. Science in China Earth Sciences，58（9）：1669-1676.

Niu F J，Luo J，Lin Z J，et al. 2014. Thaw-induced slope failures and susceptibility mapping in permafrost regions of the Qinghai-Tibet Engineering Corridor，China. Natural Hazards，74：1667-1682.

Pan X J，Wan C Y，Zhang Z Y，et al. 2017. Protection and ecological restoration of water level fluctuation zone in the Three Gorges Reservoir. Journal of Landscape Research，1：47-53.

Qian D W，Cao G M，Du Y G，et al. 2019. Impacts of climate change and human factors on land cover change in inland mountain protected areas: a case study of the Qilian Mountain National Nature Reserve in China. Environmental Monitoring and Assessment，191（8）：486.

Song Z，Liang S，Feng L，et al. 2017. Temperature changes in Three Gorges Reservoir Area and linkage with Three Gorges Project. Journal of Geophysical Research：Atmospheres，122（9）：4866-4879.

Wang F，Li G Y，Ma W，et al. 2018. Permafrost thawing along the China-Russia Crude Oil Pipeline and countermeasures：a case study in Jiagedaqi，Northeast China. Cold Regions Science and Technology，155：308-313.

Wang F，Li G Y，Ma W，et al. 2019a. Permafrost warming along the Mo'he-Jiagedaqi section of the China-Russia crude oil pipeline. Journal of Mountain Science，16（2）：285-295.

Wang F，Li G Y，Ma W，et al. 2019b. Pipeline-permafrost interaction monitoring system along the China-Russia crude oil pipeline. Engineering Geology，254：113-125.

Wang F，Pan X，Gerlein-Safdi C，et al. 2020. Vegetation restoration in Northern China: a contrasted picture. Land Degradation and Development，31：669-676.

Wang K，Wang Z Z，Liu K L，et al. 2019. Impacts of the eastern route of the South-to-North Water Diversion Project emergency operation on flooding and drainage in water-receiving areas：an empirical case in China. Natural Hazards and Earth System Sciences，19：555-570.

Wang L，Cheung K K W. 2017. Potential impact of reforestation programmes and uncertainties in land cover effects over the loess plateau：a regional climate modeling study. Climate Change，144（3）：475-490.

Wang X，Shao J，Wang J，et al. 2017. Water quality assessment and its changing trends in the reservoir inflow and outflow along the Yangtze River mainstream in the Three Gorge Reservoir Area. Acta Scientiae Circumstantiae，37（2）：554-565.

Wu Q B，Niu F J，Ma W，et al. 2014. The effect of permafrost change beneath embankment on the Qinghai-Xizang Railway. Environmental Earth Sciences，71（8）：3321-3328.

Wu Q B，Zhao H T，Zhang Z Q，et al. 2020. Long-term role of cooling the underlying permafrost of the crushed rock structure embankment along the Qinghai-Xizang Railway. Permafrost and Periglacial Process，31（1）：172-183.

Xiu L，Yan C，Li X，et al. 2018. Monitoring the response of vegetation dynamics to ecological engineering in the Mu Us Sandy Land of China from 1982 to 2014. Environmental Monitoring and Assessment，190：543.

Xu Q X，Wu P，Dai J F，et al. 2018.The effects of rainfall regimes and terracing on runoff and erosion in the Three Gorges area，China. Environmental Science and Pollution Research，25：9474-9484.

Xu X M，Wu Q B. 2019. Impact of climate change on allowable bearing capacity on the Qinghai-Tibetan Plateau. Advances in Climate Change Research，10: 99-108.

You Y H，Wang J C，Wu Q B，et al. 2017. Causes of pile foundation failure in permafrost regions：the case study of a dry bridge of the Qinghai-Tibet Railway. Engineering Geology，230：95-103.

You Y H，Yang M B，Yu Q H，et al. 2016b. Investigation of an icing near a tower foundation along the Qinghai-Tibet Power Transmission Line. Cold Regions Science and Technology，121：250-257.

You Y H，Yu Q H，Guo L，et al. 2016a. In-situ monitoring the thermal regime of foundation backfill of a power transmission line tower in permafrost regions on the Qinghai-Tibet Plateau. Applied Thermal Engineering，98：271-279.

Yu Q，Zhang Z Q，Wang G S，et al. 2015. Analysis of tower foundation stability along the Qinghai-Tibet Power Transmission Line and impact of the route on the permafrost. Cold Regions Science and Technology，121：205-213.

Yuan Z，Xu J J，Huo J J，et al. 2017. Drought-waterlog encounter probability research between the diversion region and benefited region in the Middle Route of South-to-North Water Transfer Project. IOP Conference Series：Earth and Environmental Science，82（1）：012044.

Zhang G L，Zhang Y J，Dong J W，et al. 2013.Green-up dates in the Tibetan Plateau have continuously advanced from 1982 to 2011. Proceedings of the National Academy of Sciences，110（11）：4309-4314.

Zhang M Y，Lai Y M，Wu Q B，et al. 2016. A full-scale field experiment to evaluate the cooling performance of a novel composite embankment in permafrost regions. International Journal of Heat and Mass Transfer，95:1047-1056.

Zhang Z Q，Wu Q B，Jiang G L，et al. 2020. Changes in the permafrost temperatures from 2003 to 2015 in the Qinghai-Tibet Plateau. Cold Regions Science and Technology，169: 102904.

Zhao H T，Wu Q B，Zhang Z Q. 2019. Long-term cooling effect of the crushed rock structure embankments of the Qinghai-Tibet Railway. Cold Regions Science and Technology，160：21-30.

Zhao Y，Zhu Y，Lin Z，et al. 2017. Energy reduction effect of the South-to-North Water Diversion Project in China. Scientific Reports，7（1）：15956.

Zhou D，Zhao X，Hu H，et al. 2015. Long-term vegetation changes in the four mega-sandy lands in Inner Mongolia, China. Landscape Ecology，30（9）：1613-1626.

Zhu J R，Cheng Q. 2015.Responses of river discharge and sea level rise to climate change and human activity in the Changjiang River Estuary. Journal of East China Normal University，4：54-64.